U0255496

《中国传统工艺全集　第二辑》

· 中国科学院“九五”重大科研项目
  国家新闻出版总署“九五”重点图书出版项目

· 中国科学院自然科学史研究所主办
  中国科学技术史学会传统工艺研究会和上海分会协办

· 中国科学院和大象出版社共同资助编纂出版

造纸（续）·制笔

图书在版编目(CIP)数据

造纸(续)·制笔/樊嘉禄著.—郑州:大象出版社,
2014.11
(中国传统工艺全集/路甬祥主编.第2辑)
ISBN 978-7-5347-7787-5

Ⅰ.①造… Ⅱ.①樊… Ⅲ.①造纸工业—技术史—中
国 ②笔—制造—技术史—中国 Ⅳ.①TS95-092

中国版本图书馆CIP数据核字(2014)第224480号

造纸(续)·制笔

樊嘉禄 著

出 版 人 王刘纯
责任编辑 成 艳
责任校对 裴红燕 安德华 牛志远 李婧慧
封面设计 王莉娟
内文设计 付锬锬

出　　版 大象出版社(郑州市开元路16号 邮政编码450044)
发行科 0371-63863551 总编室 0371-65597936
网　　址 www.daxiang.cn
发　　行 全国新华书店
印　　刷 郑州新海岸电脑彩色制印有限公司
开　　本 890mm×1240mm 1/16
印　　张 35
版　　次 2014年12月第1版 2014年12月第1次印刷
定　　价 560.00元
若发现印、装质量问题,影响阅读,请与承印厂联系调换。
印厂地址 郑州市文化路56号金国商厦七楼
邮政编码 450002 电话 0371-63944233

中国传统工艺全集　第二辑
路甬祥　主　编

造纸（续）·制笔

樊嘉禄　著

中原出版传媒集团
大地传媒

大象出版社
·郑州·

总序

中国的传统工艺源远流长，种类繁多，技艺精湛，科学技术和文化内涵极为丰富，其影响遍及社会生活的各个方面。所有传世和出土的人工制作的文物几乎都出自传统工艺，据此，在一定程度上可以说，中国古代灿烂多彩的物质文明是由众多传统工艺所创造的。即此一端，可见传统工艺对于民族和社会的发展曾起过何等重大的历史作用。

传统工艺的现代价值同样不容忽视。作为中华民族固有文化重要组成部分的传统工艺，既是弥足珍贵的科学遗产，又是技术基因的载体。古老的用作艺术铸件的失蜡法，经过现代科学技术的改造，跃变成为先进的、规模宏大的精密铸造行业，这是人们所熟知的科学技术史上推陈出新、古为今用的范例。许多传统工艺（诸如宣纸、紫砂、景泰蓝、锣钹制作等）至今仍在生产中应用，且因其自身工艺特点和文化特质而难以为现代技术所替代。随着我国现代化建设的进展、人们物质生活和精神生活水准的提高，对传统工艺制品的需求将不断增长。传统工艺定将在社会经济文化发展、提高国民素质、美化人民生活、对外贸易、国际文化交流方面进一步发挥作用，满足各阶层的多层次需要，从而显现其科学价值、文化价值和经济价值。

所有文明国度都十分珍视自己的文化史、科学史、艺术史和工艺史。在现代化进程中，如何保护包括传统工艺在内的民族文化，是一个带有普遍性的问题。在我国，传统工艺的保护和继承发扬同样面临严峻的挑战；在改革开放的形势下，又有再度焕发青春的大好机遇。基于这种情况，我们把传统工艺的文献资料整理、考订、实地考察、模拟实验等研究成果的编撰、出版视作我国科学文化事业的一项基础性建设，既具有存亡续绝的抢救性质，又可对弘扬民族文化、进行爱国主义教育、实现传统工艺的现代价值起到积极的推动作用，在学术层面上，对科学技术史、人类学、民俗学等相关学科也有重要意义。

鉴于我国目前尚无传统工艺的系列著作，中国科学院在“九五”规划中，特将“中国传统技术综合研究”列为重大科学研究项目。“中国传统工艺全集”则是这一项目的两个子课题之一。

本课题系由我院自然科学史研究所主持，中国科学技术史学会传统工艺研究会和上海分会协助，第一辑共14卷，包括陶瓷、丝绸织染、酿造、金属工艺、传统机械调查研究、漆艺、雕塑、造纸与印刷、金银细金工艺和景泰蓝、中药炮制、文物修复和辨伪、历代工艺名家、民间手工艺和甲胄复原等分卷；第二辑共6卷，包括造纸（续）·制笔、陶瓷（续）、制墨·制砚、农畜矿产品加工、锻铜与银饰工艺、中国传统工艺史要等分卷。为保证编撰质量，特聘一批著名学者为顾问，从全国范围延请多年从事传统工艺研究、有较深学术造诣和丰富实践经验的专家学者和工程技术人员，担任各分卷的主编、副主编、编委和特约撰稿人。

由于传统工艺各分支学科的研究基础和具体条件不尽相同，本书现有的卷目设置和所涵盖的工艺类目与内容是存在欠缺之处的。我们希望在《全集》各卷推出之后，在各有关部门的支持下，继续予以充实、完善，俾能名实相符，也希望读者和学界同仁对已出的各分卷给予批评指教，容我们在修订再版时补正。

本书在立项和编撰过程中，得到院内外众多单位和专家学者的大力支持，大象出版社慨允承担出版任务并予资助，在此谨致谢忱。

2004 年 8 月

目　录

造纸（续）

第四章　造纸技艺发展的高峰

第五章　集大成的明清造纸技艺

第六章　现当代手工纸制作技艺

下编 手工纸制作技艺的田野调查

第一章 麻纸制作技艺

第二章 宣纸制作技艺

第三章 楮皮纸制作技艺

第四章　桑皮纸制作技艺

第五章　其他原料皮纸制作技艺

第六章　竹纸制作技艺

第七章 纸笺制作与书画装潢技艺

附 录

制 笔

上编 制笔技艺发展的历史

第一章 毛笔的起源与早期发展

第二章　唐宋两代制笔技艺的蓬勃发展

第三章　元明清毛笔制作技艺的全面繁荣

第四章　西式笔排挤下的毛笔制作业

下编 毛笔制作技艺的田野调查

第一章 湖笔制作技艺

第二章 宣笔制作技艺

第三章 其他流派的毛笔制作技艺

第四章 茅龙笔制作技艺

附 录

造纸（续）

前 言

手工纸制作技艺作为中国古代重大发明——造纸术的当代遗存，是一项重要的非物质文化遗产。从文房用品的角度看，手工纸迄今依旧是中国书画用纸的绝对主体，在机制纸技术高度发达的今天仍然不可替代。

手工纸制作技艺的传承地遍及中国一半以上的省份，仅已被列入中国前三批国家级非物质文化遗产名录中的15项手工纸制作和纸笺制作技艺就涉及北京、云南、贵州、四川、陕西、西藏、新疆、安徽、浙江、福建、江西、上海等10余个省市。为完成此书，我们从2005年开始，先后对安徽泾县宣纸制作技艺、潜山桑皮纸制作技艺、巢湖掇英轩纸笺制作技艺，四川夹江竹纸制作技艺、德格印经院藏纸制作技艺，浙江富阳竹纸制作技艺、瑞安竹纸制作技艺、龙游皮纸制作技艺，陕西长安楮皮纸制作技艺，山西定襄麻纸制作技艺，山东曲阜桑皮纸制作技艺，云南丽江等地的东巴纸制作技艺、耿马傣族佤族自治县傣族皮纸制作技艺，贵州贞丰皮纸制作技艺，新疆桑皮纸制作技艺，江西铅山连四纸制作技艺等进行了田野调查。

上述项目涉及麻纸、宣纸（用青檀皮和稻草）、楮皮纸、桑皮纸、三桠皮纸、藏纸（用瑞香狼毒的根茎）、东巴纸（用荛花根茎）、竹纸，几乎涵盖所有原料类型的手工纸；涉及抄纸、浇纸等不同的成纸方法，各地抄造同一种纸又有不同风格的成套工艺。此外，对纸笺的制作工艺也有比较全面的描述。

有的读者可能会注意到，《中国传统工艺全集》中已经有了《造纸与印刷》卷，其中造纸卷部分也是以传统造纸技艺为主要研究对象。但是，比较一下就不难发现两者间根本之不同。首先，此书是造纸卷完成之后的后续研究成果，无论是在实地调查的深度和广度上，还是在历史文献的挖掘方面，都较造纸卷有质的提升；其次，造纸卷是在技术史研究背景下完成的，而此书则是在非物质文化遗产保护的背景下完成的，前者只注重工艺流程，后者不仅详细记录工艺流程和产品，还关注与这些技艺相关的要素，诸如传承地、传承人及传承方式、传承主体的生存状态等。作为一种记录性的保护方式，调查报告中还特别注意记录各地不同的技艺风格和工艺流程中一些重要的操作细节。同时，为了避免重复，造纸卷中许多原创性的工作在此书中都没有引述。

对一项技艺的记录离不开图片，所以图文并茂是本书的一大特点，这也许正符合我们所处的“读图时代”的要求。有些片段，如宣纸抄纸工艺，我们采用了连续拍摄的方式，定格每一个“拐点”，尽可能避免信息衰减，便于读者理解。

除了大量的田野调查，本书的另一块重要内容是手工纸技艺的历史发展。这部分内容包括大量过去未曾注意到的古文献资料，同时对用纸等纸文化信息有较多的反映，体现出非物质文化遗产保护背景下开展此项研究的特点。

本书是在中国科学院“985创新经费”资助下完成的，其中的部分研究工作也得到安徽省社科规划项目“传统技艺类非物质文化遗产合理利用模式研究”（AHSK09-10D104）的资助。中科院自然科学史研究所华觉明先生给予了很多指导和帮助。自然科学史研究所的其他同志，包括前任所长廖育群先生、李小娟老师、赵翰生先生都提供过指导或帮助。在调研过程中除了得到报告中所提及的所有传承人的帮助外，还得到过许多地方领导和研究者的无私帮助。如四川省文化局社文处夹江县文管所周华杰所长不仅陪同调研，还提供了大量的图片；著名的藏族企业家登巴大吉先生则为笔者赴德格县提供了便利。还有山西省非物质文化遗产保护中心赵中悦主任和孙文生副主任、山西忻州市文化局周淑秀副局长、山西定襄县文化局张尚瑶局长、陕西西安市长安区文化体育广播电视局的领导、浙江富阳市文化局庄孝泉局长、浙江衢州文化局的陈玉英处长、安徽省文化厅非物质文化遗产处张媛媛处长和左金刚先生等都为我们提供过许多便利。研究者中，中科院研究生院的方晓阳教授提供了铅山竹纸制作技艺的资料，中国科技大学汤书昆教授研究团队中的陈彪博士提供了云南、贵州部分的资料，新疆医科大学的冯蕾博士提供了新疆桑皮纸的资料，泾县宣纸厂的黄飞松先生提供了大量的宣纸制作等方面的资料。特别值得一提的是，富阳市企业家李少军先生长期研究富阳竹纸，不仅让我们分享其研究成果，还为我们提供了大量的图片资料。这里谨向他们表示最崇高的敬意！

笔者在本研究前半段是安徽医科大学人文社科学院的教授，2008 年受组织委派到黄山学院工作，在安徽省教育厅领导的关心支持下学院成立了安徽非物质文化遗产研究中心，本书也是研究中心的一项成果，在写作过程中得到校领导和团队其他成员的大力支持，本书的前言和目录的英文翻译就是在外国语学院洪常春副教授的帮助下完成的，在此也一并表示感谢！

我们在长达七年多的时间里尽可能多地收集当代手工纸制作技艺方面的资料，本书只是这个宝库中的一部分，技艺仍在演变，研究仍在继续，如果有机会再版此书，一定会增添更多新的内容。

樊嘉禄

壬辰春于知止轩

上编　造纸技术发展的历史

第一章　造纸术的起源

第一节　造纸术出现之前中国人使用的书写材料

一、早期文字载体概述

人与人之间传情达意，最初是通过声音和表情、手势等肢体语言，后来才发展出用特定的物形，进而以图、文来实现。后者不仅可借以交流，而且能够帮助记忆。“上古结绳而治，后世圣人易之以书契，百官以治，万民以察，盖取诸夬。”[1] 除了“结绳记事”，早期人们还用其他物品制作标记，如台湾高山族，在路口处用草叶打结，以指示后来跟进者的方向[2]，就是这种传递信息方法之遗存。

用书写符号来传达讯息则是人类演化之高级阶段的产物，先有各种特定意义的符号，然后才出现文字系统。目前所知中国最早的成体系的文字是甲骨文（图 1–1），然而从甲骨文的结构造型以及叙事的完整性来看，甲骨文已经是相当成熟的文字，应当是从更为原始的文字演化发展而来，但更原始的文字或因书写材料不易保存而不复存在。

除了有字甲骨，中国古代的青铜器、陶器、石器等器物表面都留有大量的文字。《墨子》卷 8 对此现象有过论述：“古者圣王必以鬼神为，其务鬼神厚矣。又恐后世子孙不能知也，故书之竹帛，传遗后世子孙。咸恐其腐蠹绝灭，后世子孙不得而记，故琢之盘盂，镂之金石以重之。有恐后世子孙不能敬莙以取羊，故先王之书，圣人一尺之帛，一篇之书，语数鬼神之有也，重有重之。”不过，如果从今天所理解的书写材料意义上讲，在纸张出现之前，中国人大量使用的书写材料主要是简牍和缣帛。简牍的使用未必比金石、甲骨晚，对此王国维先生在《简牍检署考》中有明确表述：“书契之用，自刻画始，金石也，甲骨也，竹木也，三者不知孰为后先，而以竹木之用为最广。”[3] 但可以肯定，简牍是纸张发明之前使用最广泛的材料。

远古的简牍虽未有实物，但不乏文献证据。《尚书》有“惟殷先人有册有典”之说。“册”字在早期文字中为象形字，指用绳编起的一枚枚简，而“典”的本义是大册。由此可见，早在殷商时期就开始使用简牍写字。现已发现的甲骨文中就有“册”字，当时称专职写字的史官为“作册”，也见于甲骨文，可为旁证。当然，商

《国博》035 正

《国博》035 反

图 1–1　甲骨文（取自王宇信《中国甲骨学》）

代制作简牍所用材料是否为后世所用的竹木尚未可知，但可以肯定，竹木质简牍至迟在春秋时代已成为主要书写材料，因为据《周礼》：“史官掌邦国四方之事，达四方之志。诸侯亦各有国史。大事书之于策，小事简牍而已。”[4]

二、战国至秦汉时期的简牍

先秦时期简牍和缣帛的数量应当非常大，但秦始皇三十四年（前 213）发动的一场焚书运动，使得大量的简帛皆被毁损。据《史记》记载，当时规定：“史官非秦纪皆烧之，非博士官所职，天下敢有藏《诗》、《书》、百家语者，悉诣守、尉杂烧之。有敢偶语《诗》、《书》者弃市。以古非今者族。吏见知不举者与同罪。令下三十日不烧，黥为城旦。”[5] 民间可以保留的只有医药、卜筮、种树之类的专业著作。“焚书”再加上简帛的质料本身就不易保存，所以留传至今的先秦的简帛并不多，今人所见先秦古籍多为汉代儒生续修整理而留传至今。

20 世纪以来，考古工作者在湖南、湖北、河南等地陆续发现了一些战国和秦代竹简，为我们了解先秦简牍的形制及使用情况提供了重要的参考依据。

1942 年，考古工作者在湖南长沙子弹库的一座楚墓中发现帛书，其中一件完整，有 900 余字，另有三四件残片。[6] 内容属阴阳数术，据推测墓主可能是这方面的学者，时间在战国中晚期之间。

1957 年，在河南信阳长台关 1 号楚墓出土竹简 148 枚，出土时已残断，经整理缀合，只可读释出若干语句。该墓属战国中期偏早，简书的著作年代当稍晚于墨子。

1979 年，四川青川县郝家坪秦墓出土了 2 件木牍，一件长 46 厘米、宽 3.5 厘米、厚 0.5 厘米，上面的文字残缺，无法辨识；另一件长 46 厘米、宽 2.5 厘米、厚 0.4 厘米，两面均有墨书文字，正面三行 121 字，背面四行 33 字。[7]

1986 年年底，湖北荆沙铁路考古队在位于荆门市十里铺镇王场村的包山大冢发掘的战国墓中出土了 444 枚竹简，其中有文字的 282 枚，总字数约 15000 字。这些简均经刮削、修制、杀青等处理，竹节大多已削平。书写卜筮祭祷记录和司法文书的竹简制作精细，遣策简则相对粗糙。竹简长度有两种：一种长 59.6 ～ 72.6 厘米，另一种长 55.2 厘米。宽为 0.5 ～ 1 厘米。大多数简上下各一道编线，编口深浅不一，遣策简的编口最深。各简书写都不留天头地角，文字多书于竹黄一面，各简字数相差悬殊，字距不匀，如图 1–2。部分简的背面书有文字，多与正面内容有关。少数简的简背文字相连，成为独立段落。篇题均书于简背，字形较大。[8]

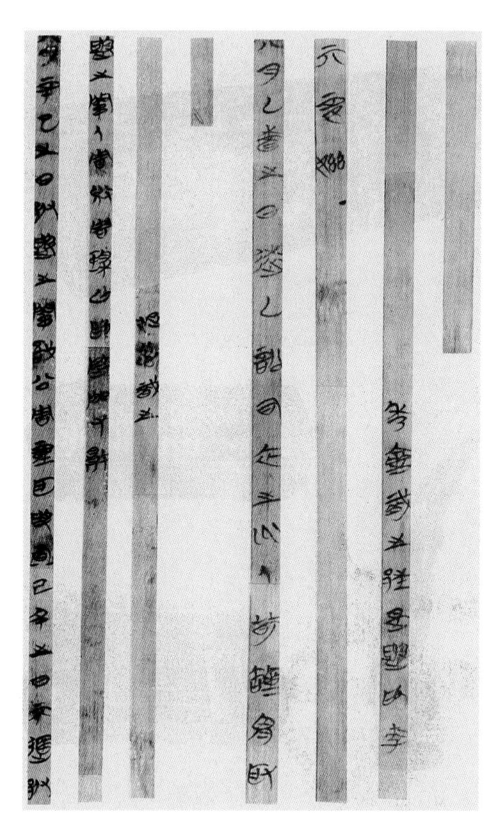

图 1–2　包山战国墓出土的竹简

1987 年，湖南慈利石板村 36 号墓出土近千枚简，约 20000 字，竹片较薄，厚度为 0.1 ～ 0.2 厘米，宽 0.4 ～ 0.6 厘米，无一完整，经清理共有 4557 片，为毛笔墨书而成，约 40% 的文字字迹清晰，字体不同，应非出自一人之手。字体风格与河南信阳长台关、湖北江陵望山出土的楚简相类似，内容为记事性古书，以记载吴越二国史事为主。[9]

1993 年冬，湖北荆门郭店 1 号楚墓出土 804 枚竹简，其中有字简 703 枚，最长者 32.4 厘米，最短者为 15 厘米，宽 0.45 ～ 0.65 厘米。有两种形制：一种两端作平，另一种两端呈梯形，简上保存有二三道编连痕迹。全部竹简有 13000 余字，字体有明显的战国时期楚国文字的特点[10]，内容多为道家、儒家著作，另有《语丛》四组，杂抄百家之说，涉及十余种古籍。该墓属战国中期偏晚，不迟于公元前 300 年，值得一提的是，墓主可能曾任“东宫之师”，即楚怀王太子横（顷襄王）的老师。

1994 年，上海从香港市场获得 1200 枚战国竹简，据传出土于湖北江陵、荆门一带，经碳－14 年代测定距今 2257 年，与 1993 年湖北荆门郭店出土的楚简时间相同。最长的 57.1 厘米，最短的 24.6 厘米，约有 35000 字，内容涵盖儒家、道家、杂家、兵家等各个方面[11]，其中有丰富的史料为现有文献所未见。例如，经整理发现，有 31 枚简中记有孔子关于诗的论述，是孔子学生有关孔子授诗时的记录，在诗的篇目、诗的顺序、诗的用字上，都与流传至今的《诗经》有不同之处，上海博物馆将其定名为“竹书孔子诗论”。这些简为一人书写，字体匀称秀美，在多枚简上都记有授诗者的名字，即孔子。其中 6 枚简中有孔子语“诗毋离志、乐毋离情、文毋离言”等，也是过去所未知的。

2008 年 7 月，流散到国外的一批战国竹简，经一位清华校友发现并收购后，捐赠给清华大学。这批简共有 2388 枚，最长的 46 厘米，最短的不足 10 厘米，文字大多精整，较长的简都是三道编绳，固定编绳的切口及一些编绳遗迹清楚可见，经碳－14 年代测定的数据并经树轮校正为公元前 305 年前后，属于战国中晚期。这批简具有重要的文献价值，大多在迄今已经发现的先秦竹简中还没有见到过，被认为是前所罕见的重大发现。

考古发掘出土的秦汉简数量更大，这里仅举数例，重点考察当时竹简的形制和使用情况。

1975 年，湖北云梦睡虎地秦墓出土竹简 1100 余枚，分为八组，堆放有序，除少数因积水浮动而散乱以及残断外，绝大部分保存完好。整简长度一般为 23.1 ～ 27.8 厘米，宽为 0.5 ～ 0.8 厘米，简文为墨书秦隶，字迹大部分清晰可辨；有的两面均为墨书文字，大部分只书于篾黄上。从残存的绳痕判断，竹简系以细绳分上、中、下三道编组成册。简的内容有一半以上与秦代法律有关，也有秦昭王元年至秦始皇三十年的大事记以及《日书》等占卜一类的书籍[12]。经整理，有《编年记》、《语书》、《秦律十八种》、《吏道》、《日书》、《效律》和《封诊式》等书籍。由于秦律在传世文献中极为有限，其中关于秦律的内容对学术界产生了很大的震动。

在睡虎地的一座秦墓中出土了两块木牍，其中一块保存完好，长 23.1 厘米、宽 3.4 厘米、厚 0.3 厘米，两面均有墨书文字，字迹尚可识别，共 200 余字；另一块保存较差，下段残缺，残长 17.3 厘米、宽 2.6 厘米、厚 0.3 厘米，两边也均有墨书文字，共 100 余字，如图 1–3。两块木牍都削得很薄，上面写的是一封家信，内容还涉及战国晚期秦统一中国战争的资料，具有重要的史料价值。[13]

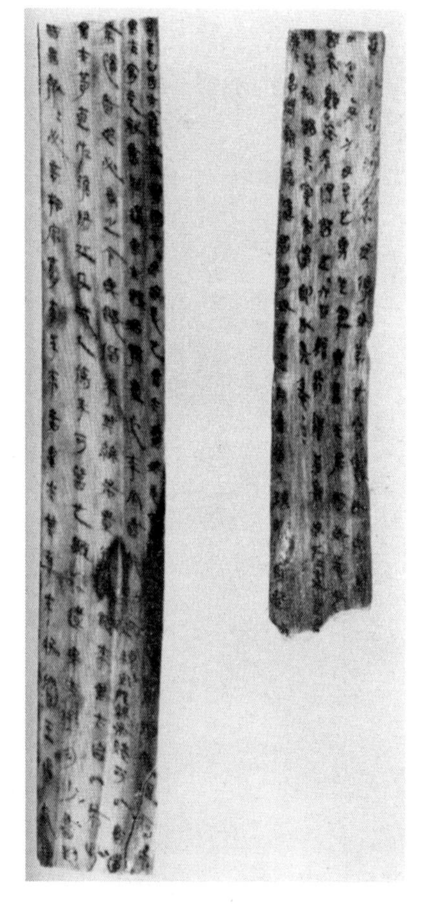
图 1–3　云梦睡虎地秦墓出土的书信木牍

1986 年，甘肃天水放马滩 1 号秦墓出土了 460 枚竹简，大多保存完整，字迹清晰。经长期浸泡，竹简松软易断。简上原有三道编绳，上下端各空出 1 厘米为天地头，如图 1–4。大部分简的天地头两面还粘有深蓝色布片，可能是编册后曾用布包裹粘托以示装帧。每简右侧有三角形小锲口，上留有编绳朽痕，当为丝织物。简文都以古隶体书写在篾黄面，最多每简 43 字，一般在 25 ～ 40 字之间，每简书写一条内容，至一章写完，如有空余，再写别的篇章，其间以圆点或竖道区分。如有转行，必写在邻近简的空余处。出土时编绳已不存，次序散乱，无篇题。[14]

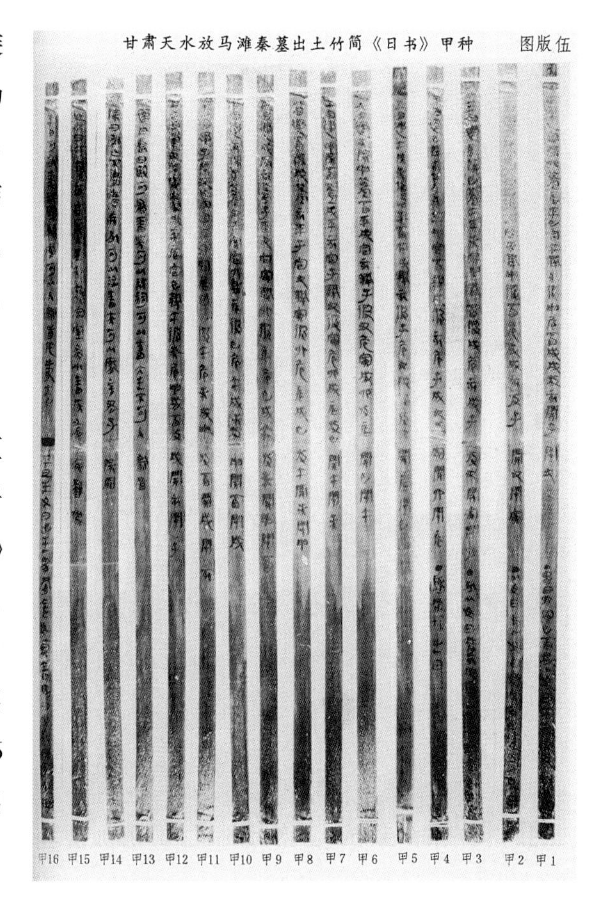

图 1–4 放马滩秦竹简

1993 年，在湖北江陵王家台 15 号墓出土了一批秦简，数量在 800 枚以上，简宽 0.7 ～ 1.1 厘米，长度有 45 厘米和 23 厘米两种，竹呈黄褐色，简文墨书秦隶，均写于篾黄一面，字迹大部分可释读，主要内容为《效律》、《日书》和《易占》。另有竹牍 1 枚，残甚，残余部分长 21 厘米、宽 4 厘米，字迹模糊，内容不详。[15]

汉简出土方面，1972 年，山东临沂银雀山 1 号墓出土了一批竹简，经整理有 4942 片，整简每枚最长 27.6 厘米，宽 0.5 ～ 0.9 厘米，厚 0.1 ～ 0.2 厘米。2 号墓出土竹简 32 枚，每枚长 69 厘米、宽 1 厘米、厚 0.2 厘米。简上的文字全部为隶书，用毛笔蘸墨书写，字迹有端正，有潦草，非出自一人之手。由于长期在泥水中浸泡，又受其他随葬物的挤压，竹简已经散乱，表面呈深褐色，编缀竹简的绳索早已腐朽，有的简上还可看到一点痕迹，但用墨书写的字迹，绝大部分很清晰，每枚简字数不等，整简每枚多达 40 余字。内容为《孙子兵法》等先秦文献，2 号墓竹简还有一部《汉武帝元光元年历谱》。墓葬的年代为汉武帝元光元年至元狩五年之间。[16]

1975 年，湖北江陵凤凰山 168 号西汉早期墓葬出土竹简 66 枚，长 24.2 ～ 24.7 厘米，宽 0.7 ～ 0.9 厘米，厚 0.1 厘米。墨书隶体，每简 2 ～ 14 字，计 346 字。另有竹牍 1 枚，长 23.2 厘米，宽 4.1 ～ 4.4 厘米，墨书于篾青上，文字清晰。凤凰山 8、9、10、167、168、169 六座西汉墓，自 1973 年开始共出土竹简 548 枚，木简 74 枚，竹牍 1 方，木牍 9 方，共 4000 余字，全部属早期隶书，约抄写于西汉文景时期。

1978 年，青海大通县上孙家寨马良墓所出土的西汉晚期木简，完整的简长 25 厘米，宽 1 厘米左右，厚 0.2 厘米，为木片削制而成。所用木料为云杉属，墨书隶体，每简 30 余字到 40 字不等，残简共约 400 片，内容涉及《孙子兵法》和一些军规军纪方面的内容。

1983 年末，湖北江陵张家山两座汉墓出土竹简 1000 多枚，包括汉律、《奏谳书》、《盖庐》、《脉书》、《引书》、《算数书》等。墓的年代在吕后时期，所以所见汉律多沿秦律之旧。1988 年，同地 336 号墓也出有汉律简，一部分内容与 247 号墓的相同，墓的时代则是文帝初年。

1983 年，山东临沂金雀山 28 号汉墓出土牍 1 件，长 23 厘米、宽 6.8 厘米、厚 0.2 厘米，一端有文字，字迹已模糊。

1993 年，江苏东海县尹湾汉墓出土竹简 133 枚，分大小两种，大简宽 0.8 ～ 1.0 厘米，小简宽 0.3 ～ 0.4 厘米，长度基本一致，为 22.5 ～ 23 厘米，小简有绳编的痕迹，总共有近 4 万字内容。同时出土木牍 24 件，长 23 ～ 23.5 厘米，宽 6 ～ 9 厘米，厚 0.3 ～ 0.6 厘米。墓主师饶，生前任东海郡的五官掾、功曹史等职，下葬时间为元延三年（前 10）。

西北地区汉代烽燧遗址出土的简牍数量非常庞大，如 1930 年西北科学考察团成员瑞典人 F. 贝格曼在额济纳河汉张掖郡居延都尉和肩水都尉烽燧遗址中采获汉代简牍约 10000 枚，年代约自武帝末至东汉中叶，以西汉简为多。绝大部分是汉代边塞上的屯戍档案，一小部分是书籍、历谱和私人信件等。

1972 ~ 1976 年，甘肃居延考古队又在第一次发掘地点的附近掘获 19000 多枚。内容甚丰，大致有诏书、奏记、檄、律令、品约、牒书、爰书、符传、簿册、书牍、历谱术数、医药等。其中纪年简 1222 枚，从武帝元朔元年（前 128）至新莽及于东汉建武初年的年号，基本上是连续的，其中以宣帝时期（前 73 ~ 前 49）为最多。

1990 ~ 1992 年，考古工作者在敦煌甜水井附近的汉代悬泉置遗址出土简牍 35000 枚，其中有字者 23000 余枚，以木质为主，竹质很少。木材有油松、红松、白杨、柽柳等。其材质的使用与文书的性质、内容、级别有密切关系。如油松和红松，质细而平，且不易变形，多用于级别较高的各种官府文书、诏书、律令、科品、重要簿籍的书写。白杨、柽柳，质粗而易变形，多用于一般文书的抄写。从使用时期看，两种松木多见于武帝至元帝时期的文书，白杨木次之。柽柳、白杨多见于王莽至东汉时期的文书，松木次之。木材中松木均来自外地，白杨、柽柳则产于当地。[17]

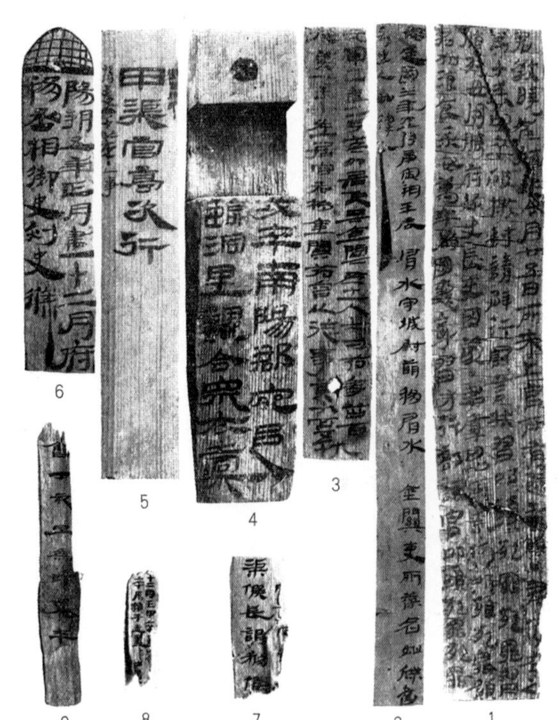

1. 牍 2. 两行 3. 符 4. 封检 5. 函简 6. 签 7 ~ 9. 削底

图 1–5 居延金关出土的木质简、牍等

居延遗址共出简 19637 枚，绝大多数为木简，竹简极少。简（扎）、两行、牍、检、符、觚、签、册和有字的封检、削底等不同形状和尺寸的都有，如图 1–5。

木板画两块，一块为 9 厘米 ×6.6 厘米，墨线勾出一只带翼的虎，线条富于变化，作于王莽或建武初。另一块为 25 厘米 ×20 厘米，出于下层，属昭、宣时期，画虽不精，但作风古朴（图 1–6）。有趣的是，金关有一枚简记载了一幅美术作品——“画，一吏一马，横幅”，与此画颇吻合。

图 1–6 居延木牍

从上述资料可以了解到，先秦至秦汉时期简牍的使用非常普遍，从法律文书、专门著作到书信等生活内容无所不及。制作材料，简以竹为主，也有大量的木简；牍以木为主，也有少量的竹牍。简的形制特别是早期似没有统一的标准，长度从 70 余厘米（约合当时 3 尺）至 20 余厘米（约合当时 1 尺）甚至 10 余厘米都有，宽度一般在 1 厘米之内，厚度在 0.1 厘米以上（木质简牍则较厚）。用毛笔墨书，每简字数不等，从数字到数十字都有，字体则从大小篆一直到汉隶逐渐演变。

这些简牍实物的发现证实了古代文献中关于简牍形

制的描述。蔡邕《独断》曰："策者，简也。其制长二尺，短者半之。其次一长一短，两编下附。简之所容，一行字耳，牍乃方版，版广于简，可以并容数行。凡为书，字有多有少，一行可尽者，书之于简；数行乃尽者，书之于方；方所不容者，乃书于策。"[18] 经过数百年发展，简牍的使用在汉代已经形成了一套完备的制度体系。

三、战国至秦汉时期的缣帛

除了简牍，最接近于后世纸张的书写材料当数缣帛。中国先民养蚕取丝的历史非常悠久，官方有黄帝元妃嫘祖发明养蚕之说，如宋代文献中有"元妃西陵氏曰嫘祖，以其始蚕，故又祀先蚕"[19] 等记载。民间还有关于养蚕起源的一些故事，如干宝《搜神记》中的"马头娘"的故事，十分有趣。

> 旧说太古之时，有大人远征。家无余人，唯有一女，牡马一匹。女亲养之，穷居幽处，思念其父，乃戏马曰：尔能为我迎得父还，吾将嫁汝。马既承此言，乃绝缰而去，径至父所。父见马，惊喜，因取而乘之。马望所自来，悲鸣不已。父曰：此马无事如此，我家得无有故乎。亟乘以归，为畜生有非常之情，故厚加刍养。马不肯食，每见女出入，辄喜怒奋击，如此非一。父怪之，密以问女。女具以告父，必为是故。父曰：勿言，恐辱家门，且莫出入。于是伏弩射杀之，暴皮于庭。父行，女与邻女于皮所戏，以足蹙之曰：汝是畜生，而欲取人为妇耶，招此屠剥，如何自苦。言未及竟，马皮蹶然而起，卷女以行。邻女忙迫，不敢救之，走告其父，父还求索，已出失之。后经数日得于大树枝间。女及马皮尽化为蚕，而绩于树上。其茧纶理厚大异于常蚕。邻妇取而养之，其收数倍，因名其树曰桑。桑者，丧也。由斯百姓竞种之，今世所养是也。[20]

帛书使用于何时同样不甚明了，《晏子春秋》有"景公谓晏子曰：昔吾先君桓公，予管仲狐与谷，其县十七，著之于帛，申之以策，通之诸侯，以为其子孙赏邑"[21] 的记载。《墨子》中也多次提及"故书之竹帛，琢之盘盂"，如卷 2 中有"古者圣王既审尚贤，欲以为政，故书之竹帛，琢之盘盂，传以遗后世子孙"，卷 12 中有"古之圣王欲传其道于后世，是故书之竹帛，镂之金石，传遗后世子孙，欲后世子孙法之也"等。尽管这两种文献成书的年代学术界还有争议，如果按多数学者的观点，缣帛用于书写的时间应当不晚于春秋晚期。

缣帛的种类很多，名称也各不相同。书写所用多是没有经过染色的白帛，也称"素"。生丝造成的绢，轻薄如纱，也常被用于书写，特别是绘画。缯较绢、素厚且暗，由粗丝加工织成，可能是野蚕丝的成品，较其他各种素帛经久耐用。与缯类似的缣，由双丝织成，色黄。根据《释名》所载，缣面比绢精美细致，其价格当然也比普通的帛要昂贵许多。今人则以"缣帛"为丝织品之用于书写者的通称。

从考古发掘资料看，缣帛的使用肯定不晚于战国时期。1942 年 9 月，湖南长沙东郊子弹库战国楚墓盗掘出土了一批帛书，共有八摺，放在一个竹匣中。匣长约 23 厘米，宽约 13 厘米。帛书大小不一，据商承祚介绍，当中部分摺迹纵约 17.5 厘米，横约 11.5 厘米。[22] 帛书被盗出后，首先为长沙东站路唐茂盛古玩店的老板唐鉴泉所得，后又转手蔡季襄。蔡于 1944 年购得后进行了研究，并写出《晚周缯书考证》一书，对楚帛书的形制、文字和图像进行了研究和介绍。后来这批帛书中的大部分几经辗转被带到美国，先是被寄放在纽约大都会博物馆，最后于 1987 年被放在华盛顿赛克勒美术馆。另有一部分残片为商承祚先生所收藏，直到 1991 年他去世后，1996 年由其家属将它捐赠给湖南省博物馆。[23] 其子曾撰文介绍其父所藏的帛书残片的情况。[24]

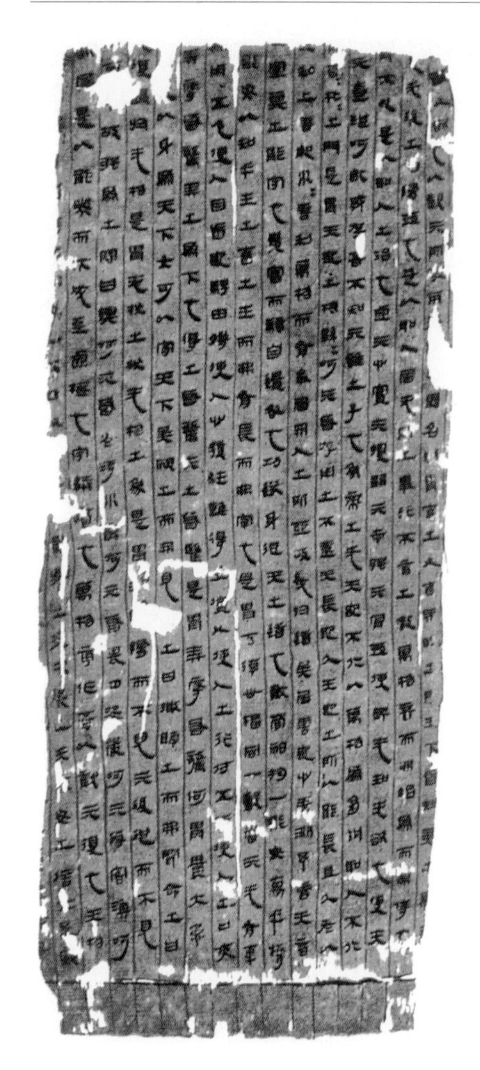

图 1–7　马王堆汉墓出土的帛书《老子》

1973 年，长沙马王堆汉墓出土了大批文物，其中 3 号墓出土的帛书多达 30 余种，上有 12 万多字。内容涵盖六艺、诸子、兵书、术数、方技等领域。帛书抄写的年代大致在秦汉之交至汉文帝十二年，历史文献价值极高。

马王堆帛书的质地是由生丝织成的细绢，帛的高度有两种：一种为 48 厘米左右，一种为 24 厘米左右，即分别用整幅直写或用半幅横放直写，幅面大小视需要而定。出土时，整幅的帛书折叠成长方形，半幅的帛书卷在二三厘米宽的竹木条上，一同放在漆奁中。图 1–7 所示为长沙马王堆出土的帛书《老子》。

帛书一般是横摊着从右端开始直行写下去，有的先用墨或朱砂画好上下栏，再用朱砂画出七八毫米宽的直行格（与后世画有所谓的“乌丝栏”或“朱丝栏”的信笺相似），有的则没有画行格。整幅帛书每行有 70 字左右，半幅的则只有 30 余字。除个别用朱砂外，基本上都是用松枝烟炱制成的墨书写的。

帛书的长短差异很大，短的在一段帛上只写一种书或画一幅图，长的则可以在写完一种书或画完一幅图之后，另起一行就接着写下一种书或画其他图，中间并不剪开，因此一幅长帛上常常有好几种书。

帛书的体例也不大一致。有的在首行开端涂一黑色小方块作标记，表示书的开始，有的则没有标记；有的用墨点记号分章，有的换行另起一章，有的则通篇连抄；大部分没有书名，有标题的也并非放在开端，而是写在文章的末尾，还记明字数。

总体上看，帛书的样式与简册相似。帛书的字体有篆书，有隶书，还有介于两者之间的草篆，也称秦隶，反映出秦汉之间汉字演化的轨迹。帛书的字迹有的工整秀丽，有的洒脱潦草，非出自一时一人之手。有学者据此认为当时已经出现职业抄手。

1990 年，敦煌甜水井汉代悬泉置遗址出土帛书 10 件，均为私人信札，用黄、褐二色绢作为书写材料。发掘简报称，其中一件（图 1–8），绢地，黄色，长 34.5 厘米，宽 10 厘米，竖行隶书，共 10 行，322 字。出土时叠成小方块，因受潮墨迹相互渗透，保存完整，是目前所见字数最多、保存最完整的汉代私人信件实物。[25]

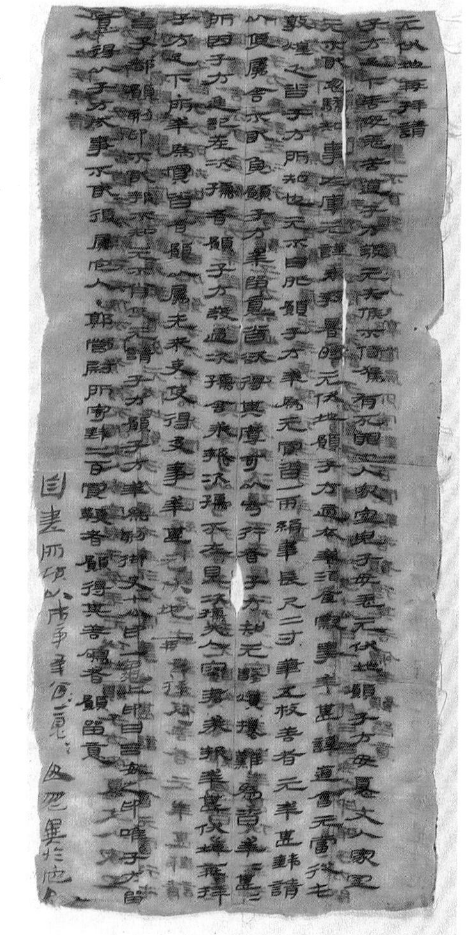

图 1–8　悬泉置帛书（取自《文物》杂志）

1997 年 7 月，国家文物局委托中国历史博物馆举办“全国考古新发现精品展”，中国历史博物馆的王冠英先生对这件名为“元与子方”的帛书信札作进一步研究。他指出，该件帛书出土时呈纵三折、横七折的折叠小方块形，展开长方形帛片，长23.2厘米，宽10.7厘米，两侧边缘稍有残缺。帛原为黄色，因年深日久脱色，现呈黄白色。共10行315字，重文4。前9行用工整的汉隶书写，其中仍有一些文字保留小篆的笔意，最后一行为潦草的补白，与前9行非一人手笔。这封信写于汉成帝时期，当时“八分书”已经形成，但帛书中还保留了汉隶的特点，尤其是最后一行的草书。从中可以看到西汉隶到东汉隶过渡的情况。[26]

秦汉时期，简和缣帛并用，由于简的价格比较低廉，而且容易修改，故书写一些重要的文件往往以简为草稿，然后缮写在缣帛上成为定本。东汉应劭《风俗通》对这一做法有确切记载：“刘向为孝成皇帝典校书籍二十余年，皆先书竹，改易刊定，可缮写者以上素也。”[27] 此外，缣帛幅面宽广，还常被用来绘制竹书的附图和其他图卷。

第二节　造纸术的发明及几个相关的问题

简牍和缣帛这两种材料虽然远比金石等材料更适宜作为文字载体，但仍有很大缺陷。简牍笨重，据《史记·秦始皇本纪》称：“天下之事无大小，皆决于上。上至以衡石量书，日夜有呈，不中呈不得休息。”[28] 说的是秦始皇亲政时，事无巨细，每必躬亲，批阅的写在简牍上的奏章呈文，要过秤量，重以石计，都得看完才能休息。宋代裴骃注曰：“石百二十斤。”这里指的是秦斤，秦朝一斤为253克，一石就相当于30.36千克。

较为精致的简厚度一般在0.1～0.2厘米，密度如果按0.5千克/立方米计算，每平方米简的重量为500～1000克，是普通宣纸（每平方米重约34克）的20倍，还没有加上编绳的重量。这就意味着即使是相同的书写密度，写同样数量的文字，也需要20倍于纸张重量的竹简。照此换算，这一石简上的呈文如果写在纸上，最多只需要1.5千克，还不到半刀四尺宣纸的重量。

再说，由于书册是用简编连起来的，其体积与纸书相比就更为庞大。《庄子·天下》中有“惠施多方，其书五车”的记载。后人用“学富五车”表示一个人很有学识。粗略估算一下，即使按每车300千克计算，惠施这五车简册，如果换用宣纸抄写，文字的大小和密度相同，也只需要23刀四尺宣纸。

由此可见，即使是精致的简册也是非常笨重的。当然如果用缣帛书写就不存在笨重的问题，但是用缣帛制作的衣服都是只有王公贵族才能享用的奢侈品，如果用作书写材料，那当然更是昂贵，只有极少数豪富贵族才能使用得起，远远不能满足当时快速发展的社会需要。

高度发展的社会呼唤一种价格便宜、携带方便的书写材料，造纸术正是在这样的背景下应运而生。

一、造纸术的发明

造纸术的发明是中国人民对世界文明做出的最杰出贡献之一，它不仅是书写材料的一次革命，而且为后来印刷术的发明提供了必要条件。“纸”字的结构反映出古代人们对纸概念的认识。许慎的《说文解字》

中有两个纸字，差别是右边的“氏”字下面有无一点，如图1–9。两者读音也不一样。加点的即为纸，“丝滓也，从糸氏声，都兮切”[29]。《释名》“释书契第十九”也有“纸，砥也，谓平滑如砥石也”[30]。显然强调的是其平整性。不加点即为纸，“絮一苫也，从糸氏声，诸氏切”。后来亦有人解释说：“纸字亦作帋，从糸，从巾，则古以缣帛为之。”[31]则突出纸张的原料和质地。宋代苏易简《文房四谱》对“絮一苫也”给出的解释是：“盖古人书于帛，故裁其边幅，如絮之一苫也。”[32]这显然是一种误解。许慎，字叔重，是东汉著名经学家、文字学家（有“字圣”之称）、语言学家，中国文字学的开拓者。105年蔡侯纸问世时，许慎约47岁，正值中年，在其后半生40余年中，应当了解蔡侯纸的生产过程，知道“絮之一苫”与“裁其边幅”无关。

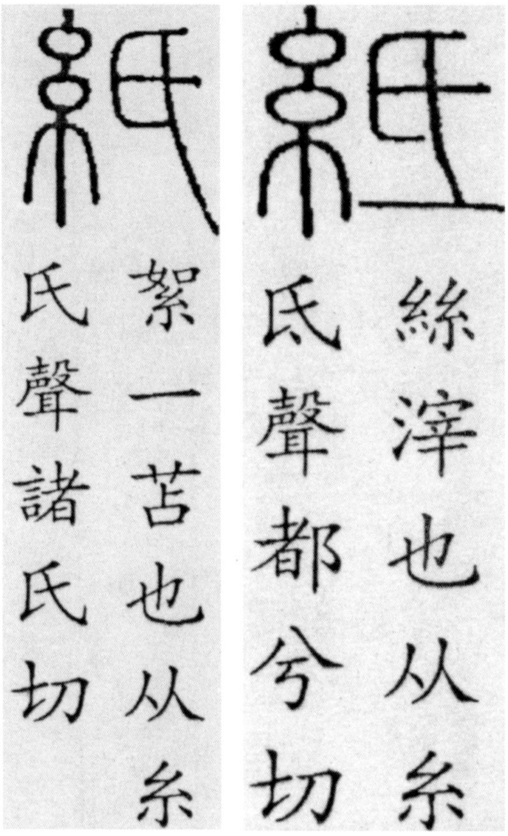

图1–9　《说文解字》“纸”条目书影

清人段玉裁注《说文解字》时将“絮一苫也”解释为漂絮时箬荐于竹席上的丝絮。这种解释并无事实依据，蚕丝一旦加热后解开，由于丝与丝之间并无粘连，很难形成纸片状结构。现在仍可以看到的制作蚕丝被的工艺以及有人通过强迫蚕在平面上吐丝以获得单层丝片等都不能支持“丝纸”之说。蔡伦时代造纸术已经比较成熟，如果将浇纸法造纸描述为“絮之一苫”也合乎情理。

《文房四谱》中有“汉兴，已有幡纸代简而未通用。至和帝时，蔡伦字敬仲，用树皮及敝布鱼网以为纸，奏上帝善其能，自是天下咸谓之蔡侯纸”之说，其提到的“幡纸”意义不明，显然不是蔡侯纸那样的纸，也不应当是缣帛，或许是讹传的结果。

造纸术初创于何时至今仍是一桩未全了断的学术公案。人们说东汉蔡伦造纸，根据是《后汉书·蔡伦传》中有一段记载：“自古书契多编以竹简，其用缣帛者谓之为纸。缣贵而简重，并不便于人。伦乃造意用树肤、麻头及敝布、鱼网以为纸。元兴元年奏上之。帝善其能，自是莫不从用焉，故天下咸称‘蔡侯纸’。”[33]

正如“蒙恬制笔”并不意味着蒙恬之前没有毛笔，说“蔡伦造纸”也不意味着他之前没有纸。这种认识早在唐宋时代就有人提出。他们认为，蔡伦之前就有纸，蔡伦只是精工于前人而已。如唐代张怀瓘《书断》卷下称：“汉兴，用纸代简，至和帝时，蔡伦工为之。”[34]

20世纪以来考古学发现进一步证实了这一观点。作为西汉时期遗物的罗布淖尔纸、灞桥纸、金关纸、扶风中颜纸、马圈湾纸、放马滩纸、悬泉置纸等实物的陆续出土，才使得局面开始有所改观。如图1–10所示为放马滩5号汉墓出土的纸质地图残块，是目前所知最早的纸张实物，残长5.6厘米、宽2.6厘米。

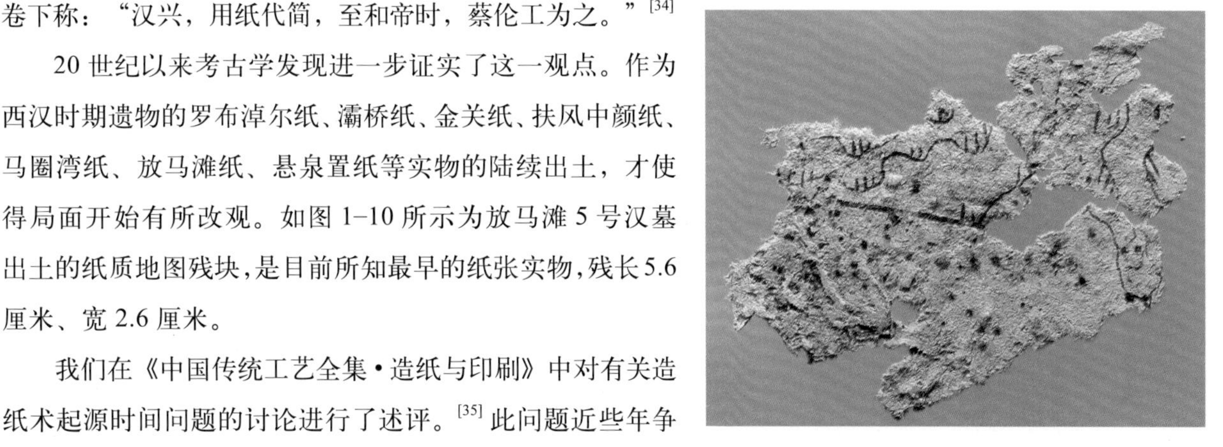

图1–10　纸地图（现藏中国历史博物馆）

我们在《中国传统工艺全集·造纸与印刷》中对有关造纸术起源时间问题的讨论进行了述评。[35]此问题近些年争论渐息。多数学者认为，造纸技艺开始于蔡伦之前，蔡伦首创了利用树肤、麻头及敝布、渔网等原料造纸的方法，对造纸技术进行了革新，从而使早期造纸技艺基本成型，使纸的质量明显提高，从此“莫不从用”，因而在造纸史上具有不可替代的重要地位。

二、纸药发明时间问题的补充说明

今天看到的手工纸制作技艺是经过长期发展演变的产物。可以肯定，造纸术发明之初已经具备了一些最基本的工艺流程，至少要将原料变成纸浆和将纸浆变成纸张。但还有一些发明，如纸药的使用、抄纸法的应用等都不是造纸所必需的技艺要素，因而，不太可能为早期的造纸法所具备。从最原始的工艺如何一步步发展到今天所见如宣纸制作技艺那样一套复杂的工艺体系，其中有许多问题需要作深入的研究。除了有待于发现更多的文献根据，还应当从田野调查的资料中发现线索。

我们曾根据掌握的文献资料对蔡伦发明纸药的观点提出质疑，并提出纸药的使用不早于唐代，很可能在宋代的结论。[36]

关于造纸过程中使用纸药的记载，过去所知现存最早记载纸药的文献见于南宋周密的《癸辛杂识》：

> 凡撩纸，必用黄蜀葵梗叶新捣，方可以撩，无则占粘不可以揭。如无黄葵，则用杨桃藤、槿叶、野蒲萄皆可，但取其不粘也。[37]

近期我们发现，南宋戴侗《六书故》中也有相关的记载。该书对当时的造纸技艺有较为详细的描述：

> 今之为纸者，用楮与竹。竹纸毳而易败，楮之用多焉。凡治楮，艺而薅之，三年然后可伐。伐而沤诸水，火取其皮，暴而藏之，将又作柠，为纸，则渍而刮之，取其粹白者，鬻之以蜃炭，若石灰，而漾诸清流，以去其灰。出而暴之，而沃之，而再漾之，然后取而熟捶之。囊盛而濯之，去其水而抟之。织竹为密帘；为槽容帘；为煏，四周皆壁而熏其中。既治楮，和之以水，投黄葵之根焉，则释而为淖，麋酌诸槽，抄之以帘，其薄者单抄、再抄。厚者至五抄、六抄，既抄则覆诸煏，干而揭之，盖纸之成也，其难若是。[38]

这里叙述了楮皮纸制作过程，制备浆料之后，准备抄纸之前，“投黄葵之根焉，则释而为淖，麋酌诸槽”，显然是指在抄纸过程中使用纸药的工序。《六书故》33卷，宋戴侗撰。考《姓谱》，侗字仲达，永嘉人，生于1200年，宋淳祐元年（1241）进士。其父戴蒙，南宋绍定三年(1230)进士，授丽水尉，后辞官跟武夷朱熹学理学，对“六书”很有研究。兄戴仔，字守镛，曾以“孝廉”被荐，对诗、书、易、礼和文字学都有研究。戴侗继承父兄遗志，继续从事“六书”的研究。《六书故》除了汇集戴侗和其父兄的研究成果，还援引了其弟弟、外祖父、舅父等人的研究成果，成为一部集家族和姻戚智慧的文字学专书。书成后藏于家，未能刊刻，至元仁宗延祐七年(1320)由戴侗的孙子出书刊印传世。

《癸辛杂识》成书于元初。宋亡后，周密寓居杭州癸辛街，著书以寄愤，本书因而得名，书中特别记载了大量为国牺牲的将士、坚持民族气节的士大夫以及元朝统治者、投降派的言行，寄亡国之痛于笔端。元朝开始于1271年，并于1276年攻占南宋都城临安。照此推算，《癸辛杂识》的成书时间应在1280年前后。《六书故》刊印传世时间虽较晚，但其写作时间应比《癸辛杂识》略早，有关用黄蜀葵根作纸药的记载也较为简略，与之相比，后者不仅指出了“无黄葵，则用杨桃藤、槿叶、野蒲萄皆可”这样的替代方法，而且正确地指出了“但取其不粘也”这一作用。由此我们得出结论，《六书故》是目前所知最早记载纸药的著作。

三、从纳西族东巴纸看造纸方法的演变

手工纸制作技艺中存在着“浇纸法”和“抄纸法”两种有显著差异的工艺体系。有人认为这两种体系有着各自的起源，有人则反对这种观点，认为二者之间存在源流关系，后者是从前者演变而来的。我们支持后一种观点，但对这种演变的具体实现同样缺乏进一步的认识。近年来，随着非物质文化遗产保护工作的不断深化，越来越多的相关资料逐渐涌现，为我们进一步探讨这些问题提供了可能。

1．纳西族东巴纸的成纸工艺

云南省丽江市玉龙县的大具和迪庆州香格里拉县的白地等地纳西族居民至今仍保留较为原始的东巴纸生产工艺。近些年，李晓岑、陈登宇、汤书昆等多名学者先后赴产地进行过实地考察。根据他们的调查报告，生产东巴纸所用原料为一种瑞香科荛花属灌木的茎皮。生产工艺流程包括采集原料、晒料、浸泡、蒸煮、漂洗、打浆、抄纸、晒纸、砑纸等工序，参见本书相关部分。与其他地方的楮皮纸、桑皮纸生产工艺相比，该套工艺有许多特色，不过最值得注意的还是其抄纸工艺。

东巴纸抄纸工艺特别之处在于它既不同于一般的抄纸，也不同于浇纸，因而可看作是第三种形态。为了便于讨论，这里先简要介绍一下这个工序。

抄造东巴纸的工具也是由帘和框两部分构成的。帘是“用细竹篾排扎而成，篾片之间用麻线连接”。帘框“形似抽屉，内心可装纸帘，大小与纸帘相配，底部有二至三条横木，用于支撑纸帘”。我们注意到，这里的帘与内地使用的帘相比，有显著的区别。其一，内地的帘既可卷起来，又可舒展开，这里的帘像个固定的竹笆，不能卷起来；其二，内地的帘的帘丝很细，一般都在1毫米之内，有的甚至只有0.3毫米，相比之下这里的帘丝要粗得多。帘框也有显著的差异。内地抄纸用的帘框较单薄，相当于一个固定纸帘的框子（图1–11），小的帘框厚不过3厘米，抄四尺宣纸的帘框厚度一般也不过5厘米，这里的帘框“形似抽屉”，厚度可达20厘米（图1–12）。

图1–11　内地抄纸的纸帘和帘托

图1–12　纳西族东巴纸抄纸工具

实际上，工具的差异反映的是工艺的不同。内地的抄纸过程是，先将帘固定在帘框上，双手持帘框的两端，插帘入槽，抄起纸浆，使之均匀地布满纸帘，然后将帘从框上解下来，反扣在纸垛上，再把帘揭起。如此反复，直至上千张。然后将湿纸垛榨干，再一张张揭起，干燥。

东巴纸则不同。先将帘放入帘框内，浸入水中，将打好的纸浆放在帘上，在水中振荡使之均匀。然后取出纸帘，直接反扣在晒纸的墙或板上，轻轻拍压，使湿纸黏附在墙或板上，再取下帘，重抄第二张。

虽然抄东巴纸所用的是拆解式帘，与抄纸法所用的工具相似，但从上述操作过程看，它与浇纸法有许多共同点。

浇纸是一种不同于抄纸的成纸工艺，所用帘（模）为固定式，即帘与框合为一体，帘一般用土布而非竹丝。浇纸时，将纸浆撒在纸帘上，在水中荡匀，如图1–13，然后提起，直接放在太阳下晒干后揭下纸张。四川德格印经院现存的藏族手工纸工艺就是浇纸法，云南孟海县孟混镇曼召寨等地也有浇纸法遗存。

东巴纸的拆解式竹帘和单帘反复使用，与抄纸法相似；而在帘的不可卷起的形制以及撒浆而不是抄浆方面又与浇纸法有共同之处，所以说，它是介于浇纸法与抄纸法之间的一种成纸工艺。

图1-13 浇纸帘模

2．东巴纸工艺的技术渊源

东巴纸生产工艺介于浇纸法与抄纸法之间，携带着重要的历史信息，引起研究者的普遍关注。

笔者所见相关研究大都认为它是浇纸法与抄纸法相互融合的产物。如陈登宇先生认为：纳西族在与比邻的白族和藏族等民族的交往中，吸收了抄纸法和浇纸法两种技艺的长处，创造出了独具特色的东巴纸。[39]

他们得出这种结论是基于“在中国，传统造纸技术有两个截然不同的系统，一种为抄纸系统，另一种为浇纸系统”。从现存的情况看，这是一个客观事实，但是，对这个事实认识的不同却会导致截然不同的推论。

李晓岑、朱霞认为，抄纸法与浇纸法有不同的发源地。其根据首先是这两种方法具有显著不同的特点：抄纸法主要集中在东亚大陆，而浇纸法主要集中于印巴次大陆和东南亚地区；抄纸法主要是在汉文化区，作为文化用纸和卫生用纸等，而浇纸法主要在印度佛教文化区，作为佛教经书用纸；二者在技术上是两种截然不同的系统。其次是一些文献资料，如把《南方草木状》中记载的“蜜香纸”看作“产于古印度以瑞香皮为原料、浇纸法生产的坚韧的手工纸”等。最后的结论是：“抄纸起源于中国内地，与中国古代的漂丝有关；浇纸法造纸可能起源于中国内地以外的地区，包括印巴次大陆或东南亚等广大地区，与衣着树皮布有关，其传播及使用与印度佛教文化密切相关。”[40]

提出这种论点尽管也不是完全没有根据，但这些证据远不能推出这一结论。实际上，现在没有直接的证据表明造纸术发明之初究竟是用浇纸法、抄纸法，还是其他什么方法。问题是我们如何理解今天所看到的几种不同的工艺。你可以认为每一种工艺都有自己独特的起源，也可以认为各种工艺并不是相互独立的，而是一种工艺在不同演化阶段的遗存。变化产生了多样性。如同动物的演化，我们说人是从猿演化而来的，由于只是一部分猿演化成了人，而不是所有的猿都演化成了人，结果就有了人和猿两个物种。可你若要说人和猿从来就是两个物种，有各自不同的起源也能说得通，要不然在达尔文之前大家也不会都这么认识了。

按理说，任何一种工艺都在不同程度地演化发展着。很难想象蔡伦时代的人就会用今天看到的细帘抄出如此匀薄的纸。同样难以想象某种工艺在漫长的岁月里始终如一，不会被改进。我们在各地看到的手工纸工艺都不尽相同，总不能说这些工艺都有各自不同的起源吧。如果蔡伦时代没有现在看到的抄纸工艺，那么当时是如何抄的呢？潘吉星先生早在20世纪70年代就提出，最初的纸张应当是用浇纸法生产的。[41]他之所以这样认为，是因为只知道这两种方法，而浇纸法比抄纸法落后。我们认为，如果没有更原始的方法，那么这个推论是正确的。当然，即使蔡伦真的是用浇纸法造纸，那他的浇纸法也应当远不如今天看到的那么完善。既然认为抄纸法来源于浇纸法，那么它究竟是怎么演化过来的？它经过了哪些中间形态？在我们看到东巴纸的抄纸技艺之前，一直受这些问题困惑。

笔者在文化部参加第一批国家级非物质文化遗产代表作项目评审时，看到云南省提供的东巴纸生产技术的相关资料，在录像片中，清晰地看到东巴纸的整个生产工艺。在看到造纸师傅将抄（严格地说应是“浇”）起湿纸的纸帘扣在晒纸墙上，然后轻压把纸黏附在墙面时，我不禁惊呼，这不就是我一直在寻找的介于浇纸与抄纸之间的过渡性工艺吗?!

东巴纸工艺反复使用同一个帘，而不像浇纸法那样需要备几百个帘，节约了成本。但与抄纸法相比，它每捞起一张就晒一张，没有将抄和晒这两道工序分开，生产效率较低。因此，它应当是浇纸法向抄纸法过渡的中间形态。如果像陈登宇先生所说是吸收了浇纸法和抄纸法的优点而形成的，从技术演进的角度看显然难以理解。

3．相关的推论

循着这个思路，我们可以得出一系列推论。

其一，如果早期的纸是用浇纸法制造的，那么，早期的纸应当不像后世纸张那样匀薄、有帘纹，而应当是没有帘纹的，可能也稍厚些。普遍使用浇纸法的年代应在魏晋时期。大约在南北朝中后期，中原地区就开始向抄纸法过渡，到了隋唐时期则基本上完成了这种过渡。过渡期采用的抄纸方法应当就是像东巴纸那样的中间形态，纸有帘纹，但不像后世抄的纸中帘纹那样纤细。

其二，既然纳西族东巴纸的工艺属于浇纸法向成熟的抄纸法过渡的中间形态，那么它就不会是从西藏传来的，而是由中原文化圈传入的，其工艺水平大约与唐初期中原地区的工艺水平相当。当然，现在看到的纳西族手工纸不一定是最初接触这套工艺时的情状。

其三，造纸法传入西藏的时间应在抄纸法出现之前，至少是在抄纸法在中原地区普及之前。在时间上判断应当是在唐以前。学术界大都认同美国学者卡特的结论，中国造纸术西传阿拉伯的时间是唐玄宗天宝十载（751）。阿拉伯人在与中国军队的一次战斗中，俘虏了一些造纸工人，以后他们就在撒马尔罕传授造纸的艺术。[42] 现在西方仍保存有与东巴纸工艺处于同一演进阶段的手工纸工艺。美国学者亨特在20世纪上半叶对世界各地的手工纸进行了相当全面的考察。在他的著作中介绍了当时英格兰手工纸生产工艺。他们在抄纸时不使用纸药，并且使用的帘都是不能卷起的，用一张张毛毡将抄起的一张张湿纸隔开（图1–14），有些像做豆腐千张采用的方法。[43] 这套工艺与东巴纸工艺都可以不用纸药，因而可以认为处于同一阶段，如果进一步作比较，它还是较东巴纸先进，表现在它把将抄起的湿纸直接贴向墙面改为贴向毡上，提高了工效和产品的质量。既然浇纸法是更原始的方法，那么其普遍使用的时间应当在此之前，因此，我们认为传入西藏的时间应当在唐天宝年间之前，可能在唐以前或唐初。

图1–14　无纸药抄纸（取自Dard Hunter的著作 *Papermaking:The History and Technique of an Ancient Craft*）

其四，关于造纸术是在什么时间沿什么路线传入印度的问题。季羡林先生在20世纪50年代曾就这一问题进行过深入的讨论。[44] 据他考证，印度古代没有纸，用木板、竹片、桦树皮、棕榈树叶、棉织品、皮子、铁板、铜板等书写，其中最常用的是棕榈树叶 tāda–tāla，梵文为 Pattra 或 Patra，本义是叶子，中国旧译“贝多罗”或简称“贝多”。在2世纪中叶，造纸法即已传入我国的西部地区，当时留居在古代新疆地区的印度人可能在那个时候就接触到纸张。7世纪末，在净义所著的《梵语千文》中首先有了梵文“纸”字。[45] 义净是在咸亨二年（671）赴印度，证圣元年（695）回国，他的著作显示，印度当时用纸已经非常普遍。季先生遍查了义净之前中国和尚游历印度的记录，包括法显的《佛国记》和玄奘的《大唐西域记》等书，都没有找到用纸抄录佛经的记载，说明 7 世纪初印度还没有生产纸。至于造纸法传入印度的时间，季先生没有给出具体的结论。我们曾提出这个时间应当与传入西藏的时间大致相当，也就是在唐以前的推论。[46] 近期找到黄盛璋先生的一篇文章，才知道早在 1980 年黄先生已就此问题进行过深入的探究 [47]，他得出的结论是，纸传入印度的时间应当在玄奘贞观十九年（645）归国至义净去印度（671）之间，路线就是吐蕃（中国西藏）和泥波罗（尼泊尔）这条新开辟的通道。

其五，关于浇纸法为什么在这一地区长期保存的问题，我们认为与其宗教用途有关。按照李晓岑先生的说法，抄纸法产品主要作为文化用纸和卫生用纸等，而浇纸法产品则主要作为佛教经书用纸。他把这种产品用途上的差异看作两种工艺的本质区别，这在逻辑上当然讲不通。不过，我们倒是可以由此找到一个问题的答案。这些地区之所以仍保留这种相对落后的生产工艺，也许是因为宗教文化具有更为严格的继承性。他们造的纸是用于写经的，写经的纸祖祖辈辈就是这样造的，所以就这样造下去。其他方法虽可以造纸，但不是这里用于写经的纸，因而不值得借鉴。同藏族保存浇纸法工艺相似，纳西族之所以能保存这种较为原始的工艺，可能同样与其独特的东巴文化传统有直接的关系。实际上，近代以后浇纸法在许多地区仍在使用。亨特的著作中就记录了他于 20 世纪中期在中国广东省看到的浇纸法造纸情景。

当然可能还有其他原因。比如我们在夹江手工纸产区调查时看到，离县城不远的马村乡的手工纸工艺这些年演变得很快，基本上清一色生产书画纸，全乡境内几乎找不到一家仍用传统方法制浆的纸坊。但平均海拔在一千米以上，相对偏僻的华头村却保留了许多完全采用较为原始的工艺的纸户。这说明工艺的演变在稍大一点的范围内就不是同步的，总有一些地方坚持采用原有的工艺。纳西族的造纸工艺未必是直接从中原传入，很可能是在较晚的时期从周边的某个地方传入的，而这个地方恰好保留了这套较为原始的工艺。

注释

[1]（三国魏）王弼：《周易注》卷 8。

[2] 陈大川：《中国造纸术盛衰史》，中外出版社，1979 年，第 29 页。

[3] 骈宇骞、段书安：《二十世纪出土简帛综述》，文物出版社，2006 年，第 3 页。

[4]（晋）杜预注，（唐）孔颖达疏：《春秋左传注疏》“春秋左传序”。

[5]（西汉）司马迁：《史记》卷 6。

[6] 李零：《楚帛书的再认识》，载《中国文化》1994 年第 10 期。

[7] 四川省博物馆、青川县文化馆：《青川县出土秦更修田律木牍——四川青川县战国墓发掘简报》，载《文物》1982 年第 1 期。

[8] 包山墓地竹简整理小组：《包山 2 号墓竹简概述》，载《文物》1988 年第 5 期。

[9] 湖南省文物考古研究所、慈利县文物保护管理研究所：《湖南慈利石板村 36 号战国墓发掘简报》，载《文物》1990 年第 10 期。

[10] 湖北省荆门市博物馆：《荆门郭店一号楚墓》，载《文物》1997 年第 7 期。

[11] 施宣圆：《上海战国竹简解密》，载《文汇报》2000 年 8 月 16 日。

[12] 湖北孝感地区第二期亦工亦农文物考古训练班：《湖北云梦睡虎地十一号秦墓发掘简报》，载《文物》1976 年第 6 期。

[13] 湖北孝感地区第二期亦工亦农文物考古训练班：《湖北云梦睡虎地十一座秦墓发掘简报》，载《文物》1976 年第 9 期。

[14] 何双全：《天水放马滩秦简综述》，载《文物》1989 年第 1 期。

[15] 荆州地区博物馆：《江陵王家台 15 号秦墓》，载《文物》1995 年第 1 期。

[16] 山东省博物馆、临沂文物组：《山东临沂西汉墓发现〈孙子兵法〉和〈孙膑兵法〉等竹简的简报》，载《文物》1974 年第 2 期。

[17] 甘肃省文物考古研究所：《甘肃敦煌汉代悬泉置遗址发掘简报》，载《文物》2000 年第 5 期。

[18]（明）冯复京：《六家诗名物疏》卷 33。

[19]（南宋）罗泌：《路史》卷 14。

[20]（晋）干宝：《搜神记》卷 14。

[21]（春秋齐）晏婴：《晏子春秋》卷 8。

[22] 商承祚：《战国楚帛书述略》，载《文物》1964 年第 9 期。

[23] 骈宇骞、段书安：《二十世纪出土简帛综述》，文物出版社，2006 年，第 11 ～ 13 页。

[24] 商志𩡝：《记商承祚教授藏长沙子弹库楚国残帛书》，载《文物》1992 年第 11 期。

[25] 甘肃省文物考古研究所：《甘肃敦煌汉代悬泉置遗址发掘简报》，载《文物》2000 年第 5 期。

[26] 王冠英：《汉悬泉置遗址出土元与子方帛书信札考释》，载《中国历史博物馆馆刊》1998 年第 1 期。

[27]（东汉）应劭：《风俗通》，《太平御览》卷 606。

[28]（西汉）司马迁：《史记》卷 6。

[29]（东汉）许慎：《说文解字》卷 13 上。

[30]（东汉）刘熙：《释名》卷 6。

[31]（北宋）王观国：《学林》卷 4。

[32]（北宋）苏易简：《文房四谱》卷 4。

[33]（南朝）范晔：《后汉书》卷 108。

[34]（唐）张怀瓘：《书断》卷 1，（元）陶宗仪：《说郛三种》卷 87。

[35] 张秉伦、方晓阳、樊嘉禄：《中国传统工艺全集·造纸与印刷》，大象出版社，2005 年，第 7 ～ 16 页。

[36] 樊嘉禄、方晓阳：《对纸药发明几个相关问题的讨论》，载《南昌大学学报》（社会科学版）2000 年第 2 期。

[37]（南宋）周密：《癸辛杂识》，中华书局，1988 年，第 213 页。

[38]（南宋）戴侗：《六书故》卷 21。

[39] 陈登宇：《纳西族东巴纸新法探索》，载《民族艺术研究》2004 年第 6 期。

[40] 李晓岑、朱霞：《云南少数民族手工造纸》，云南美术出版社，1999 年，第 88 ～ 94 页。

[41] 潘吉星：《中国造纸技术史稿》，文物出版社，1979 年，第 47 ～ 51 页。

[42]（美）卡特著，吴泽炎译：《中国印刷术的发明和它的西传》，商务印书馆，1957 年，第 112 页。

[43] Dard Hunter, *Papermaking:The History and Technique of an Ancient Craft*, 1949, Alfred A.Knopf, New York, p.441.

[44] 季羡林：《中国纸和造纸法输入印度的时间和地点问题》，载王树英选编《季羡林论中印文化交流》，北京：新世界出版社，2006 年 1 月。同书收录季先生另两篇相关论文：《中国纸和造纸法最初是否是由海路传到印度去的》和《关于中国纸和造纸法输入印度问题的补遗》。

[45] 季羡林：《中国纸和造纸法输入印度的时间和地点问题》，载《历史研究》1954 年第 4 期。

[46] 樊嘉禄、张程：《从纳西族东巴纸看传统造纸工艺的演进》，载《纸与造纸》2009 年第 3 期。

[47] 黄盛璋：《关于中国纸和造纸法传入印巴次大陆的时间和路线问题》，载《历史研究》1980 年第 1 期。

第二章　造纸术的早期发展

第一节 汉代造纸术的初步发展

一、20 世纪出土的汉代纸及其特征

今天的人们必须仰赖考古发现，才能对两千年前最早期的纸张有直观的了解，20 世纪以来考古工作者的努力使这种可能成为现实。

出土的古纸中有一些被断代为西汉纸。1973 年，甘肃金塔县肩水金关汉代峰坞关城遗址出土了麻纸两种，其一出土时团成一团，经修复展平，最大一片为 21 厘米 ×19 厘米，色泽白净，薄而匀，一面平整，一面稍起毛，质地细密坚韧，含微量细麻线头。经显微观察和化学鉴定，只含大麻纤维。同一处出土的简最晚年代是西汉宣帝甘露二年。另一张 11.5 厘米 ×9 厘米，暗黄色，似粗草纸，含麻筋、线头和碎麻布块，较稀松（图 2–1），出土地层属于平帝建平以前。[1]

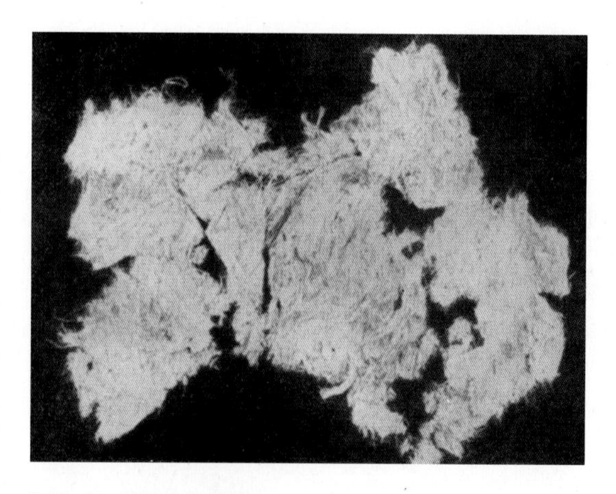

图 2–1 居延金关麻纸

1979 年，敦煌马圈湾汉长城烽燧遗址中出土的马圈湾纸共有五件八片，出土时均已揉皱。最大的一片 32 厘米 ×20 厘米（图 2–2），呈黄色，粗糙，纤维分布不均匀，边缘清晰。同出的纪年简为西汉宣帝元康年间 (前 65 ～前 62) 到甘露年间 (前 53 ～前 50) 之物。另四片与畜粪堆积在一起，颜色被污染，呈土黄色，质地较细匀。同出的纪年简多为成、哀、平帝时期 (前 32 ～ 5) 。还有三片呈白色，质地细匀，在“烽燧倒塌废土中发现，应为王莽时物”[2]。

放马滩纸是在甘肃天水市放马滩护林站古墓葬群中发掘出土的。当时共发掘墓葬 14 座，其中秦墓 13 座，汉墓 1 座。汉墓的“墓葬结构与秦墓基本相同，但随葬器物特点接近于陕西、湖北云梦等地早期汉墓的同类器物。所以此墓的时代当在西汉文景时期”。放马滩纸即在此墓中发现的。纸“位于棺内死者胸部。纸质薄而软，因墓内积水受潮，仅存不规则碎片”。纸面有“用细黑线条绘制山、河流、道路等图形”，故又称“纸地图”残块。[3]

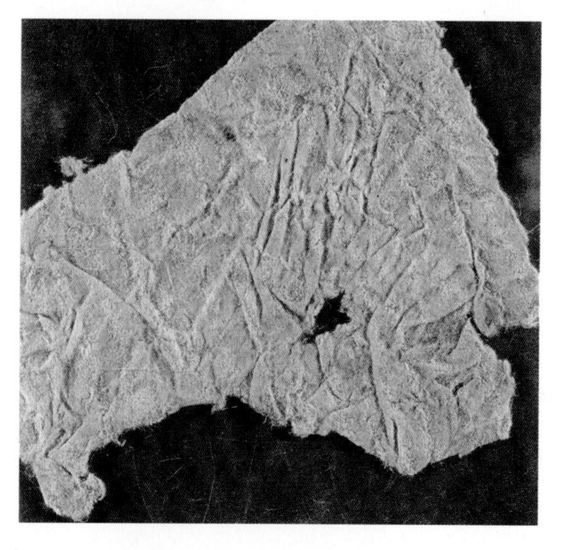

图 2–2 马圈湾纸（现存中国历史博物馆）

从现已掌握的考古证据看，西汉时期已经开始使用纸。1990 年 10 月至 1992 年底，甘肃省文物考古研究所在敦煌甜水井附近的汉代悬泉置遗址中出土麻纸 460 余张，根据

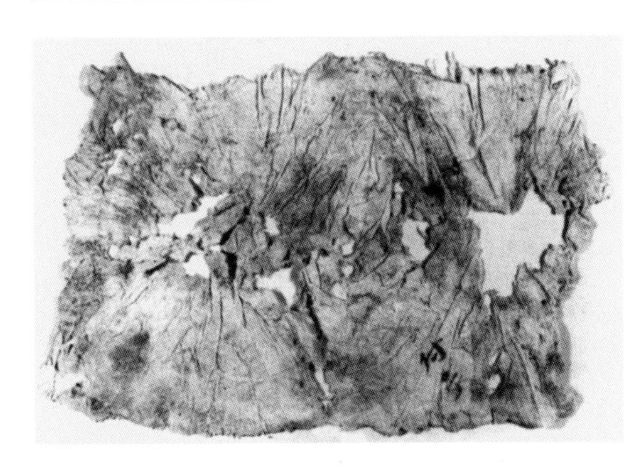

图 2–3 悬泉置有字麻纸（18 厘米 ×12 厘米，右下方有“付子”二字）

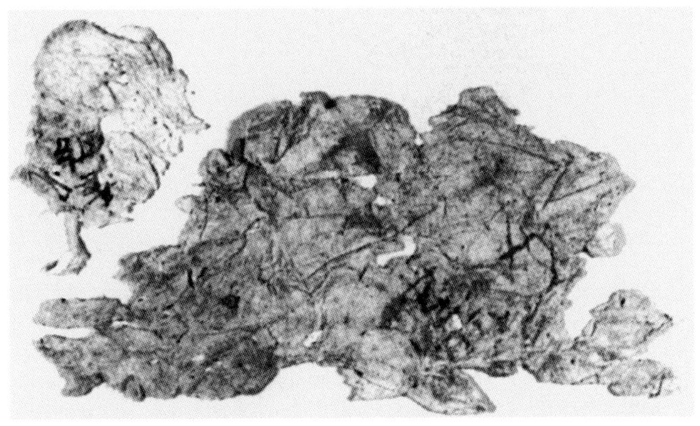

图 2–4 悬泉置有字麻纸（左 3 厘米 ×4 厘米，书“细辛”；右 12 厘米 ×7 厘米，书“薰力”）

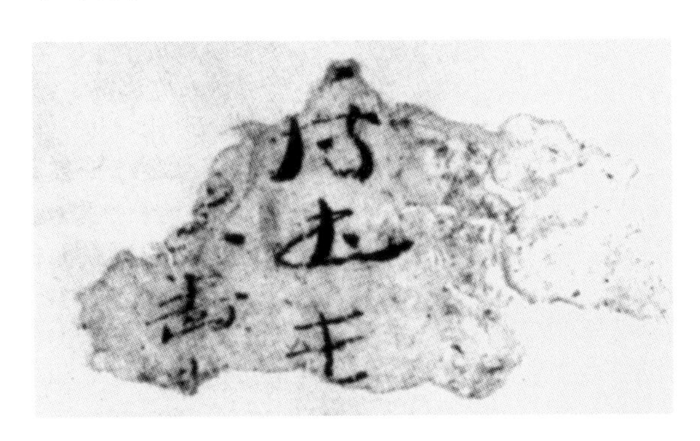

图 2–5 悬泉置纸（7 厘米 ×3.5 厘米）

图 2–6 东汉有字麻纸（现藏中国台北历史语言研究所）

黑、褐、黄、白四种颜色和厚、薄两种质地可分为八种，其中有字者多为白色和黄色纸。时代从汉武帝（前 140 ～前 87）、昭帝（前 86 ～前 74）始，经宣帝（前 73 ～前 49）、元帝（前 48 ～前 33）、成帝（前 32 ～前 7）至东汉初及晋代，沿用时间较长，并与简牍伴出，为研究早期纸的发展变化提供了重要的实物资料。从残留在纸面上的残渣看，纸质主要用麻织物和很细的丝织物制作，用于书写文件、信件及包装物品。用于书写者质细、光滑、较厚；用于包物者则很粗糙。其中一块保存较为完整的纸片长 34 厘米、宽 25 厘米，可能是一张纸的形状。[4]

在其中 10 片写有文字的残片中，有汉纸 9 片，另一片为晋纸。根据同出的简牍和地层，这 9 片纸可分为 3 个时期。

3 件为西汉武、昭帝时期；色白，纸面粗而不平整，有韧性；大小分别为 18 厘米 ×12 厘米、12 厘米 ×7 厘米和 3 厘米 ×4 厘米；各书一药名。根据纸的形状和折痕判断，当为包药用纸，如图 2–3、图 2–4。

4 件为宣帝至成帝时期；为不规则残片，黄色间白，质细而薄，有韧性，表面平整光滑；大小为 7 厘米 ×3.5 厘米；其中一片有草书两行，内容为“□持书来□致啬□”，显然是文书残片。如图 2–5。

2 件为东汉初期；呈不规则长方形，大小为 30 厘米 ×32 厘米；黄色间灰，厚而重，质地松疏粗糙，表面留有残渣；其中一片上有隶书两行：“巨阳大利上缮皂五匹”。这些纸实物的发现，说明西汉时期不仅有纸，而且已开始用于写字。

大致与蔡伦同时代的东汉纸也有出土，这些纸大都留有字迹，断代准确可靠，为研究东汉时代造纸制造技术提供了难得的实物资料。1942 年秋，考古学家劳干、石璋如在内蒙古额济纳河岸清理所发掘的遗址时，在一个名叫查科尔帖（Tsakhortei）的古烽燧中掘出一张有字迹的麻纸（图 2–6），考古学家劳干据该纸上层坑位出土的木简，判断此纸当不晚于公元 98 年，史学家张德钧考证推定为蔡伦之后纸（107 ~ 110）[5]，而纸史专家许鸣岐则认为其时间下限为汉永元（89 ~ 104）末年[6]，相当于《后汉书》记载的“蔡侯纸”问世前后。

楼兰古城遗址自 20 世纪初以来共发现过五批纸质文书，均与木简同时出土，参见表 2-1。

表 2-1　楼兰古城遗址所出木简、纸文书统计表（取自侯灿《楼兰新发现木简纸文书考释》）

挖获者	发现时间	文书数目		有纪年文书数	纪年文书年代上下限
		木简	纸文书		
斯文赫定	1901 年 3 月	120	35	15	嘉平四年（252）至永嘉四年（310）
斯坦因	1906 年 12 月	173	46	19	景元四年（263）至建兴十八年（330）
桔瑞超	1909 年 3 月	5	39	1	泰始五年（269）
斯坦因	1914 年 2 月	51	42	9	泰始二年（266）至泰始五年（269）
楼兰考古队	1980 年 4 月	63	2	4	泰始二年（266）至泰始五年（269）

1980 年，新疆楼兰考古队在这里发掘出土了纸文书 2 件，均为麻纸，质地粗糙结实。较大的一张 22.5 厘米 ×6.5 厘米，单面书写，如图 2-7 右，出土时揉成团，从文意看为一封书信。另一张 14 厘米 ×4 厘米，两面书写，如图 2-7 左、中，字体兼行、草。出土时折成四折，再卷成小卷，小卷两端有在器物上摩擦过的痕迹，从文字的内容看亦似为一封书信。[7] 我国的书法在魏晋时期正处于隶、楷、行、草并行阶段。这封书信及同期出土的木简再次证明了这一点。

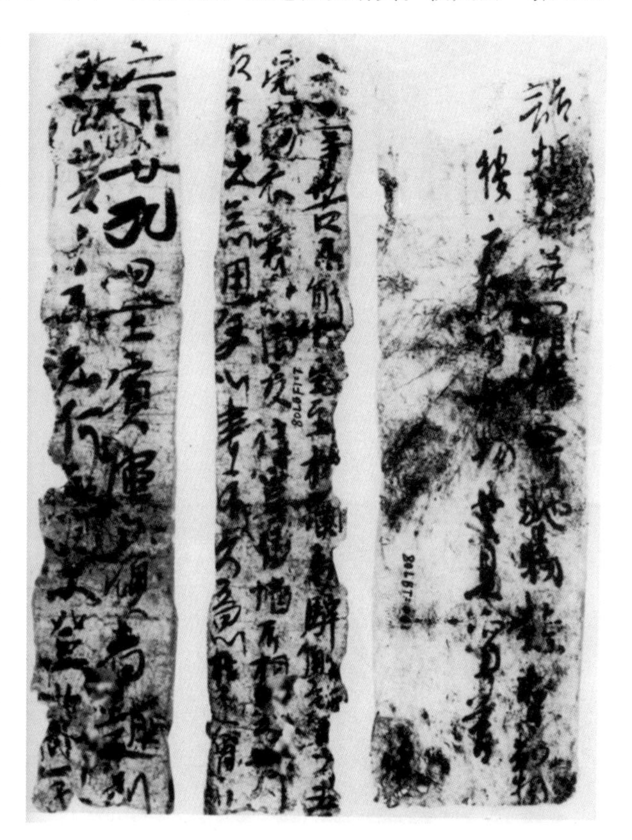
图 2-7　新疆楼兰古城遗址出土纸文书

从已经出土的实物资料看，汉代纸具有以下特点：首先，包括前文已经提到的汉代纸在内的所有已经出土的纸都是麻纸，没有发现像《后汉书》中所说的以树皮为原料造的皮纸。出土古纸中最早的皮纸实物是新疆罗布淖尔出土的 3 ~ 5 世纪的公文残笺，据威斯纳检验，其中有桑皮纤维。其次，汉代纸的尺幅不大，说明当时所用的帘模较小，当然一些小尺幅的纸可能是由大些的整张纸裁成的。再次，汉代纸的主要功能还是写字，也有用于包裹小物品之类的应用。最后，纸张有粗有细，或因用途而异，或说明工艺还不稳定。

二、汉代造纸工艺和用纸文化

根据《东观汉记》等文献的记载，我们知道东汉蔡伦时代造纸是以麻头、敝布、旧渔网等为原料，但《东观汉记》与《后汉书·蔡伦传》都没有造纸工艺的记载，当然也没有具体的麻纸生产工艺方面的内容。东汉至魏晋南北朝时期的其他一些文献则弥补了这一不足，简略地记载了汉代造纸技艺中的某些工序。如东汉刘熙《释名》中有“中常侍蔡伦锉故布，捣、抄作纸”。曹魏的张揖《古今字诂》则称“中常侍蔡伦以故布捣、锉作纸”[8]。其后，晋张华《博物志》中有“蔡伦始捣故鱼网以造作纸”。北魏郦道元《水经注》

中也有“伦，汉黄门郎，和帝之世，捣故鱼网为纸”的记载。这些资料提到的“锉”、“捣”、“抄”是麻纸生产过程中最基本的三道工序，可以理解为：先把上述大小不等的原料切锉成大致均匀的小块，然后通过舂捣将这些小块进一步分解成碎末，再经过其他一些工序，最后抄造成纸张。

皮纸是以木本植物韧皮纤维为原料制作而成的。皮纸的起源可以追溯到 2 世纪初的东汉时代。据《东观汉记》和《后汉书•蔡伦传》称，蔡伦“造意用树肤、麻头及敝布、鱼网作纸”。这里的“造意”或许就是指蔡伦在造纸原料上的突破，在原有的麻及麻制品基础上发现了树皮等新的造纸原料。东汉董巴《董巴记》中也有“东京有蔡侯纸”的记载，当时称“縠纸”。“用故麻名麻纸，木皮名縠纸，用故鱼网作纸名网纸也。”（引自《太平御览•纸》）总之，可以肯定，蔡伦时代即已开始生产皮纸。据东汉许慎《说文解字》：“縠，楮也，从木者声。”又曰：“楮，縠也。”蔡伦所造“縠纸”当是以楮树皮为原料，即楮皮纸。

造纸术发明之后，纸张的质量还不甚好，但已经被应用于人们生活许多方面。前文述及出土的汉纸中，有的被用来写信，有的则被用于包裹物品。从一些历史文献中也可看到当时悄然兴起的用纸文化。

在“蔡侯纸”问世同一时期，就有人用纸抄写典籍。东汉学者崔瑗致其友葛龚信中说道：“今遣送《许子书》十卷，贫不及素，但以纸耳。”[9] 意思是说，今送上我抄写的《许子书》十卷，由于用不起素帛，只好用纸来写。说明当时纸张的质量还不够好，但具有廉价的优势，在与简牍、缣帛并用的时代，已经开始部分地取代缣帛。

据《后汉书•延笃传》记载：“延笃字叔坚，南阳犨人也。少从颍川唐溪典受《左氏传》，旬日能讽之，典深敬焉。”唐李贤注：“《先贤行状》曰：笃欲写《左氏传》，无纸。唐溪典以与之，笃以笺记纸不可写《传》，乃借本讽之，粮尽辞归。典曰：卿欲写传，何故辞归？笃曰：已讽（背诵）之矣。”[10] 唐溪典，字季度，与蔡伦是同时代人，以治经学闻名当世。这里说延笃想抄写《左氏传》，无纸，唐溪典将写过字的纸笺给他，延笃认为用这样的纸抄写经传不合适，就借本讽诵之。

虞世南的《北堂书钞》卷 104 还有一条汉桓帝时期的用纸资料。延笃答张奂书曰：“惟别三年，梦想忆念，向月有违，伯英来惠纸四张，读之反复，喜不可言。”按：伯英即东汉著名书法家张芝，有“草圣”之誉，更善制笔。延笃在给张奂的回信中说到，他收悉张伯英给他的四纸书信后，欣喜不已。

《文士传》曰：“杨修为魏武主簿，尝白事，知必有反覆教，豫为答数纸，以次牒之而行，告其守者曰：向白事，每有教出，相反覆。若案此弟连答之。已而，有风吹纸乱，遂错误，公怒推问，修惭惧以实答。”[11]

《后汉书•董祀妻传》中曹操与蔡文姬的一段对话反映了当时的大量用纸情况：“曹操曰：‘闻夫人家先多坟籍，犹能忆识之不？’文姬曰：‘昔亡父赐书四千许卷，流离涂炭，罔有存者。今所诵忆，裁四百余篇耳。’操曰：‘今当使十吏就夫人写之。’文姬曰：‘妾闻男女之别，礼不亲授，乞给纸、笔，真草唯命。’于是缮书送之，文无遗误。”[12] 蔡文姬，名琰，其父蔡邕是东汉与张衡齐名的大学者，深受曹操敬重。文姬受命缮写所诵忆之文四百余篇，所用纸张当不下千枚。

汉晚期，随着麻纸产地的逐渐扩大，麻纸制造技术也得到不断的改进和发展，在山东东莱（即今山东黄县）出现了一位造纸名家左伯和以他的名字命名的一代名纸“左伯纸”。据唐代张怀瓘《书断》记载：“左伯，字子邑，东莱人。……亦擅名汉末，又甚能作纸。汉兴，有纸代简，至和帝时蔡伦工为之，而子邑尤行其妙。”[13] 左伯纸在历史上享有很高声誉，令许多文人墨客赞不绝口。如《萧子良答王僧虔书》云：“子邑之纸，研妙辉光；仲将之墨，一点如漆；伯英之笔，穷神尽思。妙物远矣，邈不可追。”又如《三辅决录》记载：“韦诞奏：……工欲善其事，必先利其器。用张芝笔、左伯纸及臣墨，皆古法，兼此三具，又得臣手，然后可尽径丈之势，方寸千言。”[14] 韦诞，字仲将，三国时期著名书法家，所制之墨，一点如漆，与张芝笔、左伯纸齐名。不难看出，纸张的大量使用，带动了笔、墨制作技术的进步，从而推动了书法绘画艺术的发展。造纸技术与书法绘画艺术间的互动关系至东汉末期已初露端倪。左伯纸的出产地胶东半岛，直到宋代仍以麻纸著称。

有人认为左伯纸之所以“妍妙辉光”，是经过了砑光加工，并且其砑光技术已相当成熟。[15] 如果这种推断成立，中国古代纸笺制作技艺在东汉末至曹魏时期即已出现。

左伯纸的出现与汉末建安时期（196 ~ 219）中国文化的空前繁荣不无关系。建安文学派的主要代表人物的曹氏父子及左右文人皆用纸书写，大大地促进了汉末曹魏时期造纸技术的发展。麻纸在这一时期尽管尚未完全取代简牍与缣帛，但已是最主要的书写材料。

第二节 魏晋南北朝时期造纸技艺开始普及

魏晋南北朝(220 ~ 589)是中国历史上一个非常特别的时期，政权更迭最为频繁，自曹魏算起到隋朝建立，三百六十余年间有三十余个大小王朝交替兴灭。长期的封建割据和连绵不断的战争，一方面使文化的发展失去了和平的外部环境，另一方面又促进了文化的交流渗透和新文化元素的产生。玄学的兴起、佛教的输入、道教的勃兴及波斯、希腊文化的羼入构成了这一时期文化发展的主体内涵。

造纸技艺在这一时期也得到较快的发展，表现在制作技艺在向全国各地推广普及过程中走向成熟，产量显著增加，完成了对传统书写材料的替代，并促进了中国书法艺术的飞速发展。

一、麻纸制作技艺的顶峰

魏晋南北朝时期，造纸技术在全国范围普遍推广，产地已遍及南北各地，北方以洛阳、长安、山西、河北、山东等地为主，南方的造纸中心则分布在江宁、会稽、扬州、安徽南部及广州等地。高昌（今新疆吐鲁番）在十六国时期（304 ~ 439）可能也已生产麻纸。

这一时期，纸张的产量和质量较前期都有质的飞跃，不过考古发现的古纸实物中，西晋以前的仍相对较少。

1900 年，瑞典考古学家斯文赫定（Sven Hedin）在楼兰废墟中发掘出土一张写有魏主曹芳嘉平四年（252）年号的信纸。

1990 年至 1992 年间，考古学家在敦煌悬泉置遗址出土一批古麻纸，其中有一张西晋时期的纸文书残片，残存 7 行 31 字，从右至左竖行书写，如图 2–8。据发掘简报称，该纸“深黄色间褐色，质细而密，厚薄均匀，表面光滑，有韧性”[16]。其明显优于前文述及的在同一地出土的其他几张汉代不同时期的有字纸。

东晋（317 ~ 420）以后，纸张产量激增。据《文房四谱·纸谱》引东晋人裴启《语林》称：“王右军为会稽谢公就乞笺笔，库中有九万枚，悉与之。”又引东晋人虞预《请秘府纸表》称：“虞预表云，秘府中有布纸三万余枚，不任写御书，乞四百枚，付著作吏，写起居注。”府中存量动辄数万枚，绝非前朝可比。

图 2–8 悬泉置遗址出土的西晋纸文书残片

考古发现这一时期纸张实物的数量也远远超过前代。出土汉代至西晋时期的纸张数量，除悬泉置纸有 600 多枚外，一般都是几枚，最多几十枚。从 20 世纪 50 年代末到 70 年代中期，考古工作者在新疆吐鲁番的阿斯塔那、哈拉和卓两地先后进行了 13 次考古发掘，出土了各种纸质文书多达 2700 多件。其中除衣物疏、功德录、告身及部分契约等少量保存完整的文书外，大部分都被剪裁成了死者穿戴的鞋靴、冠帽、腰带、枕褥等服饰，因而残缺不全。根据文书上的纪年，这些文书的年代从西晋泰始九年（273）至唐大历十三年（778）。其中属十六国时期的 100 多件，属割据高昌王朝（460 ~ 640）的 700 多件。[17] 许多文书记述的都是日常生活事务，如 1975 年吐鲁番出土的北凉玄始十一年（422）马受条呈为出酒事文书，实际上是供应军队用酒的账单，其中有“十一月四日出酒三斗赐屠儿”等字样。[18] 说明当时日常用纸已较普遍。

东晋以后，佛教盛行，当时没有印刷技术，人们被号召通过抄写或出资请人代为抄写佛教经卷来积累功德，因此大量的纸被用于写经。1900 年敦煌石室中藏存数量巨大的写经被发现，其中仅莫高窟一处所藏佛经写本便数以万卷计。此后，许多完整的写经卷精品被英、法、日、俄等国的探险家所劫掠。

这些上自西晋下至宋初，时间跨越了七个世纪的写本，内容包括经、史、释、道、摩尼教、祆教的古籍，历书、文牒、契约、簿录，还有大量的纸画、绢画、法品、供品等，大约有十万多种数万卷。这批遗书绝大多数是汉文卷子，还有藏文、回鹘文、突厥文、于阗文、龟兹文、粟特文、康居文、梵文的卷子，内容涉及政治、经济、文化、史地、社会生活、科学技术等各个方面。据近年统计，分布在世界各地的敦煌遗书的总数大约为五万卷（号），国内只有一万多卷，其余则为英、法、日、俄、德等国馆藏，还有一些失散于私人手中。

图 2–9 所示为北凉残写经纸。图 2–10 所示为安徽省博物馆藏的高昌出土的北凉神玺三年（399）道人宝贤抄写的《贤劫千佛品经》，通长 122.7 厘米，高 23.5 厘米。该纸由两张麻纸粘接而成，质地厚硬粗糙，

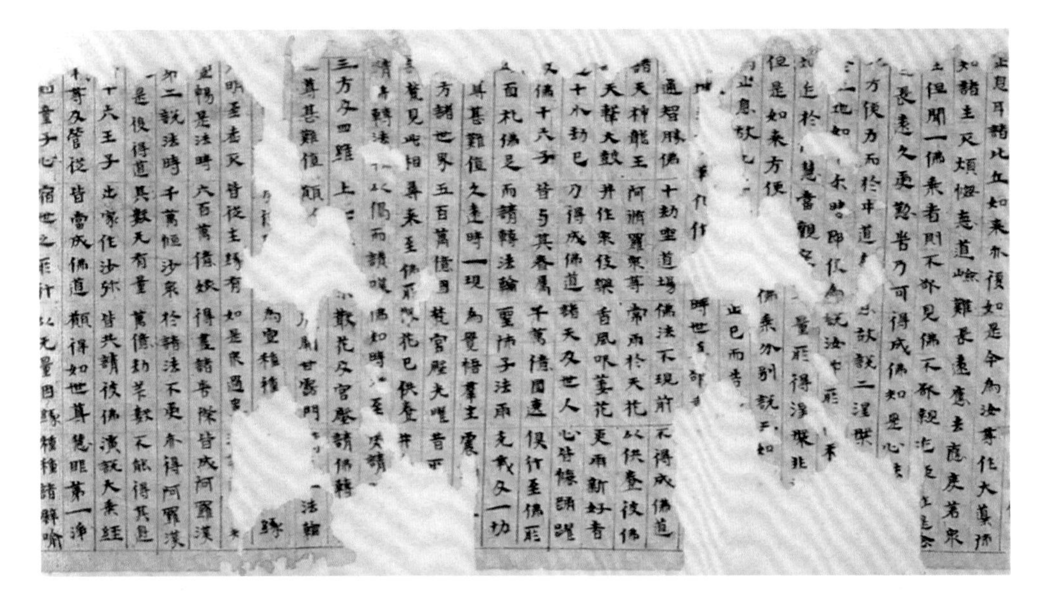

图 2–9 北凉残写经纸

表面无光，坚韧耐用。

王国维在《最近二三十年中中国新发见之学问》一书中将敦煌千佛洞所发现的六朝及唐人写本书卷视为自汉代以来中国学问上最大的发现之一。敦煌学从它被发现到现在百年的发展过程中，已经成为现今世界的一大显学。

无论是从文献记载还是从实物资料看，这一时期纸张的数量远远超过汉代。潘吉星等对这一时期的纸张检验分析的结果表明，其中绝大多数为麻纸。

魏晋南北朝时期是麻纸生产的高峰期，隋唐以后，皮纸兴盛，宋代以后竹纸后来居上，麻纸生产总体上讲一直处于非主流地位。

图 2–10　北凉神玺三年麻纸（取自安徽省博物馆编《文房珍品》）

二、造纸技艺的全面发展

魏晋南北朝时期用纸量的增加促进了造纸业的发展，进而促进了造纸技艺的全面进步。

20 世纪以来，中外学者对魏晋南北朝时期的麻纸做了大量的分析研究，结果表明，这个时期的麻纸具有以下特征：多数纸为白纸，纸面光滑，纸页较薄；纸张结构较紧密，普遍可见帘纹；纤维束较少，麻纤维纯度较高，打浆度虽因有差异但有显著提高。[19]

从这些特点可以推断，这一时期纸浆的制作更加精细，可能增加了石灰和草木灰水等弱碱性溶液蒸煮工序；开始使用施胶技术，提高了纤维的分散度，并在制作精细度要求较高的纸张过程中，强化了打浆工序；发明了帘床纸模并用于抄造纸张。

造纸技艺的全面进步，使得这一时期制作的麻纸在质量上也达到了顶峰。据米芾《书史》记载，“王右军《笔阵图》，前有自写真，纸紧，薄如金叶，索索有声”。潘吉星先生在考察敦煌石室写经用纸时发现，其中有西晋人竺法护所译《正法华经》的东晋写本，用的是一种“白亮而极薄的麻纸，表面平滑，纸质坚韧，墨色发光，以手触之，则‘沙沙作响’，属于上乘麻纸”[20]。经书法家启功先生于 1965 年鉴定，写本为北魏（386 ~ 534）以前之物，王羲之所用麻纸当属此类。这类纸在敦煌石室写经中不时出现，是研究晋代高级白麻纸不可多得的实物资料。

晋代傅咸写过一篇《纸赋》，赞美当时精美的纸张：

> 盖世有质文，则治有损益。故礼随时变，而器与事易。既作契以代绳兮，又造纸以当策。犹纯俭之从宜，亦惟变而是适。夫其为物，厥美可珍。廉方有则，体洁性贞。含章蕴藻，实好斯文。取彼之弊，以为此新。揽之则舒，舍之则卷。可屈可伸，能幽能显。若乃六亲乖方，离群索居，鳞鸿附便，援笔飞书。写情于万里，精思于一隅。[21]

这是现存最早的赞美纸张的篇章。其大意是：文字载体在各个历史时期有所不同，在甲骨金石刻字代替结绳记事之后，纸张又最终取代了简策。纸张不仅适于书写，而且价格低廉，洁白质纯，精美方正。文人墨客好之，书写妙文华章。破布旧绳造出崭新的纸张，可以舒展，也可以卷起，用起来十分方便。背景离乡之人可以之书写鸿书，传达情谊。

这一时期造纸技艺的发展也表现在造纸原料的扩大和纸张品种的增加。前文述及，尽管有文献资料指出早在蔡伦时代就开始出现用“树肤”制作的皮纸，但已经发现和检验过的汉代纸张都是麻纸而没有发现皮纸。魏晋南北朝时期，可能是由于原料不足的原因，麻纸一统天下的局面被打破。

楮皮纸是中国古代皮纸的最主要品种。三国时吴国人陆玑《毛诗草木鸟兽虫鱼疏》縠皮纸制作有明确记载：“縠，幽州人谓之縠桑，或曰楮桑。荆、扬、交、广谓之縠，中州人谓之楮桑。……今江南人绩其皮以为布，又捣以为纸，谓之縠皮纸。”说的是当时在长江以南地区人们利用织布制衣，也有以縠树皮为原料造縠皮纸。

两个多世纪以后，后魏农学家贾思勰所著《齐民要术》中也有对北方人工栽植楮树，用楮皮造纸情况的详细记载：

> 楮宜涧谷间种之，地欲极良。秋上楮子熟时，多收，净淘，曝令燥。耕地令熟，二月耧耩之。和麻子漫散之，即劳。秋冬仍留麻勿刈，为楮作暖。明年正月初，附地芟杀，放火烧之。一岁即没人，三年便中斫。斫法，十二月为上，四月次之。每岁正月，常放火烧之。二月中，间斫去恶根。移栽者，二月莳之，亦三年一斫。指地卖者，省功而利少；煮剥卖皮者，虽劳而利大；自能造纸，其利又多。种三十亩者，岁斫十亩，三年一遍，岁收绢百匹。[22]

楮树适宜在涧谷间良地种植，秋季备种，开春即播，三年便可收获。楮树长成后，可卖给别人织布或造纸，也可自己造纸。这里从一个侧面反映出，当时的楮皮纸生产已颇具规模。

皮纸的第二个主要类别是桑皮纸。桑树自古以来就在中国种植，主要品种有真桑（Morus alba）以及小叶桑（Morus acidosa）、蒙桑（Morus mongolica）等真桑的变种。种植桑树的主要目的是取其叶养蚕取丝，生产丝织品。桑树的枝干以前只用作烧柴，用桑树枝的皮造纸约开始于魏晋时代。据宋代苏易简《文房四谱》卷 4 记载：“雷孔璋曾孙穆之，犹有张华与其祖书，所书乃桑根纸也。”由于桑根皮造纸在技术上既不合理，又无旁证，故应将“桑根纸”理解为“桑树皮纸”或“桑皮纸”，其中“根”字或系衍文，或为“树”字误。如果这一推测正确的话，我国在 3 世纪时即有桑皮纸问世。

1972 年吐鲁番阿斯塔那第 169 号墓中出土的高昌建昌四年（558）、延昌十六年（576）的三张有字纸，薄而平滑，白色，纤维匀细，交织情况好，有帘纹，最大的一张高 14 厘米，横长 42.6 厘米，据潘吉星检验为桑皮纸。敦煌千佛洞土地庙出土的北魏兴安三年（454）《大悲如来告疏》用纸，经检验为楮皮纸。[23]

用藤皮制作的藤纸也是中国古代皮纸家族中的重要成员。藤纸起源于晋代，在今浙江嵊州南曹娥江上游的剡溪一带最先利用野生藤皮造纸，世称“剡藤纸”。据初唐人虞世南的《北堂书钞》记载，东晋时，浙江地方官范宁曾作出规定：“土纸不可以作文书，皆令用藤角纸。”这里所说的“土纸”应指当地出产的低档麻纸，而藤角纸就是藤纸。

纸笺制作技艺在这一时期也有显著进展。纸张染色技术可能在东汉时期就有发端，在魏晋南北朝时期发展得很快。当时，人们普遍使用染色纸书写诏书公文、五经子史。据《北史•牛弘传》载：“永嘉之后，寇窃竞兴，其建国立家，虽传名号，宪章、礼乐，寂灭无闻。刘裕平姚，收其图籍，五经子史才四千卷，皆赤轴青纸，文字古拙，并归江左。”[24]

入潢在中国古代染色纸加工中最为常见。黄纸当时在民间宗教活动和官方都有使用。《太平御览》卷 605 引崔鸿《前燕录》云：慕容儁元玺三年（354），广义将军岷山公黄纸上表。可见这是把黄纸当作官府用纸。

桓玄登基后诏告臣僚以黄纸上表，亦是使用黄纸的例证。

染潢所用染料主要有黄柏等。东汉炼丹家魏伯阳《周易参同契》云：“若檗染为黄兮，似蓝成绿组。”此檗即黄檗或黄柏，乔木，其干皮呈黄色，味苦，气微香，皮内含有一种生物碱，可作染料用，亦可杀虫。关于入潢操作的技巧，北魏著名的农学家贾思勰在《齐民要术》中指出：“凡打纸欲生，生则坚厚，特宜入潢。凡潢纸灭白便是，不宜太深，深则年久色暗也。”就是说，入潢要注意分寸，要浅一些，因为以后会逐渐加深。

东晋大书法家王羲之、王献之父子均用过黄麻纸书写，传世的作品中有不少黄麻纸帖。如米芾《书史》中有“王羲之《来戏帖》，黄麻纸，字法清润，是少年所书”，又有“濮州李丞相家多书画。其孙直秘阁李孝广收右军黄麻纸十余帖，一样连成卷，字老而逸，暮年书也”，以及“晋太宰中书令王献之，字子敬，《十二月帖》黄麻纸”等记载。

又如《桓玄伪事》云：“玄诏令平淮作青、赤、缥、桃花纸，使极精，令速作之。”[25] 东汉刘熙《释名》卷 4：“缥，犹漂。漂，浅青色也。”《东宫旧事》曰：“皇太子初拜，给赤纸、缥红纸、麻纸、敕纸、法纸各一百。”[26]

从现有的资料看，施胶和涂布技术的应用当不晚于晋代。1928 年，黄文弼先生赴新疆考察时，从吐鲁番哈拉和卓一位农民手中得到残纸两片，一大一小，据说同出哈拉和卓旧城中，根据其字迹及墨色（带蓝色）判断，这两片纸应系同一张文书的断片，上具载衣物名目数量若干，并有“白雀元年九月八日”等字。黄文弼先生将此文书定名为“白雀元年（384）衣物券”，现藏北京中国历史博物馆。该纸高 23 厘米，宽 33.5 厘米，如图 2–11。经潘吉星先生检验，此纸正面施过一层淀粉糊剂，并且以细石研光，是迄今发现的世界最早的表面施胶加工纸。潘吉星先生还对新疆出土的西凉建初十二年（416）写本《律藏初分》用纸进行过检验分析，确认其麻纤维中含淀粉浆剂，显微镜下可以清楚地看到分散的淀粉颗粒。[27]

图 2–11　白雀元年衣物券

表面涂布技术以矿物粉颗粒替代表面施胶技术中所用的淀粉颗粒，它不仅和表面施胶一样可以增加纸的白度、平滑度和紧密度，改善纸张的吸墨性能，而且克服了表面施胶带来易遭蛀、脆性大、易脱落等缺点，是对表面施胶技术的一种改进和技术变换。迄今所见有年代可查的最早的涂布纸是 1974 年新疆哈拉和卓墓葬中出土的纸，根据同墓出土的绢本柩铭和纸上残存的文字内容，可确定该涂布纸为前凉（314 ~ 376）遗物，制作时间不晚于公元 348 年。此外，1959 年于吐鲁番阿斯塔那古墓群中出土的衣物疏用纸，单面涂布，时间不晚于前秦建元二十年（384）；1965 年新疆吐鲁番出土的《三国志》东晋写本，经涂布和研光加工，也是公元 4 世纪遗物。[28]

除了青、红、浅青、桃红等多种单色纸外，这一时期还生产出五颜六色的多色纸。如后赵的石虎篡位后，为显示自己的尊严，用五色彩纸书写诏书。《邺中记》记载此事曰：“石虎诏书，以五色纸着凤凰口中，令衔之，飞下端门。”

在今见古纸中，敦煌石室写经纸是制作较好的。有表面涂布粉料、研光、染色等，这大约与人们对各种宗教经书比较重视有关。新疆出土的多为官府籍账、民间契约、文教用纸等，故均为本色纸，只有东晋写本《三国志·孙权传》等少数为上等纸笺。

继蔡伦和左伯之后，南朝刘宋时又出现了一位著名的造纸家张永，所造麻纸，人称“张永纸”，质地优良，为世人所称道。

这一时期造纸术的发展还表现在造纸官署的出现。南朝齐高帝萧道成曾在江宁（今南京）置造纸官署。《丹阳记》称：“江宁县东十五里有纸官署，齐高帝造纸之所也，常（尝）造凝光纸赐王僧虔。”[29]“凝光纸”可能是经过研光处理的麻纸，如前文所述的东晋写经纸，双面强力研光，纤维匀细，纸厚仅 0.1 ～ 0.15 毫米，呈半透明状，甚合“凝光”之名。可以认为，东晋写经麻纸、刘宋“张永纸”和齐高帝时所产“凝光纸”，在技术上一脉相承。

尽管早在汉末三国时期，麻纸的使用已渐趋普遍，但旧有的书写记事材料缣帛和竹简尚未完全被取代，仍是多种书写材料并用。晋代以后，随着麻纸质量的不断提高和产量的大幅增加，人们逐渐习惯于使用纸张而不愿意再去使用昂贵的缣帛和笨重的简牍了。顺应这一历史潮流，出现了政府明令禁止宫中使用简牍的情况。如图 2–12 为用东晋时期所产麻纸抄写的佛经卷。

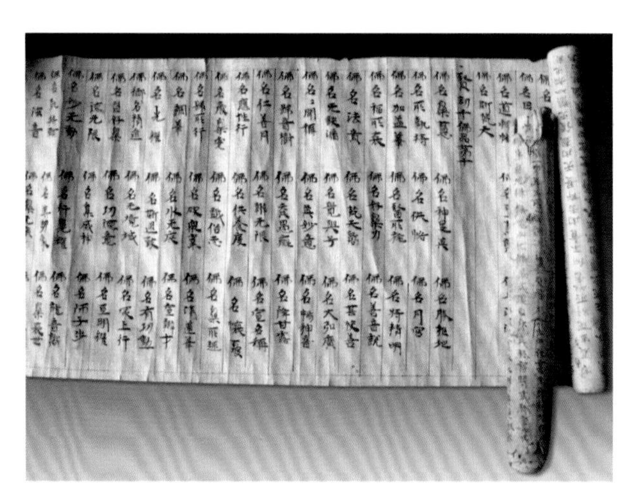

图 2–12 东晋麻纸

东晋末年，桓玄废晋安帝，自称帝，他即帝位后，曾下令宫中凡使用简牍者，一律改用黄纸。《文房四谱·纸谱》中也有相似的记载：“又桓元令曰：古无纸，故用简，非主于恭，今诸用简者，宜以黄纸代之。”考古发掘出土的实物也表明，西晋初期仍是简纸并用，以后简牍逐渐减少，西晋晚期几乎就只有纸本文书了。

帛书的存放形式主要有两种：一是折叠后存放在袋囊或木盒中，如长沙马王堆汉墓中的帛书即是折叠后放在漆盒之中；二是卷在圆木或其他质料的轴上，成为帛卷。后来纸本书的卷轴形式也是由此延续下来的。从中国古代历朝史书目录也可以看出书写材料变迁的趋势：时代越后，用作简牍单位的“篇”字渐少，而用作帛、纸单位的“卷”字渐增。《汉书·艺文志》中，大约四分之三的书目皆著录为“篇”，四分之一为“卷”。东汉时，篇、卷数量大致相当。三国时，卷轴之数已超过简牍。而到了晋代，纸张已普遍使用，简牍之书全为卷轴所取代。

三、造纸技术的进步促进文化艺术的发展

造纸技术的进步与文化发展之间的相互促进在魏晋南北朝时期表现得越来越突出。首先，大量优质纸张的供应，为人们提供了充足廉价的书写材料，抄书之风兴起，图书数量猛增。

图 2–13 所示为六朝时期抄写的《大般若波罗蜜多经卷第四百五十三》。当时抄书风气很盛，如“王隐《晋书》曰：陈寿卒，诏下，河南尹华澹遣吏赍纸笔，就寿门下写《三国志》”[30]。

据《晋书》记载，西晋时山东临淄人左思（字太冲）欲赋三都，“构思十年，门庭藩溷皆著笔纸，偶得一句，即便疏之”。《三都赋》写成后，受到皇甫谧、张华等著名学者的充分肯定，“于是豪贵之家竞相传写，洛阳为之纸贵”[31]。可见当时抄书风气之盛，之所以说“豪贵之家”，可能是因为当时有条件读书的人大多家境殷实富裕。

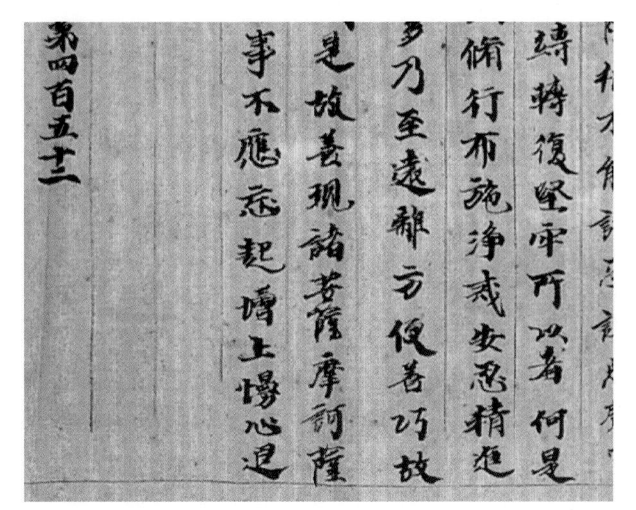

图 2–13　六朝写经纸

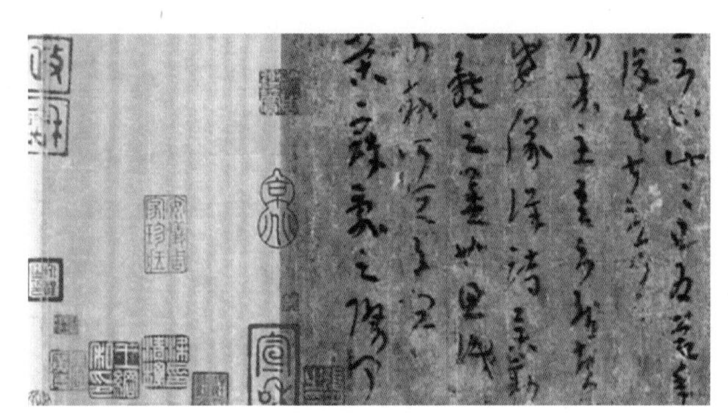

图 2–14　西晋陆机《平复帖》

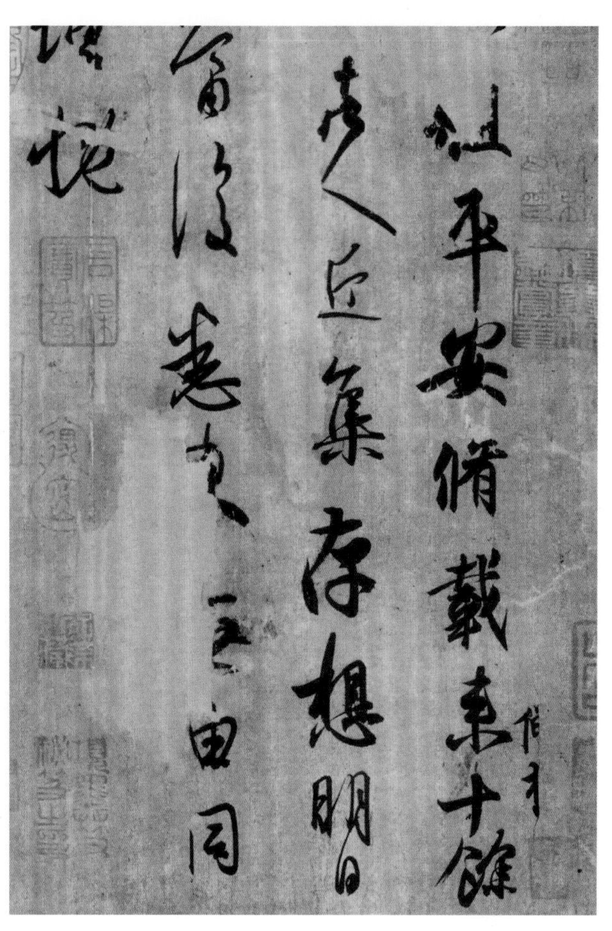

图 2–15　王羲之《平安帖》（取自陈麦青编撰《王羲之传本墨迹精品》）

《南齐书》记载，隐士沈驎士“笃学不倦，遭火，烧书数千卷。驎士年过八十，耳目犹聪明，手以反故抄写，灯下细书，复成二三千卷，满数十箧”[32]。说的是有位叫沈驎士的隐士，家里藏书毁于火灾，他不顾年迈，抄书二三千卷，以恢复其藏书量。在印刷术发明之前，所有的书都是抄本，所以这位隐士家有二三千卷的藏书已是难能可贵，遭遇火灾之后又再抄一遍，堪称书痴。

当时，像沈隐士抄书这样的例子也不是个案。据《北史》称，穆崇之子子容“少好学，无所不览，求天下书，逢即写录，所得万余卷”[33]。这位穆公子更是了得，见到自己没有的书就抄，多年下来，藏书竟达到万卷。再如，据《梁书》称，袁峻“早孤，笃志好学，家贫无书，每从人假借，必皆抄写自课，日五十纸，纸数不登，则不休息”[34]。袁峻幼时家境贫寒，但仍笃志好学，一天要抄写五十页纸，不抄完不休息。这个例子也说明当时的纸张比较便宜易得。

当时，私人著书修史也蔚然成风，并留下不少传世之作。像晋《博物志》、《华阳国志》，北魏《洛阳伽蓝记》、《水经注》，后魏《齐民要术》等都是此期出现的。据史料记载，“张华造《博物志》成，晋武帝赐侧理纸万番，南越所贡。汉人言陟厘，与侧理相乱，盖南人以海苔为纸，其理纵横邪侧，因以为名”[35]。

据《隋书·经籍志序言》称，3 世纪下半叶所编魏官府藏书目收录四部书不到 3 万卷，到刘宋元嘉（424 ～ 453）时已多达 64500 余卷，增加了一倍多。梁元帝（552 ～ 554）时，江陵国家藏书更多达 7 万卷（一说 10 万卷）。

纸张的大量使用也促进了汉字书写艺术的进步和汉字字体的变迁。用毛笔在很狭窄的竹简上写字，空间上受到很大局限，即使在较宽的木牍上，也难以自由发挥、充分施展。改用洁白平滑、柔软受墨的纸张书写，不仅可以挥洒自如，充分表现中国书法独特的意境，而且书写速度也明显加快。在这一过程中，汉字字体一改汉代流行的隶书和小篆，在魏晋南北朝时期形成了兼有隶书和楷书特征的楷隶体，并逐渐向楷书过渡。同时，汉末开始出现的草隶体（章草）至魏晋之际仍沿用，且草意更浓。如北京故宫博物院藏西晋陆机的麻纸本《平复帖》（图 2–14），是这方面的早期代表作。此后，草体楷隶逐渐发展到王羲之父子的行草，并向草书过渡（图 2–15）。如果没有纸，这一切是难以想象的。

与书写用纸相比，绘画用纸出现得较晚。从目前掌握的资料看，东晋以后才开始用优质白麻纸绘画。唐代书画鉴赏家张彦远《历代名画记》卷 5 称，东晋著名画家顾恺之的画“有异兽、古人图，桓温像、桓玄像……王安期像，列女仙，白麻纸。三狮子、晋帝相列像……十一头狮子，白麻纸。司马宣王像，一素一纸”。东晋至南北朝时期的纸本绘画存世很少。1964 年，新疆吐鲁番出土的东晋时期纸绘地主生活图（图 2–16），由六张麻纸粘接而成，长 106.5 厘米，高 47 厘米，出自民间画家之手，是目前所见最早且罕见的早期纸本绘画。

图 2–16　东晋纸绘地主生活图

注释

[1] 甘肃居延考古队：《居延汉代遗址的发掘和新出土的简册文物》，载《文物》1978 年第 1 期。

[2] 甘肃省博物馆、敦煌县文化馆：《敦煌马圈湾汉代烽燧遗址发掘简报》，载《文物》1981 年第 10 期。

[3] 甘肃省文物考古研究所、天水市北道区文化馆：《甘肃天水放马滩战国秦汉墓群的发掘》，载《文物》1989 第 2 期。

[4] 甘肃省文物考古研究所：《甘肃敦煌汉代悬泉置遗址发掘简报》，载《文物》2000 年第 5 期。

[5] 张德钧：《关于“造纸在我国的发展和起源”的问题》，载《科学通报》1955 年第 10 期。

[6] 许鸣岐：《居延查科尔帖纸年代考》，载《中国古代造纸术起源史研究》，上海交通大学出版社，1991 年。

[7] 侯灿：《楼兰新发现木简纸文书考释》，载《文物》1988 年第 7 期。

[8]（北宋）李昉：《太平御览》卷 605。

[9]（隋）虞世南：《北堂书钞》卷 104。

[10]（南朝）范晔：《后汉书》卷 94。

[11]（唐）欧阳询：《艺文类聚》卷 58。

[12]（南朝）范晔：《后汉书》卷 114。

[13]（唐）张怀瓘：《书断》卷 1，（元）陶宗仪：《说郛三种》卷 87。

[14]（北宋）苏易简：《文房四谱》卷 4。

[15]《造纸史话》编写组（林贻俊等）：《造纸史话》，上海科学技术出版社，1983 年，第 77 页。

[16] 甘肃省文物考古研究所：《甘肃敦煌汉代悬泉置遗址发掘简报》，载《文物》2000 年第 5 期。

[17] 吐鲁番文书整理小组，新疆维吾尔自治区博物馆：《吐鲁番晋—唐墓葬出土文书概述》，载《文物》1977 年第 3 期。

[18] 新疆博物馆考古队：《吐鲁番哈喇和卓古墓群发掘简报》，载《文物》1978 年第 6 期。

[19] 潘吉星：《中国科学技术史 • 造纸与印刷卷》，科学出版社，1998 年，第 111 页。

[20] 潘吉星：《中国科学技术史 • 造纸与印刷卷》，科学出版社，1998 年，第 106 页。

[21]（晋）傅咸：《纸赋》，见清严可均编《全上古三代秦汉三国六朝文·全晋文》卷51，中华书局，1958年，第5页。

[22]（后魏）贾思勰：《齐民要术》卷5。

[23]潘吉星：《新疆出土古纸的研究》，载《文物》1973年第10期。

[24]（唐）李延寿：《北史》卷72。

[25]（唐）虞世南：《北堂书钞》卷104。

[26]（唐）欧阳询：《艺文类聚》卷58。

[27]潘吉星：《中国科学技术史·造纸与印刷卷》，科学出版社，1998年，第123页。

[28]潘吉星：《中国古代加工纸十种》，载《文物》1979年第2期。

[29]（北宋）苏易简：《文房四谱》卷4。

[30]（唐）欧阳询：《艺文类聚》卷58。

[31]（唐）房玄龄：《晋书》卷92。

[32]（梁）萧子显：《南齐书》卷54。

[33]（唐）李延寿：《北史》卷20。

[34]（唐）姚思廉：《梁书》卷49。

[35]（北宋）苏易简：《文房四谱》卷4。

第三章　造纸术的蓬勃发展与广泛传播

隋唐时期（581 ~ 907）在中国历史上处于中古时期，承前启后，具有重要的历史地位。这一时期，边疆各民族发展较快，中央政府采取了正确的民族政策，使民族关系融洽，呈现出“和同为一家”的局面。从隋朝开始对外交往频繁，唐朝以后进一步发展，最高峰时发展到与 70 多个国家有贸易往来。隋唐两代经济全面繁荣，发达昌盛；人们思想解放，充满自信；文学艺术百花齐放，万紫千红；在世界享有很高声望。

造纸技艺在这一时期得到了蓬勃发展，主要表现在皮纸制作技艺勃然兴起，以楮皮纸为代表的高质量的皮纸迅速取代麻纸；纸笺的制作技艺全面发展，并取得很高的成就；纸和造纸技艺在频繁的文化交流中传播到周边地区，进而传到世界各地。

第一节 皮纸的勃兴

魏晋南北朝时期抄书之风盛行对于文化的普及起到了巨大的推动作用。这种普及的结果是社会对于书籍的需要量进一步加大，导致隋唐时期雕版印刷术的发明和应用。新兴的印刷业的发展，大大提高了社会对纸张的需求。日本学者对唐代写经纸检验的结果显示，其中多数仍为黄、白麻纸，间有楮纸，并发现有紫色纸。说明唐代所用纸张仍以麻纸为大宗，麻纸的原料是有限的废旧麻绳、敝布等，如果直接用新麻，则成本会大大提高，因此，麻纸已越来越难以满足社会需求。隋唐以后，皮纸勃然兴起，所占比重越来越大，并逐步占据主导。

一、名噪一时的剡藤纸

皮纸崛起的急先锋是藤纸。藤纸的历史可以追溯到晋代，初唐人虞世南的《北堂书钞》记载，东晋时，浙江地方官范宁曾作出规定：“土纸不可以作文书，皆令用藤角纸”。这里所说的“土纸”应指当地出产的低档麻纸，而藤角纸就是藤纸。

今浙江嵊县南曹娥江上游的剡溪一带制作的藤纸，世称“剡藤纸”，历史上最为人称道。嵊县境内野生藤有青藤、紫藤、葛藤、蛟藤等品种。青藤（Cocculus trilobus）为防己科多枝藤本植物，是生产藤纸的主要原料。此外，豆科木本紫藤（Wisteria sinensis）和豆科缠绕性落叶灌木山藤（Wisteria brachybotrys）等也是生产藤纸的原料。

藤纸在唐代迅速发展，达到全盛时期，使东汉至魏晋南北朝以来麻纸的产量一直占绝对优势的局面得到改观。唐人李肇《国史补》称：“纸之妙者，越之剡藤。”[1] 藤纸作为当时高级公文用纸，优先为皇室及皇家道观所选用。唐李肇《翰林志》称：“凡赐与、征召、宣索、处分、曰诏，用白藤纸。凡慰军旅用黄麻纸，并印。凡批答、表疏，不用印。凡太清宫道观荐告词文用青藤纸，朱字，谓之青词。”

藤纸兴盛时期产地也迅速扩大，宋代欧阳修所撰《新唐书·地理志》记载，唐时“婺州贡藤纸”、“杭州余杭县贡藤纸”。唐人李吉甫《元和郡县图志》中除有开元时婺州贡藤纸、余杭由拳出好藤纸的记载外，还有元和时信州贡藤纸的记载。另有李林甫《唐六典》卷 3《户部》中称衢、婺二州贡藤纸。可见，唐代藤纸产地已不再局限于早期盛产藤纸的嵊县，婺州（今金华附近）、余杭、衢州等浙江其他州县以及今江西所属的信州等地也都生产优质藤纸。

社会上层、文人雅士追捧藤纸，留下许多赞美感叹的诗文。如唐代诗人顾况曾写过一首《剡纸歌》：

云门路上山阴雪，中有玉人持玉节。
宛委山里禹余粮，石中黄子黄金屑。
剡溪剡纸生剡藤，喷水捣后为蕉叶。
欲写金人金口经，寄与山阴山里僧。
手把山中紫罗笔，思量点画龙蛇出。
政是垂头蹋翼时，不免向君求此物。[2]

又唐代著名诗人刘禹锡《牛相公见示新什，谨依本韵次用以抒下情》诗中有“符彩添俞［隃］墨，波澜起剡藤”[3]。薛能《送浙东王大夫》诗中有“越台随厚俸，剡硾得尤名”[4]。其中提到的“剡藤”、“剡硾”都是指剡溪藤纸。

除写字作画外，剡溪藤纸还另有妙用。唐代学者陆羽在其所著《茶经》一书中有“纸囊，以剡藤纸白厚者夹缝之，以贮所炙茶，使不泄其香也”[5]的记载，说的是选用又白又厚的剡藤纸制作纸袋，存放炒好的新茶，有不泄茶香之功用。

藤纸在唐代进入极盛之后很快便走向衰落。藤这种植物不仅生长地区有限，而且生长缓慢，再生周期长。由于藤纸需求量增大，而过度采伐藤林，造成资源严重毁坏，主要产区剡溪一带的藤林则几近被砍光。看到这一情景，有一位叫舒元舆的唐代文人愤慨地写下了《悲剡溪古藤》一文。文中写道：

剡溪上绵四五百里，多古藤，株櫱逼土。春入土脉，他植发活，独古藤气候不觉，绝尽生意。予以为本乎地者，春到必动。此藤亦本乎地，方春且有死色。遂问溪上人。有道者曰：溪中多纸工，刀斧斩伐无时，劈剥皮肌，以给其业。噫，藤虽植物，温而荣，寒而枯，养而生，残而死，亦将有命于天地间。今为纸工斩伐，不得发生，是天地气力，为人中伤，致一物疾疠若此。异日，过数十百郡，东洛西雍，见书文者，皆以剡纸相夸。予寤剡藤之死，职止由此，此过固不在纸工。且今九牧人士，自言能见文章户牖者，数与麻竹相多。……比肩握管，动盈数千百人，数千百人笔下，动成数千万言，不知其为谬误。……纸工嗜利，晓夜斩藤以鬻之。虽举天下为剡溪，犹不足以给，况一剡溪者耶。以此恐后之日，不复有藤生于剡矣！大抵人间费用，苟得著其理，则不枉之道在，则暴耗之过，莫由横及于物。物之资人，亦有其时。时其斩伐，不谓夭阏。予谓今之错为文者，皆夭阏剡溪藤之流也。藤生有涯，而错为文者无涯，无涯之损物，不直于剡藤而已。予所以取剡藤，以寄其悲。[6]

该文取剡藤之例阐明这样一个道理：人们对自然资源的开发和利用必须适度，必须遵循客观规律，不能只顾眼前利益一味地索取，否则就不可能持续发展。

二、地位显赫的楮皮纸

藤纸的衰落给楮皮纸一个良好的发展机遇，隋唐时期楮皮纸制作技艺已步入成熟阶段，所生产的楮皮纸绵软细薄、平滑洁白，较之麻纸更适于高级书画之用。

隋唐时期生产的楮皮纸传世不少。如北京图书馆藏隋开皇二十年（600）写本《护国般若波罗蜜经》卷下，出自敦煌石室，经潘吉星先生检验，所用纸为楮皮纸，纸纤维交织匀细，每张直高 25.5 厘米，横长 53.2 厘米，且以黄柏染成黄色。同馆所藏唐开元六年（718）道教写经《无上秘要》卷 52，也是用黄色楮皮纸，纸表面平滑，纤维交织匀密，细帘条纹明晰可见，纸表面经打蜡处理，属于蜡笺之类。[7]另有新疆阿斯塔那出土的唐开元四年（716）《西州营名簿》用纸，横长 40 厘米，直高 29 厘米，经检验也是楮皮纸。[8]唐冯承素所摹《兰亭序》（图 3–1）所用也是楮皮纸。

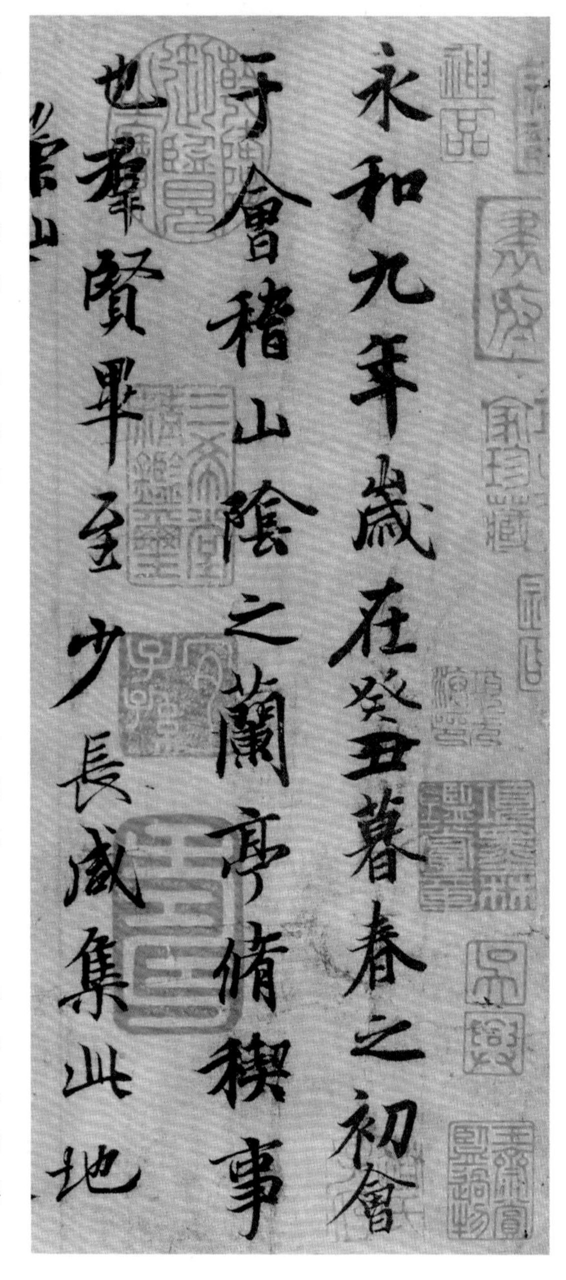

图 3–1　唐冯承素摹《兰亭序》（局部）

一些文献还记载了这一时期楮皮纸制作技艺的特色。唐京兆（今西安）崇福寺僧人法藏所著《华严经传记》记载，唐代有位法名德元的僧人曾“修净园，遍植榖楮，并种香花、杂草，沉濯入园，溉灌香水。楮生三载，馥气氤氲。……剥楮取衣，浸以沉水，护净造纸，岁毕方成”[9]。德元和尚为了抄写《华严经》，亲自在园中种植楮树，待三年楮树长成后，剥取树皮，造楮皮纸，又用去一年的时间。他特意在楮园中种植香花、杂草，并用香水浇灌树苗，在造纸过程中又以沉香水浸泡楮皮，目的是使所造抄经纸有“下笔含香”之效果。同书记载，永徽年间定州另一位法名修德的僧人如法炮制，“别于净院植楮树，凡历三年，兼之花药，灌以香水，洁净造纸。……招善书人妫州王恭……下笔含香”。据分析，纸中香气应主要来自抄纸浆中所含香料。

隋唐时期是中国历史上的盛世。科学技术、文化艺术、宗教等方面都十分繁荣。社会对纸张的需求量猛增，也促进了造纸技术的蓬勃发展。品质优良的楮皮纸使用起来得心应手，使唐代一些文人对楮皮纸青睐有加。唐末人李玫《纂异记》记载：“薛稷为纸封九锡，拜楮国公、白州刺史，统领万字军，界道中郎将。”薛稷是唐初大书法家，他诙谐地为楮皮纸“封九锡”，戏拜之为“楮国公”和“白州刺史”，统领万字军，界道中郎将。所谓“九锡”，是古代帝王赐给有功大臣或有权势诸侯的九种器物。如王莽建新朝前先加九锡、汉末献帝赐曹操九锡等。薛稷为楮皮纸“封九锡”，可能是因为楮皮纸取代麻纸的统治地位后，质量明显提高的功劳。在薛稷之后，唐代著名诗人韩愈《毛颖传》中有“颖与会稽楮先生友善”之说，称毛笔为“毛颖”，楮皮纸为“楮先生”。后人沿袭此说，进一步以“楮”代“纸”，遂即出现“楮墨”、“片楮”等说法。

唐人文嵩作《好畤侯楮知白传》，用拟人的手法描述纸，与韩愈的《毛颖传》相似，为华美精彩之作。

楮知白，字守玄，华阴人也。其先隐鼎商山之百花谷，因谷氏焉。幼知文，多为高士之首冠。自以朴散不仕，殷太戊失德于时，与其友桑同生入朝直谏，拱于庭七日。太戊纳其谏而修德，以致圣敬日跻，因赐邑于楮，其后遂为楮氏。二十二代祖枝，因后汉和帝元兴中，下诏征岩穴隐逸，举贤良方正之士。中常侍蔡伦搜访，得之于耒阳，贡于天子。天子以其明白方正，舒卷平直，《诗》所谓“周道如砥，其直如矢”者也。用篷史官，以代简册。寻拜治书侍御史，奉职勤恪，功业昭著。上用嘉之，封好畤侯。其子孙世修厥职，累代袭爵不绝。博好藏书，尤能编缮，自有文籍以来，经诰典策，及释道百氏之书，无不载之素幅。遇其人则舒而示之，不遇其人则卷而怀之，终不自矜其该博。晋宋之世，每文士有一篇一咏出于人口者，必求之缮写。于是京师声价弥高，皆以文章贵达，历齐、梁、陈、隋已至今，朝廷益甚见用。

知白为人好荐贤汲善，能染翰墨，与人铺舒行藏，申冤雪耻，呈才述志，启白公卿台辅，以至达于天子，未常有所艰阻。隐蔽历落，布在腹心，何只于八行者欤！知白家世，纂以朝迄今千余载，奉嗣世官，功业隆盛，簿籍图牒，布于天下，所谓日用而不知也。知白以为不失先人之职，未尝矾伐其功，与宣城毛元锐、燕人易玄光、南越石虚中为相须之友。每所历任，未尝不同。知白自国子受牒补主簿，直弘文馆，为书吏所赂，因润而坠之。当轴素知廉洁，怜而不问。他日方戒而用之，是以其道益光，曾无背面。累迁中书舍人、史馆修撰。直笔之下，善恶无隐。明天子御宇，海内无事，志于经籍，特命刊校集贤御书。书成奏之，天子执卷躬览，嘉赏不已。因是得亲御案，乃复嗣爵好畤侯。

史臣曰：春秋有楮师氏，为卫大夫，乃中国之华族也。好畤侯楮氏，盖上古山林隐逸之士，莫知其本出。然而功业昭宣，其族大盛，为天下所利用矣。世世封侯爵食，不亦宜乎！[10]

三、桑皮纸等其他皮纸

隋唐时期，桑皮纸生产也有较大发展。同楮皮纸相似，桑皮纸虽起源很早，但隋唐以前的实物极为少见。与隋唐皮纸的整体繁荣相适应，这一时期的桑皮纸也有较多传世。如出自敦煌石室的隋末唐初（7 世纪初）的《妙法莲华经 • 法师功德品第十九卷》所用染黄纸，每张直高 26.7 厘米，横长 43.5 厘米，经潘吉星检验为桑皮纸。纸面平滑，纸质匀薄，有细帘条纹。[11] 中唐写本《妙法莲花经 • 妙音菩萨品第廿四卷》所用白纸，质量与上纸相似，也是桑皮纸。另有新疆阿斯塔那出土的唐代户籍簿所用白色薄纸以及故宫博物院藏唐代画家韩滉的《五牛图》（图 3–2）用纸等均为桑皮纸。[12]

图 3–2　唐代韩滉《五牛图》（局部）

除藤纸、楮皮纸和桑皮纸外，唐代人还利用其他树皮纤维生产皮纸。如唐代刘恂在《岭表录异》中记有栈香树皮纸："广管罗州多栈香树，身似柳，其花白而繁，其叶如橘皮，堪作纸，名为香皮纸。灰白色，有纹如鱼子笺。其纸慢而弱，沾水即烂，远不及楮皮者。"[13]唐人段公路在《北户录》中也有记载："香皮纸，罗州多栈香树，身如柜柳，皮堪捣纸，土人号为香皮纸。"罗州、雷州、义宁、新会都在今广东境内。据"身如柜柳"、"花白而繁"、"叶如橘皮"等形态特征以及产地推断，栈香树就是瑞香科沉香属植物沉香树（Aquilaria agallocha）。沉香树为常绿乔木，叶互生，开白花，树皮灰褐色，产于两广及福建等地。其木质部分泌出树脂，可作香料，韧皮纤维可造纸。[14]唐人用沉香树皮造纸的史实还见于明人明待的《珍珠船》："唐永徽中，宣州僧欲写《华严经》，先以沉香种楮树，取以造纸。"[15]《宛陵郡志》中也有相似的记载。

唐代瑞香科植物纤维纸，21 世纪初曾在新疆出土。斯坦因在新疆和阗发掘的 8 世纪末藏文佛经残卷，所用黄色纸经威斯纳鉴定，为瑞香科植物纤维所造，可能用的是白瑞香（Daphne papyracea）一类的野生植物纤维。白瑞香为野生灌木，开白花，产于我国西南部，其茎皮纤维可以造纸。

除瑞香科植物纤维纸外，威斯纳在检验斯坦因从新疆发掘的唐大历三年（768）至贞元三年（787）五种有年款的文书用纸时，还发现了用樟科常绿乔木月桂（Laurus nobilis）纤维与破麻布及桑皮纤维混合制浆抄造的纸。[16]

第二节　纸笺制作技艺的全面发展

一、名垂青史的黄蜡笺

纸笺制作技艺在前代已经有所发展，主要表现在研光、涂布、染色等技艺的发明和使用上。隋唐时期，纸笺制作技艺得到全面发展。

施蜡法的应用始见于唐代。唐张彦远《历代名画记》卷 3 谈道："好事家宜置宣纸百幅，用法蜡之，以备摹写。"又有"汧国公家背书画，入少蜡，要在密润，此法得宜"。在纸面上均匀地施上一层蜡质，是为了使纸张更加"密润"，从而降低纸张的吸水性，又能提高纸张的透明度。唐代蜡笺摹帖在宋代米芾《书史》中有记载："又有唐摹右军帖，双钩蜡纸摹。"从文献记述的情况看，唐代采用施蜡法至少有两种用途：一是将原纸经施蜡加工处理后制成紧密透明的蜡纸，可用于摹写细如游丝的工笔画；二是说在褙书画时适度用蜡改变纸张的吸水性能。

唐代蜡笺中有一种硬黄纸最为名贵。硬黄纸也称"黄硬"，即后世所说的"黄蜡笺"。这种纸外观呈黄色或淡黄色，质硬而光滑，抖动时发出清脆的声音。唐张彦远《历代名画记》卷 3 谈书画裱褙时提及此纸云："赵国公李吉甫家云，背书要黄硬。余家有数帖黄硬，书都不堪。"有关硬黄笺的加工制作，南宋赵希鹄《洞天清录》云："硬黄纸，唐人用以书经，染以黄檗，取其辟蠹。以其纸如浆泽、莹而滑故，善书者多取以作字，今世所有二王真迹，或有硬黄纸，皆唐人仿书，非真迹也。”

这里谈到加工硬黄纸首先要“染以黄檗”，即染潢。另外从“如浆泽、莹而滑”这一描述看，显然是蜡笺，正如宋人张世南《游宦纪闻》卷5所说：“硬黄，谓置纸热熨斗上，以黄蜡涂匀，俨如枕角，毫厘必见。”硬黄纸既防蠹又防潮，因而能保存很久。现存北京图书馆的初唐写本《妙法莲华经•妙音菩萨品第廿四卷》、唐龙朔三年（663）皇甫知岌写《春秋穀梁传•桓公第三》、开元六年（718）道教写经《无上秘要》卷52，还有辽宁博物馆藏王羲之《万岁通天帖》唐摹本等都是流传至今的唐代硬黄纸（均为皮纸，原料为楮皮或桑皮）实物（图3–3）。硬黄纸多制于初唐至中唐时期，晚唐以后则少见。图3–4为敦煌出土的初唐时期《大般涅槃经卷第二》，该纸通长560厘米，高26.8厘米，共由6幅经纸粘接而成。“纸质薄匀光细，莹澈透明，坚挺平整。色呈药黄，其味略苦。”系黄檗所染，“又以蜂蜡均匀涂布，研光磨光。使纸张不仅具有避虫蛀、防霉湿的特性，又兼有莹滑坚挺、光泽艳美的特点”。

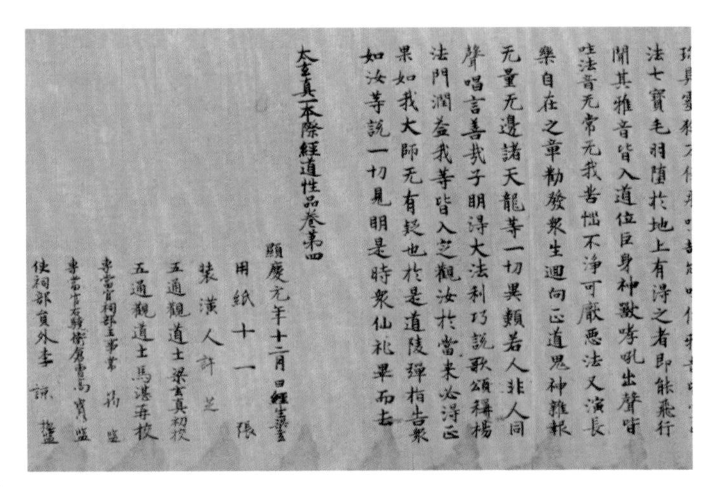

图3–3 唐药黄纸

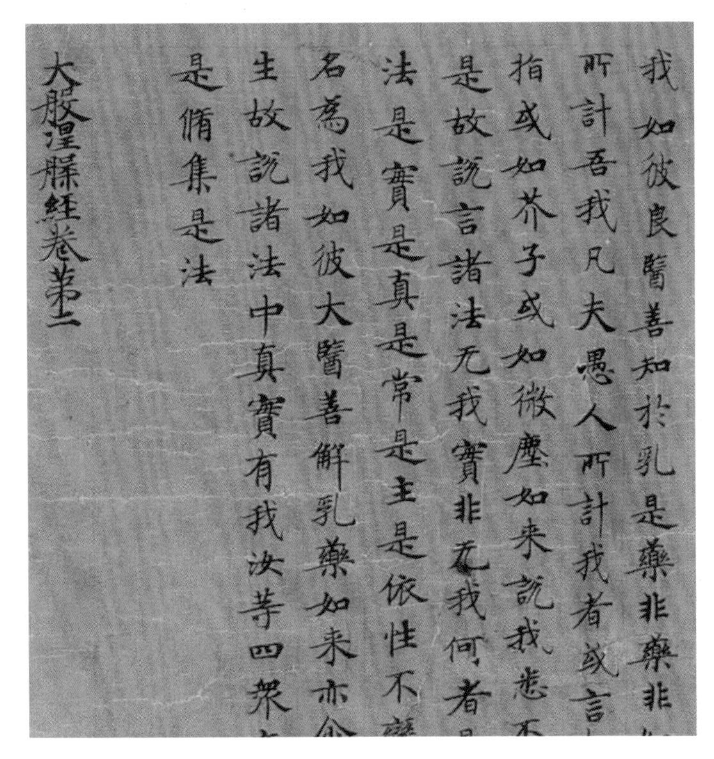

我如彼良醫善知於乳是藥非藥非
所計吾我凡夫愚人所計我者或言
指或如芥子或如微塵如來說我悉不
是故說言諸法无我實非无我何者
法是實是真是常是主是依性不
名為我如彼大醫善解乳藥如來亦
生故說諸法中真實有我汝等四眾
是脩集是法
大般涅槃經卷第二

图3–4 唐硬黄薄纸

没有经过入潢染色的“蜡笺”也称白蜡笺，质量也相当好。有薄厚不同的白蜡笺，薄者如《历代名画记》卷2所谓古时用来拓画能“十得七八，不失神采笔踪”者；厚者与黄蜡笺相似，北京故宫博物院所藏旧题吴彩鸾写《刊谬补缺切韵卷》，双面加蜡、研光，纤维匀细，纤维束少见，硬厚，可能为“单抄双晒法”制成。[17]

除黄、白二色外，唐代还生产其他颜色的蜡笺。如1978年考古工作者在苏州瑞光塔第三层塔心空穴中发现一批五代至北宋时期的纸本文物，其中有用泥金写的《妙法莲华经》一部，经纸为碧色桑皮纸，且经过加蜡和研光等加工，“纸面结实，经测定紧度可达0.96克/立方厘米”[18]。其碧色或为靛蓝染成，类似于后世所谓瓷青纸。该写经卷2尾部墨书题记“大和辛卯（931）四月二十八日修补记”，“大和”为五代十国时吴的年号。既然是“修补”，说明写经年代更早，从经文书法风格看，应是唐时作品。[19]

在蜡笺制作工艺的基础上，唐代人又把魏晋南北朝时期涂布填粉技术与施蜡技术结合起来，制作粉蜡笺。先将白色矿物细粉涂布于纸面，再施蜡，最后研光，所得粉蜡笺兼有粉笺和蜡笺双重优点。宋米芾《书史》中提到唐代粉蜡笺：“唐中书令褚遂良《枯木赋》，是粉蜡纸拓。”又有“智永《千文》，唐粉蜡纸拓”。

唐代施胶技术的发展水平远远超过前代。熟纸的使用相当普遍，宋代邵博《闻见后录》卷28记载："唐人有熟纸，有生纸。熟纸所谓妍妙辉光者，其法不一。生纸非有丧故不用。退之与陈京书云，《送孟郊序》用生纸写，言急于自解，不暇择耳。"从皇家敕命、御藏图书、内府文书用纸，到文人书画用纸，一般均用熟纸。这里所说的熟纸应指经过研光、施胶、涂布等方法加工过的纸。由于熟纸用量巨大，内府许多部门都设有熟纸匠和装潢匠，专门从事加工生纸为熟纸的工作。如《新唐书·百官志》和《唐六典》卷8、卷9、卷10和卷26均记载了唐朝弘文馆、中书省、国史馆、秘书省等部门装潢匠和熟纸匠人具体的编制情况。

唐代在继承传统淀粉糊施胶工艺的基础上，还有一项重要的技术突破，即使用明胶等动物胶进行纸面施胶。宋米芾《十纸说》称："川麻不浆，以胶作黄纸。唐诏敕皆是。"说的是四川所产麻纸不用糨糊施胶，而用动物胶加工黄纸。唐朝皇帝的诏、敕都用这样的纸。用动物胶代替淀粉剂，克服了淀粉剂施胶纸面易起皱等缺点，使施胶纸既能满足工笔设色人物、花鸟画等要求，又能长久保存。

二、具有传奇色彩的薛涛笺

在染色纸方面，唐代薛涛笺最为著名。薛涛笺因制作人薛涛而得名。薛涛，字洪度，是中唐时期的一位女诗人，原本长安人，幼时其父薛郧宦蜀，涛即随父赴成都定居。薛涛工于诗作，有90余首作品流传至今，是唐代女诗人中现存诗作数量最多的一位。[20] 薛涛笺也称浣花笺，后者因薛涛居住在成都东南郊浣花溪而得名。该笺是薛涛专为写短诗而设计加工的一种小型笺。北宋苏易简《文房四谱》卷4引唐末李匡义《资暇录》云："松花笺，代以为薛涛笺，误也。元和之初，薛涛尚斯色而好制小诗，惜其幅大，不欲长剩之，乃命匠人狭小为之。蜀中才子既以为便，后减诸笺亦如是，特名曰'薛涛笺'。今蜀中纸有小样者，皆是也，非松花一色。"北宋钱易《南部新书》卷9亦有"元和之初，薛涛好制小诗，惜其幅大，不欲长剩，乃狭小之。蜀中才子既以为便，后减诸笺亦如是，特名曰薛涛笺"。

唐代纸笺大多用于抄写佛经和长篇书札，所以纸幅较大，就现在所见，直高25～30厘米，横长35～55厘米不等，用于写当时流行的四行或八行小诗，相当不便。薛涛善写短诗，为了解决长幅纸剩余太多的问题，她特意要求纸工制作适宜于写短诗的小幅诗笺。宋人乐史《太平寰宇记》卷72说得很确切："薛涛十色笺短而狭，才容八行。"这一设计相当合理，蜀中文士才子纷纷使用这种纸笺，"薛涛笺"便流行开来。

薛涛笺受人喜爱的另一重要原因是其特有的可人色彩。根据文献资料考证，薛涛笺的颜色为深浅不一的红色。如晚唐诗人李商隐《送崔珏往西川》诗中称："浣花纸笺桃花色，好好题诗咏玉钩。"称薛涛笺为"桃花色"。唐末诗人韦庄写过一首《乞彩笺歌》（见韦庄《浣花集·补遗》）：

> 浣花溪上如花客，绿暗红藏人不识。
> 留得溪头瑟瑟波，泼成纸上猩猩色。
> 手把金刀裁彩云，有时剪破秋天碧。
> 不使红霓段段飞，一时驱上丹霞壁。
> 蜀客才多染不供，卓文醉后开无力。
> 孔雀衔来向日飞，翩翩压折黄金翼。
> 我有歌诗一千首，磨砻山岳罗星斗。
> 开卷长疑雷电惊，挥毫只怕龙蛇走。
> 班班布在时人口，满袖松花都未有。

人间无处买烟霞，须知得自神仙手。

也知价重连城璧，一纸万金犹不惜。

薛涛昨夜梦中来，殷勤劝向君边觅。

其中说薛涛笺是“猩猩色”即猩红色。元末四川人费著《笺纸谱》中称“涛侨止百花潭，躬撰深红小彩笺，裁书供吟，献酬豪杰，时谓之薛涛笺。……涛所制笺，特深红一色尔”，明确指出薛涛笺是“深红一色”。明代宋应星《天工开物•杀青》谈到明代四川仿制的薛涛笺时说：“四川薛涛笺，亦芙蓉皮为料，入芙蓉花末汁，或当时薛涛所指，遂留名至今。”以芙蓉花末汁染色，自然也是红色。此外，薛涛《寄旧诗与元微之》一诗中有诗句“长教碧玉藏深处，总向红笺写自随”[21]，其中“红笺”当指薛涛笺。

至于南宋李石《续博物志》卷10所载“元和中，元稹使蜀，营妓薛涛造十色彩笺以寄，元稹于松华纸上寄诗赠涛”，以及其他文献中类似的说法，应是误将薛涛笺与宋代成都名产“十色笺”混淆，但这种认识也并非没有依据。唐僧释齐己曾作一诗题为《谢人惠十色花笺并棋子》：“陵州棋子浣花笺，深愧携来自锦川。海蚌琢成星落落，吴绫隐出雁翩翩。留防桂苑题诗客，惜寄桃源敌手仙。捧受不堪思出处，七千余里剑门前。”[22]其题中交代是“十色花笺”，而诗中却说是浣花笺，他一定认为两者是一回事。

三、其他纸笺

段成式所造“云蓝纸”也是唐代一种著名的染色纸。段成式，字柯古，唐临淄人，学问博洽，有《酉阳杂俎》二十卷、续集十卷传世，诗与李商隐、温庭筠齐名。段成式在《寄温飞卿笺纸》这首诗序中写道：“予在九江造云蓝纸，既乏左伯之法，全无张永之功，辄送五十枚。”其诗曰：“三十六鳞充使时，数番犹得裹相思。待将袍袄重抄了，尽写襄阳播掿词。”造云蓝纸法，据潘吉星推测，是用靛蓝染料染白皮纸，然后将所得靛蓝皮纸捣烂，制得浅蓝色纸浆。每抄起一张湿纸，滤水后将帘床提至另一槽，再将适量蓝色纸浆加入湿纸的适当部位，水平轻荡纸帘，使蓝色纸浆在湿纸面上流动，形成波浪云状，取下后晒干即成。若水平打旋式荡帘，则形成旋涡状云。[23]不过，这只是一种合理推测，如把云蓝纸理解成蓝底上有白云纹纸，制作方法则与上述工艺不同。

纸面洒金技术也开始于隋唐时期。这是工匠们借鉴髹饰和绢织品加工技术中的一些装饰手法创造出来的一种加工纸新工艺。其原理简而言之就是将金（银）箔碎片、碎屑用有筛孔的容器均匀地洒在刷有胶液的色纸上，待胶液风干，金箔屑便固定在纸面上。用洒金方法制作的加工纸包括金花纸、银花纸、洒金纸、洒银纸、冷金纸、冷银纸等许多品种，其中最有名的是金花纸。由于使用金箔、银箔装饰纸面，再加上对纸张质量的要求也相当严格，所以这类加工纸十分奢华，只有上层官府及富贵人家才能享用。从唐代李肇《翰林志》记载的唐朝时金花五色绫纸的使用场合中可略见一斑：“凡将相告身，用金花五色绫纸，[铃]所司印。凡吐蕃赞普书及别录，用金花五色绫纸。上白檀香木，珍珠瑟瑟钿函银锁。回纥可汗、新罗、渤海王书及别录，并用金花五色绫纸，次白檀香木，瑟瑟钿函银锁。诸番军长、吐蕃宰相、回纥内外宰相、摩尼以下书及别录，并用五色麻纸，紫檀香木，钿函银锁，并不用印。南诏及大将军、清平官书用黄麻纸，出付中书奉行，却送院封函，与回纥同。”另据明陈耀文《天中记》卷38引宋代乐史《杨妃外传》：“明皇与贵妃赏牡丹于沉香亭，命梨园李龟年持金花笺宣赐李白，三进清平调词三篇。”金花笺既然作为唐明皇宣赐之物，当然格外贵重。

宋代米芾《书史》有“王羲之《玉润帖》，是唐人冷金纸上双钩摹出”的记载，说明唐代的冷金纸至宋代仍传世。1973年，考古工作者在新疆吐鲁番县阿斯塔那村高昌时期墓葬群遗址中的一个墓葬里，发现了残存的用大片金箔贴面的金箔纸制女帽圈，由糊帽纸上的“贞观”二字可知其为唐太宗当朝时物。

唐代工匠还发明了制作砑花纸（Embossing paper）的砑花技术。砑花技术的原理是用刻有某种图案、花纹的阳模压印纸面，压印处纸纤维紧密，与周围原状态的纤维在透光性方面形成明显反差。唐李肇《国史补》卷下著录的唐代四川名笺“蜀之麻面、屑末、滑石、金花、长麻、鱼子、十色笺”中的“鱼子笺”就是一种很著名的砑花纸。北宋苏易简《文房四谱》卷4记载了“鱼子笺”的制作方法：“又以细布，先以面浆胶令劲挺，隐出其文者，谓之‘鱼子笺’，又谓之‘罗笺’，今剡溪亦有焉。”就是说，用面浆浆细布，放干后，细布坚硬，将色纸放在细布上砑印，即制得“鱼子笺”。这种砑花纸制作方法最为简单易行，唐以后五代时人姚颚之子姚惟和与其兄弟所造砑花纸则十分精美，五代人陶穀《清异录》卷下有较详细记载：

> 姚颚子侄善造五色笺，光紧精华。砑纸板乃沉香[木]，刻山水、林木、折枝、花果、狮凤、虫鱼、寿星、八仙、钟鼎文，幅幅不同，文缕奇细，号砑光小本。余尝询其诀，颚侄云：妙处与作墨同，用胶有工拙耳。

从“砑纸板”这一名称以及砑纸板上所刻山水、花鸟等图案情况可以推论，“砑光小本”指的是砑光纸笺本。但这里没有对砑光纸加工制作过程作详细记载。有关的工艺可参考第五章第二节。

“捶纸”技术可能也开始于唐代，从一些宋代文献中可以得出这一结论。宋米芾《书史》中有“唐畿县狱状捶熟纸”这一记载。捶纸顾名思义就是用木杖捶打纸张，使之紧密。宋苏易简《文房四谱》卷4所载“拓纸法”：“用江东花叶纸，以柿油好酒浸一幅，乃下铺不浸者五幅，上亦铺五幅，乃细卷而硾之，候浸渍染著如一，拓书画若俯止水、窥朗鉴之明彻也。”亦即“捶纸”的制作方法。宋人乐史《太平寰宇记》卷104也称歙州出产“硾纸”。

隋唐五代时期纸笺制作技术的全面发展为后世纸笺制作技术的进一步繁荣奠定了坚实的基础。

第三节　造纸术的广泛传播

造纸术肇始于西汉，在蔡伦时代已经初步成型，在以后的几个世纪中不断发展完善，到了隋唐时期已经成为一项成熟的技艺。随着对外交流的扩大，中国人发明的这项技艺逐渐传播到世界各地，为全世界人民所共享。

一、造纸术在中国东、南部邻邦传播

造纸术在境外最先是向与中国毗邻的地区传播。

朝鲜半岛与中国毗连，北部的乐浪郡（今平壤地区）于汉武帝元封三年（前108）设，归西汉幽州刺史部管辖，自中国西汉时期就有大量汉人入居，并于东汉魏晋时期由汉人治理。汉人不仅早就在这里使用中国境内造的纸，而且还将造纸术带到这里，3 ~ 4 世纪，就有来自中国北方的工匠在这一带造纸。高句丽与乐浪和辽东接壤，造纸时间也大致与此同时。百济和新罗可能稍晚，但也不会晚于 5 世纪。[24]

朝鲜半岛早期生产麻纸，纸质厚重，具有中国北方纸的特点。9 世纪后期，王氏高丽王朝兴起，公元 935 年灭新罗后，成为统一半岛的封建王朝。朝鲜的造纸技艺得到进一步发展，尤其是皮纸生产有显著进步。宋代以后高丽纸作为贡纸流入中国，受到士大夫们的赏识。如宋韩驹《谢钱珣仲惠高丽墨》诗中有“王卿赠我三韩纸，白若截肪光照儿”[25] 的诗句等。14 世纪末高丽王朝结束，进入李朝时代，国号为朝鲜。李朝与同时代的中国明、清两朝继续保持友好关系和文化交流。中国人仍不恰当地称朝鲜纸为“高丽纸”。与中国相似，朝鲜的造纸技术在这一时期也进入了集大成阶段，纸的质量进一步提高。明人沈德符甚至有“今中外所用纸，推高丽贡笺为第一”[26] 的评价，虽有失偏颇，也可见一斑。

日本与中国隔海相邻，很早起就与中国有经济、文化往来。据潘吉星考证，日本造纸的起始时间应当是 5 世纪王仁、弓月君和阿知使主等大批中国人从朝鲜半岛来日本定居的时代。相当于中国晋、十六国时期。[27] 进入奈良朝之后，日本社会安定，经济繁荣，文教事业也得到蓬勃发展，社会对纸张的需求激增，大大刺激了当地造纸业的发展，本州岛的美浓、武藏等许多地方以及四国岛的阿波等地都向中央政府贡纸。其原料主要有破麻布、楮皮和雁皮，随着时间推移，工艺上也逐渐形成自己的特色。

与中国南部接壤的越南自汉至宋一千多年间曾与中国大陆同属一个朝廷统治，使用同样的年号和文字。越南境内的造纸大约于 3 世纪初在士燮任交趾太守时即已开始。

二、造纸术传入印巴次大陆

印度与中国接壤，自西汉以来就有直接的经济和文化往来，并且早在 1 世纪印度的佛教就已传入中国，但就目前掌握的资料看，造纸术传入印度的时间可能不早于 7 世纪。

印度古代没有纸，在中国纸传入之前，印度人将字写在一种大叶棕榈树的树叶上，这种树树干细而长，有些像枣树和椰子树，结实可食，叶子长约一码，宽约三指，树名梵文 tāda–tāla，中国旧译“多罗”。梵文中称树叶为 pattra 或 patra，译作“贝多罗”，缩写成“贝多”，后来有“作书写用的树叶”之意。[28] 我们所谓的“贝叶经”应当理解为“用贝多罗这种树叶抄写的经文”。

与中国古代一样，印度古代人们读书多半没有教材，靠的是师傅向弟子口头相传。但是中国人发明造纸法之后，用纸张大量抄书，这种风气渐渐减弱。然而，印度在中国唐代时仍保持这种传统。如唐义净和尚《南海寄归内法传》卷 4：“咸悉口相传授，而不书之于纸叶。”法显等人的著作中也有类似的记载。间或用文字记录绝大多数是写在贝叶上的，中国和尚到印度取回的经书和印度和尚送到中国来的经书几乎都是贝叶经，如图 3–5。

图 3–5　写在贝叶上的手稿，共由 60 片贝叶穿连而成（取自 Dard Hunter 的著作 *Papermaking:The History and Technique of an Ancient Craft*）

用于写字的另一种主要材料是白桦树皮（梵文 bhūrja），喜马拉雅山下有规模巨大的桦树林，早在亚历山大入侵印度时，那里就用桦树皮写字了。据季羡林先生的研究，梵文古典著作中常遇到 bhūrja 这个词。这种树皮有时被直接称为 lekhana，意思是书写资料，纸传入后他们就用该词来称呼纸。

用桦树皮制作书写材料的方法可能源于印度西北部，取长一码、宽约五指的一块树皮，加油磨光，使之硬滑，即可以写字。现在伦敦、柏林、维也那等地的图书馆都收藏有大量的这种桦树皮写本。

除了桦树皮，早期印度人也用棉织品、羊皮以及类似于中国简牍的木板和竹片写字。一些重要的契书会被镂刻在铁板和铜板上。

出于对造纸技术史方面的无知和对纸概念的误解，曾有印度学者提出造纸术起源地印度之说，现已成为历史陈迹。[29] 现在国内竟有学者重提双起源说，同样是缺乏依据的臆断。

关于纸和造纸法传入印度的时间和路线，季先生提出，一定是先由中原地区传到新疆，进而由新疆传到印度。东汉初年，汉明帝北征匈奴，取伊吾庐地，置宜禾都尉以屯田，遂通西域。班超在西域活动了很多年，终于在汉和帝永元三年（91）定西域，他成了西域都护，居龟兹。班超死后，他的儿子班勇继承其事业。汉家号令在西域通告了近一个世纪。蔡伦的“蔡侯纸”就是在这个时期出现的，当中原地区“莫不从用”时，自然会随着通西域的使者和商人向西域传播。20 世纪以来西方探险家和国内的考古工作者在新疆的发现证实了这一推断。2 世纪中叶，中国纸就到了西域，并且用纸书写的不仅是中国人，也有不少外国人。因为新疆发现的纸写本的残卷中有梵文，也有古和阗文。当时一定有印度人或者与印度有密切关联的其他民族的人接触到纸，他们没有理由不把纸带到印度去。再说，从东汉末年朱士行西行求法开始，中国和尚接踵去印度。当时印度没有纸，他们不可能采用口头记诵的办法在短期内背诵几万伽陀，也不太习惯用贝叶抄写，应当带了纸去抄录佛典。季羡林先生据此推断，纸张传到印度应当是比较早的。不过，真正确凿的印度用纸的证据是在 7 世纪后半期义净和尚的《梵语千字文》中找到的，义净于咸亨二年（671）赴印度，至证圣元年（695）回国。此前去印度的和尚的著作中都没有提到过纸。

关于造纸法传入印度的时间，受材料的局限，季先生说自己很难做出什么结论。

在季先生工作的基础上，黄盛璋先生在纸和造纸法传入印巴次大陆时间和路线的问题上进行了进一步探索。

黄先生遍查了大正藏收录的有关中印关系各种记录以及义净以前所译各种佛教经典，结果没有找到关于纸或用纸的痕迹。特别是玄奘和尚在印度前后十九年，见闻最多，记载有关印度的知识最详，但没有提到纸。因此，黄盛璋先生断定，纸传入印度的时间应当在玄奘回唐贞观十九年（645）之后，义净赴印度（671）之前这二十多年间。[30]

黄先生着重考察在这段时间里的中印交通状况，并发现一个重要的事实：中印之间有一条新的通道——吐蕃（中国西藏）泥波罗（尼泊尔）这条通道正在此时兴起，替代天山南北两道。通行的时间正是这二十几年间。

这条通道的开辟是汉与藏、藏与尼和好并且通婚的结果。据史料记载，尼王鸯输伐摩 (595 ～ 640) 在位期间注重商业和对外贸易，努力保障尼与印、藏之间的运输，促成了商路的开放。[31] 公元 639 年，尼国赤贞公主来归吐蕃弃宗弄赞（松赞干布），尼泊尔臣民等皆送至芒域（藏南边境），藏中臣民鼓乐迎迓。二年后，弃宗弄赞迎娶文成公主。他率部兵出屯柏海，亲迎文成公主于河源，唐使李道宗送公主于此和赞普相会。文成公主先经过青海的吐谷浑国都，然后穿过吐谷浑国才到达西藏。此前，吐蕃派人为此修好了通往黄河曼头岭的道路。整条通道的贯通则是在贞观十七年（643）李义表出使印度之时。《旧唐书·泥波罗传》记载：“贞观中，卫尉丞李义表往使天竺，途经其国，那陵提婆见之大喜，与义表同出观阿耆婆沵池。”[32] 李义表于贞观十七年三月奉诏，年底到达摩揭陀国，途经泥波罗国时间就在这数月之间。

唐咸亨元年（670）四月，薛仁贵出兵吐蕃，大败于青海大非川，使这条国际通道通行了二十余年之后再度受阻。义净《大唐西域求法高僧传》记载，玄照于麟德二年（665）再赴印度，去时仍走吐蕃道，但返回则难循旧道。《玄照传》称："但以泥波罗道吐蕃拥塞不通，迦毕试途多氏捉而难度，遂且栖志鹫峰，沈情竹苑。"

时间和通道问题解决了，但究竟纸的传播是否通过此路线还需要进一步说明。

造纸法传入西藏的时间，据《旧唐书》记载，贞观"二十二年，右卫率府长史王玄策使往西域，为中天竺所掠，吐蕃发精兵与玄策击天竺，大破之，遣使来献捷。高宗嗣位，授弄赞为驸马都尉，封西海郡王，赐物二千段。弄赞因致书于司徒长孙无忌等云：'天子初即位，若臣下有不忠之心者，当勒兵以赴国除讨。'并献金银珠宝十五种，请置太宗灵座之前。高宗嘉之，进封为宾王，赐杂彩三千段。因请蚕种及造酒、碾、硙、纸、墨之匠，并许焉"[33]。

据此可知，造纸等工匠被派往西藏的时间应当在公元650年。尼泊尔与西藏毗连，加之两地关系密切，造纸法传入西藏之后很快就会传入尼泊尔。黄盛璋先生从四个方面论证尼泊尔的造纸法是从西藏传入的。首先，尼泊尔造纸使用的原料是瑞香料的白瑞香的内皮，考古发现的实物证明，西藏最早利用此种植物造纸，而且沿用至今。其次，尼泊尔造纸所用工具、工艺流程与西藏同属一个体系。再次，尼泊尔制作加工纸所用原料和方法也与西藏一脉相承。最后，尼泊尔纸特别宽广而坚韧，而西藏古代造纸也是如此，如清代大臣周霭于乾隆年间入藏，所写《竺国纪游》卷1描述藏纸"洁白而厚，宽长三四丈者"[34]。

唐代僧人释道宣在《释迦方志》（始撰于646年，成书于650年）"遗迹"卷41开篇谈到当时中印陆路交通情况时称，"自汉至唐往印度者，其道从多，未可言尽，如后可纪，且依大唐，往年使者有三道，依道所经，具睹遗迹，即而序之"。这里所说的"三道"即东、中、北三条路线。东道（即泥波罗道）排在首位，中、北两道即汉以来的天山道，均为唐玄奘往返所经过。书中进一步指出，当时中印交通均是由泥波罗道往返的。根据黄盛璋先生的考证，自吐蕃泥波罗道开创之后，传统的天山道就被这条新道所替代。之所以如此，除了与天山道相比近捷很多之外，与政治关系也密不可分，汉与藏、藏与尼之间联婚，加上宗教信仰上的一致，有利地保障了途经此道的顺畅。

综上所述，可以肯定，造纸法是在670年泥波罗道闭塞之前经西藏传入尼泊尔，而纸则是从尼泊尔传入印度的。

造纸法传入印度的时间肯定在纸传入印度之后。有关印度古代造纸情况，在一些文献中可以找到零星线索。马欢《瀛涯胜览》谈到榜葛剌国（今孟加拉）有"一样白纸，亦是树皮所造"[35]。巩珍《西洋番国志》则说榜葛剌国有"一等白纸，光滑细腻如鹿皮，亦是树皮所造"。两书作者都随郑和出使西洋，亲眼所见。当时造的纸如此精细，说明造纸法传入的时间应远在此之前，而榜葛剌国与中国的往来开始于永乐三年（1405）六月郑和首次出使西洋之后，《明史·榜葛剌传》有永乐六年（1408）其王霭牙思丁遣使来中国的记载。

义净《南海寄归内法传》中有一条关于入厕用纸的资料，"必用故纸，可弃厕中，既洗净了，方以右手牵其下衣"。义净讲的南海并不仅指印度一地，但黄盛璋认为这条资料讲述的是印度的情形，他对此进行了详细的考证。如印度以东马来半岛、苏门答腊、爪哇以及中印半岛一带古代一直没有造纸。再如，《真腊风土记》中有"凡登溷既毕，必入池洗净，止用左手，右手留以拿饭，见唐人登厕用纸揩拭者笑之，甚至不欲登其门"的记载，说明10～13世纪时的"真腊"地区也还没有纸。

既然印度在7世纪已经用故纸作卫生纸，说明当时纸的应用一定非常普遍。如果不是自己能够生产，那是不可想象的。

黄盛璋先生否定了造纸法经海路传入印度的假设，他经过详尽的论证指出："中国造纸法一直到十八九世纪欧人东来后很久还未传过越南中部沿海大城会安、顺化，因而根本未从海路传播。”[36]

虽然还有一条传统的通过新疆的西域道，但造纸法传入撒马尔罕的时间是 751 年，而印度、孟加拉在此之前约一个世纪即已经掌握了造纸法，所以，造纸法传入印巴次大陆并非由此途径。剩下的路线只有一条，那就是西藏。

三、造纸术向欧美地区的传播

中国造纸术西传阿拉伯的时间是唐玄宗天宝十载（751）。在此之前，“8 世纪初，阿拉伯人统治了相当于前苏联的土尔克斯坦的地方。这种情况在阿拉伯的史书中有详尽的记载。当时突厥发生内战，有一位首领向中国乞援，另一位则向阿拉伯人求助。阿拉伯人击败了中国军队，把后者驱退至中国的边疆。在俘虏之中有一些造纸工人，以后他们就在撒马尔罕传授造纸的艺术”[37]。

卡特在其著作中对造纸术向欧洲的传播进程进行了描述，如图 3-6，可分为两大阶段：第一阶段为 12 ～ 13 世纪由阿拉伯人将唐代的造纸术传入欧洲。第二阶段为 18 ～ 19 世纪欧洲人直接将当时的中国造纸技术引入欧洲，并最终导致造纸技术革命。在欧洲各国中，西班牙最早在本土造纸，原因之一是其一度受阿拉伯人的统治。此前，欧洲用纸主要从阿拉伯进口。阿拉伯纸由大马士革经拜占庭的君士坦丁堡转运到欧洲，另一条路线是从北非的埃及、摩洛哥经地中海西西里岛输入欧洲。意大利引入造纸术可能正是通过这两条海上路线，1276 年意大利第一家纸厂在中部的蒙地法诺建立，生产麻纸。

此后，法国约于 14 世纪中期从接壤的西班牙引进造纸术，德国则于 14 世纪后半叶由一位名为斯特罗姆的商人把几名意大利纸工带回其家乡纽伦堡，建立一家纸厂造纸。纽伦堡后来因造纸而闻名遐迩，并成为德国印刷业的中心。此后，瑞士、荷兰、英国、丹麦、挪威等欧洲国家先后从邻国引进技术，在本国建立造纸厂。

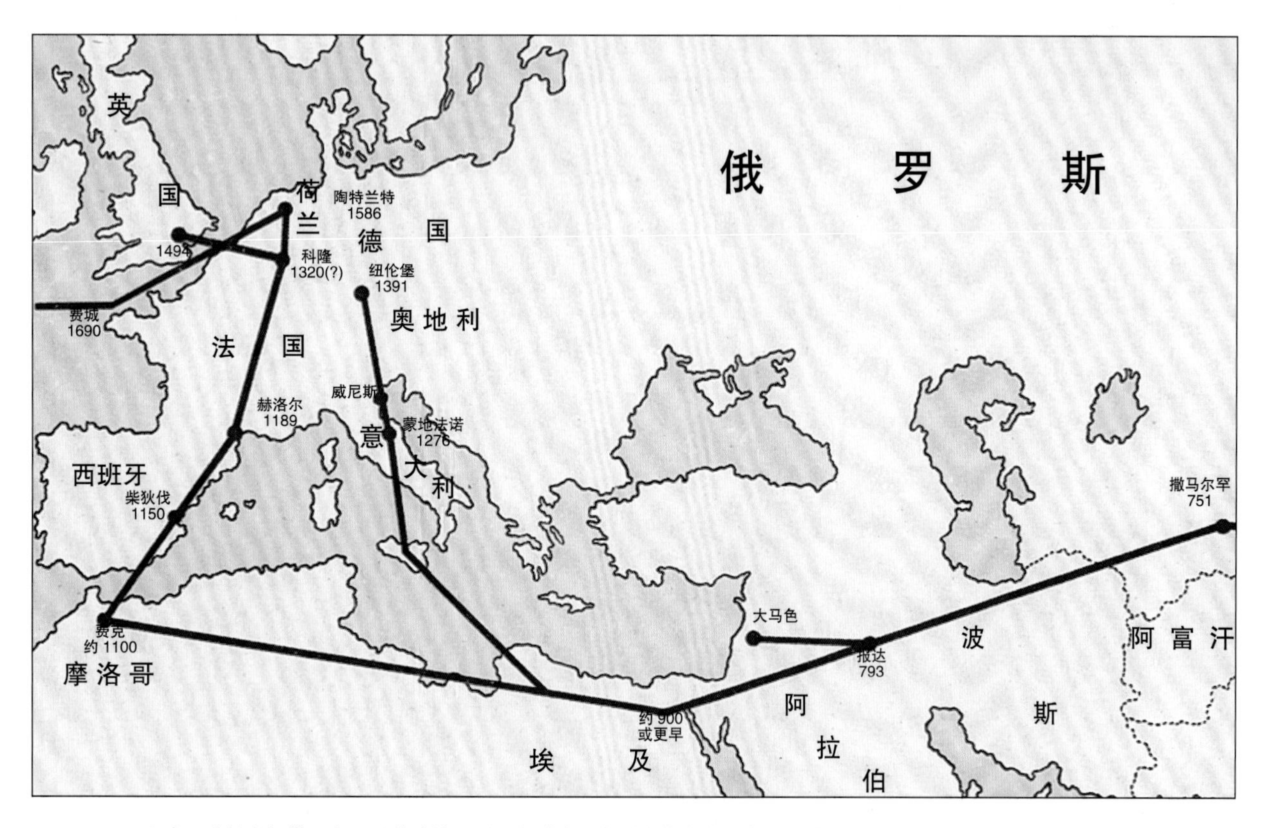

图 3-6　造纸术经撒马尔罕西传路线图（取自《中国印刷术的发明和它的西传》）

在美洲新大陆，西班牙人于 1575 年最先在墨西哥建立造纸厂。一个世纪之后，来自德国的移民利特豪斯于 1690 年在费城附近的杰曼顿建起美国境内第一家手工造纸厂，到 1776 年美国独立，造纸厂已在很多个州都有分布。

8 世纪开始西传的是中国唐代的造纸工艺，当欧美各国陆续建立其第一个造纸厂时，造纸术在中国仍在继续发展，经过宋元明清几百年的发展，总体工艺水平已远远超过唐代。尽管欧洲对传统造纸技艺的发展也有贡献，比如荷兰人于 1670 ～ 1680 年间发明了打浆机，还有 16 世纪德国人首先使用螺旋压榨器等，但总体水平一直落后于中国，特别是在造纸原料的种类、纸药的使用和与此相关的大幅面纸的抄造方面与中国有很显著的差距。在从来华的耶稣会士那里了解到这一情况之后，从 18 世纪中叶开始，欧洲人再次从中国引进造纸技术。[38]

四、传统造纸技艺对机械造纸术的影响

现代造纸机是由法国人罗伯特于 1798 年发明的，最初只是一台体积不大、有待改进的长网抄纸机，建立在艾森纳斯纸厂。他利用回转叶片，将纸浆散布于回转的铜丝网上，经过木制重叠两辘压榨脱水，再将半干的纸匹取出，晒干。其纸张可以做到宽 12 英寸，长 50 英尺。

1801 年，罗伯特的表兄盖勃赴英格兰，与亨利·弗德瑞纳（Henry Fourdrinier）合作制作出一台长网抄纸机，为亨利工作的技师唐金（Bryan Donkin）对此台机器进行改进，使之成为世界上第一部上市纸张的抄纸机。1810 年，唐金对抄纸机再进行改造，使之更加成熟。1814 年卖出 12 台，到 1851 年在伦敦大展中获金牌时已经售出 191 台，其中包括英国 83 台，德国 46 台，法国 23 台，北欧 20 台，南欧 14 台，美国 1 台。[39] 造纸术从此走入现代机械化的进程。

现代造纸机是由网部、压榨部和干燥部三个主要部分组成，采用的都是中国造纸术之原理。因此，正如卡特所言："造纸之由中国所发明，是最确凿、最完全的。关于其他的发现，别的国家也许可以和中国争长，认为中国仅仅发端，有赖于西方加以发展，供人利用；但是中国的造纸术在传播到国外时，早已经是一种发展完备的工艺了。……我们现在所用的纸和当时的纸，其实并没有重大的区别。即使在今日，中国在造纸方面仍继续有改进发展，像我们现在用的薄印刷纸和'韧纸'，都是 19 世纪由中国传播到西方的。"[40]

造纸术对世界文明做出了无可比拟的贡献。它不仅为人类提供了一种新的便于使用的图文载体，促进了人类文化的传播与发展，而且是印刷术发明的基础条件。可以说没有造纸术就没有印刷术，因为没有纸张这种廉价的材料，印刷术就失去了存在的意义。

注释

[1]（南宋）高似孙：《剡录》卷 7。

[2]（唐）顾况：《剡纸歌》，四库全书本《全唐诗》卷 265。

[3]（唐）刘禹锡：《刘宾客文集》外集卷 4。

[4]（南宋）高似孙：《剡录》卷 7。

[5]（唐）陆羽：《茶经》卷中。

[6]（南宋）高似孙：《剡录》卷 5。

[7] 潘吉星：《敦煌石室写经纸的研究》，载《文物》1966 年第 3 期。

[8] 潘吉星：《新疆出土古纸研究》，载《文物》1973 年第 10 期。

[9]（唐）法藏：《华严经传记》卷5。

[10]（北宋）苏易简：《文房四谱》卷4。

[11]潘吉星：《敦煌石室写经纸的研究》，载《文物》1966年第3期。

[12]潘吉星：《中国科学技术史·造纸与印刷卷》，科学出版社，1998年，第143页。

[13]（唐）刘恂：《岭表录异》卷中。

[14]孙宝明、李钟凯：《中国造纸植物原料志》，中国轻工业出版社，1959年，第376页。

[15]（清）胡蕴玉：《纸说》，《丛书集成》第79册，商务印书馆，1937年，第35页。

[16]M.A.Stein,*Preliminary Report on Journey of Archaeological and Topographical Exploration in Chinese Turkestan*,London,1901,pp.39 ~ 40.

[17]潘吉星：《中国科学技术史·造纸与印刷卷》，科学出版社，1998年，第170页。

[18]许鸣岐：《瑞光寺塔古经纸的研究》，载《文物》1979年第11期。

[19]潘吉星：《中国科学技术史·造纸与印刷卷》，科学出版社，1998年，第170页。

[20]张正则、季国平：《女诗人薛涛与望江楼公园》，四川人民出版社，1995年，第12页。

[21]张正则、季国平：《女诗人薛涛与望江楼公园》，四川人民出版社，1995年，第80页。

[22]（唐）释齐己：《白莲集》卷7。

[23]潘吉星：《中国科学技术史·造纸与印刷卷》，科学出版社，1998年，第174页。

[24]潘吉星：《中国古代四大发明——源流、外传及世界影响》，中国科技大学出版社，2002年，第361 ~ 367页。

[25]（北宋）韩驹：《陵阳集》卷1。

[26]（明）沈德符：《飞凫语略》，《丛书集成》第1559册，商务印书馆，1937年，第8页。

[27]潘吉星：《中国古代四大发明——源流、外传及世界影响》，中国科技大学出版社，2002年，第367 ~ 371页。

[28]季羡林：《中国纸和造纸法输入印度的时间和地点问题》，载《历史研究》1954年第4期。

[29]潘吉星：《中国科学技术史·造纸与印刷卷》，科学出版社，1998年，第71 ~ 74页。

[30]黄盛璋：《关于中国纸和造纸法传入印巴次大陆的时间和路线问题》，载《历史研究》1980年第1期。

[31]陈翰笙：《古代中国与尼泊尔的文化交流》，载《历史研究》1961年第2期。

[32]（后晋）刘昫等：《旧唐书》卷198。

[33]（后晋）刘昫等：《旧唐书》卷196。

[34]黄盛璋：《关于中国纸和造纸法传入印巴次大陆的时间和路线问题》，载《历史研究》1980年第1期。

[35]（明）马欢著，冯承多校注：《瀛涯胜览》，商务印书馆，1935年，第61页。

[36]黄盛璋：《关于中国纸和造纸法传入印巴次大陆的时间和路线问题》，载《历史研究》1980年第1期。

[37]（美）卡特著，吴泽炎译：《中国印刷术的发明和它的西传》，商务印书馆，1957年，第112页。

[38]潘吉星：《中国古代四大发明——源流、外传及世界影响》，中国科技大学出版社，2002年，第392 ~ 397页。

[39]陈大川：《中国造纸术盛衰史》，中外出版社，1979年，第277 ~ 279页。

[40]（美）卡特著，吴泽炎译：《中国印刷术的发明和它的西传》，商务印书馆，1957年，第17页。

第四章　造纸技艺发展的高峰

第一节　澄心堂纸及其影响下的宋元皮纸

一、具有传奇色彩的澄心堂纸

在传承唐代皮纸技艺的基础上，五代时期出现了历史上最负盛名的澄心堂纸。“澄心堂”本是南唐开国之主李昪的堂号，是李昪任金陵节度使时宴居、读书、处理公牍文件之所。南唐后主李煜不仅是一位很有成就的著名词人，而且工于书法绘画，用纸特别考究。他在位期间（961 ~ 975），设官局造佳纸专供御用，存放于澄心堂，被称为“澄心堂纸”。宋梅尧臣有诗叙述澄心堂纸的本末：

江南老人有在者，为予尝说江南时。
李主用以藏秘府，外人取次不得窥。
城破犹存数千幅，致入本朝谁谓奇。
漫堆闲屋任尘土，七十年来人不知。[1]

澄心堂纸只供御用，偶尔颁赐群臣，外间极少见到，直到南唐（937 ~ 975）灭亡之后又过了许多年，北宋文人通过南唐宫人从南唐内库取得，并以诗吟颂之，才渐为世人所了解和看重。刘敞得到澄心堂纸，“甚惜之，辄为一轴，邀永叔诸君各赋一篇，仍各自书藏以为玩”。他先以七言题其首：

六朝文物江南多，江南君臣玉树歌。
擘笺弄翰春风里，凿冰析玉作宫纸。
当时百金售一幅，澄心堂中千万轴。
摛辞欲卷东海波，乘兴未尽南山竹。
楼船夜济降幡出，龙骧将军数军实。
舳舻衔尾献天子，流落人间万无一。
我从故府得百枚，忆昔繁丽今尘埃。
秘藏箧笥自矜玩，亦恐岁久空成灰。
后人闻名宁复得，就令得之当不识。
君能赋此哀江南，写示千秋永无极。[2]

这种“凿冰析玉”制作出来的宫廷用纸在当时即“一幅百金”，专供天子专享，绝难流落人间。刘敞从故府弄得百枚之后，无比感怀，觉得这种曾经繁丽无比的纸中极品，如果不与高友雅士们分享，如果不加以推介，恐岁久之后会销声匿迹，即使为人所得，也可能不知何物。故邀欧阳修等各赋一篇，以示千秋。

欧阳修得刘敞赠纸后赞叹不已，随即作《和刘原父澄心纸》诗一首，诗云：

君不见曼卿子美真奇才，久已零落埋黄埃。
子美生穷死愈贵，残章断稿如琼瑰。
曼卿醉题红粉壁，壁粉已剥昏烟煤。
河倾昆仑势曲折，雪压太华高崔嵬。
自从二子相继没，山川气象皆低摧。
君家虽有澄心纸，有敢下笔知谁哉。
宣州诗翁饿欲死，黄鹄折翼鸣声哀。
有时得饱好言语，似听高唱倾金罍。
二子虽死翁犹在，老手尚能工翦裁。
奈何不寄反示我，如弃正论求俳诙。
嗟我今衰不复昔，空能把卷阖且开。
百年干戈流战血，一国歌舞今荒台。
当时百物尽精好，往往遗弃沦蒿莱。
君从何处得此纸，纯坚莹腻卷百枚。
官曹执事喜闲暇，台阁唱和相追陪。
文章自古世不乏，间出安知无后来。[3]

这首诗应写于1048年之后。欧阳修感叹道，像石延年、苏舜钦这样的奇才都相继作古了，纵然有澄心堂纸，还有谁敢下笔？！我已经老不中用，宣州诗翁（梅尧臣）尚能“工翦裁”，你不寄给他而给我，岂不等于舍弃正论而求俳诙！经过百年干戈，南唐当年歌舞已成荒台，当时精好的东西，往往被遗弃沦为蒿莱。你是从哪里得到这样纯坚莹腻的好纸！江山代有人才出，你也不必担心后继乏人。

欧阳修又转赠二幅给梅尧臣。梅尧臣对澄心堂纸更是评价极高，他在《永叔寄澄心堂纸二幅》一诗中写道：

昨朝人自东郡来，古纸两轴缄滕开。
滑如春冰密如茧，把玩惊喜心徘徊。
蜀笺脆蠹不禁久，剡楮薄慢还可咍。
书言寄去当宝惜，慎勿乱与人翦裁。
江南李氏有国日，百金不许市一枚。
澄心堂中唯此物，静几铺写无尘埃。
当时国破何所有，帑藏空竭生莓苔。
但存图书及此纸，辇大都府非珍环。
于今已逾六十载，弃置大屋墙角堆。
幅狭不堪作诏命，聊备粗使供鸾台。
鸾台天官或好事，持归秘惜何嫌猜。

君今转移重增愧，无君笔札无君才。

心烦收拾乏匱椟，日畏扯裂防婴孩。

不忍挥毫徒有思，依依还起子山哀。[4]

梅尧臣看到这种“滑如春冰密如茧”的纸喜出望外，既没有地方安放，又不忍挥毫，不由得联想到庾信的《哀江南赋》。

几年后，宋敏求也从南唐内府得到澄心堂纸，并赠百枚给梅尧臣。梅尧臣在《答宋学士次道寄澄心堂纸百幅》诗中告诉宋敏求，永叔当年赠他的两枚，至今仍宝藏，充分表现出他对澄心堂纸的爱惜之情。

寒溪浸楮春夜月，敲冰举帘匀割脂。

焙干坚滑若铺玉，一幅百钱曾不疑。

……

而今制作已轻薄，比于古纸诚堪嗤。

古纸精光肉理厚，迩岁好事亦稍推。

五六年前吾永叔，赠予两轴令宝之。

是时颇叙此本末，遂号澄心堂纸诗。

我不善书心每愧，君又何此百幅遗。

重增吾赧不敢拒，且置缣箱何所为。[5]

其中“而今制作已轻薄，比于古纸诚堪嗤”表明，宋仁宗时已经有人仿制澄心堂纸，但纸质轻薄，难与古纸相比。

关于澄心堂纸的产地，宋代文献有明确的记载。梅尧臣曾将几枚澄心堂纸赠予歙州的制墨造纸专家潘谷，由潘谷进行仿制。赠纸样时作《潘歙州寄纸三百番石砚一枚》，诗云：

永叔新诗笑原父，不将澄心纸寄予。

澄心纸出新安郡，腊月敲冰滑有余。

潘侯不独能致纸，罗纹细砚镌龙尾。

墨花磨碧涵鼠须，玉方舞盘蛇与虺。

其纸如彼砚如此，穷儒有之应瞰鬼。[6]

梅尧臣明确指出，澄心堂纸出自今安徽南部的新安郡。北宋蔡襄《文房四说・纸说》也明确指出：“纸，李主澄心堂为第一，其为出江南池、歙二郡。”故可以肯定，澄心堂纸的产地在今皖南地区。北宋米芾《书史》中有“池纸匀硾之，易软少毛，澄心其制也。今人以歙为澄心，可笑。古澄心……乃今池纸也。”他并不是说五代的澄心堂纸的产地问题，而是指宋代池州所造仿澄心堂纸比歙州的今澄心堂纸更接近“古澄心”的质量。换言之，米芾比较推崇宋代池州仿制的澄心堂纸。[7]

苏轼《东坡全集》卷17《次韵宋肇惠澄心纸》二首云：“诗老囊空一不留，百番曾作百金收。知君也厌雕肝肾，分我江南数斛愁。”“君家家学陋相如，宜与诸儒论石渠。古纸无多更分我，自应给札奏新书。”

澄心堂纸很可能是以楮皮为原料。从梅尧臣“寒溪浸楮舂夜月，敲冰举帘匀割脂”等描述澄心堂纸的生产工艺的诗句看，造澄心堂纸要在冬季寒溪中浸泡楮皮，月夜舂捣，在冰水中荡帘抄纸，然后刷在火墙上焙干。这里特别强调在冬季生产，可能有两方面原因：一是冬季水质较纯，杂质少；二是纸药的黏稠度在低温下能长久保持，因而纸浆中纤维的分散效果好。[8] 当然，在冰水中抄纸，纸工的辛苦可以想见。北宋苏易简评论南唐澄心堂纸“细薄光润，为一时之甲”，由此可以推断，澄心堂纸对纤维提纯工序的要求也十分严格，诸如要反复蒸煮、舂捣、淘洗，精心剔除杂质等。正如米芾在《书史》中描述宋代池纸（仿澄心堂纸）时所说的“特捣得细无筋耳”。澄心堂纸既“滑如春冰密如茧”，又“细薄光润”，很可能是先用单抄双晒法在非常平滑的烘面上烘干后制成厚纸，再经过双面砑光等加工工序制作完成的。

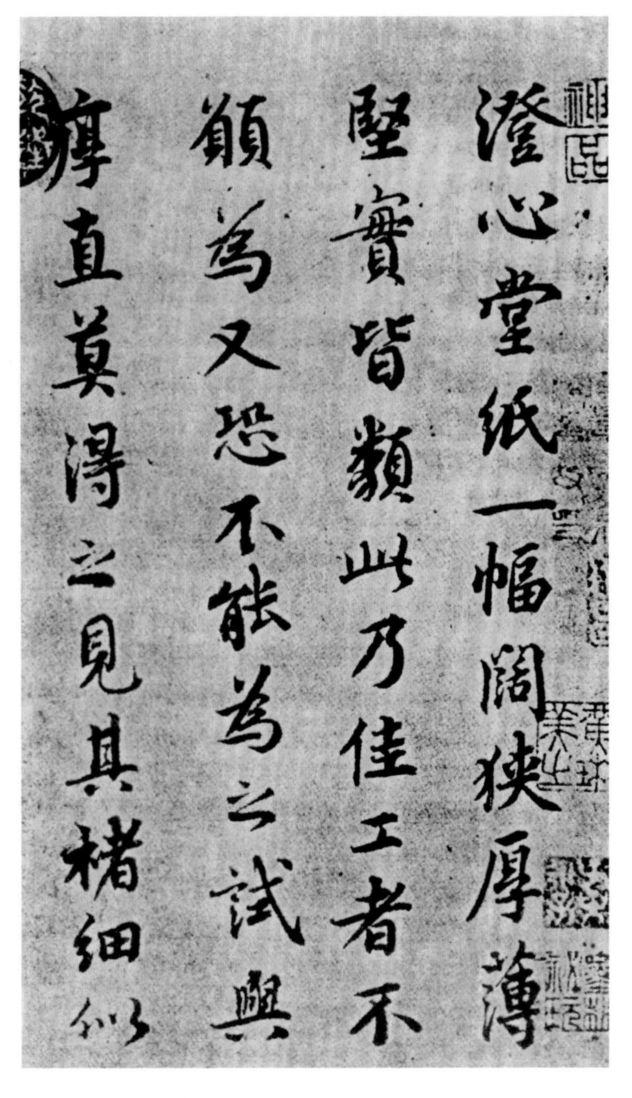

图 4–1　宋蔡襄《澄心堂纸帖》（现藏台北“故宫博物院”，取自曹宝麟《中国书法史·宋辽金卷》）

关于澄心堂纸的质量，米芾《书史》中还有如下检验性描述：“古澄心以水洗浸一夕，明日铺于（车）[桌]上晒干，浆硾已去，纸复原性。”将纸放入水中浸泡一个晚上，捞起，铺在桌面上晒干，然后检验纸张是否恢复原性，如是否保持原形，强度是否降低等。这种检验方法至今仍在使用。

前述澄心堂纸的主要原料是楮皮，但《江宁府志》载“盖此纸以桑皮为原料”，不知何据。澄心堂纸是否像后世宣纸那样掺有其他植物纤维，目前尚不能肯定。

二、宋元皮纸制作技艺

澄心堂纸经北宋诸子一再褒赞，名声大震。又因原物传世稀少，十分名贵，普通文人也只可望而不可即，因此，从北宋时起直到清乾隆年间一直有仿品出现。

宋元时期各地的皮纸生产在仿造澄心堂纸的同时也有所创新。元代费著《笺纸谱》记载：“澄心堂纸，取李氏澄心堂样制也，盖表光之所轻脆而精绝者。中等则名曰玉冰纸，最下者曰冷金笺，以供泛使。”这一时期皮纸的中心仍在安徽南部的新安地区。苏易简《文房四谱》卷 4 记载，宋代“黟、歙间多良纸，有凝霜、澄心之号”。宋代徽纸、池纸还远销到造纸业相当发达的四川。元代费著《笺纸谱》称：“四方例贵蜀笺，益以其远号难致。然徽纸、池纸、竹纸在蜀，蜀人贵其轻细，客贩至成都，每番视川纸价几三倍。”除技术精湛外，得天独厚的自然资源也是新安出佳纸的原因。正如南宋罗愿在《新安志》中分析的那样：“大抵新安之水清彻见底，利以沤楮，故纸之成振之似玉雪者，水色所为也。其岁寏敲冰为之者，益坚韧而佳。”[9]

匹纸的出现是宋元皮纸的最高技术成就。据《文房四谱·纸谱》载：“黟、歙间多良纸，有凝霜、澄心之号，复有长者，可五十尺为一幅。”该书还谈道：“江南伪主李氏常较举人毕放榜日，给会府纸一张，可长二丈、阔二丈，厚如缯帛数重，令书合格人姓字，每纸出则缝掖者相庆，有望于成名也。仆顷使江表，见今坏楼之上犹存千数幅。”说明宋代时安徽南部的黟县、歙县地区造出长达五丈的巨幅匹纸。宋陶穀《清异录》卷下称：“先君子蓄纸百幅，长如一匹绢，光紧厚白，谓之‘鄱阳白’，问饶人，云‘本地无此物也’。”这里的巨幅长匹很可能就来自徽州。《文房四谱》卷4记其制法：“盖歙民数日理其楮，然后于长船中以浸之。数十夫举帘以抄之，旁一夫以鼓而节之。于是以大熏笼周而焙之，不上于墙壁也。由是自首至尾，匀薄如一。”制造这样的巨幅纸，不仅要求有特殊的造纸设备，如巨长的竹帘、大型纸槽和许多熏笼等，而且要求有精湛的操作技巧，数十名工匠同举一帘抄纸，揭纸，又在多个熏笼上烘干，必须协同一致，不容一人出差错。此外，还要求纤维的打浆度必须很高，纤维在纸浆中必须悬浮均匀等。总之，每一环节都要精工细作。明清宣纸中的“丈二匹”，泾县在解放后生产的“丈六宣”、近年生产的“丈八宣”和“二丈宣”，四川夹江近年来仍在生产的“丈二宣”竹纸等都可看作宋代匹纸之遗制。而西方各国在19世纪机制纸出现以前一直未掌握大尺寸纸张的制作技术。

宋代广东、海南等地用槟榔皮造纸，《花木考》记载：“槟榔纸类木皮而薄，莹滑、色微绿，宋时贡以书表。”槟榔皮纸的出现，为皮纸家族增添了一个新成员。

桑皮纸在宋金元以后仍有所发展。图4–2所示为元至元三年（1266）十月十五日《郑立孙卖地契》，长40厘米，宽30厘米。所用纸“以桑皮为主要原料制成，纤维甚长，互相攀援，抗拉力亦较强。纸质轻薄柔韧，纸面毛茨，色呈米褐，虽然传世近八百年，仍无霉蛀现象”[10]。

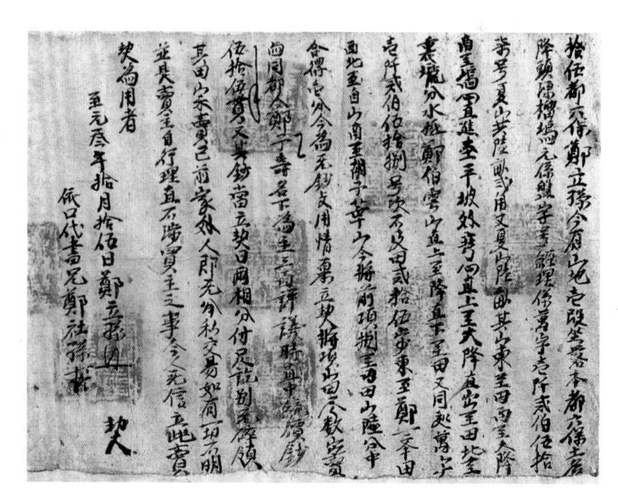

图4–2　元至元三年契纸（取自安徽省博物馆编《文房珍品》）

金、元时期沿用宋代制度发行纸币，印制纸币用的是北方桑皮纸。《金史·食货志》记载：“五月，以钞法屡变，随出而随坏，制纸之桑皮、故纸皆取于民，甚艰得，遂令计价。但征宝券、通宝名曰桑皮故纸钱，谓可以免民输挽之劳，而省工物之费也。”[11]造币用纸对纸的质量要求很高，金元时期用北方桑皮纸造币，说明当时桑皮纸的质量是相当好的。

意大利商人马可·波罗（Marco Polo）的《马可·波罗游记》也记载了元代用树皮纸造纸币的史实。马可·波罗称，造币所用纸张是用桑树皮制造的，人们取树干及外面粗皮间之白细皮，在臼中舂捣成纸浆，而后造成纸。纸质与棉纸相似，但颜色较深。[12]

《文房四谱》卷4载：“蜀中多以麻为纸，有玉屑、屑骨之号。”说明五代至北宋时期，川纸仍以麻纸为主。而南宋陈槱《负暄野录》卷下《论纸品》中有“有缕为纸，今蜀笺尤多用之，其纸遇水则深作窠臼，然厚者乃尔，故薄而清莹者乃可贵”的记载。当时的布缕应以麻质为主，因而这里所说的很可能就是麻纸，这说明四川麻纸直到南宋时还在生产。

第二节 竹纸的蓬勃发展及其广泛应用

随着造纸技术的不断发展，在纸张质量不断提高的同时，纸张的用量也在不断增加，原有的麻料和皮料已不能满足造纸业的需求，因而迫切需要开发出新的造纸原料。麻纸和皮纸制造技术的成熟也为开发利用新的原料、生产新的纸种在技术上做好了准备。正是在这样的情况下，以竹子纤维为原料生产的竹纸应运而生。

一、竹纸的起源

竹纸最早出现的年代，有人认为是晋代，最主要的根据是南宋赵希鹄《洞天清录》卷 1：“若二王真迹多是会稽竖纹竹纸，盖东晋南渡后难得北纸，又右军父子多在会稽故也。其纸止高一尺许，而长尺有半，盖晋人所用大率如此，验之《兰亭帖》押缝可见。”

在实物证据方面，日本大泽忍博士经研究确认现存于日本的中国梁代写经纸所用原料中含有竹纤维。据此，秃氏祐祥在 1943 年发表的《支那之纸》一文中，推断中国在南朝的宋、齐、梁时期已经把竹料作为造纸的主要原料之一了。这一研究为竹纸始于晋代提供了佐证。

有人对竹纸起源于晋代说提出质疑。首先，迄今尚未在唐以前著作中看到关于竹纸的可靠记载；其次，检验故宫博物院现存的王羲之《雨后帖》、王献之《中秋帖》等竹纸法帖，结果证明不是真迹，说明赵希鹄所言“二王真迹”有可能是唐人、宋人摹本或赝品；最后，迄今尚未找到北宋以前的竹纸遗存。据此，他们提出，竹纸并非起源于晋代，而是“起源于唐代的浙江，至北宋始见用于世”[13]。

南宋周密《癸辛杂识》中有“王右军少年多用紫纸，中年用麻纸，又用张永义制纸，取其流丽便于行笔”[14]的说法。又明代陈耀文《天中记》卷 38 有“王右军作书，惟爱张永义制纸，谓光紧泽丽，便于行笔”的记载。均与赵希鹄的记载不相吻合。

大泽忍博士关于梁代写经纸中含有竹纤维的研究结果尚属孤证，一般说来，先有单一纤维纸，然后才用该纤维与其他纤维混合造纸，在没有找到旁证的情况下，如果不是其实验结果有出入，很有可能是在制浆过程中无意混入了竹纤维。因此，竹纸晋代起源说只能看作一家之言，目前还难成定论。

根据现掌握的文献资料，可以肯定至迟在唐代已能生产竹纸。唐李肇《国史补》中有“纸则有越之剡藤、苔笺，蜀之麻面、屑末、滑石、金花、长麻、鱼子、十色笺，扬州六合笺，韶之竹笺，蒲之白薄重抄，临川之滑薄”[15]的记载。唐段公路在《北户录》卷 2 中谈到广东罗州“香皮纸”，“小，不及桑根、竹莫纸”。唐末崔龟图注“竹莫纸”，“睦州出之”。唐末冯贽《云仙杂记》卷 3 引《童子通神录》称：“姜澄十岁时，父苦无纸，澄乃烧糠、协竹为之，以供父。澄小字洪儿，乡人号洪儿纸。”[16]文献中提到的韶州，即今天的广东韶关。睦州则为今天的浙江淳安。历史上这些地区的竹材资源都很丰富。以上这些资料充分说明，我国至迟在唐代就已有竹纸，广东和浙江很可能是竹纸的发源地。

二、竹纸制作技艺的不断进步

从实物证据方面看，现存竹纸作品最早的为北宋时物。北宋明道二年（1033）兵部尚书胡则印施的《大悲心陀罗尼经》和北京大学图书馆藏的北宋元祐五年（1090）福州刻本梵夹装《鼓山大藏》中的《菩萨璎珞经》等是传世竹纸刻本中较早的。[17] 此外，经潘吉星先生检验，北京大学图书馆藏的南宋绍兴十八年（1148）《毗庐大藏》、乾道七年（1171）《史记集解索隐》、咸淳二年（1266）碛砂藏本《波罗蜜经》等建本书都用的是较为精良的竹纸。

从上述情况看，竹纸的起源时间应当不晚于唐代，至宋代已用于书籍的批量印刷了。

北宋苏轼所著《东坡志林》卷9有“昔人以海苔为纸，今无复有；今人以竹为纸，亦古所无有也”的说法，但不能据此认为到北宋时才有竹纸。

尽管竹纸至迟在唐代已开始生产，而且宋代已有质量较好的竹纸可用于印刷，但从现存部分文献资料看，北宋初期浙江所产竹纸有些仍相当粗糙。北宋苏易简《文房四谱・纸谱》记载，当时“江浙间有以嫩竹为纸。如作密书，无人敢拆发之，盖随手便裂，不复粘也”。北宋蔡襄《文房杂评》也谈道：“吾尝禁所部不得辄用竹纸，至于狱讼未决，而案牍已零落，况可存之远哉！”就是说，当时的竹纸纸质脆弱，不堪折叠。据我们分析，也可能与没有使用纸药有关。[18] 此外，北宋竹纸用本色原料，尚无漂白工序，呈浅黄色，人称“金版纸”。

此后，竹纸质量有明显提高。北宋后期一些著名的文学家、书画家，如苏轼、米芾等都用过竹纸。

南宋施宿的嘉泰《会稽志・物产志》记载：“东坡先生自海外归，与程德孺书云，告为买杭州程奕笔百枚，越州纸二千幅。‘常使’及‘展手’各半。汪圣锡尚书在成都，集故家所藏东坡帖，刻为十卷，大抵竹纸居十七八。”所谓“常使”就是经常使用的一般规格的纸。“展手”是另一种规格的纸名，同书有：“又有名‘展手’者，其修如常而广倍之。”意思是说“展手”的长度与“常使”相当，而宽度则是“常使”的两倍。换句话说，一张“展手”相当于两张“常使”大小。可见苏轼被贬至海南岛之后，元符三年（1100）遇赦归还内地时，曾写信委托程德孺为他买程奕笔百支和越州纸二千幅。后来绍兴状元汪应辰（字圣锡）于宋孝宗当政期间（1163 ~ 1189）在苏轼家乡成都任职时，“集故家所藏东坡书帖，刻为十卷，大抵竹纸居十七八”，即所用纸十之七八为竹纸。

北宋大书画家米芾在其所著《书史》中说：“予尝硾越州竹，光透如金版，在由拳上。短截作轴，入笈番覆，一日数十张。”米芾在其《评纸帖》中又说：“越�万杵，在由拳上，紧薄可爱。余年五十，始作此纸，谓之金版也。”米芾认为越州竹纸质量在杭州由拳纸之上。他曾作《越州竹纸诗》寄薛绍彭和刘泾云：

越筠万杵如金版，安用杭由与池茧。
高压巴郡乌丝栏，平欺泽国清华练。
老无他物适心目，天使残年同笔砚。
图书满室翰墨香，刘薛何时眼中见。

“杭由”指的是杭州由拳纸。“池茧”则指池州“茧纸”，“茧纸”并不是用蚕茧造的纸，而是以麻纤维为原料生产的优质纸，其外观似蚕茧，故名。

薛绍彭和之云：

书便莹滑如碑版，古来精纸惟闻茧。
杵成剡竹光凌乱，何用区区书素练。
细分浓淡可评墨，副以溪岩难乏砚。
世间此语谁复知，千里同风未相见。[19]

米芾的竹纸法帖《珊瑚帖》（图 4–3），据潘吉星等检验分析，用的是会稽竹纸，淡黄色，含纤维束较多，经过研光加工，表面平滑。[20]

施宿的嘉泰《会稽志》中还写道："自王荆公好用小竹纸，比今邵公样尤短小，士大夫翕然效之。建炎、绍兴以前，书简往来率多用焉。后忽废书简而用札子，札子必以楮纸，故卖竹纸者稍不售，惟工书者独喜之。"王荆公即北宋政治家、文学家王安石。"邵公"，据潘吉星先生称是"提刑官邵鯱"。此外，宋代有位邵博（字公济）比施宿年长 40 余岁，其《闻见后录》卷 28 有"司马文正平生随用所居之邑纸，王荆公平生只用小竹纸一种"的说法。从这些资料看，似乎王安石喜欢用小竹纸。但研究相关资料，我们发现其中或有误解。

通过文献比较分析，我们认为《会稽志》中"王荆公好用小竹纸"一说可能取自陆游《老学庵笔记》卷 3 中的一条资料："元丰中，王荆公居半山，好观佛书，每以故金漆版书藏经名，遣人就蒋山寺取之。人士因有用金漆版代书帖与朋侪往来者。……予淳熙末还朝，则朝士乃以小纸高四五寸，阔尺余相往来，谓之手简。简版几废，市中遂无卖者。而纸肆作手简卖之，甚售。"[21]

至南宋时，竹纸制造技术更臻成熟，精制竹纸以其低廉的价格逐步与皮纸、藤纸相抗衡。史料记载愈加频繁。

施宿的嘉泰《会稽志》记载："然今独竹纸名天下，他方效之，莫能仿佛，遂掩藤纸矣。竹纸上品有三，曰姚黄，曰学士，曰邵公，三等皆佳。"他还总结了会稽竹纸的五大优点："滑，一也；发墨色，二也；宜笔锋，三也；卷舒虽久墨终不渝，四也；性不蠹，五也。"[22] 这五条中除"性不蠹"未必真实外（除非另有防蛀措施），其余都基本符合事实。由于竹纸具有上述优点，宜于书画，所以当时这一地区的书画用纸多为竹纸。

图 4–3　米芾《珊瑚帖》（现藏北京故宫博物院，取自曹宝麟《中国书法史 · 宋辽金卷》）

陈槱《负暄野录》卷下对宋代浙江竹纸也有很高的评价：“今越之竹纸，甲于他处。”他还写过一首颂咏这种纸笺的《春膏纸诗》：

> 膏润滋松雨，孤高表竹君。
> 夜砧寒捣玉，春几莹铺云。
> 越地虽呈瑞，吴天乃策熏。
> 莫言名晚出，端可大斯文。[23]

其中“夜砧寒捣玉，春几莹铺云”似指“春捣”和“抄造”等生产竹纸的工序，而“越地虽呈瑞，吴天乃策熏”当分别指高质量的“越竹”和更加精美的“吴笺”，其中的“熏”，或为“勋”之误。

宋代印书业十分发达，形成了杭州、建阳、眉山、开封、平阳（今山西临汾）五大印书中心，对优质纸的需求量迅速增加，而皮纸、麻纸受原料所限，远远不能满足需求，这就给竹纸带来了空前的发展机遇。竹纸所用原料为竹子，在我国南方极其丰富，竹子年年新生，可持续发展，价廉易得，因而竹纸成本很低，产量后来居上，大有赶超皮纸和麻纸的趋势。五大印书中心中，福建建阳刻印的“建本”（又称“麻沙本”）书以价廉取胜，流传最广。正如南宋祝穆《方舆胜览》卷 11 所记：“麻沙、崇化两坊产书，号为图书之府。”建本书所用纸大多为竹纸。后来，浙江、江西等印书业发达地区也均成为竹纸的主要产区，且刻本所用纸多取自本地。

宋代还发明了将竹料与其他原料混合制浆造纸技术，这可以从现存实物中得到证明。北京故宫博物院藏米芾《公议帖》、《新恩帖》经潘吉星鉴定为竹、麻混料纸，而米芾的《寒光帖》则为竹、楮皮混料纸，米芾的《破羌帖跋赞》也是含有竹料的混料纸。竹料虽然价廉，但竹料纤维较短，平均长度只有 1 ~ 2 毫米，不及麻和树皮纤维。将树皮、麻料等其他造纸浆料按一定比例掺入竹浆中，生产的竹纸便能兼顾纸的成本和性能，是竹纸生产技术上的一大进步。

由于前面已谈到的技术方面的不成熟，与优质皮纸和麻纸相比，宋代竹纸的质量从总体上说还存在不小的差距。以刻书用纸为例，宋时建本书虽以出书数量多而闻名，但建本书的质量较其他刻本粗糙，“麻沙本”甚至成了质量低劣书籍的代名词。[24] 影响刻本质量的因素固然很多，但与其用纸质量较差不无关系。《蕉窗九录》中评价说：“凡印书，永丰绵纸为上，常山柬纸次之，顺昌书纸又次之，福建竹纸为下。绵贵其白且坚，柬贵其润且厚，顺昌 [书纸] 坚不如绵，厚不如柬，直以价廉取称。闽中纸短窄黧脆，刻又舛讹，品最下而直最廉。”[25] 不过，宋代刻本用竹纸也有较佳者，如潘吉星提到的宋乾道七年（1171）建阳蔡梦弼校刻的《史记集解索隐》，用浅黄色竹纸，较薄，纤维匀细，表面较平滑；福州东禅寺藏经中，元祐五年（1090）刻的《菩萨璎珞经》，用纸虽然也是黄色竹纸，但纤维束较少等。[26] 而且，由于对成本因素的考虑，印书用纸并不是当时最好的竹纸，不能代表当时竹纸技术的最高水平。但宋代的书画用竹纸也反映出相类似的问题，如前文提到过的米芾真迹《珊瑚帖》，经潘吉星检验，为会稽竹纸，纸上未打碎的纤维束较多。[27] 总体上说，宋代竹纸的质量问题主要有三个方面：一是用本色纸料，色较深；二是韧性较差，不耐折；三是纤维束多，较粗糙。

第三节　宋元时期的纸笺制作技艺

宋元时期是中国古代科学技术发展的高峰，也是中国古代造纸技术发展的高峰。这一时期不仅在造纸原料方面，而且在纸笺的制作和品种方面都超过前代。

一、以金粟山藏经纸为代表的宋代纸笺

唐代的一些著名的纸笺，宋元时期仍在继续生产。如唐代著名的黄、白蜡笺，在宋代得到进一步发展，演变成为黄、白蜡经笺，著名的“金粟山藏经纸”即是这类加工纸中的精品。据明代胡震亨《海盐县图经》称，金粟山在浙江海盐县西南三十五里，金粟寺在金粟山下，该寺初建于吴赤乌年间（238 ~ 250）。北宋时募资于“宋熙宁十年丁巳（1077），写造大藏经”[28]。该经即后世所谓“金粟山藏经”，所用纸称“金粟山藏经纸”，又称“金粟笺”。

故宫博物院珍藏宋代米色藏经纸，如图 4–4，长 55.3 厘米，宽 29.1 厘米，纸质较厚，表面平滑，可透光，隐现团絮纤维纹。一面砑光施蜡，犹似油纸，有折页痕迹。另一面有版印墨体经书，若隐若现。纸面有楷书朱印“普照法宝”。藏经纸又称硬黄纸，宋代用于书写经书，为桑皮纸，内外施蜡，如图 4–5。

图 4–4　宋代米色藏经纸

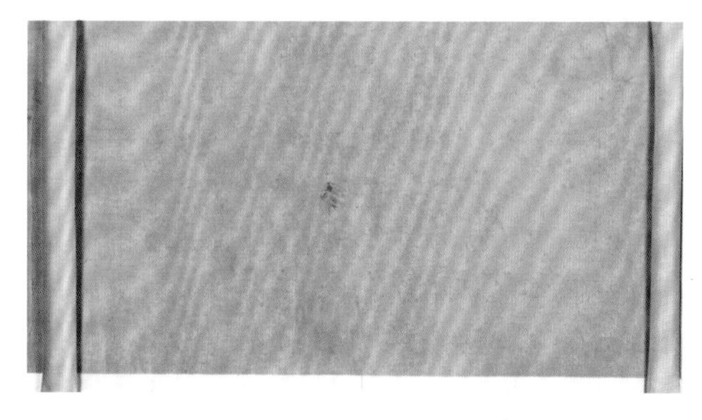

图 4–5　宋代金粟山藏经纸

明人董穀纂修的《续澉水志》卷 6《祠宇志》中记述了有关“金粟山藏经”及其用纸的情况：“大悲阁内贮大藏经两函，万余卷也。其字卷卷相同，殆类一手所书。其纸幅幅有小红印曰‘金粟山藏经纸’，间有元丰年号（1078 ~ 1085），五百年前物矣。其纸内外皆蜡，无纹理，与倭纸相类，造法今已不传，想即古所谓白麻者也。当时澉镇通番，或买自倭国而加蜡与？日渐被人盗去，四十年而殆尽，今无矣，计在当时靡费不知几何，谅非宋初盛时，不能为也。”按董穀所在明代，唐宋蜡笺造法在国内已失传，而这时朝鲜和日本的纸张质量相当优良，如明代文震亨《长物志》卷 7 谈道：“高丽别有一种，以绵茧造成，色白如绫，坚韧如帛，用以书写，发墨可爱，此中国所无，亦奇品也。”董穀之所以会做出金粟山藏经纸“或买自倭国而加蜡与”的推测，乃是因为该纸质量能与明代优质的“高丽纸”“相类”，这也从一个侧面反映了金粟纸笺质之优良。

《长物志》卷 7 称宋代“有黄白经笺，可揭开用”，即指的是金粟笺。明清时，人们将金粟笺揭开，用作装褫珍贵书画的卷轴引首。正如《长物志》卷 5 所云：“引首须用宋经笺、白宋笺及宋元金花笺。”传世的晋陆机《平复帖》和明文徵明的《漪兰室图》之卷轴引首，均用宋金粟笺。潘吉星先生对金粟寺和法喜寺的北宋大藏经纸进行过检验，结果表明这批纸大多为桑皮纸，也有麻纸，纸呈黄色或浅黄色，每张纸都相当厚，表面平滑，不显帘纹，可分层揭开，揭开后的内层纸无蜡，帘纹明显可见。[29] 分析金粟笺的制作工艺，当先将单层纸裱成厚纸，入潢，或先将单纸入潢，再裱；然后双面施蜡，最后又经研光加工而成。金粟笺制作精细，实为唐代硬黄纸之延续。

图 4–6 所示为宋金粟山大藏《阿毗达磨法蕴足论卷第一》，该纸以楮皮纸为原纸加工而成，总长为 857.7 厘米，高 27.8 厘米，由 15 张小幅纸粘接而成。幅幅纸心钤“金粟山藏经纸”小红文长方印，并绘朱丝栏行。

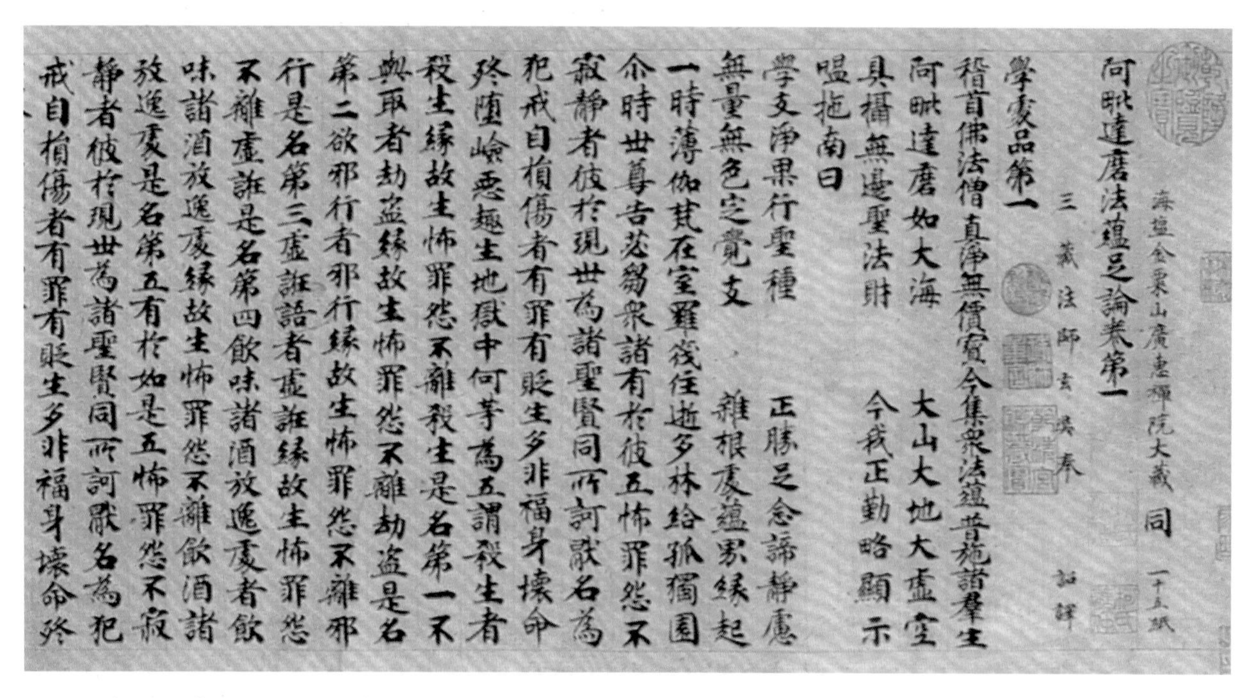
阿毗達磨法蘊足論卷第一　海塩金粟山廣惠禪院大藏　同　一十五紙
三藏法師玄奘奉　詔譯
學處品第一
稽首佛法僧真淨無價寶今集衆法蘊普施諸群生
阿毗達磨如大海　大山大地大虛空
具攝無邊聖法財　今我正勤略顯示
嗢拖南曰
學支淨果行聖種　正勝足念諦靜慮
無量無色定覺支　雜根處蘊界緣起
一時薄伽梵在室羅筏住逝多林給孤獨園
介時世尊告苾芻衆諸有於彼五怖罪怨不
寂靜者彼於現世為諸聖賢同所訶厭名為
犯戒自損傷者有罪有賤生多非福身壞命
終墮險惡趣生地獄中何等為五謂殺生者
殺生緣故生怖罪怨不離殺生是名第一不
與取者劫盜緣故生怖罪怨不離劫盜是名
第二欲邪行者邪行緣故生怖罪怨不離邪
行是名第三虛誑語者虛誑緣故生怖罪怨
不離虛誑是名第四飲味諸酒放逸處者飲
味諸酒放逸處緣故生怖罪怨不離飲酒諸
放逸處是名第五有於如是五怖罪怨不寂
靜者彼於現世為諸聖賢同所訶厭名為犯
戒自損傷者有罪有賤生多非福身壞命終

图 4–6　宋金粟山藏经纸（取自安徽省博物馆编《文房珍品》）

宋代白蜡笺近年亦有实物出土。1966 年浙江瑞安县仙岩慧光寺塔出土的北宋时刻印的《宝箧印陀罗尼经》，用的就是宋白蜡笺。[30] 由 11 枚纸印成，每纸直高 30 厘米，横长 65.2 厘米，白色，表面平滑，纤维交织匀细，帘纹不显。纸较厚，可分层揭开。纸面施过蜡，且似乎还有白粉，是上等白蜡笺。《宝箧印陀罗尼经》的发现为今人研究宋代白蜡笺提供了珍贵的实物资料。

1986 年 8 月，国家文物鉴定委员会的史树青、刘光启先生等应邀到青岛举办的历史文物鉴定讲习班讲课，从胶县博物馆提供的教学实物中发现北宋金银书《妙法莲花经》一卷，后到即墨、胶县两个博物馆又发现一套完整的《妙法莲花经》。该经总共七卷，二十八品俱全，曾经装裱，全部为卷轴装，保存基本完好。用纸为碧纸（即瓷青纸），每纸纵 30.5 ～ 31 厘米，横 51 ～ 52 厘米。每卷用纸 16.5 ～ 25 张不等。各卷卷前均有金银泥绘制的图画，每幅用纸 3 张。部分经纸有银丝栏，框高 22.5 ～ 23 厘米。根据书中题记得知，此经写于北宋庆历四年（1044），明洪熙元年（1425）修补重装。[31]

在染色纸方面，宋代继承了隋唐时期的传统，仍十分重视黄纸，内府各馆阁文书、写本均为黄纸。北宋沈括《梦溪笔谈》卷 1 记载：“前世藏书分隶数处，盖防水火散亡也。今三馆秘阁凡四处藏书，然同在崇文院，其间官书多为人盗窃，士大夫家往往得之。嘉祐中，置编校官八员，杂雠四馆书，给吏百人，悉以黄纸为大册写之。自此私家不敢辄藏。校雠累年，仅能终昭文一馆之书而罢。”用黄纸的目的主要是为了防蠹。南宋李焘《续资治通鉴长编》卷189对北宋嘉祐年间置官编订昭文、史馆、集贤院三馆秘阁图书一事有较详细记载：嘉祐四年（1059）二月，“置馆阁编定书籍官，以秘阁校理蔡抗、陈襄，集贤校理苏颂，馆阁校勘陈绎，分昭文、史馆、集贤院、秘阁书而编定之。…… 别用黄纸，印、写正本，以防蠹败”。他们非常勤奋，仅用两年多的时间即完成任务。至嘉祐六年十二月，“三馆、秘阁上所写黄本书六千四百九十六卷，补白本书二千九百五十四卷”[32]。不仅内府藏书要用黄纸抄印，朝廷还规定凡地方刻板印书都必须用黄纸印一套，上呈朝廷备藏。南宋李心传《建炎以来系年要录》卷151记载：宋绍兴十四年（1144）三月庚辰，宋高宗赵构“诏诸军应有刻板书籍，并用黄纸印一帙，送秘书省”。此外，道、佛二家刻印和抄写宗教典籍也是黄纸用量的大宗。南宋宋祁《宋景文笔记》卷上载：“古人写书，尽用黄纸，故谓之黄卷。……道、佛二家写书，犹用黄纸。今台家（即官家）诏敕用黄纸，故私家避不敢用。”可见宋代黄纸用量很大。除黄纸外，宋代其他染色纸也常见使用。

五代至宋所造瓷青纸也是这一时期染色纸中的名品。瓷青纸以靛蓝染制，其色如瓷器上的青釉，故名。该纸一般较厚重，可分层揭开，有时还经过施蜡和砑光。瓷青纸不显墨迹，适于用泥金写字。周嘉胄《装潢志》记载：“宋徽宗、金章宗多用瓷蓝纸[写]泥金字，殊臻庄伟之观，金粟笺次之。”1978年苏州瑞光寺塔出土的北宋雍熙（984 ~ 987）年间刻本《妙法莲华经》，其卷轴之引首即为瓷青纸。[33]

唐代著名的纸笺产地四川，五代至宋元时期的纸笺生产一直都很发达。大约在五代前后创造了所谓“十样蛮笺”。五代诗人韩浦有诗云：“十样蛮笺出益州，寄来新自浣溪头。老兄得此浑无用，助尔添修五凤楼。”从“寄来新自浣溪头”一句看，此笺的出现离作者写诗时间不远。在“十样蛮笺”的基础上，北宋时，又有在历史上与薛涛笺齐名的“谢公十色笺”。元人费著《笺纸谱》对此笺描述甚详：“纸以人得名者，有谢公，有薛涛。所谓谢公者，谢司封景初师厚。师厚创笺样，以便书尺。俗因以为名。……谢公有十色笺：深红、粉红、杏红、明黄、深青、浅青、深绿、浅绿、铜绿、浅云，即十色也。杨文公亿《谈苑》载韩浦寄弟诗云：‘十样蛮笺出益州，寄来新自浣溪头。’谢公笺出于此乎？”从目前掌握的资料判断，这位“谢公”很可能就是北宋谢景初，字师厚，富阳人，庆历年间进士，其后历任余姚县令、海州通判、湖北转运判官和成都路提刑等职。“谢公十色笺”可能是他在四川任内创制的。

唐代发明了砑花技术，创制了鱼子笺等精美的砑花纸，这项技术工艺在宋元时期被继承下来。明代陈继儒《妮古录》卷2叙述宋代画家颜直之（字方叔）将所造色笺再作砑花加工，制作彩色砑花纸一事云：“宋颜方叔尝制诸色笺，有杏红、露桃红、天水碧，俱砑花、竹、麟羽、山林、人物，精妙如画，亦有金缕五色描成者，士大夫甚珍之。”宋元砑花纸尚有传世品。如北宋书画家米芾的《韩马帖》，用斗方纸（33.2厘米 ×33.2厘米），纸面呈现云中楼阁的图案，为砑花纸，现藏北京故宫博物院。另有宋末元初画家李衎的《墨竹图》(29厘米 ×87厘米)，纸左上方有隶书“溪月”二字，右上方呈现“雁飞鱼沉”四个篆字，纸中间则呈现雁飞鱼沉的图画。此纸为皮纸，白间黄色，表面涂蜡，并经过砑光，故可称砑花蜡纸笺。《韩马帖》和《墨竹图》用纸本身就是艺术珍品，加之为名家书画，因而具有双重的艺术价值。

宋元时期的砑花纸还见于其他文献。如南宋李石《续博物志》卷10有“蜀中松花纸、杂色流沙纸、彩霞金粉龙凤纸，近年皆废，唯余十色绫纹纸尚在”的记载，其中“十色绫纹纸”可能就是一种砑花纸。明陈耀文《天中记》卷38引北宋人景焕《牧竖闲谈》云：“蜀中松花纸、金沙纸、流沙纸、彩霞纸、金粉纸、龙凤纸，近年皆废，惟十色笺、绫纹纸尚在。”也提到“绫纹纸”。元代费著《笺纸谱》对砑花纸的记载更明确："凡造纸之物，必杵之使烂，涤之使洁，然后随其广狭长短之制以造，砑则为布纹，为绮绫，为人物、花木，为虫鸟、鼎彝，虽多变，亦因时之宜。"费著所见砑花纸品种很多，有布纹纸，有绮绫纹纸，也有人物、花木、虫鸟、鼎彝诸多花色。《笺纸谱》中还提到宋元时期姑苏所产"姑苏笺"和后来四川所产"仿姑苏笺"分别为布纹和罗纹砑花纸（鱼子笺之类）："然仿姑苏作杂色粉纸，曰'假苏笺'，皆印金银花于上。……然姑苏纸多布纹，而假苏笺皆罗纹，惟纸骨柔薄耳。若加厚壮，则可胜苏笺也。"由此可见，宋元时期砑花技术较前代更为普及。

五代至北宋时期，另一种在纸上加工无色花纹的技术——水纹纸 (water-marked-paper) 制作方法逐渐趋于成熟。水纹纸与砑花纸效果相似，但与砑花技术不同，它的加工不是在成纸以后，而是在抄纸的过程中完成的。具体地说，是用丝线或马尾线把所设计的图案编制在帘上。用这种特制的纸帘抄出的纸张，在有图案的地方纤维层较薄，因而透光度较周围强，迎光看去"水印"图案赫然醒目，故又称"帘花纸"，与砑花纸有异曲同工之妙。这种技术可能开始于唐代，明代杨慎《丹铅总录》卷 15"蠲字音义"条引唐太宗诗句："水摇文蠲动，浪转锦花浮。"并自注曰："唐世有蠲纸，一名衍波笺，盖纸文如水文也。"有人认为，衍波笺即花帘纸，因其纸帘上编有很多波纹，故曰纸纹如水纹。[34] 不过，迄今所见较早的水纹纸实物则为北京故宫博物院藏李建中《同年帖》用纸。李建中，字得中，号岩夫民伯，洛阳人，宋初书法家。其书法成就很高，有人评价他为"宋初书坛最值得称道的人物"[35]，有《同年帖》、《贵宅帖》、《土母帖》等书法作品传世。《同年帖》由大、小两纸联成，其中小纸（8.3 厘米 ×33 厘米）为楮皮纸，纸面呈现波浪纹图案。此外，上海博物馆藏宋沈辽《所苦帖》纸面上也有与《同年帖》同样的水纹。

上面提到的蠲纸也是一种著名的加工纸，最早出现于唐代。前文提到明代杨慎《丹铅总录》称"唐代有蠲纸"。元程棨《三柳轩杂识》"蠲纸篇"中对蠲纸也有记载："温州作蠲纸，洁白坚滑，大略类高丽纸。东南出纸处最多，此当为第一焉，由拳皆出其下。然在所产少，至元和（806 ~ 820）以来，方入贡。"可证。宋代文献中对蠲纸的记载亦多，如宋人乐史《太平寰宇记》卷 99 记载温州出产有"蠲纸"，卷 133 称兴元府汉中"今贡胭脂、蠲纸、红花"。可见，宋代蠲纸产地不仅只有温州一处。宋赵与时《宾退录》卷 2 还谈到当时杭州也有人加工蠲纸："临安有鬻纸者，泽以浆粉之属，使之莹滑，谓之蠲纸。蠲，犹洁也。"蠲纸的制作是通过对原纸进行施胶、涂布之类的加工，使之晶莹光滑。人们之所以称这种纸为蠲纸，是因为其洁白。据明代宋应星《天工开物》说，蠲纸为桑穰所造。《温州府志》对其加工过程有详细记载："造蠲纸，以糨粉和正面八朴硝，沸汤煎煮，候冷，药酽用之。先以纸过胶矾，晾干，以大笔刷药上纸两面，再候干，用蜡打如打碑，以粗布缚成块搭襄之。"关于蠲纸另有一种说法，五代时民苦于兵，想方设法规免州县赋役。户部因此每年下发的蠲符不可胜数，以致要课州县出纸，这种纸即称蠲纸。蠲者，免也。宋人乐史《太平寰宇记》卷 102 还提到泉州出"蠲符纸"。但赵与时认为这是一种巧合，他说："蠲纸之名适同，非此之谓也。"《辞源》称："'蠲纸'一说谓五代吴时凡供此纸者，得蠲赋役故曰蠲纸。见宋钱康公《植跋简谈》。"[36] 这种理解不正确。其实并不是供纸者得免赋役，而是户部征州县的纸用于下发蠲符，称故蠲纸。

唐代金花纸在宋、元两代得到进一步发展，如《宋史》卷 163《职官志》谈到吏部官文用纸时就提到"销金花绫纸"、"遍地销金龙五色罗纸"、"遍地销金凤五色罗纸"、"销金团窠花五色罗纸"、"销金大花五色罗纸"、"金花五色罗纸"、"五色销金花绫纸"等名贵的金花纸。[37] 北宋人宋敏求《春明退朝录》谈到诰制之制时，也提到"销金云龙罗纸"、"销金大凤罗纸"、"五色金花绫纸"等金花纸品种。

为了解决纸张的蠹蚀问题，除了用黄檗浸染纸张方法外，宋代人还发明了用椒汁浸染纸张这一新方法。

清人叶德辉《书林清话》称："宋时印书纸，有一种椒纸，可以避蠹。……'淳熙三年四月十七日左廊司局内曹掌典秦玉祯等奏闻，《壁经》、《春秋》、《左传》、《国语》、《史记》等书，多为蠹鱼伤牍，不敢备进上览。奉敕用枣木椒纸各造十部，四年九月进览。监造臣曹栋校梓，司局臣郭庆验牍。'按此可考宋时进书之掌故。椒纸者，谓以椒染纸，取其可以杀虫，永无蠹蚀之患也。其纸若古金粟笺，但较笺更薄而有光，以手揭之，力颇坚固。"[38] 椒纸可能是用花椒籽等物煮汁加工过的，具有防蛀性能的纸。

前引各宋代文献中多处提到"流沙笺"这一加工纸名称。流沙笺是一种染色砑花纸，北宋苏易简《文房四谱》卷4记载了该纸相当复杂且巧妙的制作工艺。《文房四谱》中还记载了宋代"十色笺"的制作工艺。

制作纸伞、灯笼、窗纸所用"油纸"也是一种加工纸。北宋沈括《梦溪笔谈》卷21说到一种油纸扇："卢中甫家吴中，尝未明而起……有光熠然，就视之，似水而动，急以油纸扇挹之。"纸的涂油工艺可能起源于唐代或更早。唐末人冯贽《云仙杂记》卷2记载，唐代的杨炎任中书令时，"后阁糊窗用桃花纸，涂以冰油，取其明甚"。古文"冰"字有"清白，晶莹"之意，故有"冰心"、"冰纨"等说法。这里所谓"冰油"，当指某种无色透明的油脂。

唐代捶纸技术，宋代时应用到竹纸的深加工。宋代陈櫺《负暄野录》卷下有"吴人取越竹，以梅天水淋，晾令稍干，反复硾之，使浮茸去尽，筋骨莹澈，是谓春膏。其色如蜡。若以佳墨作字，其光可鉴。故吴笺近出，而遂与蜀笺抗衡"的记载，说的就是现江苏苏州一带的人用浙江生产的竹纸，经过捶打加工，使纸张"筋骨莹澈"，便于书写。实际上捶纸这种加工纸方法后代一直流传下来，至今仍在使用。

二、元代纸笺制作技艺

在继承前代纸笺制作技艺的基础上，元代也制作出许多新的纸笺，如著名的"明仁殿纸"和"端本堂纸"。这些纸在加工制作过程中综合地应用了染色、销金、描金以及砑花、涂布、施蜡等加工方法，技术原理大同小异。

明仁殿为元代殿名，明初时尚存，今已不存。此纸是清乾隆年间仿制，造价极高，为宫廷御用纸。明仁殿纸是元宫廷内府用的艺术加工纸，元人陶宗仪《辍耕录》云："明仁殿纸与端本堂纸略同，上有泥金隶书'明仁殿'之字印。"纸质绝好，为一时之最。

有关元代"明仁殿纸"和"端本堂纸"这两种名纸，阮元《石渠随笔》卷8有记载："旧纸有端本堂纸，如金粟笺而少薄，其帘纹可见。上有'端本堂'三篆字蜡印。元奎文阁，后改端本堂，太子读书处。""明仁殿纸，与端本堂纸略同。上有泥金隶书'明仁殿'三字印。乾隆年亦有仿明仁殿纸，亦用金字印。"明仁殿纸和端本堂纸同为一种纸。

如图4–7所示为元代制作的黄色写经纸，20张，每纸长62厘米，宽40厘米。纸以黄檗汁浸染，呈淡黄色，有避蠹之功效。其原料为麻，品质硬韧，纸表涂有黄蜡，防潮而有光泽。纸边穿孔，以纸绳将诸纸串联在一起，可分可合，犹如活页簿册。此纸为供书写佛教经典之用。

图4–7　元代黄色写经纸

注释

[1]（北宋）梅尧臣：《宛陵集》卷 27。

[2]（北宋） 刘敞：《公是集》卷 17。

[3]（北宋）欧阳修：《文忠集》卷 5。

[4]（北宋）梅尧臣：《宛陵集》卷 7。

[5]（北宋）梅尧臣：《宛陵集》卷 27。

[6]（北宋）梅尧臣：《宛陵集》卷 35。

[7] 张秉伦：《安徽科学技术史稿》，安徽科学技术出版社，1990 年，第 109 页。

[8] 潘吉星：《中国科学技术史•造纸与印刷卷》，科学出版社，1998 年，第 179 页。

[9]（南宋）罗愿：《新安志》卷 2《货贿》。

[10] 安徽省博物馆：《文房珍品》，两木出版社，1995 年，第 148 页。

[11]《金史》卷 48《食货志三》。

[12]（意）马可•波罗著，William Marsden 译：*The Travels of Marco Polo*，外语教学与研究出版社，1998 年，第 122 页。

[13] 潘吉星：《中国科学技术史•造纸与印刷卷》，科学出版社，1998 年，第 116 页。

[14]（南宋）周密：《癸辛杂识》前集“笔墨”，中华书局，1988 年，第 45 页。

[15]（唐）李肇：《国史补》卷下，《笔记小说大观》第 31 册，广陵古籍刻印社，1984 年，第 17 页。

[16]（唐）冯贽：《云仙杂记》卷 3，《丛书集成》第 2836 册，商务印书馆，1960 年，第 22 页。

[17] 潘吉星：《中国科学技术史•造纸与印刷卷》，科学出版社，1998 年，第 188 页。

[18] 樊嘉禄、方晓阳：《对纸药发明几个相关问题的讨论》，载《南昌大学学报》2000 年第 2 期。

[19]（南宋）米芾：《书史》卷 1。

[20] 潘吉星：《中国科学技术史•造纸与印刷卷》，科学出版社，1998 年，第 187 页。

[21]（南宋）陆游：《老学庵笔记》（唐宋史料笔记），中华书局，1979 年，第 37 页。

[22]（南宋）施宿：《会稽志》卷 17《物产志》。

[23]（南宋）陈櫄：《负暄野录》卷下。

[24] 罗树宝：《中国古代印刷史》，印刷工业出版社，1993 年，第 237 页。

[25]（明）项元汴：《蕉窗九录•书录》。

[26] 潘吉星：《中国科学技术史•造纸与印刷卷》，科学出版社，1998 年，第 393 页。

[27] 潘吉星：《中国科学技术史•造纸与印刷卷》，科学出版社，1998 年，第 187 页。

[28]（清）张燕昌：《金粟笺说》，《丛书集成》第 1469 册，商务印书馆，1960 年，第 1 页。

[29] 潘吉星：《中国科学技术史•造纸与印刷卷》，科学出版社，1998 年，第 198 页。

[30] 浙江省博物馆：《浙江瑞安北宋慧光塔出土文物》，载《文物》1973 年第 1 期。

[31] 青岛市文物管理委员会：《青岛发现北宋金银书〈妙法莲华经〉》，载《文物》1988 年第 8 期。

[32]（北宋）程俱：《麟台故事》卷 2，四库全书本据宋王应麟《玉海》注。

[33] 苏州市文管会、苏州博物馆：《谈瑞光寺塔的刻本〈妙法莲华经〉》，载《文物》1979 年第 11 期。

[34] 潘吉星：《中国科学技术史•造纸与印刷卷》，科学出版社，1998 年，第 177 页。

[35] 曹宝麟：《中国书法史•宋辽金卷》，江苏教育出版社，1999 年，第 17 页。

[36]《辞源》，商务印书馆，1988 年，第 1518 页。

[37]（元）脱脱、阿鲁图等：《宋史》卷 163。

[38] 叶德辉：《书林清话》，岳麓书社，1999 年，第 136 ～ 137 页。

第五章　集大成的明清造纸技艺

明清两代是造纸技术集大成时期。竹纸制作技艺在这一时期发展到顶峰，出现了以铅山连四纸和富阳毛边纸制作技艺为代表的极其复杂的制作工艺；在皮纸制作技艺方面，继隋唐皮纸、五代澄心堂纸以后达到了第三个高峰，最具代表性的成果是明代江西西山皮纸和清代安徽的宣纸；以“宣德纸”系列为代表的明代纸笺和以“梅花玉版笺”等为代表的清代纸笺，反映出这一时期的造纸技艺是对历代纸笺制作技艺的全面总结。

第一节　竹纸制作技艺发展的顶峰

一、明代福建竹纸生产工艺

虽然宋元时期竹纸制作技艺已经达到较好的水平，竹纸产品已被大量应用于图书的印刷等方面，但明代中叶以后，竹纸制作技艺又取得了重大进步。新技术体现在三个方面：一是由原来的用“生料”改为用“熟料”，反复蒸煮和漂洗，提高纸浆中纤维的纯度；二是吸收皮纸漂白工艺，采用“天然漂白法”，经过长期日晒雨淋，将熟料制成精白竹浆；三是增加舂捣强度，提高纤维的打浆度。从现存明代刻印的麻沙版图书看，改良后的竹纸颜色淡白而质细，韧性也很好。明代福建邵武、汀州等地不仅出现了熟料漂白竹浆与皮料浆搭配，生产优质的混料纸，而且还有用精制漂白竹浆仿制皮纸。明代后期生产的“竹料连四”、“竹料连七”等高级竹纸新品，虽然在白度和韧性方面还没有达到“皮料连四”、“皮料连七”的水平，但能以“连四”、“连七”命名，也足以说明其纸质之佳，能与皮纸相媲美。这标志着手工竹纸生产技术已全面成熟。

将嫩竹先加工成“竹麻”丝，不仅能生产出高质量的漂白竹纸，同时也为竹纸生产由原来的季节性的副业生产转变为常年的工场手工业生产创造了条件，并使生产规模有了扩大。

《天工开物·杀青》记载了明代福建竹纸生产过程，是迄今所见完整记载竹纸生产过程的最早文献。

凡造竹纸，事出南方，而闽省独专其盛。当笋生之后，看视山窝深浅，其竹以将生枝叶者为上料。节届芒种，则登山斫伐。截断五七尺长，就于本山开塘一口，注水其中，漂浸。恐塘水有涸时，则用竹枧通引，不断瀑流注入，浸至百日之外，加功槌洗，洗去粗壳与青皮（是名杀青）。其中竹穰，形同苎麻样。用上好石灰化汁涂浆，入楻桶下煮，火以八日八夜为率。

凡煮竹，下锅用径四尺者，锅上泥与石灰捏弦，高阔如广中煮盐牢盆样，中可载水十余石，上盖楻桶，其围丈五尺，其径四尺余。盖定，受煮八日已足，歇火一日，揭楻，取出竹麻，入清水漂塘之内洗净，其塘底面四维皆用木板合缝砌完，以防泥污（造粗纸者不须为此）。洗净，用柴灰浆过，再入釜中。其上按平，平铺稻草灰寸许，桶内水滚沸即取出别桶之中，仍以灰汁淋下。倘水冷烧滚再淋，如是十余日，自然臭烂。取出，入臼受舂（山国皆有水碓）。舂至形同泥面，倾入槽内。

凡抄纸槽，上合方斗，尺寸阔狭，槽视帘，帘视纸。竹麻已成，槽内清水浸浮其面三寸许，入纸药水汁于其中（形同桃竹叶，方语无定名），则水干自成洁白。

凡抄纸帘，用刮磨绝细竹丝编成，展卷张开时，下有纵横架框。两手持帘入水，荡起，竹麻入于帘内，厚薄由人手法，轻荡则薄，重荡则厚。竹料浮帘之顷，水从四际淋下槽内，然后覆帘落纸于板上，叠积千万张，数满，则上以板压，俏绳入棍，如榨酒法，使水气净尽流干，然后以轻细铜镊逐张揭起焙干。

凡焙纸，先以土砖砌成夹巷，下以砖盖巷地面，数块以往即空一砖，火薪从头穴烧发，火气从砖隙透巷，外砖尽热，湿纸逐张帖上，焙干，揭起成帙。近世阔幅者名大四连，一时书文贵重。其废纸洗去朱墨、污秽，浸烂入槽再造，全省从前煮浸之力，依然成纸，耗亦不多。南方竹贱之国不以为然。北方即寸条片角在地，随手拾取，再造，名曰“还魂纸”。竹与皮，精与粗皆同之也。若火纸糙纸，斩竹煮麻灰浆水淋皆同前法，唯脱帘之后不用烘焙，压水去湿，日晒成干而已。盛唐时鬼神事繁，以纸钱代焚帛（北方用切条，名曰“板钱”），故造此者名曰“火纸”。荆楚近俗有一焚侈至千斤者。此纸十七供冥烧，十三供日用，其最粗而厚者，名曰包裹纸，则竹麻和宿田晚稻藁所为也。若铅山诸邑所造柬纸，则全用细竹料，厚质荡成，以射重价。最上者曰官柬，富贵之家通剌用之，其纸敦厚而无筋膜，染红为吉柬，则先以白矾水染过，后上红花汁云。[1]

《天工开物》中还绘有竹纸生产过程的砍竹浸沤、蒸煮竹料、荡帘抄纸、烘纸等主要工序图（图5–1），为我们研究当时竹生产中的器具和工艺情况提供了真实而形象的根据，可谓弥足珍贵。

图 5–1 《天工开物》中的砍竹浸沤、蒸煮竹料、荡帘抄纸和烘纸图

清朝中期以后，竹料连四以其质优价廉开始取代皮料连四。此后，还出现了“竹料连四”、“连泗”和“连史”等不同命名，如乾隆十六年《连城县志》载：“纸以竹穰为之……又有连史、官边、烟纸、高帘、夹板等纸。”嘉庆十七年《临汀汇考》载：“汀地货物，惟纸行四方。……连邑有连史、官边、贡川、花胚最为精细，文讳用之。”标志着传统方法精制漂白竹料的技术于清代后期达到了最高水平。

二、其他地区的竹纸生产

福建竹纸生产技术很快向周边地区传播，与其相邻的江西首得其利。明代江西竹纸生产就产量而言主要集中在赣闽交界各县，其中以广信府铅山县为最盛。铅山紧邻福建崇安的石塘和陈坊等镇，地处武夷山北麓，与南麓的建阳、建安一样，具有得天独厚的竹纸生产条件，不仅有丰富的竹料资源和充足的柴草资源，而且溪流纵横，水力资源十分优越。此外，铅山的槽户工匠大都来自纸业生产最为发达的闽北和皖南，他们拥有当时最先进的造纸技术，有的具有雄厚的资金。这是铅山迅速成为全国著名的竹纸产地的又一原因。

铅山等地生产的玉版纸、官柬纸等白料竹纸是明代江西竹纸中的代表作，虽然只是半漂白的竹纸，白度还达不到纯白皮料的玉版纸和官柬纸以及以后出现的竹料连四纸，但纸质细腻均匀，已是当时竹纸中的佼佼者，被朝廷指定为贡品。江西出产的竹纸中还有关山纸、白鹿纸及本色奏本纸（后改名为毛边纸）等颇负盛名的佳品。

如图 5–2 所示为故宫博物院珍藏的明代竹纸，该纸长 56.7 厘米，宽 42.1 厘米，以竹为原料制成，纸质柔软，页单薄，半透明。初制成时纸色莹白，但因年代久远，已有多处泛黄。[2]

图 5–2 明代竹纸

白鹿纸原名“白箓”，为元明时期江西贵溪龙虎山正一道派道士们刻印道教典籍、书画符箓所用。清钱大昕《恒言录》引元代孔齐《至正直记》记载：“世传白鹿纸，乃龙虎山写箓之纸也，有碧、黄、白三品。其白者，莹泽光净可爱，赵魏公用以写字作画。阔幅而长者称大白箓；后以箓不雅，更名白鹿。”[3] 扬州阮常生为《恒言录》所作“序言”称：“白箓纸出江西，赵松雪、张伯雨多用之。”此说可能根据明代曹昭《格古要论》卷上：“又有白箓纸、清江纸、观音纸出江西，赵松雪、库库子山、张伯雨、鲜于枢多用此纸。”

明朝中期以后，铅山竹纸生产盛况空前。明万历《铅山县志》记载：“铅山惟纸利，天下之所取足。”又康熙《上饶县志》卷 10 记载：“铅山石塘镇，万历二十八年纸石槽户三千余户，每槽户帮工不下一二十人，统计帮工达五六万之多。”这些统计数据或许有些夸大，但当时这一地区造纸业之兴盛是可以肯定的，从中亦可得见当时铅山竹纸业的繁荣。历史学家称之为我国手工造纸业最早出现的资本主义萌芽。

浙江不仅是竹纸的发源地之一，也是两宋时期最重要的竹纸生产基地。从元代开始，浙江竹纸产区进一步扩大到全省，几乎每个县都生产竹纸。除上虞的大笺纸、竹料连七、竹料连四、奏本纸等质细而色浅的优质纸和有名的常山印书柬纸外，大部分产品均为像官堆纸、毛边纸和元书纸之类的文化用纸。当然，也有最大宗的各类低级黄烧纸。总之，与福建、江西相比，浙江竹纸中高质量的漂白精品所占比重较小。浙江竹纸生产在元明时期没有继续保持领先水平，可能与宋末元初的战争中，浙江作为南宋偏安江南时的政治、经济、文化中心，造纸业、印刷业都不同程度地遭到破坏有一定的关系。

除浙江、福建、江西三省外，广东、四川、湖南、湖北、广西以及陕西南部的产竹地区都不同程度地发展了竹纸生产，有些地方竹纸生产的历史可以追溯到元代以前。福建汀州、连城、上杭、龙岩等地的“连史”、“高连”、“长连”、“罗地”，湖南的“大贡”、“二贡”，四川的“仿宣”，浙江的“白笺”等品种是纯白竹纸的代表作。此外，福建等地的“玉扣”、“贡川”，江西等地的“白关”以及四川等地的“夹川”、“京贡”等淡白纸类，产量大，也颇有名气。

明清时期四川手工纸业非常兴盛，不仅能满足本省使用，还遍销鄂、豫、陕、甘诸省。其中专供迷信用之黄表纸，销路尤广，曾远销东北三省及华北一带。仅从经过重庆、万县二地轮船运输的数据统计，截至抗战前一年（1936），“由渝万两地输出之纸张，价值尚达 1505788 元”[4]。

清代社会对纸张的需要量与日俱增，竹纸作为最大宗的纸种，继续保持持续发展的势头。除原有产区继续经营并有所发展外，南方也有不少素无竹纸生产，甚至没有竹子资源的地区也纷纷在先进地区的扶持下种竹造纸，发展竹纸业，竹纸生产规模空前。

清初，湖南浏阳等地的竹纸生产仍处在刚刚起步阶段，只能生产粗劣的火纸。清咸丰年间，有福建蒲城纸匠前去传授熟料竹纸生产技术，在张坊、石头山、长塘坑一带兴办纸坊，生产精细的毛边纸和官堆纸，周边各地群起仿效，迅即扩大规模，产品质量也不断提高。浏阳生产的纯白细薄的“大贡纸”和有名的卷烟用纸“二贡纸”，张坊等地生产的优质竹纸，品质也接近福建的连史纸和毛边纸。清末湖南已成为我国竹纸主要产区之一。

陕西南部大巴山地区人烟稀少，“丛竹生山中，遍岭漫谷，最为茂密”，竹料资源丰富，生产条件优越，但直至清初竹纸生产还相当落后。从清中叶起，来自四川、湖广等地的造纸工匠云集此地，与当地居民共同发展巴山竹纸业。由于“丛竹生山中，遍岭漫谷，最为茂密，取以作纸，工本无多，获利颇易，故处处皆有纸厂”[5]，竹纸业发展迅速。清道光年间严如煜所著《三省边防备览》对地处川、陕、鄂三省边境的陕西南部的定远、西乡、洋县等地区竹纸生产情况记载甚详，当时“西乡纸厂二十余座，定远纸厂逾百。近日（19 世纪初年）洋县华阳亦有小纸厂二十余座。厂大者匠作雇工必得百数十人，小者亦得四五十人。山西居民当佃山内有竹林者，夏至前后，男妇摘笋砍竹作捆，赴厂售卖，处处有之，借以图生者，常以数万计矣”[6]。足可想见当时大巴山地区竹纸生产规模之大。另据卢坤的《秦疆治略》（约成书于 1824 年）记载，岐山、宝鸡、定远、西乡、安康、砖坪、紫阳、商南和孝义等县厅都有来自湖广四川等地的造纸工匠，不同程度地发展了竹纸业。[7] 此外，据《清代刑部钞档》，清嘉庆二十年（1815）陕南纸厂“任克浚雇杨思魁帮工作纸，每月工钱一千二百文，同坐同食，并无主仆名分”[8]。从规模和工资方式看，清代陕南地区竹纸业也出现了资本主义工场手工业生产的萌芽。

江西、福建等地也有这种雇工现象，从一些资料中可以了解清代造纸业雇佣劳动的工资水平。《清代刑部钞档：乾隆四十八年秋审》记载，江西有位叫陈黑的人“因喻梅家雇，伊破竹造纸，每日议给工钱二十五文。喻梅请陈黑饮酒开工，陈黑查知各篷破竹每工均系钱三十文，当即辞工不做”[9]。

另《清代刑部钞档：乾隆三十五年九月十九日钟音题》记载：“据崇安县知县徐之宽详称，乾隆三十四年十一月三十日据席汉状告前事……席汉来看明控告的讯。据吴贵玉供：小的今年四十二岁，是江西南丰县人，来到辖下白沙地方开厂做纸，有多年了。小的厂内雇有工人虞五开，每月工银五钱，并未立有文卷，议有年限。”[10]

又《清代刑部钞档：嘉庆十二年十月七日巡抚浙江等处地方清安泰题》记载：“浙江新昌县华更陇雇许文启帮做纸厂短工，平等相称，议定每月工钱九百文。”[11]

清人严如煜《三省边防备览》卷 14 刊载了作者写的名为《纸厂咏》的五言长诗：

> 洋州古龙亭，利赖蔡侯纸。二千余年来，遗法传乡里。新篁四五月，千亩束青紫。
> 方塘甃砖石，尺竿浸药水。成泥畚铁鎚，缕缕成丝枲。精液凝瓶甑，急火沸鼎耳。
> 几回费淘漉，作意净渣滓。入槽揭水帘，玉版层层起。染缋增彩色，纵横生纹理。
> 虽无茧绵坚，尚供管城使。驮负秦陇道，船运郧襄市。华阳大小巴，厂屋簇蜂垒。
> 匠作食其力，一厂百手指。物华天之宝，取精不嫌侈。温饱得所资，差足安流徙。
> 况乃翦蒙茸，山径坦步履。行歌负贩人，丛绝伏莽子。熙攘听往来，不扰政斯美。

嗟哉蔬笋味，甘脆殊脯胏。区区文房用，义不容奸宄。寄语山中牧，铁以劳胥史。[12]

这首诗仅用了210字，不仅生动地描述了当地竹纸的生产规模和经营销售情况，而且对竹纸生产技术工艺流程包括深加工情况作了简要叙述，堪称技术性与文学性兼备的纸史诗篇。

原来只有皮纸生产的广西在清代也开始生产竹纸。据史鸣皋等纂乾隆《梧州府志》记载，“康熙间，闽、潮来客始创纸蓬于山中，今有蓬百余间，工匠动以千计”[13]。清康熙年间，福建和广东的一些纸工来到容县，创建纸坊于山中，至乾隆年间时，纸坊数已发展到一百多家，工匠则以千计。封祝唐等编纂的光绪《容县志》卷6有更详细记载：

康熙间，有闽人来容教作福纸，创纸篷于山间。春初采扶竹各种笋之未成竹者，渍以石灰，沤于山池，越月碾漉成絮，濯以清流，又匝月下槽，随捞随焙，因而成纸。每槽司役五六人，岁可获百余金。至乾隆间，多至二百余槽。如遇荒年，借力役以全活者甚众。[14]

广西东部的昭平县原本不产竹子，也是福建纸工前来传授种竹至竹纸生产全套技术。近代修纂的《昭平县志》记载：“昭平县所属归化、勤江、佛丁、丹竹、仙回、骊江等处，均有竹纸厂。制造之初，因同治年间姓王者来自闽疆，侨居太区、丹竹、上洒冲一带，见该地山岭旷弃，且土地最宜种竹造纸，乃携竹六本来昭种植，渐以繁兴。借以造纸者，迄今垂七十余年。此物为本邑生产大宗，销流之广，运及云、贵、川、黔、钦廉、越南。”[15]还有不少地区的竹纸业都是类似于昭平这样发展起来的。广西先发展起来的南部地区又进一步向桂西北地区扩散，使广西迅速发展成为新的竹纸生产基地。

台湾和琉球群岛也于清代开始生产竹纸。台湾居民大多是闽、浙移民，明末清初时，嘉义一带居民利用当地盛产的桂竹等原料，抄造低档竹纸。琉球群岛居民于乾隆年间来福州学习造竹纸技术后，回当地设坊造纸。

此外，清宣统二年（1910），川边大臣赵尔丰曾指示驻西藏东南部的官兵用所掌握的造纸技术在今察隅县一带造纸，开发当地林业资源，既造皮纸也造竹纸。[16]

第二节　皮纸制作技艺的总结与发展

一、明代江西等地楮皮纸制作技艺

明代江西西山等地楮皮纸生产达到了很高的工艺水平。据明代屠隆《考槃余事》记载，“永乐中，江西西山置官局造纸”[17]，此后明朝内府几乎全用江西楮皮纸。如明成祖永乐元年，大学士解缙主持编纂万卷本百科全书《永乐大典》，所用的就是西山纸厂所产楮皮纸，如图5–3。至宣德年，西山贡纸演变成宣德

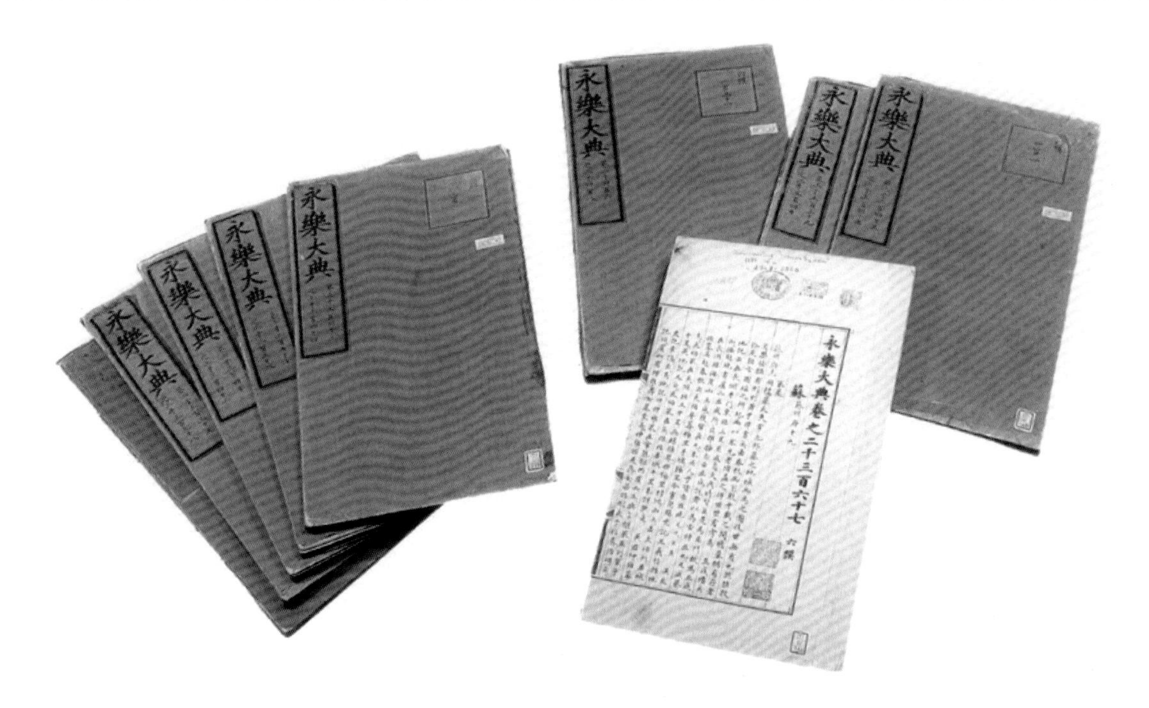

图 5–3 明《永乐大典》（取自《中华古文明大图集·文渊卷》）

纸，或者说是制作宣德纸笺系列的原纸。后约于隆庆、万历之际，西山厂转移至江西广信府铅山县，仍以原法造高级楮皮纸。因此明人陆万垓在《江西者大志》卷 8《楮书》中阐述的十分复杂和几乎不计成本的造楮皮纸全过程，正反映了宣德纸的制造过程。[18]

《江西省大志》卷 8《楮书》（1597）中记载了明代江西广信府楮皮纸生产工艺。

> 按楮之所用，为构皮、为竹丝、为帘、为百结皮。其构皮出自湖广，竹丝产于福建，帘产于徽州、浙江。自昔皆属吉安、徽州二府商贩装运本府地方货卖。其百结皮玉山土产。槽户雇请人工，将前物料浸于清流激水，经数昼夜，足踹去壳，打把捞起，甑火蒸烂，剥去其骨，扯碎成丝，用刀铿断，搅以石灰，存性月余，仍入甑蒸。盛以布囊，放于急水，浸数昼夜。踹去灰水，见清。摊放洲上，日晒雨淋，毋论月日，以白为度。木杵舂细，成片擒开。复用桐子壳灰及柴灰和匀，滚水淋泡。阴干半月，涧水洒透，仍用甑蒸。水漂、暴晒不计遍数。多手择去小疵，绝无瑕玷。刀斫如炙，揉碎为末，布袱包裹，又放激流，洗去浊水。然后安放青石板合槽内，决长流水入槽，任其自来自去。药和溶化，澄清如水。照依纸式大小高阔，置买绝细竹丝，以黄丝线织成帘床，四面用筐绷紧。大纸六人，小纸二人，扛帘入槽。水中搅转，浪动捞起，帘上成纸一张，揭下，叠榨去水。逐张掀上砖造火焙，[火焙]两面粉刷光匀，内中阴阳火烧，熏干收下，方始成纸。工难细论，虽隆冬炎夏，手足不离水火。谚云：片纸非容易，措手七十二。[19]

从上述记载可以看出，明代江西广信府皮纸的生产技术工艺包括三次蒸煮、反复浸沤、漂洗、暴晒，可谓不计工本，精益求精。谚云：“片纸非容易，措手七十二。”造纸生产不仅体现了劳动者的聪明才智，更是一项艰苦的劳动。

这套生产工序是古代生产楮皮纸最复杂的、最完整的工序。经过如此繁杂的生产工艺，所造纸张的质量之精良也是可以想见的。

明代学者陆容《菽园杂记》卷 12 记载："闻天顺间，有老内官自江西回，见内府以官纸糊壁，面之饮泣，盖知其成之不易，而惜其暴殄之甚也。又闻之故老云，洪武年间，国子监生课簿、仿书，按月送礼部。仿书发光禄寺包面，课部送法司背面起稿，惜费如此。永乐宣德间，鳌山烟火之费亦兼用故纸，后来则不复然矣。成化间流星爆仗等作，一切取榜纸为之，其费可胜计哉。世无内官如此人者，难与言此矣。"这里谈到有一位老内官在江西亲眼所见制纸工艺之后，看到人们不爱惜纸张，就非常难过。这从一个侧面说明明代江西皮纸制作工艺非常复杂。

与江西广信府相邻的浙江衢州、安徽徽州等地楮皮纸生产也相当普遍，从相关的文献记载看，其工艺也各有特色。

陆容《菽园杂记》卷 13 还记载了明代浙江衢州楮皮纸制作方法：

> 衢之常山、开化等县人以造纸为业，其造纸法：采楮皮，蒸过，擘去粗质，糁石灰浸渍三宿，蹂之使熟；去灰，又浸水七日，复蒸之，濯去泥沙；曝晒经旬，舂烂，水漂；入胡桃藤等药，以竹丝帘承之，俟其凝结，掀置白上，以火干之。白者，以砖板制为案桌状，圬以石灰，而厝火下也。

该资料为陆容出任浙江右参政期间记实之作，故虽只有百余字，却能将皮纸制作工艺描述得相当具体、准确，仅个别环节可能有所疏漏，如在浸水七日之后进行二次蒸煮之前，应当再次浆上石灰或淋以草木灰。这一点已为潘吉星先生所指出。不过，在干燥方法上，潘吉星先生认为应加上"将湿纸层层叠起，压榨去水"这一环节。[20] 从现代皮纸生产工艺来看，潘先生所言合乎道理，但从原资料叙述的工艺分析，却无这道工序。或许当地早期皮纸生产就是以竹帘捞纸"俟其凝结"后，"掀置白上，以火干之"。

衢州人使用的这种干燥器称为"白"：用砖板垒砌成案桌的形状，用石灰涂刷成水平光滑的表面，下面是空腔火塘。使用时火塘中添柴生火，使案面升温。在纸浆中加入纸药（用的是"胡桃藤"，很可能是用猕猴桃藤取汁）后，用纸帘抄纸，抄起后滤去水分，纸结帘上。接下来不是"将湿纸层层叠起，压榨去水"，而是直接将湿纸"掀置白上，以火干之"，干燥后取下，再干燥下一张。其实明代还出现过更简单的成纸方法的记载，明代宋应星《天工开物》卷中"造皮纸"一节记载："倭国有造纸不用帘抄者，煮料成糜时，以巨阔青石覆于炕面，其下热火，使石发烧，然后用糊刷蘸糜，薄刷石面，居然顷刻成纸一张，一揭而起。"这里连抄纸的环节都省了，直接将纸浆刷在热石板面上干燥即成。

图 5–4 所示为故宫博物院珍藏的清早期珊瑚色开化纸，长 33.5 厘米，宽 26 厘米，以开化纸涂以珊瑚色粉加药而成，捞纸帘纹细腻。用这种纸作书画或图书扉页，可以起到防蛀避蠹的作用，南方较为常用。据张淑芬介绍，"开化纸，明清时产于浙江省开化县，纸色纯白，纸质细软。清康熙、雍正、乾隆三朝产量最多，多用于殿本图书和印套色彩画"[21]。

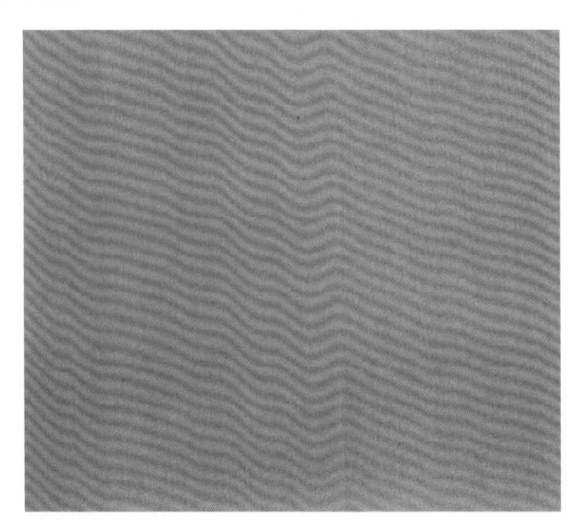

图 5–4 珊瑚色开化纸

明代汪舜民主纂弘治《徽州府志》（1502）"物产篇"记载了明代徽州皮纸造法：

> 造纸之法，荒黑楮皮率十分割粗得六分，净溪沤，

灰腌，暴之，沃之，以白为度。瀹灰，大镬中煮至糜烂，复入浅水沤一日，拣去乌丁、黄眼，又从而腌之，捣极细熟，盛以布囊，又于深溪用辘轳推荡，洁净入槽。乃取羊桃藤捣细，别用水桶浸按，名曰滑水，倾槽间与白皮相和，搅打匀细，用帘抄成张。榨经宿，于焙壁张张推刷，然后截沓解官，其为之不易盖如此。

明代徽州皮纸造法与衢州皮纸工艺有明显的差别。首先，衢州皮纸直接将楮皮入篁蒸煮，加碱浸渍后再入篁，先后两次蒸煮，徽州皮纸虽仅一次入篁，但暴晒、腌沤过程似更复杂，在一定程度上弥补了少一次蒸煮对纸浆打浆度的影响；其次，《徽州府志》明确记载了抄过的湿纸垛压榨去水的工序，以及羊桃汁的制备，均比《菽园杂记》所载衢州皮纸的生产方法更胜一筹；再次，《徽州府志》特别强调徽州皮纸有“暴之，沃之，以白为度”这一过程，虽然没有《江西省大志·楮书》中所载江西皮纸的日光漂白过程，但至少是“自然漂白法”的简要记述，而在时间上却比后者要早近一个世纪。

二、皮纸制作技艺的最后一个高峰

明末以后，安徽泾县生产的宣纸逐渐成为手工纸的霸主。宣纸制作技艺的历史可以追溯到唐代。据《新唐书·地理志》记载，宣州宣城郡，辖当涂、泾县、广德、南陵、太平、宁国、旌德诸县，唐代贡纸。据此推断，宣州造纸的历史可以追溯到隋唐以前，张彦远所说的“宣纸”当指“宣州之纸”。

唐代张彦远《历代名画记》卷3：“好事家宜置宣纸百幅，用法蜡之，以备摹写。”说明早在唐代，宣州纸的使用已经引起重视。但是，唐代制作宣纸所用原料现在无从考证。

北宋时宣纸已受朝廷器重，并推广到杭州按式制造。宋李焘《续资治通鉴长编》卷254有“诏降宣纸式下杭州，岁造五万番，自今公移常用纸，长短广狭，毋得与宣纸相乱”的记载，此事发生在宋熙宁七年（1074）六月。说的是北宋朝廷令杭州按宣纸式每年造纸五万番，同时改常用纸尺寸，使之有别于宣纸，以免混淆。

宋代宣纸现有实物可见，安徽省博物馆所藏南宋《张即之写经册》（图5–5）共八页，每页长11厘米，高18.8厘米。原为手卷，后剪裁接裱成册。此纸产于安徽宣州，其质如春云凝脂，洁白细韧，平滑匀整，坚柔耐人。虽经岁月，仍犹新制。[22]

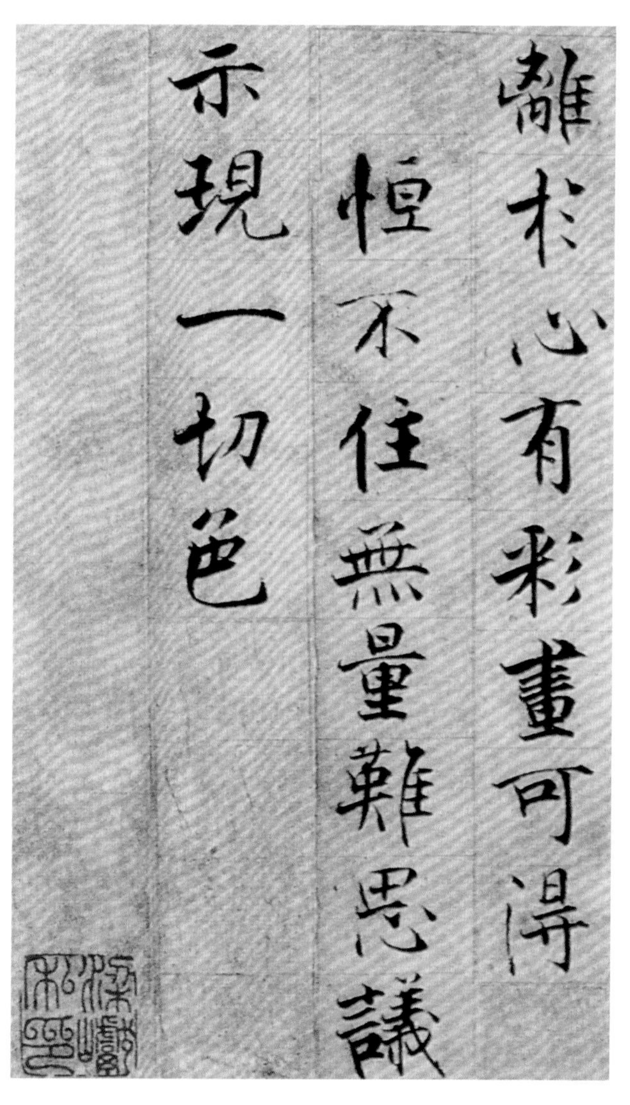
離於心有彩畫可得
恒不住無量難思議
示現一切色

图5–5　宋《张即之写经册》页（局部，取自安徽省博物馆编《文房珍品》）

王世襄先生为《文房珍品》所作“序”中评曰：“南宋张即之用以写经的‘白宣’尤为重要，系用青檀树皮加稻草制成。千百年来盛名不衰的宣纸，沿用的正是上述材料，故它具有典型长在的意义。”[23]张即之，字温夫，号樗寮，南宋书法家，历阳（和县）人，官至司农寺、丞，授直秘书阁，工书，学米芾而参用欧阳询、褚遂良的体势笔法，尤善写大字，存世书迹有《报本庵记》、《书杜诗卷》等。如果王世襄先生的判断准确，那么像今天这样用青檀树皮和稻草制作宣纸的做法早在南宋时就开始了。

目前所知最早的明确记载檀皮造宣纸的文献史料是光绪《宣城县志》。该志“物产篇”记载：“纸，宣、宁、泾、太皆制造，故名宣纸，以檀皮为之。”

图 5–6　《小岭曹氏宗谱》书影

从乡土文献资料中可以找到与宣纸相关的信息。乾隆年间修纂的《小岭曹氏宗谱》（图 5–6）记载：曹氏于“宋仁宗宝元元年（1038）戊寅，由太平泾阳东山下文楼冲，迁于南陵绿岭虬川，为虬川派。钟生元行……元生六郎，六郎生细七，细七生逸，逸生念四，念四生百十一……百十一生子二，长大一居虬川，次大三自虬川迁泾县小岭，为吾小岭始祖。”又说：“泾，山邑也……邑西二十里曰小岭，曹氏居焉。曹为吾望族，其源自太平再迁至小岭，生齿繁多，分徙一十三宅，然田地稀少，无可耕种，以蔡伦术为业，故诵读之外，经商者多，人物富庶，宛若通都大邑。”[24]

据曹天生推算，曹氏从 1038 年迁至太平，到曹大三自太平迁至泾县小岭，共历八世，约 240 年，即 1278 年前后，时值南宋末期。曹氏在小岭落户后，分徙一十三宅，因地处山陬，无田地可耕种，遂以造纸为业。当时皖南盛产皮纸，到处有楮树，但小岭十三坑却无楮树而有与楮树相似的野生青檀树，曹氏便以檀皮代楮皮造纸[25]，并世代以造纸为业至今。

这种解读也存在一些疑点。其一，《小岭曹氏宗谱》为清代所修，对四五个世纪以前的事情的描述推测的成分大，一般不足以作为第一手资料。如皖南到处有楮树，唯独小岭十三坑无楮树，恐属臆测。其二，文献中只讲到曹氏宗族到小岭以后，“无可耕种，以蔡伦术为业”，并没有明确记载当时用什么原料造纸，不能因后世宣纸用檀皮，就推断当时用的也是檀皮。其三，即使假定曹大三迁至泾县小岭后就用檀皮造纸，也不能说檀皮宣纸的最早年限就是曹大三迁至泾县小岭的时间。因为作这样的推论还必须有一个前提，即曹大三来小岭之前，从没有人用檀皮造纸。而持这种观点的学者无法证明这一前提。其实檀皮并非仅出产于泾县小岭。如清代宜兴《荆溪县志》卷 1“物产篇”记载：“昔在元末，癸泾、练浦之间，澄稻草为纸……旧志所载，至元（1264 ~ 1294）间，并有檀皮、桃花诸种。”[26] 可见元代时，宜兴地区也有人既用稻草又用檀皮造纸，造檀皮纸并非独有小岭一家。再说，如果曹大三在太平时没有学会造纸，那么来小岭之后虽然“田地稀少，无可耕种”，也不会遽然“以蔡伦术为业”。檀、楮很相似，直到很晚还有许多人误将檀皮作楮皮，所以曹氏在来小岭前即已用过青檀皮，也未可知。此外，还有可能在曹大三来小岭之前，小岭本地原本就有人以“蔡伦术为业”，曹大三来小岭以后学习了该地的造纸技术才开始造纸。[27] 总之，仅据乾隆《小岭曹氏宗谱》推断宣纸起源于宋元之际曹氏家族尚有不少疑点，有待进一步证实。

再说，“真正的宣纸”虽在原料上与传统的宣州楮皮纸有质的区别，但宣纸成为驰名中外的名纸，根本的因素并不完全取决于其原料发生了改变，而在于制造技术的全面成熟。泾县以檀皮为原料制成了宣纸，掺以沙田稻草之后仍称宣纸，而宜兴在元代虽以檀皮为原料制成纸，并不称宣纸。我们认为，不能单纯地以原料为判据来区分是不是宣纸，而制造工艺和纸的性能更关键。可以设想将来如果檀皮不够用了，或技术改进之后，可能要用其他原料造宣纸，但并不一定要更改“宣纸”之名。因此，我们认为，在讨论宣纸起源问题上，首先似应广义地理解“宣纸”概念，在宣州皮纸甚至也包括整个皖南地区皮纸的发展历程中考察宣纸发展的历史渊源。[28]

唐代以后，宣州造纸业一直长盛不衰。五代时澄心堂纸产于皖南，虽非直接产于宣州，但宣州与徽州、池州相邻，且皆造皮纸，技术上肯定有不断的相互影响。宋代皖南各地皮纸业都十分发达。前面提到潘谷从梅尧臣手中得到澄心堂纸样后，在歙县造出大量的仿澄心堂纸，罗愿《新安志》中有“绩溪纸乃澄心堂遗物”，池州仿澄心堂纸更得到米芾的推崇。除了仿澄心堂纸，各地还有许多优质纸品。如《新安志》卷2“上贡纸”条称，宋代新安仅“上贡纸”就有“常样、降样、大抄、京运、三抄、京连、小抄”七种，号称“七色”，岁贡达一百四十万八千余张；同卷“货贿”条又称：“纸亦有麦光、白滑、冰翼、凝霜之目。”弘治《徽州府志》称休宁“有所谓进扎、殿扎、玉版、观音、京帘、堂扎之类”。宣州府泾县纸则有“金榜、画心、潞玉、白鹿、卷帘”等名号。[29]

明末以后，宣纸已成为上乘的优质皮纸，并引起明清不少文人墨客的注意，但这些所谓“真正的宣纸”在清末以前并未被冠以“宣纸”之名，而被称为“泾县连四”、“泾县纸”或“泾上白”。如明末书画家文震亨在《长物志》卷7评论各种名纸时，特别提到“泾县连四最佳”。沈德符《飞凫语略》中有“此外，则泾县纸，粘之斋壁，阅岁亦堪入用。以灰气且尽，不复沁墨。往时吴中文、沈诸公又喜用”的记载，称苏州的书画家文徵明和沈周诸公都喜欢用泾县皮纸。明末清初人方以智也认为：“今则绵推兴国、泾县。”[30]此后，清乾隆时人周嘉胄在《装潢志》中论装潢用纸料时，极力推荐“泾县连四”，称：“余装轴及卷册、碑帖，皆纯用连四。”[31]同时代的蒋士铨更有诗一首，专咏“泾上白”：

> 司马赠我泾上白，肌理腻滑藏骨筋。
> 平浦江淙展晴雪，澄心宣德堪为伦。[32]

宣纸（“泾上白”）洁白柔韧，平滑受墨，以质量论，只有澄心堂纸和宣德纸才能与之相媲美。清代宣纸被选作内府及官府用纸和上等书画用纸。清乾隆年间修大型丛书“四库全书”（图5–7），用的就是宣

图5–7　“四库全书”书影（取自《中华古文明大图集·文渊卷》）

纸。清末光绪十二年（1886），宣纸在巴拿马万国博览会上获金质奖章后，更是名声大震。

综上所述，宣纸为宣州皮纸的总称，其名源于唐代宣州贡纸，在宣州皮纸发展过程中，先继承了以澄心堂纸为代表的宋代皖南皮纸的制造技术，后又吸收了明代皮纸的先进工艺，在元明两代长时期的发展过程中不断改进，至明代中晚期已臻完善，成为中国皮纸的杰出代表。清末泾县文人胡韫玉在《纸说·宣纸》中对“宣纸”作如下阐释：“泾县古称宣州，产纸甲于全国，世谓之宣纸，宣城、宁国、泾县、太平皆能制造，故名宣纸。而泾县所产尤工。今则宣纸惟产于泾县，故又名泾县纸。”[33] 他对“宣纸”之名的由来及宣纸发展的历史作了简略的概括，基本符合历史事实。

泾县小岭宣纸的原料最初纯用青檀皮，后因产量激增，原料供应短缺，纸工们便试着配入一定比例的楮皮或沙田稻草，以解决原料短缺问题并降低成本。人们在实践中发现，配入适量的沙田稻草等其他原料后还可以改善纸张的性能。

三、明清以来其他地方的皮纸生产

在泾县宣纸发展的同时，皖南徽州、池州和宣州三州其他地方的皮纸也一直有所发展。清人赵廷辉有一首诗描述皖南纸乡纸业繁荣时的盛况：“山里人家底事忙，纷纷运石叠新墙。沿溪纸碓无停息，一片春声撼夕阳。”[34] 但到了清代后期，由于政府派贡过多，纸户不堪重负，特别是在太平天国战争时期，皖南地处太平军与清军争夺之要冲，长期的拉锯战使得槽户相继被毁，以致清末绩溪、歙县、休宁、黟县、贵池等地的纸业几乎绝产。正如《徽州府志》所载：“造纸之户沦亡……合郡乃绝无纸矣。”泾县小岭地区同样未能幸免。据《小岭曹氏宗谱》记载，当时“小岭人口死亡大半，人相枕藉”。但到了 19 世纪 80 年代之后，随着社会趋于相对稳定，泾县宣纸再次复苏，并于 1926 ～ 1931 年间一度振兴。仅小岭一地曹氏宣纸棚就有一百多个，年产宣纸约七百吨。[35]

据《江西省大志·楮书》记载，明代江西永丰、上饶、铅山三县造皮纸，除构皮外，还用百结皮。潘吉星认为，百结皮可能是瑞香科植物结香（Edgeworthia chrysantha）皮，结香是瑞香科结香属落叶灌木，江西出产，是一种优良的造纸原料。[36]

明代四川成都等地也生产皮纸。宋应星《天工开物》称：“四川薛涛笺，亦芙蓉皮为料。”薛涛笺是以唐代女诗人薛涛的名字命名的小幅诗笺。这里所指应是明代四川仿制的薛涛笺，用成都历史上盛产的锦葵科植物木芙蓉（Hibiscus mutabilis）为原料，使皮纸原料家族中又添一新成员。

明清时期，江西、湖北、湖南、广西、贵州、四川、云南等省份的许多皮纸产区皮纸生产都有较大的发展。《康熙通志·湖北省》、光绪《广西通志》、《贵州通志》、《云南通志》、《四川省志》、《湖南通志》等地方志以及《江西农工商矿记略》等其他文献分别记载了清代这些省份皮纸生产的情况。

河北省迁安县（现改为迁安市）的桑皮纸就是一个典型代表。据马咏春先生考证，迁安桑皮纸可能“要追溯到宋、元以至更远的年代”。清康熙年间编纂的《永平府志》记载：“三里河在县东三里，源出小寨庄南，东流经岳孤山下，南流至卢沟堡，入滦，即岳孤水也。盛夏愈冷，严冬不冰。”“沿河一带至徐家崖、杨家崖、卢沟堡四十余村，皆设立纸坊，就河水沤洗桑皮，用以造纸，通货两京，商贾萃聚，大获其利，倍于田亩。”可见清代迁安桑皮纸生产具有相当大的规模。[37]

清代山东有不少地方都盛产桑皮纸。乾隆时青城、惠民、阳信等县桑皮纸产量很高，而清中叶时泰安的桑皮纸生产最发达。临朐、聊城、阳谷等县都出产不同规格种类的桑皮纸。此外，蒙阴的桑皮纸也有所发展，至清末时尚有纸户百余家。[38]

清代浙江桑皮纸也见诸文献。《东阳县志》记载："寻常所用皮纸，大者名呈文纸、棉纸，大抵皆用桑皮、笋壳制成。"桐庐、富阳地区用桑皮与草料混浆抄造的大幅皮纸加工能防水的桐油纸。

清代新疆、西藏等民族地区也生产桑皮纸。乾隆三十七年刊行的《回疆志》记载："回纸有黑白二种，以桑皮、棉布絮合作成，粗厚坚韧，小不盈尺，用石子磨光，方堪书写。"咸丰六年刊行的《新疆图志》中的记载印证了上述说法："咸丰中，和阗始蒸桑皮造纸，韧厚而少光洁。乌鲁木齐、吐鲁番略变其法，杂用棉絮或楮皮、麦秆糅合为之。纸身大抵皆粗率，不可以为书。"可见清代新疆的皮纸技术仍相对落后，所造桑皮纸较为粗糙，需经涂布、研光加工方能书写。

清代西藏皮纸生产水平远比新疆发达。嘉庆年间周蔼联所著《竺国记游》一书记载："藏纸似茧而坚韧过之，有广至三四丈者。余曾购一幅，约长一丈二三尺，纹理坚致如高丽纸。"又说："藏纸即藏经纸也。彼地有草一种，叶如槐，花如红花，以其根浸捣浇造，如造皮纸法，常用不禁。坚白而厚，宽长三四丈者，惟前后藏达赖、班禅可以写经。有私造私售者，亦犯重辟云。"藏纸技术具有鲜明的地方特色：一是浇造而非抄造，云南至今仍保留这种古老的操作技术；二是其原料为内地所罕见，具体是何种植物，尚待研究。

第三节　集历代之大成的纸笺制作技艺

明清两代是纸笺制作技艺的集大成时期，历代著名的加工纸在这一时期均有仿制，同时这一时期还创制了一批著名的加工纸，如明代的"宣德纸"、清代的以"梅花玉版笺"为代表的粉蜡笺等各种纸笺。此外，明清时期出现的加工纸制造技术方面著作之多也是前代所不及的。

一、承前启后的宣德纸

明代纸笺制作技艺的代表作当数明宣德年间（1426 ~ 1435）生产的"宣德纸"。宣德是明宣宗朱瞻基的年号。宣宗承平前世，并采取了一系列有效措施整顿吏治，发展生产，鼓励技术进步，使得这一时期手工业生产达到很高水平，出现了"宣德炉"、"宣德瓷"、"宣德纸"等不少传世精品。

宣德纸是一系列纸笺的总称，主要品种有白笺、洒金笺、五色粉笺、金花五色笺、五色大帘纸、瓷青纸等。这些纸品质优良，在宣德年间充作贡笺，而称"宣德纸"。其中宣德陈清款最负盛名。明代方以智《物理小识》卷8记载："宣德陈清款，白楮皮，厚可揭三四张，声和而有穰。"对宣德贡笺陈清款的原料、厚度和质量作了简要说明。清代康熙大帝的近臣查慎行曾有诗一首赞咏宣德纸：

> 小印分明宣德年，南唐西蜀价争传。
> 侬家自爱陈清款，不取金花五色笺。[39]

自注曰：“宣德贡笺，有‘宣德五年造素馨纸’印，又有五色粉笺、金花五色笺、五色大帘纸、磁青纸，以陈清款为第一。”沈初《西清笔记》卷 2，在介绍宣德纸后，也加注说“宣德纸陈清款为第一”。可见当时宣德纸的价值与澄心堂纸及蜀笺不相上下，其中又以带有造纸名家陈清印记的纸为最佳。

洒金五色粉笺集中洒金、染色、涂布、研光等加工工艺，品质极佳。正如明文震亨《长物志》卷 7 所述：“国朝连七、观音、奏本、榜纸，俱不佳，惟大内用细密洒金五色粉笺，坚厚如板面，研光如白玉。”另屠隆《考槃余事》卷 2 也有如是记载：“今之大内用细密洒金五色粉笺、五色大帘纸、洒金笺。有白笺，坚厚如板，两面研光，如玉洁白。”虽然宣德纸其他一些品种具体的工艺未见明确记载，但根据其名称也可推知大概。从这些名称可以看出，宣德纸囊括了前代各种纸笺品种，堪称集历代纸笺之大成。

宣德纸实物至今仍有传世。清乾隆年间，阮元奉旨鉴定内府所藏书画，著成《石渠随笔》一书。该书卷 5 所记“明宣宗写生小幅，立石上有菖蒲数叶，石下平地，有金杙连索锁一小鼠，方啖荔子，荔子尚大于鼠。款楷书‘宣德六年御笔’，赐太监吴诚中，钤‘武英殿宝’”；卷 6 所记“董其昌书画合璧册八对幅，右宣德笺，左宋笺，右水墨画，左行书”，又有“董其昌杂书册，宣德笺本，八幅，楷书”。这些作品均用宣德纸，现藏北京故宫博物院。[40]

与宣德纸相关的另一种明代纸笺“羊脑笺”也见著录于文献。清代沈初《西清笔记》卷 2 记载：“羊脑笺以宣德瓷青纸为之，以羊脑和顶烟墨，窖藏久之，取以涂纸，研光成笺。墨如漆，明如镜，始自明宣德间，制以写金，历久不坏，虫不能蚀。今内城惟一家犹得其法，他工匠不能作也。”图 5–8 为羊脑笺实物。

宣德瓷青纸是一种比较厚重的纸，清邹炳泰《午风堂丛谈》卷 8 谈宣德纸时提到“瓷青纸，坚韧如缎素，可用书泥金”。明屠隆《考槃余事》卷 2：“有瓷青纸如缎素，坚韧可宝。”明文震亨《长物志》卷 7：“有印金花五色笺，有青纸如缎素，俱可宝。”从上述工艺看，羊脑笺是一种涂布研光纸，所用涂布材料为窖藏已久的羊脑和顶烟墨。羊脑笺也有人称“宣德羊脑笺”，但它既以宣德瓷青纸为底，就不能认为它是宣

羅尼門。出離陀羅尼門。總持清淨陀羅尼門。
智輪清淨陀羅尼門。智慧清淨陀羅尼門。菩
提無量陀羅尼門。自心清淨陀羅尼門。善男
子。我唯知此般若波羅蜜普莊嚴門。如諸菩
薩摩訶薩其心廣大等虛空界。入於法界福
德成滿。住出世法。遠世間行。智眼無瞖普觀
法界。慧心廣大猶如虛空。一切境界悉皆明
見。獲無礙地大光明藏。善能分別一切法義。
行於世行不染世法。能益於世非世所壞。普

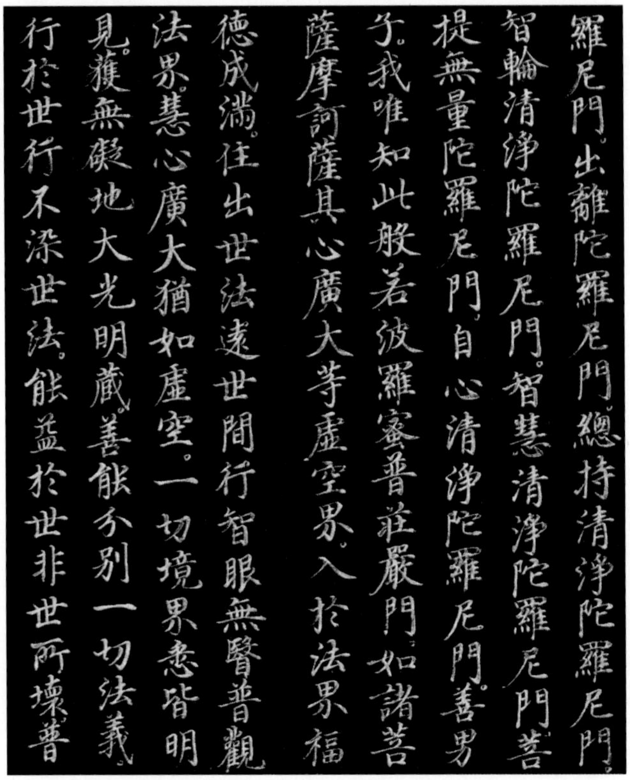

图 5–8　明宣德十年羊脑笺

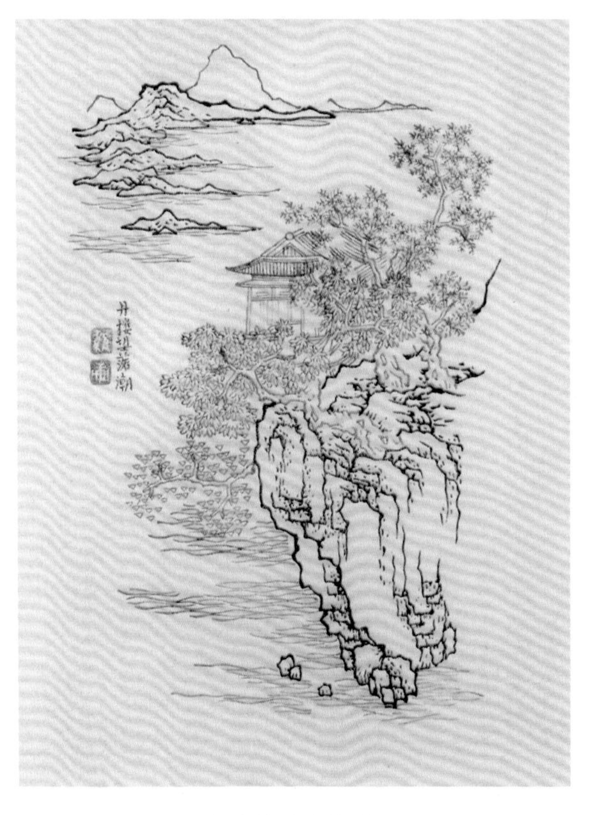

图 5–9　明代五色印本《萝轩变古笺谱》页（取自《中国古代科技文物展》）

德纸的一种，而应将它看作是另一个加工纸品种。清代有人仿制羊脑笺，墨色，满幅印有极为精致工整的“卐”字形图案缎纹，光泽清雅，现仍有实物传世。

明代所造宫笺还有许多品种，如明宣德年所造“描金云龙纹彩色粉笺”(属于金花五色笺)、明天启六年“萝轩变古笺”（如图 5-9）以及明代“飞仙笺”等。

除上述品种外，明代民间制作的加工纸品种还有很多，其中不乏优质名品。如江苏《无锡县志》记载：“朱砂笺，隆庆（1567 ~ 1572）末俞氏所创制，无第二家。其法纯用朱砂积染而成，胶法既善。用书春联，历数十年殷鲜不改。近秣陵亦效其法为之，不如也。”屠隆《考槃余事》卷 2 所记：“近日吴中无纹洒金笺纸为佳，松江谭笺不用粉造，以荆川连纸褙厚砑光，用蜡打各色花鸟，坚滑可类宋纸。有旧裱画，绵纸作，纸甚佳，有则宜收藏之。”清胡蕴玉《纸说》也有“松江谭笺虽非染色，而研光可爱”的记载。明代江苏松江所产“松江谭笺”早已著名于世，但延至明末，该笺质量已远不如当初。正如文震亨《长物志》卷 7 所言，“近吴中洒金纸、松江谭笺，俱不耐久”。清初松江又有“鞠松华粉素笺”问世，乾隆帝下江南时曾见此笺，大加赞赏，下令每年采购进贡，鞠氏粉笺因此身价百倍。此事见徐子晋《前尘梦影录》：“云间鞠松华善制粉笺，于纯庙南巡时经进，特蒙睿赏，嗣后每年办例贡于华、娄两邑，支领工价，每次约七百余金。余游娄幕时，尚见鞠氏领纸价。”[41]

图 5-10 所示为故宫博物院藏明代蜡印故事笺，长 130 厘米，宽 31.5 厘米，选用上等坚韧、细帘纹树皮制，纤维交结均细，染以色彩，纸上砑有据苏轼《赤壁赋》所作的人物画暗花纹。纸表面有少量施粉，纸精细，极适于笔墨。这是一种加工较考究的纸品，制作方法是先将纸加粉、染色，再把画稿刻在硬木模上，再以蜡砑纸，模上凸出的画纹因压力作用，呈现光亮透明的画面，是一种加工的砑花纸，在明、清间较为流行。[42]

图 5-10　蜡印故事笺（取自《文房四宝•纸砚》）

方以智《物理小识》卷 7 中有关于乌金纸的记载：“隔碎金以药纸，挥巨斧捶之，金已箔而纸无损。纸初褐色，久则乌金色，扇面筛金箔管中，隔纱数重，出金指大，可征金为至耎以其粹也。”

明代著作中有关纸笺制作工艺的记载远远超过以前各代。如屠隆《考槃余事》、高濂《遵生八笺》以及旧题项元汴撰录的《蕉窗九录》等记载的“金银印花笺”等纸笺制作工艺等。

二、以梅花玉版笺为代表的清代品类繁多的粉蜡笺

同明代一样，清代仿制的纸笺也很多。有仿金粟笺、仿澄心堂纸、仿明仁殿纸、仿宣德宫笺等。

如图 5-11 所示为清宫旧藏乾隆仿金粟笺藏经纸，长 60 厘米，宽 27 厘米，现存于北京故宫博物院。该纸笺外加蜡，研光使纸显硬，加黄檗濡染而发黄。纸显厚重，密无纹理，精细莹滑，久存不朽，供写经之用。

宋代金粟笺藏经纸曾流入内府，清乾隆时大量仿制。此仿金粟笺藏经纸为清官纸局制作。纸张须经过监督官员抽验，合格者在纸角盖上“乾隆年仿金粟笺藏经纸”朱印。乾隆曾用此纸印制《波罗蜜心经》，及用于内府珍藏古书画装潢引首，是清宫名贵御用纸。

图 5-12 所示为乾隆年间制作的仿明仁殿画金如意云纹粉纸，长 121.5 厘米，宽 53 厘米，源自清宫旧藏。

该纸属黄色粉蜡纸笺，以桑皮为原料，纸两面用黄粉加蜡，再以泥金绘以如意云纹，右下角钤隶书朱印“乾隆年仿明仁殿纸”。纸背洒金片，表面平滑，纤维束甚少，纸厚，可揭取三四张。

乾隆年间仿澄心堂纸质量相当高，现存者多为斗方形，有薄有厚，厚者可分层揭开，绝大多数为彩色粉笺或粉蜡笺，有的还以泥金描绘出山水、花鸟等图案，各不相同。

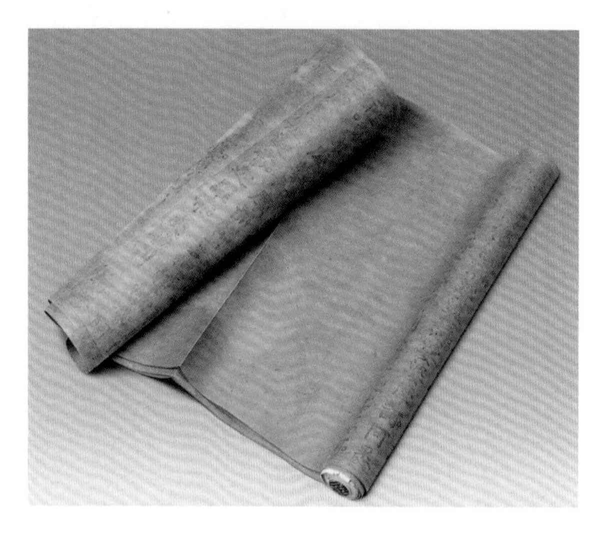

图 5-11　乾隆仿金粟笺藏经纸（取自《文房四宝・纸砚》）

清代纸笺制作的代表作是“梅花玉版笺”。这是清乾隆年间出现的一种非常精美的纸笺。清代沈初《西清笔记》卷 1：“内府藏明代香笺甚多。今制尚沿其旧，亦宋人蜡笺遗意，而坚致过之。上命造梅花玉版笺、仿澄心堂笺、云龙笺，诸种尤盛。”这里的“上”当然是指“皇上”。清阮元《石渠随笔》卷 8《论纸笺》：“梅花玉版笺极坚极光滑，上用泥金画冰纹，间以梅花。乾隆年间仿梅花玉版笺，亦用长方隶字朱印。”其中“上用泥金画冰纹”中的“上”，有人认为是指清圣祖爱新觉罗・玄烨，并据此认为该笺“是康熙帝亲自设计出来的”[43]。也可以有另一种解释，即将这个“上”字理解为“笺上”。因为在笺面“上用泥金画冰纹，间以梅花”是制梅花玉版笺的过程。梅花玉版笺是清代康熙年间创制的高级纸笺，以皮纸为料，其上施粉加蜡、研光，再以泥金或泥银绘制图案。乾隆年间盛行，制作更为精湛，为宫廷专用纸。[44]

图 5-12　乾隆仿明仁殿纸（取自《文房四宝・纸砚》）

图 5-13 所示为故宫博物院珍藏的乾隆年间制梅花玉版笺，长 50 厘米，宽 49.5 厘米，斗方式，原料为皮纸，纸表加粉蜡，再用泥金绘冰梅图案。右下角勾云纹边框隶书朱印“梅花玉版笺”字样。纸厚薄均匀，面光滑。

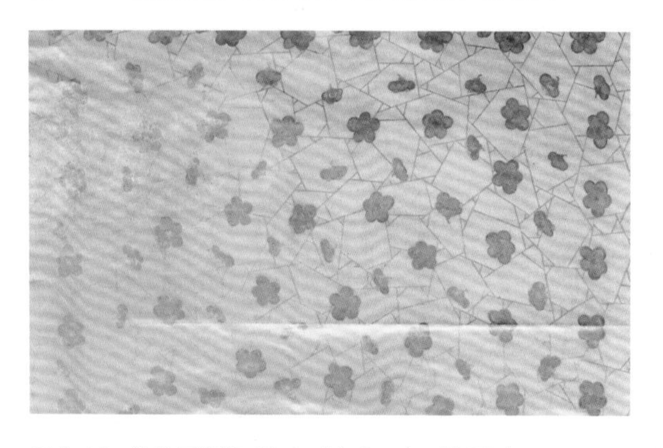

图 5-13　梅花玉版笺（取自《文房四宝・纸砚》）

粉蜡笺在清康熙、乾隆年间大量制作，有单面或双面加蜡研光，有描金银图案，还有洒金、泥金或金银箔等装饰，为清宫御用纸笺，多用于书写春帖子、诗歌辞赋，及供补墙壁用帖落。如图 5-14 所示的橘色二龙粉蜡笺，长 94.7 厘米，宽 40 厘米，橘色底上描金绘二龙穿游云间，色彩亮丽，画法工细而传神，制作精美，有很高的工艺水平，为典型的皇家御用纸笺。

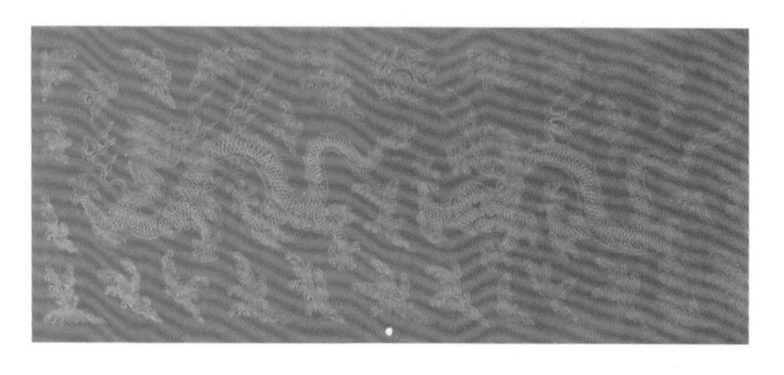

图 5-14　橘色二龙戏珠（取自《文房四宝・纸砚》）

清乾隆时期粉蜡笺制作极为精致，其制作方法：先在纸面上涂色粉，经加蜡研光，使纸面光滑，再加绘图

图 5–15 描金松鹰图粉蜡笺轴（取自《文房四宝 · 纸砚》）

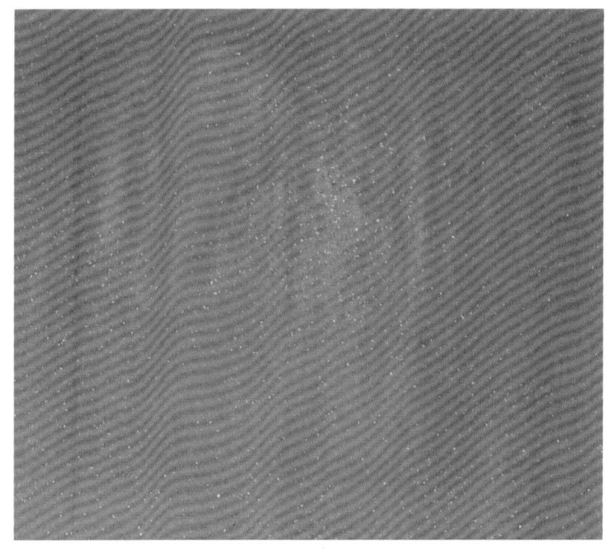

图 5–16 珊瑚色洒金粉蜡笺（取自《文房四宝 · 纸砚》）

案，还有以粉施于外，蜡藏于粉下，更易着墨。此笺制作精致，装饰富丽，为清宫御用纸笺。

图 5–15 所示为乾隆年间制描金松鹰图粉蜡笺轴，长 84.5 厘米，宽 49.5 厘米，纸为粉蜡笺，笺上描金绘松鹰图，笺已装裱成轴，轴外扉签题写“乾隆内府画鹰笺”。此笺图画极精，以金色的深浅及线条疏密表现远近关系，展之于光下，金光闪耀。其制作工艺精湛，应是流散民间的宫廷御用纸笺。

有的粉蜡笺上不是描金银，而是采用其他工艺，如洒金等。图 5–16 为珊瑚色洒金粉蜡笺，长 175.7 厘米，宽 95.3 厘米。两面皆洒金箔，边缘磨伤较重，色微脱。此笺为宫廷用纸，色彩明艳华丽，粉层涂布不甚均匀，蜡层亦较薄，据张淑芬称，应是清代晚期制作。

三、清代制作的其他纸笺名品

清代生产过不少砑花纸和水纹纸。同前代一样，制作砑花纸一般取厚重坚紧的本色皮纸作素材，砑出山水、花鸟、鱼虫、龙凤、水纹、人物故事等图案以及文字。有的砑花纸还在砑花前先将素纸作染色、涂布、施蜡等加工处理，这样的砑花纸更为华丽。北京故宫博物院藏清乾隆年间生产的砑花彩色粉蜡笺就是这种砑花纸。该笺每纸高 31.6 厘米，长 128 ～ 131 厘米，纸较厚重，细帘条纹，土黄色，施过粉、蜡，纸面上砑有较为复杂的人物故事图案。纸左下角压出“山静居画皆金阁造图”印记，说明此纸由“山静居”（浙江书画家方薰的斋名）供画，“皆金阁”砑造。

北京故宫博物院还藏有比这些纸更早的清康熙年间砑花纸。此纸也是在优质皮纸上砑出各种复杂的花卉图案。纸角有“康熙四十八年（1709）七月十一日，[臣] 曹寅进（牙）[砑] 色素笺十张”字样[45]。纸阔 61.6 厘米，高 137.2 厘米，两面施粉，染成粉红色后再砑花，完整地说应称作“砑花彩色粉笺”。

清宫也生产过不少水印纸，如康熙年间所造“康熙大罗纹纸”即是一例。清胡朴安《纸说》转引徐子晋《前尘梦影录》记载：“老友陈伯君大令，曾觅得康熙年间阔帘罗纹纸数页，周围暗花，边皆六尺。今仅有狭帘，罗纹纸料短小，出于竹帘。阔帘铜线织成，久已断坏，无人继作。”[46] 由此可见，康熙大罗纹纸为铜丝帘抄造，为边长“六尺”的斗方纸，纸周边有水印花纹。中国古代善于竹帘抄纸，水印花纹最早也是在竹帘上编制的。这里记载的铜线帘，可能是舶来品，上面的图案可能也是按西人习惯用铜丝在帘上焊制的。另唐鲁孙《北京琉璃厂南纸店笔墨庄》称：“……乾隆纸之水印，纸正中有一尺大小印暗纹，中心一八卦符号之乾卦如‘三’

字形，围以团龙，纸质细润洁白。由此可知清初御制纸张，品质亦大佳，其水印纹为以往纸张所未闻，极堪注目。”从唐鲁孙的描述看，这种水印纸设计颇为复杂而且纸质也很好。此外，刘岳云《格物中法》卷6下引《文房乐事》也谈到福建等地的水纹纸：“福建皮丝烟纸，其铺号住址藏于纸中。法以竹、丝编为字形，使漉纸浆，自然成迹。宣纸佳者亦有之，或作种种花纹……山西造纸亦有之。”

图5–17　罗纹洒金纸（取自《文房四宝·纸砚》）

图5-17所示为清雍正年间制作的罗纹洒金纸，长133厘米，宽65厘米。罗纹纸是宣纸的一种，纸面呈细密纵横交叉的纹理，而非帘纹。此幅为狭帘罗纹，质地细密，制作精工，又洒细金箔，是少见而珍贵的佳纸。北宋苏易简《文房四谱》中说：“又以细布先以面浆胶，令劲挺，隐出其纹者，谓之鱼子笺，又谓之罗纹笺。”唐代的“蜀笺”已有罗纹笺，明清时期罗纹笺又有发展，清康熙杭州良工王诚之以铜丝帘造阔帘罗纹纸，此后仿制，专用竹帘，遂称狭帘罗纹。罗纹纸比一般宣纸稍厚，不易渗水，多产于安徽泾县。

图5–18　清秘阁监制的“虎皮宣”

明清时期还曾仿制过侧理纸。阮元《石渠随笔》卷8记载：“乾隆年间又仿造圆筒侧理纸，色如苦米，摩之留手，幅长有至丈余者。”

图5–19　清秘阁仿古名笺

北京是北方的纸笺制作中心。胡蕴玉《纸说》称：“然而产纸之区虽多在南，而制纸之工终逊于北。今日北京所制色笺，有非南中可能及也。岂不以数百年之首都，文人学士之所聚会提倡者有人欤？”并进一步明确指出：“信笺格式花样，北京所造优于上海。”当时北京纸笺作坊多在琉璃厂地区，有“南纸店”和“京纸铺”之分。南纸店用宣纸等南方优质纸张，加工多色套印的花色小笺等，并经营南方所产各种纸笺。至今仍闻名遐迩的“荣宝斋”，其前身即为南纸店中最负盛名的“松竹斋”，初创于康熙十一年（1672），后于光绪二十年（1894）更用现名。另有“清秘阁”等坊也是南纸店中有名的老字号。图5-18为清秘阁监制的“虎皮宣”。“京纸铺”则主要经营北方所产纸张，如东昌纸、毛头纸、迁安桑皮纸（称高丽纸）等品种，兼加工各色纸笺，如倭子、银花、秫秸、冷布等。

清代中期清秘阁南纸店制作一种仿古名笺，长23.6厘米，宽9.3厘米，为白色印花笺，如图5-19。一面木刻水印彩色花卉，花色晕染，如写意笔墨。纸质洁白、细密，纸性薄软柔韧，透光显现细小罗纹，纤维匀净。纸为长方笺，纸笺下角有篆书朱印“清秘造”。一套多张共装于梅花锦纹盒内，盒面墨书“京都清秘阁仿古名笺”，下署“毓如署签”。此笺专供书写诗词、书札之用。色彩艳丽，制作精致，为清代中期流行的仿古诗笺。

图 5–20　五色粉笺（取自《文房四宝·纸砚》）

图 5–20 所示为清乾隆年间制作的五色粉笺，长 68.2 厘米，宽 47 厘米 ，亦源自清宫旧藏。这种笺分五色套装，各色纸笺均有寓意吉祥的图案边饰。一为粉色，边框纹饰为山水、百蝠，篆书名“寿山福海”。二为青色，图案为仙桃、翔鹤，题名“蟠桃献瑞”。三为绿色，图案为山水、神鹿，题名为“六阁长春”。四为浅青色，图案为花枝、绶带、鸟，题名“群仙祝寿”。五为浅粉色，图案为梅树云鹤，题名为“眉鹤万年”。左下角有篆书款“四川劝工局谨制”。此纸图案装饰性强，纹饰内容吉祥，有浓郁的宫廷气息，为清宫生活用纸，也用作壁纸。

图 5–21　木纸笺

故宫博物院还珍藏有清代木纸笺实物，如图 5–21，单纸长 21.6 厘米，宽 12.9 厘米，每盒 24 张，为乔木纸笺，纸色黄中泛褐，半透明，纵贯深浅交叠的乔木条纹，其状与木材纹理相像，纸笺甚薄，干脆，韧性较差，纸表光滑，以手抚之纹理略有凹凸感，装硬木盒中，上有硬木镂空思字纹压纸。这种木纸笺非常珍稀，文献中亦少见记载，制作工艺今已失传，制品仅见于清代。[47]

图 5–22　乾隆款白纸

故宫博物院还珍藏有乾隆款白纸，如图 5–22，长 53.6 厘米，宽 38.6 厘米，皮纸本色，微黄，质地柔韧光滑，笺面左下角有隶书朱印“乾隆四十九年甲辰（1784）呈进雪绵纯椵诗笺”。此纸为恭祝乾隆皇帝七十三岁寿辰进献的寿礼，制作时间确切，制作背景清晰，拥有传艺古纸普遍缺乏的翔实历史资料。

清代江浙一带，杭州、松江、苏州、嘉兴等地加工纸业最发达，正如钱梅溪《梅溪丛谈》所记：“纸笺近以杭州制者为佳，捶笺、粉笺、蜡笺俱可用。盖杭粉细，水色峭，制度精。松江、苏州俱所不及也。有虚白斋制者，海内盛传，以梁山舟侍讲称之得名，余终嫌其胶矾太重，不能垂久。书笺花样多端……自乾隆四十年间，苏、杭、嘉兴人始为此，愈出愈奇，争相角胜。”

煮硾是古代为清退纸张存留的灰性而实施的工艺手法。清代杭州、苏州、松江等地均生产这种纸笺，尤以杭州虚白斋所制最受称道，享有较高的声誉。图 5–23 所示为虚白斋制作的煮硾笺，长 147 厘米，宽 83 厘米，纸笺薄而光滑，浸黄色斑渍。纸背边缘朱文印：“煮硾　虚白斋制”。

图 5–23　虚白斋煮硾笺（取自《文房四宝・纸砚》）

苏州城内桃花坞是吴中纸笺作坊集中的闹市。此外，清同治年间福建省纸笺制作也有一定的发展规模，其中福州市染色笺作坊也多达数十家。清郭柏苍《闽产录异》记载：“福州纸坊三四十间，以扣纸染花笺，砑蜡则为蜡笺。兴化产红花，施乌梅染纸，价廉工省，然不及京槽重染之深红。又有米色纸，名‘九牧’，乳细金为赙头、为帧眉，坚实不烂。各县所造纸张，年市数十万金，以之书画，终逊宣城、泾县两处。”

图 5–24　用“万年红”纸作扉页的书（图中书页上部未涂红部分及对应的书页均已遭虫蛀）

明清时期广东等地刊印的线装书采用了一种独特的防蠹方法，不是把每张书页都做防蛀处理，而是用一种单面涂色名为“万年红”的防蛀纸衬作书刊的扉页、封底和封里，却可使全书免遭衣鱼侵蚀，且避蛀效果十分理想。从图 5–24 可以清楚地看出，扉页上涂上“万年红”的部分所对应的书页未遭虫蛀，而没有涂上“万年红”的部分则严重受蛀。检测分析，“万年红”纸面上所涂橘红色涂料含铅氧化物，主要成分为四氧化三铅 (Pb_3O_4)。四氧化三铅是一种鲜橘红色重质粉末，俗称丹铅或红丹，剧毒，而且非常稳定，不易分解。明代宋应星在《天工开物》中记载了这种铅丹（红丹）的制作方法：

> 凡炒铅丹，用铅一斤、土硫黄十两、硝石一两。熔铅成汁，下醋点之。滚沸时下硫一块，少顷，入硝少许，沸定再点醋，依前渐下硝、黄。待为末，则成丹矣。[48]

这种简单而有效的避蠹方法已经受住几个世纪的检验。根据中国历史博物馆的研究结果，制作这种防蠹纸，可将四氧化三铅研细，加入添加剂和桃胶溶液，用水调匀后，刷在纸上，阴干即成。古为今用，对目前图书保管具有现实意义。

值得一提的是，明清时期，地处边陲的云南大理造纸颇有声誉，也有人试做纸笺。清倪蜕《滇小记・大理纸》记载：“云南产纸之处甚多，皆楮为之，惟大理纸光致莹洁，坚实精好，盖水孕苍山，得川原之灵气为多，用为帘帏幄帐，清风素影，令人飘然有尘外之想。明时进本亦用此纸，并以造笺，厚粉重色加以云母，而金一笺，重至五六两，不待久即脱落，而又不受墨，竟无所用，今不以造笺，不以写本，而履道坦坦，得全其幽人之贞矣。”[49] 从这条记载看，当地曾试做粉笺、云母笺、洒金笺之类的纸笺，但未得法，因而质量欠佳。

乌金纸是一种特殊的加工纸，专用于打制金箔时包裹金片。明初方以智《物理小识》中已有使用该纸的记载。清赵学敏《本草纲目拾遗》卷9记载了当时江浙一带生产“乌金纸”的情况：“江浙造纸处多，有两面黝黑如漆，光滑脆薄，不中书画，惟市铺用以裹珍宝及药物作衬纸，又呼熏金纸，以其熏黑揓砑而光也。”又“魏良宰云：乌金纸惟杭省有之，其造纸非城东淳佑桥左右之水不成。其法，先造乌金水刷纸，俟黑如漆，再熏过，以捶石砑光，性最坚韧。凡打金箔，以包金片打之，金成箔而纸不损，以市远方，价颇昂值，盖天下惟浙省城人能造此纸故也。”浙江上虞也生产乌金纸，清嘉庆《上虞县志》载：“乌金纸出蔡林，品种有黄、白纸两种。”

晚清著名文人甘熙《白下琐言》卷2称：“吾乡造作折纸扇骨，素有盛名，多聚居通济门外。其面用杭连纸者谓之本面，用京元纸者谓之苏面，较本面良。三山街绸缎廊一带，不下数十家。张氏庆云馆为最，揩磨光熟，纸料洁厚，远方来购，其价较高。惟时样短小，求旧时之老棕竹、樱桃红、湘妃竹，骨长而脚方者，不可得矣。且雕刻字画，有取《红楼》女名者，殊失雅驯。姚惜抱（姚鼐）先生最厌之。”[50]

注释

[1]（明）宋应星：《天工开物》卷中“杀青第十三”，江苏广陵古籍刻印社，1997年，第331～334页。

[2] 张淑芬：《故宫博物院藏文物珍品大系》之《文房四宝·纸砚》，上海科学技术出版社、（香港）商务印书馆，2005年，第204页。

[3]（清）钱大昕：《恒言录》卷6。

[4] 钟崇敏、朱寿仁、李权：《四川手工纸业调查报告》，中国农民银行经济研究处经济调查丛刊，1943年。

[5] 彭泽益：《中国近代手工业史资料》第1卷，中华书局，1962年，第261页。

[6] 彭泽益：《中国近代手工业史资料》第1卷，中华书局，1962年，第262页。

[7]（清）卢坤：《秦疆治略》（道光四年原刻本）第42、49、54页。

[8] 彭泽益：《中国近代手工业史资料》第1卷，中华书局，1962年，第397页。

[9] 彭泽益：《中国近代手工业史资料》第1卷，中华书局，1962年，第397页。

[10] 彭泽益：《中国近代手工业史资料》第1卷，中华书局，1962年，第396～397页。

[11] 彭泽益：《中国近代手工业史资料》第1卷，中华书局，1962年，第397页。

[12] 彭泽益：《中国近代手工业史资料》第1卷，中华书局，1962年，第262页。

[13] 彭泽益：《中国近代手工业史资料》第1卷，中华书局，1962年，第261页。

[14] 彭泽益：《中国近代手工业史资料》第1卷，中华书局，1962年，第261页。

[15] 李树楠等：《昭平县志》卷6。

[16] 房建昌：《西藏传统造纸史考略》，载《中国造纸》1994年第2期。

[17]（明）屠隆：《考槃余事》卷2。

[18] 潘吉星：《中国科学技术史·造纸与印刷卷》，科学出版社，1998年，第271页。

[19]（明）王宗沐纂修，陆万垓增纂修：《江西省大志》卷8《楮书》，万历二十五年（1597）刻本，南京图书馆藏。

[20] 潘吉星：《中国科学技术史·造纸与印刷卷》，科学出版社，1998年，第242～243页。

[21] 张淑芬：《故宫博物院藏文物珍品大系》之《文房四宝·纸砚》，上海科学技术出版社、（香港）商务印书馆，2005年，第205页。

[22] 安徽省博物馆：《文房珍品》，两木出版社，1995 年，第 147 页。

[23] 安徽省博物馆：《文房珍品》，两木出版社，1995 年，第 1 页。

[24] 曹天生：《试议宣纸源于徽纸》，载《纸史研究》第 2 期。

[25] 徐国旺：《泾县是中国宣纸的发祥地》，载《纸史研究》第 11 期。

[26] 荣元恺：《江苏古代造纸史话》，载《纸史研究》第 6 期。

[27] 葛兆铣：《泾县宣纸简述》，载《中国宣纸艺术国际研讨会论文选编》（内部资料）。

[28] 樊嘉禄、张秉伦、方晓阳：《从宣纸的技术渊源看“宣纸”概念的内涵》，载《安徽史学》2000 年第 2 期。

[29] 张秉伦：《安徽科学技术史稿》，安徽科学技术出版社，1990 年，第 109 页。

[30]（明）方以智：《物理小识》卷 8。

[31]（清）周嘉胄：《装潢志》，《丛书集成》第 1563 册，第 9 页。

[32] 转引自戴家璋主编：《中国造纸技术简史》，中国轻工业出版社，1994 年，第 234 页。

[33]（清）胡韫玉：《纸说》，《朴学斋丛刊》卷 4。

[34]《宣城县志》卷 6，清光绪十四年修纂。

[35] 曹天生、尹百川：《论皖南造纸业的历史成就及其成因》，载《纸史研究》第 3 期。

[36] 潘吉星：《中国科学技术史・造纸与印刷卷》，科学出版社，1998 年，第 246 页。

[37] 马咏春：《迁安造纸考察散记》，载《纸史研究》第 1 期。

[38] 郭兴鲁：《山东手工纸概况古今漫谈》，载《纸史研究》第 3 期。

[39]（清）查慎行：《敬业堂诗集》卷 27 。

[40] 潘吉星：《中国科学技术史・造纸与印刷卷》，科学出版社，1998 年，第 271 页。

[41]（清）徐康：《前尘梦影录》卷上。

[42] 张淑芬：《故宫博物院藏文物珍品大系》之《文房四宝・纸砚》，上海科学技术出版社、（香港）商务印书馆，2005 年，第 144 页。

[43] 潘吉星：《中国科学技术史・造纸与印刷卷》，科学出版社，1998 年，第 275 页。

[44] 张淑芬：《故宫博物院藏文物珍品大系》之《文房四宝・纸砚》，上海科学技术出版社、（香港）商务印书馆，2005 年，第 150 页。

[45] 潘吉星：《中国古代加工纸十种》，载《文物》1979 年第 2 期。

[46]（清）胡韫玉：《纸说》，《朴学斋丛刊》卷 4。

[47] 张淑芬：《故宫博物院藏文物珍品大系》之《文房四宝・纸砚》，上海科学技术出版社、（香港）商务印书馆，2005 年，第 222 页。

[48]（明）宋应星：《天工开物》卷下“五金第十四”。

[49] 李晓岑、朱霞：《云南少数民族手工造纸》，云南美术出版社，1999 年，第 13 页。

[50] 彭泽益：《中国近代手工业史资料》第 1 卷，中华书局，1962 年，第 168 页。

第六章　现当代手工纸制作技艺

第一节　机制纸挤压下的手工纸生产

一、机制纸的引入及其对手工纸生产的影响

造纸术在12世纪中叶传到欧洲大陆，在17世纪后半叶荷兰人首次使用打浆机之前的500余年里，欧洲各国设立的造纸厂一直沿用中国造纸所用的麻与破布等原料，一直用与竹帘相似的铜丝网进行抄纸，没有多少改进。其间，荷兰人使用风车动力进行切料和打浆等，与中国人使用水车动力相类似。

19世纪初，近代造纸机问世并进入批量化生产阶段，到了20年代后期，长网抄纸机完全成熟并被广泛应用。随着产量的逐渐增大，机制纸开始取代手工纸成为主流用纸。鸦片战争以后，随着"五口通商"和"门户开放"，伴随着各种洋货特别是图书、报刊的出版，机制纸开始涌入中国市场，使手工纸生产受到前所未有的冲击。

1874年日本开始使用英制长网机，19世纪末，日本的机制纸开始占领中国市场。为了适应中国人的用笔习惯，他们特选一种单面光的黄表古纸向中国人推销，随后机制包装纸也输入进来，并对传统的用于包装的皮纸和竹纸形成冲击。1900年，日本人在上海开办第一家商行"中井洋行"。该洋行规模不大，主要推销洋连史纸、洋毛边纸、洋包皮纸、白报纸、道林纸等东洋纸。他们运来大量的东洋纸，以廉价和赊销的方式诱使中国的纸店代销，同时与西洋纸争夺市场。随后又有服部、大仓、大同、富士等东洋纸店先后在上海、天津、哈尔滨、香港等地开设分店。欧洲各国也由各自的洋行兼营推销本国生产的纸张产品。

洋纸采用机械化进行大规模生产，成本较手工纸大大降低，价格优势十分明显。各报刊、书籍出版商为了降低成本，竞相采用。中国的书刊和报纸，如上海的《孟闻录》、《格致新报》等老报纸，1872年创办的《申报》、1896年创办的《苏报》以及后来陆续创办的《沪报》、《文汇报》、《新报》、《益世报》等，还有1876年创办的上海点石斋石印局、1889年创立的商务印书馆出版的书籍，一开始全部采用国产纸印刷，后来由于成本等因素改用机制纸。

华章造纸厂是中国第一家机器造纸厂，1881年在上海筹办，1884年开工生产，选用英国莱司城厄姆富士登公司制造的设备，聘请两名外国人分别担任经理和顾问工程师，雇用工人600余名，以破布为原料，生产书写用的洋连史纸，日产量约2吨。该厂1891年改组更名为伦章造纸厂。[1] 与华章造纸厂差不多同时开办的机器造纸厂还有广东宏远堂机械造纸公司，创办于1881～1882年间，由华资筹建，后更名为盐步造纸厂。此后直到1911年清朝灭亡，全国各地创办的机器纸厂和半机械生产的纸厂一共有约32家，大多规模较小，由于经营管理方面缺乏经验，根本无力与国外企业抗争。

20世纪上半叶，洋纸大量倾销中国市场。据海关贸易进口统计，光绪年间洋纸年进口量仅十余万两关银，到20世纪40年代初，洋纸和木浆的进口额高达四千余万元。受洋纸的排挤，手工纸衰落不堪。1905年《通商各关华洋贸易总册》下卷第39页记载："查河口白连史纸，商号用以包裹绸缎各物，近来多改用洋包皮纸，

虽然粗而有光，不如土纸之光滑细腻，而商号但取其价廉，多乐于购用，致河口纸趋于停歇。”江西的石城县坪山一带，向来以造纸为业，纸料尚称洁白，“未停科举之前，广销内外，不下百万，近来洋纸盛行，销路既滞，歇业者十之八九”[2]。

江西铅山、石城等地的情况在当时的中国普遍存在。据史料记载，清光绪十八年（1892），四川省输入纸张总值 17905 元，至民国 25 年（1936），则增至 218932 余元，四十年间，竟增加 33 倍之多[3]，说明清末民国时期我国纸张的消费量不断增加，而主要依赖外部供给。

二、清末民国时期手工纸业的生存状况

清末以后，受社会局势动荡的影响，各地手工纸业发展很不平衡。

安徽泾县宣纸生产明末以后曾一片繁荣，太平天国运动（1851 ～ 1864）期间遭受重创，19 世纪 80 年代之后，随着社会趋于相对稳定再次复苏，并于 1926 ～ 1931 年间一度振兴。仅小岭一地曹氏宣纸棚就有一百多个，年产宣纸约七百吨。[4] 抗日战争期间，宣纸销路阻滞，生产一落千丈，只是在 1939 年 7 月至 1941 年 1 月皖南事变发生前，新四军在军部附近配合当时民主人士和知名人士发起组织的“中国工业合作协会”（简称“工合”）先后组织了包括宣纸生产在内的 16 个合作社，才得到一定程度的发展。[5]

战争对一个地方手工纸业的影响有时呈现多面性，例如，四川省黄表纸产量一直很大，远销至东北、华北各地。抗战爆发后，黄表纸的销路几乎完全丧失，经营斯业者一时遭受莫大之挫折。然而，由于物质供应受到日军封锁，政府不得不将大后方的一些手工造纸坊组织起来生产自救，以满足对纸张的需求，因而这些地方的手工纸生产在这一时期还得到了长足发展。著名书画家张大千先生曾深入四川纸产区，与纸工合作，在竹纤维中加入一定比例的麻和树皮纤维，制作“大千书画纸”。图 6–1 为张大千先生用这种纸创作的作品。

图 6–1 张大千用“大千书画纸”创作的作品（取自刘少泉《夹江手工纸与中外经济文化》）

中国农民银行经济研究处对四川夹江等地手工纸业进行了一次系统调查，写成《四川手工纸业调查报告》，于 1943 年出版。顾翊群为该书作序，序中称：“抗战以来，赖全国人士之努力，纸业尚维持于不堕。新厂之设，如雨后春笋，至今川、湘、滇、桂、赣、甘、浙、鄂、陕、广等纸业均日有起色。而年来中国信托局之经营中央造纸厂及协助中元造纸厂，经济部工矿训整处之协助钢梁造纸厂，云南省金库之资助扩充鹤庆造纸厂，其力谋增产，于足多者。”[6] 该报告称，抗战期间，“以书写用之白纸与印刷用之土报纸，需要增加，出品供不应求，原业黄表纸者，多发行书写及印刷用纸，陪都市场所供应之土报纸，

多为昔日梁山黄表纸槽户之产品，其明证也”。

四川省产纸区域，分布在二十九个县，大体上可分为四个区：川东区，包括梁山、大竹、开江、达县、忠县、广安、武胜、台川、铜梁、大足、璧山、江津、江北、巴县、南川、綦江等十六县。川南区，包括屏山、长宁、兴文、叙永、江安等五县。川西区，包括崇庆、邛崃、新津、洪雅、夹江、峨眉等六县。川北区，包括绵竹、安县等二县。

上述四区年产纸量据估计“约达二万一千八百吨，其中以川东区一万三千四百吨居首位，川西区次之，年产约达八千一百吨，其他二区，仅在数百吨左右。由此观之，川省产纸以川东与川西为最多。惟此二区所包括之地域颇广，其中最主要者，以四川手工纸业而论：川东区为梁山（包括大竹）、铜梁与广安，川西区则为夹江（包括洪雅），四处产量合计，约占全川产量百分之九十以上。据最近调查，本省产量最多者，首推夹江，年产约六七千吨，次推梁山，年产约五六千吨，再次为铜梁，年产约三千余吨，最少者为广安，年产约二千吨，四地合计，约一万八千吨，约占上述全川产量百分之八十以上”。[7]

当地造纸以嫩竹与稻草为主料，以石灰、纯碱、燃料与漂粉为辅料。其中竹料分为春料与冬料。“前者又称白料，品质较优，以白夹竹为主，于三四月间发笋，五六月间砍伐；后者品质较粗，以慈竹、观音竹为主，于八九月间发笋，十及十一月间砍伐。” 夹江与广安纯粹用竹造纸，梁山与铜梁以竹类为主，稻草为辅。各地竹产数量，据估计，夹江每年产新竹约 24000 千吨，梁山约 14 万吨，铜梁约 5 万吨，广安约 2 万吨。

该报告称，四川省的手工纸张种类甚多，“其中以特种纸张出名者，川东区计有梁山之黄表、二元、温记与土新闻纸；大竹之佛表纸；广安之本贡（又名贡川）与毛边；合川之毛边、二元与土新闻纸；铜梁之多边、对方与草纸；璧山之大纸；江北与巴县之远边、土新闻与回槽纸；南川之白纸与表心纸；綦江之表心纸；川西区计有崇庆与新津之钱纸与化边纸；夹江之贡川、对方、川连、连史与志连纸；川北区则有绵竹之银麸纸等”。

根据用途可分为文化用纸、宗教活动用纸与其他三项。文化用纸如二元、温记、连史、毛边、钧边、对方、贡川、土新闻与回槽纸等，品质较优；宗教活动用纸，如黄表、佛表、草纸、大纸、钱纸等，品质较劣；不属于上述二类者，则划归其他一类，如表心纸、银麸纸等，优劣不等。

云南楚雄彝族自治州始于晚清，以竹、麻为原料，用石灰沤制成浆，铺在竹帘上自然干燥成土纸。民国时期，禄丰县九渡村有 50 余人从事土纸生产，年产量达 10 万刀，主销昆明。大姚县铁锁乡有 40 余人以构树皮为原料，从事白棉纸生产，年产 1.5 万刀，主要在本地区及祥云、宾川、永胜等县销售。此外，镇南、永仁、武定等县的山区也有土纸生产，但数量不多。

据云南屏边苗族自治县县志记载，云南红河州屏边苗族自治县新现乡底咪汉族村利用野生竹子拌石灰发酵一年后，制作土纸。民国 10 年 (1921) 全县造纸作坊五户，约有职工 200 人，年产值 21200 元。全县年产土纸 3800 驮，每驮 4 捆，每捆 50 刀，每刀 30 张，销往蒙自、个旧、开远等县市。1947 年后由于国内形势不稳定而停办。

值得一提的是，这一时期浙江上虞、富阳等地继承古代工艺生产出乌金纸。民国初年，上虞县境有玉记、汇丰源、协记三家乌金纸生产作坊，年产 1000 余副。富阳大源稠溪（今大源镇春一村）董丰年纸号槽户董伟邦，以生产优质元书纸驰名江浙。绍兴制箔客户登门求做乌金纸原纸，并在上虞、绍兴等地采购苦竹原料运到富阳，委托加工。董伟邦出身制纸世家，祖先从清代乾隆年间就以做纸而名传乡里，其家道殷实，所居处称“台门里”。董伟邦经过反复试制和实践，终于抄制出符合打制金箔要求的“乌金纸原纸”，并在质量上远胜上虞、绍兴生产的同类产品。自此，大源稠溪生产的“乌金纸”声名鹊起，名播上虞、绍兴、南京等金箔主要产区。在民国18年（1929）杭州举行的第一届西湖博览会上，富阳大源稠溪的“乌金纸”荣获特等奖。

三、中华人民共和国成立至改革开放时期手工纸业的发展

中华人民共和国成立初期，民族造纸工业还比较落后，加上受国际社会的经济封锁，进口木浆一度断绝，机制纸不能满足社会需求，政府组织各手工纸产区积极采取生产自救，手工纸业在20世纪50年代得到了恢复和发展。1956年开始，全国范围出现社会主义改造高潮，资本主义工商业实现了全行业公私合营，政府通过赎买或租赁将原本属于个人所有的生产资料统一调配使用，各手工纸产地原有的家庭作坊大多改成集体企业，手工纸生产在一定程度上得到恢复。

1951年，安徽泾县人民政府牵头，成立“泾县宣纸联营处”，为私有股份制性质，分设四个厂生产宣纸，总部在泾县县城。1954年开始公私合营，改名为“公私合营泾县宣纸厂”，将生产纸槽陆续迁至泾县乌溪关猫山，集中一地生产，总部也迁移至乌溪。1966年转为地方国营企业，易名为“安徽省泾县宣纸厂”，是后来组建的中国宣纸集团的主体。

除安徽泾县外，这个时期全国还有许多地方生产皮纸，如河北迁安、陕西长安、山东曲阜、安徽潜山、浙江龙游、云南丽江、贵州都匀等，都是大家比较熟悉的皮纸产地，当然还应包括藏纸、东巴纸的产地。

近期我们注意到，河南省郑州市新密市大隗镇也生产皮纸。据该镇大路沟村蔡仙庙中的石碑记载，这里从明代开始就有手工绵纸生产，当时生产绵纸完全以伏牛山区所产楮树皮为原料，纸质细柔而坚白，写字不渗，浸水不烂，宜书宜画，可以久存。除用于书画外，还可作炮捻、上疮捻、糊油篓、糊酒篓、裱糊书画等用，一直远销河北、湖北、安徽、陕西等省，享有很高的声誉。

麻纸生产明清以后就极少见于文献，清末胡蕴玉《纸说》中称：“今日纸料厥为三种，精者用楮，其次用竹，其次用草，而敝布、渔网、乱麻、绵茧以及海苔之属无有用之者。”据我们了解，陕西、山西、河北等地一直有人传承着麻纸制作技艺。如陕西凤翔县离县城东郊不远的纸坊村在民国时尚有纸槽200个，20世纪50年代个体纸坊改为集体经营，到1965年潘吉星先生前往考察时，纸坊村仍在生产白麻纸。山西省忻州市定襄县蒋村镇、原平县崞阳镇一带与凤翔相似，在80年代以前都一直保持着较大规模的麻纸生产。

四川的夹江、浙江的富阳、江西的铅山、福建的将乐等地以生产高档的书画用竹纸而闻名。竹纸产地还包括贵州贞丰、云南禄丰等，此外，全国许多地方都有生产低档竹纸的作坊。根据王诗文于20世纪50年代对我国几个有代表性的著名手工竹纸产地所进行的调查，福建长汀的毛边纸、玉扣纸，连城的连史纸，浙江富阳的元书纸、京放纸，湖南浏阳的二贡纸和四川夹江的连史纸、对方纸等都还在进行生产。其中连城的漂白熟料连史纸白度高，薄而柔软，表面平滑，耐久性好，是品质优良的书画、印刷和卷烟用纸。此外，福建宁化生产的优质印书用纸玉扣纸也颇负盛名，单是1974～1976年间被用于印制出版线装书《毛泽东选集》的玉扣纸就达640余吨之多。[8]

山东省临朐县生产桑皮纸，相传起源于宋代。明清时期临朐县城西纸坊村的桑皮纸生产规模较大，有“漂桑皮为纸仰食者千余家”之说。20世纪50年代成立了临朐县造纸厂，年产值24万元。所产桑皮纸主要用于铺垫蚕席，包装中药，糊制油篓、酒篓、灯笼，糊墙壁、天棚等，更适于书写契约、分书、土地证等。[9]

中华人民共和国成立之后，浙江上虞仍在进行乌金纸生产。1952年，玉记、汇丰源两家作坊，有从业人员11人，年产乌金纸236副，产值9444元。1956年，蔡林乌金纸始销海外，同年创办上虞东关乌金纸厂，

产品销往北京、上海、广州、江苏、福建等省（市），部分还销售到新加坡及香港、澳门等地。

概言之，从20世纪50年代至80年代初，传统的手工纸产地基本上都还在延续，只是生产方式有所变化。

第二节　手工纸制作技艺的传承现状

一、新一轮工业化对手工纸制作业的冲击

20世纪80年代中国实行改革开放，大力发展民营经济，农村的经济结构发生了巨大变化。不少原有的集体造纸企业纷纷改组或停业，出现了一批新的个体或民营企业。同时，沿海开放城市现代化建设吸引了大量的内地青壮劳力，年轻人不愿意学习传统的手工艺而选择外出打工，于是出现了手工纸制作技艺后继无人的局面，致使许多手工纸产地纷纷停产，有的地方手工纸制作完全消失。

20世纪60年代潘吉星先生调查过的陕西凤翔的纸坊村，从80年代开始麻纸制作技艺就处于濒危状态，90年代以后就不再有人生产麻纸。河北省南和县和阳镇（城关镇）杨牌村范庄曾经也是一个规模较大的麻纸产地。据当地村民刘凤莲（1949年生，河北南和人）介绍，她的外祖父家就在范庄。范庄是个大村，有1000多户村民，杨、范、崔三姓是村中的大姓。范庄制造麻纸很有名，有20多家纸坊，刘凤莲的外祖父家是其中规模较大的一家。范庄几乎每户人家都和造纸有关。从刘凤莲记事起，村民一直以造纸为主要收入之一，一直延续到20世纪80年代末。近十年范庄已无纸坊存在，只残留了部分造纸工具。

据《潜山县志》，安徽省潜山县从清代起就开始生产皮纸，产区主要集中在境内西北山区，包括龙关、槎水、逆水、大水、黄柏、官庄、后冲等乡镇，水吼岭等山区也有零星分布。邻近的岳西县毛尖乡等地也有皮纸生产，当地制作皮纸的原料有楮皮、三桠树皮和桑树皮。据刘同焰介绍，80年代以前，他所在的坛畈村近一半的劳力都在从事桑皮纸的生产加工，整个官庄镇达1500余人，共有180张槽，200多人常年在外推销。年产40万令，要装400多卡车，年产值500多万元。1999年12月，笔者前往潜山县槎水镇调查当地“汉皮纸”生产制作技艺时，楮皮纸和三桠皮纸制作已经停产，现在则只有官庄乡刘同焰的纸坊和岳西县毛尖乡王柏林的纸坊还在生产桑皮纸。

20世纪50年代以后宣纸生产一直受到高度重视，但近三十年间陆续有一些宣纸生产企业关闭，其中包括一度与红星厂并驾齐驱的红旗宣纸有限公司和泾县宣纸二厂。

红旗宣纸有限公司的前身是宣纸原料加工大队，主要为泾县宣纸厂供给燎草。1961年小岭被划为工业区后，更名为小岭宣纸原料生产合作社；1964年，恢复四帘槽宣纸生产；1981年，更名为安徽省泾县小岭宣纸厂，属集体企业性质，注册商标为“红旗牌”，有20余帘槽的生产规模，生产场地有小岭西山和许湾。1983年“红旗牌”宣纸获国家对外经贸部颁发的出口商品荣誉证书，1988年、1989年分别获省优、部优荣誉称号。1990年获轻工部博览会银奖，1991年获北京国际博览会银奖，1994年获亚太地区国际博览会金奖和宣纸加工制品银奖。1998年，企业改为股份合作制，更名为红旗宣纸有限公司。2002年，改制重组后停产。

泾县宣纸二厂创办于1982年，国营体制，地处城郊象山，名为泾县象山宣纸分厂，1984年移至泾县千亩园，正式更名为泾县宣纸二厂。使用解放前老字号“鸡球”商标，生产槽位20余帘。20世纪80年代，泾县宣纸二厂曾与红旗宣纸厂、红星宣纸厂呈鼎立之势。1988年引进长网造纸技术，对宣纸抄纸工艺进行机械化改造尝试，该项目通过了省级鉴定。著名的宣纸技改倡导者和积极践行者周乃空先生当时任工务股（相当于现在的生产科）副股长，对该厂的发展做出过重要贡献。后因负债过高，于2002年倒闭。

与泾县宣纸二厂同样命运的80年代创办的宣纸企业中，还有泾县南容乡白天鹅宣纸厂、丁家桥镇鹿园村井龙宣纸厂、黄村乡九义村景星宣纸厂、丁桥镇丁渡和周村开办的两个宣纸厂、泾县百园乡（现并入泾川镇）百灵坑宣纸厂、乌溪乡（现并入榔桥镇）乌溪宣纸厂、泾县浙溪乡（现并入榔桥镇）大庄宣纸厂等。

这种消亡近几年仍在继续。笔者曾于1999年调查过安徽省金寨县张畈村以成年竹为原料，采用传统的工艺，制作低档竹纸的技艺。[10]仅十年之后，笔者回访此地，已不见当年所见的水碓，只有巨大的蒸料用的地篁静静地躺在那里，向来往行人诉说曾经的繁忙。2002年春节我们去贵州都匀调查皮纸制作技艺时，当时的皮纸生产尚处于半停产状态，近年中国科技大学的汤书昆教授带领的团队再去调查时，当地的传承人只有口头描述相关的信息了。

云南省手工纸产地分布很广，云南红河哈尼族彝族自治州建水县坡头乡太平村、西底村的普古鲊、绿竹地、小者茶等村寨以前均有造纸业，尤以普古鲊最多，有将近300家从事造纸业，但在20世纪80年代初，该地造纸企业大都已停业。

云南红河屏边苗族自治县也有手工纸生产。1955年，该县新现乡底咪村、水塘坡村，玉屏镇大份子村、卡口村建立了四个土纸合作社，年产值50万元。1958年，底咪、水塘土纸合作社改为屏边县纸厂，属地方国营性质，有职工213人，产值10.91万元。1961年调整后，归生产队经营。1978年产量还有33吨。1980年以后，随着外地工业的发展，屏边土纸为机制纸所替代，纸厂停办。1985年以后，在县企业局的支持下，新现乡底咪村新办了一批土纸作坊，只维持小规模生产。

20世纪50年代初期，云南楚雄彝族自治州土纸生产一度兴旺。据了解，1953年全州产量达260余吨，占全省总产量的10%左右。农业合作化后，销量减少，1957年产量仅150吨。50年代末，土纸生产停滞。60年代前期，有所恢复，全州有土纸专业合作社6个，分布在大姚、永仁、南华。此外，姚安、楚雄、禄丰、武定均有家庭副业的土纸生产。全州年产量约150吨(含禄劝县)。1967年后，土纸产量大降，市场供应紧张。1971年后又逐步恢复生产，到1977年，总产量又恢复到400吨。其中禄劝县作为家庭副业的产量占70%，而专业社的土纸却因成本高、运输难而逐渐停产。随着机制卫生纸的兴起，土纸销路日窄，至80年代初，土纸生产日渐萎缩。

四川省甘孜藏族自治州德格县从德格土司时期起就用当地盛产的瑞香狼毒的根茎的皮造纸。土司将当地具有造纸技能的差民定为固定的造纸差户，直接由德格印经院管辖的造纸差户大约有百余户。按印经院规定，“每个造纸差户一年应按例上交印经院用纸1700张，再加上印经院每年强行摊派给每个造纸差户60个藏洋的茶叶换取3000张，即每造纸差户一年实际要上交印经院印刷用纸4700张”[11]。民主革命以后，印经院的印经量逐渐减少，“文化大革命”期间完全停止，藏纸的生产也随即停止。1978年印经院恢复印经，但采用的是四川雅安等地的纸张。1998年，受美国大自然保护基金会资助，德格印经院恢复了藏纸生产。

西藏自治区尼木县雪拉村自古以来一直保存着传统藏纸生产技艺，“尼木纸”在藏区很有名。1959年民主改革以前，全村人家无不以此为业。1959年由于政治原因停产，几年后又逐渐恢复。1978年之后，因机制纸大量涌入，又停止生产。1995年以后，由于西藏档案馆等部门的特殊需要，该村恢复了藏纸生产。

2005 年李晓岑前往该村调查时，全村仅有一户人家造纸。主要传承人是格桑丹增（时年 30 岁）及其弟弟多琼（时年 24 岁）。[12]

随着中国社会工业化、现代化进程的不断深入，作为传统农业社会生活方式组成部分的手工纸生产生存的空间必然越来越有限，因此，整个手工纸生产行业总体上说都处于濒危状态，一些地方的手工纸制作技艺或者某些品种的手工纸制作技艺如果不是特别加以保护，就会面临失传。就手工纸产业内部而言，面临新时代的挑战，只有能够适应市场需要的手工纸品种才能获得新生。

二、开展非物质文化遗产保护使传统造纸技艺重获新生

2005 年非物质文化遗产保护工作在全国范围展开，建立国家级、省级、市县级非物质文化遗产代表作名录，评选国家级和省级代表性传承人，还进行了全国范围的“非遗”项目普查。通过几年的努力，各级地方政府和社会对非物质文化遗产保护工作的意义的认识有了显着提高，一些濒危的非物质文化遗产得到有效保护。

在手工纸制作技艺方面也有很多成功的案例。铅山竹纸制作技艺历史悠久，工艺独特，很具有代表性，2006 年被列入首批国家级非物质文化遗产名录。然而，我们于 2007 年 8 月前往铅山调查时却发现，当地竹纸已经停产。据文化部门的同志介绍，该项技艺还没有失传，掌握技艺的师傅们都纷纷外出打工了。为了能够使该项技艺得到保护，很好地传承下去，他们积极组织申报，将一些在外地打工的掌握该项技艺的师傅请回来，协助开展申报工作。2010 年课题组再度去铅山调查时，铅山竹纸已经恢复生产。

宣纸制作技艺是手工纸制作技艺中的杰出代表，不仅被列入首批国家级非物质文化遗产代表作名录，而且被列入人类非物质文化遗产代表作名录。非遗保护工作的开展对宣纸制作最显著的促进是“古法”的恢复。20 世纪 50 年代末期新技术革新运动中，宣纸生产引进了工业制浆方法替代了传统工艺中的燎皮制作。这在当时看是大大提高了生产效率，缩短了生产周期，然而，事实证明，新工艺的采用牺牲了产品的质量，数十年之后，还导致了这部分技艺的失传。这个问题早些年已经引起一些人士的关注，“非遗”保护工作开展之后，恢复“古法”成为人们的共识。中国宣纸集团公司、千年古宣宣纸厂等宣纸生产企业生产古法宣纸，形成了一定的生产规模。

一些手工纸产地已经处于濒危状态，如西安市长安区北张村曾经是重要的楮皮纸产地，当时生产楮皮纸过程中不使用纸药，采用的工艺很有特色。我们于 2007 年 4 月前往调查时，仅存 8 个槽，而且大多是利用废纸生产低档手工纸，真正生产楮皮纸的只有张逢学师傅一家，张师傅年届古稀，如果不采取措施对这项技艺加以保护，眼看就面临失传。好在该项目 2007 年被列入国家级非物质文化遗产名录，当地政府一定会采取有效措施将这项古老的技艺传承下去。

图 6–2 右一和右二两位老人是开化皮纸的传承人

山西忻州原平市崞阳镇和定襄县蒋村镇是目前极为罕见的麻纸产地，2009 年 8 月笔者前往蒋村考察时，真正生产麻纸的只有刘隆千师傅一家。从实际情况看，仍处于濒危状态。目前忻州的麻纸制作技艺已被列入山西省级非物质文化遗产名录。

我们于 2009 年 9 月赴衢州调查龙游皮纸制作技艺过程中，衢州市文化局的同志带着我们去该市的开

化县，在那里我们了解到历史上很有影响的开化皮纸现在已经处于濒危状态，但传承人还健在，非遗保护工作开展以来，政府正在着手恢复生产。如图 6–2 所示即开化皮纸的传承人和他们过去生产的皮纸。

手工纸制作技艺经历了两千年的发展，在当今社会虽遇到挑战，仍具有很强的生命力。目前国家级非物质文化遗产名录已经公布了三批，其中传统造纸和纸笺制作技艺的项目一共有 12 项，如表 6–1 所示：

表 6–1　已被列入国家级非物质文化遗产名录的传统造纸和纸笺制作技艺的项目

序号	项目名称	申报单位
1	宣纸制作技艺	安徽省泾县
2	铅山连四纸制作技艺	江西省铅山县
3	皮纸制作技艺	贵州省贵阳市、贞丰县、丹寨县
4	傣族、纳西族手工造纸技艺	云南省临沧市、香格里拉县
5	藏族造纸技艺	西藏自治区
6	维吾尔族桑皮纸制作技艺	新疆维吾尔自治区吐鲁番地区
7	木版水印技术	北京荣宝斋
8	竹纸制作技艺	四川省夹江县、浙江省富阳市、福建省将乐县
9	纸笺制作技艺	安徽省巢湖市
10	楮皮纸制作技艺	陕西省西安市长安区
11	桑皮纸制作技艺	安徽省潜山县、岳西县
12	皮纸制作技艺（龙游皮纸制作技艺）	浙江省龙游县

这些项目虽然只是现存手工纸技艺中的一部分，但基本涵盖了传统造纸技艺的各个方面。例如，从原料看，有楮皮纸、桑皮纸、藏纸（瑞香狼毒）、纳西族东巴纸（荛花）、三桠皮纸和雁皮纸、竹纸，就是缺了麻纸；从成纸工艺看，有抄纸法、浇纸法，还有独特的东巴纸成纸法；从产品看，原抄纸既有高档的书画用纸，也有一般生活用纸，此外还有高档的纸笺。其中大多数项目的传承情况我们在本书调查报告部分都有介绍。总的说来，凡已被列入国家级或省级非物质文化遗产名录的项目都会得到较好的保护。

三、纸笺制作技艺传承现状

纸笺制作技艺是手工纸制作技艺中的一个独特门类，从唐代开始就达到很高水准。清末以后，由于社会变革，纸笺制作技艺跌入历史最低谷，很多传统名笺的制作技艺都失传了。

中华人民共和国成立之后，受消费水平的限制和意识形态的影响，纸笺生产基本处于较低水平。从 20 世纪 70 年代后期开始，随着人们生活水平的不断提高，手工纸市场越加繁荣，以宣纸加工纸为代表的纸笺制作业也逐渐红火起来，在恢复历代名笺的基础上，有所创新。

由帘纹水印图案而命名的水印纸品种有很多。如明清时期泾县宣纸工匠们创制的“白鹿宣”就是其中一种。“白鹿宣”又称“百鹿宣”，因纸上有各种奔跑之态的鹿的图案而得名。这种纸曾一度失传，1935 年，泾县宣纸正值鼎盛时期，宣纸世家曹恒源一家曾生产过“白鹿宣”，此后近半个世纪一直无人生产。1979 年，根据书画家们的要求，泾县小岭宣纸厂经过认真挖掘、整理，又成功地生产出宣纸名品“白鹿宣”。该纸用净皮料，纸幅长 138 厘米，宽 69 厘米，每枚纸上有四大四小共八匹奋蹄急奔的梅花鹿，极具观赏价值。该纸具有坚滑如冰、细密如茧、晶莹如玉、受墨柔和等特点，被书画家视为珍品。安徽省宣纸集团公司为纪念国庆 50 周年和香港、澳门回归特制的纪念宣纸也是水印加工纸。该纸选用上等原料，精工细作，堪称精品，具有很高的收藏价值。

安徽泾县不仅是宣纸之乡，同样也是宣纸纸笺之乡。宣纸纸笺制作采用优质宣纸为原料，有白鹿宣、龟纹宣、煮硾宣、蝉衣笺、云母笺、玉版宣以及各色素宣、冷金宣、虎皮宣等上百个品种[13]，另有多种册页等宣纸制品。

除泾县外，国内许多其他手工纸产地也都生产不同档次的纸笺。如 1999 年 8 月我们第一次赴四川夹江县调查时就收集到当地生产的纸笺 70 余个品种，主要是以夹江竹纸为底纸加工制作的各类染色纸，包括虎皮宣、槟榔宣、洒金纸等一般档次的纸笺。2000 年在浙江富阳调查时，我们在中国古代造纸印刷文化村也看到当地生产的部分纸笺，除染色纸外，还有一些粉笺、蜡笺之类的品种。

久负盛名的北京琉璃厂至今仍是文房四宝的主要集散地，销售的高档纸笺品种还有不少，大多为仿制前代流传的各种纸笺，如合肥掇英轩文房用品研究所生产的各种描金粉蜡笺、苏州制扇厂生产的洒真金扇面笺，还有日本等地生产的泥金扇面卡纸等。当今荣宝斋生产的纸笺主要以木版水印纸笺为主（图 6–3）。木版水印纸笺是印刷技术与绘画艺术珠联璧合，在纸笺制作中的巧妙应用。明末崇祯年间，安徽休宁人胡正言在南京住所“十竹斋”最先采用这种技术，刻印了著名的《十竹斋画谱》和《十竹斋笺谱》。后来鲁迅先生出于对十竹斋（胡正言的旧宅第名）水印木刻的欣赏和重视，从 1934 年起和郑振铎先生一道开始重印《十竹斋笺谱》。木版水印纸笺能够生动地再现中国书画的笔墨韵味，深受消费者欢迎。除了荣宝斋，还有安徽十竹斋、合肥掇英轩文房用品研究所等单位也加工制作此类纸笺。

图 6–3　荣宝斋现生产的木版水印纸笺

目前国内纸笺制作以安徽最有代表性，产地主要集中在泾县、合肥、巢湖三地，此外，北京、天津、苏州、绍兴、富阳以及四川的夹江、云南腾冲等地也有。

泾县纸笺制作作坊众多，品种以丝网印纸笺及册页、折页、卷轴、折扇最多。以丝网印制的产品包括金银印花笺（俗称描金笺）、泥金笺、泥银笺、粉彩笺（俗称花粉笺）、粉蜡笺、万年红、洒金笺（实为印制出洒金的效果）等，此外还有水纹纸、云母宣、虎皮宣、豆腐笺、槟榔宣、色宣、矾宣等。泾县纸笺制作的总产量和产值都是全国最大的。

目前纸笺制作水平最高、品种最多的是安徽巢湖掇英轩。代表性产品有描金粉蜡笺、金银印花笺，近年还复原了泥金笺、羊脑笺、流沙笺等多个古代名笺。

此外，还有许多地方生产纸笺，除少数专业生产企业外，大多为手工纸生产厂。北京除荣宝斋制作木

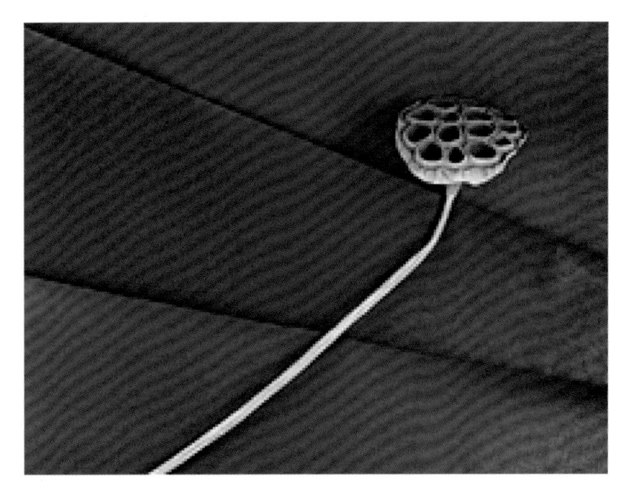

图6–4 台湾学者王国财先生制作的瓷青蜡笺（上）、羊脑笺（中）、紫笺（下）

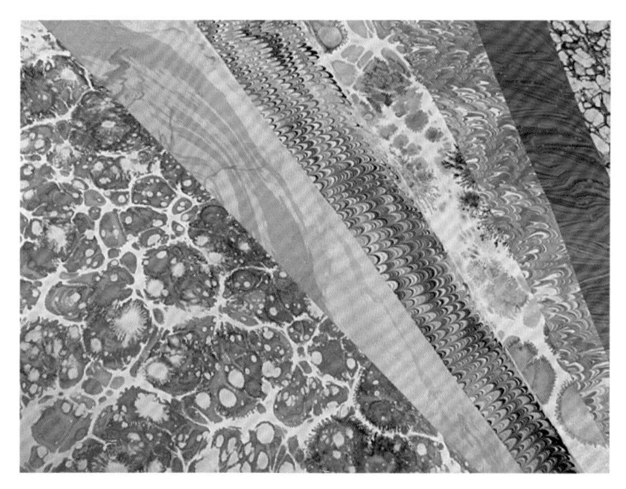

图 6–5 王国财先生制作的流沙笺

板水印纸笺外，还有“八达居”以生产册页和镜片为主，另有一家熟宣作坊主要制作冰雪、清水、蝉衣、云母等。天津活跃着一批为复制古旧字画而对纸张进行深度加工的手艺人，主要从事纸张的染色、作旧、托裱、描绘、洒金银、施胶矾等多道工艺。苏州出产洒金笺、色宣、制扇。浙江绍兴书画社主要制册页、镜片、手卷。富阳制作色宣（木浆或草浆纸）、印谱、信笺、各种印格纸。四川夹江生产色纸（竹浆或木浆、草浆纸）、印谱、信笺、各种印格纸。云南腾冲以腾冲构皮纸为原料生产色纸。安徽合肥汉韵堂加工纸主要生产木版水印信笺、砑花笺。我们近期在浙江衢州调查龙游皮纸制作技艺时发现，当地也有流沙笺产品。

台湾著名手工造纸工艺研究专家王国财先生应中国科学技术大学邀请作题为“帘漾金精浪：手工造纸及纸品浅介”的报告，介绍了他在台湾造纸研究所复原的两种古代纸笺，一种是用还原氧化法制作的羊脑笺（图 6–4），另一种是用流沙染法制作的各种流沙笺（图 6–5），十分精美。王国财先生十分慷慨地惠赠两种作品的照片，同意放在本书，与读者分享。

注释

[1] 戴家璋：《中国造纸技术简史》，中国轻工业出版社，1994 年，第 225 页。

[2]（清）刘锦藻：《清朝续文献通考》卷 392。

[3] 钟崇敏、朱寿仁、李权：《四川手工纸业调查报告》，中国农民银行经济研究处经济调查丛刊，1943 年。

[4] 曹天生、尹百川：《论皖南造纸业的历史成就及其成因》，载《纸史研究》第 3 期。

[5] 曹天生：《中国宣纸》，中国轻工业出版社，2000 年，第 99 ～ 101 页。

[6] 钟崇敏、朱寿仁、李权：《四川手工纸业调查报告》，中国农民银行经济研究处经济调查丛刊，1943 年。

[7] 钟崇敏、朱寿仁、李权：《四川手工纸业调查报告》，中国农民银行经济研究处经济调查丛刊，1943 年。

[8] 邱春淦：《宁化玉扣纸与〈毛泽东选集〉》，载《云南日报》1992 年 5 月 16 日第 7 版。

[9] 冯恩昌：《桑皮纸和它的制作技术》，载《山东蚕业》1993 年第 4 期。

[10] 张秉伦、方晓阳、樊嘉禄：《中国传统工艺全集·造纸与印刷》，大象出版社，2005 年，第 113 ～ 116 页。

[11] 杨嘉铭：《德格印经院》，成都：四川人民出版社，2000 年，第 33 页。

[12] 李晓岑：《四川德格县和西藏尼木县藏族手工造纸调查》，载《中国科技史杂志》2007 年第 2 期。

[13] 曹天生：《中国宣纸》（第二版），中国轻工业出版社，2000 年，第 180 ～ 183 页。

下编　手工纸制作技艺的田野调查

第一章　麻纸制作技艺

麻纸制作技艺是传承历史最为悠久的造纸技艺。中国古代生产麻纸所用原料主要是敝布、破鞋底、破渔网等麻制品，其纤维最初来自大麻、苎麻等一些麻类植物。中国原产的麻类植物主要有大麻（Cannabis sativa）和苎麻（Boehmeria nivea），分别见于《诗经》及其他先秦文献。另有一种苘麻，也是中国原产，从《诗经》中的记载看，当时已被用作衣着原料。后来亚麻（Linum perenne）和黄麻（Corchorus capsularis）[1]等先后引进中国，使麻制品的原料更为丰富。

麻纸在隋唐以前一直是最主要的纸种，隋唐时期皮纸兴盛，麻纸开始相对落后，宋元以后竹纸后来居上，麻纸生产进一步衰落。进入20世纪以后，只有陕西、山西、河北等省有些地方生产麻纸，而且这些地方的麻纸作坊于20世纪80年代以后陆续停产，目前仅在山西忻州定襄县蒋村镇、原平县崞阳镇还有极少数纸户在坚守。

在介绍蒋村麻纸制作技艺之前，先对传统造纸技艺中使用到的最重要的工具纸帘和帘模的制作技艺作一介绍。

第一节 纸帘、帘模制作技艺

一、概述

手工纸使用的工具很多，我们会结合各地手工纸制作技艺分别加以介绍，这里只介绍纸帘和帘模的制作技艺。

纸帘（帘模）是用于抄纸的工具，分固定式和拆合式两种。固定式帘模是将一块麻布沿四边固定在木框上，如图1–1所示。这种帘模制作比较简单，先用4～5厘米厚的木条制作一个一定长度和宽度的长方形或正方形木架，然后在木架的一面蒙上一层绵麻或其他材质的纱布。纱布要拉紧，四周固定在木架上。

除德格印经院和西藏尼木县雪拉村等地生产藏纸使用这种帘模外，新疆制作桑皮纸，还有云南的一些地方制作楮皮纸都使用这种固定式帘模。使用这种帘模对应的成纸方法是浇纸法，使用时直接将帘模放在水中，在帘模边框受到的水的浮力作用下，帘模漂浮在水面上，将适量的纸浆放在帘模上，边框有一定的厚度，可起到防止纸浆溢出的作用。纸浆搅匀后提起帘模，沥去水分，放在阳光下晾晒至干。由于每浇一张纸需要用一个帘模，一次造多少张就得有多少个帘模，所以用这种工艺造纸的作坊都要准备许多个帘模。

图1–1 德格印经院使用的固定式帘模

与帘模不同，纸帘是由两个部分组合而成的。帘子不是固定在帘架上，而是可以与帘架分离。帘子与帘架之间的关系非常密切，是一种工具中的两个部分。目前所知，这种可拆分的纸帘有两种，其中之一是纳西族生产东巴纸所使用的，我们权且称之为“东巴纸帘”，其帘子是用竹片编成的竹片板，如图 1–2 所示。帘架也是木质的，只是比较厚（20 厘米以上），所以看上去更像是一个无底的木槽，槽底有一圈小木条，可托住帘子。帘子的尺寸略小于帘架内框尺寸，使用时，将帘子放在槽底的小木条上，然后一起置入水中，凭借水对帘架的浮力浮在水中，放入适量的纸浆，搅匀后提起纸帘，将帘子取下，反扣在晒纸板上，再用同一个纸帘抄第二张。

图 1–2　东巴纸帘

另一种纸帘就是现在手工纸制作中最常用的那种拆合式纸帘，如图 1–3 所示。它也是由帘子和帘床两个主要部分构成，但与东巴纸帘不同的是，其帘子不是一个平板，而是可以卷起的。制作这种帘子的竹丝远比东巴帘上的竹片细小。

图 1–3　最简单的拆合式纸帘

制作竹帘一般选用苦竹为原料制备竹丝。苦竹（Pleioblastus amarus），禾本科，秆圆筒形，高达 4 米，直径约 15 毫米。苦竹节间距较长，下部数节间长达 70 ～ 90 厘米，适于制作无节长竹丝。苦竹质硬，因适宜制作伞柄而有“伞竹”之名，用苦竹制作的竹丝坚硬、挺直，不易变形。苦竹味苦，不易粉蛀，因而用苦竹制作的竹帘使用寿命长。苦竹兼有以上特点，使之较其他竹子更适宜于制作竹帘。

拆合式纸帘以精细的竹丝线或马尾编制而成，国内许多地方都有编制竹帘的师傅，制作竹帘的工艺非常精巧，堪称绝技，往往世代相袭，不准外传。各地所用竹帘虽然在尺寸和精细度方面有所差异，但制作方法基本相同。下面以著名的宣纸产地安徽省泾县当地制作的竹帘为例，说明制备这种手工纸关键设备的工艺。

二、编制竹帘的工艺流程

1．砍竹

选成年苦竹，一般在冬季砍下。

2．浸泡

将砍下的苦竹除去枝杈，放入溪水中浸泡几天。

3．剖篾

捞起，刮去表面青皮层，除去竹节，只用无节的竹管。将竹管剖开成瓣，剖去最里层竹簧，再将剩下的中层篾瓣层层剖开成青篾和黄篾薄片。再将每个薄片剖成细篾。据我们调查了解，泾县所用苦竹丝半成品（篾）系从福建等地所购。

图 1–4　抽丝操作

图 1–5　安徽省潜山县官庄镇香山村华松舟师傅用这种土法织帘

4．抽丝

抽丝是指将细篾抽成合用的竹丝。抽丝要用特制的工具，即带有小圆孔的铁板（木料加工厂所用带锯断片上打孔），圆孔径是否合乎要求需要试抽几根竹丝，用螺旋测微器测量后确定，不合要求则要另打孔。拣选竹篾，用刀将一头削尖，插进铁板上的小圆孔，从另一面抽出来，即成为圆柱形帘丝（图 1–4）。织帘时还要掐去两端各一小节，因为靠近竹节部分的竹丝易变形。帘丝粗细视纸张精粗而定，抄普通纸张的纸帘每根帘丝的直径一般在 0.5 毫米上下，精细者直径还不足 0.3 毫米。

图 1–6　安徽省泾县中国宣纸集团公司半机械化织帘

5．织帘

织帘是制作竹帘最主要的工序。传统的编织工作在一个大小适宜的木架上进行。木架两边立地，中间离地 1 米上下有一根水平横梁。横梁上每隔 2 厘米挂有一对长 4 厘米、宽 1.5 厘米的小薄竹片制成的梭，每个梭上都有预先绕好的织线（过去用丝或马尾等，现在改用尼龙丝），与织渔网所用的网梭类似。将帘丝放在若干竹筒里，竹筒悬挂在便于抽取帘丝的位置。我们在安徽潜山县官庄镇调查桑皮纸制作技艺时，通过刘同焰的介绍找到一家纸帘作坊。华松舟师傅 1940 年出生，2007 年 10 月还在制作纸帘，2011 年去世后，此项技艺在当地失传。土法织帘操作如图 1–5 所示，织帘师傅坐在木架前，从竹筒里取出帘丝，左手将帘丝按在木架上，右手指将每对梭内外两侧互翻，使织线交叉，紧紧缠住帘丝。每对梭都交换过位置后，再织下一行帘丝。由于帘宽一般远远超过单根帘丝的长度，每行要用好几根帘丝，注意根根相接，不能离得太开，也不能重叠。相邻两行帘丝的接头要错开，不能留在一处。这样织出来的竹帘经向坚挺，纬向可卷，光滑均匀，精细美观。传统织帘工艺相当耗费工时，工人的劳动强度较高，生产效率低，成本高。但这种原始的织帘工艺在泾县至今仍在使用。

图 1–7　半机械化织帘

我们调查时也看到半机械化的织帘工艺，其工作原理与织布机相似（图 1–6、图 1–7）。据了解，与原始的织帘工艺相比，采用这种半机械化生产要提高效率约 10 倍。

6．上漆

帘子织成之后，要根据设计要求裁去多余毛边，然后刷上漆，要用上等土漆。上漆的目的是防止竹帘受潮发霉和变形。每遍都要轻刷，均匀地涂抹在帘丝和丝线上，要注意漆不能厚，以免堵塞竹丝之间的间隙，导致沥水性降低。风干后竹帘呈黑红色。用布条将边缘部分封起来，相当于做衣服时对布料毛边的拷边，即做成一张帘子。

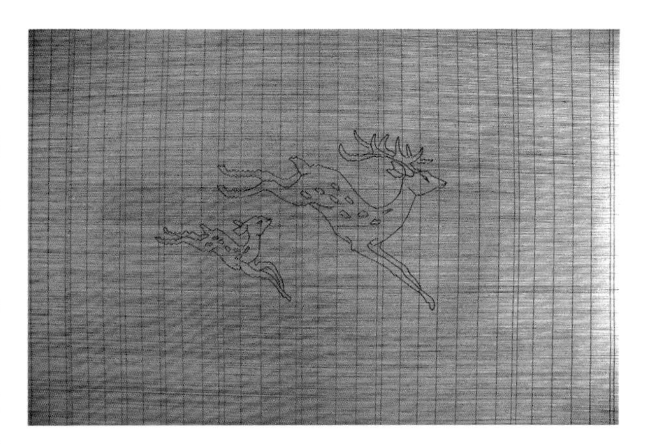
图 1–8　奔鹿图纸帘

有时应客户要求，还要在帘子上编织一定的文字或图案。用带有文字图案的帘子捞纸，纸上会留下带有这种图案的水印，如图 1–8。

为了在抄纸过程中便于提帘，要将帘的前后两边分别附着在与帘宽相同长度的细圆竹或竹片上，用料大小依纸帘的尺寸而定。

图 1–9　待用的茅草茎

与帘子配套使用的另一部件是帘托。帘托的式样也有很多种，有的十分复杂。其基本结构是木质或竹质外框，加上平行排列于中间部分的托芯。此外，还有压帘子用的边尺等。其中对托芯的要求比较高，既要坚挺又不能影响帘子滤水。我们在各地考察时所见的托芯基本上都是用茅草的茎，如图 1–9 所示。这种茅草生长在风口处，茎十分坚挺，长期在水中浸泡也不变形，是做纸帘托芯的理想材料。

第二节　山西忻州麻纸传统制作技艺

麻纸是以麻或麻制品为原料制作的纸张，是最早出现的纸种，早在中国汉代时期就有生产，而且在唐代皮纸盛行之前一直是主流纸种，现存的唐以前纸质文献中绝大多数用的是麻纸。唐以后，皮纸发展迅速，产量远远超过麻纸；宋以后，竹纸更是后来居上；麻纸由于原料来源不足和成本较高而逐渐萎缩。不过明清以降直到 20 世纪以后，仍有一些地方维持麻纸生产。如直到 20 世纪 60 年代陕西凤翔仍有较大规模的麻纸生产，潘吉星先生曾对此进行过详细考察。令人遗憾的是，凤翔的纸户于 20 世纪 90 年代纷纷停产，凤翔麻纸渐渐成为历史。而且凤翔之外其他地方的麻纸生产由于缺乏相关的资料一直未进入相关研究者的视野，以至于我们在完成《中国传统工艺全集·造纸与印刷》一书的过程中，没有对麻纸的生产技艺进行过田野考察。

2008 年农历春节前夕文化部召开的非物质文化遗产保护工作专家委员会茶话会上，笔者看到宋兆麟先生带去的一本新著《传统手工技艺》，文房四宝制作技艺占了很大篇幅，其中有山西忻州定襄县蒋村麻纸生产技艺的调查报告。听宋先生说，他是 2004 年前后去那里考察的，所以笔者推测那里应当还有遗存，于是决定前往。

一、考察经过

2009 年 8 月 16 日，笔者在山西省非物质文化遗产保护中心副主任孙文生先生的陪同下，赴忻州市调查当地手工麻纸生产技艺。据忻州市文化局同志介绍，当地的定襄蒋村乡、原平县崞阳镇两地原本均有麻纸生产，但由于近些年麻纸销路不好，各纸坊纷纷停业或转产，现在真正生产麻纸的纸坊仅有定襄蒋村乡蒋村村的刘隆千老艺人一家，所以我们就重点采访刘隆千老师傅，向他请教手工麻纸制作技艺，如图 1–10。

图 1–10　笔者在刘隆千师傅家采访

刘师傅 1927 年出身于造纸世家。据他介绍，他爷爷、父亲都以造纸为生，他十来岁时，日本人来了，他不再上学，开始跟大人学造纸。当时蒋村有 220 多个纸槽，大多数农户以造纸为主业。作坊一年到头做不停，每个纸槽年产量一百四五十捆（约 30 万张）。一年到头小贩往来不断，用马车运往崞县、五台、绥远等地。

所造麻纸除用于写仿（初学书法的临帖模仿）和记账本外，还有糊窗户、打顶棚，或在办白事时做纸扎、裱棺材内衬、观堂寺庙等古建筑上用来裱木柱等，用量很大，这种情形一直延续到解放初期，即使在抗日战争时期也未中断。后来在合作社、人民公社和“大跃进”运动中受到一定的冲击；20 世纪 70 年代“割资本主义尾巴”时进一步受到影响，纸槽数逐渐减少。但是直到 20 世纪 80 年代，产量还很大。查当地新版的《定襄县志》，得知 1985 年，蒋村全村有池子 230 个，年产麻纸 2.7 万捆，55 万公斤，产值 141.4 万元。那时，大汽车常常到村里来，把蒋村麻纸运往各个基层供销社去出售。

20 世纪 90 年代初，当地法兰（frange）制造业兴起，随着越来越多的青壮年到法兰制造厂工作，当地手工纸制作业进一步萎缩，大多数纸槽处于停产或半停产状态，不过直到 2002 年还保留有 100 多个纸槽，只是大多数纸槽都是利用业余时间生产。导致麻纸制作彻底萧条的还是其用途被替代，一是很少用于写书作画，二是当地越来越多的房屋改用玻璃窗，三是随着房屋结构的变化，原本糊顶棚用纸也大为减少。目前全村仅存 8 个纸槽，其中绝大部分纸槽在生产以各种废旧纸和玻璃纤维为原料的低档手工纸，真正生产麻纸的仅有刘老先生一家，而且也几乎处于停产状态。

刘隆千说，现在谁家也不在天冷时生产了，冷天生产需要架炭火，主要是这些年来炭太贵，烧不起了。

后来我们见到定襄县文化中心主任张尚瑶，据他介绍，在当地甚至包括整个华北地区，麻纸从古以来都是一种常用物品，在 20 年前还遍及各处，一点儿也不稀罕。在这里我们再次见证我们不止一次看到的景象：10 多年前依然是那么平常的麻纸制作技艺，如今正在淡出人们的视野，如果不加以保护，很快就会成为记忆中的往事。

忻州地处山西省北中部的黄土高原，西踞黄河，北望长城，东临太行，南接中原。在悠久的历史长河中，在激烈漫长的民族融合中，勤劳智慧的忻州人民，创新了特色鲜明的地方文化。

我们在考察中了解到，忻州境内有国家级文物保护单位19处，包括亚洲最早的木结构建筑五台山南禅寺和佛光寺，还有艺术精湛的岩山寺壁画以及五台山显通寺等。万里长城由东向西从忻州境内横亘而过，雁门关、宁武关、偏头关、平型关、石岭关、赤塘关、忻口等都是古代边关重镇。

在抗日战争中，发生在忻州的平型关大捷、忻口战役、夜袭阳明堡飞机场、雁门关伏击战等，都取得了重创日军的巨大胜利，晋察冀边区司令部、八路军总部当时就在忻州市的五台县，白求恩先生也曾经在那里工作。

忻州名人辈出，历史上曾经诞生过班婕妤、貂蝉、慧远、元好问、白朴、萨都剌、傅山、徐继畲等历史文化名人；围绕着雁门关古战场，还涌现出李牧、李广、卫青、霍去病、薛仁贵、李克用、杨业及杨家将群体等一代代忠臣良将和英雄豪杰；近代忻州走出了中国共产党早期领导人高君宇、共和国开国元帅徐向前、国家领导人薄一波、爱国名将续范亭等重要人物。此外，毛泽东、周恩来、朱德、刘少奇等老一代革命家也在这里留下了光辉足迹。国民党高级领导人阎锡山也出生在这里。

图1–11 薄一波先生故居：用麻纸糊顶棚和窗户

此外，忻州还有博大精深的五台山佛教文化，以北路梆子、繁峙秧歌戏和河曲二人台、河曲民歌为代表的戏曲民歌文化，以及底蕴深厚的民俗文化。

忻州市文化局的周淑秀副局长、田雷书记热情地陪同我们参观了雁门关等当地许多名胜古迹，同时考察了澄泥砚的制作、糯小米黄酒制作以及太古饼制作技艺。在薄一波先生的故居，我们不仅看到了用麻纸糊的屋顶棚和窗户（图1–11），而且看到一些造纸工具。据陪同人员介绍，当年全村家家是纸户，薄一波先生家当然也不例外。同样，在阎锡山的官邸也陈列有麻纸制作技艺的流程图和蔡伦像（图1–12），其中最重要的除碾料的实物展示外，还有赶驴拉碾和打槽号子的简谱记谱。

图1–12 阎锡山官邸中陈列的蔡伦像

二、定襄麻纸制作工艺流程

1．备料

将原料剔除杂质，浸湿，理顺，剁碎。这里造麻纸的原料，过去主要是旧麻绳，后来随着尼龙绳的推广，麻纸渐少，只好改用新鲜的火麻，成本大大提高。麻绳大小不一并且打结，还含有杂质，所以要解结，去杂质。具体方法：将麻绳用水浸湿后，用剁麻斧把麻绳剁成长三四厘米的小段，如图1–13所示。除麻料外，造麻纸时还加入了一定比例的废纸浆，既是为了降低成本，也是为了改善纸的性能。

图 1–13　剁麻绳

图 1–14　地碾

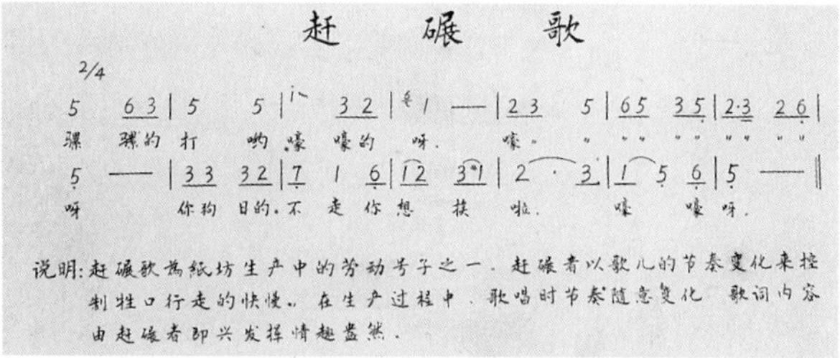

赶　碾　歌

2/4

说明：赶碾歌为纸坊生产中的劳动号子之一。赶碾者以歌儿的节奏变化来控制牲口行走的快慢。在生产过程中，歌唱时节奏随意变化，歌词内容由赶碾者即兴发挥情趣盎然。

图 1–15　《赶碾歌》记谱

2．淘洗

无论是麻料还是有故纸料，都必须洗干净。用石板砌成长方形的洗料池，称“罗柜”，下边有一个出水口。使用时放置“席底”，铺“卧单”，起过滤作用，以防纸料流失。将切好的麻料放入罗柜中，注入清水，用淘杆（俗称“洗麻疙瘩”）上下来回搅动，从出水口放出浊水后再注入清水，如此反复，直到流出的水清净为止。

3．碾料

将备好的纸料加入适量的水分放入碾中，以驴挽石碾，进行初碾破碎。图 1–14 所示为碾料所用的地碾，碾槽纵截面呈 U 形，与鼓凸的碾轮配套。驴拉碾过程中，人在一旁赶驴，还哼唱小调。图 1–15 所示为当地人记录的《赶碾歌》。

4．灰沤

将初碾过的纸料浸透石灰水，堆沤。

5．蒸料

将洗好的麻料，按一定比例（每公斤麻料用石灰 5 公斤）放在石灰水中浸透，然后置入蒸锅。铁锅多为阳泉出产，锅中放满清水，锅上排放用厚木板搭排成的锅箅，上面盛料部分用砖和水泥砌成如图 1–16 所示形状，外涂石灰。装满麻料后顶上加盖密封，加火，一般煮 3 ~ 5 小时（视气温不同而变），之后停火，闷一夜开锅。

图 1–16　蒸料的设备

6．洗料

经过蒸馏，纸料就会变绵、变白，起锅后，放在罗柜中，加清水反复淘洗，除去其中的石灰和杂质。

7．碾浆

淘洗去灰的纸料呈糊状，但纤维仍较粗，须经再碾，最后成细腻的纸浆。

8．淘洗、漂白

把碾过的纸浆放入罗柜中淘洗、漂白，盛入箩筐，抬往抄纸房备用。

9．打槽

俗称“搅汗”。当地人称纸槽为“汗钵”，以石板砌成，长方形，长 2 米，宽 1 米，深 1 米许。加清水入纸槽，加入一定量的纸浆，由两人用“打水疙瘩”（木耙）搅拌，令纸浆与水均匀融合。

打槽过程很有节奏感，纸工边劳动边哼唱号子。我们在阎锡山的官邸看到当地人记录的《搅汗号子》，如图 1-17 所示。

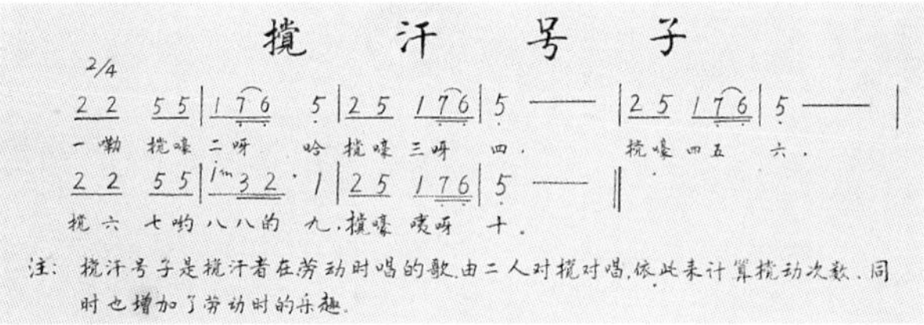

搅汗号子

一嘞 搅喙 二呀 哈 搅喙 三呀 四． 搅喙 四五 六．

搅 六 七哟 八八的 九．搅喙 喂呀 十．

注：搅汗号子是搅汗者在劳动时唱的歌．由二人对搅对唱．依此来计算搅动次数．同时也增加了劳动时的乐趣．

图 1–17　《搅汗号子》记谱

图 1–18　抄纸（操作者为刘隆千的侄子）

10．抄纸

抄纸的方法与其他纸种大同小异。值得注意的是，这里的纸槽建立在平地之上，放纸的平台（也称刹托台）由石或砖砌成，整个过程中人站在地面上，如图 1-18，与我们在山东曲阜和河北迁安等地桑皮纸设在地面以下的操作台有所区别。

11．压榨

俗称“刹托”。在湿纸垛上逐渐加压，去除其中的水分。主要用具有刹托台、刹托板、小由子、老由子、千斤、纸梯、刹托石等。

当纸垒到一定高度，要把一块木板（俗称“刹托板”）压在纸垛上面，然后在木板上放四五根小方木（俗称“小由子”），其上再横放一个大方木（俗称“大由子”）。在刹托台内边墙上挖一洞或安一铁环，露于“刹托台”上方，称“千斤”。然后用一根粗木杆（俗称“纸梯”），一端插进“千斤”内，压住“大由子”，另一端逐渐加压几块大石头（俗称“刹托石”）。经过压榨，水尽出，纸垛变成平实的纸贴。

12．晒纸

俗称“晒托”，一般由妇女来做。把纸贴放在晒纸墙前的晒纸凳上。晒纸的设备是粉刷了石灰的外墙。揭纸必先从一角开始，揭到一半用纸刷托住，迅速揭下。上墙时也先上一角后上对角，然后铺开。夏天晒一会儿就干，取下后 100 张为一“刀”，摞好压平，这就是成品纸了。

这套工序与潘吉星先生于 20 世纪 60 年代调查的陕西凤翔麻纸生产技艺没有太大差别，其中包括切、碾、浆灰、煮、抄、榨、揭、晒等基本工序，同样没有使用纸药，可以断定是一种传统的技艺。

三、后记

现在蒋村还有八个纸槽，不过凡在生产的都不再抄麻纸，而是以故纸浆加玻璃纤维为原料抄制的低档纸。刘隆千师傅家也停产了，原因是没有销路。在他家里还存有一批高质量的麻纸，那是前年有人定制的一批产品，后来只取了一半，剩下了这些。刘师傅向我们展示了麻纸的韧性，如图 1-19，真是反复折揉而不损，

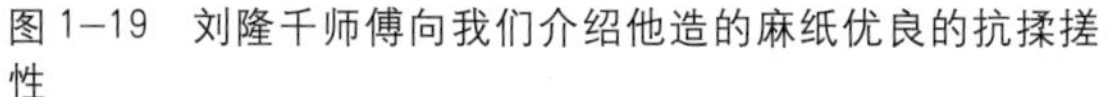

图 1–19 刘隆千师傅向我们介绍他造的麻纸优良的抗揉搓性

图 1–20 作为铺路石的碾盘见证手工麻纸的兴与衰，墙上晒的是玻璃纤维纸

价格仅 50 元一刀。

据刘师傅介绍，麻纸过去的主要用途之一是制作酒海。“酒海”亦称“大酒篓”，是一种贮存酒的容器。其制作是用藤条编制好框架后，以猪血、蛋清等物质作黏合剂，先用白棉布裹糊，再用麻纸裱糊，最后用菜油、蜂蜡等涂抹表面，彻底干燥后即可盛酒。酒海的容积很大，较大的可储酒数吨，小的也有几百公斤。制作酒海据说要糊麻纸上百层，所以用量很大。过去北方的很多酒厂都是用这样的酒海贮酒，像西凤酒厂现在还存有老酒海数万只，可储酒两万多吨。现在酒厂大多使用不锈钢制品替代传统的纸糊的酒海，用不上麻纸了。

此外，由于房屋结构的改变，人们不再需要用纸来糊顶棚和窗户，火葬方式的推广又使得麻纸制作棺材内衬的用量也大为减少，如此等原因，麻纸的销路没了。加上主要原料麻绳也几乎销声匿迹，如果直接用麻匹作原料会大大增加成本，所以仅有的一些用途也因为价格的提高而受到限制。总之，手工麻纸这最后一块阵地也濒临失守，这项延续了两千年的手艺即将走向它的尽头。我们在去往薄一波先生故居的途中，看到路边有一块被用作铺路石的碾盘（图 1–20），我想这就是这项古老技艺命运的写照。

注释

[1] 传说亚麻是汉代张骞出使西域带回的（见《三农纪》，此书现已不存），目前能见到的最早记载见于宋代的《图经本草》，一开始作为药用。黄麻也见记载于《图经本草》。

第二章　宣纸制作技艺

第一节 概述

宣纸制作技艺是手工纸制作技艺发展的顶峰，千百年来泾县人在小岭等各个坑口设槽造纸，创造了迄今仍堪称一绝的中国宣纸。我们在完成《中国传统工艺全集·造纸与印刷》的过程中就曾数次前往宣纸的原产地泾县进行过田野调查，当时考察的对象主要是位于古坝村的汪同和宣纸厂，得到了程彩辉厂长及其他多位师傅的诸多帮助[1]。

值得注意的是，2005年以前宣纸生产所采用的是半现代工艺，产品的质量与20世纪60年代工艺改良以前相比总体来说有所倒退。2005年初，中国非物质文化遗产保护工作开始全面启动，随着非遗保护工作的深化，宣纸传统技艺的恢复工作受到了政府和宣纸制作业界的重视，成效十分显著。

宣纸制作技艺作为典型民间手工技艺在非遗保护工作启动之初即受到关注。为了给各地填写非遗名录的申报文本提供参考，文化部组织6个专家组分别编写1个项目的申报书，作为申报书的范本。中国科学院自然科学史研究所华觉明研究员承担了宣纸制作技艺申报文本的编写工作。在中国艺术研究院王文馨、张亚昕的陪同下，华觉明先生来到安徽，邀请中国科学技术大学的张秉伦教授一道去泾县，笔者也随同前往，同行的还有安徽省文化厅社文处的刘金玉副处长。我们在泾县住了一周时间，集团公司领导佘光斌、曹明友等也通过论证会等途径参与此事，黄飞松同志则直接参与了文字的起草。

图2—1 申报书范本的起草工作论证会

出乎意料的是，此时张秉伦先生的病情已经恶化，从泾县返回之后即住进医院，半年后与世长辞。然而，令人欣慰的是，先生生前一直关注的宣纸制作技艺在他辞世半年之后被列入第一批国家非物质文化遗产名录。

从此次活动开始，笔者与中国宣纸集团公司，进而与整个泾县宣纸行业建立了密切的联系。2006年泾县宣纸协会成立，聘请华觉明、刘仁庆、潘祖耀、曹天生和我担任顾问。2007年，我们与中国宣纸集团公司合作组织开展中国文房四宝技艺申报世界非物质文化遗产名录工作。安徽省文化厅将宣纸制作技艺作为申报项目。省文化厅安排社文处负责此项工作，笔者与黄飞松主要负责申报文本的编写工作，省电视台姚进编导、安徽大学外国语学院的李民副教授等直接参与此项工作。2009年9月，宣纸制作技艺被列入人类非物质文化遗产名录。

非物质文化遗产保护工作促进了宣纸传统制作技艺的恢复。中国宣纸集团公司、小岭千年古宣宣纸厂等企业率先着手恢复使用传统制作技艺生产宣纸，由于此前采用的改良工艺使用工业制浆法制作青檀皮料浆，所以恢复古法首先是要恢复“燎皮”的生产工艺。

为了掌握非物质文化遗产保护背景下的宣纸制作技艺的发展动态，笔者近些年一直关注宣纸生产，先后多次赴泾县，对中国宣纸集团公司、小岭千年古宣宣纸厂、汪六吉宣纸厂等多家宣纸生产企业进行实地考察，重点了解宣纸古法制作的工艺流程、生产规模、经营模式和传承人等信息。在此过程中得到国家级非物质文化遗产传承人邢春云，著名的省级工艺美术大师周乃空、曹光华，千年古宣宣纸厂厂长卢一葵，汪六吉宣纸厂厂长李正明的热情接待和大力支持。宣城市文化局的范瓦夏先生时常陪同，提供了诸多方便；宣纸集团的黄飞松先生作为宣纸生产的从业者和研究者，不仅提供了大量图片，而且时常就一些工艺问题与笔者切磋，帮助良多。

图 2–2　笔者向曹光华先生询问燎草制作的情况

20 世纪 80 年代宣纸生产企业多达四五十家。近些年，不少企业停产，更多的企业转产以纸浆版为原料制作的书画纸，真正以宣纸为主打产品的企业越来越少，包括古坝村的汪同和宣纸厂宣纸的产量也急剧下降，只是阶段性生产。泾县现有宣纸、书画纸加工企业近 300 家。获得国家质量监督检验检疫总局批准使用宣纸原产地域保护产品专业标志的企业只有 14 家，包括中国宣纸集团公司、安徽省泾县汪六吉宣纸有限公司、安徽省泾县汪同和宣纸有限公司、安徽省泾县金星宣纸有限责任公司、安徽省泾县李元宣纸厂、安徽省泾县吉星（翔马）宣纸厂、安徽省泾县曹鸿记纸业有限公司、安徽省泾县红叶宣纸有限公司、安徽省泾县桃记宣纸有限公司、安徽省泾县双鹿宣纸有限公司、安徽省泾县玉泉宣纸纸业有限公司、安徽省泾县明星宣纸厂、安徽省泾县紫金楼宣纸厂、安徽省泾县小岭千年古宣宣纸厂。年产各品种宣纸近千吨，书画纸约 5000 余吨，在全国各大中城市设有专营销售店 300 余处。年销售营业额 3 亿元，出口创汇近 500 万美元，年实现利税 5000 余万元。直接和间接从事宣纸产业的员工达 3 万余人。宣纸销售覆盖全国百分之百的市场，并远销东南亚及欧美市场。

以“国营安徽省泾县宣纸厂”为核心组建的中国宣纸集团公司多年来稳居行业龙头，不仅在经营上不断创新，而且还发挥自身优势创建了宣纸行业第一家研究机构——中国宣纸研究所。在传承宣纸制作技艺的基础上，恢复生产出一批唐宋以来的名贵宣纸珍品，开发研制出一批适应时代文化艺术市场需求的新品种，培养和造就出一批宣纸制作技艺传承人和抄造能手，展现出一批充满生机和活力的宣纸生产研发企业，涌现出一批宣纸生产的开拓者和管理人才，确保了千年宣纸世代相传。经过改革开放 20 多年的市场摔打和有效整合，泾县宣纸已经拥有“红星”、“汪六吉”、“汪同和”、“千年古宣”等多个知名品牌。宣纸产业已成为地方主要经济支柱，为泾县四大产业集群之一。

从产量上看，20 世纪 80 年代大发展时期泾县宣纸产量高达 1000 吨以上，直到 90 年代仍是如此，当时红星宣纸厂、泾县宣纸二厂和小岭宣纸厂三大企业三足鼎立，每家年产量都在 300 吨左右。到 2000 年以后，随着宣纸二厂和小岭宣纸厂先后改制停产，宣纸生产企业的格局发生了巨大变化，特别是 1998 年开始书画纸引入，许多厂纷纷转产之后，随着书画纸产量的不断攀升，宣纸产量下滑至 700 吨左右。2011 年，受宣纸价格大幅拉升等因素的影响，产量有所提高，全县总产量约 750 吨，产值约 2 亿元人民币，其中中国宣纸集团公司 70 余槽产量 660 吨，占 88%。与此同时，以龙须草浆板和部分木浆为原料生产的书画纸，总产量在 5000 吨以上，产值与宣纸相当。

第二节　宣纸皮料浆的制作

宣纸不同于其他手工纸，首先表现在其原料是榆科落叶乔木青檀（Pteroceltis tatarinowii Maxim）的韧皮。青檀皮纤维的加工提炼过去曾采用现代工艺，近些年经过政府和企业家的不懈努力，传统的“燎皮”制作工艺得以恢复，提高了宣纸产品的质量。整个过程包括以下35道主要工序。

1．砍条

每年的冬季青檀树处于休眠期，是砍伐青檀树枝的最佳时节。具体说从霜降树叶开始凋零时起至次年惊蛰树枝长出嫩叶时止。生长期为二至三年的枝条皮质最佳，韧皮太嫩或太老都会影响宣纸的质量。

砍伐檀条时要求遵循青檀树的生长规律，根据树龄和树的生长环境等因素确定砍伐的部位。砍伐时要求刀刃锋利，从枝条的下部起刀，斜向另一侧上方砍下枝条，如图2–3。之后还要修整刀口，使之平滑、无凹陷，以免积雨水腐烂。

图2–3　砍条（黄飞松提供）

泾县境内盛产青檀，道路两边随处可见，如图2–4，这当然与当地人有意识地培育有关。青檀并非泾县所特有，中国的许多地方都有生长。然而，当地人认为，泾县东南部和邻近的宁国境内的青檀皮质量最优，东至县境内的皮质稍次，再远一些至铜陵境内，由于土质因素皮质较差，因而有“宁要三溪草，不要铜陵皮”之说。原料不足时，也会从安徽西部大别山区的金寨县调运干檀皮，由于缺乏严格的质量控制，从外地调运的皮老嫩不齐，对纸的质量有显著的影响。与金寨交界的湖北省植青檀树造防洪林，偶尔也出产檀皮，但同样的原因导致质量难以保证。

显然，要提高青檀皮的质量，不仅要选择产地，而且要科学管理。为保证优质皮料可持续供应，当地有计划地培植二至三片青檀林，轮流采伐。图2–5所示为我们于2008年4月2日在泾县拍摄的檀树林照片。近处的一片是2007年冬季伐过的，远处的则是2006年冬季伐过的。这种采、养结合的方法，保证原料的可持续发展。

图2–4　路边的青檀林

将砍下的枝条剔去细桠及枯枝败叶，截成 5 尺左右的段，粗细分等，捆好，要在一周之内进行蒸煮。

2．蒸料

将成捆的檀树枝横放在甑桶内锅箄（结构见图 2–6）上，层层码起，装满后封住上口，加火蒸煮一昼夜，待凉，取出。这时，枝条的顶端露出一小节内干，表明檀皮已收缩。

据老师傅介绍，过去曾采用两种更简便（不用甑）的方法蒸料。一是圆桶法：在地上架大锅，将青檀枝条的小捆扎成重约 700 公斤的大捆，直立于锅箄上，再悬挂一只有底的圆桶罩住料捆。锅内盛足清水，加火煮沸，蒸汽上行，囿于桶内，蒸枝条。每锅蒸 8 小时，可得檀皮 70 公斤。

二是方桶法：同是在地上架大锅，锅上加横箄，将小捆青檀枝条横置于箄上，锅内盛足清水，在锅上方倒扣一长方形木桶罩住料捆，加火蒸料。此法操作简单省力，但蒸出的枝条受热不均，难以剥皮，而且蒸煮时间长达 24 小时，较前法费时，一般不宜采用。

经此工序制成的皮料称为熟料，缺此道工序制作的皮料称生料。用生料制作的宣纸质量远不如熟料纸。

3．浸泡

将蒸煮好的枝条放入冷水中浸泡。圆桶法只要 12 小时，方桶法则需 2 ~ 3 天。

4 ~ 5．剥皮、晒干

将浸泡好的枝条捞起，剥皮，晒干，如图 2–7，然后将干皮（毛皮）扎成小把，再将若干小把捆在一起，每捆重 25 ~ 50 公斤。毛皮必须放在干燥通风处贮藏，以免霉烂。由于崎岖山林间车辆无法驶入，人们每天从高山上剥下青檀树皮，一捆一捆背下山，所以剥青檀树皮的工作十分艰辛，而且收入不高，现在年轻人宁愿外出打工。

图 2–5　轮伐的青檀林

图 2–6　蒸料用甑内部结构（锅箄）

图 2–7　剥青檀皮（黄飞松提供）

6．水浸

取出毛皮，放在大木桶中，如图 2–8，加水浸泡一二个小时。打开捆，把小把毛皮一一梳理整齐。风干后，再将若干小把扎成一捆。经过这道工序，毛皮变得柔软、易理齐，而且更容易吸附石灰水。

7．解皮

将浸泡过的皮料捆解开，重新整理扎把，如图 2–9，每把重 0.9 公斤左右，扎结部松紧要适当。注意抽掉皮内骨柴，将碎皮整理成束，遇到宽皮要撕开，还要剔出生皮、老皮，另作处理。

8．渍灰

将制备好的石灰水盛入大木盆或石灰池中，用木杆铁钩将小把毛皮浸入石灰水中，使之饱吸石灰水，

图 2–8　将毛皮放入大木桶，加水浸泡（黄飞松提供）

图 2–9　扎皮料把

如图 2–10。每 50 公斤风干的毛皮用石灰 25 公斤。

9．腌沤

将浸透石灰水的毛皮堆置在池边空地上腌沤，根据气温不同，腌沤的时间一般在半个月到 40 天左右。

图 2–10　渍灰和腌置檀皮

10．灰蒸

腌沤过的皮料置入甑锅，盖顶，加火蒸煮 10 ~ 12 小时，待蒸汽透至甑顶即不再添柴，停置一夜，即可取出。

11．踩皮

出锅前先洒水，然后取出皮料，放在蒸锅边地面上，穿鞋踩踏，除去皮壳，如图 2–11。注意各部分都要踏踩到位，既要防止“干心”，又要防止“出黄鳝头”，当然硬皮要多踏，软皮要少踏。

图 2–11　踩皮（黄飞松提供）

12．腌置

踩过的皮把重新堆起，注意要堆紧，上面加盖稻草，根据气温高低堆置 5 ~ 10 日不等。

13．洗皮坯

打开料堆，将皮料搬运至溪边，放入水中，先浸泡一小时左右，让其中的部分石灰水自然流失，然后踩踏或揉洗，如图 2–12，除去石灰和黑壳等杂质。最后将洗过的皮坯堆放在水中，周围用竹栏围起，以防止碎皮流失，任水流浸漂冲洗一夜。

图 2–12　洗皮坯（黄飞松提供）

14．晒皮坯

第二天，捞起皮坯，注意回收下脚料。将料把放在板凳面上，拣去其中残存的石灰渣子及黑壳等杂质，然后铺在石滩上晾晒。摊晒时注意从上往下牵直，轻放摊开。摊晒过程中，每当雨天过后，都要翻一遍料，翻晒从坡上开始直到坡下，翻晒时注意将皮料牵直抖松。

15．收皮坯

见过一场雨并且晒干之后即可收皮坯（俗称“下摊”），注意将碎皮清理干净。堆放皮坯时要注意防潮，堆底要填衬堆脚，并做好清洁工作。

一般来说，50 公斤毛皮可制得皮坯 20 ～ 25 公斤（均以风干重量计）。

16．改把

在进行碱蒸之前，先将干皮坯改把（俗称“支皮坯”），不打开原先的小把，只是将每 5 小把扎成一大把，抖去灰渣，理齐扎紧。

17．氽皮

在大木桶中放入煮沸的烧碱溶液（浓度约为 9%），将皮坯放入碱水中浸一道水，每次放入的量不宜多。一开始碱水的浓度较高，放下去之后随即捞起，以后碱水的浓度逐渐降低，皮坯在碱水中浸泡一会儿才捞起，等到大半的料都氽过之后，要添加适量的碱，最后等碱水快用完时，用碎皮把剩余碱水吸干。全部完成之后，将浸过碱液的皮坯都堆放在大桶里过夜。

18．碱蒸

先从桶内取出全部氽过碱的皮坯，堆放在木架子上，在蒸锅内注入清水，同时生火加热，将皮坯按人字路套装，如图 2–13，每一层都要松紧一致，待全锅装满后，上口盖上麻布，麻布上再敷以干的草木灰。加火蒸煮约 12 小时，见蒸汽透至木甑顶口，并浸湿上面的草木灰时即可停火，待冷。

每 50 公斤皮坯（风干重）约需使用纯碱 7.5 公斤。根据皮料的老嫩程度，碱液浓度和蒸煮时间应作相应的调整。

图 2–13　碱蒸皮料

19．洗涤

去掉锅头的密封物，将碱蒸过的皮坯取出，放入清水池中，洗去其中的碱液。漂清后捞起，堆放在岸边，滤去水分。

20．晒渡皮

碱蒸洗净的皮坯俗称“渡皮”，滤完水分后挑送至晒料的石滩，按次序轻放，解开大把，以原小把为单位，将渡皮牵直摊开。10 天左右后翻晾一次，如图 2–14，依旧是从坡上开始，一直到坡下。翻动过程中注意不能踩踏渡皮，随时将碎皮包在皮把内。翻晾后 10 日左右收皮下滩，下滩时注意将碎皮收清。

图 2–14　卢一葵向笔者演示翻晒渡皮

21．撕选

将干渡皮加水润湿，然后解开皮把，理齐，将原宽度约 20 厘米的皮坯撕成 4 ～ 7 厘米宽的窄条，晾挂在竹篙上，从上往下分开，每把皮中的碎皮和骨柴都要过清，将黑皮、老皮和有斑点的皮选出来，另作处理，如图 2–15，再将每两小把合扎成一个大把，挂在竹架上，待摊，如图 2–16。

图 2–15　撕选

图 2–16　将撕选过的渡皮挂在竹架上（黄飞松提供）

图 2–17　已经晒好的燎皮（黄飞松提供）

图 2–18　归库燎皮

22．摊晒

将经过撕选的皮即“青皮”运至晒滩，均匀地摊开晾晒。摊晒的顺序依然是从上而下，从左到右，将皮把一把把牵直摊平，注意做到厚薄均匀，四角分清齐缝。青皮经过日晒雨淋，渐渐变白。现代摊晒时间约为一个月，中间翻晒一次。这样就制得干青皮。过去制作上等和特等青皮往往需要四个月左右。摊晒期间要使皮料受雨淋 2 ～ 3 次，并接受充足的阳光。见皮表面白度适合时，即将皮翻晒，如图 2–17，要求与前述一致，待皮完全变白时，摊晒完毕，即制得青皮。每 50 公斤毛皮可制得青皮 20 公斤左右。此工序是宣纸传统工艺中的关键。造宣纸不用强碱蒸煮，不用高温高压，也不用腐蚀性强的漂白粉，就是通过这种长时间的摊晒，使纤维逐渐纯化、白净、柔软。

23．二次碱蒸

同工序 18，用碱量可减少为每 50 公斤青皮用纯碱 4.5 公斤。

24．洗涤

同工序 19。

25．二次摊晒

同工序 22，所需时间约 1 个月，中间需要雨淋一次，翻一次。

经过以上三个工序，青皮已被制成燎皮，归入原料库，待用，如图 2–18。

26．鞭皮

用竹鞭反复抽打燎皮或青皮，并除掉残留其中的枝条顶端的茎杆（骨柴）、石灰渣子、拌落灰尘等夹杂物。得到的皮料称“下槽皮”。

27．三次碱蒸

将下槽皮分卷成小卷，每小卷 5 公斤，再按工序 18 碱蒸一次，时间为 6 ～ 12 小时。

28．洗皮

将碱蒸后的皮料放入流水中清洗，先用大块麻布围垫在水中，防止皮料中纤维的流失，再把皮料逐把放入其中。大皮用棍子摆洗，轻摆轻漂，边漂边起，边起边滤水，使灰渣随水流流走。碎皮用竹箩浮洗，要两面洗，翻一次箩后，边转竹箩框，边漂边浮，以洗去灰渣。洗完皮要用大小棍子捞净皮绒，不能浪费，如图 2–19。

图 2–19　洗皮老照片（黄飞松提供）

29．压榨

洗涤后，将皮料扎成小把，用木榨榨出皮中的污汁等。原先使用的木榨很费力，后改用如图 2–20 所示的螺旋榨，近年来有的厂引进新设备，用电动的离心机抛干，进一步节省了人力。

图 2–20　压榨

30．检皮

又称“选检”。首先清洁工作场地，然后用竹刀开皮，边开边抖。择皮时手要离筛将皮料牵直，重点是将皮头根、斑点、黄鳝头、骨柴和野垃圾等次等皮剔选出来，如图 2–21，遇到阔皮要撕开。选检好的皮料，自己复检一次，用手将皮提起，透光照过，合格者才能放入桶内。

图 2–21　检皮

严格地说还有一道选皮工序，主要是将皮料按皮质分出等级。

31．做胎

取适时的皮料，并整理成块，准备用碓打。

32．舂料

向皮料胎上洒适量的水，然后将皮料胎放进碓中舂打。在此过程中反复翻动，使之成为“皮饼”、“皮条”，每块重 1 ～ 2.5 公斤。检验方法：取少量皮料放入一大碗中，加入清水，用筷子搅拌至匀，停止搅拌后水中纤维不成束，说明打皮程度适中。

20 世纪 50 年代以前一直使用水碓或脚踏碓舂打纸浆，如图 2–22，50 年代开始逐渐用“化学皮”工艺替代燎皮工艺，采用打浆机制浆，只有小规模的作坊仍保留碓打工艺。90 年代开始，碓打工艺基本消失。直到近些年从小岭千年古宣宣纸厂开始恢复这一工艺，采用电动碓舂料，如图 2–23。后来中国宣纸集团公司等恢复古法工艺纷纷采用电动碓舂打

图 2–22　舂打皮料的老照片（黄飞松提供）

图 2–23 千年古宣宣纸厂采用电动碓舂打皮料

图 2–24 切皮（黄飞松提供）

纸料。

33．切皮

将皮条用长刀切成碎快，越细越小越好，过长过粗可造成纤维绞织成束，导致纸面不匀细。具体操作：将皮条或皮饼置于一厚木板上，用竹片压好，用绳子系紧，用切料刀细切。随切随移动竹片，直到将皮料全部切完。图 2–24 中师傅在进行切皮操作。

34．踩料

俗称“做皮”。将适量切细的皮料盛入一埋在地下的缸内，用手压紧，作为放水的标准，放水盖住料面，停置隔夜，次日清晨踩料。如图 2–25 所示，赤脚踩料，下脚之前先用干净棍子撬松，踩料约 40 分钟后，适量加水，再踩 15 分钟左右，使皮料纤维完全散开。注意剔除其中“死皮索”和“皮疙瘩”之类的杂质。

35．淘洗

亦称“袋料”。将踩好的皮料装入洗净的棉布袋内（一缸料一般分装两三袋），挑至袋料池边，将袋

图 2–25 踩料

图 2–26 袋料

口在袋料梁上系好，防止布袋滑入水池中使皮料流出，然后将整袋料放入池中浸泡。袋料时，将布袋拖出，放在袋料台上，一手牵着袋口防止皮料从袋内流出，双脚依次踩踏布袋，使袋中皮料成糊状。将布袋重新拖入水池中，将扒杆伸进袋内，将袋口在留有一尺左右的位置系紧，使扒杆的头部能够触及料袋的两个底角。用扒杆袋料很有技巧，例如，要使袋中鼓足气，以让出足够的空间使纤维在袋内流动，如图 2–26。待袋中出水完全变清后，还要再拉几个猛扒方能起袋。

淘洗过的纸料即成皮料浆，放入专用料缸内待用。

第三节　宣纸草料浆的制作

据说早期宣纸全部用青檀皮制作，后因原料不足掺入部分草料，改用混料浆制作。经过长期实践，人们发现经过复杂的工艺制备的草料浆与青檀皮料浆按比例混合，能够制作出各具特点的不同品种的宣纸。例如，所谓“棉料”宣纸就是用 80% 的草料浆加 20% 的皮料浆制作的，最适于书法创作使用。因此，现代宣纸制作技艺中草料浆的制作占有与皮料浆同等重要的地位。经过数十道工序将沙田稻草制作成优质的宣纸原料，其工艺价值在手工纸制作技艺中堪称一绝。

宣纸所用草料以沙田、沙壤土田所产秆高节少的红壳稻中稻草为上品。草秆不仅不能带有霉斑，色泽要鲜明，而且对产地也有要求。据有经验的老纸工称，泾县安吴一带的沙田稻草品质最佳。自 20 世纪 80 年代初中国大面积推广种植杂交水稻以后，随着当地农民越来越多地改种优质高产的杂交稻，宣纸草料浆制作的原料问题逐渐凸显出来。实践证明，杂交稻稻草本身质量远不如老品种，以此为原料生产的宣纸不仅工艺难控制，成本显著提高，而且质量有所下降，在很长一个时期成为困扰宣纸业界的一大问题。

为了保证宣纸的质量，多年前像中国宣纸集团这样具有较强实力的企业就开始着手承包一些农田，让农民种植高秆稻。图 2–27 所示即为高秆稻田。近几年，在恢复古法宣纸制作技艺浪潮的推动下，不少企业纷纷效仿，建设自己的原料基地，以满足制作高档古法宣纸的需要。

图 2–27　汪六吉宣纸厂草料浆原料基地（插红旗以示区别）

宣纸草料浆制作包括以下 32 道主要工序。

1．选草

稻子成熟收割之后，即脱去稻粒，然后对稻草进行初步处理。抓住一束稻草的草穗部，倒举起来使根部松散，然后用力往下甩，使草衣暴露，如图 2–28 右边一人操作所示：用脚踩住草穗或用双腿夹住草穗，用手梳去草衣，同时剔出稗草。

将梳后的草束扎成小把，再将若干小把捆成大捆，然后直立堆放于干燥的石子地面上。盖上草衣，地面四周挖掘水沟，以免雨天积水受潮、霉变。堆放一二个月，任其自然风干。

2．破节

打开草捆，取出草把，双手掐住草把使之根部向下垂直地面，在平整地面上“跺”，使根部平齐；在木墩上切除草穗，如图 2–28 左边一人操作所示；接着过碓从头部往根部依次反复捶打，在草节处要多打几下，使之破裂。

松开草把，用两膝夹紧，取下扎把用的稻草，掺夹入草把中，用手两面拍打，除去残留的草衣，再扎成 1 公斤左右的小把，每 40 小把捆成一捆。

图 2–28　左边一人切草穗，右边一人去草衣

3．浸泡

俗称“水浸”、“压浸”或“埋浸”。将草捆整齐地摆放在溪水中，压以沙石，使之浸没。草捆不能露出水面，否则易腐烂。浸泡时间随季节而异，为 1 ～ 2 个月。浸泡可使稻草中的部分胶质物和色素被溶解掉，从而减少后面工序中石灰和碱的用量，提高草料浆的质量。原为土黄色的稻草浸泡后变为土白色。据说过去也有用“抛浸”法，将草捆抛入静水池中，浮在水面上，每过一段时间需要翻捆，这样才能泡透，显然没有“埋浸”法效果好。

4．滤水

将水浸后的草捆松开，用“月牙钩”勾起小把稻草在水中摆洗，洗去其中污水和杂物，堆放在岸上过夜，自然滤去水分。

5．浆灰

在石灰池边准备堆草腌沤的高出周围地区的平台面上先撒上一层废草，泼上石灰水，以防止成堆后的草堆堆脚腐烂。把洗好的草把浸入石灰池中的石灰水里，用带挽钩的竹竿勾住草把在灰浆中翻身搅拌，使灰水均匀渗透草内，特别注意将草把扎结处浸透，然后将草束靠桶边钩出堆放。每公斤稻草要用 0.5 公斤石灰。

6．腌沤

将浆过灰的草把在石灰池边堆积起来。堆时将秸秆较硬的稻草堆在中间，较软的堆在外面。每把草之间要紧靠，不留缝隙，防止透风，造成草料腐烂。每一层的边缘都要齐整，堆好后四周还要洒些石灰水。

腌沤时间随气温高低而不同，一般为冬天 30 ～ 40 天，夏季 7 ～ 10 天。发酵一段时间，草堆里的草束变色后要翻一次堆，不同季节变色情况不同，一般而言，冬天呈老黄色，夏天呈嫩黄色。翻堆前在草堆四周浇上石灰水，然后将整堆翻开，把堆在靠近边缘的草转到堆心，把堆心处的草翻到外面，进行内外翻转、上下调换。翻堆时仍需要堆紧，不留缝隙。翻堆后，草堆的四周再泼上石灰水，以增加热度，堆好后再腌。当稻草的黄色褪浅，蜡色变淡，稻秆看上去油光发亮，且放到水中能自行脱灰时，就算腌沤好了。

发酵时间受气温等因素影响很大，若掌握不当，极易造成断节、霉烂，因此，堆置发酵期间必须随时检查，只有经验丰富的师傅才可以准确掌握火候。

7．涮洗

拆堆，将腌沤过的草把运到溪流边摆洗，涮去石灰。腌沤的草堆有很多，各堆腌沤的程度有所不同，洗涤时一定要逐堆清洗，不能混淆。涮洗过的草把要依次放在岸边滤水，每完成一个草堆要清理一次水池，收捞碎草，避免浪费。洗去石灰渣的草堆，静置在岸上过夜。

8．摊晒

次日，从上往下依次从草堆取草，挑送到杂草地或简易晒滩上摊晒，如图2–29。取草时要轻取轻放，不能散乱。晒草过程中先要经一次雨淋，打翻一遍后，再经一二次雨淋，晒干后即成草坯。每50公斤洁净稻草可得草坯40公斤。

图2–29　晒草料（深色为新晒草料，白色为晒好的草料）

9．打堆

将晒干的草坯捆收起来，在干燥、光照条件好的地方将草坯堆成锥形贮存。捆收时注意清除杂质，抖拍掉草坯中残存的余灰，清理碎草。草坯堆用碎石和河卵石铺填足够高度的堆脚；基面层也应有一定的坡度，以免积水，如图2–30；垛基四周要挖好水沟，保证排水畅通。草堆头务必盖牢封紧，以免雨水渗漏入堆导致堆内的草受潮霉变。

图2–30　草堆

10．抖草坯

选择晴天掀开草堆，用木杈将草坯抖松，抖落附在草坯上的石灰渣子、灰尘和其他杂物。草坯中的石灰水在堆放过程中吸收空气中的二氧化碳形成有害的碳酸钙粉尘颗粒，不易水洗，却易于在干燥条件下抖落，因此，这一工序只能在干爽的晴天进行。

抖草坯有不同的方法。最好采用“放堆抖”，从草坯堆的堆头开始依次取草，一次完成。功效高，速度快。但如果劳力不足，则只能改用“抽心抖”（亦称“抽堆抖”），即在堆的周围抽心取草，把草坯拉出来抖。采用第二种方法虽然不彻底，由于没有破坏堆头、堆脚，即使抖不完，也不影响剩余草坯在野外储存，不会因拆堆之后未抖完的草坯在野外遇风雨天气而造成损失。

图2–31　端料

11．浸碱液

俗称“端料”。把草坯放入盛有碱液的木桶中浸泡，数分钟后取出，堆放在旁边的木架子上，如图2–31。具体方法：在端料桶中配备适宜浓度的烧碱（早期使用桐碱或草木灰，1894年后开始使用纯碱，20世纪60年代改用烧碱）液。将抖好的草坯放在碱液内浸泡4～5分钟。将端过碱液的草坯贴着端料桶壁（目的是让其中多余的碱液流回）提起，折成三段盘起，放在木桶上用木头搭成的架子上。堆放时注意挤紧，尽可能阻止其中的碱液（俗称“灰汤”）流失。每桶碱液先端的料称“上桶”，后半桶端料称“下盆”，最后留在灰汤中的料称“灰汤草”。每50公斤草坯用纯碱3公斤。

12．装锅

端过料的草坯静置一夜后装入蒸锅内汽蒸。装锅前，锅内先放入清水至锅上方第三块砖（约15厘米）

处。将草坯装入篁锅中，装料的顺序与端料先后的顺序正好相反：先装灰汤草，再装下盆，最后装上桶，如图 2–32。装料一定要均匀，否则会造成蒸料的生熟不均。篁中间蒸汽最足，所以中间装料最多，使顶部呈馒头形。根据需要在一些装得过紧的部位打孔通汽。装锅完毕即烧火，待蒸锅四周均冒蒸汽，如图 2–33，即用麻袋将顶部盖严，用泥灰密封。

图 2–32 装锅（黄飞松提供）

13．蒸料

连续加火 12 ～ 15 小时，待甑顶及四周蒸汽均匀透出时，停火焖一夜，即可出锅。我们于 20 世纪末在汪同和厂看到的蒸料仍采用传统的蒸料方式，只是不烧柴而用煤，现在规模较大的企业采用锅炉蒸汽蒸煮。

图 2–33 装料完工时即开始生火加热

14．出锅

第二天，清除泥灰，揭下封顶，取出蒸好的草料，注意轻取轻放，按顺序堆放。锅底热灰汤可循环利用。

15．洗料

将草料运至溪水边，摆放一定的厚度，盖上竹帘，泼清水反复淋洗，除去其中的碱液，如图 2–34。或将草料放在大竹篮里，连竹篮一起放在溪水中直接漂洗，直到草中碱液已尽，冲洗出来的水完全变清为止。此时稻草已变为嫩黄泛白色。

16．晒干

次日将洗净的草料运至晒滩，打开摊晒，此时草料已经很脆弱，在操作过程中注意轻拿轻放，以防折断草料。注意草丝要顺着坡面上下放，以利于排水。

17．翻草块

草块晒干后要即时翻晒，如图 2–35，翻草的顺序是从下往上，收拾好碎草放在翻过的草块上。

18．收草块

图 2–34 洗草料

草块晒干后收回，收回的草块，俗称“渡草”，收草一定要干。将原块四至五个草块卷折成一大卷，如图 2–36。草块收起后，要将晒滩清扫干净，如图 2–37。由于山坡上无法使用车辆等工具，收起的干草卷只有通过人工背扛下山，如图 2–38，堆放于干燥地。

19．抖草

渡草经过撕松、抖除余灰，挑拣其中残存的石灰渣、坏草及其他杂质，如图 2–39，然后做成扇形草块，每块重约 1.5 公斤。

20．摊晒

日光漂白。将草块运至晒滩摊开晾晒 4 个月左右，中间翻晒一次。摊晒时草要摊得薄而匀，每四个扇形草块拼成一个正方形，块与块间要齐边隔缝，以防夹黄和被风吹散。见雨后晒干翻一次（俗称“翻青草”），翻草一般从上翻下，四围齐边，要剔除混入草内的垃圾和嫩枝。见第二次雨后，继续露晒一段时期，至草呈嫩白色，即成青草收下山。

摊晒后的草料称“青草”，收回后存入草料房。摊晒时间要根据日晒和雨水条件以及对草料的要求而定，有的缩短至两个月。每 40 公斤草坯可得青草 25 公斤。

21．二次碱蒸、洗涤

重复第 11 ～ 15 五道工序。碱蒸后再洗净，进一步纯化草料纤维。

22．二次摊晒

第二天，将洗净的青草运至晒滩再摊晒一遍，操作同工序 20，时间为 3 ～ 4 个月，中间翻晒一遍。二次摊晒后，草已收身，不见茎孔，白净柔软，称“燎草”。每 50 公斤青草可得燎草 25 公斤。

23．收燎草

在干爽的晴天进行，归库的燎草如图 2–40 所示。燎草在石滩上摊晒容易混入沙石等杂物，所以收草时要进行“退沙”。取一定量的燎草，抖去杂物，求出含沙率。在计算燎草的分量时按含沙率打折扣。收草结束时注意清扫石滩，回收碎草。

24．鞭草

在桌面上垫上一块竹篾编成的有细孔的竹垫子，将燎草置于其上，用细木条鞭打，并不断翻抖，除掉杂质，如图 2–41 所示。将鞭打后的燎草卷成小卷，每卷重约 1.25 公斤。鞭草过程中竹垫子上留下不少燎草

图 2–35 翻草块（黄飞松提供）

图 2–36 收草块（黄飞松提供）

图 2–37 扫石滩（黄飞松提供）

图 2–38 背草料下山（黄飞松提供）

图 2–39　抖草（黄飞松提供）

图 2–40　存入仓库中的燎草

图 2–41　鞭草（黄飞松提供）

图 2–42　国家级传承人邢春荣（右）在洗草料（黄飞松提供）

纤维，可用来制造包装纸。将整捆燎草平放在地上，顺草纹用大棍子抽打，抽打分散后，用棍子挑抖，抖去燎草中的硬性垃圾沙石，拣去燎草中的骨柴和树叶，分堆一边。将用大棍子打好的燎草抱上草筛，摊开后用小棍子反复鞭打，边鞭打边抖去污沙、垃圾、草末、灰尘，等燎草全部鞭打散开后，再卷成重约 1.25 公斤的草块。

25．洗草

将鞭好的草块放在竹丝箩筐中进行淘洗，如图 2–42，每筐洗一个草块。洗时在箩中将草块摊开，连同箩筐放进水里，轻轻将草按入水中，边按边转动箩筐。然后一手转动箩筐，另一手插进草内搅动。当箩筐边的石灰水稍少时即可“翻箩”：两手分抓箩筐的两边，簸动箩筐，使其中的草料向自己身边移动，等草料移动到箩框靠近自己的边缘时，将箩筐放在水池岸边，双手抓草由内向外翻，翻过来再洗一遍。

26．浮箩

将箩筐抵住近前的水池边，提起，沥水，再放进水里，草浮起后迅速抽去箩，让草漂浮，再将箩插入水里托住慢慢下沉的草，并顺势提起，然后靠池边转动，用手将湿草稍稍挤压，先将两边叠起，形成一定宽度的条状，再从近前一端起卷，形成圆柱状的草块。草块的长度要基本一致。

27．压榨

将圆柱状的草块横着排放在木榨上，四边要整齐，盖上板，再上榨杆，压榨挤水。

28．选检

先清洁工作场地，然后将榨干的草卷放在“皮草台”上，用竹刀打开草卷，反复抖动，使灰渣、杂质、未打开的草节从竹筛眼中掉落在下面的筛床上。此过程俗称“开草”。开完草再仔细选检，剔去草黄筋、穗叶、未晒白的有色草及其他杂物。

29．舂料

与皮料“打皮”雷同。过去用踏碓或水碓，现在改用电动碓，如图 2–43，大大提高了生产效率。每臼装干草料约 25 公斤，加适量清水，舂打约 12 小时。待草料碎细，纤维长度适中，且均匀散开无结球，

图 2-43 在千年古宣生产基地看到的舂打草料的电动碓

草料即成。检验的方法与皮料检验方法相同。所得草料装入料缸。

开碓之前要做好清洁工作，不要让碓头和地面上的垃圾混入料中。燎草入碓臼时要进行散筋，将碓臼当中及两腮处拉空，使草在舂打过程中容易翻动。散筋时要适量加水（俗称“做水色”），通常硬草干一点，软草要潮一点。开碓，打到四成熟时要停碓“取生”，将招牌、碓臼圈和碓头上的未打到的草清理干净，放回生草桶内；打到七成熟时，酌情从碓后加入适量的水，使草易于翻动；待到近成熟时，要再检验。

在舂打过程中，要时常观察碓臼中草料的翻动情况，根据需要及时进行加水“促草”，如果发现草料板结不动，要停碓用竹板撬铲翻拌，使草料松散均匀。

操作过程中始终注意清洁，碓臼用水要纯净，必要时经布袋过滤；所用的料缸、畚箕等工具都要防止带泥土等杂质入草料中。

30．踩料

将舂好的草料盛入料缸，适量加水，宜干不宜烂，注意查看水色，各缸料水色要大致相当，加盖停放过夜。次日踩料。踩料前先用干净木棍撬松草料，然后由人光脚踏踩，约 50 分钟之后，再次加适量水，接着踩，约半个小时后再加一次水，再踩 20 分钟即可。

31．做纸巾

将裁下的纸的边角料以及破张等不合格的纸张（俗称“纸巾”）还原成纸浆。纸巾下缸前一定要除去上面的灰尘（俗称“料灰”），“摘梢毛”，加水不能多，以防打不透，出现“纸巾片子”。

32．袋料

又称锻料，将棉布料袋洗净后，从缸中取约 5 公斤草料装入袋中，在水中湿一下，用脚将袋中的料踏开成糊状，然后插入袋料杆。袋料时，料袋的两个角必须勾到位，同时注意袋草时袋中不能贯气，直到看不到浑水，说明料已清洗干净，要猛拉两把即可起袋。

将淘净的草料存于缸中，待用。

第四节　宣纸配料浆的制作

宣纸是用一定比例的皮料和草料均匀混合之后得到的混料浆抄制而成的。浆料配比有以下 3 道主要工序：

1．混料

在纸槽中放入适量清水，将前面制备的草料纸浆和皮料纸浆先后按一定比例加入槽中，一般还要再加入少量的道林纸边料浆，打匀。根据不同品种的设计要求，皮料和草料的配比有八二、七三、六四、五五、四六、三七、二八等不同标准。

2．打槽

用小木扒和光洁的木棍搅划槽中纸浆，使之混合均匀，如图 2–44。传统做法：由 5 ~ 6 人协作，用木扒在槽中先打转 5 遍。接着由 4 人分立槽周四侧，用木棍或竹竿有节奏地捣划，其中两人唱数，划捣上千次，再用木扒打旋 3 遍。取少量纸料放在盛有清水的大碗中搅匀，如无成束纤维，就说明浆料已混合均匀。每槽纸浆打槽时间约需 1.5 小时。

3．滤水

从槽中捞起打匀的纸料，装入麻袋，压滤去水分，即得“全料”，存入储料缸（筐），以备次日抄纸用。

图 2–44　打槽

第五节 宣纸成纸工艺流程

宣纸成纸工艺流程包括以下 13 道主要工序。

1．调浆

取“全料”放入纸槽，加入适量清水，用木耙或木棍、竹竿划搅，使料浆均匀。

2．加纸药

将杨藤折断成大致相同长度的段，用木槌捶破后全部浸泡水中过夜，如图 2–45，用弯钩拉动，等药桶里的水能牵起成丝后即可使用，澄清，用药袋过滤到药缸。

图 2–45 做纸药

将纸药加适量入纸浆，再搅匀。

3．抄纸

俗称“捞纸”。宣纸抄纸技法也是宣纸制作技艺中的一项核心技艺，与其他地方的抄纸方法相比具有显著的特色。抄纸人数因纸幅大小而不同，抄四尺至六尺宣一般需要 2 人合作，抄八尺宣 3 人，丈二宣 6 人。纸幅越大，人数越多。2 人以上合作时，由师傅或技艺娴熟者“掌帘”，徒弟“抬帘”，实际上在操作过程中两人的动作要求基本一致。

图 2–46 抬帘

为了准确记录宣纸的抄纸过程，我们先以 2 人合作抄四尺宣为例，采用 14 张图片将一串连贯动作中的关键点记录下来。整个抄纸过程可以分三个阶段。

头帘水形成纸页。班前首先检查所有工具，是否清洁，有无损坏；掌帘、抬帘工分站槽的两头，将帘子放在帘架上，用边尺固定，如图 2–46；抬起后竖起近垂直，从“梢竹”一边斜插入纸浆中，如图 2–47；逐渐端平抬帘出浆面，稍倾，让纸浆流过全帘，多余的部分从“额竹”一边流出，如图 2–48；再端平，帘上即形成一张厚薄均匀的湿纸，如图 2–49。

二帘水是平整纸页。从额竹一边插帘入浆，如图 2–50，不能过于深入，抄起一些纸浆；倾帘，使之流进帘中过半，随即让多余的纸浆从额竹回流出去，如图 2–51；端平，帘上的湿纸在靠近额竹的一边加了个“纸领子”，如图

图 2–47 入槽

图 2–48　提帘

图 2–49　出水

图 2–50　反插

图 2–51　沥水

图 2–52　做纸领子

图 2–53　架帘

图 2–54　提帘子

图 2–55　对额头

图 2–56　覆帘

图 2–57　覆帘

图 2–58　揭帘

图 2–59　提帘

图 2–60　简易计数器（原理如算盘，最大数 99）

图 2–61　将纸中的余料收入袋中

图 2–62　完成一天的工作，师傅正在将纸帘洗净收起

2–52。

最后是“覆帘卸纸”。将整个纸帘放在纸槽的一角，如图 2–53，移开压尺，由掌帘者将覆上一层湿纸的帘子从帘架上取下，如图 2–54；转身，将帘子的额竹一边的小木桩（俗称“额头”）抵住纸垛左边的立柱（这样做可以使每张纸都能对齐），如图 2–55；将帘子覆向纸垛上面，如图 2–56、2–57；然后从额竹一边揭帘，如图 2–58；整帘提起后，将湿纸留在湿纸垛上，如图 2–59。

在掌帘师傅覆帘卸纸的同时，抬帘者协助停放帘架，并负责拨珠计数。抄宣纸用的计数器结构如图 2–60，其形似双桥算盘，每桥分上下两档，上档有一珠，算作 5，下档有四珠，每一珠算作 1，这样两位数最大可记数 99，再加一张即是一刀。

如此反复，张张相叠。每抄 100 张加一次料，搅匀后继续抄。

纸浆纤维的浓度及纸药的浓度由抄纸师傅根据气温等条件灵活掌握。如果一天按工作 8 小时计算，熟练工每帘可抄四尺单宣 700 张左右，用纸药 4 ～ 7 公斤。一张纸帘可连续使用 20 ～ 30 天。每次加料之后抄的头几张纸和下次加料之前抄的后几张纸质量较差，在此之间抄的纸称“半天云”，质量最好。一天的任务完成后，要将剩余纸浆回收起来，如图 2–61；清洗纸槽，并将纸帘等工具清洗后收起，如图 2–62。

整个抄纸过程看上去并不复杂，但实际操作起来却不简单，需要长期反复实践才能熟练掌握。纸张的均匀度、抗拉强度都与抄纸的技法直接相关。熟练的抄纸师傅还可以精准地控制每刀纸的重量，最大限度地减少纸病，而且还要有很高的生产效率。尤其是抄一些特殊品种的纸，如超薄的“蝉翼”纸，由于其单位面积的重量只有普通纸的一半，而且要求张张均匀，只有少数几位功夫很深的师傅才能胜任。还有就是抄超大幅度的纸，需要多人合作，做到统一协调也很不容易。如抄八尺宣一般由四人协同操作，一人掌帘，一人抬帘，一人管额，一人扶梢。抄丈二宣（又名“白露”），一般要六人，一人掌帘，一人抬帘，二人抬额，二人扶梢。抄丈六宣（又名“露皇”）和二丈宣则需要十四人，一人掌帘，一人抬帘，五人掌额，五人扶梢，一人扶额角，一人扶梢角，如图 2–63。操作时各有分工：扶额角和梢角的二人在槽上协助抬帘的送收帘床，上帖时负责拉绳；扶梢五人，其中四人负责提送帘，吸帘，另一人和掌帘及抬帘的负责上档；掌额五人，其中四人负责放帘管筒子，反边二人，顺边二人，另一人在顺边提帘。

图 2–63　抄二丈宣（黄飞松提供）

抄纸技艺难以掌握，而最影响此项技艺传承的还是从事此项工作太过辛苦，每天站在纸槽边，双手浸泡在水中，一年四季，尤其冬夏，其艰苦可想而知。尤其是现在大多数青少年都在学校里学习，很少有人愿意传承此项技艺。

4．榨帖

把当天抄出的纸停放约半小时之后，放在纸榨上，榨去其中水分，使之成为半干的纸块（亦称纸帖），如图 2–64。榨纸加力要适度，要循序渐进，不可过猛过急，否则会使纸叠崩裂成为废品，前功尽弃。具体地说，榨前湿帖水分为 90% ～ 93%，停槽后半小时移帖盖上纸板，20 分钟后上压榨棍，各个帖上完压榨棍，然后按先后次序轮流扳榨，不能连续扳，每隔 5 ～ 10 分钟扳一下，压榨后的湿帖，水分不超过 75%，湿帖送焙

图 2–64　纸叠上螺旋榨之前，先轻压脱水

图 2–65　用螺旋榨榨纸帖

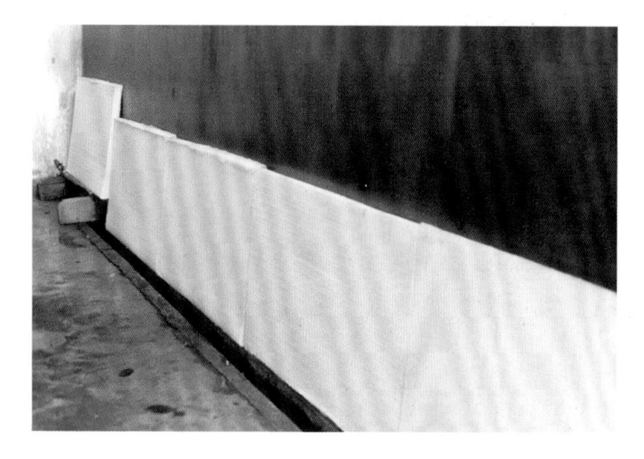

图 2–66　在烤房里烘纸帖

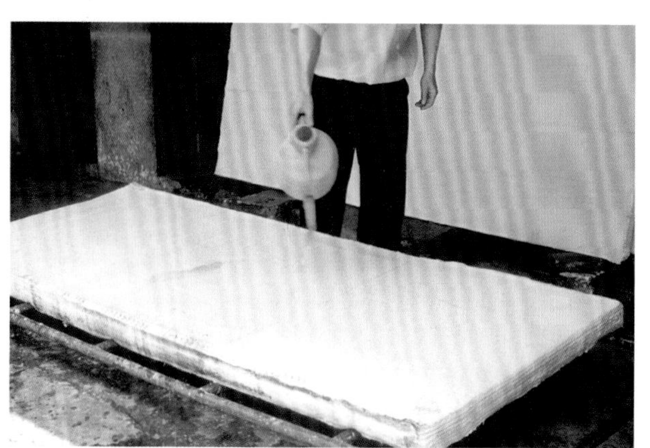

图 2–67　浇纸帖

屋，不能出肚里筋。现代宣纸生产改用螺旋铁榨榨纸，控制力度更加精确，操作也更为方便，如图 2–65。

5．脱水

将纸块送入烤房适度烘烤（如图 2–66）或放在阳光下照晒，使之进一步失去水分。风晒需 2 ～ 4 天，烘烤则较快，一般只需要 2 小时。只是烤房中气温高，蒸发水分较快，操作需要谨慎。先将焙头打扫干净，烤房门窗要关闭，防止串风。湿帖进入焙屋后，靠帖要用壳纸加垫（俗称“垫梢”），防止破帖、“起肚里筋”和“紫色”。炕帖过程中要随时检查，以防黄帖。“通梢”时要将壳纸填好，二面一齐用力。帖下焙头，三人从落手边把帖取下来。炕帖不过性，还可以烤焙和日光晒。

6．淋水

对干燥过快的帖面要洒少量清水（图 2–67），以保持纸块各部分湿度基本一致。烘纸块的目的是使纸药降解收干，并使纸张的强度加大，便于揭分。

不能从额浇，让出 1 厘米左右，水色要均匀，四周浇干净，浇水过多会引起水雀，过少纸则起焙，水浇得快容易起泡（俗称起乌龟），浇帖时要洗稍，浇好的帖放在焙屋过夜，靠在平整洁净的木板上，上面盖好壳纸。

先用清水将纸帖徐徐淋透，使之通透潮润。淋水要缓慢均匀，以免纸内干湿不匀，出现鼓胀，难以揭分。

7．鞭帖

帖上架后，进行鞭帖，鞭帖时，板子要平，鞭密，水鼓处不能鞭，以防挤破。

8．揭分

待纸帖通透湿润后，即可揭纸分张。揭纸俗称“牵纸”，先用薄木板轻轻拍打纸边，并用手指尖将纸

图 2–68　先揭下一角

图 2–69　再揭两边

图 2–70　到达对角后整体牵拉

图 2–71　揭下时用右手毛刷托起

帖四周纸边扭松，然后从纸的一角揭起，逐步扩大至全张。图 2–68 ～图 2–71 中所示为牵一张湿纸的全过程。牵纸也是宣纸制作技艺中的一项核心技艺，需要长期实践才能掌握。师傅传承此项技艺时总结了一些要领，如“手靠架边紧，不离架做帖”，以防“额折”和“花破”；再如“用右手食指或中指点角，不能搽角，要牵三条线，牵纸要沿边，不能离额，断额不过一寸，不扯纸裤”等。

图 2–72　刷纸上墙

9．焙纸

把揭起的湿纸贴在焙墙上烘干。焙屋内要保持清洁，焙脚要干净。

晒好的纸，每个帖稍、额和两头，火炮引屑要除干净，然后折捆。靠焙晒上，手要绷紧，刷路要均匀，起刷后的动作先后为吊角、托晒、抽心、半刷、破额角、挽刷、打八字、挽刷、破稍角、破掐角、收窗口。

左手牵左角，右手持棕毛刷将纸刷在焙墙上，先刷右角，再刷左角，最后从上至下刷遍全纸，如图 2–72。

将焙干的纸揭下来称“收纸”。其技术要领为：“先牵额角，身子站正，脉心要挺，右手提高，靠纸，稍、额掌稳，并排往下撕，稍角不能落地。”即额角揭起，重心要稳，掌心向上，将纸往上提，特别要防止下面的纸边接触地面，如图 2–73。

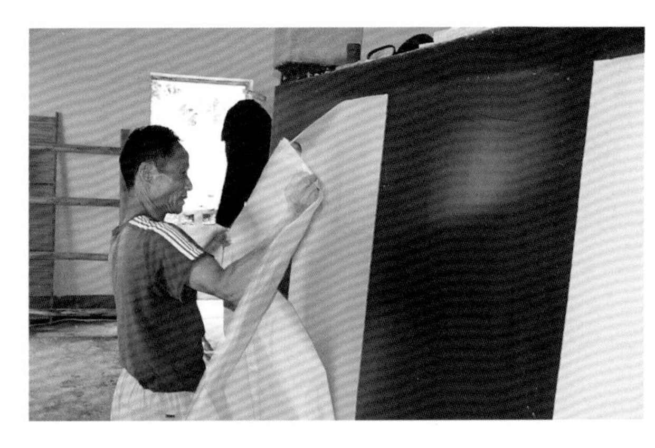

图 2–73　手里带着几张纸去揭纸

图 2–74　将破损部分移至边缘

图 2–75　每一百张做一记号，并加垫包装纸

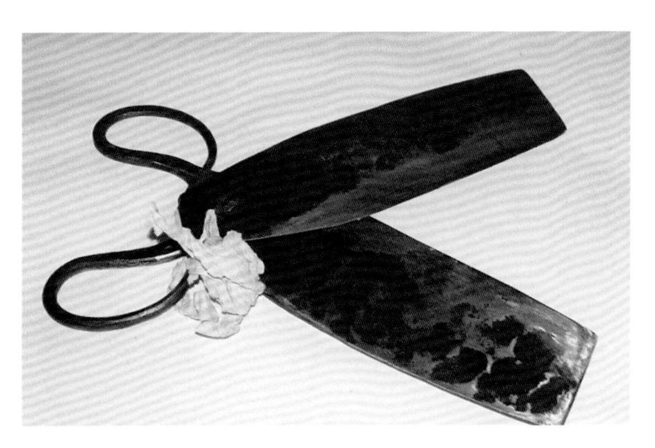

图 2–76　专用裁纸剪刀

一般 7 张一收，9 张一理，四周纸边理齐。一般烘房每面墙可同时贴烘 8 张，每个烘笼（两面墙）两个工人一天可烘四尺单宣 1200 余张，夹宣 600 张。

10．检纸

俗称“看纸”。对每张纸进行检验，将破损部分移至边缘，如图 2–74，剪裁之后仍为好纸。此环节为检验，统称剪纸，在检验之前，先过称、数纸，如图 2–75，然后上剪纸薄。检验前要严格刷稍，并撕清火炮引屑，看纸要用尺量，先看反边，后看顺边。纸上的灰尘、垃圾要刷干净，表面双浆团（俗称扫马连子）和骨柴。

将焙干的纸送到检纸房纸台上，由选纸工人逐张查验，取出其中破张和有纸病等不合格的纸张，并把检验情况反馈回去，以便及时解决前面工序中存在的问题。宣纸的质量要求很高，不仅要光洁均匀，而且对重量也有严格的要求，如棉料四尺单规定每刀重 2.4±0.1 千克，达不到要求的即为不合格品。

11．裁纸边

将检验合格的纸张理齐，用特制大剪刀（图 2–76）按一定规格尺寸剪裁纸的四边，要求四边笔直，小幅纸一剪成功，大幅纸则要均匀用力，边剪边移，一气呵成，如图 2–77。

图 2–77　裁纸边

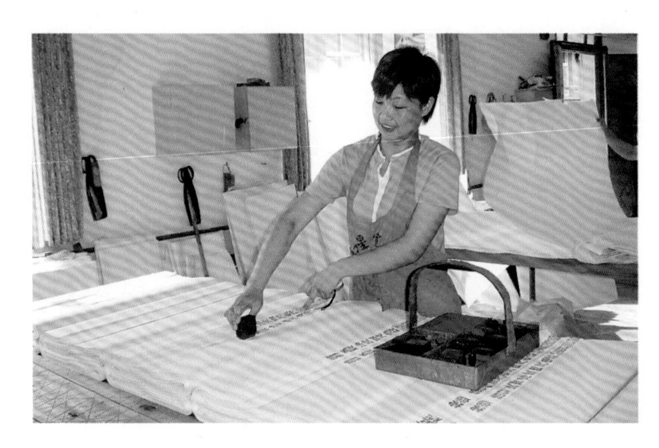

图 2–78　钦印

12．钦印

每 100 张纸分为一刀，剪后加盖印记，如“红星牌　拣选　洁白　玉版　净皮　四尺单宣　乙酉　安徽省泾县宣纸厂”。

钦印时，手要掌稳印章，由下端呈竹节式往上端盖，要整齐、清晰，如图 2–78，盖好刀口印后，正副牌分类堆放好。不同配料的纸巾不能混在一起，纸巾中严防包皮纸巾混入。

13．包装

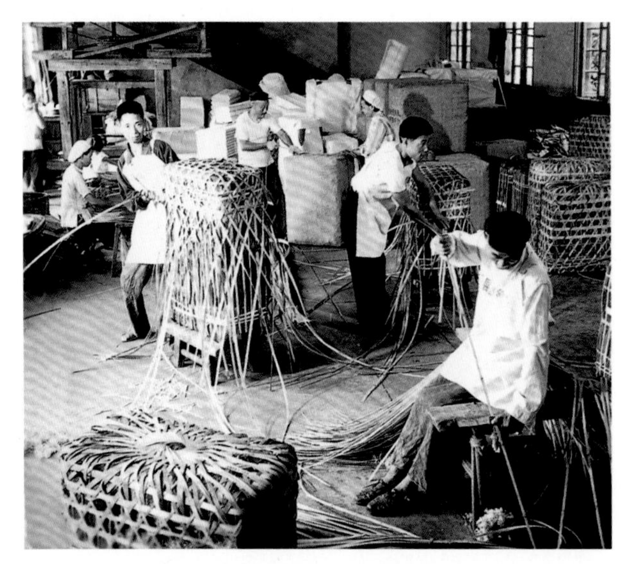

图 2–79　宣纸传统包装方式（黄飞松提供）

成件纸要注意两头平坦，夹上签子，按品种规格确定的刀数打包，内销包装有麻袋和竹篓两种，内用包皮纸成捆，包上箬叶片，再用竹片裹紧，然后打竹篓或用麻布包装成件，如图 2–79；外销包装以纸箱为主，成件后即时标明品名及编号。

然后用有色包装纸包起来。将几刀纸封套为一包，再用防湿纸版箱包装成箱，即为成品。

图 2–80　琳琅满目的宣纸产品（黄飞松提供）

宣纸产品很多，以常规品种为例。按原料配比分为棉料、净皮、特净等；按润染效果分为生宣、熟宣、半熟宣等；按尺幅分为四尺、五尺、六尺、八尺、丈二、丈六、丈八、十丈，以及尺四、尺六、尺八屏等；按厚度（层数）分为单宣、夹宣、三层黄等。此外，帘纹也有区别，有单丝、双丝、罗纹、龟纹等，相应的纸张品种亦有差异。宣纸纸笺的品种更是不胜枚举。此外，近些年还制作了一些特制宣纸，如 1997 年推出的“香港回归纪念特制宣纸”，1999 年推出的“纪念建国五十周年特制宣纸”等，如图 2–80。

宣纸质地绵韧、轻薄美观、墨韵层次清晰、色泽持久、不蛀不腐、抗拉力强，是纸中精品，特别适宜于中国书画的创作。郭沫若先生于 1964 年秋为泾县宣纸厂题词：“宣纸是中国劳动人民所发明的艺术创造，中国的书法和绘画离了它便无从表达艺术的妙味。”（图 2–81）题词恰如其分地说明了宣纸在中国书画创作中的独特价值。

泾县宣纸之所以独树一帜，除如前所述独特的生产原料和生产工艺等方面的原因外，水质的重要性丝毫不容忽视（图 2–82）。泾县地处皖南山区，雨水充沛，泉水终年不断，水质清纯、无杂质、酸碱度适中，最适宜生产优质宣纸。

严格地按传统工艺制造宣纸，从原料到成品大约需要 2 年时间，由于费工费时，成本很高，主要满足高端用户的需求。

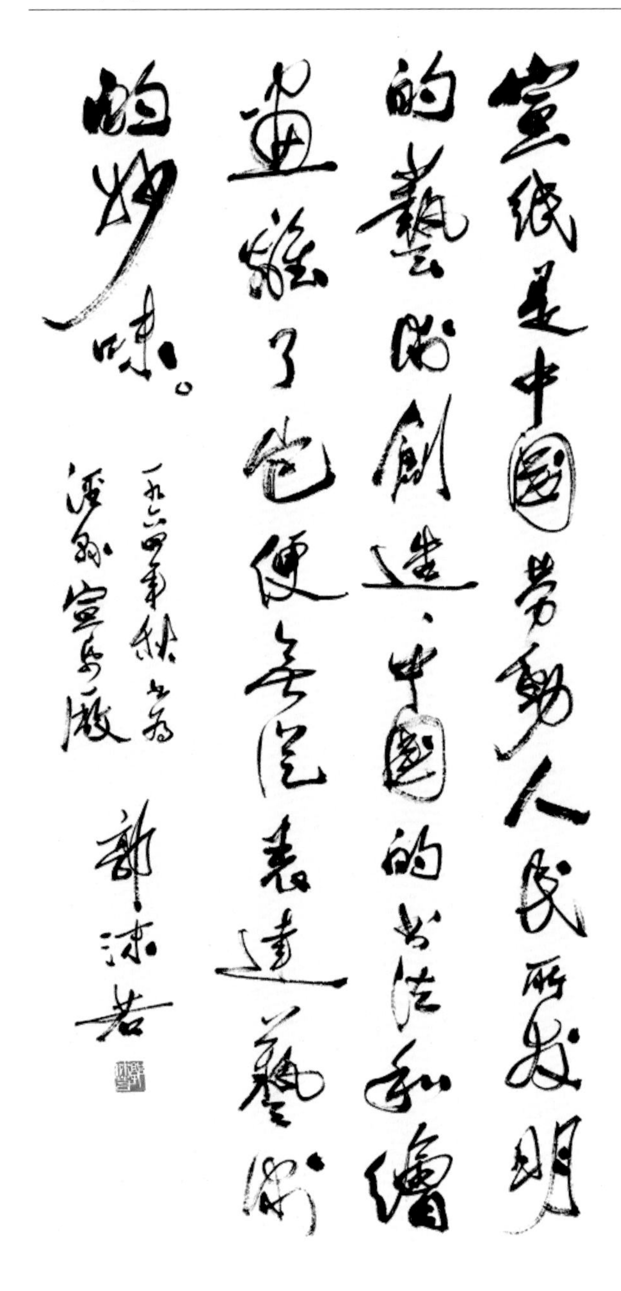
宣纸是中国劳动人民所发明
的艺术创造，中国的书法和绘
画离了它便无法表达艺术
的妙味。
一九六四年秋为
泾县宣纸厂
郭沫若

图 2–81　郭沫若题词（黄飞松提供）

图 2–82　清澈的水流是保障宣纸品质的一个重要因素

调节池

图 2–83　治污系统

现在不少企业已改用半机械方法生产宣纸，省去了皮料的摊晒等复杂工序，生产周期比完全用传统方法生产缩短了约三分之一。采用半机械化生产之后，宣纸的生产原理较之传统工艺并没有多少改变，只是使用机械部分地替代了人力，提高了生产效率，在一定程度上也降低了生产成本，满足了广大普通用户对于宣纸的需求。

值得一提的是，采用半机械化生产之后，宣纸生产中增加了纸浆除砂工序[2]，可看作对宣纸生产工艺的改进。同时，对于制浆过程中造成的污染，近些年泾县宣纸生产企业也按照环保部门的要求加大了治理力度。图 2–83 是我们调查中看到的一个小型宣纸厂的污水处理系统。

第六节　宣纸制作技艺传承情况

宣纸是安徽宣州的特产，具体地说产于泾县，新中国成立以前泾县宣纸生产都是由私营作坊操作，20世纪50年代合作化运动开始，私营作坊陆续改为国营企业和集体企业，先后出现了几家规模较大的宣纸生产企业，80年代以后，随着中国改革开放的不断深入和社会主义市场经济的建立，一些集体企业纷纷改制重组，宣纸生产的组织方式又发生了深刻的变化，除中国宣纸集团公司仍是国有企业外，原乡镇或村办集体所有制企业，现全部改为个体所有制。由于宣纸生产周期长、成本高，目前只有中国宣纸集团公司等少数几家一直坚持生产宣纸，更多宣纸生产企业都以生产“书画纸”（注：以龙须草浆板等为原料，手工抄造，泾县现有书画纸生产作坊约300家）为主，保持宣纸生产能力，或阶段性生产宣纸。

宣纸制作技艺的传承与发展离不开传承人。广义地说，传承人不仅指掌握宣纸制作技艺和直接进行宣纸生产的师傅，也包括为宣纸产业的发展做出贡献的技术人员、研究人员以及管理者和经营者。本节介绍宣纸行业现阶段仍在生产宣纸或阶段性生产宣纸的企业和非遗保护工作开展以来被列入国家和省级名录的代表性传承人。

一、宣纸制作技艺的主要传承单位

1. 中国宣纸集团公司

中国宣纸集团公司是宣纸行业的国营龙头企业，其前身是1951年成立的“泾县宣纸联营处”，为私有股份制性质，1954年开始公私合营，改名为“公私合营泾县宣纸厂”，1966年转为地方国营，更名为“安徽省泾县宣纸厂”。1992年，经安徽省人民政府批准、国家工商局核准，将安徽省泾县宣纸厂、泾县宣纸工业局、中国宣纸公司三个企事业单位合并，成立“中国宣纸集团公司”，继续使用“安徽省泾县宣纸厂”这一从属名称。该厂占地面积约为19万平方米，在职员工人数1126人，80余帘槽的生产能力，生产规模基本保持在75帘槽左右，年产宣纸600吨左右，占宣纸总产量的八成以上。产品除满足国内所有大中小城市的书画家和书画爱好者外，还外销日本、韩国、东南亚等国家和地区。

图2–84　中国宣纸集团大门（黄飞松提供）

中国宣纸集团公司1999年被授予全国精神文明建设先进单位，生产的“红星牌”宣纸是我国宣纸中唯一于1979年、1984年、1989年三次蝉联国家质量金奖的产品，1981年获出口免检权，1994年被国家技术监督局评为质量最佳企业，获亚太地区国际博览会金奖。1999年“红星牌”宣纸商标被国家工商局商标局认定为“中国驰名商标”。2006年被批准为中华老字号，2008年被批准为国家扶贫龙头企业，2009年被授予国家文化出口重点企业，2010年被授予“国家文化产业示范基地”和上海“世博会”特许生产商。

图2–85　中国宣纸集团公司生产的部分产品（黄飞松提供）

多年来，“红星牌”宣纸一直是文房四宝行业中的名牌产品，在国内外市场上享有很高的美誉度和影响力，在新产品开发、应用领域的拓展、包装更新等方面一直走在行业的前列，以纪念1993泾县国际宣纸艺术节、香港回归、澳门回归、建国50周年、神龙祥云、建军80周年、建国60周年、上海世博会、2008北京奥运会、入选人类非物质文化遗产、建党90周年等重大历史事件为题材的特制纪念宣纸系统产品在高端宣纸市场一直是主流，受到国内外市场的追捧。

作为行业中的领军企业，中国宣纸集团公司在宣纸制作技艺的保护方面做出了重要贡献。2002年8月，宣纸被国家批准为“原产地域保护产品”，泾县被批准为“宣纸原产地域”；2006年，宣纸制作技艺被列入首批国家级非物质文化遗产代表作名录；2009年，宣纸传统制作技艺被联合国教科文组织列入人类非物质文化遗产代表作名录，成为文房四宝行业迄今唯一受到国际保护的非物质文化遗产项目。中国宣纸集团公司作为保护单位为此付出了巨大的努力。

2．汪六吉宣纸有限公司

创建于1985年，当时称“泾县汪六吉宣纸厂”，为镇办集体企业，厂址在泾县晏公镇茶冲村。公司的产品以1915年在“太平洋巴拿马万国博览会”上获金质奖章的“汪六吉”为注册商标，改制重组之前有22帘槽，生产规模较大。20世纪90年代初改制重组后更名为“泾县汪六吉宣纸有限公司”，为民营企业，董事长李永喜。汪六吉宣纸1994年荣获亚太国际贸易博览会金奖和上海国际纸张比赛金奖，1997年在“97巴黎国际名优新产品、技术博览会”上获金奖。2004年，“汪六吉”牌宣纸商标被评为“安徽省著名商标”。现常年有4帘槽生产宣纸。2010年，该公司还引进了喷浆工艺生产了4丈超大规模的手工纸。

图2–86　笔者与李正明（右一）、范瓦夏（右二）等合影

3．汪同和宣纸有限公司

“汪同和”也是宣纸老品牌。汪同和宣纸厂始建于1986年4月，为乡镇集体企业，厂址在泾县古坝，这里原是“官坑”宣纸作坊所在地。建厂初期以生产宣纸原料为主，1990年添置了制浆设备，形成了从原料生产到制浆、捞、晒、剪工艺生产整套流水线之后，正式生产宣纸，启用宣纸老作坊号“汪同和”为注册商标。1997年改制重组，更名为泾县汪同和宣纸有限公司，为个体企业，厂长程彩辉。2003年，再更名为“泾县汪同和宣纸有限公司”，有11帘槽生产规模，产品于2010年在中国（合肥）国际博览会上暨第四届中国

工艺美术精品展览会上荣获金奖，“汪同和”商标为安徽省著名商标。现有 7 帘槽，阶段性生产宣纸。

4．千年古宣宣纸厂

个体企业，创办于 21 世纪初，厂长卢一葵，其注册地为县城，生产基地位于小岭的周坑，有 2 帘槽生产规模。该厂虽然经营的历史不长，在当今宣纸制作技艺的传承和发展方面却做出了独特贡献，主要表现在“古法”复原方面的倡导和示范。卢一葵转行从事宣纸生产，起因于一次偶然的机会他认识到当时市场上需要“古法”宣纸而没有人生产。他倾其所有，花了数年时间为复原宣纸古法而努力，终于取得成功。同时，他在继承传统的基础上还不乏创新，采用独特的方法使其产品更为纯净，受到启功、苏士澍等书画名家的充分肯定。

图 2–87　保存至今的“同和纸庄”老招牌

图 2–88　卢一葵（右一）向笔者介绍宣纸原料品质

5．安徽省泾县吉星宣纸厂

该厂为个体企业，于 1997 年在泾川镇上坊湖山坑深山坳原泾县双狮宣纸厂厂址基础上创办，业主胡业斌，有 6 帘槽生产能力，多次被评为“守合同重信用单位”和“先进私营企业”。常年保持 4 帘槽的宣纸生产，是除中国宣纸集团公司外，坚持只生产宣纸，不生产书画纸的企业之一，其注册商标为“日星”、“翔马”。

6．三星宣纸厂

创建于 1985 年，厂址在泾县丁家桥镇李园村，为村办集体企业，村支书张水兵任厂长，后于 21 世纪初改制为私营。该厂在运营高峰期，曾打破昼产夜停单班生产模式，采用停人不停槽的两班生产制，将 14 帘槽的生产能力提高一倍，同时较早采用授权许可方式，请三家新办企业代为生产宣纸。该厂生产的“三星牌”宣纸先后被评为“安徽省著名商标”、“中国乡镇企业名牌产品”，曾荣获“97 国际轻工业产品博览会金奖”。现常年保持 2 帘槽生产，阶段性生产宣纸。

7．桃记宣纸有限公司

1986 年在泾县苏红上漕村七里坑创建，为村办企业，原名为安徽省泾县古艺宣纸厂。2001 年改制重组为个体私营，更名为泾县桃记宣纸厂，2004 年成立安徽省泾县桃记宣纸有限公司，董事长胡青山，有 8 帘槽生产规模，生产的“桃记”宣纸于 2009 年获“第三届全国文化纪念品博览会金奖”，2010 年、2011 年在中国（合肥）国际博览会上暨第四、第五届中国工艺美术精品展览会上荣获金奖。现常年保持 2 帘槽生产，阶段性生产宣纸。

8．玉泉宣纸纸业有限公司

前身是由高玉生创办于 1996 年的泾县玉泉宣纸厂，位于泾县丁家桥镇李园村周家社区，为个体私营企业，有 32 帘槽生产规模，注册商标“玉泉牌”为安徽省著名商标。该公司生产的“玉泉牌”宣纸 2009 年荣获“第三届全国文化纪念品博览会金奖”，2010 年、2011 年在中国（合肥）国际博览会上暨第四、第五届中国工艺美术精品展览会上荣获金奖。常年保持 6 帘槽生产，阶段性生产宣纸。

9．紫金楼宣纸厂

1986 年由曹建勤创建于泾县丁桥乡（现为丁家桥镇）枫坑村，是一家较早创建的私营宣纸生产企业，有 6 帘槽生产规模。1997 年荣获安徽省先进私营企业称号，2000 年在中国文房四宝博览会上被评为“十大名纸”之一，其注册的“曹氏”宣纸商标为安徽省著名商标。常年保持 2 帘槽的生产，阶段性生产宣纸。

10．红叶宣纸厂

原名为丁桥枫坑宣纸厂，于 1985 年在泾县丁桥乡枫坑村创建，为七家人合作创办的联户集体企业，企业正常运行后不久，联户逐渐退出，改成私营个体企业，厂长沈学斌，注册商标改成“生力牌”，1994 年改注成“枫坑红叶牌”，高峰期有 13 帘槽生产能力，2010 年成为股份合作制企业，现仅有 1 帘槽在生产。

11．泾县金星宣纸有限公司

前身为创办于 1984 年的泾县金竹坑宣纸厂，厂长曹金修，为乡（镇）办集体企业，地址在泾县丁桥乡，1990 年更名为泾县金星宣纸厂，厂长黄永堂，当时有 20 帘槽的生产能力。后经改制重组成立泾县金星宣纸有限公司，张必福任董事长。所产“金星”牌宣纸 1990 年被评为“农业部优质产品”，2003 年、2006 年在第十四、十八届中国文房四宝艺术博览会上荣获“十大名纸”称号。现保持 3 帘槽生产规模，以生产书画纸为主。

12．明星宣纸厂

前身为泾县丁桥乡包村宣纸厂，1986 年由姚文明创办，厂址在泾县丁桥乡包村，为个体私营企业。1988 年迁移至今丁家桥镇工业区，更名为泾县金水桥宣纸厂，1993 年首先引进台资，成为宣纸行业中唯一的合资企业，更名为安徽常春纸业有限公司，后改为“明星宣纸厂”，是全县宣纸行业中最早实施“家有厂，外有店”的企业。现有 43 帘槽生产规模。多次被评为“守合同重信用”单位，2011 年被评为“安徽省文化产业示范基地”。近年以生产书画纸为主。

图 2–89　明星宣纸厂厂貌

13．双鹿宣纸有限公司

21 世纪初由张先荣、曹光华、周乃空三人联手创办，在泾川镇园林村，有 6 帘槽的生产规模，只生产宣纸，2011 年停产。

14．曹鸿记纸业有限公司

个体企业，20 世纪 80 年代末朱志永在泾县小岭皮滩创办，有 2 帘槽生产规模，注册的“曹鸿记”商标曾被评为安徽省著名商标。2001 年，整体收购泾县小岭宣纸厂西山车间，2009 年通过招商引资将整个厂转给外来投资者，现无厂房，处于转型时期。

二、宣纸制作技艺代表性传承人

1．国家级代表性传承人邢春荣

邢春荣，男，汉族，1954 年生，安徽泾县人，2006 年入选国家级非物质文化遗产代表性传承人，现为中国宣纸集团公司总工程师，宣纸研究所所长。

图 2-90　邢春荣（左一）在讲授择选质量要求（黄飞松提供）

1973 年，高中尚未毕业的邢春荣被招进宣纸厂，师从曹礼仁师傅从事晒纸工作。他虚心向师傅学习，勤学苦练，较快地掌握了晒纸技艺。他成为师傅之后，热心传授技艺，在十余年晒纸工作中，带出多名弟子。他利用业余时间向其他工种师傅学习，逐渐掌握了宣纸生产其他技艺。

走上管理岗位之后，邢春荣率先提出在宣纸行业中进行管理体系认证。ISO9001 国际质量体系和 ISO14000 国际环境体系认证，是规范企业质量管理和环境保障的可靠保证。他提出将这两项认证工作当作规范质量管理的基础工作来抓，并以此为契机，加大对员工综合素质的培训与考核。经过公司上下一致努力，取得了显著成效。

宣纸生产过去没有具体的理化指标，主要依靠经验掌握。为了实现科学化管理，在邢春荣的带领下，集团公司进行了一系列改革，从原材料进厂到成品售出的每一道环节，都建起一套动态与静态相结合的综合信息收集站，将每位操作工的综合技术素质，生产环节中的环境、天气的变化等信息都进行综合收集，建立信息库。通过数据分析，及时提出纠正与预防方案，以提高经营绩效。2002 年，在邢春荣的参与和推动下，集团公司联合中国标准化委员会将宣纸行业标准 QB/T3515–1999 升格为 GB18739–2002。

2005 年，按照非物质文化遗产保护工作的要求，同时根据市场需求，公司准备恢复 50 多年前的宣纸传统生产工艺。邢春荣带着一班人，通过翻阅大量的历史资料、走访老艺人等方式，将这条生产线恢复起来，这条生产线生产的“古艺宣”、“乾隆贡宣”等产品，作为顶级宣纸在市场上普受欢迎，也为宣纸这一非物质文化遗产本真性传承奠定了基础。

在邢春荣等人的推动下，集团公司从 1997 年开始先后推出香港回归、澳门回归、建国 50 周年纪念宣纸，投放到市场后，深受消费者欢迎。2000 年推出的超大规格宣纸——“二丈宣”和“丈八宣”，还登上同年的吉尼斯世界纪录。之后，又相继开发生产出“建厂 50 周年纪念宣纸”、“抗战胜利 60 周年纪念宣纸”以及“神龙祥云”、“千秋檀神”、“古艺宣”等特种宣纸，都受到市场追捧。

2．安徽省级代表性传承人罗鸣

罗鸣，男，汉族，1972 年生，安徽省泾县人，2010 年入选安徽省级非物质文化遗产代表性传承人，现任中国宣纸集团公司副总经理，分管宣纸生产与质量控制。

罗鸣的家乡童疃乡位于宣纸技艺的发祥地和重要产地泾县小岭的东面，毗邻的南陵县奚滩镇由于水陆交通便利，是明清时期重要的商品集散地，使童疃乡成为古代小岭宣纸陆路通商的必经之地，至今还有古栈道遗迹。

童疃自古产米，是宣纸生产重要的原料基地。罗鸣打小就与收购加工稻草的师傅们打交道，见证了宣纸原料的收集过程，同时着迷于留宿在那里的师傅们所讲的宣纸的故事。

1993 年 8 月，罗鸣从西北轻工业大学本科毕业后，分配到中国宣纸集团公司工作，先从宣纸原料制作入手，系统学习宣纸制作技艺的全过程。他勤学苦练，很快就较全面地掌握了宣纸原料制作技艺。

燎皮制作技术与燎草有所不同，其要求更为细致，自 20 世纪 50 年代停止生产，现在没有经验可供借鉴。罗鸣和他的团队接到复原燎皮制作技艺这一任务后，遍访健在的老艺人，做详细记录，认真研究甄别，排除误传，整理出包含 40 多道工序的一套工艺流程，并反复实践，终于试制成功。用燎皮生产的“古艺宣”一上市就创下销售神话，一年后又开发出“乾隆贡宣”续写传奇。

罗鸣先后出任公司生产办副主任、主任、542 生产区主任，现为中国宣纸集团公司副总经理。走上管理岗位之后，他仍注重不断提高自己的专业素质，不断创新工作思路，先后主持完成的蒸汽盘帖、芒杆替代等技改项目，降低了产品的单位成本和工人的劳动强度。

图 2–91　罗鸣在进行端料操作（黄飞松提供）

3．安徽省级代表性传承人曹光华

曹光华，男，汉族，1954 年生，安徽省泾县人，高级工艺美术师，安徽省工艺美术大师，省人民政府特殊津贴专家，个体企业主，2010 年入选安徽省级非物质文化遗产代表性传承人。连续多届当选为中国文房四宝协会副会长、中国宣纸专业委员会副主任等。

图 2–92　曹光华在讲解翻草料的技术要领

他出身于宣纸世家，其祖父曹石甫是宣纸制作技艺传人，伯祖父曹清和是曹允源“和记”纸号（早期纸号为“曹兴泰”）的主人，其父辈也都是宣纸制作技艺传人。生长在纸乡，自小就耳濡目染宣纸制作技艺，深受宣纸文化的熏陶。

曹光华 1976 年进小岭宣纸原料厂工作，担任厂医院负责人。1986 年任小岭宣纸厂副厂长，1992 年任小岭宣纸厂厂长、党总支书记，1997 年任安徽省泾县红旗宣纸有限责任公司董事长、总经理、党总支书记，同时任中国宣纸集团公司副董事长。

在原小岭宣纸厂工作期间，安徽农业大学潘祖耀教授主持的“宣纸燎草制作革新”项目正处于生产性试验阶段，曹光华作为主要负责人发挥了重要作用。

曹光华曾为刘海粟、吴作人、程十发、方增先、刘大伟、冯大中、范曾、方楚雄、韩美林、韩敏、黄磊生、汪大伟、汪观清、施大畏、郑家声、龚继生、冯其庸、赖少其等多名著名书画家制作特种宣纸。

1999 年 9 月，曹光华制作的“中华九龙宝纸”被人民大会堂特别收藏。以他的名字注册的“曹光华”牌宣纸被中华文房四宝协会授予“国之宝——中国十大名纸”称号，成为“中国 2010 上海世博会特许商品”，并多次荣获全国文房四宝艺术博览会金奖。

4．安徽省级代表性传承人朱建胜

朱建胜，男，汉族，1967 年，安徽泾县人，中国宣纸集团公司捞纸工人，2010 年入选安徽省非物质文化遗产代表性传承人。

1987 年 6 月初中毕业后，朱建胜进入安徽泾县宣纸厂学习捞纸技艺。学徒期间，为尽快全面掌握捞纸各项技术要点，每天坚持早上班，迟下班，仔细揣摩，刻苦钻研捞纸技艺要领，遇到难题，虚心向师傅请教。正式顶岗后，他与搭档经常探讨、演练、交流体会，不断规范技术要领，使技术得到迅速提高。20 多年来，平均年完成任务率达到 170% 以上，成品率达到 98% 以上，是捞纸车间技术骨干。

朱建胜先后参与研发并亲自捞制了香港回归特种纪念宣纸、建国50周年特种纪念宣纸、澳门回归特种宣纸（六尺）等名品，2008年与搭档一起代表公司参加了2008年北京奥运会开幕式展示宣纸传统技艺的捞纸表演，2009年宣纸传统制作技艺申报人类非物质文化遗产代表作时承担了申遗片中捞纸技艺的展示工作，为最终成功申报做出了贡献。

捞纸是一项技术性很强的工作，从学徒工成长为一名能独立顶岗的捞纸工最少需要8个月时间，还要经过多年历练才能成为一名掌帘师傅。在带徒期间，师傅捞纸的成品率会受到较大影响。然而，为了宣纸事业代代有人，朱建胜主动要求传承技艺，先后带过4个徒弟，对弟子言传身教，毫无保留。

5．安徽省级代表性传承人孙双林

孙双林，男，汉族，1967年生，安徽泾县人，安徽省非物质文化遗产宣纸技艺代表性传承人，中国宣纸集团公司捞纸工人。

孙双林出生于泾县琴溪镇马头村，姐姐、姐夫均为泾县宣纸厂老职工，他从小就耳濡目染了宣纸制作工艺，对宣纸制作有浓厚兴趣。1984年12月，他因家境贫寒而辍学后，被招进安徽省泾县宣纸厂（现中国宣纸集团公司），师从著名宣纸艺人沈洁明师傅（他捞制的宣纸曾三次获得国家质量金奖），学习宣纸捞纸技艺。学艺期间他勤奋刻苦，努力钻研技术要领，很快成了一名技术全面的捞纸工，具备大纸、小纸、厚纸、薄纸以及特殊规格纸的抄制能力[行内用“四（尺）、五（尺）、六（尺）一把抓，还有棉连与扎花”称赞抄纸能手]，逐渐成长为公司技术骨干，先后参与研发并捞制香港回归特种纪念宣纸、建国50周年特种纪念宣纸、澳门回归特种宣纸（四尺）等。

多年来，他每天的正品率都保持在97%以上。2008年，他受公司委派作为宣纸捞纸技艺表演者，参加了北京奥运会开幕式捞纸表演拍摄，代表宣纸传统制作技艺亮相于世，2009年，代表中国宣纸集团公司登上央视3套“欢乐中国行　魅力宣城”舞台，为弘扬宣纸文化做出了贡献。他积极传承技艺，带过多名徒弟，言传身教，毫无保留。他的弟子现已成为中国宣纸集团公司捞纸车间的顶梁柱。

6．安徽省级代表性传承人汪息发

汪息发，男，汉族，1971年生，安徽宁国人，安徽省非物质文化遗产代表性传承人，中国宣纸集团公司晒纸工人。

1991年进入安徽省泾县宣纸厂542分厂晒纸车间，师从表哥吴林从事晒纸工作，曾参与研发并晒制了建国50周年、香港回归、澳门回归等特种纪念宣纸（六尺）以及手工制作最大的宣纸二丈（千禧宣）。因技术突出，2007年被公司选调至新成立的古法宣纸生产线，晒制了“古艺宣”、“乾隆贡宣”等高档古艺宣纸，为发掘传统宣纸制作技艺做出了贡献。2009年他参与研发并成功晒制了国家邮票印制局所定制的特种邮票专用宣纸，这一项目的成功，在宣纸晒纸技艺的发展和应用领域的拓展方面进行了有益探索。

2008年，他代表公司参加2008年北京奥运会开幕式宣纸传统制作技艺中的晒纸技艺表演，2009年，宣纸传统制作技艺申报人类非物质文化遗产代表作时，他在宣纸申遗片中表演了宣纸晒纸技艺。

7．安徽省级代表性传承人郑志香

郑志香，女，汉族，1970年生，安徽泾县人，2010年入选安徽省非物质文化遗产代表性传承人，现为中国宣纸集团公司裁纸（又称“剪纸”）工。

郑志香从小就在中国宣纸集团公司子弟学校读书，耳濡目染，对宣纸生产有浓厚的兴趣。1994年，她进入乌溪乡宣纸厂学习宣纸剪纸技艺，仅用4个月时间就掌握了这项被誉为宣纸质量最后一道关的关键工序。1998年，正式进入中国宣纸集团公司312厂从事宣纸检验工作，在长期的六尺、尺八屏、特寸纸等技术要求较高的特殊规格宣纸检验工作中，技能得到了进一步的锻炼和提高。2001 年被调至 542 检验车间，其间负责建国 60 周年等纪念宣纸的检验工作，所在车间集体荣获“省级巾帼文明岗”称号。

由于技能突出，2007 年成立宣纸文化园时，被选入古法宣纸生产车间，从事宣纸剪纸工作。2009 年，集团公司与国家邮票总局共同研制开发新产品宣纸邮票纸，郑志香被公司选派参加邮票纸的检验、压光和接纸工作。宣纸邮票纸生产过程中，对检验工序要求更高，要将裁好的邮票纸在强光下一张张检查，去除纸面上的尘埃、裂口、洞眼、沙粒等瑕疵，研光后还要复检。郑志香出色地完成了任务。

图 2–93　郑志香在进行裁纸操作

2008 年，北京拍摄的奥运会开幕式宣传片上，郑志香代表公司参加了宣纸传统制作技艺剪纸技艺的表演。2009 年，宣纸传统制作技艺申报人类非物质文化遗产代表作时，她在宣纸申遗片中表演了剪纸和打印等技艺。

除了上述已被列入国家级、省级名录的代表性传承人外，还有许多人对宣纸技艺的传承与发展做出过积极贡献，如全国劳动模范赵永成、宣纸文化传播者黄飞松等。

8．全国劳动模范赵永成

赵永成，男，1966 年生，安徽泾县人，1988 年招工进入泾县宣纸厂晒纸车间工作，次年即在全厂技术比武中夺冠，此后又多次荣获“技术标兵”称号。他热心于传帮带，使晒纸车间工人整体技术水平不断提高。1992 年 5 月，公司决定开发“超级贡品宣纸”等 20 多个新品种，赵永成主动请缨，攻克技术难关。有些晒纸工人技术达不到要求，他就不厌其烦地示范传授，帮助他们克服困难，为新产品开发立下功劳。

根据厂里的统计，1988 ~ 1997 年间，赵永成累计加班 1500 个工作日，年完成任务为 153.32%，为企业增产 5000 多刀宣纸，正品率达到 100%，多创造效益 100 多万元。

赵永成多次被上级授予“先进生产者”光荣称号，1996 年被国家轻工业部评为全国轻工系统劳动模范，2000 年被授予“全国劳动模范”称号。

9．古法宣纸的探路者卢一葵

卢一葵，男，1956 年生，安徽泾县人，千年古宣宣纸厂厂长。1973 年开始先后在泾县农机厂、化肥厂、皖南电机厂、桃花潭镇等单位工作，1997 年离职后自主经营小煤矿、水泥厂和桃花潭宾馆，虽然生长在泾县，他一直没有与宣纸结缘。

2000 年的一天，住在卢一葵所经营宾馆中的清华美院胡美生教授正在为买不到自己想要的老工艺生产的宣纸而发愁。卢一葵带着他来到红星厂，找到时任董事长的曹皖生。曹总告诉他，这样的宣纸已经很多年不生产了，就连纸样也难找。后来，卢一葵在一位已经过世的政协的老领导家找到 7 张，转赠给了胡教授。这件事改变了卢一葵的人生，他向胡教授立下誓言：给我五年时间，我一定把这种纸造出来！他的想法很简单：原子弹都能造出来，难道造不出这种以前造出来过的纸？

打这开始，卢一葵一头钻进古法宣纸的复原工作中。所谓古法，关键就是燎皮制作工艺。他四下打听，最后找到一位 80 多岁的老太太做自己的顾问。这位老太太 14 岁嫁到曹家，还记得一些工艺流程。几年间，卢一葵卖掉了自己所有的家产，人也被折磨得不成样子。经过反复试验，至 2003 年底古法宣纸的小样试制成功。

图 2—94　古法宣纸的探路者卢一葵

卢一葵找到文物出版社的苏士澍先生，并通过他将自己的纸带给启功先生。启功先生看到后大加称赞。第二天，卢一葵见到启功先生，向他介绍自己复原古法的过程。启功先生赞叹说，自己有 40 年没有见到这样的纸了，曾多次向安徽省的领导说希望能生产出来，今天终于见到了。

得到了顶级专家的认可，卢一葵觉得自己多年的辛苦没有白费。他建立了自己的生产基地，一方面生产古法宣纸，一方面不断地完善生产工艺。他设计了一套新工艺，有效地降低了纸张的含沙量；他精选原料，并且通过石灰烧制工艺的改进和石灰浓度方面的控制，提高燎皮和燎草的品质。专家认为卢一葵的古法宣纸品质超过清代所制。

古法宣纸目前有四尺、六尺、八尺、正八尺、尺八屏等不同尺幅，扎花一层夹（比单宣稍厚）、二层夹等不同厚度，净皮、棉料、棉连、精制棉连等不同质地的产品。“扎花”又称“蝉翼”，是清代宣纸中已有的品种。古法宣纸厂制作的扎花（四尺）每刀仅重 1.2 千克，还不到同样尺幅净皮（2.8 千克 / 刀）和特净皮（3.1 千克 / 刀）重量的一半，而且纸质均匀，有较强的抗拉力。

千年古宣宣纸厂现有员工 67 人（2011 年），年产量（各种）只有 3000 刀，产值约 1000 万。主要客户为成名的书画家、文博修复单位，销售方式以直销为主。

10．宣纸文化的传播者黄飞松

黄飞松，男，1969 年生，安徽泾县人，现任中国宣纸集团公司宣纸研究所常务副所长。

1985 年，黄飞松弃学后师从曹有芳学习了宣纸制浆中的洗草、做料、袋料等技艺，后又拜师丁延年学习抄纸，几年之后，他在宣纸的原料加工和抄纸等方面成为行家里手，在从事捞纸的时间内，先后收授四名徒弟，其中还有一名至今从事宣纸技术岗位。他刻苦学习，勤于笔耕，受到时任《纸史研究》、《中国文房四宝》杂志主编的黄河先生的赏识，在黄河的影响下，逐步转向宣纸业的调查与研究工作。1998 年，他负责“红星牌”宣纸申报“中国驰名商标”的材料整理工作；2002 年，负责宣纸申报原产地域保护（现为地理标志保护）申报材料撰写工作；2006 年，负责宣纸制作技艺申报国家级非物质文化遗产的文本写作，同年负责中国宣纸集团公司“中华老字号”申报工作；2009 年，负责宣纸传统制作技艺申报联合国教科文组织人类非物质文化遗产代表作的文本制作等工作。所有这些工作都取得了成功。

图 2—95　论证会上的黄飞松

由于具有宣纸制作的实际工作经验，加上十分努力，黄飞松对于宣纸传统制作技艺的调查研究也做得有声有色，发表了多篇相关的论文和著作，为国内多位研究者提供过帮助，如本书宣纸制作技艺部分的许多图片和资料都由他提供。

三、宣纸制作技艺传承的困境及出路

宣纸生产工序复杂，劳动强度大，劳动条件差，加上工资水平较低，现在的年轻人大多不愿从事这种职业。不仅招工难，而且现有技术人员也不稳定，人才流失现象时有发生。宣纸制作技艺传承方式迄今仍为师傅带徒弟，“口传心授”、“心领神会”，这不仅要求徒弟有悟性，而且学习时间长，效率低，像一名熟练的捞纸工要不间断学习二年以上才能带出来。过去学徒大多“从一而终”自然不成问题，现在职业选择余地大，人员流动快，学徒大多半途而废，导致传承人培养的“成品率”过低。例如，为解决宣纸传承后继乏人问题，地方政府牵线让生产企业与职业高中联手，在职业高中开设“宣纸班”，招收学生学习宣纸制作技艺，但收效甚微，首届数十名学生中，现只有两名在做宣纸。

前些年宣纸市场管理不到位，国内一些手工书画纸亦借称“宣纸”，泾县境内书画纸作坊200余家，年产量多达5000吨，其中有些不法商人受利益驱使，以含有部分宣纸原料的书画纸来冒充宣纸出售，还有一些经销商以次充好，都给宣纸市场造成了不可低估的负面影响。一时间出现了“宣纸质量在下降”的哀叹和“现在还有没有真正的宣纸”的疑问。

市场混乱导致宣纸价格过低，与价值严重背离。宣纸制作技艺是人类非物质文化遗产，泾县是全世界唯一能生产正宗宣纸的地方，而全县宣纸行业的总产值不过区区1亿元人民币。难怪有人感叹：“以‘红星’今天的知名度，每年只做几千万元的纸，简直是品牌浪费！”

宣纸价格过低导致企业利润下降，企业为了求生存又只好压低原材料、劳动力等生产成本，这又导致原材料和劳动力供给不足，形成恶性循环。

在国家和地方政府的扶持下，近年经过整顿，正宗宣纸长期被低估的价值开始有所回升，使宣纸制作业濒危的局面得以扭转。一些企业还采取有效措施，解决技艺传承中存在的问题。在吸引年轻人加盟方面，宣纸集团公司准备为“宣纸班”学生解决学费和在校学习期间的生活费，以吸引更多学生完成学习后进厂工作。在提高工人的劳动积极性方面，宣纸集团公司开展“宣纸技师、大师评比”活动，评出的技师和高级技师不仅给予精神奖励，还有一定额度的专项津贴，大大激励了一线工人的工作热情。技艺传承师傅是关键，俗话说“师傅好好教，出来的就是掌帘的大师傅，不好好教，只能教出抬帘的二师父”。为鼓励师傅用心带徒，公司给带徒的师傅也有一定的补贴，以保护他们的工作积极性。

注释

[1] 张秉伦、方晓阳、樊嘉禄：《中国传统工艺全集·造纸与印刷》，大象出版社，2005年，第80～89页。

[2] 张秉伦、方晓阳、樊嘉禄：《中国传统工艺全集·造纸与印刷》，大象出版社，2005年，第89页。

第三章　楮皮纸制作技艺

楮皮纸的起源可以追溯到 2 世纪初的东汉时代。有规模的生产应不晚于魏晋南北朝时期，隋唐时进入鼎盛期。

楮皮纸的原料是楮树的韧皮。楮即构（Broussonetia papyrifera），又称榖，桑科木本落叶乔木，叶子卵形，全缘或缺裂，叶子上面暗绿色，被硬短毛，下面灰绿色，密被长柔毛，茎上有硬毛，如图 3–1。初夏开淡绿色小花，雌雄异株，出产于我国黄河流域及其以南各地区，是皮纸的最主要原料。

图 3–1　楮树

目前国内仍有许多地方生产楮皮纸，其中陕西长安北张村楮皮纸、云南傣族皮纸、贵州贞丰皮纸最有代表性，均已被列入国家级非物质文化遗产名录。

第一节　西安市长安区北张村楮皮纸制作技艺

一、概述

西安市长安区地处西安市南郊，境内北张村楮皮纸生产历史悠久，潘吉星先生曾于 20 世纪 60 年代对长安皮纸制作工艺进行过考察。[1]2007 年 4 月，笔者在西安市长安区文化局同志的陪同下，前往北张村作实地考察。

当地人称，北张村造纸的历史始于蔡伦之前，后来又直接传承了蔡伦所掌握的造纸技艺。相传东汉时，蔡伦受他人牵连将被缉拿，他不愿忍受屈辱，在其造纸发明地和封地龙亭县服毒自尽。其家族也受到连累四处逃命藏匿，其中一部分人逃至安康，经子午道越秦岭向北走，出秦岭山口时来到北张村一带，将当时最先进的造纸技术带到这里。这当然只是一种附会之谈。北张村一带还流传着一则关于蔡伦研究造纸、攻克一道技术难关故事的歌谣：

蔡伦造纸不成张，观音老母说药方。
张郎就把石灰烧，李郎抄纸成了张。

据介绍，从很早时起，当地还流传其他一些与造纸相关的民谣，如“苍颉字、雷公碗、沣出纸、水漂帘”和“有女甭嫁北张村，半夜起来站墙根”等。解放前村里每年农历大年三十还举行盛大的蔡伦庙会，吼秦腔、逛集市，村里男女老少闹庙会。每隔三年要在庙会上摇签确定瓤行的“摇秤人”（即行业的老总），每个纸工都可以纳银报名抽签。瓤行在手工造纸行业中起着不可替代的作用，“摇秤人”从秦岭的“瓤商”

中收购楮树皮，用楮树皮制成半成品纸的瓤由瓤行统一管理、统一价格、统一收购或统一代贮。解放前，北张村手工造的白麻纸曾风行延安，解放区和西安地区的报纸大量使用这里出产的纸。

20 世纪 50 年代初期北张村几乎家家造纸，收入也比较可观。后来人民公社将造纸工集中起来，统一生产，由供销社统一销售，用作包装纸。“文化大革命”以前作坊的墙壁上都供奉着造纸祖师爷蔡伦的神像，村外还有一座蔡伦庙，供奉着“纸圣蔡伦祖师”，接受纸工和村民的顶礼膜拜。20 世纪 80 年代以后纸户逐渐稀少，2007 年笔者前往调查时，该村仅有 8 个纸户，而且主要以废纸为原料生产低档还魂纸，楮皮纸的产量很低。

二、工艺流程

张逢学师傅向笔者详细介绍了北张村楮皮纸生产工艺流程，我们对照潘吉星先生的记述，认真考察了各工序的实际操作情况。

简单地说，北张村的楮皮纸生产包括下列 16 道主要工序：

1．剥皮扎捆

秦岭山脉和沣河两岸盛产楮树，每年春季和冬季两次砍伐。3 月前后的“春皮”容易剥离，但韧皮较黑；11 月间砍伐的“冬皮”难剥，须将树条捆成大捆，放在蒸汽锅中热蒸之后才剥，色白质量好。如图 3–2 所示即是在不同时节的原料。将楮皮晒干，然后扎成约 3 斤重的小把。如果出售，可将干皮捆成大捆，运往纸产区。

图 3–2　浅色为冬料，深色为春料

2．浸沤

在地下开两个长、宽各 3 米，深 1.5 米的土塘或砖边水池。将小捆楮皮整齐地堆放在池中，堆好后，上面用石块压好。注水入池，淹没皮料堆。夏季沤一昼夜，冬季需二昼夜。浸沤过程中要有人站在料堆上反复践踏。

3．蒸料

浸泡后楮皮呈黄色，发出酸味，仍较硬，外壳不易脱去。将楮皮放入甑中蒸煮，每一锅可装干皮六七百斤。甑桶高 90 厘米，有木制，也有用单砖砌成。蒸锅上横放三根粗木料作为箄子，将楮皮整齐地摆放在箄子上，每相邻两层要横竖交错地放，每放一层，都要用脚踏实，装满后，用草木灰封顶，打实，以免“跑锅”。蒸料过程中，每过一段时间就要从上面向锅中加入一桶开水，总共需加约 25 桶开水。蒸煮 5 ～ 6 小时后停火，冷却过夜。

4．碾壳去皮

图 3–3　石碾

用铁叉将皮料从甑中叉出，堆起。蒸过的皮料表壳呈黑色，内部韧皮呈黄褐色，已变软。用石碾碾轧皮料，石碾结构如图 3–3 所示。碾料时，一人站在一旁用手不断翻动皮料。经过碾轧，楮皮的黑壳纷纷脱落。收起碾轧好的皮料时，遇到残留的大片黑皮时要用手撕掉，同时将老皮剔除不用，然后将皮料打成小捆。

5．浆灰

用铁制二齿叉将皮料捆叉起，投放到盛有石灰浆的大缸中，挑开，拌料，使之均匀地沾满浆汁。然后放在地上，一束束理顺。每一百斤干皮用石灰 25 ~ 30 斤。

图 3–4　用脚踏碓打纸料

6．灰蒸

将浆过的皮料如前法层层纵横交错地装进甑里，装的过程中要层层用脚踏实，最后在顶上还要盖一层草木灰。升火 5 ~ 6 小时，当锅内蒸汽“呼呼”直冒时，再烧 1 小时，然后熄火过夜。这次蒸湿料，中间无需补加水。次日揭甑，用二齿铁叉叉料出锅，堆在地上。

7．沤料

把料运到河边，在石板上用脚踏踩，用水冲洗，除去料中灰分，并使料变得柔软。在靠近岸边的河水中用木桩围成一圈，手持料把在河中摆洗，然后投入围栏里，用脚踏实，静置过夜。次日再用手摆洗，遇有比较硬的皮料放在木凳上搓揉，使之变软。将洗好的料拧成束，运到岸边草地上日光照晒半日，随时翻料，此时，料已变得洁白。晒后再洗一遍，拧成束送去碓打。

图 3–5　张师傅在切幡子

8．舂捣纸料

踏碓由二人操作，一人脚踏碓杆，另一人坐在臼边翻料，如图 3–4 所示。碓头用枣木制成，“臼”为一块平石板，并无凹窝。每次舂打湿料 5 公斤，三次之后将打过的料再整合打成两个扁长的料片(俗称“幡子”)，每片 7.5 公斤，每片舂打时间需 15 ~ 30 分钟。图中踏碓的师傅是一位盲人，工作时左手拿个收音机在听广播，右手拄个木杖起平衡作用。从中可见传统社会里家庭成员密切协作的缩影。

9．切幡

“幡子”呈横竖交错整齐地叠放在厚木板凳上，切时操作者脚踏绳套，使绳套拉紧幡子，使之固定。然后双手操持双柄切幡刀，将幡子切成手掌心大小的料块，料块的厚度约有半寸，如图 3–5。据说这也是一道难度较大的工序，笔者特地亲手尝试以期更准确把

图 3–6　笔者向张师傅请教，体会切幡子的要领

握其要领，如图 3–6。该工序的关键在于身体的协调性。首先，姿势要正确，左脚踏绳套要紧，以防止切的过程中幡子会移动；其次，双手握刀从左斜上方向右斜下方挥动，在运动过程中切下纸幡端头的一部分，如果是硬切则根本无法切动。掌握要领需要注意领悟，要是体会到如何用巧力就不怎么费力，否则难以进行。

10．打浆

将小料块放入石窝（石桶）中，加入少许清水，然后用木搅拌器搅打成泥面状。

图 3–7　张逢学师傅的儿子张建昌在抄纸

11．打槽

把打碎的纸料放入石制纸槽，槽中加水，然后用长木棍搅拌纸浆。放置一夜，第二天抄纸。这里造皮纸不加纸药，也是一大特色，单从这一点就可以认为这套工序是较古老的制作技艺的遗存。

图 3–8　压榨

12．抄纸

抄纸前再打一次槽，使纤维均匀地悬浮在浆液中。如图 3–7，把帘子放在帘床上，上好两端的边柱（当地称“叶尺”）。双手持纸帘左右两边稍靠前部，先造“纸领子”（当地称“逼头”），将纸帘的远边插入纸浆，然后轻轻提起，帘边至液面时，后拉、前移，然后一顿，便在帘前边形成纸领子。造好纸领子，接着将纸帘从近边竖直插入纸浆，端平提出，滤水。取下“叶尺”，用右手提起帘子下部的竹片，左手提帘子上部的圆棍（当地称“笔杆”），将帘子反扣在旁边的平石板（或木板）上，纸领子先离帘落地，其余部分依次落在板上。再依前法继续抄纸。纸槽旁设有计数器记录抄造的张数，熟练纸工每天可抄 1000 张纸。

13．压榨

每天晚上收工前，将湿纸垛放在木榨上。如图 3–8。

14．晒纸

次日清晨，将半干状态的湿纸放在倾斜的坡架子上，揭分后刷在石灰墙上，借日光晒干，如图 3–9。

图 3–9　张逢学的儿媳妇在揭纸与晒纸

15．揭纸

晒干后，从右上方一角起，向左下角方向揭拉，将整张纸揭下，剔除破纸和劣纸，对齐堆好。

16．计数、剪边、包装

将晒干的纸放在洁净的地面上，由妇女坐着点数，每 100 张为一刀，叠整齐后，用剪刀剪去毛边。再将一尺五寸见方的斗方纸每刀叠成三折，每 50 刀打成一捆。将剪下的纸边收起来，再做“还魂纸”。

张逢学师傅是当地最杰出的传承人，他从 12 岁开始跟着父亲张元新学习传统的手工抄纸技术，在父亲的口传心授精心指导下，熟练掌握了世代相传的传统皮纸的整套制作工艺。

图 3–10　成品楮皮纸（一种较白，一种颜色较深）

2002 年，他应邀前往美国华盛顿参加第 36 届史密梭民俗文化艺术节，此后还参加了国内多项文化活动，向世人展示了这种传统技艺。2008 年夏天北京举办奥运会期间，在鸟巢和水立方北侧一隅的陕西“祥云小屋”里，年届七十的张逢学师傅和来自同村年龄刚过五旬的马松胜师傅每天向数以万计的中外宾客演示最古老的造纸技艺。

的确，20 世纪 80 年代以前，像张师傅、马师傅这样的“纸匠”在当地是令人羡慕的职业者。当时这里纸户多，纸帘用量大，当地还有专门从事纸帘制作的师傅。后来纸户纷纷停业，特别是在多年前打编纸帘的艺人谢世之后，制作纸帘的技艺在当地已经消亡。由于 80 年代以后没有培养出年轻一代的传承人，所以当地掌握皮纸制作技艺的都是年长者。近些年，随着这些老师傅相继去世，真正掌握此项技艺的师傅已寥寥无几，仅有的几个纸户每年绝大部分时间都在生产用回收木浆废纸制作的“还魂纸”（他们称“回收纸”）。他们从印刷厂收购来边角料，用机器打浆，抄出来的纸张价格低廉，主要销往陕南农村作“烧纸”，也有一些因为吸水性好可作为医院产房的卫生纸。

据张逢学师傅介绍，他们一家三口起早贪黑一天可以生产十二三刀“还魂纸”，按每张 6 分钱计算，一天最高收入 70 元，实际上只保持在 40 ~ 50 元。一个月一千多元的收入要养活 5 口人，只能勉强度日。楮皮纸由于价格较高现在少有人问津，他们只是偶然接到订单，每年的产量很低。北张村随处可见的被丢弃的石碾、石臼似乎在向人们昭示，如果再不采取有效措施加以保护，这项传统技艺很快就会走向消亡。

张逢学老人说：这些年他很多次都打算放弃抄纸，因为收入实在太微薄，一年到头辛辛苦苦，家里的日子还是很艰难。但最终还是舍不得放弃，干了一辈子，总觉得这是个好东西，祖祖辈辈传下来的，在自己手上丢掉了太可惜！他觉得政府应当重视，要抢救保护这项技艺。

笔者很敬仰张师傅一家，很敬仰一个个像他们这样的家庭，因为他们用副业艰难地维持生计，在坚定地守护着一种文化！

北张村楮皮纸制作技艺具有很高的历史文化价值，特别其不使用纸药等特点，使之成为研究传统造纸技艺重要的活态资料。笔者前往调查时，该项目已被列入陕西省非物质文化遗产保护名录。考察之后，笔者向长安区文化局介绍了该套工艺的特点，供他们申报国家级名录时参考。2007 年 6 月，中国第二批国家级非物质文化遗产代表作名录公布，北张村楮皮纸制作技艺名列其中。

从网上了解到，目前，长安区成立了非物质文化遗产保护工作领导小组，区政府第一步投入资金 10 万元，组织召开了长安区非物质文化遗产保护工作会议及研讨会，成立了长安文化发展研究中心，邀请陕西师范大学等院校的专家学者共同进行区内各项非物质文化遗产的保护工作。对造纸术传承人进行了登记造册，

2006年先后两次摄制了保护性资料片，村委会对古老造纸作坊开始进行保护。

长安区初步规划，在5年内完成北张村传统手工造纸工艺流程、传承人、原生态劳动工具、秦岭楮树种植区和沣河环境等整个保护工作。

区文化局局长聂小林说，可以采取通过对传承人认定、区文化遗产保护中心监制等做法，提高楮皮纸的文化含量，从而提升纸的价值，使这一手工艺形成良性的自身保护机制。

造纸术的传承人之一、北张村支部书记石松信对记者说，为了更好地保护造纸这一文化遗产，他们设想在村中建设一个包括造纸工具展览，以及整个造纸流程演示的展览馆，作为旅游景点和爱国主义教育基地，选一批青少年学习古造纸工艺，在增加村民的收入的同时，也让正统的蔡伦造纸手工艺一代代传下去。

第二节　贵州贞丰皮纸制作技艺

一、概述

贵州省是多民族聚居省份，许多地区仍然保留着传统皮纸和竹纸制作的传统技艺，其中以黔西南自治州的贞丰县小屯乡龙井村、黔东南自治州丹寨县南皋乡石桥村、贵阳市的香纸沟、铜仁市思南县文家店镇乌江边上的古法造纸最有代表性。祝大震先生早在20世纪90年代对丹寨县南皋乡石桥村的白皮纸和盘县老厂的竹纸制作技艺进行过调查。我们在完成《中国传统工艺全集·造纸与印刷》时，曾对丹寨皮纸生产情况进行调查。[2]2008年中国科大的陈彪博士等又赴贵州对境内多个手工纸产地进行了较为全面的调查。

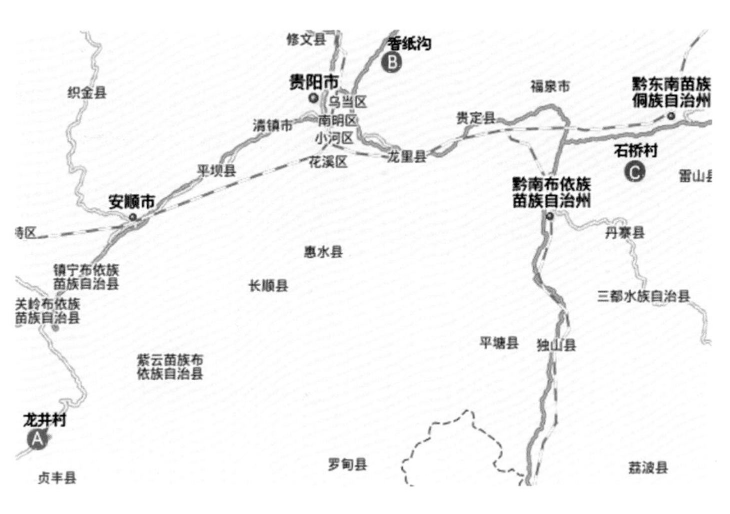

图3-11　贞丰龙井村（A）、贵阳香纸沟（B）、丹寨石桥村（C）所在位置

贵州的皮纸制作技艺很有特色，已被列入第一批国家级非物质文化遗产名录，认定的申报单位包括贵州省贵阳市、贞丰县、丹寨县。实际上这三个地方并不都生产皮纸，像贵阳市的香纸沟（布依族）以产竹纸著称，据传它始于明代洪武年间，迄今已有600多年的历史。“其成品既绵且韧，有隐形竹纹，还散发出淡淡香气。”[3]当时在申报时贵州省的这三个地方都报了手工纸项目，后来在文化部评审时打包合并成了一个项目。

2002年春节，我们的同事王利红（苗族）利用回家探亲的机会去石桥村考察时，那里的手工纸生产已经处于停顿状态，但造纸设备都还处于生产的位置，随时可以投入使用。她是通过熟人关系才让师傅们专门启用纸坊中的设备演示生产的过程，拍了一些工序的照片。2008年陈彪博士前往丹寨考察时仍看不到生产的场面，只得到一些有关工艺流程等方面的口头资料。这说明丹寨的手工纸已经濒于消亡。

《国家级非物质文化遗产大观》称“贞丰县小屯乡所产白棉纸创始于清代咸丰年间（1851 ~ 1861）。”现有证据表明，这只是下限时间。清末名臣张之洞之父张锳（字右甫，一字春潭，直隶南皮人，1791 ~ 1856）于道光年间（1821 ~ 1850）主持修纂的《兴义府志》载：“纸产，府亲辖之纸槽及安南县之廖箕箐者佳。考《黔书》，称‘石阡纸光厚，可临帖’。今郡纸质韧而色白，实远胜之。”兴义府始建于嘉庆二年（1797），清政府改南笼府（今安龙县）为兴义府，次年置兴义县（在今贵州省兴义市）为府治。安龙县城距贞丰县城直线距离只有40公里，尽管兴义府当时还未下辖贞丰，还不能直接说《兴义府志》记载的纸就是贞丰纸，但无论如何，这个区域在清道光年间不仅生产皮纸，而且品质很好。

近年新发现的乡土资料为判断贞丰造纸起始时间提供了新的线索，或可以提前到清乾隆时期。据新发现的龙井村龙氏家族五个郡望之一的武陵郡藏《龙氏家谱》抄本和龙氏来黔始祖石碑记载，乾隆五十九年（1794），重庆南川县龙志衡为躲避蝗害，携妻儿逃难到这里，生活窘迫，因乐善好施，幸得一化作乞丐的神仙传授造纸技艺。将“田地边构树皮剥下，教蒸、教泡、教打、教操，无纸槽则暂用搭谷灌斗，四周用泥缚上，搅拌其中”。在这位乞丐指导和示范下，经过反复演练，这位龙氏祖先“月余全会”。当时“此地无人操纸，纸价甚贵，获利数倍，时或十倍，因此全家大小除生产粮食时外，全部投入其业，以至发家”。如果除去其中许乞丐一斗米而得传造白棉纸之法的传说成分，有关龙井白棉纸最初由外地传入的说法是可信的。当地还发现了龙氏来黔始祖石碑，碑文虽简约，可在一定程度上印证手抄本家谱资料的可靠性。

综上所述，我们认为贞丰皮纸生产开始的时间大致可认定在清代中期，迄今已有约200年的历史。

龙氏家谱中还有大量的关于这个家族传承白棉纸制作技艺的资料。龙世衡的儿子“顶上门风，紧跟先父业纸”，第三、四代也都以造纸为业。到第五代时，家道中落，世衡公的第六代孙少年时便“投下书包转上纸槽，天天操纸卖钱买粮，勤苦劳作全活全家性命”，后来家庭经济稳定后仍“专以纸为业”。

图3—12　龙井村村貌，图片下方全是纸棚（陈彪提供）

在小屯乡像这样的以造纸为主业的家族有很多，而且由于当地人对造纸技术并不保密，姑娘外嫁，可将手艺带到婆家，所以邻近的老漆凼、半坡、羊寨、甘家湾等自然村寨，也都以生产白棉纸著称，贞丰小屯造纸规模不断扩大，到清末时，造纸户多达上千家。

贞丰县位于黔西南州中部，属贵州省黔西南布依族苗族自治州。据1999年出版的《贞丰县志》称，贞丰县地秦为夜郎属地，明时改为永丰州。清嘉庆帝赐该地“忠贞丰茂”匾额，于是取匾额中间“贞丰”二字，将永丰州改为贞丰州，1913年改为贞丰县至今。贞丰居住着布依、苗族、回族、仡佬、瑶族等10多个民族，全县总人口34万多，其中少数民族人口占48%以上。

贞丰白棉纸产地主要集中在小屯镇，其中小屯镇的龙井村造白棉纸最具代表性。据国家级非物质文化代表性传承人刘仕阳介绍，1940年，龙井白棉纸应邀参加南京赛宝会荣获优胜奖，销量骤然攀升。70年来，白棉纸生产几经反复，在20世纪80年代再次达到鼎盛。当时全乡有1000多个纸户，有4000多人从事白棉纸生产，产品除满足国内需求外，远销美国、日本、法国等10多个国家和地区。之后，受打工潮的影响开始，造纸户迅速减少，到90年代中后期只有500余户。2009年8月，小屯乡仍有500多户人家在从事造纸，其中龙井村有近 450 户，约占 90%。造纸业是龙井村最主要的经济支柱。

龙井村距贞丰县城 24 公里，距小屯乡政府 4 公里。一条小水渠从村里流过，像一条金丝带串联起一家一户的纸槽和石甑。沿着溪流一路走来，能目睹刚刚运来的构树皮和正在浸泡的仙人掌，有制作中的纸浆，还有墙上正在晾晒的纸张，俨然走过一个天然的造纸文化长廊，蔚为大观。

二、工艺流程

龙井白棉纸的制作工艺流程由以下工序组成：

1．砍树

龙井村附近村民一般在农历三月份前后砍一年生的构树，过去完全是采野生树，现在培育了人工林。当地造纸户认为纤维越嫩越好，一年生的树干直径在 20 厘米左右的构树皮质量最好。树龄越长，纤维越老，造出的纸质量越不高。这种说法与我们在其他地方了解的情况不一样，树龄太长固然不好，但一年生的皮纤维含量低，不应是好料。

2．剥皮

砍下整棵树之后，再砍下枝条，由树根往树梢把皮完整地撕下来，树枝的皮也用同样的方法剥。熟练工一天可剥 100 斤左右构皮。一棵树干直径 10 厘米的构树可剥出 3 ~ 5 斤皮。

3．晒皮

剥下的皮要放在太阳下晒干，若是晴天两天就能晒干。如果是阴雨天只能晾晒，有时还要用火烘烤，皮容易发红，蒸煮之后皮仍然不够白，造出的纸质量不好。

将晒好的皮打成捆，大小从 20 斤到 100 斤都可以，主要是便于运输。

4．泡料

解开成捆的构树皮，放在水池里浸泡，如图 3–13，至少一天，如果不急着用，也可泡上二三天。泡得不好，蒸料时不容易蒸白。

图 3–13 浸泡皮料（陈彪提供）

5．扎把

将泡好的皮捆成一小把（俗称“小棵”）。一般 100 斤干构皮捆成 30 把左右，以便于浆料。

6．浆料

过去浆料用石灰，每百斤干料加 30 斤石灰。后来改为烧碱。用钩子将皮把放入用砖和水泥砌成的烧碱池，放一层料，浇一遍烧碱。烧碱用量是每百斤干皮用 10 斤。

7．蒸料

烧碱池也就是蒸料用的甑子，浆料完成之后，在甑子里加满水。过去是用柴火烧蒸汽，用木甑蒸料，一次可蒸 300 ~ 500 斤，需时 3 ~ 4 天。现改用锅炉烧蒸汽蒸皮，一次可蒸 800 ~ 900 公斤干构皮。如图 3–14，在石甑（直径 161 厘米，高 260 厘米）里堆满淋过碱液的皮料，中间呈半球状，上面蒙上浸湿的厚麻袋之类，阻止蒸汽外逸。通上蒸汽，约需 10 个小时，用煤

图 3–14 现改用蒸汽蒸料（陈彪提供）

图 3–15　出甑（陈彪提供）

120 公斤上下。蒸好之后，停汽，闷放数小时，待凉。

8．出甑

用皮钩将料钩出来，如图 3–15，扔在池子里，放入清水，浸泡一天一夜。

9．揉料

如图 3–16，把熟料把放在凳子上揉搓，将一部分老料、硬壳除掉。蒸得透彻没有夹生的料把，很快就能揉好，若有夹生则有些费力。用手搓料把的优点是不伤料，年长力弱者也可用脚踩着揉。

10．洗料

将揉好的料放在水池子里清洗，如图 3–17，把其中的碱液（俗称“苦水”）和其他污水挤干。全部洗完后，换池水再洗第二遍。洗尽料中的“苦水”可以节省漂料时漂精的用量。

11．漂白

这道工序也是过去没有的。向清水池中按比例倒入漂白液（俗称“漂精”），搅匀。把洗好的料把放入其中，浸泡 24 小时。漂白液的用量是每 1500 斤料加 300 斤浓度 15% 的漂精。如果皮料的漂白效

图 3–16　揉料把（陈彪提供）

图 3–17　淘洗纸料（陈彪提供）

果不理想，在打浆时需再加漂精进行二次漂白。

12．拣料

将漂好的料捞起来，挤干，挑回家中，将黑壳、疙瘩、杂质等拣掉。每 2 小时可拣 150 斤料（俗称“一函料”）。

13．打浆

过去用碓打浆，碓石臼长 54 厘米，宽 47 厘米，碓杆长 150 厘米，碓头直径 24 厘米。现改为机械打浆。将拣净的料放到打浆机的槽里，用柴油机作动力打浆，每次打一函料，仅需 15 分钟。

14．淘料

将打好的浆料放到淘箕里，置于小溪中，为防止浆料流失，淘箕外兜上一层密网。用手在箕内转动浆料，淘洗掉其中的浑浆（俗称“浮浮”），直到完全见不到浑水。一般淘洗一箕料需十几分钟。

15．打槽

将淘洗好的料放在槽子里，加水，用槽棍用力搅打纸浆，使之均匀散开。如图 3–18，纸槽长 163 厘米，最宽处 138 厘米，高 80 厘米。纸帘有两种：一次抄一张纸的帘长 70 厘米，宽 58 厘米；一次抄两张纸的帘（中间有分隔线）长 115 厘米，宽 58 厘米。

图 3–18　打槽（陈彪提供）

16．加纸药

当地用仙人掌制取纸药（俗称“滑液”），方法是将仙人掌叶片放在石槽中捣出汁液。龙井村造纸使用仙人掌作滑，将仙人掌放在滑缸里，放置一段时间后，用手拿起来，仙人掌汁呈线状流下来，即可使用了。用前将所有仙人掌取出来后，滑缸内的仙人掌汁静置至少一小时，只取用仙人掌汁清液（图 3–19）。按严格的工艺要求，每天抄纸前要用帘子把滑缸里的渣、灰等都捞出来。如果是造普通白棉纸，没有那么多的讲究，往往不捞。

图 3–19　注滑水（陈彪提供）

纸药的用量全由抄纸师傅凭经验掌握，浓度是否适当对造纸影响很大。加入纸药之后，还需要再打一遍槽。打槽到位，即可达到料清、水清和滑清（俗称“三清”）的效果。

这里用的纸药与丹寨皮纸所用“滑药”不同，那里主要使用岩杉树根。这种植物在石桥村的山坡上就有生长，该县岩杉树资源也很丰富，一般都是现采现用，可见制备纸药的原料也是因地制宜。

17．抄纸

与邻近的云南不同，贞丰造纸采用抄纸法，如图 3–20，抄纸方法与其他地方大同小异。并且同样用简易的小算盘计数。

图 3–20　抄纸（陈彪提供）

图 3–21　榨纸（陈彪提供）

18．榨纸

一天的抄纸完成后，在湿纸垛上盖上一张旧纸帘，上放塑料布、压板、盖方、马口，先放一段时间，让纸垛中的水分流出一部分，然后上榨，再用扳杆慢慢扳，后休息十几分钟再扳，如图 3–21 所示。具体步骤与其他地方差不多。

19．揭晒纸

将纸垛放在纸架上，手持铁夹子的边刮纸垛的上下两边，使其松弛。从右上角开始揭，先将一定数量（当地习惯于一次 25 张）的纸角揭起，再一张张由右上角往左下角揭拉，到一半左右时用棕刷承住纸，刷上墙。过去主要用火墙焙纸，现在直接刷在房屋的外墙面。每 25 张为一沓，2 沓即为半刀。到最后几张，纸垛立不住了，可用两个夹子夹住，固定在纸架上端的横梁上。当地利用房屋外墙面晒纸虽然可以节省能源，但效果比不上焙笼，特别是有磁砖的墙面在阴雨天会结水，处理不当会导致纸张受潮发霉。

图 3–22　收纸（陈彪提供）

20．收纸

纸晒干之后，整体撕开一叠纸的左上或右上角，后由上往下将纸逐一揭下来，如图 3–22。当地采用多张纸叠着晒，有时纸晒得太干，一叠纸粘在一起，一拉全下来，则需要两人合作，一人拿纸，另一人扯开。

揭了半刀纸后，理齐，两个半刀放在一起，三分折起成一刀。每十刀为一捆，用纸绳打捆，在纸头和纸尾各捆一道。

龙井白棉纸的用途与当地民众日常生活密切相关。过去主要用于书画、印刷、糊窗户、扎制风筝、做灯芯、做炮竹的引火线以及各种民间宗教习俗活动中制作纸扎等，此外，还被用于小商品包装、捆钞、机械清洁、档案文件封条等。

书画创作是龙井白棉纸重要用途之一，龙井村保存有在龙井白棉纸上创作的已经有上百年历史的画作，尽管由于保存不善，画面受损较重，但画背用纸仍然完好。龙井白棉纸被列入国家级非物质文化遗产名录之后，受到越来越多书画家的关注。

当地农户家中还保存有一些用龙井白棉纸抄写的家谱、契约等乡土文书，从民国时期直到 20 世纪八九十年代都有。从这些文书用纸看，传统方法制作的龙井白棉纸质地优良，书写流畅，且防腐防蛀。

当地盛行道教，道士所用经书，既有用白棉纸印刷的，也有手抄本。

白棉纸具有相当大的坚韧性，据刘仕阳说用龙井白棉纸搓成的纸绳可承受 10 公斤的拉力，因而近些年贵州多个银行专门到龙井村来订制捆钞纸。类似地，龙井白棉纸也可用于档案文件封条。

民间祭祀中用地用于印神马和制作清明节上坟时使用的“挂青”。所谓“青”或许是“钱”的谐音，在剪成的一块块纸片上用钱錾打上钱眼，使用时红纸串成一个个纸串，象征一串串钱。目前用于这方面的白棉纸占整个白棉纸使用量的最大部分。

白棉纸的销售主要靠销售商上门收购。以前有云南的和贵州盘县、六枝、水城等地的销售商来买，现在已较少，主要的收购者都是本地的。也有些造纸户主动到周边的龙场镇、者相镇、珉谷镇等市场上去卖，一年可在附近市场卖 2000 捆左右。价格随行就市，2007 年最高 160 元 / 捆，2008 降至 135 元 / 捆，2009 年回升到 150 元 / 捆。

近年来为适应市场需求，龙井白棉纸生产陆续涌现出一些新品种，如国家级非物质文化遗产传承人刘仕阳师傅等开发出生态壁纸、花纸、黄金纸、书画纸等一系列创新产品（图 3–23），受到用户认可，具有相对较高的附加值，这不但为他们带来更多的经济效益，同时也拓展了皮纸的用途，为龙井白棉纸的发展带来了新的机遇。除销往贵州、云南、四川、广西等地外，还有一些产品出口。

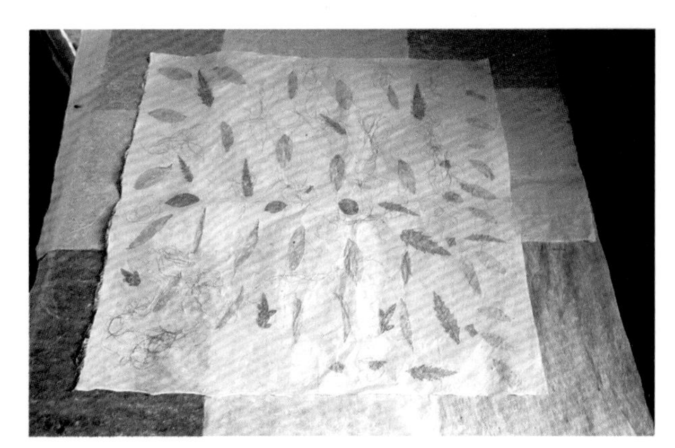

图 3–23　新品种（陈彪提供）

龙井村普通造纸户每年生产 210 捆纸，按目前 150 元 / 捆计算，可售 31500 元。需要支出的项目，如表 3–1 所示：

表 3–1　生产白棉纸 210 捆所需原料表

用料	单价（元 / 公斤）	重量（公斤）	小计（元）
干构皮	1.3	3500	4550
烧碱	4.0	350	1400
漂精	1.8	700	1260
煤	1.0	1750	1750
仙人掌	0.5	1750	875

外加打浆费 6 元 / 次 ×70 次 =420 元，帘子等设备用具折旧 360 元，合计支出 10565 元，不计本身的劳动力成本，可结余约 21000 元。如果造纸户劳力较多，产量会有所增加，不过据村民介绍，产量最多的一家用干构皮 5500 公斤，可得纯收入 33000 元。造纸是龙井村民的主要收入来源。

凭借造白棉纸的技艺，加上自己的辛勤劳动，贞丰的纸农们过上了小康生活。他们念念不忘“蔡伦祖师”，在家里供奉着他的牌位，如图 3–24。

图 3–24　造纸户供奉“蔡伦祖师”牌位（陈彪提供）

据老人们回忆，农历三月十一日据说是蔡伦的生日，过去每年这一天家家户户凑份钱，合起来买一头肥猪和一只鸡宰杀，在村头的蔡伦庙前焚香祭拜。在“蔡伦会”上，由道士先生主持仪式。村里最有声望的老人作为上宾都会到场。先开光，后将猪头和鸡贡奉于蔡伦像前，再燃香、烧纸、放花炮，大家一同跪拜，祈求来年纸业兴旺，生活幸福美满。仪式结束后，大家在蔡伦庙前一起吃饭，共同庆祝。现在蔡伦庙早已被毁了，但在村子的入口处，还立有蔡伦牌位，祭拜蔡伦的活动没有中断。

龙井人十分重视白棉纸制作技艺的传承，而且强调学艺要精，俗话说“道精不手慌”。为了强化徒弟们的记忆，师傅们还编制了一些判断题，如“滑缺了打槽杆”，“滑大了添点滑”，让徒弟判断对错。这种针对关键环节的强化教学在实践中相当有效。

虽然从总体上说，造白棉纸能给当地农民带来较好的经济收益，但为了挣得这2万元的收入，一家人得忙碌一整年，十分辛苦。所以当地人称造纸是“腊肉骨头”，是嚼之无味、弃之可惜的“鸡肋”。的确，龙井白棉纸生产目前还存在不少问题，如果不努力解决，会影响此项技艺的可持续发展。

一方面，白棉纸的传统技艺需要恢复。作为国家级非物质文化遗产，贞丰皮纸制作技艺应当是传统技艺，可是从前文叙述的工艺流程看，现在龙井造白棉纸采用了许多现代工业的元素，比如改用机械打浆，使用烧碱、漂白精等，所以整套工艺已经是半工业化造纸，产品的质量也远不如前。国家级传承人刘仕阳向调查组展示了他家保留的清代用当地皮纸抄写的经书，用纸柔软、平滑、质地细腻，手感明显优于现在造的纸。他说，现在当地的造纸户已经生产不出这么好的纸。然而，复原传统技艺需要添置一批造纸工具，需要扩大场地，这都需要专项资金予以支持。

另一方面，传统皮纸市场萎缩，要让此项技艺传承和发展下去，就必须开拓新的市场，生产新产品或者对原产品进行再加工。刘仕阳等已经在此领域进行了有益的尝试，并取得了初步的成功，不过，研发工作需要更多的相关专业人才的支持和一定量财力的支撑。

非物质文化遗产保护工作只有针对具体项目的具体情况，有针对性地开展，才能取得明显的成效。

第三节　傣族手工造纸技艺

一、概述

傣族手工造纸技艺是云南境内少数民族地区有代表性的传统造纸技艺，与纳西族东巴纸制作技艺同时被列入国家级非物质文化遗产名录。傣族手工造纸又称缅纸，傣语“嘎啦沙”，目前只有临沧市耿马傣族佤族自治县孟定镇芒团村、西双版纳勐混曼召村、临沧市永德县永康镇芒石寨还在生产。

傣族手工造纸采用的原料是构树皮（傣语中称为“曼沙”），属于楮皮纸制作，但其工艺却与内地楮皮纸制作技艺有显著不同，因而受到学术界的重视。云南考古工作者邱宣充、吴学明两位先生早在20世纪80年代即对此进行过调查；[4] 民族学者朱基元先生于1996年也来这里进行过调查；[5]2001年初，笔者的师兄李晓岑先生及其夫人朱霞女士专程赴孟定的芒团傣族寨调查傣族手工造纸技艺。[6]2008年中国科技大学人文学院汤书昆教授领导的研究团队又调查过这里的造纸技艺。下面根据上述学者的调查报告介绍傣族皮

图 3–25 耿马傣族佤族自治县孟定镇芒团傣族寨所在位置

图 3–26 芒团纸陈列馆外景（陈彪提供）

纸制作技艺。

耿马傣族佤族自治县手工纸生产主要集中在孟定镇遮哈村芒团傣族寨。芒团地处孟定坝的中部，距孟定镇仅 6 公里（见图 3–25），这里依山傍水，绿树成荫，拥有很好的生态环境。这个古老的村寨有约 100 多户人家，700 居民，绝大多数是傣族，在当地因盛产白棉纸和西瓜而闻名。该村人家均掌握造纸技艺，李晓岑去调查时常年造纸人家有四五十户，大多作为副业，主要是利用农闲时间作业。现在仍有 33 户村民从事白棉纸生产，年产白棉纸 50 余万张，销售收入约占农民总收入的 1/3。

芒团傣族手工造纸技艺被列入首批国家级非物质文化遗产名录后，村口的路边立了一块大石碑，上书“中华傣家造纸第一村”。寨子里还建立了芒团纸陈列馆，如图 3–26，全面展示芒团白棉纸的原料、工艺、工具及用途等内容。

二、工艺流程

1．采料

用楮树皮造纸以三年生的树皮为最佳，一般在七、八月份采伐后当年即长出新枝，第三年即可再砍。据说 20 世纪 80 年代以前，孟定镇周边山上有很多构树，土地承包后，山地被开发成耕地，构树渐渐减少。在芒团经孟定镇继续沿水边公路向西南方向距孟定镇约 20 公里的芒卡坝境内南定河两岸的河滩和水凹地有成片野生构树林，当地佤族和拉祜族乡亲每年夏季采伐野生楮树，剥下树皮，晒干后运送至孟定镇销售。这里的皮质优良，李晓岑去调查时每公斤干皮售价 4 元，已经供不应求。近年供求矛盾进一步加大，导致构皮价格不断上升。

2．去壳

树皮剥下后要用刀剥除表皮，留下白色的内瓤。

3．晒料

将除去外壳的内瓤挂于场院内外，晒干后捆扎，储存，备用。

4．浸泡

将扎成把的干构皮置于溪流之中，用石块压好；或置于盘槽之内，经过一天左右的浸泡，皮质变软。

5．踩料

将浸泡后的皮料用双脚踩踏，再用手搓揉，使皮料进一步松散，变软。

6．拌灰

将已软化的构皮按 1:1 的比例拌上草木灰，并用手搓揉，让草木灰均匀附着在构皮上。要先用筛子将草木灰过筛，去除火炭及其他杂物，然后使用。草木灰用量越大，碱性越强，造出的纸就越白。据纸民介绍，用大核桃木柴（俗称“大柴”）烧出来的细灰质量最好。

7．蒸料

将拌好灰的构皮置于大锅内，每锅放 20 公斤以上，放完后在皮料的最上面还要撒上一层草木灰，加水漫过构皮，然后覆上厚麻布，用文火煮。待连续煮 7 个小时左右停火，取出皮料再拌一次草木灰，再煮约 4 小时，直至皮料煮透，手感绵软为止。

图 3–27　洗涤皮料（陈彪提供）

8．清洗

将煮好的皮料捞出，挑到小溪边清洗。先是将皮料把全都置于溪水中，不断用手搓揉，洗去附着在皮料上的草木灰、黄褐色外皮及杂质，如图 3–27，之后放入装料桶中。再一根根细洗一遍，有些皮料上附着硬物及杂质，要用竹片或小刀剔除掉。

9．打浆

将洗净的皮料置于石墩上，双手各持一木棰（棰面直径约 10 厘米，柄长 24 厘米，如图 3–28），反复捶打。双棰此起彼落，捶打时很有节奏。这是一项很耗体力的工作，每次打 1.5 公斤的纸料需要半小时。皮料要打到足够细，检验的方法：取一小块皮料置于水中，以纤维能在水中自然散开为度。打好后装盆备用。

图 3–28　打浆（陈彪提供）

10．浇纸

浇纸法造纸，纸模水平地浮在槽内水中，所以纸槽不必像抄纸法那样做得比较深，只需 20 厘米左右甚至水深仅 10 厘米，只要能放下纸模即可。纸模

图 3–29　浇纸（李晓岑提供）

图 3–30　平地浇纸（陈彪提供）

图 3–31 用均匀棒轻拍帘上水面使纸浆均匀分布（陈彪提供）

图 3–32 靠放晾晒（陈彪提供）

图 3–33 调整纸模的位置（陈彪提供）

图 3–34 晒纸（陈彪提供）

是在竹质边框一面绷上棉纱布制成，长 76 厘米，宽 66 厘米（如图 3–29、图 3–30）。

先在纸槽里盛上七分满的清水，然后将纸模置于纸槽内的鹅卵石上，有的用石块压住帘架，使纸模悬于水中，同时又临时固定，不要漂动。有些再取适量纸浆放在纸模上，用力搅动水面，使纸浆散开，均匀分布在纸模上，注意随时拣去纸浆中的杂质，待纤维大体在纸模中分布均匀后，仔细观察纤维分散的疏密情况，再手心朝下有序拍打水面，引导纤维流动走向，使之均匀分布，然后换用手背有序地轻拂水面，使之平静。多次交叉运用以上手势，使纤维均匀分布于纸模上。最后用特制的木棒（俗称“均匀棒”，用软木制成，长 59 厘米）轻拍水面，如图 3–31，可加快纸浆下沉速度，使构皮纤维分布更匀。待纤维分散均匀下沉后（如果采用压石块固定纸模，则移去石块），将纸模缓缓提出水面，稍作停顿，倾斜竖起纸模，靠放（如图 3–32）。如果是造写经纸，则可在提帘之前铺一张干纸，使之与帘上的湿纸融为一体，成为一张厚纸。

11．晒纸

为使水分挥发均匀，纸面平整，一般晒一个小时左右就要将纸模头尾互换晒，如图 3–33。阳光充足的情况下总共只需要晒 2 小时即可，如图 3–34。晒纸时需注意天气变化，不能让雨淋湿纸。

12．研光

当纸晒大半干时，手持沿口完整、光滑的瓷碗扣在纸面上，上下左右来回轻轻地磨砑纸面，使纸更致密、光滑和平整，如图 3–35。

13．揭纸

纸晒干后即可以揭下来，一般是先将纸模全收进屋去，揭时将纸模斜靠腿前，先用手撕开上边的一个角，然后用木制揭纸刀，从揭开的角缝处插入，从一角到另一角，再由上而下沿纸模边滑动，至三分之一处，将纸向下折叠（图 3–36），继而揭下整张纸。熟练的纸工能直接用手揭纸。

纸揭下后，每 10 张一叠收起，即可出售。一般情况下送到孟定镇上销售。

芒团生产的白棉纸，傣语称“洁沙”。其品种按白度、洁净度不同，分为一标洁沙和二标洁沙。芒团纸有几种不同的规格，如抄经纸为 70 厘米 ×65 厘米，包装纸为 45 厘米 ×45 厘米，书画纸有 80 厘米 ×80 厘米和 130 厘米 ×75 厘米。除抄经纸，其余均需定制。

芒团纸经孟定镇外销到云南境内的双江、凤庆、大理、临沧，以及四川、上海、北京和香港等地的寺庙、银行、茶厂等单位和书画家。

芒团纸的用途首先是抄印经文。芒团的村民最初是在明代初年从勐卯（今德宏州瑞丽市）迁移而来，信仰小乘佛教，村中还建了一座规模很大的缅寺。傣文小乘佛教的经书都是用傣纸即白棉纸抄写和印刷的。

傣民也用白棉纸裱糊地方宗教和丧葬等民俗活动中用到的各种道具。临沧、昆明等地的一些银行会专门到该村订做捆钞纸。此外，芒团纸还逐渐被用来做包装用纸，尤其是普洱茶包装。

令人欣喜的是，近年陆续有一些书画家来到芒团定制特殊尺寸的芒团纸用于书画创作，为芒团白棉纸开辟了一个新的应用领域。生产者抓住这一机会，与书画家合作进行研制改进，将有利于白棉纸制作技艺的传承与发展。

芒团的每个造纸户门口都挂有一块标牌，上用中文和傣文标示出该户造纸的起始时间。这种做法过去只是在一些其他项目的老字号店面前见过，就手工纸作坊而言在全国可谓绝无仅有。这也是当地政府的一个创意，是他们重视、支持芒团白棉纸制作技艺传

图 3–35　研光（陈彪提供）

图 3–36　揭纸

承发展的一个重要举措，效果很好。

巴玉勐嘎（文化部 2009 年 4 月公布的名单是玉勐嘎，64 岁）是傣族手工造纸技艺项目的国家级非物质文化遗产传承人。她家的标牌显示这个家族从 1347 年便开始造纸，据说这是根据该家族代代口传得出的结论。孟定镇文体服务中心的金紫明主任和芒团组岩发组长介绍，各造纸户开始造纸的时间是从分家时开始算起，分家前的时间不算在内，所以有的造纸户门牌上显示的时间很短。

在芒团，造纸是女性的天下，整个造纸流程完全由妇女来完成，从 90 多岁的老太太到几岁的小姑娘，都会造纸。根据巴玉勐嘎口述，她妈妈巴叶勐嘎将造纸技术传给她，她再传给儿媳妇丙哦，丙哦的女儿艾巩现在也已经学会了造纸。

这是一个很有趣的现象，到如今芒团造纸基本沿袭着“传女不传男”的习俗。

傣族手工纸制作技艺被列入首批国家级非物质文化遗产代表作名录之后，得到各级政府的重视和支持，尽管如此，目前此项技艺的传承发展中仍面临着一些问题。

首先是原料供应不足。其次是收益不高。巴玉勐嘎一家目前有 4 人造纸，年产量 6 万张左右，销售额 4 万元。前期花费近 6000 元购买构皮，2000 多元购买木柴，加上其他零星支出共需要 1 万元的直接成本。现有 4 名女性参与工作，全家一年可从中收入 3 万元左右，人均约 7500 元，目前对她们来说是一笔比较可观的收入。不过，由于构皮资源的渐加紧缺或构皮价格的不断上涨，这种收益难以维持。再说不少人选择去当地或周边地区打工，因为那样做可以赚更多的钱。这样一来年轻一代不愿意留在家里造纸，此项技艺的传承也就成了问题。就连巴玉勐嘎也表示，如果有一天没有构皮了，或者构皮价格过高而造纸没有利润了，她们最终也会放弃造纸。尽管从情感上来说舍不得，但是为了生存，她们也只能选择放弃。

据网上资料，永康镇芒石寨 66 户傣族家庭，只有 10 多户进行手工造纸，而且都是老年女性，最大的已达 73 岁，最小的也已有 60 岁。

注释

[1] 潘吉星：《中国造纸技术史稿》，文物出版社，1979 年，第 239 ～ 245 页。

[2] 张秉伦、方晓阳、樊嘉禄：《中国传统工艺全集·造纸与印刷》，大象出版社，2005 年，第 76 ～ 77 页。

[3]《国家级非物质文化遗产大观》，北京工业大学出版社，2006 年，第 291 页。

[4] 邱宣充、吴学明：《孟定傣族的原始造纸》，见《云南民族文物调查》，云南人民出版社，1998 年。

[5] 朱基元：《孟定傣族原始造纸》，载《云南民族学院学报》1998 年第 1 期。

[6] 李晓岑、朱霞：《云南民族民间工艺技术》，中国书籍出版社，2005 年 4 月，第 243 ～ 252 页。

第四章　桑皮纸制作技艺

桑皮纸在皮纸中所占比重仅次于楮皮纸。桑树自古以来就在中国种植，主要品种有真桑（Morus alba）和小叶桑（Morus acidosa）、岷桑（Morus mongolica）等真桑的变种。种植桑树的主要目的是取其叶养蚕取丝，生产丝织品。桑树的枝干以前只用作烧柴，用桑树枝的皮造纸或开始于魏晋时代。据宋代苏易简《文房四谱》记载："雷孔璋曾孙穆之，犹有张华与其祖书，所书乃桑根纸也。"[1] 由于桑根皮造纸在技术上既不合理，又无旁证，故应将"桑根纸"理解为"桑树皮纸"或"桑皮纸"，其中"根"字可能系衍文，或为"树"字误。如果这一推测正确的话，我国在3世纪时即有桑皮纸问世。

据黄盛璋考证，桑皮纸主要流行于中国北方，在南方最远只传到浙江；朝鲜和孟加拉国都盛产桑皮纸，分别是从中国的东北地区和中国西藏传入的。[2] 目前桑皮纸产地分布与这一结论基本吻合。我们调查过新疆和田、安徽潜山、河北迁安、山东曲阜等地的桑皮纸制作技艺，还了解到山西、山东等省还有其他地方生产桑皮纸，而长江以南地区则较少见。

第一节　新疆桑皮纸制作技艺

一、概述

目前新疆维吾尔族桑皮纸制作技艺产地为南疆和田地区和新疆东部的吐鲁番地区，均是维吾尔族聚居区。新疆和田等地种桑养蚕可能开始于汉代，唐代高僧玄奘《大唐西域记》中有一段记载，说的是嫁入于阗的汉家公主将蚕桑技艺带入当地的故事。

> 王城东南五六里，有麻射僧伽蓝，此国先王妃所立也。昔者，此国未知桑蚕，闻东国有之，命使以求。时东国君秘而不赐，严敕关防，无令桑蚕种出也。瞿萨旦那王乃卑辞下礼，求婚东国；国君有怀远之志，遂允其请。瞿萨旦那王命使迎妇，而诫曰，"尔致辞东国君女，我国素无丝绵桑蚕之种，可以持来，自为裳服。"女闻其言，密求其种，以桑蚕之子置帽絮中，既至关防，主者遍索，唯王女帽不敢以检。遂入瞿萨旦那国，止麻射伽蓝故地，方备仪礼，奉迎入宫，以桑蚕种留于此地。阳春告始，乃植其桑，蚕月既临，复事采养。初至也，尚以杂叶饲之，自时厥后，桑树连荫。王妃乃刻石为制，不令伤杀；蚕蛾飞尽，乃得治茧。敢有犯违，明神不祐。遂为先蚕建此伽蓝。数株枯桑，云是本种之树也。故今此国有蚕不杀，窃有取丝者，来年辄不宜蚕。[3]

这是一个生动而感人的传说，公主为造福此地，违抗君命，设法利用自己特殊身份将蚕种带出去，同时将中原地区的桑蚕技艺及其相关的文化带到这里。

据说，我国著名考古学家黄文弼和日本西域学家羽溪了谛作过考证，首位远嫁于阗的汉家公主是东汉末年刘氏王室之女，由此可知汉末和田一带就广植桑树了。当然这并不意味着此前西域没有桑树，只是没有蚕丝业而未被记载而已。

历史上新疆的桑蚕业一度很发达。有资料（《左宗棠年谱》）记载，清代和田蚕桑业相当兴盛，在左宗棠的支持下曾一次从东南各省运来桑苗数十万株，并从浙江湖州招募数十名蚕务技工，传授江南地区栽桑、养蚕、缫丝、织绸的先进技术。

清光绪六年（1880），左宗棠看到新疆的蚕丝产量远不能满足俄国等周边国家的需要，便打算在甘肃西部以及南疆和北疆大力发展桑蚕业，使"耕织相资，民可致富"。当时经核查，这里共有桑树866000余株，当地百姓以桑葚为食，种桑养蚕技术都很落后，于是从桑蚕业发达的湖州募雇蚕农60名，由部属祝应焘管领，"带桑身、蚕种及蚕具前来教民栽桑、接枝、压条、种葚、浴蚕、饲蚕、煮茧、缫丝诸法。自安西州、敦煌、哈密、吐鲁番、库车以至阿克苏，各设局授徒"。左宗棠得知"南疆生桑颇多，一经移接，便可饲蚕……可事半功倍"，便从南疆开始，后至北疆。[4]

民国时期，和田蚕桑业得到持续发展，谢彬在《新疆游记》中说："自莎车至和田，桑株几遍原野。机声时闻比户，蚕业发达，称极盛焉。"民国4年，和田共有养蚕户32440户，年产蚕茧550吨、生丝307吨。

维吾尔族有个谚语："桑大不可砍，砍桑如杀人。"反映当地人对桑树的保护意识和深厚的情感。

有证据表明，新疆桑皮纸制作开始于唐代，这与造纸术于唐代传入西域的时间一致。1908年斯坦因在和田城北100多公里的麻扎塔格山一座唐代寺院中发现了一个纸做的账本，上面记载着在当地买纸的情况，说明在唐代和田一带就有了造纸业。公元11世纪以后，维吾尔族成为和田的主体民族，承袭了古代的造纸技艺。在我国新疆境内以及中西亚地区的许多考古发现中，出土了大量的桑皮纸典籍。目前保存在和田地区博物馆内的桑皮纸文物，大多为唐代以及宋元时期的物品。

在宋代西辽统治时期，和田以桑树皮为原料制作纸已经很有名，成为当地维吾尔族的一项重要家庭手工艺，在新疆地区颇负盛名。公元14世纪中叶吐鲁番地区的维吾尔族皈依伊斯兰教以后，制作桑皮纸技艺由和田传入吐鲁番，使该地成为新疆的又一个桑皮纸生产基地。

在新疆历史上，桑皮纸曾被广泛用于书信往来、书籍印刷、档案卷宗、收据联单、司法传票、会议记录等。明清时期新疆桑皮纸的使用非常普遍，在新建的和田地区博物馆里，有桑皮纸上的清代维吾尔文典籍《诺毕提诗选》、《维吾尔医药大全》，还有一部维吾尔民间史诗的残卷。南疆清代及民国时期形成的地方官府典籍书册，基本上以桑皮纸作为书页，外观及手感仅比内地的古籍稍粗糙而已。直至20世纪40年代，许多公文、契约和包装都还在用桑皮纸。有网上资料称，中华书局1936年出版的《我们的中国》一书中说："和阗桑皮纸，为全省官厅缮写公文的必需品。"20世纪初，桑皮纸曾被短暂地用于印制和田的地方流通货币。

早在1950年，维吾尔族桑皮纸便开始退出印刷和书写用纸的行列，从那时起就没有高档桑皮纸了。但是，直到20世纪70年代，维吾尔族民间仍部分在使用桑皮纸。和田地区客运站对面有一条小巷，名叫卡卡孜库恰，翻译过来就是"纸巷"。但20世纪80年代以后，桑皮纸已经完全退出了维吾尔族人们的日常生活。因为没有市场需求，制作桑皮纸的匠人都已转行另谋生路。

2005年国务院公布的第一批国家级非物质文化遗产名录中，新疆桑皮纸制作技艺名列其中。此后，来这里参观的游客越来越多，其中包括记者和对此有浓厚兴趣的学者。如记者韩钢、韩连赟的游记《最后的桑皮纸》发表在《文明》2005年第8期上；李芝庭在杂志《丝绸之路》2004年第10期上简要介绍和田桑皮纸的制作工艺；新疆师范大学地理科学与旅游学院2007级硕士研究生沙妮娜则对新疆桑皮纸的口头与非物质文化遗产的价值体现作了专题论述等。

为了确切地了解新疆桑皮纸的制作技艺，2011年3月我们委托安徽医科大学的博士研究生冯蕾女士，利用回新疆乌鲁木齐市休息期间专程进行实地考察。2011 年 5 月 15 日，考察组到达即墨县城南十公里的布扎克乡普提坎村老艺人的家，见到他们一家人，并对他进行了采访（图 4–1）。

图 4–1 冯蕾博士（右一）与托乎提•吐尔迪老人合影

据老艺人介绍，20 世纪 80 年代以前，那里的住户有一半人家（200 多家）在做纸，近些年来只有他一家仍传承这一技艺。

在此过程中，冯博士在乌鲁木齐还得到新疆艺术研究所苏海龙先生的无私帮助，并得到郭晓东先生提供的精美的工艺品和传承人的图片。下面根据我们掌握的资料，对新疆桑皮纸制作工艺流程作简要介绍。

二、工艺流程

1．砍枝剥皮

托乎提•吐尔迪老人现在用的原料就是当地生长的桑树皮，这些树以前应当是人工栽种的，现在处于无人管理的野生状态，如图 4–2。

图 4–2 托乎提•吐尔迪造桑皮纸用的桑树

每年春秋两季要给桑树剪枝，剪下的树枝要在晒干之前就要把皮剥下来，晒干后备用。干桑皮一年四季随时可以取用。据说，托乎提•吐尔迪以前造纸的原料可以在村子附近得到，但 2002 年大规模废桑树林之后，村子附近的桑树已所剩无几，造纸所用原料大多是从 20 多公里外的喀尔赛乡去购置。

2．剔去表皮

图 4–3 用刀削去表皮

如图 4–3，取适量的干桑皮，放在水中浸泡，使皮料松胀，这样做目的是使表皮与内瓤易于分离。用小刀将透湿的桑树皮的黑色表皮剔去，得到的一层白色韧皮就是制作桑皮纸的原料。据他们介绍，桑树皮的表皮可以作为牛羊的饲料。

3．煮料

将剥出的白色韧皮放在清水中淘洗，除去其中的泥土，之后捞起晾干。置大铁锅，盛满清水，烧水至开，每 10 公斤桑皮要加 5 公斤的胡杨碱，然后将桑树皮放入锅中，白色的桑皮当即被碱液染成土红色。用木棍搅拌，使碱液均匀，如图 4–4。然后加上锅盖，继续蒸煮，大约需要 2 个小时。

图 4–4 碱蒸桑皮

4． 碓捣

图 4–5 碓捣纸料

图 4–6 打浆

图 4–7 浇纸

图 4–8 晒纸

将煮熟的桑树皮捞起，放在平整的石面上，反复揉搓整形，然后用自制的木榔头用力捶打，边砸边翻，直至桑皮变成泥饼状。如图 4–5 所示。木榔头上布有密密麻麻许多钉子，老人介绍说，是为了在敲打的过程中不粘连。

5．打浆

将泥饼状的纸料放在一只木桶里，用一个被称作“皮扣克”的搅拌器搅打纸料，如图 4–6。“皮扣克”是在一支木棒的一端加上一个十字制作而成的搅棒。搅拌时木桶里会发出“皮扣”、“皮扣”的声音，故名“皮扣克”。搅拌过程中需要往纸料中加水，经过一段时间搅拌，桑泥饼变成了纸浆。

6．浇纸

在地面以下挖一个约 50 厘米深的水池，用石块加水泥封砌边和底，即建成他们使用的纸槽。纸帘是在固定的木框的一面蒙上一层绷紧的纱网制作而成。纸槽中存入足量的清水，浇纸时将纸帘放入槽中，浮在水面，舀出几勺纸浆倾入帘中，用小号的“皮扣克”不停地搅动纸浆，使之均匀分布，如图 4–7，然后双手提起纸帘，滤去水分，即浇成一张纸。

7．晒纸

将抄起的纸帘放在阳光充足之地，两两相背，架起晾晒，如图 4–8。浇纸法需要用大量的纸帘，根据产量定。天气晴朗的时候，在阳光充足的地方晒纸，仅需一个多小时就能晒干。

8．揭纸

晒干之后可以从帘上揭下来，轻轻地从一个角开始，逐渐扩大，至一半时，再起附近的另一角，进而扩大到整张纸。纸张呈淡黄色，虽有细小的杂质，但韧性很好，质地柔软，吸水性强，也不易被虫蛀。主要用于书画装裱、包扎纸币、制伞、制鞭炮和文化工艺品。因为它结实而有韧性，被用于印钱、制扇、印书籍等。据说用来贴伤口，还可以防止感染。据了解，高质量的桑皮纸还被维吾尔族姑娘用作绣花帽的辅料，先要抽去一些坯布的经线和纬线，等完成绣花之后再将用桑皮纸搓成的小纸棒插进坯布的经纬空格中，这样做出来的花帽挺括有弹性、软硬适度。桑皮纸柔软而坚韧。普通质量的桑皮纸一般用于包装，凡装茶叶、糖果、草药、食物等，只要对象不太大，都可用桑皮纸包装。粗制的桑皮纸常常用于糊天窗或制皮靴的辅料等。

图 4–9　国家级传承人托乎提•吐尔迪在介绍桑皮纸的性能

托乎提•吐尔迪祖祖辈辈都是以制作桑皮纸为生，五个兄妹中只有他一人跟父亲学习制作桑皮纸技艺。老人年近九旬，个子矮小，但精神很好，动作麻利。看到来了客人对他的桑皮纸感兴趣，就显得特别兴奋和快乐。妻子海热罕是他的得力助手，一儿一女也学会了制作桑皮纸，这是他感到欣慰的。“我老了，把手艺传给儿女，让他们子子孙孙传下去。手艺不能丢啊。”他说。

图 4–10　托乎提•吐尔迪的证书和奖章

过去十多年孤独的坚守最终迎来桑皮纸这项古老技艺的春天。一度无人问津的桑皮纸几年前每张卖到 1 元，每月可以得到近 2000 元的毛收入。现在随着其知名度的不断提高，桑皮纸已经从一般的生活用品变成了特色旅游纪念品，当冯蕾女士去调查时，买四张纸（大小两种，分别为 80 厘米 ×80 厘米，50 厘米 ×60 厘米）共花了 25 元。这种变化的结果是托乎提•吐尔迪一家人收入的提高，这更增加了他们将制作桑皮纸进行到底的信心。

桑皮纸使托乎提•吐尔迪这位老人走出了古老偏远的村庄。2002 年 6 月底他远渡重洋到达美国，参加了在纽约举办的第 16 届世界民俗生活艺术节，向来自世界各地的人们展示和田桑皮纸的制作技艺，如图 4–9。整个旅程都是一位美国女记者安排的，他被安排在一个大公园里，吃、住和演示工艺都在那里，带去的 500 册装订好的桑皮纸都卖掉了。他被艺术节组织者称为“地球上最古老手艺的幸存者”。

2006 年 5 月 20 日，新疆桑皮纸制作技艺被列入第一批国家级非物质文化遗产名录。2007 年 6 月 5 日，经国家文化部确定，新疆维吾尔自治区吐鲁番地区的托乎提•吐尔迪为该项目代表性传承人，并被列入第一批国家级非物质文化遗产项目 226 名代表性传承人名单，如图 4–10。

由新疆和田地区制定的“桑皮纸生产标准”已经通过当地质监局专家组评审，意味着这一濒临失传的工艺将就此获得新生。新制定的“标准”对桑皮纸生产工艺、质量控制和检验规则等各方面都做出了详细的记录和要求，为保护这种古老的造纸术提供了完备的技术保障。

和田地区曾经是新疆最大的桑皮纸产区和起源地之一，为避免这一古老造纸工艺失传，和田地区质量技术监督局组织有关技术人员走访了民间艺人，深入挖掘了传统制作工艺，使之与现代技术相结合，制定了桑皮纸的生产标准。

目前，和田市旅游部门已有意将制造桑皮纸的工艺列入旅游项目，使之不至于失传，将给它一个继续在新疆存在的空间。

第二节　安徽潜山桑皮纸制作技艺

一、概述

在北京故宫博物院的东北部，宁寿宫花园的北端，有一处建筑，面南向，北靠红墙，东西共九间，是宁寿宫建筑群的一个组成部分，名为“倦勤斋”。其正中前檐下悬乾隆御笔“倦勤斋”额，取“耄期倦于勤”之意，显示这里是太上皇的憩息之所。

倦勤斋建筑中最具特色的是它的内檐装修部分，东五间的装饰工艺以竹黄和双面绣为最，西四间最重要的装饰是170平方米的通景画，是由欧洲传教士画家郎世宁与其弟子王幼学借鉴了欧洲教堂中的天顶画和全景画的形式而移植于清代宫廷内的。

当年建造倦勤斋时，乾隆皇帝动用了当时最顶级的工匠和建筑材料。通景画所用背纸是乾隆时期的高丽纸，以桑树皮为原料。2002年，受到世界文化遗产基金会资助，预算800万元的故宫倦勤斋通景画抢修工程启动。为了做到修旧如旧，这次大修选用的背纸必须使用桑皮纸，而且制作工艺不能低于乾隆时期的水平。为此，从2002年4月开始，故宫博物院先后在高丽纸原产地韩国以及国内一些地方寻觅桑皮纸。此次大范围的搜寻，使新疆和田和安徽安庆两地桑皮纸进入专家的视野，受到世人关注，为纯手工制作桑皮纸传统技艺的抢救和振兴带来新机遇。

图4-11　潜山县官庄镇（A）和岳西毛尖山乡（B）的地理位置

图 4–12 笔者在与刘同焰讨论恢复用三椏树皮生产“汉皮纸”

安徽省潜山县地处大别山余脉，所产“汉皮纸”以桑树皮、三椏树皮和雁树皮为原料，产区主要集中在境内西北山区，包括龙关、槎水、逆水、大水、黄柏、官庄、后冲等乡镇，水吼岭等山区镇以及邻近的岳西县毛尖山等地也有零星分布。据 1993 年修的《潜山县志》称，汉皮纸生产最早可溯到汉代末年，据我们调查，至少在清末以前就有生产，20 世纪 80 年代还十分兴盛，官庄及周边乡镇桑皮纸手工作坊达 200 家，200 余人常年在外推销，40%的劳力从事桑皮纸的生产加工，从业人员达 1500 余人，年产桑皮纸 40 万令，产值达 500 多万元，为经济发展、农民增收、劳动就业起到了促进作用，社会效益和经济效益都很明显。过去汉皮纸生产作坊很多，后来由于销路不畅等原因，许多作坊停产，许多身怀绝技的民间造纸艺人，不得不转行谋求生计，现在从事桑皮纸生产的只有官庄镇坛畈村的刘同焰和邻近的岳西县毛尖山乡的王柏林两户，从业人员不足 10 人。

安庆桑皮纸具有抗拉力强、不褪色、防虫、无毒性、吸水力强等特点，主要用于书画、裱褙、典籍修复、包装、制伞和文化工艺品制作等。据王柏林介绍，这种纸可反复折叠 6900 次而不断，其抗折叠能力大约是人民币的 3 倍。在故宫文物修复期间，潜山县官庄镇刘同焰生产的桑皮纸样品通过中国纸张研究所检测，已基本达到乾隆时期的工艺水平，他每年供应故宫上百刀桑皮纸。岳西县毛尖山乡王柏林的供应量也大致相当。

二、工艺流程

我们曾于 1999 年 12 月赴槎水镇调查当地汉皮纸生产工艺，2006 年，安庆桑皮纸制作技艺被列入安徽省首批非物质文化遗产名录之后，2007 年 10 月和 2008 年 11 月我们又先后两次赴官庄，调查潜山桑皮纸制作技艺，研究保护和合理利用的模式。根据我们掌握的情况，安庆桑皮纸制作技艺的工艺流程包括以下 24 道主要工序：

1．砍树取皮

潜山皮纸以野生桑树（如图 4–13）的韧皮为原料。一般在惊蛰之后到清明之前这段时间采剥，选择头一年生长的枝丫，从根部砍伐。斩头、除尾，然后就地剥下其中段的韧皮。当地也有人栽桑养蚕，所以也有很多家桑，但之所以不用家桑为原料，是因为其韧皮的厚度远不及野生桑树。从图 4–14 可见，两种桑皮的纤维量的差距用肉眼即可辨别。

图 4–13 野生桑树

图 4–14 上方野生桑皮内瓤为白色，下方家桑含纤维少

2．出青

用刮皮刀将韧皮上较厚的表皮刮去，尤其要将枝节部生出的赤节、青叶除掉，此外，树枝靠近根部的表皮也比较厚。出青一定要在在剥皮之后立即进行，要是等到韧皮干了就难以进行了。

3．晒干

将出青处理之后的新鲜皮料放在太阳下曝晒至干。中间需要翻晒数次，雨天要收起，防止受潮长霉。将晒好的干料打捆收起，备用，如图 4–15。

4．初选

取一次用量的干料放在清水中浸泡一昼夜，如图 4–16。次日用钩耙捞起，放在广口大竹篓中，如图 4–17，剔除其中的部分杂质，包括一部分表皮，同时在石板上揉洗，如图 4–18，然后再次晒干。

5．蒸料

将晒干后的皮料打成把，放在篁桶中，烧火蒸料至熟。由于用量不大，所用篁桶尺寸较小。

6．二次筛选

又称“踏皮”或“揉皮”，把蒸熟的皮放在木板上，用脚踩踏，直到皮壳松动，使黑色的表皮与内层白皮分离，然后用手抖去。再经过手工拣选，进一步剔除其中杂质，如图 4–19。据介绍，经此道工序大约可除去三分之二的表皮。

7．灰沤

接着将皮料放入石灰水池，蘸透石灰浆后，堆放三五天。具体时间根据气温情况和蒸料的熟度而定。

8．淘洗

把沤过的皮料运至溪流边，在溪流中摆洗，除去夹杂在皮料中的石灰和杂质。

9．三次筛选

如图 4–20。淘洗后的皮纯度和白度较高，但其中还有一些颜色较深的老皮，需要拣选出来。同时要除去其中残留的石灰子、表皮等杂质。

10．露晒

把皮料放在干净的石板上，日晒夜露一个多月，雨水多时时间可以短一些，如果天干则需要长些时日。

11．漂洗

经露晒过的皮料扎成小把，放在皮塘中漂洗，如图 4–21。皮塘设在清水小溪中，塘底铺上石块或木板，用石块把皮料把固定其中，任清澈的溪水冲洗五六日，使皮质更加纯净洁白。

12．精选

捞起皮料把，拧干，仔细将各类杂质全部剔除掉，如图 4–22。

13．打皮

用碓舂打皮料，使皮质进一步松散。打皮的设备是脚踏碓，两人操作，一人踏碓，一人添料，如图 4–23。

14．袋料

将打过的皮料装入棉质土布制作的布袋，量不可太大，否则无法进行下一步操作。将木质袋料棰从袋口插入袋中，一手握紧袋口将袋子放入清水中，使袋中鼓足气，另一手握住袋料棰搅打袋中纸料，待袋中出来的水不再混浊时，提起，挤去袋中的水，如图 4–24。在此过程中，纸料进一步分化成浆，同时淘洗至净。此工序与陕西楮皮纸袋料大致相同。

图 4–15　储存在家中的桑皮纸原料

图 4–16　浸泡桑皮纸原料

图 4–17　用铁耙捞起桑皮

图 4–18　初次筛选

图 4–19　二次筛选

图 4–20　三次筛选

图 4–21　漂洗

图 4–22　精选

图 4–23　打皮

图 4–24　袋料

图 4–25　划槽

图 4–26　中国梧桐，当地称作青桐皮植物

15．拌浆

将纸料放入拌浆池，加入适量清水，用拌浆棰在池中上下左右搅打，使纸浆完全散开，至无结团为止，然后把纸浆盛入桶中。

16．配料

将适量的纸浆倾入抄纸槽，加入清水，当地人取用地下水。纸浆的浓度根据纸张的厚薄要求配兑，浓度大则纸厚，稀则纸薄，由纸工依经验掌握。

17．划槽

在抄纸前由两人用划杆（竹竿）搅打纸浆，如图 4–25，使纸浆更进一步分化。

18．加药

当地制备纸药的原料以杨桃桦为主。一般来说，在春、秋和冬季抄纸都用它。制备纸药的方法（以最常用的杨桃藤为例）：用刀将新采的杨桃桦茎切成小段，放入木桶容器中，用长柄木棰捣碎，水浸 3 ~ 6 小时，用手稍加搓揉，即可用。抄纸时，药液的浓度要适当，太浓则帘上存不住料，抄出的纸薄；太稀则抄纸时帘上的料不匀，而且后面的揭纸也会比较困难。抄纸师傅们一般根据手感等经验确定具体用量。纸药的“药性”受气温影响很大，夏季特别是闷热天，黏液降解得很快，制备的新鲜纸药一般只能用几个小时；冬季则可用 2 ~ 3 天。师傅们必须熟知这一切，以保证用量适度。我们在调查中还了解到，适于中秋节前后一段时间采伐的杨桃桦，可以埋在潮沙中保鲜，这样可以一直用到次年春季萌发新芽之前。夏季则用“青桐皮”（中国梧桐，如图 4–26）作原料，用水浸泡即可制得纸药。还有一种纸药植物当地人称“桐藤花”，据描述应当是木槿花。

19．抄纸

与衢州龙游皮纸的抄纸方法相似，每槽浆头半段通常二遍水，先从右边垂直插帘挽第一遍水，多余的

图 4–27　抄纸

图 4–28　覆帘

图 4–29　揭纸

纸浆从左边出；再迎浪从左边插帘挽第二道水，多余的浆从右边出，如图 4–27。抄到中期，由于纸浆浓度已经较稀，有时抄起的纸厚度不够，则再抄一遍以增加厚度。抄纸之后覆帘放湿纸在湿纸垛上，如图 4–28。一般而言，抄四遍水的情况较少。帘为邻近的香山村的华松舟师傅制作，其制作工具仍较为原始。所用竹丝是从浙江商人手中购得，参见本编第一章第一节。

20．压贴

将纸垛移至木榨上，上层加上一块厚木板，套上绳索，利用杠杆原理逐渐绞紧绳索，榨去湿纸中的水分，使纸张呈半干状态。一尺多厚的一垛湿纸压榨过后不过几寸厚。湿纸压榨后，要及时揭分，不宜久放，否则纸张会粘在一起，无法揭分，气温较高的夏季尤其如此。

21．揭纸

解开绳索，把纸垛从纸榨上取下来，搬到干燥纸的地方。揭纸时要注意先将纸垛翻过来，使先抄的纸在上，后抄的纸在下，按抄纸的先后顺序揭纸。这是揭纸过程中的一项技术要求。揭纸必须从纸垛整齐的一端且在抄纸时帘柱所在的一边的纸角开始一张张地揭，如图 4–29。具体操作：用拇指和食指的指甲掀起纸角，并轻轻揭起，如果两三张纸的纸角粘在一块时，可用口将纸角含起，轻轻一吹即能分开。揭纸时用力要均匀一贯，兼顾两边，待一边完全揭起至另一角时，用另一只手的两指提住纸角，继续牵拉，直至完全揭起。揭纸和抄纸都是手工造纸技术中最难掌握的技术，纸工须反复练习才能熟练操作，少出次品。

22．干燥

揭起的半干的纸张要进一步干燥。纸在抄造过程中形成了正反两面，与帘面接触的一面为纸的正面。抄起后覆帘落纸时，纸的正面向上，压榨后揭纸时，先要把纸垛翻过来，每张纸的正面均向下，揭起后用棕刷把托纸的反面，将纸的正面贴向干燥器表面。具体操作是用棕刷把轻轻地将纸张刷在焙纸的墙面上，刷过第三张时，第一张纸即已干燥，取下再刷下一张，如此反复。

23．检纸

烘干后，从干燥器上取下纸张，拣去有瑕疵的次品，每 100 张叠放成一刀。

24．切边

根据需要可用裁纸刀裁去毛边，包装好，即为成品。刘同焰所用的裁纸刀形状如同《水浒传》中花和尚鲁智深使用的月牙铲如斧刃状的一端，用平直的大块木尺压住纸垛之后，用铲刀裁去多余的纸边，如图4–30。潜山汉皮纸原分为大汉、中汉、小汉三种。现在生产的桑皮纸规格相当于四尺宣纸。

2009年，安庆桑皮纸手工制作技艺入选第三批国家级非物质文化遗产名录，王柏林也被文化部授予国家级非物质文化遗产项目代表性传承人称号。此前他与刘同焰均被授予安徽省第二批非物质文化遗产代表性传承人称号。王柏林还注册了岳西金丝纸业有限公司，并为其桑皮纸产品注册了“毛尖山牌”商标。

刘同焰出生造纸世家，据其家谱记载，其祖上昌程公在清乾隆年间即开始造纸，到刘同焰已经是第六代。他对手工纸技艺很有感情，一直不舍得放弃，但目前处境仍有困难。

笔者就此项目今后的发展与传承人刘同焰、县文化局芮刘斌主任，还有乡村两级政府的负责人进行商讨。安庆桑皮纸原已濒临灭绝，近些年的振兴很大程度上得益于故宫博物院倦勤斋修复工程。从非物质文化遗产保护角度看，单凭这个很有限的需求不足以保证此项技艺的可持续发展。为了使桑皮纸技艺长久传承下去，必须修复好此项技艺持续发展所依存的环境。具体地说，至少要保证传承人可以赖此业以维持生计，即使不是很富裕，也得活得有尊严。笔者注意到，刘同焰的纸坊在没有桑皮纸订单的情况下，还在以纸浆板为原料生产低档书画纸。

图4–30　刘同焰用铲刀切纸

潜山原本具有生产汉皮纸的传统，20世纪80年代销路不畅，导致各纸户纷纷停产，但直到今天，市场对于汉皮纸仍有一定的需求量，像刘同焰、王柏林这样的造纸户，如果恢复汉皮纸生产，在没有桑皮纸订单的时间生产其他品种的汉皮纸，如果仍是维持现有的产量，销路不会有问题。当地野生的三桠树随处可见，而且很容易进行大规模培植，原料不成问题。汉皮纸生产技艺与桑皮纸生产技艺虽有所不同，但也是他们所熟练掌握的，并且设备器具都可以通用，所以恢复生产也没有技术和设备方面的问题。

笔者建议刘同焰先试产一部分其他品种的皮纸，同时探寻销路，以后根据市场需要逐渐扩大产量。时机成熟时，可以发展成企业加农户的经营模式，带领同村的其他造纸户恢复生产，并且同时生产桑皮纸等不同品种、不同规格的汉皮纸。只要按市场规律办事，不盲目地一哄而上，并且积极地寻找市场和开拓市场，就可以有效地保护好、传承好此项技艺，并且使之成为富民的一条途径。

2012年3月，笔者再次与刘同焰电话联系，据他介绍，近年桑皮纸生产形势渐好，去年一年生产纯桑皮纸约2000刀，桑皮加其他原料生产的书画纸约8000刀，总产值200多万元。销售方式为客户电话订购。虽然纯利润不多，仍足以维持生计。显然，这是非物质文化遗产保护工作开展以来才取得的成效。

第三节　山东曲阜纸坊村桑皮纸制作技艺

一、概述

山东曲阜市王庄镇纸坊村位于有“东方圣城”之称的曲阜市北约5公里。据当地人介绍，该村原名“辛安里”，又名“安南庄”。传说北宋期间，王氏家人逃离战乱首先来此定居，起名“安南庄”（安难庄）。后来大约在明代，郑氏和乔氏两族迁入该村，为促进氏族之间的团结，更村名为“辛安里”（新安礼）。郑氏、乔氏两族以造纸为业，其手艺据传源自新疆。后来该村桑皮纸生产规模不断扩大，远近闻名，遂更名为“纸坊村”。

关于手工纸生产当地有一个传说，说一开始纸坊村主要生产冥纸。为了增加销量，造纸户别出心裁让大家相信烧冥纸的灵验。他们派一人装死，躺在棺材内，设计特殊通气道使装死的人在棺内能呼吸外界空气，并在入殓时放入一些可供充饥的食物。三天后，死人家属到坟前祭奠筑坟时，装死者大呼，外面的人赶快掘开坟墓，打开棺材，使之出棺。装死者告诉大家，多亏用烧的纸钱赎回了自己生前的过失，阎王爷才放他回来！其他人信以为真，从此当地就有了给过世者烧纸的习俗，纸坊村生产的冥纸供不应求。

清中叶以后，纸坊村生产的桑皮纸主要用于糊制“酒海”及盛装油、酱油等液态食品的木制、藤编容器，市场需求量很大。造纸业成为该村的主要产业。

20世纪50年代初，该村先后成立互助组、合作社，既造纸又制作酒海，统购统销，按劳分配，按劳资分红，由于生产经营得好，1953年曾在天津全国手工业会议上作典型发言。1955年，村里响应政府互帮互助的号召，成立曲阜县手工联社。1956年，县手工联社组建曲阜造纸厂，由于自然灾害、饥荒等原因，纸厂效益不佳，至1960年已名存实亡。1962年原造纸厂新建酒类容器厂，1970年更名为曲阜县纸坊造纸容器厂，制作各种盛酒容器，但生产则分散在各农户中进行。酒类容器厂后搬迁到附近的八宝山，主要收购桑皮纸和条编、陶瓷容器，然后糊制成品卖给酒厂。

20世纪70年代末村办集体瓦解，农户自建捞纸池，并自发组织了7个造纸、编糊联合体，村内捞纸作坊随处可见，生产的桑皮纸裱糊加工产品销往鲁、豫、晋、陕、甘、宁、内蒙古、新、冀、津和东北三省等19个省、市、自治区，成为闻名遐迩的造纸专业村。进入90年代，纸坊村桑皮纸生产达到鼎盛，当时各国营、民营酒厂如雨后春笋般涌现，桑皮纸的产量随着酒海需求量的增长而骤增，生产高峰时全村共有300多家纸户，200多个池子。不过，由于盛酒器可反复使用长达十年，市场很快达到饱和，加上替代用品的冲击，这种兴隆的景象持续一段之后，桑皮纸生产又很快转入低潮。现在全村从事桑皮纸生产的只有20户，据说前些年村委会曾打算对这些个体作坊统一组织和管理，以便形成规模，整体向外推介，但没有成功。

据了解，当地还流传一些与手工技艺相关的民谣如“纸坊的闺女砸桑皮，姚村的闺女编大席，王庄的闺女赶大集”，反映的是纸坊村及邻近的几个村不同的文化传承。又如“纸坊的烟筒一冒烟，外村的闺女要靠边”，反映当时纸坊村造纸行业的经济收入水平相对领先，为邻近村所不及。

我们于 2009 年 2 月 12 日前往纸坊村对其桑皮纸生产技艺进行调查，同行的有我的同事周筱华、汪小飞、叶双峰和尚凯等。此前唐家路等学者曾对纸坊村的桑皮纸生产进行过调查，并发表了调查报告，[5] 我们看到的情况与两年前他们了解的虽然没有太大变化，但仍有一些需要调查的方面。

刚到村委会所在的小镇，就遇到一位名叫乔志兵的青年在晒纸。知道我们的来历之后，他十分热情地接待了我们。我们在他家见到他的爷爷和父亲，他们都是经验丰富的造纸师傅。打皮、切皮、抄纸等工序就在庭院内进行。乔志兵还引领我们来到小镇外一个小溪边，那里有用于浸泡桑树皮的灰池、蒸桑树皮的篁桶、碾轧桑皮的石碾等。

图 4–31　纸坊村标志性建筑——纸坊小学

做桑皮纸的农户都以此为主要经济收入来源。据乔志兵介绍，他们常年可以抄纸，一个纸槽一天最多可抄 50 刀（2500 张）左右，按现价每刀 5 元计，可收入 250 元，为此全家男女老少都得帮忙。如果不怎么耽搁，全年可收入两三万元钱。有的纸户不把做纸当主业，只是附带做一点，一年收入仅七八千元。现在桑皮纸的总产量不大（不到 20 万刀，总产值近 100 万元人民币），销路不成问题。

村头有条南北流向的纸坊河，是纸坊村造纸的重要水源。沤料用的灰池和蒸料用的篁锅以及石碾等是大家共同出资修建，共同使用和维护的。

二、工艺流程

唐家路等人的报告中介绍了纸坊村桑皮纸的制作工艺流程，为我们提供了重要的参考资料。我们在纸坊村又向乔志兵父子及其邻居询问该流程中的一些细节。现将其主要工序叙述如下：

1．伐条

纸坊村的桑皮纸现在用的是家桑的韧皮，而不像安徽潜山桑皮纸用的是野生桑树的韧皮。两者相比，家桑的韧皮纤维层很薄，黑色的表皮也难以尽除，所以这里生产的桑皮纸较粗糙。剪枝条的时节一般在农历五月收过麦子之后的一个月之内，这时春蚕已“上山”，不再食叶。选择手指粗细的枝条，用专用修枝剪剪下，这样的枝条剥下的桑皮老嫩适中。桑枝不能太老，否则杂质较多，不易提纯纤维；太嫩则出料低，纤维短，成纸的抗拉力低。

2．剥皮

刚砍下的桑条要立即剥皮，因为这时桑条中含有充足的水分，皮容易“离骨”。若放置一段时间，待桑条干燥后，韧皮与木芯粘结在一起，就很难剥离。剥皮是从枝条的根部开始，直到末梢。

3．晾晒

剥下的桑皮摊在露天晾晒，使其充分干燥。晾晒要均匀，以免有些部分没有晒干，贮存后腐烂变质。

4．分拣

俗称“拣桑皮”。晾晒之后，将其中质量差的桑皮剔拣出去。

5．扎把

分拣过后，桑皮要再次晾晒，干燥后扎成5公斤左右的小把。定量捆扎的目的是便于进入下一道工序时能较准确控制用量。干燥的“皮子”可以存放几个月甚至一年多，因此桑皮纸生产不受季节限制，一年四季都可以进行。纸坊村不养蚕，“皮子”是从汶口等地收购的。

6．浸泡

取一定量（一般七八百斤）的皮子放在小溪流水中浸泡至软。浸泡时间因季节而异，春夏季节气温高，一天即可，秋冬季节则要两三天。

7．沤皮

把桑皮把从河里捞出，放入石灰池中浸泡。池子长220厘米、宽150厘米、深170厘米，浸泡前注入半池水，按每百斤桑皮5斤生石灰的比例加入生石灰，然后用撞瓢杆搅匀。将桑皮把分层排放在灰池里，排列要均匀严实，每放一层后，都在上面撒满石灰，注水至淹没桑皮捆。为了使桑皮浸透石灰水，人站在桑皮上面用力踩踏。之后压上大石头，防止桑皮上浮和泡开的桑皮膨胀溢出，如图4–32。桑皮在池中灰沤的时间也随气温高低而不同。夏天20多个小时即可，春秋天一般要两三天，冬天长达半个月以上，浸泡时间稍长一些也无妨。

8．蒸皮

蒸煮灰沤好的桑皮。炉子用砖和水泥砌成，一半在地上，一半在地下，如图4–33。上部为一圆柱形池，深约1米，底部中心放置一口直径1米多的大铁锅，称“底锅”，锅面排上木质锅箄，防止桑皮掉落锅中。蒸桑皮时，先在底锅中盛满水，放上锅箄后，把桑皮把摆放在上面。桑皮摆满后，在上面扣一口直径比池口内径略大的铁锅，称“卡锅”，然后用碾碎的桑皮渣密封，以防热气蒸发。之后点

图4–32　沤皮

图4–33　蒸皮锅

图4–34　笔者在纸坊村碾皮用的石碾旁留影，背后是穿村而过的纸坊河

火烧水。一次可蒸 200 ～ 300 斤桑皮，现在用煤烧蒸汽，蒸开后要持续蒸不少于 3 小时。蒸好后铲掉桑皮渣，掀起上面的大锅，用钩子钩出桑皮捆，冷却备用。

9．碾研

把蒸好的桑皮趁湿放在如图 4–34 所示的石碾上碾研，石碾转动靠套骡马拉，纸坊村现有一匹骡子，租用一天 30 元。碾研时一人在旁边不停地翻动，使桑皮碾研均匀。

10．漂洗

把碾好的桑皮摊放到河里浅水中浸泡一天一夜，使之完全泡开，俗称“化瓤”。然后将桑皮在水中翻摆，淘去碾研脱离的表皮硬壳和其他杂质，俗称“翻瓤”，如图 4–35 所示。然后把桑皮瓤再放到桑条编的洗瓤筐里在河中反复搅动洗净，洗到泛白为止，俗称“漱瓤”。

图 4–35　乔志兵边讲解边示范做“翻瓤”工序

11．拣杂

把洗好的桑皮瓤放在石板或水泥地面上，用圆木棍像擀面饼一样挤压，除去其中的水分后，手工挑拣出其中杂质。

12．舂打

俗称“打饼子”。用脚踏碓，二人操作，一人负责踏碓，为保持身体平衡，手扶在固定的架子上；一人坐在碓头边，不断地翻瓤，使其舂打均匀，如图 4–36 所示。舂打之后，原先松散的桑皮瓤成了一块块结实的饼子。

图 4–36　打饼子

13．切瓤

把舂打好的饼子对折，叠成长约 50 厘米、宽约 12 厘米、厚 3 厘米的多层饼子，俗称“叠饼子”。把叠好的皮饼放在长凳（切床）上，用一圈绳套住皮饼后，用脚踩住绳子，将桑皮饼固定，用双把的切刀将桑皮饼切成 2 厘米左右宽的均匀小段，如图 4–37。

图 4–37　切瓤子

14．泡瓤

把切过的细瓤装进纯棉布袋里，一次大约装 20 公斤，放在流动的河水中浸泡数小时。泡瓤的口袋不能用尼龙袋，否则纸纤维会粘在袋上。布袋底大口小，呈三角形，主要是为了便于扎口。

15．撞瓤

将撞瓤杆的前端伸入盛有纸料的布袋里，扎紧袋口。在河中立一丫字形支架，将撞瓤杆中间部位架在支架上。人站在河边双手握住杆把手，前后推拉，不断搅动、撞击口袋里的桑皮瓤，直到从袋中不再出来浑浊的水。经过工序袋中小块的桑皮瓤已变成细匀的纸浆，挤去水分即可。撞瓤杆为洋槐和枣木所制，结构如图 4–38，表面光滑，结实耐用。杆前端木板直径约 20 多厘米，杆长约 2.5 米，后端安有一横向把手，便于双手把握。

图 4–38　造纸师傅演示撞瓤过程，右上方晾晒的是所用的布袋

16．打槽

图 4–39 所示为整个抄纸操作台，当地人称“玄坑”，有水的部分是抄纸槽。在纸槽中加入适量清水，加入淘洗过的料浆，双手执竹竿由左向右用力划水，搅拌，使桑皮纤维尽可能分散均匀，防止纤维聚集成块，影响成纸质量和产量。

图 4–39　玄坑结构

抄纸过程中，人站在玄坑的最深处，面向纸槽时右手边是“下纸台子”，是存放湿纸的地方。下纸台子靠近池子的一边较低，并有一条小凹槽，湿纸垛中多余的水会从这个小凹槽回流到纸槽里。

17．杀沫

打槽过程中水面会出现泡沫，若不予以清除，会使捞出的纸有缺孔。加入几滴豆油即可杀沫。

18．抄纸

双手持帘，先将帘子上方（前方）插入池中，撩起一点纸浆，俗称“送背头”，目的是使抄出的纸张在这一部位稍厚一些，便于揭起。紧接着再将帘子朝向自己的一方插入纸浆里，抄起一些纸浆，逐渐转动帘子至水平，端出水面。这样整个帘子上就会平铺一层纸浆，如图 4–40 所示。然后提起纸帘，覆盖在后面的纸垛上，再在帘子背面用手平抹一下，揭起帘子，即可进行下一张纸的抄造。

图 4–40　乔志兵的父亲乔德和师傅在抄纸

值得注意的是，与西安市长安区楮皮纸生产工艺一样，纸坊村桑皮纸也没有使用纸药。同时，抄纸过程中也没有计数。

据乔志兵介绍，他们使用的纸帘是从温州订购的，当地没有人生产。帘架长 77 厘米，宽 40 厘米，

图 4–41 晒纸

图 4–42 揭分

为全木质结构，帘中间用一条布将帘分为两部分，这样抄一次得两张纸。如果一天抄 40 刀（2000 张），那就相当于抄 1000 次。如果需要抄整张的纸，可以将中间的布拆掉。抄纸时，将帘子放在帘架上，两边用“压帘棒”固定，操作十分方便。图 4–39 中可见纸槽上横放有扁形木棒，供停工时用来临时搁放帘床。

抄出一张纸之后，纸面上若发现没有化开的小块皮瓤（俗称“刀切筷子”），即拣出下次再用，小棒、小枝或老皮之类的杂质也随手剔掉。过去抄纸是男人的活，一是需要体力，二是双手整天泡在水里，对女人的身体有影响。现在气温不太低的时节也有女人抄纸，有的甚至比男人做得更好更快。

当地称手工造纸为“捞纸”，主要是因为抄纸这个工序技术要求较高，在整套技艺中最具代表性。

19．踩纸

当下纸台子上的纸垛达到约一市尺来高时，就要踩纸。踩纸的目的是除去湿纸中的水分，相当于其他地方手工纸制作过程中的压榨工序。操作时，先在湿纸垛上盖放一块废弃的纸帘，上面再放一块约 5 厘米厚，比一张纸垛面积大一些的“踩纸板”。人站在踩纸板上双脚轮换踩踏，压挤出纸垛中的水分。

20．晒纸

俗称“行纸”。如图 4–41 所示，将纸垛搬到墙边，放在木凳上。用手从桑皮纸有背头厚边的一角慢慢开始揭，揭起纸面约三分之一时，另一只手持棕刷托起纸张，将整张纸揭起，随即刷贴于墙上。纸张与水平线呈 70° 角斜向贴在墙上，贴第二张时，在垂直方向上要覆盖上一张的纸角，目的是待纸干燥之后，可以成片揭下。一般从上到下 5 张桑皮纸为一行，揭纸时可以一起揭下，所以当地称晒纸为“行纸”。与其他地方一样，要注意把纸的光滑面贴在墙上，麻面朝外晾晒。一般在水泥墙上或石灰墙上，

图 4–43 待售的成品桑皮纸

不能在土墙上，因为土墙松散粗糙，易使纸面粘上尘土，影响纸的质量。

21．揭纸

晒干后从上往下，一列五六张成串揭下，再一张张摞好。图 4–42 中，乔志兵的爷爷年近八旬的乔印海师傅正在揭分从墙上揭下的成品桑皮纸。

22．打捆

首先要计数，俗称“查纸”。当地用的计数单位都是 5 的倍数。如 50 张为一刀，10 刀为一沓，5 沓为一捆。清点整理打捆之后即可出售，如图 4–43。

据了解，现在做桑皮纸的主要是 20 世纪五六十年代出生的中年人，年轻一代多愿意外出务工，从事纺织、建筑等工作，很少有人在家学做桑皮纸。

曲阜纸坊村的桑皮纸技艺几百年来历经兴衰，至今未绝。其原料为养蚕的副产品，成本很低；其产品具有特殊功用，村民以此可取得部分经济收益。但随着现代生活方式的转变，纸坊村的桑皮纸作坊越来越少，掌握这门技艺的人也越来越少，技艺有失传之虞。

注释

[1]（北宋）苏易简：《文房四谱》卷 4。

[2] 黄盛璋：《关于中国纸和造纸法传入印巴次大陆的时间和路线问题》，载《历史研究》1980 年第 1 期。

[3]（唐）玄奘：《大唐西域记》卷 12。

[4] 罗正钧：《左宗棠年谱》，岳麓书社，1982 年，第 382 页。

[5] 唐家路、王涛、乔凯、王红莲：《山东曲阜纸坊村桑皮纸调查》，载《装饰》2007 年第 8 期。

第五章　其他原料皮纸制作技艺

除了楮皮纸和桑皮纸，皮纸家族中还有一些成员，它们虽然所占的比重不大，但很具有代表性。像四川省甘孜州德格县德格印经院的藏纸制作技艺及雕版印刷技艺、纳西族东巴纸制作技艺，还有浙江龙游皮纸制作技艺，分别采用瑞香狼毒根茎的韧皮、荛花根茎的韧皮、三椏树和雁树的韧皮制作不同品种的皮纸，不仅具有很高的历史文化价值，也具有很高的工艺价值，并且均处于濒危状态，需要加大保护力度。

第一节　德格印经院造纸、制墨、刻版和印刷技艺

藏族居住区的造纸技艺是唐代从中原地区传入的。藏族人民在此基础上，结合本地区资源特点，创造出独具地方特色的藏纸制作技艺。

造纸术传入藏区与文成公主和松赞干布的那段传奇婚姻有关。唐贞观三年（629），吐蕃国王朗日松赞被人谋杀，刚满13岁的松赞干布继承父位，肩负起吐蕃第32代赞普的重任。他沉着冷静，依靠新兴势力，经过3年征战，平定了内乱，稳定了局势，维护了吐蕃的统一。贞观六年（632），松赞干布率部众渡过雅鲁藏布江，把都城由泽当迁到逻些（今拉萨）。此后，又在禄东赞等贤臣的辅佐下，先后统一了诸羌部落，并开拓疆域，创法立制，巩固王权，推行分桂庸、查户口、划田界、立丁册、征赋税等重大的政治、经济变革，使吐蕃王朝很快兴盛起来。

当时，中原地区的唐朝正处在贞观盛世。松赞干布对盛唐怀着深深仰慕之情，贞观八年（634），他派出使者赴长安与唐朝通聘问好。当他听说“突厥及吐谷浑皆尚公主”，便遣使随唐使臣冯德遐入朝，多赍金宝，奉表求婚。几次请婚未能如愿之后，决定用武力通婚，于贞观十二年（638）发动了吐蕃与大唐的首次战争。贞观十四年（640），松赞干布又派大相到长安再次向唐太宗请婚。翌年，“太宗以文成公主妻之”，揭开了藏汉两族人民世代友好的新篇章。

贞观二十三年（649）四月李世民去世，高宗李治嗣位，“授弄赞（松赞干布）为驸马都尉，封西海郡王，赐物二千段。弄赞因致书于司徒长孙无忌等云：天子初即位，若臣下有不忠之心者，当勒兵以赴国除讨，并献金银珠宝十五种，请置太宗灵座之前。高宗嘉之，进封为宾王，赐杂彩三千段。因请蚕种及造酒、碾硙、纸墨之匠，并许焉”[1]。这里清楚地表明，造纸技艺传入西藏的时间为7世纪中叶。

技艺是有生命力的。造纸技艺传入西藏之后得到进一步发展，形成了独特的演化轨迹。藏族造纸不仅所使用的原料与内地有显著不同，成纸工艺也没有与内地同步发展，而且在西藏多个地区出现了不同风格的名纸，如藏东的康纸，藏南的金东纸、塔布纸、工布纸、波堆纸、门纸，卫藏的尼纸、藏纸、聂拉木纸、猛噶纸、灰纸及阿里纸，还有尼木县毒纸等。最能代表藏族制纸水平的是可用于印刷纸币和邮票的精品藏纸和制作精美的金汁、银汁大藏经用纸等。

藏族造纸技艺对印度以及尼泊尔、不丹等国的造纸技艺的发展都产生过重要影响。

有着一千多年历史的藏族造纸技艺在藏文化的发展中起到了不可或缺的作用。同内地手工纸一样，20世纪以后，特别是近几十年来，受机制纸的严重冲击和社会生产方式的转轨等因素的影响，藏纸的发展几

乎濒临灭绝。近十年来，在社会各界的关心下，藏纸制作技艺得到恢复，拉萨和四川的德格都有小规模的生产。特别是德格印经院的藏纸生产技艺与雕版印刷技艺结合，具有很高的文化价值。

2006年8月，带着对藏文化的憧憬，我专程前往位于四川西部甘孜藏族自治州的德格县，调查德格印经院的传统手工技艺。此前，我和课题组的另一成员赵翰生先生曾于2006年5月准备赴德格，因道路不通而止步于成都。在那里我们访问了德格印经院研究专家、西南民族学院的杨嘉铭教授，他向我们介绍了德格印经院的概况，并惠赠其著作《德格印经院》。通过他的介绍，我们更加向往这块神奇之地。

一、德格之行

8月4日，经董金合先生介绍，我认识了著名的藏族企业家登巴大吉先生，并搭乘其越野车沿着川藏公路前往德格。经过9个小时的颠簸，中间翻越二郎山、折多山，才到达道孚县城。由于第一次进入藏区，一路上非常兴奋，特别是过了康定之后，看到蓝天白云、草原牦牛，还有白色的佛塔、随风飘舞的经幡，激动不已，全然感觉不到旅途的辛苦。到达道孚之前，由于司机过于疲劳，我还代驾了一个多小时，在那样崎岖险峻的山道上驾驶，其中的感受是城里的驾驶员无法体验的。

5日一早，我们又驱车赶到炉霍，在那里等待从北线（马尔康）过来的省政协领导。下午，我们一道前往甘孜县，途中参观了一家寺院，并观看了在附近的草原上举办的一场庙会。许多藏民以手扶拖拉机为运输工具，带着帐篷举家赶到这里，数百人载歌载舞，场面十分壮观（图5–1）。炉霍县派员护送车队到达县界，甘孜县的接待人员早等候在那里，向所有的客人敬献哈达。当晚我们住在甘孜县城。在高海拔区，有人开始有高原反应，头疼，夜间难以入睡。我很幸运，除了跑起来有些气喘，几乎没有特别的感觉。

6日，早餐我第一次吃糌粑，第一次喝酥油茶。尽管有些不习惯，我还是尽力品尝，享受这诸多第一次的快乐。当天上午我们经过马尼干戈，并继续向西北前进，来到风景如画的竹庆寺（图5–2）。竹庆寺是岭·格萨尔王藏戏的发祥地，是康区宁玛派四大祖寺之首，建于1685年，是著名的佛学人才的摇篮。蔚蓝的天空飘着几朵白云，灿烂的阳光映照着山顶的冰川，山腰处有一片片树林，山脚是一望无际的草原，竹庆寺就坐落在这令人陶醉的巨幅风景画卷中，以金色、紫红色为主色调的寺庙与周围的一切是那样的和谐。

我们和省政协的领导一起受到白玛格桑切波切法王的盛情款待。新制的酸奶、大块的牛排、人参果、奶酪等美味佳肴，只可惜我无力消受。临别时，法王除赠送给我们几种法药外，还有他的著作《生死的幻觉》和《时间真相》。

图5–1 藏戏

图5–2 竹庆寺

下午3点左右，我们离开竹庆寺，驶向此行的终点站德格印经院，回到马尼干戈再转向西，就是海拔6000多米的雀儿山。汽车在山脚下行驶了很长时间才真正开始上山。在雀儿山东北麓，我们还参观了有“西天瑶池”之誉的“玉隆拉措”。据介绍，“玉隆”意为“倾心”，“拉措”意为“神湖”。该湖风景如画，水呈乳奶色，湖边石头上镌刻着藏文咒语，更增添几分神秘，让人流连忘返（图5–3）。

图5–3　玉隆拉措一角

领略了玉隆拉措的风光，车队进入了充满刺激的雀儿山。说刺激是因为乘车走这样的山路，感觉就像是坐过山车，许多地方都不敢向窗外看。不知过了多久，汽车终于爬上5050米海拔的山口。这是我有生以来第一次到达如此高度。车一停，我按捺不住兴奋赶忙在标牌前留影（图5–4）。山峰上的冰川近在咫尺，周围全是灰黑色的岩石和冻土，没有一丝绿色。

图5–4　雀儿山口

下了雀儿山，顺着一条溪流，在更加迷人的景色中又行驶了二三个小时，天黑时分才终于到达德格县城。德格县面积有1.2万平方千米，居民约6.5万，藏民约占96%。德格是历史上著名的雪域英雄岭·格萨尔王的故乡，是汉藏文化交会地，文化遗产极为丰富。县城驻地更庆镇面积不大，我们住的宾馆离享誉世界的德格印经院仅数百米。晚餐时，我们还观看了当地艺术团表演的藏族歌舞，尽管都是业余演员，感觉还是很地道，很有魅力。一路上耳闻目睹，我对藏族文化有了一些感性认识，越来越为之所吸引。

7日清晨，我们在县领导的陪同下来到德格印经院（图5–5）。据县文化旅游局小兰同志介绍，德格印经院全名“藏文化宝藏德格印经大法库吉祥多门”，又称“德格吉祥聚慧院”，始建于1729年，坐落在德格县城文化街，占地面积约5000平方米，总建筑面积9000多平方米，是1996年国务院公布的全国重点文物保护单位。藏区有西藏拉萨、甘肃拉卜楞和四川德格三大印经院，德格印经院以其收藏藏族文化典籍门类最齐全，印刷质量最好以及对建筑壁画、刻版及其他文物的保护最完善被公认为三大印经院之首。从创建至今270余年中，德格印经院积累了各类典籍830余部，木刻印版29万块。这些遗产对于研究藏族文化具有极高的学术价值。

图5–5　德格印经院

关于德格印经院有很多神奇的传说，其中最有名的要数印经院的选址。据说是因为江达通普叶绒村的差民拉翁刻制了一部《长寿经》，他用牛驮着刻好的印版献给土司，经过一个小山包时，牛突然受惊，经版抛撒满地。于是，曲杰·登巴泽仁就选择了这个山头建造了德格印经院。

参观之后，大吉董事长陪同省政协领导到南面的白玉县视察。我则留下来调查这里的传统造纸与印刷技艺。

据杨嘉铭先生介绍，20 世纪 60 年代德格印经院的造纸和印刷曾一度中断。1978 年以后，印刷得到恢复，造纸生产则一直到 1998 年在美国大自然保护基金会的资助下才得以恢复。造纸生产在印经院门前的一排平房和院子里进行，印版的雕刻和刷酥油等制作也在这里进行，印刷过程则是在印经院内完成的。

我首先找到在院子里做纸的藏族妇女，向她们请教藏纸制作的工序。我还邀请其中一位名叫拥措的妇女带我到山上去挖造纸原料“瑞香狼毒”。她答应我中午下班后带我去。考虑到自己用汉语交流很困难，她把自己上中学的女儿叫来做翻译（图 5–6）。我们带着工具，爬到印经院后山，挖了一株狼毒。回来后，她一边介绍，一边示范，直到我完全明白整个工艺流程。拥措及其同事的月工资只有 300 多元，而且她丈夫不工作，家里没有其他收入，生活相当清贫。她有两个孩子，这个女儿在康定上初中，生活费由政府供给，学费由一位记者资助；16 岁的儿子在印经院里当喇嘛。

图 5–6　拥措和她可爱的女儿

了解了造纸工艺流程之后，我在印经院里四处走访雕版印经的过程。由于大吉董事长的关照，院里对我非常友好，不吝提供帮助，使我对整个印经过程也有了相当完整的了解。为了了解雕版的早期制作工序和制墨技艺相关情况，我找到了当地有名的藏学家泽尔多杰先生，得到了他无私的帮助。他不仅愉快地接受了我的采访，而且还带我到他家，并赠送给我他的著作《雪域康巴文化宝库——德格》和《唤醒沉睡的善地》（图 5–7）。

图 5–7　采访藏学家泽尔多杰

9 日，大吉一行将从白玉返回甘孜，我则乘大巴原途返回，在炉霍会合后，于 10 日一起返回成都，完成了将令我终生难忘的一次考察。

此前，有无数的学者曾来这里从不同的角度考察这座文化宝库，其中不乏涉及传统工艺者。但从已发表的成果看，对这里的传统工艺的介绍都相当零碎。鉴于这些工艺价值极高，是全面了解中国传统造纸、印刷和制墨技艺所不可或缺的，我们在前人工作的基础上，结合实地考察所得，从造纸、制墨和雕版印刷三个方面作系统介绍。

二、造纸技艺

德格印经院印经所用纸张有两大类：印刷普及性的经书用内地竹纸；印刷高档经书用自己生产的藏纸。

藏纸生产有着悠久的历史，从原料到生产工艺流程都明显不同于国内其他地区的手工纸，这里介绍其具体的工艺流程。

1．挖狼毒

德格造纸是以草本植物瑞香狼毒(藏语“阿胶如交”)之根茎的皮为原料。每年7月前后瑞香狼毒的花盛开时，其根茎最大，皮质纤维丰富，是采挖的最佳时节（图 5–8）。据当地纸民介绍，一根大的瑞香狼毒根重约 3 千克，我们在 2006 年 8 月上旬去德格考察时，随机挖出的一个根，重量大约 2 千克（图 5–9）。

2．捶破根茎

用榔头将狼毒的根茎捶破(图 5–10)。不但要砸破很厚的皮，还要砸破最里层的木芯。根大致可分为三层，最外层是很薄的一层黑褐色的粗皮；中间是造纸所用的白色的韧皮层；最里层是淡黄色的木芯。捶破根茎之后，首先要撕开厚厚的茎皮，除去最内层的木芯（图 5–11）。

3．淘晒

将去芯的茎皮放在竹篓里，在清澈的泉水中淘洗，清除其中泥沙（图 5–12），然后把淘洗过的皮料放在石板上摊晒（图 5–13），晒到半干后收起，装在竹篓里。

4．去表皮

造纸用的料是根茎的内皮。黑色的表皮紧紧地附着在韧皮上，要用小刀一点点地削掉（图 5–14、图

图 5–8　瑞香狼毒草

图 5–9　新挖出的瑞香狼毒的根

图 5–10　捶破根茎

图 5–11　剥出木芯

图 5–12　洗去其中的灰尘

图 5–13　晾晒

图 5–14　剔去表皮

图 5–15　去掉表皮的原料

图 5–16　梳丝

图 5–17　煮料

5–15）。表皮若没有剔除干净，混在纸浆中会使纸张出现黑色瑕疵。

5．梳丝

剔除表层黑皮之后，再用小刀和剪刀将韧皮分层切碎，分割成细丝，如图 5–16，按质量分开放，用于制作不同档次的纸。梳丝操作与去表皮的操作很相似。

据说在极盛时期，德格手工纸按品质高低可分五等：最上等的纸选用最中间的一层韧皮作原料，当然制作的工艺要求也最高，纸质细腻，色较白，是土司书写公文用纸；稍次的二等纸张供头人和寺庙堪布、高僧写经用；产量最大的是中等质量的纸，供德格印经院印刷经文用；再次的就是印刷风马的"嘛呢纸"；质量最差的是包装纸。现在没有这么去细分。

6．淘洗

将同一类细丝状的皮料放在竹篓里，在清水中淘洗，除去其中泥沙等杂质。

7．首次蒸煮

将淘洗过的皮料放入如图 5-17 所示的铝锅中，加适量水，并加入适量的工业用碱，用火烧开后，煮一至一个半小时。

8．舂捣

取出蒸煮好的纸料，将水分挤干，放入石臼中，用木槌反复捶捣至烂，如图 5-18，成糨糊状。

图 5-18　打浆

9．二次煮料

把将捶烂的纸料舀起，放回锅中，加入适量的工业用碱，再熬煮一至一个半小时。

10．打浆

将煮过的纸浆倒入木桶中（见图 5-19 左，藏民用这样的木桶提炼酥油），用木杵（木杆一端加圆盘状头）上下舂打数百次，使纸浆中的纤维更加均匀。之后，将纸浆倒入桶中存放。

图 5-19　打浆的工具（左为木桶，右为石臼）

11．浇造

藏纸采用的是浇造法，不同于内地常见的抄纸法。浇纸法所用的帘是固定的，在木质外框上加装棉布帘即成。帘有三种规格：大的长 3 尺，宽 2 尺；中等的长 2.8 尺，宽 2 尺；小的长 2.5 尺，宽 2 尺。这些尺寸都是根据德格印经院印经版的尺度设计的。

图 5-20　浇造

浇时，在水泥池中加入足量的清水，先将帘平放在纸槽中，水对帘框的浮力作用使帘浮在水面上。用水舀从桶中取出适量的纸浆，倒入帘上，众人一起搅动，如图 5-20，使纸浆均匀地分布在帘面上，并随手拣去渣滓。轻轻抬起帘，让水从帘的网眼中滤出，同时适当调整帘的倾斜度，使纸浆流向较薄的区域。

抬起纸帘后，检查一下纸面，拣出较大的皮壳和纤维束，留下的空缺要用纸浆填上，以免留下纸眼，如图 5-21。

12．晒干

将纸帘连同上面的湿纸一直放在阳光下晾晒。先是正面向阳，待看不到明水即将纸帘翻转过来，反面

图 5–21　补缺

图 5–22　晒纸

图 5–23　晒纸

向阳，晒干。如图 5–22、图 5–23 所示。

13．揭纸

从纸帘正面沿边框四周压纸，使纸边与帘脱离，然后轻轻揭下整张纸，如图 5–24。

德格印经院现在生产的纸张分大、小两种，因高原干燥缺氧，原料有一定毒性，因而藏纸具有防腐、防蛀、防潮的特性，易于长期保存，其纸质较为柔韧，经久耐用，如图 5–25。

藏纸的原料除瑞香狼毒外，还有沉香、灯台树、野茶花树等。

据了解，以前德格有过对纸张进行再加工的工艺，主要是砑光工艺，将纸张平铺在桌面上，用光滑的石头磨砑纸面，使之致密光洁。云南傣族在纸张晒干之前用小瓷碗口摩擦纸面。我们在德格调查时看到的德格藏族浇纸没有经过诸如此类的再加工过程。

图 5–24　揭纸

图 5–25　纸垛

三、墨的制作

德格印经院所印经文有红、黑二种色，印红色用的是朱砂，黑色用的是烟墨。现在均从外地购入。早期当地的藏民曾自制烟墨，分书写用墨和印刷用墨二种，工艺略有不同。

制作印刷用墨以大杜鹃树（藏语“招呷”）的树皮为原料。在盛产杜鹃树的地方挖一个地灶，灶上搭一个小型密封的木棚，将采集的杜鹃树皮放入地灶熏烧 20 天至一个月，待熄火冷却后，打开密闭的木棚，将附着在棚壁上的烟灰刮下，经过精心研磨后即可包装。这种墨细腻、柔和，色泽鲜艳，使用时只需要加适量的水调和，无须加胶。

制作书写用墨用当地的大页柳作原料，烧制方法与印刷墨相同，研墨时可适当加牛胶，书写时加适量的水调和即可，墨色鲜艳，长久不褪色。

四、雕版印刷技艺

1．制作胚板

雕版选用德格、白玉、江达等地盛产的红桦木。每年秋收之后，按照德格印经院做的预算砍伐红桦木。要选择挺直无疤节的红桦木，按所需尺寸锯成节，再用锯剖成 4 ～ 5 厘米厚的板材，就地上架用微火熏烤脱水，熏干后驮回家放入畜粪堆中浸沤，待次年 3 月至 4 月，板材木性退去后，取出再烘干，大致推光刨平后成为胚板，驮至印经院，经验收合格入库。每块胚板厚约 2 寸，长约 1 市尺，都有手柄，如图 5–26。

图 5–26　胚板和写好还没有贴上板的经文纸

2．写版

刻版前，先由藏文收发室员工严格按照德格书法家所著的《藏文书法标准四十条》和印版的尺寸抄写经文。雕版的书写一般有两种方法：一是将藏文直接反书在胚板上，刻之前严格进行校对；二是写在与雕版尺寸相同的透明的薄纸上，校对后用清糨糊反贴在胚板上，字迹自然渗透在胚板上，足够长时间之后，可以润湿并揭去纸张，字迹仍留在板上。我们在调查中看到的都是用第二种方法，不过没有把反贴的经文纸揭下来这个工序。

3．刻版

雕刻工是以师傅带徒弟的方式进行培养的。我们常能看到年龄不过十四五岁的刻工，图 5–27 即是一位刻经少年，而且他们已经有几年的雕版工作经历了。据介绍，刚入门的刻工只刻行与行之间的较大块的无字部分。只有经过严格考核筛选出来的刻工才能刻有字的部分。这种分工，既节省了熟练师傅的时间，又能让这些学徒们一边工作，一边学习提高。印经院的印版基本上都是双面雕刻。

图 5–27　德格印经院刻版的藏族少年

4．校对

刻好的版要进行反复校对，挖补纠错。自认为绝对无误后，才请专家来验收。

5．刷酥油

验收合格的版，要放在沸腾的酥油中煎熬、浸泡，再取出晒干。现在的做法是将雕好校对好的版放在阳光下，用排刷将熬制好的酥油刷在版面上，反复多次刷遍整个版，使酥油渗透其中，如图 5–28。

图 5–28　向版上刷酥油

6．洗版

用当地的一种名叫"苏巴"的植物根须熬水清洗。这种植物的根须溶液与皂荚液相似，具有去油脂功能，可以除去版上多余的酥油。

7．上架

晾晒干后就可以上藏版架。图 5–29 为放在架上的印版。

图 5–29　放在架上的印版

德格印经院对雕版的质量极为重视，从书写到刻制完毕要经过多道工序，特别是在校对上极下功夫，因而，其印版藏书在全藏书中享有"雪域西藏印书院中最具标准的经典版本"的声誉。

8．备纸

德格印经院曾经完全用自制的藏纸印经，后来在藏纸生产停止之后，改用四川雅安、夹江等地的手工纸。藏纸恢复生产之后，由于其产量远不能满足需要，因而两种纸并用。由于瑞香狼毒的根须中含有微毒，所以用藏纸印经具有较强的防蛀效果。[2] 将纸张裁成与印版相似（长宽均略大于印版）的长条，放入水中浸湿后，备用。还有一种方法是：将若干张纸浸水，然后均匀地夹入印经纸中，用厚木板将其两面夹住，印经纸便被逐渐浸潮。[3]

9．备颜料

德格印经院只印刷两种颜色的经书。一种是红色，用朱砂；另一种是黑色，用烟墨。一般来说，普通的书籍均用黑墨印刷，只有贵重的经典才会用朱砂印制。

颜料加工由专人负责，主要任务是调兑、研磨烟墨和朱砂，及时供应印刷组的需要。调兑烟墨的方法是把干燥的墨粉放在平盘中，加入适量的水，缓慢搅拌均匀即可。调朱砂需要把块状的朱砂磨碎，加水调匀。研磨朱砂的方法是将块状的朱砂放在木桶中，用木杵反复舂捣。调好的墨和朱砂要放在平盘上，备用。我们在调查中看到，现在印经用的墨是成品的墨汁。

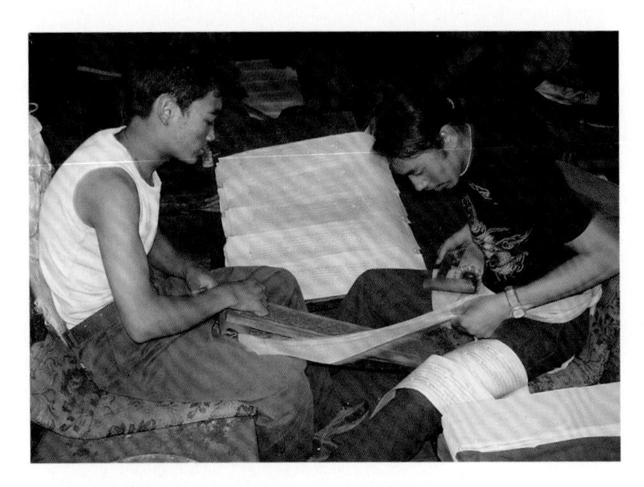

图 5–30 印经

图 5–31 晾晒

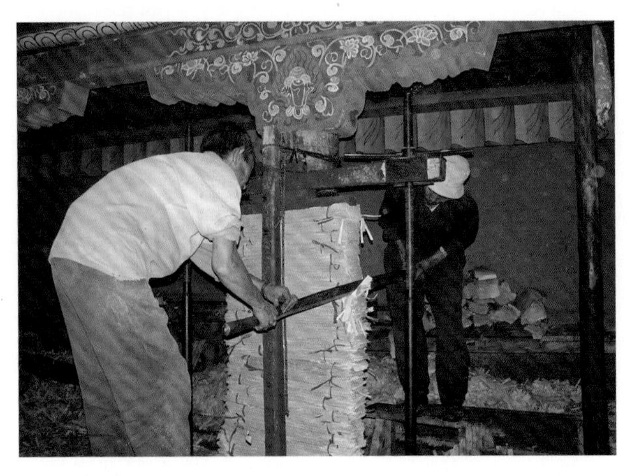

图 5–32 切边

图 5–33 刷洗印版

10．印刷

印刷过程中，每三人成一组。一人负责搬运和上下印版，一人刷墨，一人印刷。

两个印刷工一高一矮相对而坐，印版斜放在二人之间，如图 5–30。左边的工人左手扶持印版，右手抓握刷子在其右侧的颜料盘上蘸上适量的调好的颜料后，快速地往印版上刷一遍，然后接过对方递过来的纸，将它准确地放在印版的上部。右边的工人左手递过纸之后，右手持卷布干滚筒，从上往下滚刷一遍，再取下纸，放在右边，同时扫一眼，检查是否有漏白现象，就完成了一次印刷操作。

搬运印版和还版都要按一套固定的规程去操作，以免造成印版顺序错乱。

11．晾晒

由于印经用的是半干的纸，同时印上去的墨也需要晾干，所以，印过之后要挂在架子上晾晒。如图 5–31。

12．切边

晾干之后，用撬绳压紧，然后用特制的刀切去纸边，如图 5–32。

13．洗版

用的版在归库之前要刷洗一遍，如图 5–33，主要是清洗掉残留在印版上的颜料。

14．归库

刷洗过的版首先要放在木架上晾晒阴干，然后还要重新刷上酥油，晒干后入库放回架。

15．装订

晾晒过的经书页要进行分页、校对，然后还要进行装订、打磨、包装、边打红等。

第二节　云南纳西族东巴纸制作技艺

一、概述

云南省境内目前仍有大量的手工纸作坊，李晓岑、朱霞在1998年前后曾作过较为系统的调查，[4] 笔者曾于2001年4月赴云南禄丰县川街乡九渡彝族村调查过当地竹纸制作技艺，[5] 近几年中国科学技术大学的汤书昆教授率领陈彪博士等对云南境内几乎所有的造纸作坊又作了一次较为全面的调查，还有其他学者关注云南民族地区手工纸制作技艺。

从目前掌握的资料看，云南境内的手工纸主要有皮纸和竹纸，纳西族东巴纸因其原料、工艺和纸质及用途的独特而最具代表性。

2006年5月，云南省迪庆藏族自治州香格里拉县申报的纳西族手工造纸技艺和临沧市申报的傣族手工纸技艺被列入国务院公布的第一批国家级非物质文化遗产名录。然而，东巴纸的产地并不局限于香格里拉县三坝纳西族乡的白地村，像丽江市古城区束河镇中和村、丽江的大具乡、中甸的三坝乡以及维西塔城（如图5–34所注）等地都有东巴纸作坊。

中甸的白地（即白水台）是纳西族东巴文化的发祥地，因此东巴纸又称白地纸。

图5–34　东巴纸产地

丽江是中国少数民族纳西族的主要聚居地，曾是中国唯一的纳西族自治县（1961年成立，2003年原丽江纳西族自治县分设为古城区和玉龙纳西族自治县）。

纳西族现有人口约30万，虽然不算是大民族，但他们创造的东巴文化却蜚声中外。东巴文化是一种宗教文化，同时又是一种民俗活动。东巴教是一种原始多神教，信仰万物有灵，是纳西族巫文化与传入的藏族“苯”相结合发展起来的。“东巴”即“智者”，知识渊博，不仅能写字绘画，而且能歌善舞，上知天文，下知地理，兼通农牧、医药、礼仪等知识。

东巴们书写的文字称东巴文（如图5–35），是一种带有浓厚图画味的文字。清乾隆年间余庆远在《维西见闻纪》中描述东巴文“专象形，人则图人，物则图物，以为书契”。东巴文的每个符号都具有约定俗成的意义，是介乎图画文字和表意文字之间的一种文字符号。东巴们用东巴文所传抄的经书称“东巴经”。

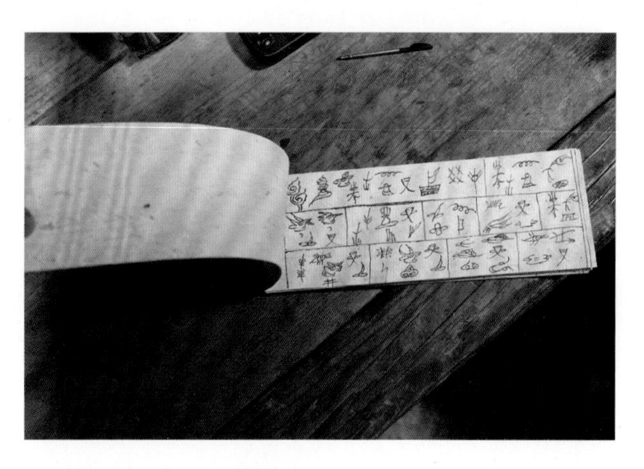

图 5–35　东巴文书（陈彪提供）

纳西语称东巴文为“森九鲁九”，意为“刻在石木上的文字”，可见在当地还没有使用纸张书写之前东巴经就已经存在。东巴经上一般不注明抄写的时间，从现已发现的最早有时间记录的清康熙七年（1668）经文可以断定，至少在清初期已经开始使用东巴纸。纳西族造纸的历史，根据史书记载，大约在元代丽江地区已有造纸业，但对具体的造纸工艺没有过多详述，无从知道元代的造纸技术是不是今天的东巴纸工艺。

据介绍，东巴文有 1400 多个单字，既可以用来表达细腻的情感，也能够借以记录较为复杂的事件，被认为是目前世界上仅存的仍在使用中的象形文字，有文字“活化石”之誉。内容丰富的东巴经是研究纳西族古代的哲学思想、语言文字、社会历史、宗教、民俗、文学、艺术、伦理道德及中国西南藏彝走廊宗教文化流变、民族关系史以及中华远古文化源流的珍贵资料。2003 年，东巴古籍被联合国教科文组织列入世界记忆名录，并进行数码记录。

图 5–36　荛花（陈彪提供）

前文说东巴纸的独特，首先在原料。造东巴纸所用原料有两种：一是构树，纳西语称“糯窝”；二是荛花（多年立生灌木，属于瑞香科荛花，Wikstroemia Lichiangensis W. W.Smith），在三坝乡纳西语中称“阿株”，丽江纳西语里叫“弯呆”。荛花又有丽江荛花（“阁弯呆”）和澜沧荛花（“然弯呆”）之分。前者又称山棉树，实际上就是雁皮树；后者为多年生直立灌木，株高 80 ~ 150 厘米，叶对生，革质，多分布在海拔 2000 米左右的石灰岩贫瘠的土壤中（图 5–36）。

澜沧荛花（Wikstroemia delavayi Lecomte）是东巴纸最好的原料，用它制作的东巴纸自然呈象牙白色，同时具有防蛀、防潮、不易燃等品质。因此，丽江和香格里拉的纳西族大多利用澜沧荛花的树皮来制造纸张；在丽江山区，只要条件许可，东巴们总是首选以“然弯呆”为原料生产的纸张抄写经书，而保存至今的东巴经也大多是用澜沧荛花制造的。

二、工艺流程

东巴纸制作技艺十分独特，总体上说，它是处于浇纸法与抄纸之间的一种过渡形态的技艺。前文提到，中甸白地是东巴文化的圣地，白地纸在东巴纸中最具代表性，其他几个产地的工艺流程与白地大同小异。这里主要依据陈彪等所做的调查，以白地纸制作技艺为例介绍东巴纸制作的工艺流程。

1．采伐原料

采伐荛花的最佳时节是每年的 5 ～ 6 月，秋冬时节树皮紧紧附着在树干上，难以剥离。在附近山上把三年生的、粗壮、表皮光滑、枝杈较少的荛花整株砍下，每棵树一般只取 50 厘米长的一段。现在也有非造纸户专门制售成品的荛花内皮。

砍下的树枝要及时剥皮，一旦水分挥发掉，树皮紧紧地粘在树干上，很难直接剥下来。虽然将干枝泡水后也可以剥皮，但会大大增加工时。

2．刮皮

刮去剥下树皮之黑色外壳，只留内层的白色韧皮，如图 5–37。如果某一段韧皮较厚，要用小刀剖析为两层，使之容易煮熟。

3．晒干

将得到的白皮放在阳光下晾晒至干，天气晴朗时一天即可晒干。

4．浸泡

将干皮放在清水里浸泡至软。 一般泡一天即可，有时也泡 4 ～ 5 天，泡的时间越长，树皮越软，越容易煮熟。

5．蒸煮

将浸泡过的树皮放在大铁锅内，加入清水用柴火蒸煮，一口锅可加 3 ～ 4 公斤干皮料。沸腾后，加入过筛的草木灰，用木棍搅拌。每公斤皮料加 2 公斤草木灰。煮开后，小火持续加温十余小时，待轻轻一拉即可折断皮料，且稍存韧性时，即可起锅，如图 5–38。

6．漂洗

将煮熟的皮料捞起，放在簸箕中，冷却后拿到河里漂洗，反复揉搓清洗，尽可能将其中的草木灰汁洗净，同时剔除皮料中的杂质。最后将洗净的皮料捏成拳头大小的料团，一般 1 公斤干皮可得五六个料团。

7．打浆

把洗净的皮料料团置于平整的石板上，用木槌反复捶打，如图 5–39，将皮料打成稀泥状，入水即可完全散开，如图 5–40。打浆要把握好度，既不能太粗，也不能太细。太粗的纸浆造不出细纸，打浆过度捞纸时会从帘子的缝隙处流失造成浪费。

8．捞纸

东巴纸制作技艺中最值得关注的是其捞纸工序。它既不同于抄纸，也不同于浇纸。

使用的捞纸工具是一个木制的“帘架”，底部托着一个不能卷起的平板式的帘子。捞纸时不是像抄纸法那样将浆料放入纸槽中打散成纸浆，而是像浇纸法那样直接浇在帘子的上面。如图 5–41，将装上帘子的帘架置入盛有清水的纸槽中，放入适量的纸浆后，左手扶着帘架，右手用力搅动纸浆。缓缓地提起帘架，纸浆纤维均匀地呈现在纸帘上。拣出帘面上的杂质，察看无明显的纸病后，将纸框缓缓提离水面。

9．晒纸

经片刻滤水后，右手从底部顶起帘子的一端，左手从上口取出帘子，如图 5–42。

顺势将纸帘翻扣在晒纸板上，用力挤压帘子的背面，使纸张脱水，并和纸帘分开，然后取下纸帘，湿纸即粘贴到晒纸板上。再用纸帘横向（转 90°）压挤纸面，如图 5–43，挤出多余水分，使纤维结合更紧密。

图 5–37　荛花的白色内皮（陈彪提供）

图 5–38　蒸煮皮料（陈彪提供）

图 5–39　打料

图 5–40　放料

图 5–41　捞纸

图 5–42　取帘

图 5–43　挤水

图 5–44　砑纸（陈彪提供）

之后，将贴有湿纸的晒纸板拿到阳光下晒干。

10．砑纸

待纸晒到半干时，用砑纸棒在纸面上反复用力碾砑，使纸面平整，如图5–44。白水台主要用两种砑纸棒：简易铁滚筒和橡皮滚筒。橡皮滚筒是用橡皮套在木棒上，因其较软，用得较多。半干时用布团或光滑的矿石进行研光；晒干后再研光一次。一般贴在木板上的那一面较为粗糙。由于研光技术有限，表面不太平滑，但易于用坚硬的竹笔书写，还可用于两面书写。因此东巴纸也是云南各民族手工纸中最厚的一种。

11．揭纸

纸晒干后，呈牙白色，用手轻轻一揭就可以把纸取下。如果晒干之后长时间不揭，由于过度干燥，反而不容易揭下来。这时用喷水壶或用口含水往纸面上薄薄地喷上一层水珠，再用砑纸棒在纸面上反复用力碾砑，随后用手轻轻一揭，就可以把纸取下。

陈彪等调查时了解，当地纸户一般一天只捞20 ～ 30张纸，与藏纸制作差不多，远远少于内地抄纸。不过其整个工艺流程连续进行，几乎在一天内完成。有的纸户受晒纸工具的限制，晒纸板占满了，必须等干了再捞。当然从根本上说还是受市场需求的限制。

东巴纸在纳西语中称“色素”，主要用途是写经和绘画，还被用在东巴仪式中手工制成的各种人物形象、器物形象及东巴法帽、法牌等上面，并饰以红、黄、黑、白、绿等色彩和图案。民国时也有一些大户人家用东巴纸来做记账本和撰写土地契约等。白水台的东巴纸只有60 厘米 ×25 厘米一种规格，这是按东巴经一裁四版式设计的，也就是一张纸可以裁成四张经纸。东巴经的这种版式与我们在德格印经院看到的印经纸很相似，应当有源流关系。用东巴纸所书写的东巴经，20世纪40年代统计约有5000多卷，近年有人估算约1万多卷，分藏于世界许多国家的图书馆和研究机构中。

白地东巴纸色白质厚，加上用荛花制作的东巴纸本身带有较强的毒性，能够抗虫蛀。当地人传说，“文革”期间，有人把一些东巴经埋在洞里，十几年后挖出来，除少量被水浸后略有损坏外，大部分经书既没有腐烂，也未发霉。

据介绍，白水台的东巴纸除了本色纸外，以前还有蓝色和红色等彩色纸。当地印染纸所用颜料是天然颜料，制取方式是将有颜色的树皮刮下来，放在水中浸泡，再将浸出色素的水倒入纸浆内，造出来就是相应颜色的东巴纸。遗憾的是，现在当地人已经说不清这种用于染色的树的具体名称，也没有保留染色东巴纸的纸样，要想知其究竟，只能有待日后进一步调查了解。

传统的打浆方式是用石研臼、木臼舂捣，现改为将皮料置于石板上用木槌捶打；以前是用石块研光，现在用砑纸棒研光。这表明造纸技艺一直处于渐进式的演变之中。

以白水台为中心的三坝乡是著名的东巴纸产地，大东巴和志本所造的纸在当地最有名。和志本已于2007年6月被授予首批国家级非物质文化遗产代表性传承人称号，如图5–45。

图5–45　传承人和志本

如图5–46，据和志本介绍，他家世代造纸，也不知道具体从什么时间开始，只知道最先是他的祖上从香格里拉境内的藏族和纳西族的聚居地上江学来的。东巴造纸技艺只传男不传女，包括儿媳妇也不传。

图 5–46 汤书昆教授（左二）等采访国家级传承人和志本（右二）

根据和志本和和尚礼的介绍，现在能理出的传承谱系是：先是由和科塔传给其子和昂哥；和昂哥没有儿子，技艺传给其侄孙和东恒大东巴；和东恒是和志本的舅舅，是他将造纸方法传给和志本。和志本又传给了三个儿子和永新、和永才、和永红以及和尚礼的两个侄子和继伟、和继红。这样，从和科塔算起，到和志本的传人共有五代。

从 20 世纪 50 年代后期到 70 年代，受政治因素影响，当地的东巴纸生产曾一度停止，80 年代后才逐渐得以恢复。现在除了和志本一家，三坝乡的谷都湾村、吾树湾村、波湾村、恩土湾村等地也有一些造纸户，据和志本等人介绍，那些纸户造的东巴纸在白度、手感等方面都比不上白水台的东巴纸。

调查发现，白水台东巴纸目前也面临着一些问题，如果得不到妥善解决，将严重制约其今后的发展。

首先，原料供应不足。过去这里人口少，空地多，荛花产量大。现在人口大大增加，空地被大量开垦成农田，荛花产量急剧下降，已不能满足当地纸户的需求。加上近几年非物质文化遗产保护工作的开展，东巴纸的需求量不断增加，原料问题日益突出。

这一问题可以通过增加人工种植面积的途径加以解决。据了解，荛花既可移栽，又可以播种，前者较快，后者较慢。可以让每个造纸户或者专门生产原料的经营户在一定量的闲田里移栽荛花，由于移栽的荛花三年才可以采伐，所以要采取分块轮伐的方式，这样就可较好地保证原料的供应。此方案需要投入较大量的人力和财力，小规模经营的个体造纸户承担不了，需要地方政府出手加以落实。

其次，造纸原料有较大毒性，对造纸人的健康有一定的危害。从砍树到撕皮，再到煮料，荛花这种有毒的原料几乎在每道工序中都会对造纸人身体产生不良影响。显著的症状是人的眼睛受其刺激会红肿，触摸过东巴纸的人，有的皮肤会当即出现过敏症状。其他方面的影响还没有更深入的研究报道。荛花的毒性对造纸者的危害需要有关专家做认真的评估。

图 5–47 中和村用的水泥结构的篁（陈彪提供）

目前白水台有两个东巴纸作坊，和志本及其三个儿子共同拥有一个，和尚礼及其两个侄子共同拥有一个。他们都以种田为主业，造纸只是副业。两作坊一年能生产 2500 张左右东巴纸，按一张 4 块钱计算，总销售额 1 万左右。其中大部分产品供应给丽江东巴博物院、丽江东巴研究院，个人自销只占五六百张。

和志本表示，作为国家非物质文化遗产传承人，虽然政府给予的资金支持并不多，但他一定要坚持做下去，让东巴纸文化传承下去。

前文述及，除白水台外，还有一些纳西族居住区造东巴纸，其制作技艺虽然总体上与白地纸大同小异，但还是有较显著的差异。

与白地纸制作工艺相比，丽江束和镇中和村造东巴纸工艺中引入了不少新的元素，如所用原料除澜沧荛花外，还加上一定量的构皮和麻（构皮、麻、荛花皮的比例为 7 ∶ 2 ∶ 1）。由于采用混合原料，不受原料限制，生产规模较大，蒸煮皮料采用如图 5–47 所示的水泥砌造的篁桶，一次可蒸料 250 公斤，入篁前皮料加一定量的生石灰（而不是草木灰）；采用打浆机打浆；捞纸时使用四川盐源县一种胶树（摩梭语称之为"尤伯兹"纸药）作纸药；采用胶皮棒，在胶皮外面贴上布，布可吸水，往纸上磙一遍，取下布，把水拧去，这样便能快速除去纸面多余水分；晒纸用钢板代替木板。

这些差异本质上是对传统技艺的一种变革，从非物质文化遗产保护的视角看，没有多少文化价值，但商业价值比较明显。

中和村纸户应客户要求，还设计制作特定规格的"东巴纸"，目前最长的有 5 米多。当地还在大纸张的进一步开发利用上下功夫，比如用这样的东巴纸创作的东巴画等作品，很受外国客人特别是日本客人的喜爱。

第三节　衢州龙游皮纸制作技艺

一、考察经过

三椏皮纸和雁皮纸是皮纸家庭中的重要成员。然而，与楮皮纸、桑皮纸不同，这两种皮纸的产地目前就我们所知仅有浙江衢州的龙游。

浙江衢州手工纸生产的历史悠久，明代陆容《菽园杂记》中有"浙之衢州，民以抄纸为业，每岁官纸之供，公私糜费无算"[6] 的记载。龙游县是衢州境内主要产纸区。明万历《龙游县志》卷 4 称，龙游"多烧纸，纸胜于别县"。民国《龙游县志》卷 24 还记载了光绪二十四年（1898）发生在南乡的纸槽工人罢工事件，"滋事势汹汹"，说明清代龙游造纸业具有较大的生产规模。

民国年间，龙游所产的纸以薄匀、白净、挺韧而声名远播。据陈学文《龙游商帮研究》介绍，1929 年龙游县有纸槽 317 条，槽工 1802 人，1940 年增至 350 条。如灵山乡步坑源村就有 9 家 11 条纸槽，年产达 8000 担，主要有黄笺、白笺、南屏纸。[7]《浙江建设月刊》载，1934 年龙游竹浆纸输出 17 万件，值 90 余万元。另据《浙江年鉴 • 工业》统计，1939 年，龙游产南屏纸 20 万担，花笺 1.5 万担，手工新闻纸 5000 令，值 102.7 万元，是龙游县的主要产业。

了解到龙游还有三椏皮纸和雁皮纸生产，我们于 2009 年 9 月前往当地进行考察。衢州市文化局林局长和社科处的陈玉英同志热情地接待了我们。在他们的带领下，我们来到位于龙游县城区的一家手工纸生产企业——浙江龙游辰港宣纸有限公司。董事长徐昌昌先生和夫人万爱珠女士向我们介绍了公司生产情况（图 5–48）。看到这样的公司名，又听说他们现在主要生产宣纸，笔者甚感失望。但在交谈中了解到，当地皮纸生产历史久远，仓库里还保存着以前生产的三椏皮纸和雁树皮纸，生产工艺更没有失传。不过他们认为

图 5–48　笔者与董事长徐昌昌（前排右三）交谈（吴建国提供）

宣纸制作更重要，所以他们一直以“龙游宣纸制作技艺”项目申报，而且该项目已被列入浙江省省级非物质文化遗产名录。笔者建议他们尽快恢复皮纸生产，申报国家级名录时改报“龙游皮纸制作技艺”。我们约定，抓紧组织皮纸生产，届时再来考察。

2011 年 5 月国务院公布了第三批国家级非物质文化遗产名录，“皮纸制作技艺（龙游皮纸制作技艺）”被列入“扩展项目名录”。其间还有一段插曲：浙江省申报该项目时已经采纳了我们的建议，但文化部有规定，申报国家级名录的项目必须与省级名录中的项目同名，所以只得改成“宣纸制作技艺（龙游宣纸制作技艺）”，但文本中的内容还是皮纸制作技艺。评审通过后公示，受到质疑，最后公布时作了更改，使名实相符。

2012 年 2 月 23 日，笔者再次来到龙游。之前由于徐昌昌先生不幸去世，行程一再推延。市局的陈玉英同志多次帮助联系，终于找到合适的时间。辰港公司现任董事长万爱珠女士及其家人密切配合，龙游县文化局的徐兆云局长和吴建国同志等还为笔者提供了一些照片等资料。通过此次调查，我们了解到龙游皮纸制作技艺发展历程和制作工艺流程的信息。

据龙游县文化局同志提供的资料，该县沐尘、庙下、罗家等乡镇清代就有生产藤纸、皮纸、元书纸等手工纸。

据万爱珠回忆，1972 年她从下放的罗家乡被招工进了沐尘造纸社（图 5–49）。当时沐尘公社是龙游县溪品区所辖的七个公社之一，离溪口镇不远。这七个公社都有自己的造纸社，隶属县二轻局，属于集体企业性质，一般都有 40 多名职工，最多的可能有 50 多名，沐尘造纸社规模较小，只有 30 多名职工。这些造纸社是 20 世纪 50 年代公私合营时在一些私人作坊的基础上成立的。第一批员工还有多名仍健在，其中有大部分已是 90 多岁高龄的老师傅。一开始主要生产雁皮纸和三桠皮纸。雁皮纸的原料一直是用野生的，三桠皮纸很早以前也是用野生的，1962 年开始人工栽培。当时生产的小皮纸的尺幅较小（52 厘米 ×38 厘米），如图 5–50 所示。当时是统购统销，

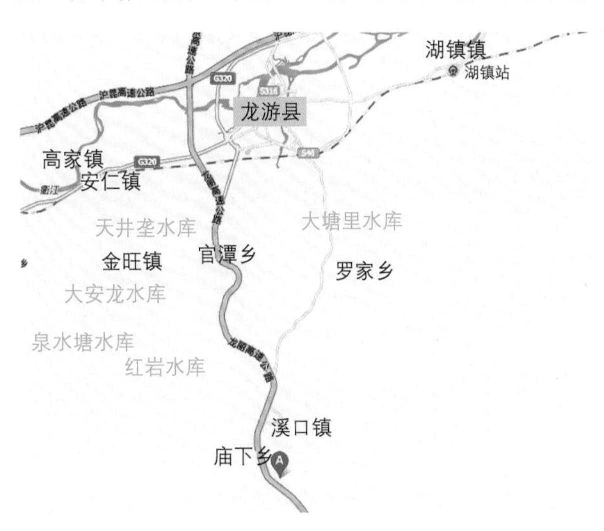

图 5–49　A 为沐尘造纸社位置，在溪口镇南 3 公里，离县城 42 公里

图 5–50　当年生产的小皮纸

通过供销社销售出去，主要用途除写字外，还制作鞭炮引线、导火线、油纸伞、捆钞和酱菜坛封口等。

1974 年，沐尘造纸社引进宣纸生产工艺转产宣纸，次年，沐尘造纸社更名为龙游宣纸厂。

龙游宣纸不同于泾县宣纸，不是用青檀皮，而是用三椏皮和雁皮的纸浆。所谓转产宣纸，主要有两方面的改变：一是在皮料浆中混合使用草浆，二是由小幅纸改为宣纸规格的四尺、五尺、六尺等大纸。此后，小皮纸产量逐年减少，以至于停产，即使生产纯料皮纸也改称宣纸了。这就是为什么我们第一次调查时他们会说自己现在只生产宣纸，已经多年不生产皮纸了。

20 世纪 80 年代后，随着原溪口区在撤区并乡过程中不复存在，所辖的七个公社的造纸社大多纷纷倒闭，只剩下龙游宣纸厂还在继续维持生产。1994 年龙游宣纸厂改制，更名为龙游辰港宣纸有限公司，仍是集体企业。1989 年万爱珠接任公司的董事长。2000 年公司进一步改制，成为民营企业，万爱珠的爱人徐昌昌出任董事长。

目前该公司的主要产品有：各种规格的雁皮特净、三椏皮特净等纯皮纸，以皮料加草料混合浆生产的各种规格的龙游宣纸，以龙须草浆为主要原料生产的各种书画纸，还有流沙笺等纸笺。产品主要销往日本，年出口额 1000 多万元人民币。

二、工艺流程

龙游皮纸制作技艺实际上包括三个层面：纯雁皮纸制作技艺、纯三椏皮纸制作技艺、龙游宣纸制作技艺。这里主要以三椏皮纸制作为例介绍纯皮纸的制作。

1．砍条

三椏皮纸的原料是三椏树，以前仅用野生的，现在有人工培育的三椏树林。如图 5–51，三椏树生长得很快，每年都要从根部生长出许多小苗，栽培三椏树只需从野生的三椏树根部拔些小树苗移栽。当年栽培的树苗第二年会在根部生长出新的小苗，第三年又分出新头。一般选择 6 月份或 12 月份采料，将三年生的树条（如图 5–52，一株中最粗的那根条为三年生）从靠近根部处砍下来用。第四年可以砍第二年生的，以此类推，整个一片林每年都可砍一遍。据万爱珠介绍，栽培的三椏树皮要比野生树皮皮质稍差。

2．蒸料、剥皮

如果是 6 月份采伐，则可直接从枝条下撕下树皮（图 5–53），如果是 12 月份采伐，必须将枝条蒸过之

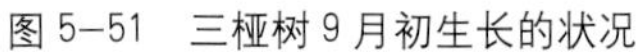

图 5–51　三椏树 9 月初生长的状况

图 5–52　每株都有三个不同年份的枝条（2 月下旬拍）

图 5–53　直接剥皮（吴建国提供）

图 5–54　装料（吴建国提供）

图 5–55 蒸料（吴建国提供）

图 5–56　刮去皮壳（吴建国提供）

后，韧皮才能剥下来。冬天树枝没有叶子，料“肉”明显更厚，质量明显优于夏料。蒸料的设备是用水泥砌成的大池样的篁，底部装有烧水锅，用以烧蒸汽。将砍下的枝条码放入篁（图 5–54），顶部盖上麻袋，即可烧水汽蒸，如图 5–55。据万爱珠介绍，一般需要两三小时即可。停火后稍过一会儿即可取料，趁热将树皮剥下来，如图 5–56。

3．晾晒

剥下的韧皮挂在竹竿搭成的架子上或摊放在石块上晾晒(图 5–57)，晒干后储存起来，卖给造纸作坊。

图 5–57　晾晒（吴建国提供）

4．浸泡

取一定量的干料，放在清水中浸泡一天，备用。

5．碱蒸

碱水的用量：每 400 公斤干皮，用 70 公斤 23% 的液碱。据说很久以前是用石灰水浆料，后改用碱水。先在锅内加 800 公斤清水，然后倾入液碱，搅匀，将浸泡好的皮料加入锅中，加火蒸煮 10 小时左右，具体时间根据气温高低和料的老嫩情况而定，停火后再放一夜。以前烧柴火，自 1992 年年底改用锅炉烧蒸汽，通蒸汽入蒸锅中蒸料。

6．踏洗

第二天开锅，取出蒸好的熟料。运至清水中摆洗，除去其中的碱分。洗去碱液过程中，用脚踏料，使皮壳与内皮分离。

7．撕选

拣去掺杂在皮料中的皮壳、草棍之类的杂质。

8．制皮坯

将撕选过的皮料扎成把。

9．揉洗

将皮料把在清水中揉洗至净。

上述工序往往需要重复操作，总之要尽可能将皮料中的杂质除净。此外，有时根据需要还会有漂白工序。

10．榨干

用木榨或螺旋榨榨去皮料把中的水分。如图 5–58 所示为制备好的皮料。

11．打料

过去用水碓打料，后改用电动碾盘，如图 5–59。

12．袋料

同宣纸袋料，将打好的料装入布袋中，在清水中淘洗至清。

13．皮料下槽

将制备好的纸浆放入纸槽中。纸槽的结构有几种，双人抄的纸槽只有一个部分，单人抄的纸槽与富阳竹纸的相类似，分成抄纸和储浆两个部分，中间用竹笆隔开，储浆的部分在泵动的作用下不断地翻动纸浆，使之从竹笆的缝隙均匀地补充到抄纸槽中。

14．划槽

单人抄纸由于装有电动桨，抄纸中纸浆不停地涌动，所以划槽较为简单。双人抄的纸槽用类似于袋料中用的前端有小圆盘的划杆，两人相对，每过一段时间就是要划一次，使纸浆均匀，如图 5–60。

15．加纸药

俗称“加汁”。当地也是采用猕猴桃藤（图 5–61）作原料制备纸药。

16．搅拌

如同划槽操作，用划杆划槽使纸药均匀分布在纸浆中。

17．捞纸

图 5–58　洗净的皮料

图 5–59　用电动碾盘打料

根据纸张大小、特性，分单人捞、双人捞或者多人捞。我们注意到，这里的双人捞与单人捞是完全不同的抄纸方法。简单地说，双人捞每抄一张纸纸帘要入水三遍。如图 5-62 ～图 5-67 所示。

过三遍水的抄纸方法是我们在其他手工纸技艺中没有见到过的。泾县宣纸抄纸入二遍水，而且第二遍只是做纸头，纸帘反方向入水，抄起的纸浆大约只流到帘的中央即回流出去。而这里三遍水都是通过整个帘面。我们回访潜山桑皮纸制作技艺传承人刘同焰时，注意到潜山桑皮纸制作中的抄纸方法与龙游皮纸接近，

图 5-60 划槽

图 5-61 野生猕猴桃枝条

图 5-62 第一次插帘入水

图 5-63 抬帘滤水，速度稍慢

图 5-64 第二次反方向插帘

图 5-65 抬起后倾帘使浆快速从帘面流过

图 5-66 与第二次同向插帘挽水使纸浆快速流过帘面

图 5-67 覆帘落纸

根据纸浆的浓度决定是二次抄还是三次甚至四次抄。

与双人捞截然不同，单人捞纸帘采用的是吊式帘，只入水一次，但出水很讲究。我们同样用几张照片记录这一过程，见图 5-68 ～图 5-73。

近两年我们注意到各地抄纸方法具有很大的差异，并注意记录各具特色的抄纸方法。这种差异对纸质究竟有什么样的影响，还需要更深入的对比研究。

18．榨纸

用螺旋榨，方法与宣纸没有什么区别。

榨过的纸帖还需经过烘帖、浇帖等工序，才能进行牵纸、焙纸工序。由于这些工序与宣纸制作工序没

图 5-68　推帘入水，帘前沿至槽中央处垂直插帘

图 5-69　向近前拉帘，逐渐至平

图 5-70　轻轻提帘

图 5-71　近前边轻轻提起使纸浆缓缓流过帘面

图 5-72　直至整个帘离开水平面

图 5-73　将远端剩余的纸浆抖离纸帘，一次成功

图 5–74　牵纸、焙纸

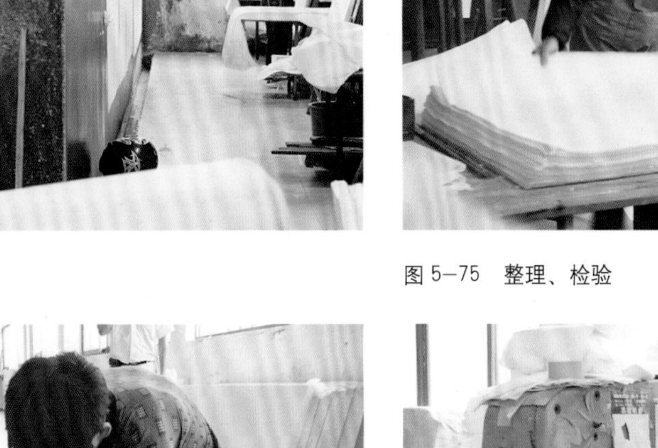

图 5–75　整理、检验

图 5–76　用特制的切纸刀手工切纸

图 5–77　采用机械切纸

有多少差别，所以这里省略。

19．焙纸

用钢板制作的焙纸墙，通蒸汽加热，如图 5–74。

20．检纸

人工检查纸张有无破损，如图 5–75。

21．切纸

第一次去调查时看到手工切纸方法，如图 5–76，第二次看到的切纸操作已经是在机器切纸台上操作了，如图 5–77，这也反映出制作工艺仍在变化，主要是机械方法的引用。

22．包装

不同规格的纸张采用不同式样的包装，其中也有许多讲究。如图 5–78 为万爱珠指导工人如何进行特殊规格纸张的包装。

以上介绍的是三桠皮纸制作的主要工序。雁皮纸的制作与之基本一致。

制作雁皮纸所用原料是野生雁树（图 5–79）。当地农民一般在 8 月份砍料，最晚不过 10 月份，不能等到入冬，因为到了冬季树皮“收水”，较干，很难剥离。雁树枝砍下后也要蒸熟才能剥皮，蒸过之后剥皮时，其表皮会自动脱落，无须用刀刮削。雁皮纸抗拉力很强，在日本主要用于糊灯笼和制作其他装饰品。

前文已介绍过，龙游宣纸是以三桠皮或雁皮与草料浆按比例混合制作的手工纸，主要产品可分为画仙纸、国色宣纸、特种纸三大类，按质料分有净皮纸、特净皮纸、纯楮皮纸、纯野棉皮纸、山桠皮纸等，按帘纹不同可分为罗纹、龟纹、绵连、蝉翼等。除适用于书画外，还被用于书籍装帧、包装、装潢等方面。

图 5-78　万爱珠指导工人包装产品（吴建国提供）

图 5-79　厂区栽种的高大的雁树

龙游皮纸品质优良，多次在全国非物质文化遗产博览会和浙江工艺美术精品博览会等评选中获奖，1992 年手漉和纸研究获得浙江省科学技术进步奖，2000 年第八届全国文房四宝艺术博览会上被认定为“十大名纸”之一，2001 年又被中国国际农业博览会认定为名牌产品。2008 年龙游皮纸制作技艺被列入浙江省第二批非物质文化遗产保护名录，2011 年被列入第三批国家级非物质文化遗产代表作名录。

三、龙游皮纸制作技艺代表性传承人

龙游县文化局对龙游皮纸制作技艺传承谱系进行了梳理。据他们介绍，老一代传承人中现仍健在的有两位：毛华根，男，1917 年生；毛元福，男，1922 年生，沐尘乡渡头村人。两位师傅自小从师学艺，一生从事皮纸生产，被尊称为龙游皮纸制作技艺的活化石。退休前他们在沐尘造纸社工作，带出了许多弟子，万爱珠是其中的佼佼者。

图 5-80　万爱珠在向我们介绍三桠树的生长特性

万爱珠，1951 年生，龙游城关镇人，工艺美术师，浙江省第三批非物质文化遗产“传统造纸技艺”项目代表性传承人，现为龙游辰港宣纸有限公司董事长（图 5-80）。1968 年万爱珠被下放到溪口区罗家乡荷村插队。1972 年招工进入沐尘造纸社。一开始在食堂工作，半年后社领导安排她跑供销。据她本人介绍，她是因为有一定的文化，家又住在县城才当上供销员的。当时交通很不方便，那里离县城有 40 多公里的路程，每天只有一班长途汽车。厂长考虑到其他人到县城出差要住旅馆，而她可以住在家里，能省下住宿费。

万爱珠勤奋好学，在厂工作期间，跟毛华根、毛元福等师傅学习皮纸制作的各个工序，三年多的时间里掌握了从原料挑选、制作到各式皮纸的捞制、榨纸、焙纸、检纸等全套技艺，成为了一名技术过硬且全面的龙游皮纸制作师傅。成为师傅后，她开始带徒弟，邱林根、童林荣、刘国良、张文秀等都是她的弟子。

万爱珠在厂工作期间工作努力，成绩突出，1981 年担任龙游宣纸厂供销科长，1986 年任生产副厂长。1994 年龙游宣纸厂改制，更名为龙游辰港宣纸有限公司，仍是集体企业。1989 年万爱珠接任公司的董事长。2000 年公司进一步改制，成为民营企业，万爱珠的爱人徐昌昌出任董事长。2011 年徐昌昌去世后，公司由万爱珠负责管理。

龙游宣纸厂生产的皮纸 20 世纪 70 年代主要销往广东、福建和江西等地，万爱珠担任供销科长、副厂长期间，努力开拓市场，打开了上海、北京和浙江本地市场，使龙游皮纸的知名度迅速提高，也创造了较好的经济效益。

图 5–81　柴建坤在向笔者介绍雁树和雁树皮

20 世纪 90 年代万爱珠成立浙江辰港宣纸有限公司任董事长兼厂长后，更是使市场进一步扩大，产品由原来通过浙江省工艺品进出口公司出口改为自行出口，把龙游皮纸销售到日本、韩国、新加坡等国及台湾等地。

万爱珠十分重视人才，公司里有多位技艺精湛的传承人。如钱金伟、徐小军等都是自小就学艺，熟练掌握龙游皮纸制作技艺的师傅。

万爱珠的女婿柴建坤（图 5–81），1996 中学毕业后学习手工纸技艺，熟悉皮纸制作各个环节的工艺流程，目前主要负责公司的经营与管理。

注释

[1]（后晋）刘昫：《旧唐书》卷 196 上。

[2] 泽尔多杰：《雪域康巴文化宝库——德格》，中国三峡出版社，2002 年，第 51 页。

[3] 牛治富：《西藏科学技术史》，西藏人民出版社、广东科技出版社，2003 年，第 282 页。

[4] 李晓岑、朱霞：《云南少数民族手工造纸》，云南美术出版社，1999 年。

[5] 张秉伦、方晓阳、樊嘉禄：《中国传统工艺全集・造纸与印刷》，大象出版社，2005 年，第 116 ~ 119 页。

[6]（明）陆容：《菽园杂记》卷 12。

[7] 陈学文：《龙游商帮研究》，杭州出版社，2004 年 12 月，第 44 ~ 46 页。

第六章　竹纸制作技艺

竹纸是历史相对较短的纸种，最早出现于唐代，然而，由于其原料充足，所以后来居上，从元代以后产量稳居第一。竹纸制作技艺经过数百年的演变内容也极其丰富。富阳毛边纸、铅山等地的连史纸、夹江竹纸的制作技艺是高档竹纸制作技艺中的杰出代表。目前云南、贵州到安徽、浙江等许多地方仍在生产用于焚烧的低档竹纸，其制作技艺中也包含有许多重要的古代竹纸制作技艺的信息。

第一节　四川夹江竹纸制作技艺

一、考察经过

四川自古以来一直是中国重要的文化中心之一，造纸业自唐宋时期开始就很有影响。近代以来，四川的夹江县成为中国著名的书画纸产地，抗日战争时期，当地以竹子为主要原料生产的书画纸大大地缓解了后方军政及民用纸张供应不足等问题。近些年来，夹江纸产业仍十分兴隆，产品行销全国各地，而且与纸相关的文化也有很大的发展。

1999 年夏，笔者陪同张秉伦、胡华凯教授第一次赴夹江考察。2006 年 3 月，笔者又与课题组的另一成员赵翰生先生一道从北京出发乘火车赴四川考察。按照课题组负责人、中科院自然科学史研究所所长廖育群研究员和该所华觉明研究员的安排，我们此行的主要任务有二：一是与四川省文化厅社文处取得联系，了解去德格印经院的有关信息，为下一步赴德格考察做好准备；二是赴四川省手工纸主产区夹江县进行实地考察。

图 6–1　在杨嘉铭先生家

经过 26 个小时的长途旅行，我们于 15 日下午 7 时前到达成都。16 日先后与西南民族大学博物馆的杨嘉铭教授、四川省社科院康藏研究中心的任新建研究员取得联系，并分别于杨教授的家中和任先生的办公室中与二位进行交谈，受益匪浅，见图 6–1、图 6–2。他们二位都是藏族学者，也是藏学专家，特别是对甘孜自治州的藏族文化有深入研究，著述颇丰。从交谈中得知，赴德格印经院考察的最好时节是 6 月下旬或 7 月上旬，再晚些就是 9 月中下旬。除气候和道路安全的原因外，藏纸的原料瑞香狼毒要在 6 月下

图 6–2　在四川省社科院康藏研究所向任新建先生请教

旬以后才能采，此前看不到造纸的场面。当天我们也与四川省文化厅社文处的郭处长取得了联系，17 日上午，我们到了郭处长办公室，将带去的华先生的亲笔信交给她，向她说明我们此行的目的。郭处长向我们介绍了成都去德格的交通状况，并随即与夹江县文化局陈勤局长通话，要求那边做好接待工作。

应上海劳达尔公司的董金合先生的盛情邀请，当天下午我们赶往峨眉山市。

18 日，我们按事先约定，在夹峨路双福镇大路边与夹江县文化局的陈勤局长见面。夹江县副县长梁博士（某大学的老师来这里挂职）、文管所的周所长，还有电视台记者也一道前往。我们首先去的地方是位于夹江县西南的华头村。该村地处崇山峻岭，平均海拔在 1000 米以上，在当地有“小西藏”之称。据介绍，华头村是夹江境内仍在用传统方法制浆的村。其他纸产区，包括规模最大的马村乡的各个村，均按要求集体制浆。汽车在又窄又险的盘山路上行驶一个多小时之后，到了华头村（图 6–3）。当地的乡党委、政府领导也都到场，热情地接待，使我们很感动（图 6–4）。

图 6–3　进入华头村地界的险峻的道路

华头村的手工纸生产的整个流程基本上还采用传统工艺，主要产品是较低档的对方纸。我们被带到夹江县华头镇墉边村二组沈碧辉师傅家。沈师傅祖辈一直以纸为业，他初中毕业，14 岁开始跟父亲学造纸，现在已 46 岁。据沈师傅介绍，他与妻子合作，每年抄制约 1000 刀纸，毛收入 3 万元。他负责制浆、抄纸，妻子负责揭、晒。其产品主要是对本色对方纸，主要用途是书写，相当于毛边纸，也用于祭祀时焚烧，销路很好，供不应求。据了解，像沈师傅这样仍坚持用传统工艺生产低档纸张的纸户主要集中在华头镇。夹江县手工纸主要产地马村乡生产的手工纸则主要是较高档次的书画纸。

图 6–4 在华头村纸农家与梁副县长、陈局长等合影

我们向沈师傅了解了整个生产工序、生产规模、收益等情况。笔者还专门向他学习抄纸技艺，在他的指导下，通过多次反复的实际操作，对该道工序的诀窍有所体会，受到沈师傅的充分肯定，如图 6–5。

离开了华头村，我们回到县城。丰盛的午餐过后，我们又驱车赶往马村乡。

夹江县的马村乡是夹江手工纸的主产地，1999 年笔者曾与导师张秉伦先生还有时任中国科技大学科技史与科技考古系主任的胡化凯教授一起来这里进行过调查。这次去马村乡主要是了解国画纸生产工艺改进以及营销模式等方面的情况。

我们考察了两个规模较大的纸户，分别是马村乡金华村的村委会主任杨正尧和村支书马正华师傅家。

图 6–5　笔者向华头村的沈碧辉师傅学习抄纸技术

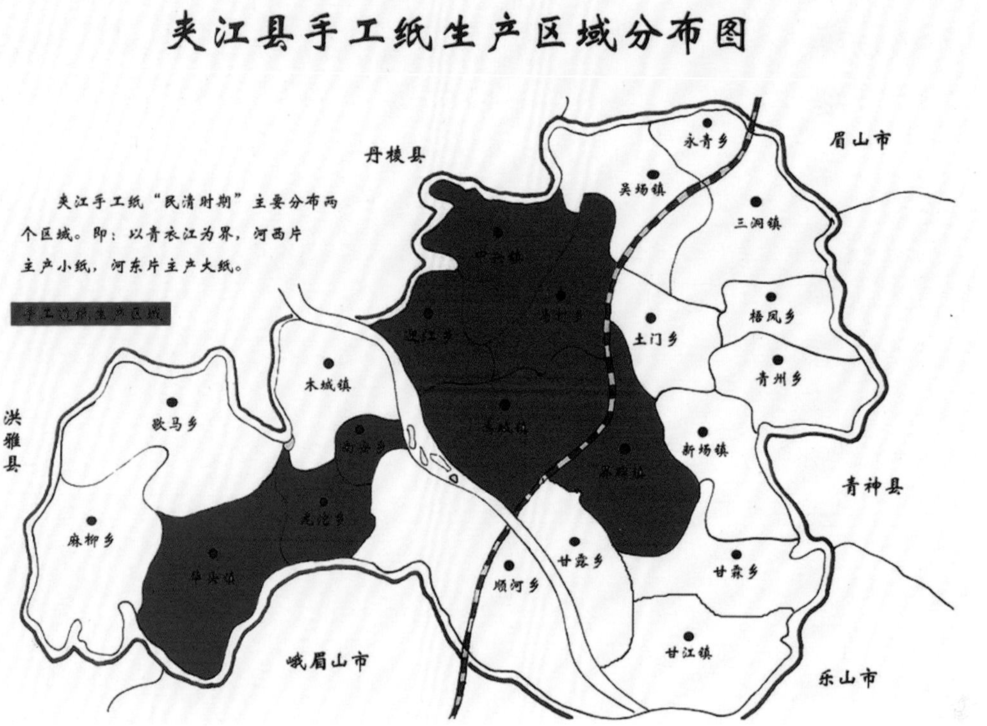

夹江县手工纸生产区域分布图

图 6–6　夹江民国时期造纸区域分布（周华杰提供）

杨正尧师傅是第九代传人，在夹江首创制作丈二匹的技术，他在竹浆中加入适量的麻类长纤维，同时加大纸张的厚度，以增加竹料纸张的强度，并制作专用纸壁，用圆木杠将湿纸一张张地裹起来，运至纸壁后顺着纸壁竖起展开，边展边刷，才终于将丈二匹纸均匀地刷上了纸壁。杨正尧师傅精通造纸工艺全过程，曾被评为夹江县“纸状元”（图 6–7），他不仅向我们展示了精湛的抄纸技艺，而且介绍了当地纸文化习俗，还给大家现场表演（哼唱）了几首“纸号子”。2007 年 5 月被评为国家级非物质文化遗产传承人。

据杨师傅介绍，夹江纸户敬奉蔡伦如神。每逢娶媳嫁女办喜事，或在清明、农历七月半、除夕等重要的节日，纸户都要敬拜蔡伦先师。我们在杨师傅家的中堂上看到，当地敬奉各路神仙，包括“蔡伦先师”和“鲁班先师”等，如图 6–8。

此外，每次开槽都要选日子，尤其新年第一次开槽更要选黄道吉日。如果不翻老皇历，至少要选二、六、八、九等日而忌三、四、七等日。纸乡人对纸有敬畏之情，每捡到废纸，或回槽，或烧掉，从不乱丢。沾上污秽东西的纸绝不回槽，造纸师傅在小便时不能面对纸槽，否则视为不敬。夹江纸农视蒸篁煮竹为极

图 6–7 “纸状元”杨正尧师傅

图 6–8　杨正尧师傅家的宗堂

图 6–9　在正华纸业与大家合影留念

重要和神圣之事，开锅烧灶前要举行祭拜仪式，祭拜造纸祖师蔡伦，以报传技之恩；宰杀白鸡、吃豆花，以求所造纸张细腻洁白。

离开杨正尧师傅的家，我们又来到同村的支部书记马正华的家。他成立了正华纸业公司（图 6–9），主要产品是纸笺。其品种主要有染色纸、印花纸等。其染色纸采用直抄法，即将染料放入纸浆中，将纸浆染色，这样抄出来的色纸不易褪色。印花纸主要采用雕版印刷方法，花版图案多达几十种（图 6–10）。此外，还有直接在纸浆中加入打散的青苔抄造的苔纸、在帘上织上特殊的图案抄成的水纹纸等品种。为了提高纸张的质量，马师傅不仅在竹浆中掺入适量的桑皮料，而且还在水质上下功夫，打了一口深达 70 余米的井，用纯净的深井水抄纸，取得了较好的效果。

在整个调查过程中，夹江县文化局的陈勤局长、文管所周华杰所长不仅始终陪同，提供诸多方便，而且还给我们提供了大量的文字和图片资料。这些资料中对夹江手工纸做了较为全面的介绍，为我们全面深入地掌握夹江手工纸制作工艺提供了很大的帮助。

夹江纸以当地盛产的几种竹子为主要原料，夹江中国造纸博物馆存放的一块清代道光年间的古碑，上面刻有《蔡翁碑叙》（图 6–11），将夹江纸的制作工艺概括为八个主要工序："砍其麻、去其青、渍其灰、煮以火、洗以水、舂以臼、抄以帘、刷以壁。"

中国科学院自然科学史研究所的潘吉星先生曾于 20 世纪 60 年代调查过夹江手工纸生产技艺，留下了

图 6–10　马正华向我们展示他们制作纸笺的印版

图 6–11　《蔡翁碑叙》碑文（周华杰提供）

珍贵的资料。下面我们根据两次实地考察，并参考周华杰先生提供的资料，形成了对于夹江手工纸制作工艺流程的较为完整的描述。

二、工艺流程

1．砍竹取麻

俗称“砍竹麻”。夹江境内可作为造纸原料的竹有白夹竹、水竹、斑竹、金竹、箭竹、苦竹、慈竹、紫竹、罗汉竹、刺竹等20余种，当地用作造纸的主要有慈竹、水竹、白夹竹、斑竹等，尤以白夹竹、水竹为最佳，如图6–12。

图6–12 马村乡境内处处可见茂密的竹林

夹江手工造纸所用原料，均为当年生之嫩竹。竹料有春料与冬料之分，因各种竹生长的季节不同，所以砍竹的时间也不能一概而论。水竹、白夹竹每年春季农历二月竹笋出土成长，至五月末六月初，主干长出四至五枝嫩枝时砍伐最为合适。慈竹每年秋季八月出笋，十月新竹枝干长成尚未老化时砍伐最为合适。其他竹子砍伐的时间也是照此原则掌握。

上述对于砍竹时机的把握与《天工开物》中的记载是一致的，这是人们在长期的实践中探索总结经验的结果。纸张的性能取决于其纤维的状况，特别是在润墨效果方面，如果纤维不均匀，一些粗大的纤维束对墨的吸附力就差，书画时墨汁会沿着纤维的走向浸渗，使润墨边缘呈锯齿状，墨色发灰，效果差；如果纤维束太细太短，则纸张会过于柔弱，不能承受笔墨之重。在适宜时节砍取的竹料肉头厚、纤维组织发达，纤维长短适度，纤维组织又不太硬，便于沤制分解，正适合于制作高质量的书画纸。

砍竹所用工具为专用的木柄弯刀(竹刀)，分护头弯刀与齐头弯刀两种。齐头弯刀口刃锋利，多用于分段；用以砍竹的护头弯刀前端有一护头护住刀口，以避免砍竹时地上石块损坏刀锋。

纸工在砍竹之时要头扎布巾，以免竹枝伤人。砍下后即去掉枝梢，只留主干。水竹、白夹竹砍伐后直接运往料池浸沤，慈竹则运回放置于通风处风干待用。由于秋季竹子还可再发一次竹笋，所以，水竹、白夹竹、慈竹至农历十月、十一月时还可砍伐一次，称为冬料。

用齐头弯刀将竹子分成段，每段长约3尺。每段都有名称，从根部起依次称“老壳”、“二刀”、“硬筒”、“爬筒”、“颠梢”等。之后打成捆，计数，称其重量，作为施用石灰石烧碱数量的依据。也有先整竹浸泡，到了捶打选料时才这样分段的。

2．水沤杀青

俗称“浸塘”，目的是去除竹面之青色，让竹料软化。

先建造一个池窖，一般修建在地平面以下，容积可大可小。将嫩竹层层摆放在池窖内，上置木条或木板，压以重石，以防竹节浮出水面。向池内注入清水，水量以没竹为度。一般夏季水沤时间为20天，冬季40天，具体时间可根据竹色脱变情况而定，至竹干完全脱青变黄为止。

图 6–13 所示为我们在沈碧辉师傅家看到的正在进行水沤杀青的场面。

3．捶打选料

俗称“捶竹麻”。放去池水，用铁耙梳钩起竹捆，并用力荡洗以洗净其中的泥沙。在石条面上用木槌捶打至破，如图 6–14。然后分别堆放。在此过程中剔去腐烂的竹片，择去杂质，勿使杂物混入下一工序而影响纸质。

4．浆灰沤制

俗称“浆石灰”。事先在石灰池内配好石灰乳液，按竹捆重量的一半定石灰用量。将竹捆打开，置于灰浆中，待竹料浸透灰浆后取出，堆放空地上，放置十余日。

还有一种方法，即将竹捆打开，从下往上依次摊堆老壳、二刀、硬筒、爬筒、颠梢在石灰池内，如图 6–15。每堆一层，撒上一层石灰，并用竹锄将其拌匀，直至将池子堆满，然后放水入池，浸沤半月。以此法沤制后的石灰水可以再利用。

5．头锅蒸煮

俗称“煮竹麻”。所用篁锅用杉木制成，大小视所蒸煮竹麻的数量而定，一般直径为 8 尺至 1 丈，高约 9 尺，可容竹料约 5000 公斤。篁锅由灶台、火堂、火门、烟道、铁锅、锅槛、测液管等部件构成。建造时先筑锅灶，正中安放铁锅，铁锅边上安锅槛（以扩大容量），然后安放木制篁甑，甑底部与锅槛之间用白泥筑实以防锅液渗漏，甑上钻有三至五个测液孔，安装测液管，蒸煮之时随时观察锅内液面位置。

篁锅有地上篁和地下篁两种。地上篁的锅口与地面平，篁立在地面之上；地下篁的甑口基本与地面平，其下部分则置于地平以下。两种篁锅相比较，后一种为佳，一是便于装卸竹麻，舂捣石灰；二是操作时无须处于高出地面的甑端，较为安全。图 6–16 所示纸工们正在进行装料，这里所用的基本上是地下篁。

头锅蒸煮的方法：将浆灰沤制的竹料从灰池中

图 6–13　水沤杀青

图 6–14　捶打竹料（周华杰提供）

图 6–15　用篁桶作石灰池

图 6–16　装甑场景（周华杰提供）

图 6–17 舂杵

图 6–18 舂捣（周华杰提供）

钩起，抖掉灰杂，依次将老嫩料层层堆码在篁锅内。在堆码过程中用长柄木杵（舂杵，如图 6–17 所示）将料夯实，装满后上面用麻布包盖严实。之后放水入锅，开始生火，共蒸煮 6 ~ 7 昼夜，直至竹料柔软，纤维分解，石灰变黄变干。

头锅蒸煮的关键是掌握火候，先以猛火促沸，继而温火保温，最后微火待时。必须随时掌握篁锅内的水位情况，如果缺水干熬，则会导致竹麻干焦而成为废料。

据说历史上曾采用生料工艺，将采集的嫩竹放入料池，用石灰经长期腌浸制浆，没有“灰蒸”、“碱煮”工序，虽然简便，但因原料纤维未能熟腐透彻，生产的纸张纹理杂糙、发硬，纸面粗劣。清代中期以后，生料生产方法逐渐为熟料生产所取代。熟料生产是在生料加工的基础上，再通过“灰蒸”和“碱煮”将生料制成熟料。经过蒸煮的纸料纤维柔软细腻，所生产的纸张纹理细致，手感柔和，纸面光滑，质量明显优于生料纸。

6．舂捣洗料

目的是捣碎干结的石灰和在高温状态下将竹麻进一步捣碎。

待蒸温稍降，揭开甑盖，五六个纸工登上篁桶顶部，手持木制舂杵用力敲打，将篁内竹麻击打至碎，如图 6–18。用铁耙将竹麻从篁中钩出，放在地上。再由二人一组，趁热对竹料进行粗打、细打，如图 6–19，直至成为麻丝状。

此后将竹料钩入池中再打一次，同时用清水洗涤。要趁热洗涤，因为冷却之后竹料会变硬，其中夹杂的石灰难以洗净。洗料时需用流水反复洗涤多遍，直至石灰除去。

洗料一般在洗料池中进行，洗料池多设在河边或溪流之中，进出水用闸门控制。出水处设细密竹栅栏（俗称“篦”）挡住，防止竹料随水流失。洗净后的竹麻堆放整齐以备二蒸。

7．二锅蒸煮

俗称“爆锅”。通过二次蒸煮，进一步将竹麻中的胶质蛋白破坏，除去原料中的木质素、树胶、树脂等杂质，使其纤维组织彻底分解变软。

先要配制碱液，每 100 斤干竹麻或 300 斤湿竹麻要配用 10 斤纯碱或 7 ~ 8 斤混碱。将纯碱或混碱（火碱、硫化碱、纯碱）按 1 : 8 的比例加水，再将配好的碱溶液加热至沸腾，冷却后倒入桶中，再加适量清水搅拌，澄清备用。每次碱蒸需碱水 140 ~ 150 担（每担约 50 公斤）。

将洗净的竹麻重新装锅，如图 6–20，其顺序与头蒸相反，即颠梢放在最底部，依次为爬筒、硬筒、二刀，老壳放在最上层。装满后在篁桶内周插立一圈长竹竿，并用绳子拴结固定，在竹料上蒙上一层麻布，麻布上摊上一层草木灰。将配好的碱液透过草木灰淋下去，直至基本上浸满篁桶，然后生火。二锅蒸煮也要掌握好火候，初时猛火促沸，继而温火保温，最后微火待时。

图 6–19　打料（周华杰提供）

图 6–20　重新装锅（周华杰提供）

蒸煮之时每日加煤四次，每次均需加足（约 200 斤），一日共需煤炭 800 斤。如果柴火烧煮，则需不停地加入燃料。蒸煮时间，夏季一般煮 4 ~ 6 昼夜，冬季则需 5 ~ 7 昼夜，熄火后，尚需保温一段时间，使竹料熟透。

8．洗竹漂麻

俗称“洗料”。洗竹漂麻的目的是彻底去除竹料中的碱液，使纸张能长时间保存。其方法如下：碱煮之后，熄火一日，放出锅内黑液。将篁锅内竹麻钩出。此时竹麻含有较多碱液，颜色较深，且含其他杂质，故必须在清水中洗涤，直至无杂色及余碱为止。竹麻先后需洗涤八九遍，草料及其他辅料（麻、龙须草）则需要洗涤十几遍。此时竹料发白，柔软如絮，一撕即碎，如图 6–21。

图 6–21　漂洗竹麻（周华杰提供）

9．打堆发酵

将洗好的熟料堆放在石缸或篁桶内，也有堆置在干燥的三合土地面上。堆在石缸或篁桶内的竹麻需注入清水或加入米汤，直至没料为止，进行自然发酵。堆置在干燥的三合土地面上的竹料多需加入糯米浆或大豆浆，用竹笆盖紧压实。发酵的好坏，直接关系着纸质和颜色，发酵充分之竹料颜色更为白净柔和。发酵时间一般为夏季 20 天，冬季 30 天。发酵过后，取出纸料在平石板上筑打成堆，用脚反复踩紧，如图 6–22，并加盖草席以避尘土，放置 4 ~ 5 天即可用于

图 6–22 踩料（周华杰提供）

图 6–23 干料堆

图 6–24 踩臼

捣制纸浆。

以前也有人采用带碱发酵法，即碱蒸后直接打堆发酵，然后再洗，这样做可使竹麻纤维分解更为彻底，但纸料颜色发暗，故此法现已少用。

为了一年四季天天可以做纸，夹江人运用其智慧巧妙地解决了备料问题。他们将经过上述工序制备的纸料干燥后打成如图 6–23 所示的干料堆，随时可以取用。

10．捣制纸料

俗称“踩臼”。从料堆上一方一方地割下纸料，倒入料盆中，择除老皮杂质，然后放入石碓窝中，用脚踏碓反复舂打。同时用长棍在石碓窝中来回翻动纸料，如图 6–24，直至纸料完全捣碎成绒状。捣制纸料的石臼为正方形锥体，外方内圆，上大下小，上口直径约 80 厘米，下底直径约 40 厘米，高约 90 厘米。

11．淘料漂白

俗称“漂料”。清末以前夹江还没有使用漂白剂，为了使纸张变白，他们将成纸干燥后分挂在封闭的室内，用硫黄熏白。清代后期，漂白粉传入当地，一些作坊在抄纸之前对纸浆进行直接漂白，这种方法便捷，且所造纸张颜色更加均匀，故很快普及开来。

将捣碎成绒的纸料放入细孔的竹篮内，加入清水搅拌，将其中块状纸料击散，冲水淘洗二至三次，使颜色变浅，类似棉絮。用未漂白的纸料抄制的纸张称本色纸。若希望纸张更白，则可在纸池中放入加了漂白粉的清水，再将淘洗后的纸料放入池中浸泡 24 小时，然后将漂白后的纸浆用清水洗净，用以抄纸。经漂白抄制的纸，称漂白纸。漂白纸的白度可根据需要调节漂白剂的比例，一般用量为纸料的 5% ~ 6%。

12．备制纸槽

夹江手工抄纸一般在纸槽中进行。如图 6–25，纸槽用红砂石板料构造，长约 9 尺，宽约 5 尺。一般为底板 4 块，用凿口连接，石灰抹缝防渗；挡头板 2 块，下口及两侧置于底板和边板凿槽内，石灰抹缝防渗；边板 2 块，下口置于底板凿槽内，两端凿槽，嵌入挡板，石灰抹缝防渗；挂口板 2 块，两端凿槽，嵌入边板将其牢牢扣牢。纸槽底部留一出水小孔，挡头处接药缸，以便随时添加药液。纸槽备制后，即可

图 6–25　打槽

图 6–26　桦子树叶

进入打槽舀纸阶段的工序。

13．打槽加药

俗称“加纸药”。纸药是夹江造纸极为关键的辅料。夹江所用纸药俗称“滑子”，用桦子树叶（图 6–26）晒干，压成粉，放入石缸中用开水冲入搅拌，再用水配成黏稠状液体。每次所配之滑水，以供一日之用度。每捞 30 ～ 40 张加滑水 4 ～ 5 小瓢。

将打制出的纸料放入长方形纸槽中，注入清水，立时搅打，使纤维彻底分离并浸透水分。向槽内加入滑水（纸药），再行搅打使药液在纸料纤维中均匀分布，并使纸浆与纸药充分混合。纸药用量要适度，太多则纸浆过滑，纸帘过滤不畅，难以成纸；太少则纸张不滑，纸面纤维分布不均匀，成纸厚薄不匀。

图 6–27　沈碧辉师傅在进行单人抄纸

14．抄捞纸张

俗称“抄纸”。抄纸所用纸帘与别处所用大同小异。抄纸时将纸帘放在帘床上，并固定。双手持帘床，斜着从后方浸入槽内，平提出，由左向右平移，同时用右手抬起帘床，使纸浆由右向左流过纸帘，再由后向前斜向浸入槽内，令右上角方向进入浆液，再由右向左流出。此时平滤在纸帘上的纸浆即成湿纸一张。

图 6–28　国家级传承人杨正尧师傅与其助手进行双人抄纸

放下纸帘边柱，手提纸帘，将其平敷纸板上，轻轻提起纸帘，使湿纸留在纸板上，如图 6–27。以后用同法继续抄捞，将湿纸层层叠起。

如抄大纸，则需 2 ～ 4 人协作。如图 6–28，两人站在纸槽两端，操作原理与单人操作相似，只是需要配合默契。

抄纸的关键点有二：一是必须用力荡动槽内纸浆，迎浪而抄。因纸浆在槽内经过多次抄舀，上下浓度不一，如不用力荡起下层纸料，抄出的纸张厚薄不均。二是靠熟练的技能。纸张纤维的走向排列，全凭抄纸师傅提起帘架时水流的缓急和方向而定。抄纸师傅每一细小的动作都可影响纸质的成败，有的细小动作似乎到了只可意会不可言传的地步，全靠在操作过程中的灵感和经验去体会。技艺高超的师傅连抄数百张纸，其纤维排列、纸张厚薄、沁润速度、抗拉能力完全一致。

这道工序在造纸过程中是最费力的，抄纸的工匠站在纸槽旁重复着舀水、抬起竹帘等动作，每次承受的重量达 20 公斤。

15．压纸脱水

俗称“上榨”。上榨的意义：一是使湿纸迅速脱水，因为新抄湿纸如未经压榨之豆腐，其水分含量十分丰富，体积也较干纸大几倍，如不经压榨脱水是很难干燥的。二是通过压榨，使纸张纤维充分结合成形，不经压榨的纸是不能分张的。所以，一般湿纸堆至千张左右即放在纸榨上压榨脱水。

纸榨（图 6–29）用木料制作，由将军柱、千斤梁、厅子木、后座礅、滚筒、榨杠、搬杆、底板、盖板、托笆、盖笆、长短承木、篾绳等多部件组成，用杠杆原理，压榨时压力可达数千斤。

压榨脱水的步骤如下：将湿纸堆放在纸榨上，上面依次盖上竹笆、盖板，盖板上置长短承木，承木上放置榨杠，榨杠前端置千斤梁下口，后端套篾绳，篾绳连滚筒，滚筒孔内插搬杆。榨时，用人力将搬杆轻轻往下压，此时在滚筒的作用下，篾绳愈收愈紧，压力愈来愈大，纸堆中的水分被缓缓压出。

图 6–29　纸榨

压纸脱水时动作宜慢而稳，如果加力过猛，不仅榨不出纸中水分，还会出现榨爆现象。逐渐加力，则水缓缓流出，直至完全脱水。静置过夜。第二天，拆去盖笆，将半干的湿纸抬放在纸台之上，去掉盖纸，开始掀张起吊。

16．掀纸打吊

俗称“起纸”。起纸的意义是使纸堆分张，便于揭开晾晒。步骤：去水后的纸呈半干状，将其从纸榨上取出，置于木板之上，先用手将纸堆四边推起，掀开纸角，用夹子将纸一张张掀开，再从纸角将纸掀起。每 5 张为一吊，慢慢地将每吊纸揭起，再折放于木凳上，到一定数量时运往纸壁上墙焙干。因湿纸柔软，极易破碎，掀纸时须十分小心，如图 6–30。

图 6–30　掀纸

夹江纸乡掀纸打吊之工序一般由妇女来完成，一是妇女心细手巧，有耐心；二是此道工序不需赶时间，提得起，放得下，可紧可慢。

掀纸工作十分重要，有经验的掀纸工，摸看成纸便知道各道工序工作质量的好坏，可以有针对性地对各环节提出指导性意见。

17．刷壁焙干

俗称“晾纸”。有风干与火焙两种方法。

风干：将清水洒在纸壁上，揿开单张湿纸，附墙吹贴，使湿纸平敷于纸墙上，用棕刷将纸刷平刷直，每5张为一叠，待其自然风干。刷壁时每张纸间不要完全重叠，露出一小边，以便干后分张，如图6–31。

图6–31　刷纸上墙

火焙的步骤：将揭开的湿纸运往火墙，揿开单张湿纸，附火墙吹刷，小幅面纸张可重叠焙干，大幅面纸张则需单张焙干。

焙干纸张的火墙是两道土砖砌成的砖墙，砖块之间有空隙能让热气透出。焙纸时先在夹巷内生火，从空隙中散发的热气使纸张慢慢干燥。

火焙和风干相比，风干纸张的纸质较火焙为好，火焙纸张靠墙一面光滑而板实，对纸张浸润度有一定的影响。火焙生产周期较短但成本较高，一般为大作坊所采用。

调研过程中，笔者注意到这里纸户的住房结构都带有显著的特色。如图6–32所示是国家级传承人杨正尧师傅的住房。值得注意的是，在其主房的山墙之外还有一道夹巷，这是专门用于晾晒纸张的。还有一些纸户的晒纸巷更加复杂和精致，有的是双道巷。巷内两边是晾纸的木板，供阴雨天晒纸之用。当地人用图6–33、图6–34所示的方法，在墙面上设挑杆，用以晾干纸张。

图6–32　晾纸夹巷

18．清点切割

纸张干燥后从墙上揭下，将5张一叠的纸吊用竹竿撕开，择去破损，将清点整合的纸张压在切纸架上，

图6–33　晒纸

图6–34　晾纸架

图 6–35　独特的切纸工具与切纸方法

图 6–36　四川夹江手工造纸博物馆

图 6–37　夹江纸秧歌（周华杰提供）

图 6–38　纪念蔡伦的民俗活动（周华杰提供）

用纸刀切割整齐（图 6–35），清点张数，每 100 张为一刀，每 2 刀为一合，再加以打印包装即可出售。

夹江手工造纸十分辛苦，《夹江县志》在记述手工造纸时说，制造工作之苦莫过于造纸之家，经过手续之繁亦莫过造纸之家。男耕女织白昼劳作而至晚则息，秋收之后尚有较长之休歇。造纸之家则不分春夏，无论白昼，亦不分老幼男女，均合有工，俗称“和家闹”。

正因为有了这些不分春夏，无论白昼，亦不分老幼男女的“和家闹”式的家庭生产作坊，夹江手工造纸才得以世代相传。

走在夹江纸乡，笔者深刻地感受到，作为中国传统手工纸制作技艺的传承地，这里具有浓郁的纸文化。除离县城不远的四川夹江手工造纸博物馆（图 6–36）陈列的当地造纸的历史文物外，这里还形成了与纸相关的特色鲜明的地方文化。夹江的纸秧歌不仅在当地闻名遐迩，而且还常常应邀去外地表演。就在我们考察期间他们正在办理手续，即将应邀赴韩国参加端午祭活动。此外，由于地方政府的高度重视，当地与纸有关的其他民俗活动也受到很好的保护，如图 6–37、图 6–38。

第二节 浙江富阳竹纸制作技艺

一、概述

富春江南岸山区盛产竹纸，尤以大源溪、小源溪流域为胜，不仅产量高，而且质量佳。富阳造纸的历史据说可追溯至唐代，据1992年出版的《富阳县志》称，唐代富阳所产上细黄白状纸为纸中精品。北宋时期，富阳人谢景初所造“谢公笺”闻名遐迩，在造纸史上产生过重要影响。

2008年，考古工作者在富阳市高桥镇泗洲村发现了一处宋代造纸作坊遗址（图6–39）。遗址位于凤凰山北麓，在修建320国道的过程中，工人挖出了不少碎瓷片，进一步发掘才发现这处造纸作坊遗址。经国家文物局专家组认定，富阳泗洲宋代造纸作坊遗址是中国迄今为止发现的年代最早、规模最大、工艺流程保存最完整的造纸作坊遗址。

图6–39 高桥镇泗洲村发现的一处宋代造纸作坊遗址

该遗址总面积约有22000平方米，包括造纸作坊区跟生活区。目前已发掘的2000平方米范围内就包括造纸工艺流程的六个重要环节的场地。整个作坊遗址区以一条东西向的水渠为界，北边主要为晒场，南边有浸泡原料的腌塘、蒸煮原料的皮镬、漂洗池、抄纸房和焙纸房等，整个造纸工艺流程保存相对完整，基本上反映了从沤料到制浆、抄纸的造纸工艺流程。在出土的文物中，考古专家发现了不少高档瓷器，如带有银扣的龙泉窑青白瓷碗，以及景德镇青白瓷碗、龙泉窑粉青瓷立式香炉等。考古专家、北京大学考古文博学院教授秦大树认为，这些都不是一般小作坊能用得起的，这个工场可能是专供官府或皇家用纸的造纸工场。这表明宋代富阳是造纸业的重镇，造纸规模和质量在全国都是有重要影响的。

清光绪《富阳县志》记载：“竹纸出南乡，以毛竹、石竹二者为之。有元书六千五百塘，纸昌山、高白、时元、中元、海放、段放、京放、京边、长边、鹿鸣、粗高、花笺、裱心等，为邑中生产第一大宗。”当时生产的元书、井纸、赤亭纸三大名纸，被选作朝廷锦夹奏章和科举试卷用纸，有“京都状元富阳纸，十件元书考进士”之美誉。[1]又“总浙江各郡邑出纸，以富阳为最良，而富阳各纸，以大源元书为上上佳品，其中优劣，半系人工，亦半赖水色，他处不能争也”[2]。

清代富阳出现了一些富甲一方的造纸大户。早在康熙至乾隆时期，大源史家村的史尧臣经营100多个作坊，雇用的办料、做纸、磨纸等工种的纸农近千人，生产的“富春史尧臣”牌书画纸行销全国各地。晚清至民国年间，灵桥镇月台村的李秉和旗下的造纸作坊遍及富阳、余杭、临安三县，拥有100余条长槽，产销一条龙，被誉为“浙江槽王”。[3]

民国初年至抗日战争爆发之前，富阳的造纸业仍处于鼎盛时期。据县志记载，民国元年（1912）富阳纸产量占全国土纸总产量的四分之一。1930年出版的《浙江之纸业》一书记载，当时富阳共有纸槽10864条，纸产量占浙江省总产量的41.57%。

这时期富阳竹纸荣获了各个级别的奖项，如1925年，礼源山基村姜芹波（忠记）生产的“昌山纸”（因出产于礼源的菖浦村和山基村得名）获国家农商嘉奖，列为最高特货。同年，昌山纸和京放纸均获在美国旧金山举办的巴拿马万国商品博览会银奖。1929年，西湖博览会上，富阳油纸、马金纸、元书纸、桑皮纸获特等奖；汪笑山的刷黄纸、朱遮哉的样黄纸、振和的黄纸、上里山白皮纸、王大圣元书纸获一等奖。1936年，在北京举办的国货展览会上，京放纸和昌山纸又分获二、三等奖。[4]

抗日战争爆发后，富阳成为沦陷区，大批纸槽毁于战火，造纸业一度陷于衰败境地。

新中国成立后，富阳竹纸生产得以迅速恢复和发展。据1956年调查，富阳51个乡（镇）中，有24个乡（镇）生产竹纸，其中新建、礼源、新关等3个乡竹纸收入占全乡总收入70%以上；常绿、上官、渔山等3个乡占60%以上；大源、里山、湖源、常安、上里等5个乡（镇）占50%以上，如图6–40。这11个乡（镇）从事竹纸生产的人口达10万余人。

富阳竹纸制作技艺受到多位研究者的关注，近几年出版专著数种，如富阳市政协文史委编纂的《中国富阳竹纸》一书，2006年由人民出版社出版发行；2008年，浙江省文化厅组织编写（由杨建新总主编）出

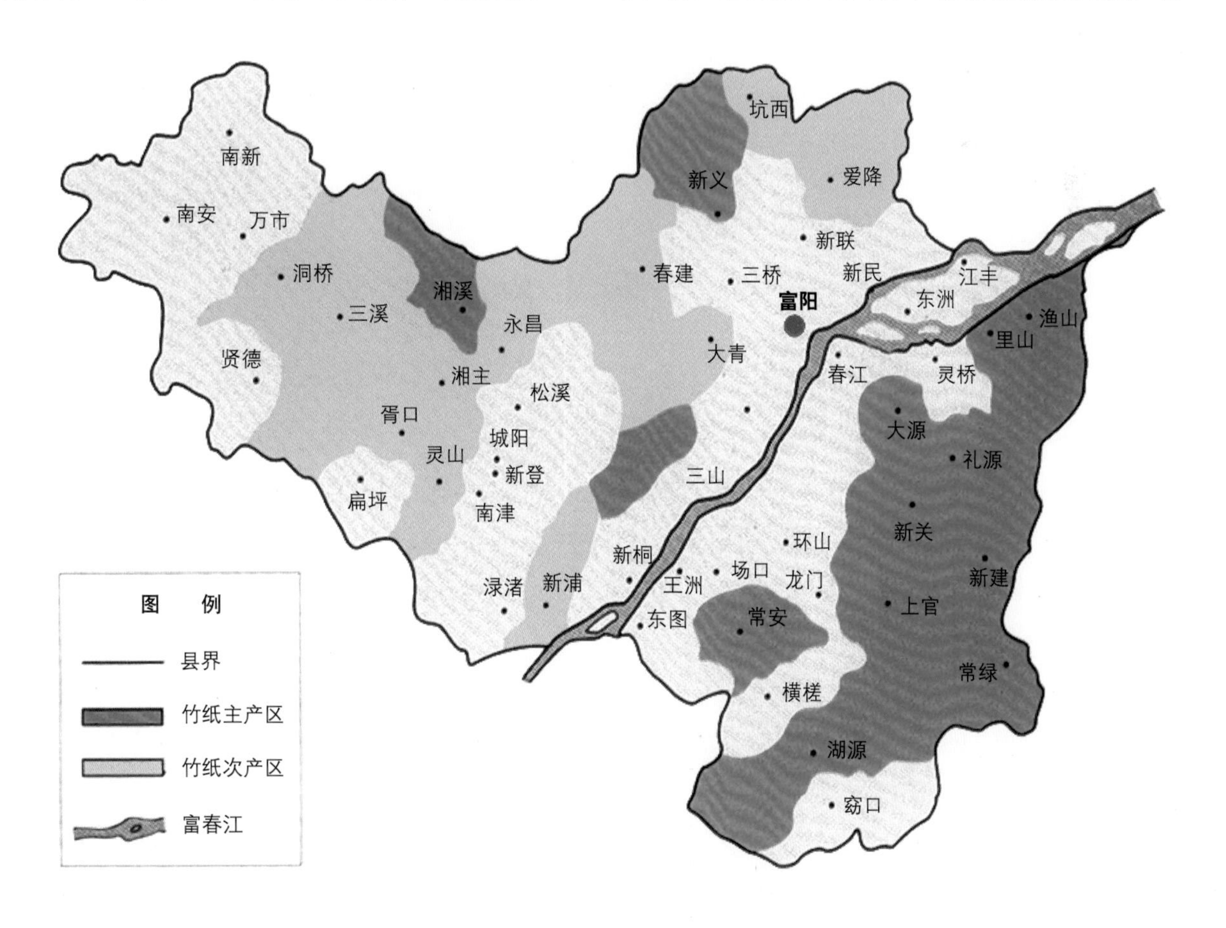

图6–40　20世纪50年代富阳竹纸生产区域分布图

版了《浙江省非物质文化遗产代表作丛书》，其中《富阳竹纸制作技艺》由庄孝泉和孙学君合作完成；最值得一提的是作为此项技艺传承人的李少军先生经过十余年的准备，年届六旬时全身心投入到此项技艺的理论研究之中，在整理过去收集到的大量资料的同时，跑遍了灵桥、湖源、淳安、衢州等地的 30 多个有造纸户的村庄，采访了 50 余位老纸农，深入细致地调查了解工艺流程中的每一道工序，终于完成了 40 万字的专著《富阳竹纸》。这些资料对于我们了解富阳竹纸制作技艺具有重要的参考价值。

图 6–41　笔者赴富阳考察竹纸制作技艺（拍摄于国家级传承人庄孝泉的生产车间）

2007 年 7 月，笔者带着刚参加过高考的儿子一道驱车数百公里经湖州赴富阳，在富阳市文化局庄孝泉局长和孙学君先生陪同下考察当地的手工纸制作技艺（图 6–41）。

二、工艺流程

富阳多山， 毛竹资源丰富，富阳竹纸以当年生嫩毛竹为原料，产品以元书纸为最佳。其生产工艺主要包括以下 21 道工序：

1．斫青

生产元书纸是以嫩毛竹为原料，毛竹又名楠竹，属于禾本科，刚竹属，散生型。每年小满前后是砍料的时节，具体说是在小满前 3 ～ 5 天到芒种后 10 天，即 5 月 15 日至 6 月 15 日这一个月之内。这时毛竹笋开始脱壳放枝，长成嫩竹，其肉质嫩白，最易采伐加工，而且抄出的纸乳白细腻，品质最佳。当然，竹林所处的海拔高度、阴阳山面、土壤结构以及每年的气温、降雨等不同，都会直接影响新竹的长势，需要纸农根据竹子的实际生长情况把握伐料的时间。据李少军介绍，当地的纸农一般在低海拔阳面山的嫩竹大部分竹梢生长至尾梢的“鳗桠”开始分散时开始采伐，直到高海拔的嫩竹“红桠”分散为止。[5] 从时间上讲，在一般年份，小满至芒种为最佳采伐期，越往前竹笋越嫩，影响产量和质量；越往后竹笋过老，只能用以制作粗纸。嫩竹色泽青翠，当地人称之为青竹，故称砍竹为斫青。

由于采伐的量很大，工期很紧，所以不仅要全力以赴，更需要科学安排。比如，为了使尽可能多的竹料处于最佳时机采伐，要利用不同地块竹林生产的差异和搬运的方便合理安排采伐顺序，一般从村前屋后、低势山脚开始，向阳山面进发，最后采伐高海拔阴山面的竹料；为了解决山坡上作业特别是运送竹料过程中的人员安全问题，需要合理调度、统一指挥。

采伐之前还需要做一项工作，就是要在整个竹林中挑选“娘竹”（种子竹，又叫“母竹”），并作上记号（图 6–42）。当地人在选择娘竹时遵守“逢大、逢空、根实、无病、三分养娘”的原则，[6] 即选择大的、在空旷地生长的、根基扎实的、未遭病虫害的嫩竹，数量占同期生嫩竹的三分之一。留足种子才能保持竹林的可持续发展。

图 6–42　号母竹（李少军提供）

图 6–43 斫竹（李少军提供）

图 6–44 料根部特征（李少军提供）

图 6–45 扎竹缗（李少军提供）

图 6–46 拖竹缗（李少军提供）

斫青使用的工具有“斫竹斧”，左边是锄头，长约 15 厘米，锄口宽 4 ～ 5 厘米；另一头是斧头，长约 25 厘米，斧口宽 5 ～ 6 厘米。加上木柄总重量在 2 ～ 2.5 千克（制作时因使用者的力量大小而定）。纸农用锄头挖土，以斧头砍竹（图 6–43）。进山斫青时，还需要一把柴刀，清理嫩竹周围的荆棘和杂草。

针对嫩竹生长地坡度的区别，有所谓“退斧斫”、“抢斧斫”和“左右开弓斫”等不同的斫青方式。在中等坡度用退斧斫法，围绕着竹子一边斫一边后退，每次隔一寸左右，主要用斧刃的后角，下斧深度为竹肉厚度的一半。一圈下来后，站在高处根据自己的意愿用力将嫩竹推倒。由于下斧只有五分，竹子倒下时能带出刀口以下的竹肉，从而可以提高产量。在较平坦的地方一般用抢斧斫法，用斧的全刃，围绕嫩竹向前转圈，边转边斫。在陡峭的山坡不便移动，可以使用左右开弓斫，右手用抢斧斫法先斫一半，左手再用退斧斫法斫去另一半。

如图 6–44，嫩竹根部肉厚且质嫩，是最佳原料，因此，斫青时要尽可能多地挖出来。当地有“宁挖根部一寸，不求表梢一尺”之说，就是强调根部的重要性。

2．打椏和撬缗

将砍倒的嫩竹打去枝椏，然后集中，捆扎后运送至马场。

如果在马场附近的山脚下，所有的竹料都要打完枝椏，背送至马场。如果在地势较平缓的山腰则需要留下一些头梢部的枝椏，便于撬缗。如果在坡度很大的山顶，只需要打掉捆篾部位的竹椏，留下其余的竹椏以增加竹捆下滑时的摩擦力。打椏时不能用柴刀刃口去砍削，而是用刀背敲打，并且同一节竹椏的两个分枝要分别敲打掉，主要是尽量避免打椏时带起竹丝。

撬缗简单地说就是将竹料打捆，以利于整体拖拉和滑行，提高运送效率，如图 6–45、图 6–46。撬缗分软翁和硬翁两种捆法，前者为近处和在半山腰处使用，将数根竹料并在一起，将梢部直径相当（3 ～ 4 厘米）的部位对齐，用竹篾捆扎后，再向梢部移 80 ～ 100 厘米捆第二道。捆后加撬杠，尤其前一道必须撬紧，使竹子之间不能相对滑动。

如果在高山峻岭处则需要用硬蓊（亦称“龙头”）撬绑，由于要将竹绑从乱石丛生的陡峭山坡上飞速滑下，撬绑要特别结实。硬蓊的捆扎打撬方法，第一道的位置与软蓊一样，只是特别强调捆扎的部位必须选择两竹节之间，捆好后打撬，至竹梢碎裂，然后将竹梢反转 180°，在往根部约一米左右捆扎第二道时，将较长的竹梢捆扎在内。

将扎好撬紧的竹绑从山坡上放下来称“放绑”，150 公斤左右的竹绑从陡峭的山坡上滑下时，如同一条青龙，速度极快，对途中和山下作业的人和畜都有可能造成伤害，所以行业规定高山放竹绑要喊声在先，喊过之后还要等一会儿才能放手。听到喊声的人要停止作业，避于高处。竹料运送到马场后，要打开捆篾，斩断梢头，堆放整齐。

图 6–47　断刀（李少军提供）

3．断青

又称断竹、砍青。将运至削竹马场的整根竹料，剁成一定长度的竹段。

断青的主要工具断刀形似扁鱼的身体，如图 6–47，整刀长 20 ～ 25 厘米，最宽处 12 ～ 15 厘米，重 2 ～ 3 千克，刀背从与柄的连接处（约 1.5 厘米）到刀头 (2.5 ～ 3 厘米) 逐渐加厚，使重心前移，刃口锋利，可以将 12 厘米直径的嫩竹一刀横断。

从长竹篷上取下整根的竹料，横放在垫木上，用断刀将根部修平齐，用自制的量杆（一般长 2.15 米）确定位置（如果遇到弯竹，要把弯曲的长度算进来），然后挥刀取段，如图 6–48。段头不能取在竹节上，如果正赶上竹节，则要缩短 5 ～ 6 厘米，不可加长越节。

图 6–48　断青（李少军提供）

斩断的青竹筒（又称短竹篷）各有名称，含根部的一段叫“头筒”，其余的依次为“二筒”、“三筒”……到了含有竹桠蒂的筒段则称为“柳筒”。

所有的柳筒都要“出柳”，从柳筒上端开始，在表皮下 0.3 厘米左右厚度进刀，将含有竹桠蒂的整条柳爿削下来，特别要注意削去桠蒂的瓢槽处的青皮，不可留青，然后用竹蔑扎成捆。出柳很有技巧，需要反复学习和练习才能掌握。

最后留下的竹梢（包括撬“龙头”的竹梢）都要用铁锤敲碎，俗称“拷竹表”。

还有一些在运输过程中被摔破了的竹料，断青之后要用细一些的未拷破的白筒穿进破碎了的青竹筒中，进行串心加固，如图 6–49，以免在下面的削竹工序中破碎处突然弯曲，造成削竹人意外受伤。

图 6–49　将细白筒插入破竹中加固（李少军提供）

4．削竹

亦称“削青皮”，用削竹刀削去青竹筒表层青皮，使其成为白坯或白筒。

削竹使用的专门工具是削刀，如图 6–50，其形如弯弓，长 50 ～ 60 厘米，刀宽 3 ～ 3.5 厘米，刀身很薄，背厚也不过 0.3 厘米，刃口在内侧，锋利，两头为木质刀柄。

削竹时要将青竹筒固定在被称作“削竹马”的装置上，其中用到一个重要的部件，俗称“鸟嘴”，如图 6–51，L 形的一边是“嘴”，长 8 ～ 10 厘米，根部直径约 1.2 厘米；另一边长 10 ～ 15 厘米，扁而厚实，起固定嘴的作用。

削竹的场地选择很有讲究，由于马场一般建在山脚下，如果安排不当，从山上放下来的竹绸往往会危及人员安全，突然遭遇山洪、泥石流等情况也会来不及反应。为此，祖辈立下行规，一定要立“进山马”而忌“出山马”。所谓“进山马”就是马头朝山上，在进行削竹操作时人面朝山坡，这样有利于掌握山上发生的种种情况。当然，马场一般不止一个削竹马，加上具体环境不同，进山马有多种表现形式。如纵向带状地形中的“一字长蛇阵”，横向带状地形中的“横刀立马阵”，三角地形中的“桃园结义阵”等。削竹马的位置确定后，还要考虑断青和拷白的位置。

图 6–50　削刀（李少华提供）

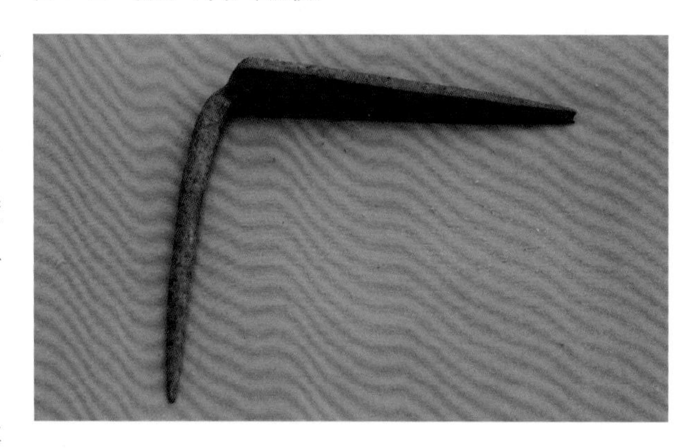

图 6–51　鸟嘴（李少军提供）

削竹马的构造如图 6–52 所示，主体框架由扶桩、马桩和马腰构成，扶桩和马桩用较粗的老竹根部竹段制成，根部朝上，另一端削尖。马腰竹也是老竹，稍细，长约 1.5 米，两端均为竹节，并做成凹形月牙状虎口。

图 6–52　削竹马的结构（李少军提供）

确定位置后，先将扶桩尖头朝下垂直固定在土中，然后将马腰竹放在地上，确定马桩的位置，待两桩立定后，提起马腰竹至离地面约 40 厘米处，两端虎口撑住两桩，用竹篾在马腰竹下方缠绕两桩，并用短竹段绞紧，使两桩紧紧相连，纹丝不动。根据削竹人身材决定两桩的高度，扶桩约 1 米高，马桩 50 ～ 60 厘米，在竹节处将多余的部分锯掉。然后将“鸟嘴”钉入马桩头，并用杉木块镶紧，鸟嘴指向扶桩。皮青架子等附属设施如图 6–52 所示，具体细节不再赘述。

削竹时，将一段青竹筒的根端插入鸟嘴，另一端放在扶桩的叉口（如图 6–53 中马耳朵竹与扶桩交叉固定构成）上，人站在削竹马的外侧（马在人的右手边），面向扶桩，左腿前跨成弓步，双手握刀从扶桩处开始进刀，一直拉到马桩处竹筒根部。转动竹筒再削，削完下半段将竹筒调一头接着削另一半。

图 6–53　削竹（李少军提供）

削竹也是技术要求很高的一道工序，要求做到

“落刀一线，半青半黄，皮青要薄，白筒精光”。就是说，落刀口要整齐，削下的皮青要薄，一半青一半黄，同时削好的白筒表面要光滑不留青丝。皮青如果含肉太多，则造成浪费；含肉太少则影响纸质，非长期实践体会难以把握好分寸。

5．拷白

将削好的白筒拷成白坯。分三个步骤：

一是“掴白筒”，手持白筒的一头，高高举起后朝着掴白石面猛击，先掴打白筒的根部，碎裂后调过来掴打另一头，如图 6–54。

图 6–54　掴白筒（李少军提供）

二是“拷白坯”，将碎裂开的白筒放在特制的拷白磴头上，另一端搭在一根水平竹杠上，用铁榔头敲打成白坯。用尖嘴榔头的尖头顺着裂缝从根端到另一端将白筒剖开，内面向上，平整地摊开于磴头石面上。先是左手朝向白坯，右手握榔头，在石磴上用尖头敲打，从根端到中段，逐片拷碎白坯，如图 6–55；等敲打完整片白坯的朝根端的一半后，将白坯调转 180°，人跟着到了另一边，左手握榔头，完成另一半。

拷白过的头筒、二筒、三筒白坯能平整地摊开，称“板坯”。花筒放在后面进行，拷白时用榔头的方头捶打。

最后用大块板坯作四周包边，花筒和小块白坯放在中间，加三道竹篾，打成捆，每件重 75 ～ 100 公斤，捆扎一定要紧，以防在后面的浸泡过程中泥水和杂质浸入其中，污染竹料。

图 6–55　拷白（李少军提供）

嫩竹的白坯长期暴露于空气和阳光之下会变色，所以削竹和拷白这两道工序必须连续进行，总时间一般控制在 2 小时之内，而且尽量在阴凉处施工。

6．浸坯

如图 6–56，将竹料捆放入料塘（亦称滩塘）在清水中浸泡，上面加压石块，使竹料捆全部浸入水中，不能露白。小满前后 5 天采伐的竹料，浸泡 2 ～ 4 天；小满后 5 天之后一直到芒种采伐的竹料，浸泡 4 ～ 7 天；芒种后采伐的竹料，浸泡 7 天以上；外地采伐加工的，在阳光下晒干了的“过山料”，浸泡时间要更长。

图 6–56　浸坯

7．断料

又称砍料，将拷白过的白坯砍成五段，每段长度 35 厘米上下（礼源山的标准，相当于每个标准长度的竹料分成 6 段。在大源山区一般分 5 段，每段

40 厘米），如图 6–57。用嫩竹篾打成直径约 1 尺，重约 12.5 公斤的小捆（称为一页，礼源山采用的是“万斤四百页”的传统标准，但各地不一致，如有的地方一页重 15 ~ 17 公斤）。如果生产较低品质的纸张，可以将此工序与前一道工序互换。如果是先断料后打捆浸水，就称“燥砍”；如果将鲜料水浸后再断料，则称“水砍”。生产高档书画纸不可以先砍料，主要是因为浸料时短竹料较容易被水中杂质污染。

图 6–57　断料（李少军提供）

断料工序一般三人一组，一人起坯，将白坯从水中捞起，用扫帚刷去上面的杂质后，提起来整齐地堆在干净的地面上。第二人从料堆上提料，每次抓一把（双手合拢）放在木墩上，第三人负责用断刀剁料。剁料的技术含量最高，不仅要注意下刀的力度，避免刀口吃进木墩，而且最关键的是凭感觉控制长度和每捆的重量。剁过的页料放在倒立的凳子做成的料架上，堆放时要轮番调头，保持平衡，否则扎成的页料捆两端大小不匀，不易捆紧。当然也可以直接摊放在凳面上，这时第一人又负责将页料打成捆，挑送到灰镬边，准备进入下一道工序。三人分工协作，既保证质量，又能提高效率。

8．浆料

亦称腌料，用石灰浆浆腌页料，要让每一片页料上都蘸满石料浆。为此，对配制石灰浆的浓度有要求，简单地说，既要能比较快地浸入页料中，又要能在页料蘸上石灰浆之后立起放置时不易流失。大致可以按每 100 斤石灰加水 40 担配制，具体操作时要按照上述要求作适当调整。

生产元书纸所用页料，每页（12.5 公斤）用柴烧石灰 0.5 ~ 0.75 公斤（煤烧石灰用量加倍），视竹料的老嫩而定，越老用量越大。

图 6–58　浆料（李少军提供）

根据当天用量和石灰池的大小确定首次配制灰浆的量。配好之后，人站在池边用两齿耙钩住页料浸入石灰浆中，浸一会儿之后，使页料在灰浆中翻转，排出气泡，浸透灰浆，如图 6–58。当确保所有的气泡排完了，每一片页料上都蘸满了灰浆时，捞起，放在灰池边的斜坡上，让页料中多余的灰浆流出，并且沿斜坡流入池中。翻转页料的过程中，动作力度要适中，尤其要防止篾箍移位导致散捆。

每过一段时间就要搅动一下沉积在池底的石灰，以保证石灰浆的浓度均匀。如果浆液太少，就要加石灰和水配制新液。

图 6–59　堆灰竹篷（李少军提供）

浆过料的页料称“灰竹页”，接着要打堆沤上一段时间，俗称“堆灰竹篷”，如图 6–59。为了与下一道工序有效衔接，打堆地点一般选在煮料用的皮镬边。由于石灰具有很强的腐蚀性，堆灰竹篷时同样不能用手直接搬动灰竹页，当地人用的是短柄（柄长 1.2 米）的两齿耙。堆放要整齐，为防止倒塌，每堆放一层，须加竹总瓣牵拉，如同砌单体墙时加钢筋以增加墙体的牢固性。最后用干草、茅草等将灰竹篷遮盖严实，以避免风吹雨淋和太阳曝晒，如图 6–60、图 6–61。堆沤的时间亦根据竹料的老嫩来定，像小满前后采伐的料，只需要堆沤一昼夜即可。

图 6–60　装料顶（李少军提供）

图 6–61　装料顶（李少军提供）

9．煮料

当地人称蒸煮竹料用的纸镬为“皮镬”，李少军先生解释说，可能是以前造皮纸时代称谓的延续。过去广泛使用“板蒸皮镬”，结构外方内圆，外廓尺寸：边长 4 ～ 4.5 米，高约 3.5 米，用砖石砌成，如图 6–62。修建时，一般选在坡边的空地上，用大石块垒砌正方形镬基，预留边长 80 厘米的柴道供烧水时添柴用，柴道上面盖上长条石，镬基中心比照铁镬子（大铁锅）大小做一个炉膛，并预留一个出水口，以打通关节的毛竹作排水管。再往上砌，从离铁镬口 20 厘米处起全部用泥浆拌石灰抹平。核心部分圆柱形篁桶用 8 厘米厚的松木板销扣铆结而成，篁桶外围加数道结实的竹篾箍，使之牢固。将篁桶与铁镬子和镬基结合好之后，用黏性黄泥、石灰加麻筋制成的五合土筑实，外面用石块砌成方形台子。

图 6–62　老式皮镬（李少军提供）

建造板蒸皮镬需要掌握复杂的技术，现在普遍采用“铁皮镬”取代之，不仅节省工时，而且能大大提高能效。

封住排水口之后，将灰竹页入镬。摆放灰竹页是一项技术要求很高的工序，每镬四五百页甚至六七百页料，要保证蒸煮过程中蒸汽能到达各个部位，如果简单地堆进去那是不可能实现的。在摆放过程中，要利用页料之间的相互挤压形成一定的悬空（穹顶），每层都有一定的结构，而且要保证受热之后不会松塌。概括起来六个字：“既要空，又要实”。此外，摆放过程中千万不能散页，还要为方便出镬考虑，每层都要预留拆料点（页料绝大多数要竖放，便于通气；作为拆料点的要横放，便于提起）。

摆放完之后，加水至浸没顶部竹料，然后封盖镬顶，镬底生火，水烧开后，用小火维持，嫩料 60℃ ～ 70℃，老料 80℃ ～ 90℃，日夜不能断火。过去用板蒸皮镬平均每页料烧柴 2 公斤，现改用铁皮镬只需要 0.5 ～ 0.75 公斤，烧火的时间也由 3 天缩短到 12 ～ 18 小时。

从四五个点抽样，察看料熟的程度。方法是将抽出的大料折断，如果断口整齐，说明熟了，可以停火焖料，铁皮镬需要 3 ～ 5 天。如果断口不齐，尤其是很难拧断，则适当推延停火时间，并增加焖料时间。

10．出镬

将皮镬里的水放干之后冷却 12 个小时左右，开始出镬。

蒸煮过的灰页料称“（竹）料”，出镬时先将最顶层的横放着的竹料提出来，形成一个空缺，然后依次将一页页竹料推倒提起来。下面的人将从上面扔下来的熟料换上新篾箍（不能太紧）后，投入漾滩清水中，如图 6–63。出镬的竹料必须尽快浸入水中，以免灰质燥结在上面，影响纸的质量。

出镬时竹料温度仍较高，有很强的腐蚀性，所以这个工序操作者自身的保护非常重要。过去没有胶鞋、皮手套之类的劳保用品，当地人在实践中发现了一种有效的土方子，就是一种俗称“化叶毛树”的嫩叶，采摘后用手揉搓，即具有显著的护肤效果，再用菜籽油擦手，每次可管二三小时。当地人还用野生漆树叶汁涂封被石灰水腐蚀溃烂的伤口。

11．翻滩

将蒸熟了的竹料中的石灰液完全洗净，这一过程在漾滩清水中完成。

图 6–63　出镬之后浸在水中的竹料

漾滩建在水渠的一段，长 14 米左右，宽 5 米上下，滩面用平板石块砌成，设进水口和排水口，可根据需要引入清水或排去污水。

翻滩时，人站在水中，面前放一条俗称“笃猪凳”的宽面长条木凳，捞起竹料横着在凳子上掼五次以上，每次都要变换部位。然后将竹料浸入水中淘一下，竖放在凳面上。接着用“拗勺”舀水从料的顶部浇下来，反复多次，使大部分灰浆随水流出，然后将竹料整齐地堆放在漾滩边，如图 6–64。

图 6–64　翻滩（李少军提供）

每过一段时间要放一次滩，放去污水过程中同时将滩面上的杂质清扫掉，然后翻滩下一批竹料。

晚上收工前，清扫漾滩，然后将翻滩过的竹料整齐地竖立在滩面上，关住排水闸门，开放进水口，让流动的清水漂洗竹料。漂洗的时间要足够长，有时需要三昼夜。

当竹料中的灰浆完全漂清时，再将所有的竹料重新翻滩一遍（俗称“起滩”），起滩之后将每页竹料再加一道篾箍，使之更加牢固。

12．淋尿

将洗净的竹料放入尿液中浸渍，然后堆起来（堆成立方体的“尿篷”），使之自然发酵。这是富阳竹纸制作技艺中一道独特的工序。

淋尿操作在一块空地上进行，为方便起尿篷，空地旁边要有一个石壁或其他靠山。尿液盛在高 70 ~ 80 厘米，直径 80 ~ 90 厘米的广口的杉木箮桶中，

图 6–65　淋尿（取自《中国富阳竹纸》）

尿液要加 10% ～ 15% 的清水调配。准备一块长 1.5 ～ 1.8 米，宽 40 ～ 45 厘米，厚 4 ～ 5 厘米的木板（俗称“淋尿板”），两边镶上约 2 厘米厚的木条，主要是使尿液回流到桶中，同时也可防止竹料滑。操作时将板的一端搭在淋尿桶上沿，另一头用木凳支撑，木凳高度超过桶口 10 厘米，使板面略向桶倾斜，如图 6–65。

将竹料放入桶中浸足尿液，然后捞起放在淋尿板上。师傅们根据经验，采取先连浸三页竹料，待到放第四页时即捞起第一页，以后每放一页新的，即捞起最先放入的，这样每页料浸在尿液中的时间足够长。捞起的料页顺势横放在淋尿板上，然后一一竖起，让多余的尿液渗出后沿淋尿板流回桶中。接着就把料页靠在石壁旁打堆，如同堆灰竹篷，用篾丝拉住防止散堆，注意页料之间不能紧靠。全部堆好之后，将剩余的尿液从顶部浇洒入料堆，用干草等盖住堆顶，以防日晒雨淋。

二三天之后，竹料发酵会使料篷沉降，当出现中间沉降较快、四周较慢的情况时，应立即翻篷，用掺水 25% ～ 30% 的尿液将所有的料重新淋尿，打堆时原来在周边的堆在中间，原来在中间的堆在四周，使之发酵均匀。

整个淋尿堆篷的时间一般在 6 ～ 7 天，如果在冬季，则需要 12 ～ 20 天。据说过去还采用过用加黄豆浆以助催发酵的方法。

13．落塘

把堆篷发酵过的白料一页页竖排于料塘内，料塘结构为长方形，口较底部稍广，有排水口，如图 6–66。如果几口塘并列，一定要注意用隔墙分开，不能串水。页料排列应紧凑，以免浮散，但也不能过紧，否则启用时容易将篾箍钩断。堆叠层数因料塘大小不同而异，一般为二层或三层。堆好之后，引清水入塘，夏天浸泡 7 ～ 10 天，冬天 10 ～ 15 天，水色逐渐转红变黑，说明白料已经成熟，即可以捞起，移至榨床榨干水分。落塘不直接用山泉或深井之水，因为纯净水中含微生物少。浸泡过程中要特别注意防止塘水渗漏。

图 6–66　落塘

14．掰料

将榨干水的纸料用手撕成小块，如图 6–67。掰料的过程同时也是检验竹料质量的过程。主要是剔除那些在斫青、削皮时漏了的青丝，因纤化不均匀藏在料中的生块，还有虫吃的黄疤和硬块（俗称“砂皮”）以及其他杂质。

图 6–67　掰料

15．舂料

将掰好的料放入石臼内，用水碓或脚碓捣碎至绒状细末。舂料一般要两人合作，一人以踏碓为主，另一人在辅助踏碓的同时，主要负责拨料（用拨碓棒一点点将竹料拨入碓头下方）和质量控制。竹料松散，不同于皮料可以成条，所以在舂打过程中，要保证均匀，必须在拨料上下功夫，特别是生产高质量的元书纸，

图 6–68　打槽（李少军提供）

图 6–69　推帘（李少军提供）

图 6–70　插帘（李少军提供）

图 6–71　让纸浆缓缓流过帘面（李少军提供）

任何一个纤维粒头和浆块都会形成纸病。为防止遗漏，舂料过程中，要对臼内的料翻查几遍。

为了提高纸张的油结度，第一遍舂打之后，还要进行后续的均浆操作。将适量舂好的料放入臼（有些地方没有好的石材，制作的臼不能存水，改用木质广口方桶）中，放少量的水，然后用碓舂打，舂打的方法不同于前面每次都用同样的力，先是四五次轻打，然后一次重打，边打边搅拌。

16．打槽

将舂好的纸料放入纸槽（过去多为木质，现在都用水泥槽）中，加清水，在抄纸前先要进行“掏槽”，二人分立槽的内外两边，用槽耙在槽底四周来回搅动，使聚合成团的纤维粒头和浆块被充分打散。在入帘抄纸之前，再用竹竿（俗称“打筷棍”）在纸浆中用力划搅，进一步保证纤维分散均匀，如图 6–68。

17．抄纸

将帘子放在帘床上，用帘尺固定后即可以抄纸。富阳元书纸抄纸方法虽然总体说来与其他地方大同小异，但很有自己的特色，前辈师傅用“扦帘挽水，平风起浪”来概括。所谓“扦帘”是指双手同时将帘尺扑合压住帘子，技术娴熟的师傅闭着眼睛也能快速正确地将帘子合上，接着捧起帘床，轻轻弹开“来去杆”，双手向前，当处于半屈状态时使帘床接近与水面垂直（75° ～ 80º），然后插帘入水 15 ～ 20 厘米（根据梢料的情况），接着以约 50º 倾角向前推水，利用形成的水流冲开抄上一张纸时留在梢头附近的浆料，如图 6–69。当双手完全伸直时，以 20° ～ 25º 倾角插帘入水，如图 6–70，在水中划一道弧线后，渐使梢尾（帘的下端）出水，转动中向上提帘，让纸浆缓缓从前端流回到槽中，在帘面上均匀地留下一层纸浆的同时，多余的纸浆从对边流出回到槽中，如图 6–71。需要注意的是，挽水提帘要有一定的力度，帘面上流动的浆

图 6–72　额头对齐（李少军提供）

图 6–73　提帘（李少军提供）

水对纸张的紧密度（抗拉强度）有直接影响，操作不当会造成纸大面积破裂点（俗称“呛头”）。就这样一次入帘即完成抄纸动作。

如果在抄起的湿纸面上发现杂质，首先要清除，然后洗帘，废掉这一帘纸。

抄纸完成后，将帘床一边搁置在槽沿上，另一边搭在“来去杆”上，移开帘尺翻开固定帘子的手柄，右手捏住梢爿，提起帘子，在帘子上升至即将完全离开帘床的瞬间，左手捏住帘子的对边（俗称“帘部竹”），手捏处离帘部竹上起对齐作用的“碰梢”5 ~ 8 厘米（离得太远不易对齐）。转身面向纸桩（湿纸垛），先将帘部竹紧靠纸桩一边立着的定桩和插桩，同时使碰梢紧靠定桩，如图 6–72，这样使放在湿纸垛上的每张纸位置完全一致。左手的帘部竹落定后，右手渐渐向前下放帘，待帘面完全扣在纸垛上时放手，再从帘部竹开始提起帘子，湿纸即被刷在纸垛上，如图 6–73。之后将帘子放在帘床上固定，再抄下一张纸。

不能将带有纸病的纸刷上纸桩，否则不仅此张纸有问题，对上下纸张也会有影响。因此，发现抄出的纸有问题，应立即刷帘。

刷纸过程中要注意提帘的姿势，防止水滴在湿纸垛上留下滴水孔（破纸）；刷纸不宜过快，以免损伤纸桩边部的纤维结构，导致“呛边”。掀帘动作要到位，要掀到头之后才能让帘子离开纸桩，否则帘子会蹭掉部分湿纸，产生“塌梢”。

富阳抄纸在纸槽中放一个槽篱，其长度与纸槽的长度基本一致，宽 1.0 ~ 1.1 米，一长边绑在一根浮竹上，使用时竖直立于槽内纸浆中，位置处在抄纸者对面的纸槽一角。槽篱的作用是将槽内大部分浆料挡在抄纸区之外，使抄纸区内纸浆浓度较低，这样抄出来的纸比较匀薄。如果将抄一刀纸的纸浆一次放入，开始时槽内浆料较多，容易抄得较厚一些，到了后面则较薄一些，不太容易控制质量。这样做带来的问题是每抄七八张纸（每次数量要一样，不能多抄也不能少抄），就要再打槽一次（随着槽中的纸浆量越来越少，每次起耙打槽的力度要逐渐加大，目的是保证进入外槽的纸浆量相对一致），比较费力。对槽篱的安装也有很高的质量要求，其篾丝稀疏要均匀，否则会导致从槽篱渗入外槽的浆料浓度不一致而出现纸张厚薄不均的情况。

此外，富阳采用吊帘抄纸法，从 20 世纪 40 年代开始引入，帘架被挂在一个可以调整高度的吊环架子上，在抄纸过程中，由于不需要完全依赖手臂的力量，同时抄纸过程中省去了用作支撑帘床的一根竹竿（俗称“来去杆”），与此前托帘法相比，大大降低了抄纸工的劳动强度，并提高了工效。

据了解，富阳手工竹纸在 20 世纪 50 年代还用纸药，主要原料除猕猴桃藤、木槿叶茎之外，据李少军介绍，还有一种灌木类植物，当地俗称“滑叶果”或“纸药柴”。用其小粒果实提炼的植物油散发出一种刺鼻气味。其加工方法也比较特别，从高山采集之后，需要加配料进行熬制。具体方法如下：先剁成 2 ~ 3 厘米长的小段，放入大锅中加水煮沸，在沸水中加入一厚层树叶，继续加火，等树叶开始被烫熟时，加入石灰浆，然后重复加树叶和石灰浆，直至锅满。在此过程中注意适时加清水使锅中料不致焦糊。停火之后，将配制的料从锅中捞出堆在地上，让其中部分水分流失，然后用木棍或木槌反复捶打，也可以放在臼中舂捣，如同打年糕，越打越黏稠，最后做成一个个与排球、足球大小相似的圆球储存起来。用时取一个放在大桶中加水调和，过滤其中粗渣后得到的混合液即可作纸药用。[7]

据说，当时使用的竹帘是扁丝帘，没纸药难以揭分，后来改使圆丝帘，他们发现不用纸药也可以揭分，故不再使用纸药。

抄纸技艺是整个造纸技艺的核心元素，抄纸技艺的熟练程度不仅决定工效，更决定纸张的质量。富阳人用“三响齐出”来形容抄纸最高境界，“三响”即竹帘置入帘床时的“嚓”声、镶上扑帘尺的“呱”声和弹开来去杆的“嗒”声，只有顶级师傅才能做到。师傅们在实践中摸索出各式抄纸手法，如在帘床入水方面有所谓避水做、跳水做、混水做和斜劈做（据说是灵桥镇月台村已故纸农李茂盛的独家绝技）等不同做法，出水方面有甩水出、立水出和平水出等不同方式，刷也有卷帘刷、扑帘刷和前后错开刷等不同的手法。综合起来说，如果能同时做到三响齐出和避水做、甩水出和连环刷，那就称得上是绝顶高手。传说 20 世纪 30 年代前后灵桥镇礼源里汪村有一位汪阿香即具有如此功力。他从早上 5 点到晚上 6 点就能抄出一件元书纸，而且纸质均匀，容易牵晒，比一般的师傅抄同样数量的纸要省去数小时。

据李少军介绍，内行从以下方面评价抄纸工的水平：一看帘面湿纸是否均匀，二看动作是否流畅，三看纸桩是否平整，四看纸垛是否光滑。如果操作功夫不到，或者在其他一些细节上因缺乏经验而做得不到位，往往就会留下一些纸病，影响成纸的质量。

在整个工艺流程的许多环节上都有可能造成纸病。例如，帘床长期在水中浸泡，尤其在夏秋时节，帘箭上会滋生细菌并产生异物堆积，导致抄纸时出现脱水受阻，产生“搭箭”型纸病。为避免此类情况的发生，要时常检查帘床，发现问题，要将帘箭全部拔出，放在清水中擦搓干净，再装好。当地人还改用三角帘箭，以减少与帘子的接触面积，效果良好。同样，帘子本身也会出现类似情况，主要是经线会因为微生物的滋生而变粗。处理的方法是将帘子平摊在桌面上，用毛刷蘸上肥皂液刷洗干净。

还有一种很棘手的情况，就是纸桩的“油腼汪水”。一般情况下，纸桩在逐渐加高的过程中，其自身一直在不断出水，但是在桃花时节，由于空气湿度过大等因素的影响，纸桩自然出水不畅，出现“油腼”现象，如果不加以处理，继续按原速度加高，轻者会造成纸垛塌边，重者则会导致整垛毁坏。处理的方法有两种：一是增加隔仝的数量，让每隔纸的张数变少；二是减慢抄纸速度。

导致上述现象的常见因素包括纸料中的“恶水”没有除尽、帘床出现问题导致抄纸时中间部分脱水不足和纸桩“抬梢”过高（原本“额头”一边应较高于梢头）等。此外，寒冬时节气温较低，接近冰点时，纸桩自然出水当然也会受到影响。有针对性地采用措施可以消除其影响。

18．压榨

图 6–74　榨湿纸垛（李少军提供）

抄出的湿纸叠至 500 张（半件）左右，就要移至“榨床”，

图 6–75　掰掉纸边（李少军提供）

图 6–76　装仝面（李少军提供）

用木榨榨去湿纸块水分。每个纸槽边都安装有一个简易的用于榨纸的架子（俗称“小柞架子”），如图 6–74，其结构和原理与其他地方所用没有区别。既要让抄纸方便，又要便于榨纸操作，湿纸堆与榨纸架子不能设在同一个位置上，所以在榨纸前先要将湿纸桩移动到纸架子的柞门中心位置，盖上仝席，小心地盖上盖板（多块），最后放好枕头剎（上部凹形与圆形杠杆吻合，底部平面与盖板相合），盖板的压力已经使纸仝中的水开始外流，几分钟后，加杠杆，其重力使纸仝所受压力进一步加大，以后依次加压，每次都要留足够长的时间让纸仝中的水分从容地流出，不能操之过急，否则会使整桩纸报废。当纸桩中的大部分水分被榨出后，再移至螺旋榨上榨干。纸桩榨干后称纸仝或纸块。

19．牵纸、焙纸

榨干之后的纸仝，要一张张牵分开来，然后糊上煏垅焙干。

20 世纪 60 年代之前，一般使用土煏垅，用黏性泥土加石灰等材料构筑砖块砌筑而成，中空，横截面呈梯形。两个焙纸面用石灰粉刷，表面光洁平整，可同时使用。煏垅一端的下方设置火炉，另一端的上方为排气口，火炉燃烧出的热气可以到达两面墙体的各个部分，给焙纸工作面加热。60 年代之后，各地普遍采用铁煏垅，用钢板焊接而成，改用蒸汽加热，热效率和温度控制等方面都大为改善。

牵纸（揭纸）前，先要掰掉纸边多余的部分，如图 6–75，然后将纸仝平放，正面（先抄的一面）向上。单手四指紧握，拇指伸直，与弯曲的食指侧面垂直，然后用拇指抵住纸面，食指的侧面在纸仝额头所在的侧边用力来回摩擦并向上抹，使之稍稍向上翻翘，如图 6–76。接着用同样的方法从离右角（额头向上将纸仝立起，人面向纸仝看）约 10 厘米处开始直到转角处，使纸仝的折角上翘，高出纸面近 3 厘米。这个过程俗称“装仝面”。

用表面光滑的“扼榔头”用力在纸面上纵横（以纵为主）划上十来条印迹（当然不能划破），如图 6–77，接着用拇指和食指将抹起的折角进一步向外卷起，每次卷二三十张，卷起后再摊平复位，反复数次，然后用口吹气，如图 6–78，即可使这些纸角散开。

折角散开之后，揭分有了起点，左手半握，用拇指和弯曲的食指捏住一张纸的折角，贴近纸仝表面向对角方向牵拉至两边离角 10 厘米左右。注意湿纸的韧性很小，牵拉的力度必须恰到好处。这时，右手开始配合，在上手边（右边）辅助用力。随着牵起的幅度加大，牵拉的方向由原来贴近仝面逐渐加大。接着右手改持晒帚，贴向纸仝，拖住牵起的纸，同时用食指和中指夹住纸角，当牵起的面扩大到另一角之后，左手按住晒帚上的纸，继续将纸张完全牵下来，如图 6–79。这个过程也很难准确描述，熟练掌握的人操作起

图 6-77　用扼榔头划（李少军提供）

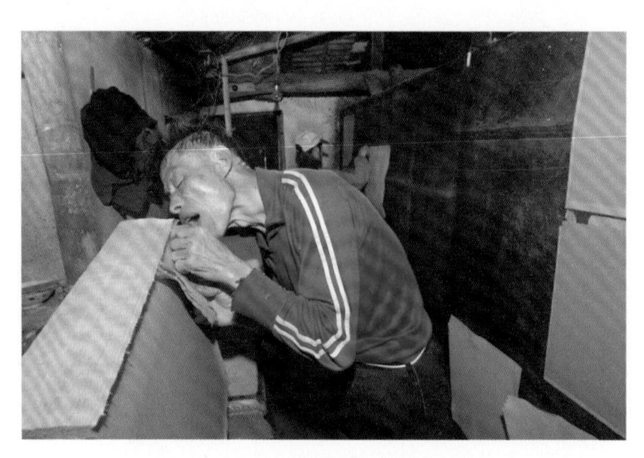

图 6-78　用嘴吹气（李少军提供）

图 6-79　牵纸（李少军提供）

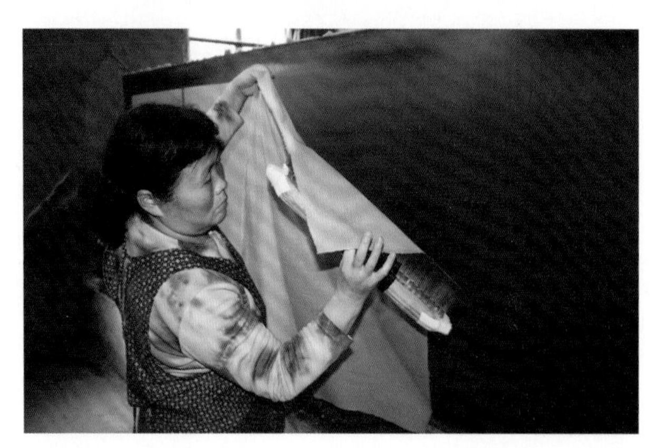

图 6-80　刷纸上墙（李少军提供）

图 6-81　收纸（李少军提供）

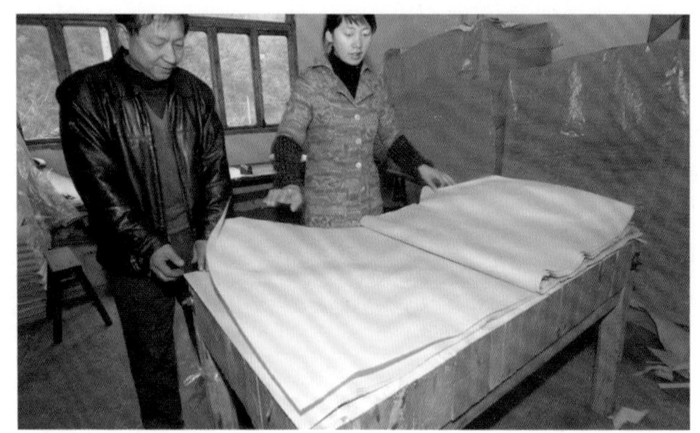

图 6-82　检纸（李少军提供）

来看似很简单，一气呵成；初学者即使小心翼翼，也难免破纸。

将牵下的纸用晒帚托着顺势刷在焙纸墙面，这里纸的正面与墙面相贴。刷贴时用力要平和均匀，不能刷出皱折，如图 6-80。每晒十来张，就要再用扼榔头划一遍纸全面，额头低了就要再装高。当刷几张纸上墙之后，前面的纸已经焙干，可以揭下来。

关于纸张的正反面问题这里总体作一说明。抄起一张纸，上面为纸的反面，贴帘的一面上有帘纹，是纸的正面。刷上纸桩时，帘子反扣，湿纸的正面向上。榨干之后，纸仝要反过来放，使先抄的纸在上面，纸的反面朝上，牵下来之后以纸的正面向焙墙上刷，反面朝外，焙干后，正面经高温光滑平整的焙墙面“熨”过也变得较反面更加光滑。

纸乡的牵纸师傅大多从七八岁就开始利用业余时间学习“收纸”，如图 6-81，元书纸是一张张牵晒，但较低档次的黄纸是四五张合在一起晒（俗称“夹张”或“收纸”）。三四年之后，才开始学习牵纸，一开始也只是在家长休息之时偶然试牵几张，再过一二年学习掇纸（把较散乱的纸张理齐）、数纸和拢纸，最后才学晒单张的元书纸。如果能熟悉掌握“败全面牵纸”（右手轻掀全面，左手单手牵纸），即算是学成了晒纸技艺。这样算起来常年带着学习要 6 年左右的时间。顶级的晒纸师傅如灵桥镇莒浦村铜湾口的李关炳师傅（已故），能将单张抛在半空，转身之后稳稳地接住，迅速上焙，晒出的纸四角平整，极少瑕疵。

图 6–83　磨纸工具龙刨（李少军提供）

20．检验、包装、打磨

所有的纸牵焙完毕，理齐，清点，剔除破张，如图 6–82，打捆包装。按每刀 100 张，50 刀一件，用木榨压平实后，用竹篾捆扎成件。用龙刨（蜈蚣刀，如图 6–83）的磨砖打磨纸边，使纸捆侧边平齐。现多改用机械切边。

图 6–84　裁纸（李少军提供）

过去裁纸的方法如图 6–84，将检好的纸叠放在平整的桌面上，上面压一块长方形木板，其尺寸与纸张的规模一样，然后用特制裁纸刀把多余的纸边裁掉。

元书纸的尺寸在新中国成立后由农村供销社土纸收购部门统一规定。1965 年规定尺幅 48 厘米 ×42 厘米，100 张为一刀，50 刀为一件。1975 年规定尺幅 45 厘米 ×42 厘米，100 张为一刀，50 刀（含两刀破纸）为一件。也有其他规格。现在一般采用的规格为尺幅 50 厘米 ×43 厘米，100 张为一刀，每件 50 刀重 26 ～ 27.5 千克，相当于 25 克 / 米 ^{2}。

图 6–85　捆扎好的元书纸（李少军提供）

21．打印

将包装好的纸捆整齐地摆放，用棕帚扫去表面的杂质，准备打印。盖印的位置在纸捆的侧面，要求打磨平整，否则印迹不连续。首先打板印，用羊毛刷蘸上颜料，刷在板印上，一手将板印放在准备打印的位置，另一手握榔头用力敲击印背，然后拿起板印，便在纸上留下清楚的印迹。接着盖水印，方法是将印章直接放在颜料中浸一下，甩掉多余的颜料后，在纸上轻轻一揿即可。

第三节　江西铅山竹纸制作技艺

一、概述

铅山县位于江西省东北部，今属上饶市，是历史上著名的手工纸产区。元代时，铅山纸就已崭露头角，甚至跻身于名纸之列，明高濂在《遵生八笺》中称："元有黄麻纸、铅山纸、常山纸、英山纸、临川小笺纸、上虞纸，又若予邑之纸，妍妙辉光，皆世称也。"[8] 说明元代的铅山纸也称得上妍妙辉光，为世人所认可。

到了明代，铅山造纸业更是盛况空前，尤其在万历年间更是成为江南手工造纸中心，与松江的棉纺织业、苏杭的丝织业、芜湖的浆染业、景德镇的制瓷业并称五大手工业区域。连四纸又称连史纸，是铅山竹纸的代表。其产地主要集中在石塘、石垅、天柱山、篁碧以及毗邻的福建光泽县司南乡，这些地方所产的连史纸俗称"里山纸"，质量最佳。处于铅山河和信江河交汇处的河口镇（今铅山县城关附近），由于具有得天独厚的水路交通便利，成为闽、赣两省纸张的重要集散地，是明代江西四大名镇之一。当时人们用顺口溜表述这四大名镇的特色："樟树镇的药材，景德镇的瓷，吴城镇的木材，河口镇的纸。"

万历（1573 ~ 1620）《铅书》称"铅山惟纸利天下"。仅石塘一地，"纸厂槽户不下三十余槽，各槽帮工不下一二十人"[9]。同时还有了较细致的分工，如"每槽四人，扶头一人，舂碓一人，检择一人，焙干一人"[10]。宋应星《天工开物》特别提到铅山生产的"柬纸"，称"若铅山诸邑所造柬纸，则全国细竹厚质荡成，以射重价"[11]。

清代铅山造纸业仍延续前代的规模。从乾隆至道光年间，印书业十分发达，竹纸需求量日益增加，为铅山竹纸生产创造了良好的外部环境。有资料显示，当时全县有 2300 多个槽户，从事造纸业的人口占总人口的三至四成。同治年间（1862 ~ 1874）《铅山县志》明确指出，"铅山土物，纸为第一"[12]。《江西通志》也有"铅山、贵溪二县有白鹿纸，煮竹丝为之，今铅山者佳"[13] 的记载。清代，连史纸被广泛用于印刷书籍，如《钦定武英殿聚珍版程序》中明确记载，金简奏准，"各书应按次排版刷印，每部拟用连四纸刷印二十部，以备陈设"[14]。连史纸也因纸质精细柔软，薄而均匀，颜色洁白，经久不变，可供书画、碑帖、扇面、装裱字画之用，历来为世人称道。不过，清末铅山纸业受洋纸输入等因素的影响一度低迷，与前一时期形成明显对比。据光绪三十四年（1908）傅春光在《江西农工商矿记略》一文中称，铅山纸张一项，昔年可售四五十万两，"近年洋纸盛行，售价不满十万之数"[15]。

民国初期又是铅山手工纸业大发展时期，高峰时全县有纸槽 4000 余槽，直接从业者 2 万人，包括连史纸在内的手工纸年产量 2 万余吨。然而，从 1930 年前后开始，由于受生产成本急剧上涨等因素的影响，一些槽户陆续停业。1938 年魏天骥撰写的《江西手工制纸之现状及其改进》一文称，"铅山县在民国十八九年以前，每年输出纸张值银 300 余万元，近年以来，产额锐减，每年输出值已不及百万元矣"。民国 19 年 10 月江西省建设厅编印的《江西建设汇刊》也有相似的记载：铅山连史纸年产 4.2 万件至 5 万件（每件 12 刀，每刀98张；每2件为一担，重约30公斤，5万件连史纸相当于750吨），约值400万元，主要销路是上海、杭州、天津、汉口等处。后来由于成本上升，纸价下跌，生产亏损，产量逐年下降。[16]

抗日战争期间，铅山手工纸生产规模仍然不小。粤湘鄂赣特产联展会介绍铅山连史纸："江西为旧式手工业造纸最繁盛区域，其纸质之优，亦甲于全国。全省八十三县产纸者占半数以上，而以铅山为最多……其中，以铅山连史、关山与泰和之毛边为最著，除销全国外，兼有较多量行销日本、南洋等地……因其在内地的最后聚散地乃河口镇而称作河口连史纸。"

陈坊的"晏文盛"、"泰茂"、"大公"等纸号每年外销的连史纸仍然在20万件以上；在商业古镇河口，钱庄老板则以与连史纸号有业务往来为荣。除本地外，连史纸在外埠也有较大影响，如上海的"怡太"、"恒通"、"福裕安"等都是专门经营铅山连史纸的大纸号；苏州的"苏连记"用连史纸制作的纸褶扇畅销大江南北。

第三战区招募各地造纸工匠来铅山兴办造纸坊，全国各地的纸商纷纷迁到铅山，铅山包括连史纸在内的纸业一度兴盛。1937年，仅河口一地输出的纸张就有18550多吨。

解放初期，人民政府组织恢复连史纸生产，铅山连史纸一度复兴，1950年10月，人民政府批准"祝荣记"、"信大庄"、"建和"、"诚有"、"益康"等5家纸号组成"河口联成造纸厂"，有纸槽20张，注入资金5000万元（旧人民币，下同），次年4月增至40张，资金增至35000万元。1951年又批准陈坊的"公成"、"润记"、"德丰"、"仁记"、"丰记"、"文舫"等13家纸庄组成"陈坊纸业联营大成造纸厂"，资金24000万元。

从20世纪50年代中期开始，由于机制纸的大量出现，加上手工纸不能适应铅笔、圆珠笔等新式书写工具的需要，市场需求量下降，铅山的手工纸年产量一直在1400吨以下。[17]

1952年，连史纸年产量为4000担。在南昌、上海、天津、北京等地纸张交流大会上，曾获得有关部门颁发的奖旗、奖状。后因纸价每担由59元调整为42.3元，而成本每担需55.4元，因此生产难以维持。1959年12月，省轻工业厅投资3.6万元，在浆源、篁碧各设一张定点生产连史纸的纸槽，工人共16人。至1962年前后，年产100担左右。"文革"期间停产。1979年恢复生产，近几年来，仅浆源村一张纸槽11名工人生产，产量最高的1980年也只有74担。[18]

据《铅书》记载，当时铅山的手工纸品种共有十四种，包括毛边、京放、堂本、陈坊竹帛、西港火纸、草纸、大小夹板光、古娄古块纸、书策纸、连四（连史的另一写法）、古本毛梳、太史连、荆川连、白绵纸。

清同治《铅山县志》记载，铅山纸"粗细不同，名色亦异。细洁而白者有连四、毛边、贡川、京川、上关；白之次者有毛六、毛八、大则、中则、黑关；细洁而黄者有厂黄、南宫；黄之次者有黄尖、黄表；粗而适用则有大筐、小筐、放西、放帘、九连、帽壳"。

民国26年，纸张品种主要有关山纸、毛边纸、连史纸、京放纸、表心纸、书川纸、放西纸、卷筒纸、黄表纸、毛太纸等。

1985年年底，主要品种有大表、表心、连史、毛边等四种。

连史纸每张宽1尺8寸，长3尺2寸，98张为一刀，每刀重1.25～1.375公斤，每24刀为一担，每担重约30公斤。

1956年创办铅山县石塘造纸厂，为县办手工造纸企业，占地30067平方米，建筑面积3426平方米，其中生产用房2725平方米。生产的土报纸、大表纸曾行销全国各地，其中大表纸在国际市场享有声誉。1985年有职工56人，固定资产原值20.5万元，净值18.9万元，占用流动资金15.2万元。年产值4.4万元，净产值2.1万元。产品销售收入5.9万元，销售税金0.3万元，全年亏损2.1万元，职工年平均工资452元。[19]并在南京、上海、北京等地举行的纸张交流会上获得金奖。铅山县供销社，先后于 1959 年、1979 年和 1988 年应北京荣宝斋、上海朵云轩等专用需要，以及在广州客商求购下，三度扩大生产。到 1992 年，铅山县天柱山乡浆源村最后一张连史纸槽停产。

直至 20 世纪 80 年代，铅山连史纸仍然是北京荣宝斋、上海朵云轩等指定的专用品，并出口日本、韩国、东南亚等地。

在江西铅山七个乡镇的初步调查中，笔者没有看到一处尚在生产的造纸现场有如上所述的传统制作工艺，可以认为，传统连史纸的制作技艺已经在铅山绝迹至少 17 年。

连史纸在铅山县的传承人和物质遗存已经濒临消亡，亟待抢救保护。自从解放后连史纸大面积停产以来，除了参与过 20 世纪 80 年代以前连史纸恢复生产的极少数中年人外，现今在世的连史纸制作传承人，不论是做料人、抄纸人还是从事其他工种或者亲自进行过连史纸销售的老人，年龄都已经在 80 岁左右，甚至有 97 岁高龄的做料老人。令人堪忧的是，这批传统造纸技艺的传承人总体数量已经不到 20 人，其中最关键的抄纸人仅剩下 2 人，且仅有一位老人参与过解放前的传统抄纸工作。

该村村支书熊居渭说："解放前和解放初期，浆源的连史纸，是由铅山陈坊的连史纸号收购的。后来各地成立了供销合作社，连史纸便由天柱山供销合作社包收购。1992 年，供销合作社撤走，浆源村深处武夷山区交通不便，信息闭塞，就再也没有人来收购连史纸了，纸槽只好停产。"

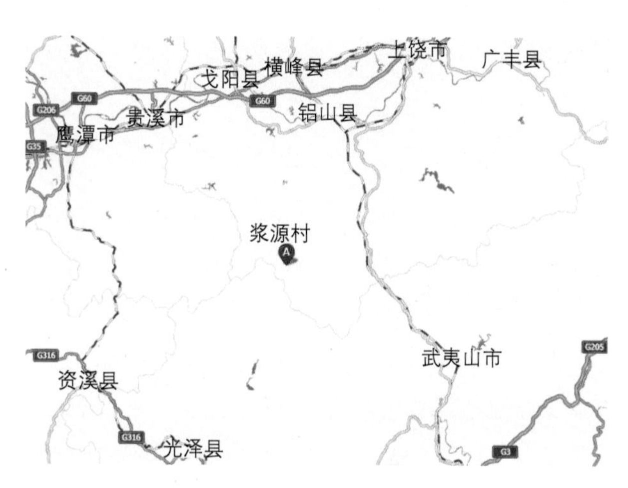

图 6–86　浆源村所在位置

为保护、传承其制作技艺，铅山县出台了连史纸项目保护总体规划，并从县财政拨出 8 万元专项资金。经过艰辛的努力，江西含珠实业有限公司投资建设的连史纸生产性保护示范基地，成功恢复了该纸的制作技艺。

另悉，中国国家图书馆、杭州西泠印社、扬州广陵古籍刻印社、上海朵云轩，已将铅山作为用纸定点生产基地。连史纸制作工艺展示，每年也吸引着许多古籍出版、造纸等方面的中外人士前来参观。

据《江西造纸史》载，唐宪宗元和元年（806），铅山南部山区就出现了连史纸生产。

铅山连史纸制作技艺一度濒临失传，铅山县文化部门于 2006 年 3 月在全县范围内对做过连史纸的艺人进行过一次调查，结果只找到浆源村的徐堂贵老人（时年 85 岁）和他的两个徒弟张家荀(时年 47 岁)、周希握(时年 45 岁)。

据徐堂贵老人介绍，连史纸主产地在云霁关、火烧关以内武夷山脉北麓，即铅山县境南部的云霁坑、佛寨、西坑、太源、浆源、高泉、港口、篁碧、石垅等处方圆百余里区域；关隘以南即福建境内的王家洲、枣树坳、司前、梅坪等地。过去，这些地方的村民人人都从事连史纸生产。铅山县天柱山乡浆源村 1992 年最后一张连史纸槽停产时，尚留下未做完的连史纸材料，竹丝和白饼还各剩 1.5 吨，可供恢复连史纸生产使用。

前人对连史纸传统制作工艺的调查，主要有：清代后期的黄兴三与杨澜对福建连城连史纸制作工艺的调查；光绪九年 (1883)，日本人井上陈政对福建邵武、光泽和江西铅山一带连史纸制作技艺的秘密调查；民国时期江西人罗济、福建人林存和、江福堂等人分别对江西铅山和福建连城、邵武等地连史纸生产进行的实地考察；20 世纪 50 年代初与 80 年代末，王诗文、滕振坤等人分别对福建连城和江西铅山的传统连史纸制作技艺进行的实地调查；2006 到 2007 年，复旦大学的陈俊杰对传统连史纸制作技艺的原产地江西省铅山县和福建省邵武市、光泽县、连城县进行的田野调查研究；2007 年 7 月，复旦大学文化遗产研究中心副研究员汪自强、复旦大学文物与博物馆学系副主任陈刚等到铅山县考察手工造纸。

2005 年 6 月，上海市博物馆还派人到铅山寻找连史纸。2006 年以来，连史纸制作技艺被公布为第一批国家非物质文化遗产，到铅山寻找连史纸的古籍印刷商、书画家、鉴藏家就更多了。

2007 年，江西含珠实业有限公司在铅山县天柱山乡浆源村设立千寿纸坊，开展传统工艺生产连史纸的复原研究，为挖掘这项蕴含深厚历史价值和科学价值的非物质文化遗产而不懈努力。目前，千寿纸坊生产的连史纸已在质量上达到较高水平，2010 年 5 月被杭州西泠印社有限公司指定为"西泠印社连史纸生产基地"，不仅为中国传统古籍印刷、书画创作和纸质文物修复保护带来了福音，而且在保护传统连史纸制作技艺与文化多样性的同时，还在技术上进行了一些改进与创新。我们课题组成员方晓阳教授于 2010 年 10 月深入江西省铅山县天柱山乡浆源村，以传统工艺生产连史纸复原研究上已取得较大进展的铅山县天柱山乡浆源村千寿纸坊为研究对象，跟踪调查其完整的生产工艺，比较分析传统与当代制作技艺的优劣与特点，以有别于前人对连史纸制作技艺的相关调研。

二、工艺流程

铅山县东、南、西三面环山，地势由东南向西北逐渐倾斜。源于黄岗山和独竖尖（都在铅山县境）这两座华东屋脊的万壑千流，汇聚信江。铅山南部山区水质无污染，随处有连史纸要求的水质。铅山南部 11 个乡镇都盛产毛竹，有毛竹林面积 50 多万亩，生产连史纸的竹原料充足。

铅山境内雨量充沛，山区植被茂盛，水土保持良好，水系发达，水体酸碱度适度，清澈、凉滑，适合造纸。南部武夷山区连史纸产地的水源尤其优良，终年不涸，没有污染，因而保证了纸的品质。

综合以上资料，铅山连史纸制作技艺的主要工艺流程由以下工序构成：

图 6–87 砍嫩毛竹

1．砍竹

铅山连史纸制作也是以嫩毛竹为原料，每年 5 月立夏至小满前后，当新生毛竹笋生长出一对竹枝到二对竹枝时砍伐竹料，如图 6–87，注意不同山面、不同海拔处竹子的生长的快慢不同，要分期分批多次砍伐，以保证同一批料老嫩一致。砍伐时还要注意留下足够的"娘竹"，以保证竹林资源的可持续发展。

2．坐山阴干

图 6–88 坐山阴干

将砍伐下的嫩竹先就地放在阴凉处 10 天左右自然阴干（图 6–88），据说这样做可以让竹皮稍有点收缩变硬，一是可以减轻重量，便于搬运下山；二是可使嫩竹内的汁液凝结，增强发酵后的柔韧性，有利于竹黄丝与竹青皮剥离。这种做法与浙江富阳有很大区别。

3．自然发酵

用锯或刀将每根竹子截成数段，不必剖开，按竹子的老嫩程度分类摆放。

找一块平地，竖4根（如果堆放竹段的量比较大，可以用6根或8根）老竹段作桩柱，围成一个堆放嫩竹段的架子。桩柱的上、中、下部位均用竹篾编扎成箍，将桩柱连接起来，以防堆放在其中的嫩竹在发酵过程中出现倒塌。其中一半的桩柱较细的一端向下，目的是在嫩竹发酵收缩、竹堆向下萎缩时，篾箍可以方便地向下移动。

堆竹段前先在地面上铺一层茅草，以防泥沙等杂质混入竹料中。将竹段堆放在桩柱之间。按竹子的老嫩依次堆放，靠根部老一些的竹段码放在下层，梢部较嫩的竹段码放在最上层，这样可以使老嫩不同的竹子在相同的时间里得到不同程度的发酵，消除原本存在的老嫩差异。堆放时要注意将竹段码齐，尽量不留空隙，并且注意始终保持水平。竹堆的高度以便于操作为准，通常3米见方一堆竹料重量在5000 ~ 6000公斤。竹堆打好后，顶部要压上一些大石块，使竹堆紧实，有利发酵。

用打通节间的长毛竹管引山泉水到竹堆上，在离压在顶部的大石块1米左右的高度淋下来，使水花四溅，均匀地洒满整个竹堆，浸润整堆竹子，使之发酵。如果竹堆过大，则需要多设几个竹管分别安放在竹堆的不同部位，总之要使竹堆中的竹子都能湿润。

图6–89　剖开后用脚踩平

大约2个月之后，切断水源，使竹子在断水的情况下继续自然发酵7 ~ 10天。这个工序俗称“烧塘”。烧塘是一项技术要求很高的工作，已经较为充分发酵的竹子在断水的情况下极易腐烂，故有些竹农为安全起见，在竹丝发酵过程中省去这道工序。

烧塘后的竹堆还需继续淋水，让竹子再次自然发酵，这个时间通常在20天到1个月左右。再淋水一般是针对前期淋水不足或因竹龄较老而发酵不足的竹子所采取的一种补救措施。

4．验丝

竹丝发酵是否成熟需要检验。发酵成熟的竹丝，用手一捻就能散开，如果手捻不开竹丝，或捻开后有片状的硬块，则说明未发酵好，需要继续淋水进行自然发酵。

5．剥丝

待竹丝发酵成熟，即可以断水，进行剥丝。用刀将竹段沿纵向剖开后，用脚踩平，如图6–89。用脚踩住竹段的最外层竹皮部分，用手抓住竹肉部分用力拉扯，将竹皮与同层竹肉分离开来，取出竹穰，剥成竹丝，如图6–90。剥离下来的竹皮与竹丝要分开堆放。竹皮可用来制作一些质量较次的竹纸，竹丝则用于生产高质量的纸张。

图6–90　剥丝

6．捶丝

将剥下的竹丝和竹皮放在石板上用木棒或木槌进行捶

打，使之松散开来，尤其是竹节部分要反复捶打。经捶打后仍然没有松散的发酵不充分的竹皮，可以剔出来用于制作竹篾或作他用。

7．洗丝

洗涤捶打过的竹丝，可除去黏附在竹丝上的泥沙与捶打出来的糊状物，提高竹丝的质量。现在的竹农大多已省去这道工序。

8．挂晒

将洗净的竹丝挂在毛竹架子上晒干，如图 6–91。剥丝后无论是否经过漂洗，都要及时挂晒，在此过程中特别要防止雨淋，否则易出现黑色霉斑，影响纸浆质量。

图 6–91　挂晒竹丝

9．分类归库

将晒干的竹丝按成色分为上、中、下三等，分别扎成 1.5 公斤左右的小捆出售或储存于仓库中。

以上是连史纸制作技艺中的第一阶段，这部分工艺很具特色，我们在其他地方的竹纸生产中没有见到过，因而很有价值。

10．浆灰

如图 6–92，将生石灰放在浆灰池中加水制成石灰浆，然后将一定重量的干竹丝浸入到石灰水中，浸泡至透。石灰与干竹丝的重量比通常为 1:1 至 1:2，具体用量由经验丰富的师傅灵活掌握。

图 6–92　浆灰

11．堆沤

把浸透石灰水的竹丝从浆灰池中取出来，码堆。每码两三层竹丝，就要从浆灰池中舀一些石灰浆浇灌在码好的竹丝上。竹丝码放的高度没有特别规定，以正好装满一甑的量为度。竹丝堆码整齐后，上面不加任何覆盖物，任其自然发酵。但雨天必须覆盖，以免雨水将石灰浆冲掉。浆池的时间通常是夏季 10 天左右，冬季 20 天左右。发酵成熟与否由师傅凭经验把握，通常以竹丝软化为准。

12．清洗

将堆沤过的竹丝放进摆塘里，放入清水，摆洗，洗去石灰浆，捞起，放在石板上，用木棒或木槌捶打，使之松节、脱篁、散丝。捶打后再放入摆塘中，放入清水进行漂洗，将竹丝中的石灰液清洗干净。

13．晾晒

把洗净石灰与杂质的竹丝放在竹架上晾晒至干燥。晾晒的时间在天气晴朗时较短，适逢下雨则会延长一些。下雨时不必收起，可任雨水淋洗。

14．灰沤

按比例配制足量的石灰浆，再把晾晒干燥的竹丝放在石灰浆中浸透后捞出，码堆，每堆码两三层用石灰水灌一遍浆，全部码好后让竹丝自然发酵。发酵的时间比第一次稍短，根据当时的气候、温度而定。

15．装锅

将灰沤过的竹丝放入篁锅（俗称“王锅”）里。王锅用石块或者砖块砌成，底座为方形，边长 3 米左右，高 2 米多，一面开有烧火口，以供添柴烧火之用。底座中间安有一口直径 2 米左右、深约 50 厘米的大铁锅。锅的上方置篁桶，直径与高各约 2 米，过去用的是木桶或铁桶，现多改为用石块与水泥砌成，如图 6–93。

图 6–93　装锅

装锅时既要将竹丝码放整齐，如图 6–94，不能坍塌，又要留有足够的间隙，使蒸汽能从下向上穿透整个王锅内的竹丝。为了使竹丝在蒸煮过程中受气均匀，装锅时在王锅中垂直竖几根较粗的竹管，待竹丝将蒸锅填满后再将竹管取出，留下一些通汽道。

16．蒸料

竹丝堆放好之后，上面加盖湿麻袋等物，就可生火蒸料了。用直径 30 厘米左右的大块木柴烧火，既可使灶内的火力比较均匀，不会太过，又能让每次添柴后延续的时间较长。蒸料时间一般需要加火一昼夜，熄火后再焖一昼夜。

17．摆头塘

开启王锅，用扒子将带灰蒸煮后的竹丝放在摆塘中，引入清水，反复摆洗，洗去沾在竹丝上的石灰。

图 6–94　码料

18．摆清塘

第一遍摆洗完之后，更换池水，放入竹丝再次进行漂洗。如此反复，直到将竹丝上的石灰清洗干净为止。

19．晾晒

把洗干净的竹丝拧干，放在竹架上晾晒。通常夏季 5 ～ 6 天，冬季 10 天左右。秋天因雨水较多，时间会更长一些。雨天也不必收起，经过雨水浇淋并晒干的竹丝，质量比没有雨水时节晾晒的更高。

20．碱蒸

很久以前用竹碱和木碱，分别是用毛竹烧灰和木柴烧灰制成，后改为纯碱。将适量的纯碱放在大木桶或水泥池中，按比例加入热水化开，把晒干的竹丝放入碱水中浸透。捞出，沥去多余的碱水，再放到王锅中蒸煮一昼夜。

21．扯水

将碱蒸好的熟料取出后直接放进摆塘里清洗（俗称“扯水”）。在塘底加一层由细竹枝编成的过滤层，使清洗出的沙土杂质等漏掉，及时与竹丝分离，从而有效提高竹丝的洁净度。在扯水时，要多次更换池水，直到洗尽料中的碱液为止。

22．晾晒

将清洗过的熟料摊在架子上晾晒。当竹丝晾晒至快干时，把竹丝放在手中揉一揉并抖一抖，以去除竹丝中的一些粉状与颗粒状的杂质（俗称“允栏”）。然后继续晾晒，直到干燥。

23．做饼

把晒干的料撕扯开，抖一抖，进一步去除竹丝内的一些杂质（俗称“松料”），然后用手团成直径约40厘米、厚0.5 ~ 1厘米的扁圆形竹饼。

24．漂黄饼

类似于宣纸制作技艺中燎草和燎皮制作过程天然漂白工艺。选择向阳、背风、地势较为平坦的山场用于竹丝的自然漂白，场地选定后，伐去晒场上的大树，将留下的一些小灌木的上半部分折断，使之生长得不太旺盛但又不至于死亡。将做好的竹饼摊放在山场上的小灌木的枝叶上，如图6–95，使之不与地面接触，同时又能上下通风透气。摊放好之后，任凭日晒雨淋，中间要不时检查，将枯死的灌木的叶片及时捡去，以免枯叶的黄渍污染竹丝。漂黄饼的时间通常为2个月，其间把全部竹丝翻动一次，将背面翻转向上，使两面均匀漂白。

图6–95　天然漂白

25．过煎

从晒场收起经过自然漂白的黄饼，再次放入碱液中浸渍，然后再放入王锅中蒸煮一昼夜。此次加碱蒸煮的目的是将漂黄饼中形成的一些氧化物与杂质用纯碱进行清洗，使竹丝的色泽更加白净。

26．漂洗

将碱蒸过的竹丝放在铺放有过滤层的摆塘里漂洗干净。

27．漂白饼

将漂洗后的竹丝再团成饼状，摊放到漂白山场上小灌木的枝叶上，任凭日晒雨淋，漂白饼的时间也为2个月，中间翻晒一次。

28．拣白饼

拣去自然漂白过程中黏附在竹饼上的树叶、枯枝等杂质，然后将白饼放在竹编的筛笼上，用小竹片制成的特殊工具反复抽打，类似于宣纸制作技艺中的鞭料，使白饼中的细沙等杂质从筛笼漏出去。抽打之后进行人工拣选，剔除白饼中的杂草、枯叶、颜色差的竹丝等。经过拣选的白饼可直接用于制浆，多余的可以收进仓库备用。

29．舂料

如图6–96，把经过敲打拣净后的白饼加入适量的水润湿，加水量以舂打时不溅出为度。

舂料的工具过去为水碓，一组完整的水碓主要由引水槽、转轮、拨杆、木杵、石臼构成，其动力来自水力。碓头周围用木质护板围起来，可以防止纸浆四溅造成浪费，也可以避免工作过程中人、畜进入发

图6–96　舂料

图 6–97 踩料

图 6–98 洗浆滤浆

生伤害。舂打时要不断翻动纸料，使打浆均匀。打浆时间一般为 4 个小时。

30．踩料

将舂打好的纸料倾入木制纸槽内，由专人赤脚在纸浆上进行踩踏，如图 6–97，目的是将经过舂打后的纸浆纤维进一步分散，同时利用脚部感知纸浆中存在的沙子等异物，并及时清出。踩料过程中一定要将纸浆全部踩到，需三四个小时。

31．洗浆滤浆

把踩好的纸料放进滤布中，与传统的滤豆浆的方法相似。如图 6–98，加水冲浆同时摇动滤布，滤除浆中存在的沙子与其他细小的杂质。这道工序要重复两三次，以保证纸浆具有很高的纯净度。

32．打槽

将洗好的浆料倾入纸槽中，如图 6–99，手持竹棒搅动，将纸浆中结成束状的纤维打散，使之在水中充分散开。打槽时间需要半小时到一小时。打得越充分，抄造出的纸张纤维越均匀。

33．压槽

打槽完成之后，放一片竹条编成的竹笆（俗称“栏栅”），上面再压几块鹅卵石，正好可以压着纸浆慢慢地下沉，将槽内大部分纸浆压向槽底，竹笆上面只留有较少量的纸浆，如图 6–100。竹笆的作用是将一个纸槽分成上、下两个部分，下面是存储区，存储备用的纸浆，上面是抄纸区。当上面的纸浆浓度不足时，揭开竹笆的一角，取出适量的纸浆即可。

图 6–99 打槽

图 6–100 压槽

富阳造纸用立着的竹笆将纸槽分成存料和抄纸两个区域，与之相比，将纸槽分成上、下两个区域的压槽工艺十分独特，在其他地方也未曾见过。现在铅山本地也已经不多见，改为将洗滤过的纸浆装在一个大木桶中，抄纸时随取随用。

34．漂槽

用软管将清水从纸槽的一边缓缓流入槽中，从另一边流出，使槽内的水不断被更替。水量不能大，以纸浆不会被水流搅动而流出纸槽为度。从头一天压槽之后直到第二天抄纸之前，经过一长夜的漂洗，纸浆更加纯净。

传统制浆工艺需要耗费大量的人力，现在生产连四纸的千寿纸坊已将其中部分工序改为机械作业。如采用电动碓替代水碓进行打浆；用水力碎浆机代替了人工打槽；用除沙机清除纸浆中的沙子、矿物质、粗渣以及重金属等杂质，替代人工洗浆与除沙；打浆过程中用筛浆机将粗纤维、长纤维和其他杂质分离出来，回收后再利用；如此等等。现代工艺的引入，虽然从传统技艺的保护角度看未必都值得肯定，但是从经营的角度看，大大节省了人力成本，提高了工效。据介绍，采用革新工艺后，12 张纸槽一年生产连史纸约 1 万刀，产量较前年翻了一番，而成本降低了 30% ~ 40%，对于恢复连史纸生产而言十分必要。此外，新工艺还在某些方面提高了纸张的质量。

图 6–101　匀槽

35．匀槽

竹笆上面的抄纸区域放入足量的纸浆，用木棍搅打，使之均匀，如图 6–101。

36．加纸药

铅山连史纸使用的纸药根据季节不同有杨桃藤、毛冬瓜、榔根、水卵虫、楠脑、鸡屎柴等，其中杨桃藤即猕猴桃藤，毛冬瓜应为猕猴桃科猕猴桃属植物毛花杨桃，其根茎捣碎浸泡出的汁液可作纸药。至于榔根、水卵虫、楠脑、鸡屎柴究竟为何物，尚待进一步调查了解。现代使用最多的是榔根，全部来自福建。据介绍，之所以选用榔根，一是其黏液比杨桃藤多且胶质透明度高，可以提高纸张的白度；二是易于储存，只需在地下挖个坑用湿土掩埋即可保存很长一段时间。

以榔根为原料配备纸药，先把榔根捶破，如图 6–102，浸入水中，产生的黏液用水瓢舀入滤袋中进行过滤，过滤后的黏液加入纸槽中，搅拌均匀即可抄纸。

图 6–102　砸榔根

37．抄纸

同其他地方一样，抄小幅纸单人持帘，抄大幅纸双人抬帘。以双人抬帘抄纸为例，一般是师与徒搭档，立于纸槽两端，如图 6–103，扣好纸帘。先将纸帘的一侧斜插入纸槽中，转动纸帘，使之没入纸浆，至水平后提帘，出水时继续缓缓转帘，使先入水的一边略为上翘，让多余的纸浆流过整个帘面，从另一边流出；顺势将纸浆流出的一边插入浆中，捞起少许浆料，迅速反向转帘，让纸浆回流。之后放纸帘在纸槽

图 6–103　抄纸

图 6–104　压榨

图 6–105　摩纸砣边

图 6–106　牵纸

旁的搁架上，将压在帘子两边的帘尺移开，取下帘子，将有湿纸的一面朝下放在压榨机底座的木板（榨板）上，揭下帘子，一张湿纸就抄造好了。

据师傅介绍，每抄约 100 张湿纸，需要添加一次纸浆与纸药，累计抄 500 张时就可以压榨了。他们也采用一种与小算盘相近的简易的计数工具，分个位挡与十位挡，每抄一张纸，纸工们就在个位挡上向左拨动一个小竹管，逢 10 进 1，最大计数 100 张。正常情况下，熟练工每 8 小时可以抄造 600 ～ 700 张。

为提高抄纸的工效，千寿纸坊现在也改用与富阳竹纸生产相似的吊帘抄纸，这样一个人就可以抄四尺幅度的纸了。

38．榨纸

俗称“榨砣”。使用的工具是如图 6–104 所示的由杠杆与轮轴组合而成的木榨。榨纸的过程与其他地方的工艺差不多，每隔一段时间增加一些压力，使湿纸中的水分不断排出。榨纸所用的时间通常为 10 ～ 12 小时。

39．牵纸

俗称“牵砣”，将压榨过的纸砣移入焙纸室内，由焙纸工人用手将纸砣上的湿纸轻轻地一张张揭开。如图 6–105，左手掌边压住纸砣右边的正面，右手握拳，从纸砣的右上角开始，用拳面由后向前摩捋，先使纸角向外翻起，再从上向下摩捋，使纸边向外翻起。之后，从纸角开始牵动，逐渐扩大，将整张湿纸揭起，如图 6–106 所示。

40．焙纸

焙纸用的火墙是在一所房屋中砌成的数个宽约 70 厘米、高约 200 厘米的中空墙壁。火墙的一端为烧火口，如图 6–107 所示，通过燃烧燃料产生热量，使火墙夹壁的温度升高。火墙另一端是烟囱，用来排放燃烧时产生的烟尘。

用毛刷把刚从纸砣上牵下来的湿纸平整地刷贴在火墙上。当纸张焙干后即可从火墙上揭下。

41．检验

根据制定的质量检验标准，将有破损的、厚薄不匀均的、含杂质较多的以及其他不符合质量要求的纸张挑出来。

42．裁纸

首先要清点数量，每 100 张为一刀。用大剪刀将纸张的四边裁剪整齐。连史纸的幅面规格为 3.2 尺 ×1.8 尺，白净度分为甲、乙、丙三级。

43．包装

先要在每刀纸的边缘印上生产厂家、产品种类等印记。然后将纸张进行打包。除了每 100 张为一刀的传统包装，还有 5 张或 10 张装的小包装，最后按规格将若干刀（件）装入一箱。传统的做法以 12 刀为 1 件，2 件为 1 担。

图 6–107　焙墙添柴处

第四节　浙江温州屏纸制作技艺

一、概述

浙江温州手工纸生产历史悠久，据当地提供的材料称，1965 年温州市瓯海区南白象镇出土的宋大观三年 (1109)《佛说观无量帮寿佛经》残页用的就是温州蠲纸，说明温州蠲纸制作的历史可能不晚于宋代。

据宋人乐史撰《太平寰宇记》记载，宋代温州"贡鲛鱼、蠲纸"[20]。《太平寰宇记》中记载的贡蠲纸的地方还有雅州、剑州、龙州、汀州、兴元府、万州等地，说明宋代以前蠲纸产地并非仅限于温州一地。但温州的蠲纸品质较好，后来成为名冠全国的地方特产。

宋人钱康功《植杖闲谈》："温州作蠲纸，大类高丽，乌程、由拳皆出其下。"[21] 元代文献多处提到温州蠲纸，如"温州作蠲纸，洁白坚滑，大略类高丽纸，东南出纸处最多，此当为第一焉，由拳皆出其下，然所产少，至和以来方入贡"[22]。

宋代学者赵与时在《宾退录》中谈到临安销售的蠲纸，"临安有鬻纸者，泽以浆粉之属，使之莹滑，谓之蠲纸。蠲，犹洁也。《诗》'吉蠲为饎'。《周礼宫人》'除其不蠲'，名取诸此"[23]。其中特别指出，蠲纸的制作方法是"泽以浆粉之属"，即对素纸进行涂布浆粉等精加工，使之莹滑，由此可见，蠲纸应是一种属于粉笺范畴的加工纸。至于造纸原料，明代宋应星《天工开物》称"蠲纸为桑穰所造"，不知是否一向如此。

历史文献中出现过另一个蠲纸概念，出自欧阳修的《新五代史》：“五代之际，民苦于兵，往往因亲疾以割股，或既丧而割乳庐墓，以规免州县赋役。户部岁给蠲符不可胜数，而课州县出纸，号为蠲纸。（何）泽上书言其敝，明宗下诏悉废户部蠲纸。”[24]这里所说的蠲纸是用以制作蠲符的纸，与上述蠲纸不是一回事。正如《宾退录》所言：“蠲纸之名适同，非此之谓也。”[25]

清代早期编纂的《浙江通志》中引用的一些资料可以丰富我们对温州蠲纸的了解。如《清波别志》中有“唐有蠲府纸，凡造纸户免本身力役，故以蠲名，今出于永嘉。士大夫喜其发越翰墨，争捐善价取之，殆与江南澄心堂等”的记载，虽然对蠲纸之名的解释有所不同，但称其品质与澄心堂纸等同，受到士大夫的追捧，与前文所述相一致。又如《瓯江逸志》称：“蠲纸，《广舆记》所云蠲糨纸也，洁白紧滑，过于高丽。”指出蠲纸是一种粉笺，品质过于当时为人称道的高丽纸。

《温州府志》（明嘉靖本）还记载了蠲纸的制作工艺流程：“造纸以糨粉和飞面，入朴硝，沸汤煎之，候冷，药酽用之。先以纸过胶矾，干以大笔刷药，上纸两面，再候干，用蜡打如打碑，以粗布缚成块揩磨之，旧州郡尺牍皆用之，今已罢制，姑存其法。”[26]这条资料很重要，较详细地记述了蠲纸的制作工艺流程。即：用适量糨粉和飞面，加入适量朴硝（亦名硝石朴、盐硝、皮硝，一种中药材），沸汤煎之，候冷，制成浓酽的“药”；拖纸过胶矾液，挂起，候干；以大排笔刷“药”，上纸两面，挂起，候干；施蜡；以粗布缚成块揩磨纸面进行研光。

《温州府志》指出，旧时州郡尺牍皆用这种纸笺，修志时已经“罢制”，所以他们只能“姑存其法”。关于温州停产蠲纸的原因，明代陶宗仪的《说郛》指出，是因为“权贵求索浸广，而纸户力已不能胜矣”[27]。造纸户不堪重负进而导致停产，但贡品停产也需要一个冠冕堂皇的理由，时任温州太守的何文渊体恤民情，与百姓一道瞒天过海。清姚之骃编纂的《元明事类钞》中有关于此事的记录，“温州贡纸五百张，其来久矣，明开局于瞿溪。何东园出守，虑其病，民潜浊其水，制纸转黑，乃以地气改迁奏闻，奉旨勘实，得除免”[28]。

蠲纸停产之后，由福建传入，以毛竹为原料的屏纸生产却迅速发展起来。屏纸原非温州本地固产，而是从福建南屏流传至此。当地提供的资料称，泽雅先民原系福建南屏一带人，明初因避乱迁来此地后，发现泽雅一带多水多竹，正适宜造纸，于是重操旧业，使南屏的造纸技术在这里得以传承延续。

清初禁海迁界以后，泽雅一带居民逐渐增多，加之山区僻远、地少林多、交通闭阻等特殊情况，大多数农民从事屏纸制作手工生产，以此来维持生计，屏纸生产得以发展，成为当地最重要的行业之一，主要生产供城市使用的卫生纸和冥纸，年产量高达30万担左右，主要以永嘉瞿溪为集散地，故又称瞿溪土纸。这种情形一直延续到抗日战争初期。

抗日战争时期屏纸生产受到极大破坏，至解放前夕已处于萧条状态。解放后，人民政府大力扶植屏纸生产，中国土产公司温州分公司在三溪设立了屏纸收购站，帮助纸农克服困难，1951年温州地区还成立了“屏纸产销协商委员会”，屏纸生产迎来了一个健康发展的时期。屏纸的最后一个蓬勃发展期则是“文革”之后的20世纪80年代。1995年以后，屏纸的消费市场急剧萎缩，加之当地居民大量外迁从事其他行业，手工屏纸生产基本处于停滞状态，现在只有泽雅和芳庄等地少量居民在维持小批量生产。

2008年10月，笔者去温州市人事局讲课，学员中有一位名叫赵碧武的先生向我打听非物质文化遗产项目申报事宜。他的亲戚王永达先生正在进行所传承的中医正骨术项目申报温州市级名录工作。我意外地从他给我的温州瑞安市（县级市）最近公布的一批非物质文化遗产名录中看到一项手工纸生产技艺，非常兴奋，立即安排赴当地进行调查。

10月6日中午刚下课，还未来得及吃午饭，笔者就驱车近两小时，匆匆赶到瑞安。在瑞安市非物质文化遗产保护中心同志的帮助下，我们在芳庄乡找到了吴汉琴先生。他向我们详细介绍了屏纸的生产情况和工艺流程，带着我们一起察看了生产现场，后来还为我们提供了相关的资料。

离开芳庄后，我们又到了瑞安市非物质文化遗产中心，郑主任向我介绍，当地非物质文化遗产保护工作做得很扎实，2008 年上半年用 5 个月时间开展的普查工作成绩显著，仅被列入成果汇编的就有 2878 条，真正做到了“四个不漏”，即不漏村庄、不漏项目、不漏艺人，不漏线索。据他们介绍，瑞安的非遗保护工作在浙江还只算是中下游水平，浙江的情况由此可见一斑。

二、工艺流程

瑞安屏纸的制作技艺很有特色，突出表现在工艺流程中没有蒸煮料工序，制浆过程中对舂捣过程有更多的依赖，因此从总体上说比较简单，既有可能是当地竹料纤维比较容易分离，也有可能是原始工艺的遗存。又考虑到其成纸过程中使用了纸药，所以不能认为整个流程都是原始的，有可能经历了独特的发展路径。此外，当地大规模使用水碓也是较为罕见的，泽雅和芳庄都有集中在一起的“连碓”，如泽雅的四连碓和芳庄的九连碓等。总之，这是一套值得记录的工艺。我们根据当地纸农吴汉琴等人口述，参照相关资料，整理该工艺流程如下。

1．做料

选用当地出产的水竹、毛竹为原料。当地的水竹、斑竹和龙竹一般在每年 8 月份出笋，如图 6–108。10 月下旬或 11 月上旬即可砍伐。将砍下的竹竿截成 1 米左右，并用锤子锤裂至扁平状，晒干扎成捆，俗称“刷”。

2．腌沤

将竹料“刷”堆放在水塘中，逐层加上生石灰，最上层横压上木杠和石块，放水淹没，如图 6–109。一般需腌沤两个月左右，气温较低而竹子较老时需要三个月才能沤熟。

图 6–108　当年生的嫩竹（2008 年 10 月 6 日摄于芳庄）

图 6–109　灰沤（瑞安市非物质文化遗产保护中心提供）

3．翻塘

腌沤过程中需要将竹料刷进行上下调整，以使之沤得均匀，称“翻塘”，一般在腌沤一个月前后进行。先把竹刷全部捞起来，再重新堆放。这个工序不仅很费气力，而且工人站在沤塘中皮肤易感染溃疡，当地还有土制的防溃疡的药膏。

4．晒刷

将沤熟的竹料刷从塘中捞起，露天摊晒若干日，晒干后备用，如图 6–110 所示。

5．捣刷

用水碓将已晒好的竹料打碎至绒状，之前要先把竹刷放在清水中浸泡 3 小时左右，根据竹料的老嫩程

图 6–110　晒竹刷（瑞安市非物质文化遗产保护中心提供）

图 6–111　捣竹刷（瑞安市非物质文化遗产保护中心提供）

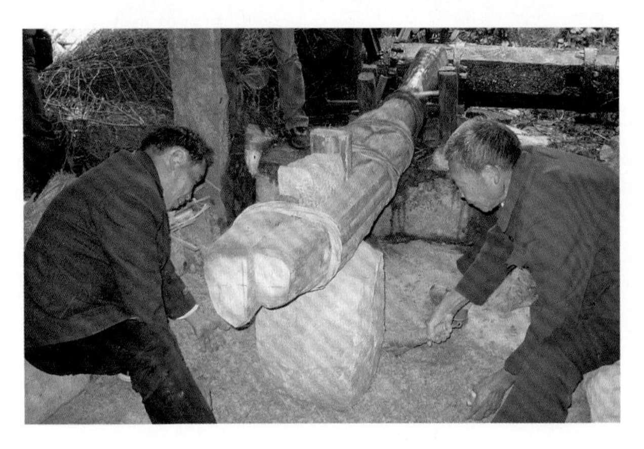

图 6–112　捣纸料（瑞安市非物质文化遗产保护中心提供）

图 6–113　被当地人称为“纸药”树

度调整浸泡时间。这样做的目的，一是使浸湿后的竹子舂捣成纸绒后有一定的湿度，不会尘土飞扬；二是洗去粘在竹刷上的石灰和其他杂质。当地用的水碓很特殊，碓头是百余公斤重的长条石块，如图 6–111。所以此工序有一定的危险性，操作者在翻料过程中如有不慎就可能受伤，甚至失去双手。

屏纸制作中的捣刷工序是直接将灰沤和曝晒好并且洗净的竹刷舂打成绒状的纸料，如图 6–112，与其他地方的竹纸制作工艺流程相比有显著的特色。

6．制备纸药

当地使用三种原料制备纸药，除常见的猕猴桃藤、杉树根和叶搓揉浸泡取汁外，还用一种乔木（图 6–113）的树叶，制备方法如前。

7．抄纸

将纸槽中放满清水，加入适量纸料，用竹竿充分搅拌，然后兑入适量纸药液。抄纸方法与其他地方的大同小异。当地用纸帘中间设界，使每一帘纸左右两半单独成张，也有一帘分三张甚至四张的，如图 6–114。

8．压榨

抄纸结束后，在湿纸垛上压上宽厚木板，用木板的重量压榨纸垛，使其中水分流出，其间可以用刮片把压出的水刮去，使水分渗漏得更快。待出水较少时，再加压杆，并渐次加力，并停放一夜，逐渐除去纸垛中的水分，如图 6–115。

9．晒纸

将压榨过的纸垛从中间分界线分开，成两个方形小纸垛。把小纸垛放在凳子上，用压辊碾压纸的一角，

图 6–114　抄纸（瑞安市非物质文化遗产保护中心提供）

图 6–115　纸榨（瑞安市非物质文化遗产保护中心提供）

图 6–116　揭纸（瑞安市非物质文化遗产保护中心提供）

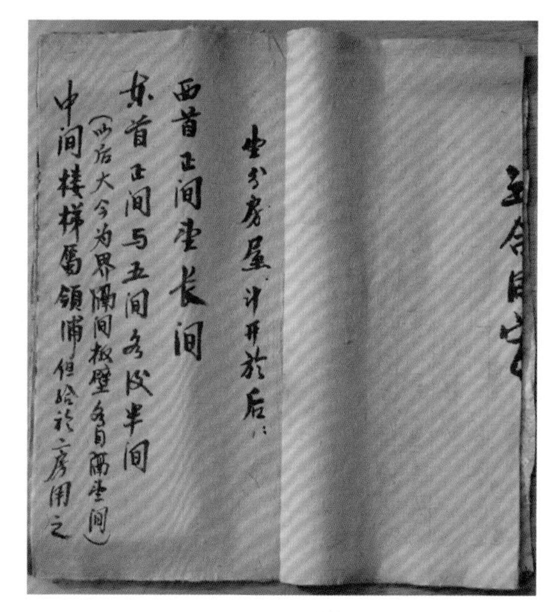

图 6–117　用作记事材料的屏纸

然后一张张揭开，如图 6–116。每六七张成一叠，放在山坡草地上晒干。

之后还有拆纸、印记、打捆、包装等一些简单的工序，不再赘述。以毛竹为原料制作的纸张较细，可以作书写用纸。以圆竹为原料制作的纸张则较粗，多用作冥纸。

在很长的历史时期里，当地人的生活主要是与屏纸（图 6–117）打交道，屏纸也曾渗透到温州周边许多地方人们的日常生活中。现在躺在溪流边的一座座废弃的水碓已成为那个年代生活的见证，不过只有少数人仍然执着地坚持着，要把屏纸生产进行到底。所幸此项目已被列入市级非遗名录，将得到政府的关心和扶持，也许会以特色文化旅游项目的方式继续向世人展示其独特的文化内涵。

注释

[1] 李少军：《富阳竹纸》，中国科学技术出版社，2010 年，第 5 页。

[2] 浙江省富阳市政协文史委员会：《中国富阳纸业》，人民出版社，2005 年，第 1 页。

[3] 李少军：《富阳竹纸》，中国科学技术出版社，2010 年，第 6 页。

[4] 李少军：《富阳竹纸》，中国科学技术出版社，2010 年，第 7 页。

[5] 李少军：《富阳竹纸》，中国科学技术出版社，2010 年，第 35 页。

[6] 李少军：《富阳竹纸》，中国科学技术出版社，2010 年，第 39 页。

[7] 李少军：《富阳竹纸》，中国科学技术出版社，2010 年，第 174 ～ 175 页。

[8]（明）高濂：《遵生八笺》卷 15。

[9] 铅山县县志编纂委员会：《铅山县志》，南海出版社，1990 年，第 214 页。

[10]《铅山县志·食货志》，转引自白寿彝主编《中国通史》，上海人民出版社，2005 年。

[11]（明）宋应星：《天工开物》杀青第十三。

[12] 铅山县县志编纂委员会：《铅山县志》，南海出版社，1990 年，第 213 页。

[13]（清）谢旻等：《江西通志》卷 27。

[14]（清）金简：《钦定武英殿聚珍版程式》一卷“奏议”。

[15] 王立斌：《江西铅山连史纸调查报告》，载《南方文物》2008 年第 3 期。

[16] 铅山县县志编纂委员会：《铅山县志》，南海出版社，1990 年，第 215 页。

[17] 铅山县县志编纂委员会：《铅山县志》，南海出版社，1990 年，第 214 页。

[18] 铅山县县志编纂委员会：《铅山县志》，南海出版社，1990 年，第 215 页。

[19] 铅山县县志编纂委员会：《铅山县志》，南海出版社，1990 年，第 216 页。

[20]（北宋）乐史：《太平寰宇记》卷 99。

[21]（明）顾起元：《说略》卷 22。

[22]（元）陶宗仪：《说郛》卷 24 下。

[23]（南宋）赵与时：《宾退录》卷 2。

[24]（北宋）欧阳修：《新五代史》卷 56。

[25]（南宋）赵与时：《宾退录》卷 2。

[26]（清）嵇曾筠等监修：《浙江通志》卷 170。

[27]（明）陶宗仪：《说郛》卷 24 下。

[28]（清）姚之骃：《元明事类钞》卷 22。

第七章　纸笺制作与书画装潢技艺

第一节　巢湖掇英轩纸笺制作技艺

纸笺制作技艺可以追溯到东汉末年，“妍妙辉光”的“左伯纸”据推测就是采用了砑光工艺。两晋时期出现了粉和胶的涂布技艺。隋唐时期，南北交通更为便利，促进了纸笺制作技艺的交流和发展。唐代是纸笺制作技艺的全盛时期，在皇宫内府的三省三馆中均设有熟纸匠，负责将生纸变熟，为皇室及官府文书使用。随后宋、元、明、清各代也都沿袭这一制度，设有御用纸笺作坊，并且在继承传统的基础上又有所创新与发展。[1]

清代中后期，随着宣纸在书画用纸中霸主地位的逐渐确立，用宣纸加工的纸笺产品在全国也处于领军地位。民国时期，由于国内政局持续动荡，纸笺制作行业同其他众多行业一样受到毁灭性打击，许多品种的纸笺制作技艺逐渐退出了历史舞台。

中华人民共和国成立后，政府高度重视手工纸的生产和手工纸行业的发展，纸笺制作技艺伴随着手工纸产业的复兴相继得到恢复。北京、天津、安徽、江苏、浙江、四川、云南等地的传统纸笺生产基地和手工纸产地纷纷恢复纸笺生产。其中，北京荣宝斋的纸笺木版水印技艺、安徽巢湖掇英轩纸笺制作技艺最为突出，先后入选国家级非物质文化遗产名录。

我们在完成《中国传统工艺全集•造纸与印刷》的过程中，曾经对荣宝斋纸笺木版水印技艺进行过调查，并与掇英轩文房用品厂合作完成了明代“金银印花笺”的复原研究。[2] 近些年，掇英轩文房用品厂在纸笺制作方面不断发展，已成为国内知名的行业领头企业。我们多次深入该厂进行考察，现就其历史发展、生产工艺等方面作简要介绍。

一、掇英轩的发展历程

20 世纪 50 年代，安徽泾县恢复了玉版、矾宣、云母、冷金、色宣等传统纸笺的生产。随后的 20 年，受社会政治因素的影响，刚刚起步的纸笺制作业又停滞下来。直到 80 年代以后，中国实行改革开放，国内外市场对纸笺产品需求的增长再次激活了纸笺的生产。安徽泾县的百岭轩、载元堂，合肥市的安徽十竹斋、合肥工艺美术厂、巢湖书画社等相继恢复了传统纸笺的生产。

掇英轩的创始人刘锡宏（图 7–1），1940 年生，安徽巢湖人，从小就喜欢绘画、雕刻，从 16 岁开始在皖南生活了十年。其间，他时常到邻近的宣纸之乡泾县探索宣纸的奥秘，逐渐对宣纸以及纸笺的制作技艺产生了浓厚兴趣，经常向造纸户请教宣纸、纸笺制作技艺，积累了丰富的相关知识。1966 年，刘锡宏考入合肥师范学院工艺美术专业，四年后毕业分配到合肥工业大学从事美术教育工作，1972 ～ 1979 年又调至安徽省教育工作委员会从事美术教材的编辑工作，他对纸笺制作的兴趣一直没有改变。1979 年，刘锡宏被调到安徽省工艺品进出口有限公司，主管安徽省文房四宝的进出口业务。凭借工作之便，刘锡宏对宣纸及其纸笺制作技艺作了更为全面、深入的调查和研究，常与造纸艺人交流制作经验和研究思路。80 年代，刘锡宏有机会去日本，看到日本的纸笺种类比国内多，质量也比国内的好，而中国出口日本的粉蜡笺因质量不好，市场反应冷淡。他又了解到，当时有日本学者甚至断言，中国的粉蜡笺已经失传了。这些都使他深受触动。

1989年，怀着对纸笺的深厚感情，刘锡宏离开工作岗位，与泾县百岭轩主沈伯泉、合肥十竹斋主杨桂英及合肥工艺美术厂的廖世如等人一道共同组建了合肥汉韵堂工艺厂，传承安徽泾县、合肥等地的传统纸笺制作技艺，从事纸笺制作。1992年，刘锡宏被安徽省文房四宝研究所聘为研究员。为了进一步研究和发展纸笺制作技艺，他离开汉韵堂，成立了合肥掇英轩文房用品研究所，挂靠在安徽省文房四宝研究所下，为大集体企业。

据刘锡宏介绍，取名“掇英轩”是受到当时上海人民美术出版社编辑出版的《艺苑掇英》杂志名的启发。“掇”意为“拾起、捡起”，“英”意为“精华”。他借此名表明自己拾取我国传统纸笺制作技艺精华的志向。此名中的“英”恰巧又是刘锡宏的妻子杨宁英的名字。

图7–1　刘锡宏先生在进行雕版

掇英轩的另一位创办者是刘锡宏的妻子杨宁英（图7–2），1942年生，安徽巢湖人，1981年起先后在合肥工艺美术厂、安徽省工艺品进出口公司工作，从事纸笺的生产及安徽文房四宝进出口仓储管理工作，与丈夫一道创办了“掇英轩”之后，是厂内主要的技艺传承人。

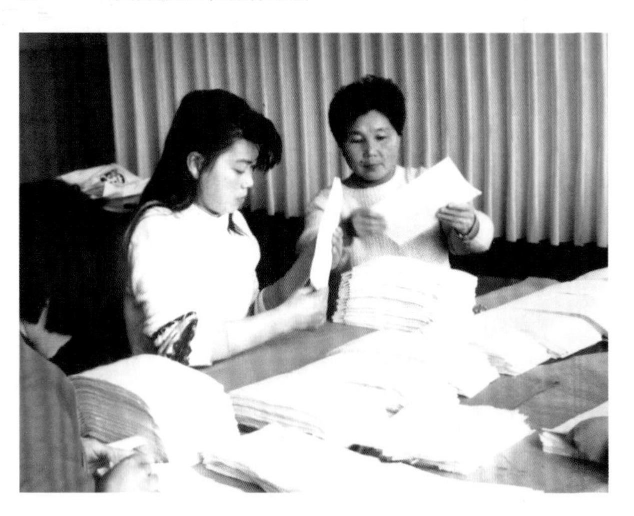

图7–2　杨宁英（右一）在制作信笺

1994年企业改制，研究所由挂靠大集体企业性质改为个私企业，生产基地也由合肥迁到刘锡宏家乡的位于巢湖之滨的巢湖市黄麓镇杨岗村。2002年，研究所更名为巢湖市掇英轩文房用品厂。

从泾县百岭轩到合肥汉韵堂、合肥掇英轩再到巢湖掇英轩，宣纸纸笺制作技艺从起步逐渐走向成熟。

迁到巢湖之后，掇英轩文房用品厂一方面在提高传统产品的质量上下功夫，另一方面在古代名笺的复原研究上下功夫，取得了一个又一个成绩。他们通过自主研发和与中国科大科技史与科技考古系等单位合作研究，陆续复原出手绘描金粉蜡笺、泥金笺、金银印花笺、绢本宣、刻画笺、流沙笺等纸笺名品，不断丰富纸笺市场。在产品的包装方面也有所创新，使之更加贴近消费者的心理需求。凭着一流的产品质量及可靠的企业信誉，掇英轩逐渐在纸笺制作行业立足，并不断发展壮大。

掇英轩现在的掌门人是刘锡宏之子刘靖，1972年生，2008年被评为安徽省级非物质文化遗产代表性传承人，2010年被评为高级工艺美术师，还被聘为中国艺术研究院民间艺术创作兼职研究员。

刘靖从小在父母的影响下就对纸笺制作技艺有了初步认识。20世纪80年代末，刘靖还在上中学，常常利用课余时间在家里向父亲、母亲学习纸笺的制作方法，从那以后逐步掌握了施胶、染色、刷纸、裁纸以及制作木版水印笺等技艺。

1994年，刘靖从合肥联合大学（后更名为合肥学院）工业产品造型专业毕业后，先后在合肥、芜湖等地从事广告设计和制作。1995年，在外闯荡了一年的刘靖在父母的召唤下回到老家，开始专业从事纸笺制作。那里企业仍处于草创阶段，作坊中连他自己才有五名员工，所以他们的做法都不被理解。刘靖虽也曾有过放弃的念头，但终究还是顶住了压力，并逐渐爱上这门古老的技艺。

粉蜡笺是纸笺中最具代表性的品种，制作技艺从清末开始已失传多年。此前国内有不少人都尝试过复原，均未取得成功，制作的粉蜡笺较清宫藏品相去甚远。在父亲的激励下，刘靖立志攻克这一难关。从1995年开始，他多次找到原合肥十竹斋、古稀斋、工艺美术厂等单位的老艺人，虚心向他们请教，得到了很多宝贵经验。他还到北京荣宝斋、故宫博物院、安徽省博物馆、泾县宣纸博物馆等单位，寻找纸样和相关文献资料，分析、揣摩粉蜡笺制作的诀窍。

到了实验阶段，他反复尝试，单是粉、蜡材料就试用过数十种，包括碳酸钙、白土、滑石粉、蒙脱土、高岭土、石蜡、川蜡、蜂蜡等。经过四个半月的实验和数百次的失败，终于在1997年下半年，制作出光彩照人、适宜书写又不失柔韧的“手绘描金粉蜡笺”。

自认为成功之后，父子俩两次北上进京寻求专业技术鉴定。荣宝斋的业务经理袁良和顾问米景扬等专家看到他们带来的粉蜡笺大加赞赏，并取出明代留传下来的一张粉蜡笺进行比较。尽管与明代笺相比，刘靖手绘图案的功力还有很大差距，但荣宝斋还是留下了这批货，而且第二天便摆上柜台。虽然一幅四尺对开仿金手绘的粉蜡笺标出了不可思议的近400元的价格，还是受到消费者的认可。

经荣宝斋同意，刘靖带回了那张明代粉蜡笺的照片。通过这张照片刘靖看到了粉蜡笺制作鼎盛期宫廷画师精致而细腻的画工，为自己以后工作树立了一个标杆。又经过两年的磨炼，刘靖完全掌握了粉蜡笺的制作技艺，掇英轩从1999年开始批量生产手绘描金粉蜡笺。

2002年，刘靖带着自己制作的粉蜡笺等纸笺，首次参加中国文房四宝协会在北京民族文化宫举办的全国文房四宝博览会，受到追捧。此后，粉蜡笺为掇英轩赢得一系列荣誉：2006年4月，“粉蜡笺”被中国文房四宝协会评为“国之宝——中国十大名纸”；2006年11月，“真金手绘云龙粉蜡笺”荣获“西子联合—西泠印社印文化产品创新奖”；2007年5月，“真金手绘牡丹粉蜡笺”、“真金雨雪粉蜡笺”由文化部选送，入展在法国巴黎举办的“巴黎·中国非物质文化遗产节”；2007年9月，“真金手绘瓷青盘龙粉蜡笺”（图7–3）入选在国家大剧院举办的“中国非物质文化遗产保护成果展”。

图7–3　“真金手绘瓷青盘龙粉蜡笺”（刘靖提供）

2003年，来自宝岛台湾的三位学者在荣宝斋购买了刘靖生产的四种颜色不同的粉蜡笺，带回台湾后，与台湾“故宫博物院”珍藏的乾隆年间的粉蜡笺、仿澄心堂纸一起进行分析测试，结果表明，掇英轩的粉蜡笺有两个样品耐光性、抗老化性更好，另外两种稍差，整体评价高于乾隆年间仿澄心堂纸。

掇英轩研发的第二个产品是金银印花笺。这是他们与中国科学技术大学科技史与科技考古系的张秉伦教授及其弟子樊嘉禄博士合作完成的一项成果。通过这次合作，刘靖认识到纸笺的生产离不开学术界的指导。后来，他与许多专家学者建立了联系。冯大彪、陈长智、唐迺昌等前辈无私地将他们先辈遗留的珍贵纸笺馈赠给刘靖，其中有清乾隆时期的梅花玉版笺，清末的泥金笺、绢本宣、民国的木版水印笺等，为刘靖学习、研究纸笺技艺提供了极其珍贵的第一手资料。经过精心研究，刘靖又相继复原出泥金笺、朱砂笺、绢本宣、流沙笺、刻画笺等传统纸笺。

近些年，刘靖在传统纸笺制作技艺的普及方面做了大量的工作，多次应邀为中央美术学院设计学院学生讲授民间手工艺课程和手工体验课程，为中国科学技术大学科技考古专业研究生讲授纸笺制作技艺课程（图 7–4），为中国艺术研究院中国书法院书法专业的访问学者、研究生、进修生传授我国传统造纸及纸笺制作技艺相关知识。学生中包括日本、韩国、斯里兰卡、加拿大等国家的留学生，为我国传统纸笺文化及其加工技艺的传播做出了积极努力。

多年来在专业领域取得的成绩也为刘靖赢得了荣誉。2009 年 2 月，刘靖应邀入京参加由文化部、国家发改委、财政部等十四个部委共同举办的“中国非物质文化遗产技艺大展”（图 7–5），荣获中国非物质文化遗产技艺大展特殊贡献奖。2009 年获“巢湖市劳动模范”荣誉称号。2009 年获“文化部非物质文化遗产保护工作先进个人”荣誉称号。2011 年掇英轩被认定为安徽省级文化产业示范基地。

掇英轩产品的销售过去主要是经销。经销店主要是各地的文房四宝经营商店，如北京荣宝斋、中国书店、安徽四宝堂、天津的杨柳青画店、上海的西泠印社有限公司、深圳的博雅文物商店等。外销则主要通过安徽省进出口有限公司、上海丹鸿工贸公司等文房四宝进出口公司经销。

图 7–4　刘靖上课情景

随着企业产品知名度的不断提高，掇英轩纸笺产品直销的比重在不断增加。省会合肥及周边地区的书画爱好者往往直接去该厂开办的文房用品商店购买，其他地方的用品也有不少通过网络渠道购买。

掇英轩将生产地设置在农村，至今仍为家庭作坊，员工以刘靖的家人和亲戚为主。纸笺制作全为手工操作，生产周期长，经营规模难以扩大。传承人培养方面的问题一直困扰着掇英轩的发展。纸笺制作技艺是一种较为复杂的手工技艺，学习过程枯燥乏味，现在很少有年轻人愿意学。为了把此项传统技艺传承下去，从 2000 年起，刘靖先后带了 50 余名徒弟，其中，方玉红、方春希、刘娇娇等较全面掌握了纸笺制作技艺，留下来继续从事这一工作。许多学员，包括学得不错并且坚持做了好几年的学员都选择离开，改行从事对技能要求不高、经济效益较好甚至不太好的其他工作。

图 7–5　2009“中国非物质文化遗产技艺大展”上刘延东饶有兴致地察看刘靖的纸笺

二、纸笺制作工艺

掇英轩制作纸笺采用的加工工艺以中国传统纸笺的加工工艺为主，包括拖染、涂布、托裱、洒溅、描绘、研花、研光、拱花、刻纸、雕版、饾版水印等，再加上丝印等现代工艺。

（一）拖染

染色是根据需要将素色原纸染成某种色纸，以增加纸张外观美感的一种加工方法。

染色所用染料一般用的都是天然颜料，主要是天然植物色素，多是从树皮、树叶、花蕊、果实中提取的色汁。如果用植物颜料，还需要加上媒染剂，其作用是固定所染颜色，以免“走色”。

传统手工染色纸一般是对成纸着色。最简单的方法是将纸张浸渍在有色溶液中，然后拖起晾干即成，这种染色工艺称“拖染”，如图7–6，其工艺流程如下：

（1）将染液勾兑好后放入染纸槽中。

（2）将待染毛边纸一端糊在黍秸秆上。

（3）手持黍秸秆拖拉着纸从染液中经过，并在经过横向固定在槽中的方木杆时刮去多余的染液。

（4）将纸挂在晾纸架上阴干，即成。

图7–6　拖染

（二）涂布

涂布是一种填料方法，如图7–7。所谓“填料”就是将粉质颗粒填入纸张内部空隙，以改变纸张内部结构的一种加工方法，经过填粉加工的纸张即所谓“粉笺”。

传统的填粉工艺所用白粉一般为石垩、石灰或蜃灰制成的矿物性微粒，主要成分是钙盐，如氧化钙（CaO）、碳酸钙（$CaCO_3$）等，一般用淀粉糊作黏结剂。用涂布方法填粉，所用工具和工艺流程如下：

1. 设备和工具

（1）案几　同研光所用。

（2）木柄羊毛排笔　有不同规格，如油漆工所用。

（3）粉罗　筛滤用具，以罗纹布为底。将石垩、石灰块捣成粉后，再用粉罗筛滤去大的颗粒，留得细粉备用。

2. 工艺流程

（1）把淀粉和水搅匀煮熟，制成糨糊。

（2）将细白粉倒入清水中，沉淀滤去较大的颗粒。

（3）将白粉悬浮液与糨糊充分搅拌混合（如果做彩色粉笺，则将颜料加入混合物中，搅匀）。

（4）取原纸，平铺案几上。

（5）用排笔蘸混合液刷在纸面上，要求刷遍、刷匀。

图7–7　涂布（刘靖提供）

（6）挂起，凉干。

（三）托裱

纸笺制作常需要将纸张加厚，采用的方法即托裱，如图 7–8，具体说是将二至三张单宣黏结在一起成为较厚宣纸的加工技艺，通常用于书画作品的装裱。

（四）洒金

洒金是将金、银等金属的粉末附着在彩色原纸面上，形成一定的金属装饰图案的一种加工纸方法。

洒金所用原料最初曾是由真金、真银等贵金属加工而成的箔片。这样加工出来的纸，其价值之高是普通百姓根本无法承受的，只有皇朝贵族或达官豪富才能享用。后来改用铜箔和铝箔等金银色的其他物质作替代品，大大降低了这种加工纸的价格，才使之成为大众消费品。

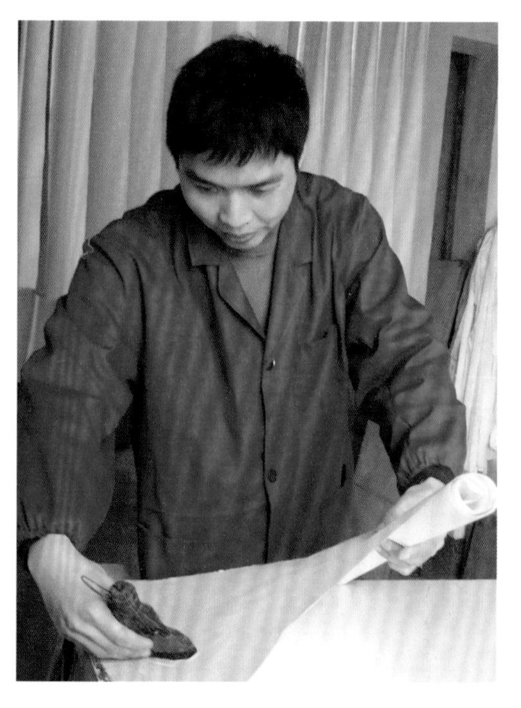

图 7–8 托裱

这类金属加工纸品种很多。按用料和所形成的图案划分，有洒金纸、洒银纸、金花纸、银花纸等。洒金纸又可按所加金粉的多少分为屑金、片金和冷金三等。屑金纸就是普通的洒金纸，表面的金粉斑斑点点，看上去像是夏季晴朗的夜空；片金纸表面金粉呈片状分布，仿佛摆满棋子的棋盘；冷金纸整个纸面都涂上了金粉，如同一张金箔衬附在纸上。洒银与洒金相似，只是一金黄一银白，颜色不同。掇英轩洒金工艺流程如下：

（1）配制稀糨糊，也可用明胶（市场有售），其制备方法为：将固态的明胶颗粒盛金属筒中，加清水（胶的重量占总重量的 3% ~ 5%）浸泡数小时，然后将筒放在约 30℃的热水中，搅拌筒内胶液至匀，即可用。

（2）用羊毛刷蘸糨糊（或胶液）在色纸上平刷一道，接着用棕毛刷将糨糊在纸面上刷匀开至遍。

（3）如图 7–9，将金箔屑（或银箔、锡箔碎片）放入筛罗中，用手拍打筛罗圈使之振动，金箔屑从筛罗的孔眼均匀地散落在色纸面上，被纸面上的糨糊固定。将纸揭起，放在竹架上阴干后取下。

图 7–9 方玉红在进行洒金操作

（五）描绘

直接用笔将泥金涂在纸上绘出各种各样的花纹图案，如栩栩如生的花鸟、生动活泼的蜂蝶或庄严堂皇的龙凤等，就制成所谓金银花纸。如图 7–10。

（六）砑光

“砑”字原意是用石块碾磨，“砑光”就是用光滑的砑石、螺壳、碗口等碾磨纸面，将纸面凸凹不平处磨平，使纸张光滑坚紧、富有光泽的一种工艺。砑光工艺有多种，掇英轩主要采用的是砑石砑磨纸面的工艺。

图 7–10 刘靖正在进行真金手工描绘（刘靖提供）

1．设备和工具

（1）案几 木质或石质台面，是砑纸的操作平台。木质台面要求用硬质木料制作，表面平整。

（2）砑石 光滑细致的卵石（玛瑙石等优质石料），大小以操作时便于用手擒握为佳。也可以用表面光洁的螺壳。

2．工艺流程

（1）将厚纸平铺在案几上，可以放单张，也可以放三五张。

（2）左手五指伸开，按住纸，不让纸在案面上滑动，右手握砑石依次磨遍纸面，如图 7–11。

如果需要双面砑光，则将纸翻过来，用上述方法再砑一遍。

（七）涂蜡

“涂蜡”亦称“施蜡”，是将蜡均匀地涂在纸面上，以改变其透明度、光泽度及防水性能的一种纸笺制作方法。

纸张的某些特殊用途要求纸张有较高的透明度。如临摹书画时，纸覆盖在字画上，就要求隔着纸能看见下面的字画。为了达到这一目的，古代人发明了涂蜡技术，在纸面上涂一层薄而均匀的蜡，所得“蜡纸”不仅透明度高，而且纸面光滑，并具有一定的防水性。

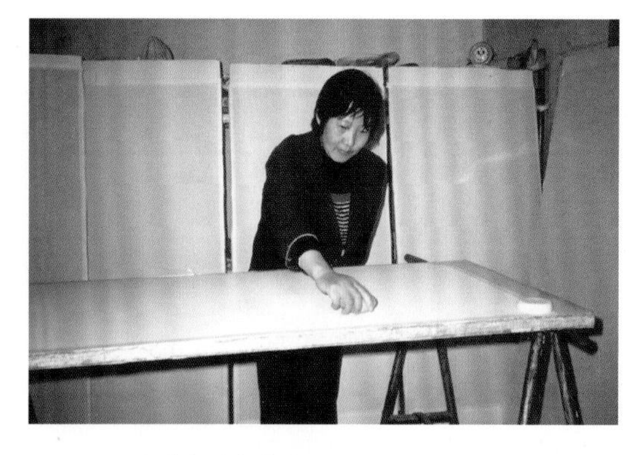

图 7–11 掇英轩的师傅在砑光

1．工具

（1）案几。

（2）熨斗。

2．工艺流程

（1）选用高质量的蜡块 (一般用“蜀蜡”)。

（2）把原纸铺平放在大案几上。

（3）如图 7–12，手持蜡块轻轻地在纸面上打磨，动作要轻而匀，以免钩破纸面，同时也是为了使蜡层均匀。蜡层以匀薄为佳，不宜厚，厚则不易染墨。

图 7–12 施蜡（刘靖提供）

(4)用热熨斗熨烫涂过蜡的纸面，在这一过程蜡层熔化，并更为均匀。此工序也可省去。

(5) 将蜡纸再作砑光加工，加工出来的纸张更加平滑，富有光泽。

涂蜡可以单面涂，也可以双面涂；可以涂白蜡，也可以涂黄蜡等彩蜡；可以用原抄素纸，也可以用经过染色、涂布等纸笺。

（八）印花、砑花、拱花、透光笺制作技术

印花是采取印刷方法将某种图案印刷在素纸上使之成为花纸的一种纸笺制作方法。印花的操作程序是印刷，但印花之所以属于纸笺制作范畴，是因为这种印刷的产品仍是以“纸”为主体，“花”装饰纸，而不像其他印刷品那样把纸当作载体来表现印刷的内容。现代纸笺制作增加了丝网印刷工艺。

图 7–13 木版水印

砑花是一种特殊的印花工艺。它与普通印花工艺在原理上有很明显的区别，那就是后者是将某种颜料印在纸面上，印出来的花是有色的“明花”；砑花则不用颜料，而是通过磨砑直接将雕版上的图案强压在纸面上，形成“暗花”或称“水印”。拱花也是将图案压印在纸上，但它采用对称的凹凸版，砑出的花是突起的，而不像砑出来的花是平的。

图 7–14　透光笺局部（刘靖提供）

1．设备和工具

（1）印版　木质雕版，刻以各种图案，既可作印花版，也可作砑花版。

（2）毛刷。

（3）擦子。

（4）拱花版　木质，两块雕版，分别刻有同一图案的正、反面。用铰链连接两雕版，使两雕版合在一起时正反图案准确地对称。

2．工艺流程

（1）印花

①将印版平放，固定。

②将一叠纸用夹板固定，按设计要求与印版对好。

③用毛刷蘸颜料均匀地刷在印版上。

④将素纸覆盖在印版上。

⑤用擦子轻拓纸背。

⑥取下印有花纹的纸，再印下一张。

（2）砑花

①将印花版平放，固定。

②将一叠纸用夹板固定，按设计要求与印版对正。

③掀一张纸盖在版上。

④轻轻打点白蜡在纸上（只在印版上方打磨）。

⑤用光滑的鹅卵石磨砑，使印版上的图案呈现在纸上。

⑥取下砑印有花纹的纸，如法砑印下一张。

水印花纹是另一种类型的暗花。它也不用着色，但又不像一般暗花那样有凹凸纹。制作方法：用丝线在纸帘上结扎出一定的花纹图案，抄纸时，结扎有丝线的地方纸浆较薄，因此，抄出来的纸页上就留下与编织在纸帘上的图案相同的暗花。对着光线看时，水印花纹最为清晰。

透光笺是直接在单宣上刻出图案，然后将这张雕空的纸两面各裱一层单宣，最后得到的纸迎光看去，图案赫然醒目。

三、主要产品及其制作方法

巢湖掇英轩文房用品厂目前生产的纸笺产品主要有以下 19 类上百个品种：

表 7–1　掇英轩纸笺产品

类别	品种
粉蜡笺	素粉蜡笺、真金手绘粉蜡笺、仿金手绘粉蜡笺、金银花粉蜡笺、真金雨雪粉蜡笺、真金金粟粉蜡笺、砑花粉蜡笺等
泥金笺	泥金笺、泥银笺、真金泥金笺、真金泥金绢本笺、仿金泥金绢本宣等
金银印花笺	各类金银印花笺
绢本宣	绢本宣、绢本印花笺、绢本木版水印笺等
木版水印笺	木版水印信笺、木版水印笺等
拱花笺	拱花笺、木版水印拱花笺等
刻画笺	又称透光笺
砑花笺	各种砑花笺
流沙笺	各种流沙笺
洒金笺	洒金笺、洒银笺
色宣	各色色宣
墨流笺	
水纹笺	
朱砂笺	素朱砂笺、真金雨雪朱砂笺、真金金粟朱砂笺、金银花朱砂笺
丝网印笺	丝网印花粉笺、万年红、洒金笺、泥金笺等
云母笺	各种云母笺
豆腐笺	各色豆腐笺
矾宣	各色矾宣
其他	印谱、摘抄、折页等

这些令人眼花瞭乱的纸笺就是综合运用前文所述若干种工艺制作而成的。下面就其中有代表性的几种纸笺加以介绍，同时说明其制作工艺。

1．粉蜡笺

粉蜡笺是中国古代纸笺的最高代表，其制作工艺集中运用了托裱、涂布、施蜡、染色、描金等中国古代纸笺制作中的多项技艺。掇英轩制作的粉蜡笺具有纸质挺刮、富丽华贵、平滑温润，且有一定的防水性及抗老化性，适宜长期保存等特点。用于书写，则运笔流利，不损毫、不滞笔、不拒墨，字迹乌亮有神，更富神韵。在粉蜡笺上再真金手绘，可谓锦上添花，使之更加富丽堂皇。如果是由有较高功力的师傅所绘，构图典雅，线条流畅，则纸笺本身就是一件精美的艺术品，如图 7–15。

粉蜡笺又分素粉蜡笺、真金手绘粉蜡笺、仿金手绘粉蜡笺、金银花粉蜡笺、真金雨雪粉蜡笺、真金金粟粉蜡笺、砑花粉蜡笺等多个品种。每个品种又可根据底色的不同再细分，如图 7–16 中所示的真金雨雪粉蜡笺就有十种不同底色。

手绘描金粉蜡笺制作的工艺流程：

选、配料→备楷→施胶→晾干→下纸→配料→施粉→施蜡→研光→托裱→备图案稿→描绘→裁切→包装

（1）选料　制作粉蜡笺对原材料要求十分考究。原纸的纤维组织需细密均匀，纸面无杂质、无纰点，纸质柔韧，拉力强。历史上也有用皮纸作粉蜡笺底料的，但用安徽泾县宣纸作底料效果更佳。因为宣纸的综合指标优于其他书画纸，尤其是宣纸的抗老化性最好。

（2）拖胶矾　用糨糊将选好的宣纸一端粘在木条上，在调配好的胶矾水中拖一遍，挂起来晾干。这样纸的拉力更好，也便于上粉色。

图 7–15　粉蜡笺（刘靖提供）

（3）涂粉　在纸的正面用排笔将粉色涂刷均匀，然后挂起来晾干。若制作双面粉蜡笺，复背纸也需要按第二步及第三步进行拖胶矾和涂粉。

（4）托裱　将面纸和背纸托裱黏合成为一纸。然后上挣板挣平晾干。

（5）打蜡　在纸面上均匀打上一层白蜡。

（6）砑光　用细石砑磨纸面，使纸面上的蜡质更加均匀，使纸质更加缜密、润滑、光亮。经施蜡和砑光的纸张，既美观又具有防水性。蜡层在一定程度上将纸面与空气隔离开来，从而降低纸张的氧化过程，延缓老化。

（7）描金　一般都是用真金银粉（俗称泥金、泥银）加胶水调和好，绘以象征福寿富贵等吉祥如意图案，如龙、凤、花、鸟、云、蝠等。若装裱成画轴形式，只需制单面粉蜡笺即可，不装裱的纸笺则背面一般用金箔碎片洒贴。双面粉蜡笺一般只对正面进行上述加工，背面在上粉色后不打光，贴上金箔片即可。

2．泥金笺

泥金笺也是一种古代纸笺，前几年为掇英轩所复原。该笺整个纸面覆盖一层泥金或泥银，有些像是当代的锡箔纸，富贵华丽同时又不拒墨。用它来创作书法作品，具有很强的装饰效果。该系列包括泥金笺、泥银笺、真金泥金笺、真金泥金绢本笺、仿金泥金绢

图 7–16　真金雨雪粉蜡笺（刘靖提供）

图 7–17　掇英轩制作的泥金笺系列产品（刘靖提供）

本宣等多个品种，如图 7–17。

泥金笺制作工艺流程：

（1）选料、配料。

（2）备楷。

（3）施胶。

（4）晾干。

（5）下纸。

（6）泥金浆料配制。

（7）将施过胶的宣纸平铺桌上。

（8）用底纹笔蘸浆料排刷纸面，直至将泥金浆料刷均匀。

（9）挑起晾干。

（10）下晾杆。

（11）将刷好的泥金纸上挣板挣平。

（12）下挣板。

（13）裁切，包装。

3．金银印花笺

金银印花笺采用印刷技艺将设计的图案印在各种底色的纸面上，形成具有模拟描金绘银的装饰效果。掇英轩复原的古代金银印花笺制作方法采用雕版印刷技艺，近年改为丝网印刷。金银印花笺根据纸张底色、印刷图案的不同，也是由多个品种组成的一个系列，如图 7–18。

图 7–18　尺八屏金银印花笺（刘靖提供）

4．羊脑笺

羊脑笺是明代宣德纸中的著名品种，其制作工艺少为人知。刘靖根据古笺实物资料和田野调查资料，成功地试制出这种古朴典雅的纸笺，如图 7–19。

5．流沙笺

流沙笺在唐代即已出现，因其纹理似沙漠上风吹沙动形成的纹理而得名，又似墨彩滴入水中幻化流动，而得名墨流笺，如图 7–20。

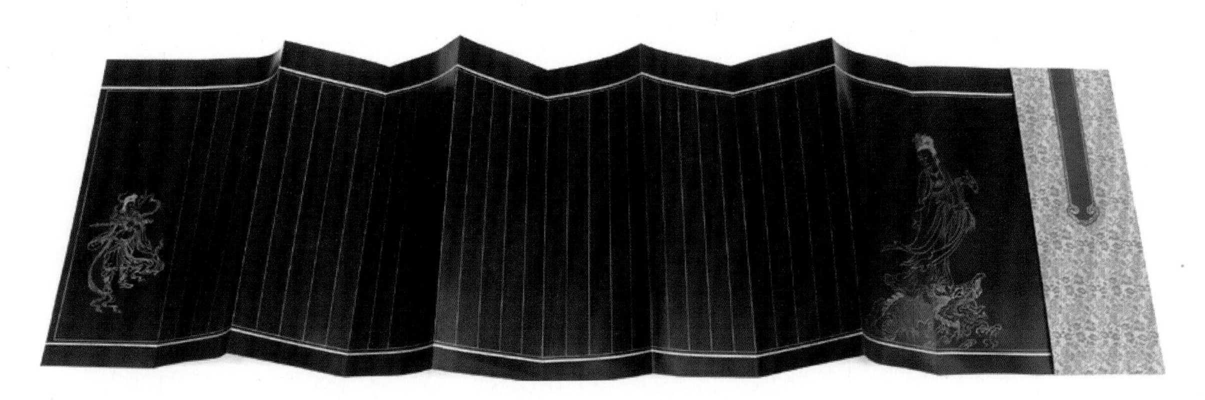

图 7–19　羊脑笺

流沙笺的制作工艺简单来说就是利用水或油与颜料的比重不同，使颜色浮于水或油的表面自然流淌幻化，以纸覆之而成。

掇英轩制作流沙笺的工艺流程如下：

（1）根据所制作纸笺的大小选择合适的纸槽，纸槽高度在 15 厘米左右，不宜太深，注入深 10 厘米左右的清水。

（2）配置糨糊，调稀备用。

（3）将糨糊水按比例注入清水中，搅匀。

（4）将配置的颜色用毛笔蘸染，然后用笔尖轻点水面，此时颜色会在水面漂浮，再轻轻拨动水面，颜色会随着水流而自然流动、晕染、幻化。

（5）取一张纸（宣纸、皮纸、竹纸、草纸等均可，但不用经再加工后熟纸）将纸一头粘贴在一细长方棍上备用。

（6）趁色彩在水面流淌，双手抓棍，纸面朝下，将纸从另一端起均匀、迅速地覆于水面，浸透（粘棍的一端留下 3 厘米左右不能沾水），此时流淌的色彩即被纸面吸附。

（7）提起粘棍一头，顺势将纸从光滑的纸槽沿口拖过，提离水面。

（8）将纸挂在晾架上晾干。

图 7–20　流沙笺

图 7–21　荣宝斋木版水印作品

6．套色木版水印笺

（1）设计所需水印图案。

（2）将图案分色制图。

（3）选择雕版所需木料刨平磨光。

（4）将分色图稿分别反印在待刻的木板上。

（5）持刀雕刻直至印版完成。

（6）取宣纸裁切所需规格。

（7）配色。

（8）将第一套色花版平置桌上。

（9）上色。

（10）取纸覆印。

（11）下板。

（12）取第二套色花版平置桌上，同第一套色对版。

（13）上色。

（14）取纸覆印。

（15）如套印多色，即将分色花版一一按先后顺序对版覆印直至所需图案印制成功。

（16）下板晾干。

（17）整理裁切。

（18）包装。

第二节　书画装潢与修复技艺

手工纸的最重要功能是被用于中国书法与绘画创作。在原抄纸或纸笺上创作的书画作品，在外力和墨色中的胶质作用下，画面多皱折不平，易破碎，不便观赏、留传和收藏，为了克服其易皱、易损的弱点，同时进一步增强其美观效果，使笔墨、色彩更加丰富突出，以增添作品的艺术性，使之便于保存、留传和收藏。一般还需要进行装潢，经过托裱画心，使之平贴，再依其色彩的浓淡、构图的繁简和画幅的狭阔、长短等情况，配以相应的绫绢，装裱成各种形式的画幅。书画作品包括各类书籍受各种因素的影响会出现不同程度的损害，如果需要恢复其原貌，需要进行修复，因此，装裱技艺和破损纸张的修复技艺是手工纸制作技艺重要的延伸，也是一种传统技艺类非物质文化遗产项目。尽管已经有专门的著作介绍这两种技艺，但本书在文房四宝制作背景下研究手工纸的制作技艺，如果不介绍书画的装裱和古籍的修复技艺，就显得不够完整。当然，书画装裱和修复技艺涉及很复杂的内容，这里不可能面面俱到，只能就其历史发展和主要工序作简要介绍。

一、发展历史概述

书画装潢意指对书画作品进行装饰、包装。“装”字本意为“装裱”；“潢”字本意为“入潢”，主要是为了避蠹，后指修饰和美化。装潢对于书画作品的意义，有人用“美人之妆饰”来比喻。“美人虽姿态天然，苟终日粗服乱头，即风韵不减，亦甚无谓。若使略施粉黛，轻点胭脂，裁雾縠以为裳，剪水绡而作袖，有不增妍益媚者乎？”[3]

从广义上讲，装潢之法与书画艺术同步发展，可以追溯到以简牍和缣帛为主要书画材料的秦汉时期。长沙马王堆汉墓出土的帛画上端安装的扁形木条上不仅系有丝绳，两端还系有飘带。早期的装潢主要是裱褙，亦称装褙，唐代张彦远的《历代名画记》称：“自晋代以前，装背不佳。宋时范晔始能装背。宋武帝时徐爰，明帝时虞龢、巢尚之、徐希秀、孙奉伯编次图书，装背为妙。”[4]关于范晔能装褙的史实，还有更早的文献为证，梁中书侍郎虞龢的《论书表》就有“悉用薄纸。厚薄不均，辄好绉起。范晔装治卷贴小胜，犹谓不精”[5]的记载。

又据史料记载，梁武帝尤好图书，搜访天下，大有所获，“以旧装坚强，字有损坏，天监中，敕朱异、徐僧权、唐怀允、姚怀珍、沈炽文枬而装之，更加题捡二王书，大凡七十八帙，七百六十七卷，并珊瑚轴，织成带，金题玉躞”[6]。

南北朝时期，书画的装潢仍以“卷轴”为主，隋唐以后，装潢技艺得到快速发展，随着“挂轴”和“册页”的出现，书画装潢三大基本形制均已具备。同时，唐代张彦远的《历代名画记》中有《论装背褾轴》一章，是最早的论述装潢技艺的著作。

唐代的弘文馆和崇文馆中均设有专门的“装潢匠”职位。据史料记载：“弘文馆学生三十人，校书郎二人，令史二人，楷书手三十人，典书二人，拓书手三人，笔匠三人，熟纸装潢匠九人，从九品上。”[7]“崇文馆学士、直学士、学生二十人，校书二人，令史二人，典书二人，楷书手二人，书手十人，熟纸匠三人，装潢匠五人，笔匠三人，贞观中置太子学馆也员数不定，从九品下。”[8]“天后朝，张易之奏召天下画工，修内库图画，因使工人各推所长，锐意模写，仍旧装背，一毫不差。”[9]

五代以后，装潢技艺已经成熟，而且随着书画业的繁荣应用相当普遍。例如，据宋李焘《续资治通鉴长编》记载，宋太宗藏书之府称“秘阁”，所藏书籍，先是“并以黄绫装潢，号曰‘太清本’”[10]。宋代内府收藏书画的装裱追求古朴典雅、工臻精美、用料富丽堂皇、尺寸整齐划一，后被称为“宋式裱”，以宋徽宗时期的作品为代表，故又称“宣和裱”，其显著特点是在特定的部位加“宣和七玺”。故宫博物院珍藏的北宋梁师闵的《芦汀密雪图》是保存至今的宣和裱实物。宋朝廷对书画的重视也影响到周边地区，据《绘事备考》称，辽之贵族萧瀜，官至南院枢密使，好读书，亲翰墨，尤善丹青，“慕唐裴宽边鸾之迹，凡奉使入宋者，必命购求。有名迹，不惜重价，装潢既就，而后携归本国，临摹咸有法则”[11]。宋代装潢技艺达到很高水准，为后世所推崇。明代学者王世贞跋《宋拓褚模褉贴》中称：“然表册绝精，坚厚而和软如绵，今装潢匠不能为也。”[12]

元代中统二年（1261）还成立了专门的装潢机构，称“裱褙局”，其中设“提领”一员，“掌诸殿宇装潢之工”[13]。

明代将皇家书画院设在“仁智殿”，从一些文献中可以了解到不少书画家都曾在这里供职。如据明朱谋垔《画史会要》记载，海盐卫后所人朱端正德间（1506 ~ 1521）“以画士直仁智殿，授指挥俸，钦赐一樵图书”；兴化人林时詹，长于绘事，山水尤精，“成化初，赐冠带，直仁智殿”；浦城人詹林宁，“工绘事，天顺间召入京师，成化授工部文思院副使，直仁智殿”[14]；又据清代王毓贤《绘事备考》记载，福建人沈政，工画花竹翎毛，“官至顺天府丞，直仁智殿”；临川人伍槩，精于书法，工画翎毛，“直仁智殿，寄禄中书科”[15]；等等。

明代出现了一些论述装潢技艺的著作，除了最具代表性的周嘉胄的《装潢志》外，文震亨的《长物志》、陶宗仪的《辍耕录》、杨慎的《墨池琐录》等著作对装潢技艺的阐述都占有一定的篇幅。

清代的装潢技艺集历代之大成，尤其是康熙乾隆时期，在用料、技法和形式等各个方面全面发展。清代的艺术风格总体上讲注重细节，讲求工巧和精致，这同样体现在装潢技艺上。随着私人收藏的不断增多，装潢技艺在民间也得到普及，北京、苏州、扬州、上海等地更是出现了许多闻名遐迩的书画装潢店，装潢业成为一种广泛流行的新兴行业。

明清时期，由于文人画成为主流，以素绢或浅色绢作裱料的装裱逐渐增多。各地在绫绢色彩、操作技法以及裱幅形式方面都有所不同，从而形成了各自的地方特色。北京作为全国的政治、经济、文化中心，“京裱”自成一体，在全国具有重要影响。在京都以外的地方，苏州、扬州一带装裱业长盛不衰，自成体系，被称为“吴装”。其裱件平挺柔软，镶料配色文静，装制切贴，整旧得法。明代学者胡应麟有“吴装最善，他处无及焉”[16]的评价。此外，中国的书画装裱技术还传至日本、朝鲜。

民国以后，装潢业与其他手工技艺一样受到战争和政治动荡等因素的影响而有所波动，但总体上讲一直没有间断，尤其是在20世纪80年代之后，随着中国经济的快速发展，书画艺术越来越受到追捧，近些年更是处于炙热状态，书画装潢技艺也随之振兴起来。

这一时期，苏州、扬州、上海等地装裱业十分发达，根据装裱内容的不同还有进一步的细分市场，如专裱普通书画的称“行帮”；专裱供婚丧喜庆之用的红白立轴对联的称“红帮”；最高级的专为书画名家和收藏家装裱珍贵书画的称“仿古装池”等。

二、书画装裱技艺

书画装裱技艺是一项内涵丰富、操作复杂的传统技艺，关于其主要工序，历史文献中有简要的阐述，当代学者也有专题著作，如冯鹏生所著的《中国书画装裱概说》、杜子熊所著的《中国书画装裱》、冯增木所著的《中国书画装裱》、杨守谋等编著的《中国书画装裱艺术》等。徽州历史文化底蕴深厚，对书画装裱和古籍的修复技艺一直有良好的传承，朱格亮先生从1985年开始，师从多位大师学习徽裱技艺，从业二十余年，具有丰富的工作经验。这一部分就是在他的配合下完成的。

（一）工作条件

1．工作室及主要设备

工作室一间，要求宽敞、明亮、通风，面积因业务性质和业务量的不同而有所差异，室内安装有上、下水的水池，为了不受季节和天气的影响，应安装调节室内温度和湿度的设备。

主要设备：木质案台一张，长3米左右，宽1.5米左右，以朱红油漆罩面，光滑平整，现在多改用大块玻璃桌面，如图7–22；固定和可移动的“大墙”（又称“壁子”或“贴板”）若干面，气候较潮湿的地方多用“木板墙”，较干燥的地方多用“纸墙”，要求平整、光洁；存放用料和作品的橱子，大小据需要而定。

图7–22　清洁工作台面

主要工具：裁刀、裁板、裁尺、棕刷、排笔、毛笔、竹启子、针锥、镊子、尖嘴钳、压石，还有浆油纸、水油纸等。

2．时令

书画装潢很讲究时令，这一点很早就有明确的论述。如唐张彦远的《历代名画记》中有“候阴阳之气以调适。秋为上时，春为中时，夏为下时，暑湿之时不可用”[17]的论述。明文震亨的《装潢志》亦有类似观点：“装潢书画，秋为上时，春为中时，夏为下时，暑湿及冱寒俱不可装裱。”[18]秋天温度适宜，秋高气爽，容易收干，不易发霉，所以是最佳时令；春季稍次；冬季严寒易冻，夏季既热且湿，均不适宜。据介绍，装裱室的最佳温度是15℃～17℃，最高不超过20℃；湿度最好控制在50%～60%，湿度过大则不利于卷面晾干，过低则干燥过快。如今使用现代化设备人为控制工作室中的温度和湿度，可为装潢营造最适宜的环境，因而很大程度上可以不受季节时令的限制。

（二）用料及其预加工

1．主要用料

首先是纸，主要用于托画心、绫绢和配覆背等，古人早就认识到，裱褙用纸宜用生宣而不用熟宣。如《历代名画记》中就明确指出，裱褙勿以熟纸，原因是“背必皱起”，“宜用白滑漫薄大幅生纸”。现在一般选用各种规格的生宣和其他手工纸。

其次是丝织物，如绢、绫、锦，多用作手卷包首、册页封面、轴幅锦眉和边框等。

糨糊也是非常重要的材料，其制作十分讲究。《装潢志》和《长物志》、《赏延素心录》等书对糨糊的制作方法都有专门论述，我们在《中国传统工艺全集·造纸与印刷》中对糨糊的制作工序有详细叙述[19]，读者可以参考。图 7–23 ～图 7–26 所示为制糊的主要过程。

胶矾水，胶、明矾的水溶液，用于加固裱件的色彩。

画杆，分天杆、地杆，以杉木为主要原料，要求平直，其中地杆还得有足够的重量。

轴头，多用紫檀、红木、花梨、陶瓷、象牙、牛角、金属等质料制成，安装在挂轴式裱件地杆的两端或手卷式卷尾的上下两端，主要起装饰作用。

此外，还要备中国画颜料，用于染制纸、绢、绫及为破损的画心补色等。还有绳、带等小件，用于捆扎。

2．绫绢和料纸的托染

各种用料都需要加工，不过大多是在供应商那里完成，可以直接购得成品，或者购买不同颜色的绫绢，这样就可以省去染色工序，不过据朱格亮介绍，高质量的装裱必须采用自己托染的绫绢。

装裱用绫绢本身非常柔软细薄，若不经过加厚定形，难以剪裁作为书画的镶料，所以在使用之前还需要进行托染等预加工。托染之前要根据书画内容选择绫绢的材料和颜色，如图 7–27 所示。还要根据画心的尺寸确定托染绫绢的尺寸，为便于裁剪，可以抽一根丝以显示边界，如图 7–28 所示。

托染的方法常用的有清托法（亦称水托法）和混托法。先介绍清托法：

将国画颜料加入清水中配成特定的颜色水（其中需加入适量的胶矾水），待用，当然如果用的是色绢就不需要在糨糊中加颜色，托绢用糊的浓度要高于托纸；如图 7–29，将裁好的一段绫绢正面朝下，平铺在

图 7–23　加清水和新鲜面粉，和好后静置一个多小时

图 7–24　将面团放在清水中洗

图 7–25　将浆液盛于桶中加清水再洗四五次

图 7–26　次日滤去桶中上层清水，用开水冲淀粉即成

案台上，要求经纬垂直，花纹端正。将绫绢的一端和一侧边分别靠近案台一角的两边；用排笔蘸少许颜色水刷绫绢的两头，使之基本固定；在绫绢的中间刷一条贯穿两端的带使之固定；然后横向刷糊，逐段固定，直至全部，整个过程中注意蘸颜色水量要适当。

待整幅绫绢抻平抻直之后，用干毛巾将水分吸干；均匀地刷上糨糊；将备好的与绫绢尺幅相同的宣纸与绫绢对齐后，从一端开始边展边刷，均匀地粘贴在绫绢上，如图 7-30；在上好托纸的绫绢四周不足 1 厘米的边上刷上较稠的糨糊，并在一处贴上一小纸条（“起子口”，主要是便于揭起）；从案面上将托染过的绫绢揭起，如图 7-31；刷在“大墙”上，如图 7-32；晾干；揭下备用。

以此法托染的绫绢颜色纯正，光泽度好。

混托法是将颜料直接调入较浓的糨糊中，也要加入适量的胶矾水，在上述工序中改用清水固定绫绢，

图 7-27　挑选合适的绫绢

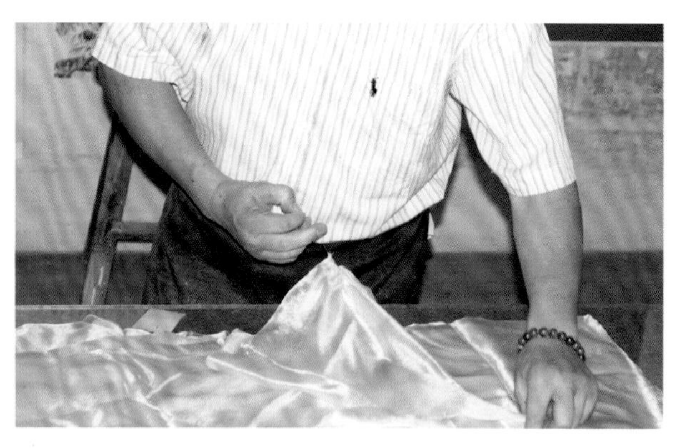

图 7-28　确定所用尺幅之后，拉一根线以显示裁剪的边界

图 7-29　刷糊在绫绢上

图 7-30　刷上托纸

图 7-31　从案台面上揭起

图 7-32　上墙

然后刷上有色糨糊，整个流程完全相同。这种方法效果也不错，所以很常用。

料纸，包括镶料用纸和裱褙用纸，一般选用质地细腻、纯净平整的上等生宣。料纸大多不直接用单层纸，而需要托成厚达数层（常用三层）的专用纸，称镶料纸和裱褙纸。托料纸的流程：先在台面上铺上一层纸，用排笔蘸稀浆水在纸上刷平刷匀；加托第二层，纸边对齐后，逐渐展开，一道道刷实；同样的方法加托第三层；最后用棕刷刷一遍，挂起晾干。

料纸的染色：将托好的纸平铺在案台上，均匀地刷颜色水，晾干。此法亦可用于托好的绫绢的染色。

（三）主要工艺流程

传统的装裱概念内涵丰富，就成品的形制而言主要包括挂轴、手卷和册页三大类，这里以挂轴式为例。主要工艺流程包括托裱画心（简称托心）、镶覆和砑装三个步骤。

1．托心

托裱画心是整个装裱技艺中的核心工序。为了使又薄又软甚至形状也不甚规则的画心（或书心，又通称心子）平展和挺括，通过进一步装饰，成为便于悬挂和展示之艺术品，首先就要对画心进行裱托，称托心。

托心所用衬纸称托纸，根据画心纸质的不同，选用不同规格的托纸，如图 7–33。如单宣画心配单宣托纸，夹宣画心配用较薄的皮棉连纸。再若画心抗拉力很小，则需配用抗拉力较强的净皮宣纸，如此等等，由操作师傅根据经验掌握。托纸用得不好往往导致书画作品的损伤，或影响作品的收藏价值。如《装潢志》中即道：“托画须用绵纸自备之。庸工必以扛连纸托，或连七纸。用扛连如药用砒霜，永世不能再揭，画命纸矣。”

托纸的尺幅比心子略大，四周各留出约 1.5 厘米的“托心余边”，托纸尽可能无拼接，如果心子规格过大，不得不拼接，则要求接口不能超过 2 毫米，而且要齐。

托心的方法可分为湿托法和干托法两种。

对于不掉色的画心一般用湿托法。其主要工序如下：

（1）先将待裱的画心画面向下平铺在案台面上。

（2）喷水润湿（图 7–34），并用排笔蘸水由里而外刷，使画心平展，注意用水量随画心用纸的不同而有很大区别。

（3）如图 7–35 所示，刷上合适浓度的糨糊，注意不能造成褶皱，用旧排笔，每次蘸糊量不能太大，刷糊要均匀且无遗漏，用小镊子将刷子毛等杂质拣除。

图 7–33　配纸

图 7–34　喷适量的清水

（4）如图 7–36 所示，刷上托纸。

（5）在托纸余边上刷少许糨糊，并贴上一小纸条作起子口，然后将托过的画心刷上墙，如图 7–37 所示。

对于易扩散或掉色的画心不能用湿托法，一般采用覆托（亦称搭托）法或飞托法（统称干托法）。与湿托法的区别在于此法是先在托纸上刷糨糊，然后覆画心于托纸之上。

2．方心

托过的画心在墙上完全晾干之后即可揭下。用起子插入起子口，逐渐向两边拓展，注意动作要轻，以免起崩画心。

先做好准备工作，包括铺好裁板，准备好木尺和针锥，磨好裁刀（现在用裁纸刀无须磨）。

将托好的画心画面向上铺在裁板上，先裁齐有题款、押角章或书画内容比较靠近纸边的一边，操作时，左手按住木尺，防止移动，右手持裁刀从左往右裁下多余的部分，如图 7–38。然后合起画心，以裁好的一边为准，与对边对齐（如图 7–39），用针锥扎眼作记号，确定裁边的位置，压上木尺，将另一边裁齐。用同样方法将另两条边对齐，最终使画心成长方形，这样对作品的影响最小。

图 7–35　在画心背面遍刷一层稀糊

3．镶距

首先要裁配镶料，根据画心的尺寸和最终装裱的设计方案，计算出各部分镶料的规格。将设计方案写下来，以便参照执行。

以最常见的立轴款式为例，其左右两边称为“边”，上、下两头称为“天头”和“地头”。一般而言，两边的宽度相同，上、下的比例为 6:4。将下好的镶料依次镶于画心之上的过程称“镶活”。镶活的品式有许多种，如全绫镶、全锦绫镶、全锦镶、半绫镶、纸绫边镶、全纸镶、挖绫镶、多绫镶、宋式镶等。无论采用哪一种品式，一般都要先进行镶距。在画心周边贴上一道纸条，并留下半边空白，镶料不是直接与画心相接，而是粘贴在纸条的空白边上，而且在画心与镶料之间留下一道很窄的缝，这样做不仅对画心起到保护作用，而且留下的“线”具有很强的装饰效果，这个过程就是所谓的“镶距”。

图 7–36　将托纸刷上

镶距用料一般为两层普通厚度的单宣托就的料纸，裁成 5 毫米宽的小条。操作时，将画正面朝下平铺在案台上，先镶两个长边，用直尺压住画心，防止移动；如图 7–40，放上“隔糊纸”，在画心边 2 毫米范围内打上糨糊；贴上裁好的料纸条，注意要齐，并留下 2/3 的宽度，如图 7–41 所示；镶好后剪去两

图 7–37　将托好的画心上墙

图 7–38　先裁好一边

图 7–39　折叠对齐

图 7–40　在画心背面边上刷 3 毫米宽的糨糊

图 7–41　贴上镶距条

头多余的部分；再镶两条短边。

4．**镶活（宋式镶）**

镶活的品式多种多样，就一幅画心上配用不同颜色镶料的种类多少而言，就有单绫镶、两绫镶、三绫镶等，主要是根据画心规格的具体情况而设计。

如果画心为立长方形，尤其是当长为宽的三倍以上，镶料长又不需要超过画心长度，采用单绫镶即可，一般选用米黄、玉白或淡青等较浅颜色中的一种，以突出画心的画意为主旨，忌用强烈的对比色。若画心长宽差距不明显，要加的天、地两头都比较长，用单绫镶就显得单调或喧宾夺主，最好采用两绫镶或三绫镶（统称多绫镶）。多绫镶所用各色绫子的选择，包括各部分的比例分配体现装潢设计者的艺术修养。

下面以历史上颇负盛名的宋式镶为例介绍"镶活"的工序。前文提到，宋式镶又称宋式裱，也称宣和装，包括立轴、手卷、横披等多种款式，这里只介绍立轴。立轴款式的宋式镶有三种镶法。

第一种，画心为竖长式，采用双色绫子，按设计方案下料。另取深咖啡色或古铜色绫绢，根据画心大小裁成 1 ～ 1.5 厘米宽的窄条，备用。画心镶距后，先镶一色绫子的左右两边及天地头。如图 7–42 ～图 7–44 所示为镶一色绫子（横宽式的画心操作过程完全相同）的主要流程；在天地两头各反镶一窄条（"界条"）；再正镶第二种色的天地；浆口干后齐边；再在整幅的两边各反镶一窄条（"通天边"）。

第二种，与第一种相似，区别在于镶一色绫子的两边和天、地头之后齐边，四周加镶窄条，然后镶第二种色的天、地头。

第三种，画心接近正方形，可采用双色绫子或三色绫子，先裁 2 厘米宽的深色绫条，备用。镶活工序同第一种，只是镶一色绫子时只镶天头地头，取消两边，各部分的尺寸自然需要调整。

镶活是一个“细活”，操作时一定要讲究分寸，如用糊的浓度和用量特别要求适度，镶口宽度特别要求均匀，整个过程中注意轻拿轻放，稍不留神就会带来不利的影响。

5．齐活

又称“四裁”或“齐边”，装活完成后，需要将四边裁齐，成长方形，四边规则均匀，卷起时两端整齐一致。裁时务必慎重，切不可多裁，宁可分多次完成。

6．回边（包边）

回边亦称“转边”或“折边”，就是将镶料的两边均向背面折起 2 ~ 3 毫米宽度，并施糊与背面粘在一起，以增加边际的牢固度，并可以防止绫绢脱丝。操作时注意折起的宽度必须一致，用糊的浓度和用量适中。

回边工艺只应用于全绫镶、半绫镶和纸绫边镶的裱件，一般不用于全锦镶和全锦绫镶的裱件，否则会导致两边过厚。后者则多采用包边（套边）工艺。选用拉力较强的皮纸，染成瓷青或古铜色，裁成 6 毫米宽的纸条作为包边纸备用。用浓糊将包边纸正面朝外，先贴在裱件边的正面上，再折转过去贴在裱件边的背面上。

7．折贴串口

装天地杆的位置俗称“串口”或“夹口”。装天地杆之前要先在天地头的两端加贴串口纸或串口镶料，其宽度为天地杆的周长。如天串纸一般取 6 ~ 7 厘米，镶料部分取 2 厘米；地串纸约为 15 厘米，镶料部分取 5 ~ 6 厘米；设计好尺寸之后，在天头和地头两侧测量定点，然后将线以外的部分（俗称“绫串”）向正面折叠过来（俗称“折串”，如图 7–49 所示）；翻转裱件使画面向下，在背面天地头折线处分别打

图 7–42　按设计配料

图 7–43　镶边

图 7–44　研紧

图 7–45　贴第二种色的天、地头

图 7–46　裁齐

图 7–47　用锥子划一道折痕

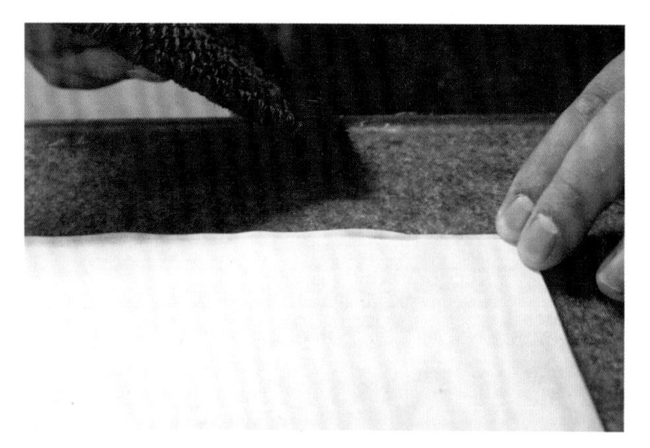

图 7–48　施糊后折起

图 7–49　折串

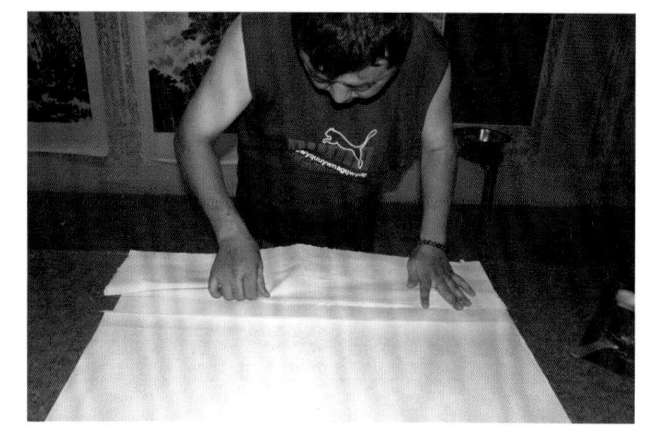

图 7–50　贴天串纸

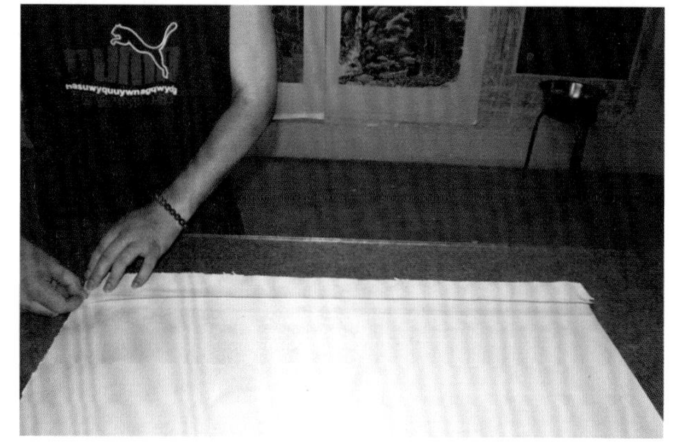

图 7–51　贴角绊

上 6 ～ 8 毫米的浆口，然后将折叠过去的绫串展开；分别贴上天串纸和地串纸，如图 7–50 所示。

为增强天串口的抗拉力，在绫串与地串纸分界处贴上一绫裱的小条（俗称“角绊”），左右两边各贴一条。如图 7–51 所示。

8．**覆背**

镶活完成后，还要在整个裱件的背面覆上两层宣纸，使幅面更加结实和平展，这道工序称覆背，又称裱褙。

覆背纸一般用棉料单宣，最好用两层单宣，也可用一层托好的双层宣。覆背纸的纸幅要略大于裱件，宽度要多出 4 厘米，长度要多出 2 厘米（有绢包首要计算在内），多出的部分主要用于上墙时的浆口。备覆背纸时要进行方裁齐口，使用时注意帘纹的横竖与画心一致。

裱好的画轴卷起后，靠近天轴的背纸暴露在外面，易遭污损，为此，可以将这一段背纸用托染的色绢

图 7-52　将两层单宣托在一起，作覆背纸

图 7-53　画面向下，施一遍糊

图 7-54 托上背纸

来替代，这样也有美化外观的作用，这部分色绢被称作“绢包首”，与覆背纸相黏结，高度一般在 22 ~ 25 厘米，宽度较覆背纸的宽度略短，主要是为回边留出空余。

覆背的步骤如下（以全绫镶立轴式为例）：

（1）将覆背纸的两层单宣托在一起，如图 7-52 所示，如果单宣本身有拼接，则注意将两纸的接缝错开，然后上墙，晾干后备用。

（2）取下覆背纸，将托件反铺在托好的覆背纸上，用排笔蘸少许清水刷托件两边的回边或包边，也可以蘸上稀糨糊再刷一遍。

（3）用棕刷再洒一遍清水，天地绫串部位也适量洒一点。

（4）将裱件翻转，画面朝上，从地头一端卷起，背面朝外，搁置在一旁。

（5）在托好的覆背纸上满刷稀糨糊。

（6）将预先打好浆口的包首绢面朝下放在覆背纸右边清洁过的桌面上，与覆背纸对齐，将浆口压住覆背纸头边沿不超过 3 毫米，使两者拼接起来，接着用手按住包首，使之在原位固定，然后刷糨糊，注意留出两侧回边的位置不刷（此道工序称“上包首”）。

（7）将润好的裱件的天串纸与包首取齐，然后逐渐展开，端正地铺在满刷糨糊的覆背纸上，随即用干棕刷轻轻地刷，使之与覆背纸成为一体，注意不要刷出褶皱，更不能刷跑墨色。

也可以采用另一种方法，即先刷糊于裱件的背面，然后将覆背纸裱上。如图 7-53、图 7-54 所示。

（8）裁去包首两侧多余的部分，然后将天头两侧掀起，露出包首的两侧，回边。

（9）将包首两侧补刷糨糊，将天头对应的部分覆于包首之上。

（10）将整个裱件翻过来，画面朝下，用排刷沿天地头之间来回刷覆背纸，进一步促使覆背纸与裱件结合。

（11）掀起地头纸串，用排笔在绫串边际刷一线糨糊，使之与纸串黏结在一起。

（12）在包首两侧回边部位各贴上一窄条绫绢（用边角料剪成），作为上墙时的浆口（俗称“耳子”）。

（13）裁一条宽 2.5 ~ 3 厘米，长为裱件宽度一半的宣纸，可以是洒金笺或仿古宣，贴在绢包首天串口以下靠近右边的部位，作为签纸，用于题写裱件相关信息，如图 7-55。

（14）为增加地串口的抗拉力，防止日后地杆脱落，用与镶料同色的绫绢，裁成近 2 厘米宽、约 14 厘米长的小条，一端剪出角形（俗称“角绊”），在覆背纸一面打上糨糊，将角绊贴在地串口两侧的边沿，如图 7–56。

（15）将裱件翻过来，画面朝上，仔细检查一遍，发现问题及时处理。

（16）在覆背纸的余边和包首的“耳子”上打适量的糨糊，并粘一小纸条作起子口，然后将整个裱件提起，天头在上，用棕刷平整地刷在大墙上，如图 7–57。

裱件上墙一周左右即可揭下来，尽可能保全覆背纸的余边，然后尽快进行下一道工序。

图 7–55 在绢包首上贴签纸

9．砑活

在案台上铺一张平展厚实的大幅机制牛皮纸（俗称“砑活纸”），将裱件铺在砑活纸上，画面朝下，掸去浮灰，剔除覆背纸上的杂质，并在覆背纸上打一层蜡，如图 7–58，并且取一张宣纸，也打上一层蜡，作为砑绢包首时的垫纸。然后手持砑石，从绢包首开始全部砑一遍。完成后，将裱件调过头来再砑一遍，如图 7–59。

“砑活”完成后，即可以将覆背纸的余边剔除，俗称“剔边”。

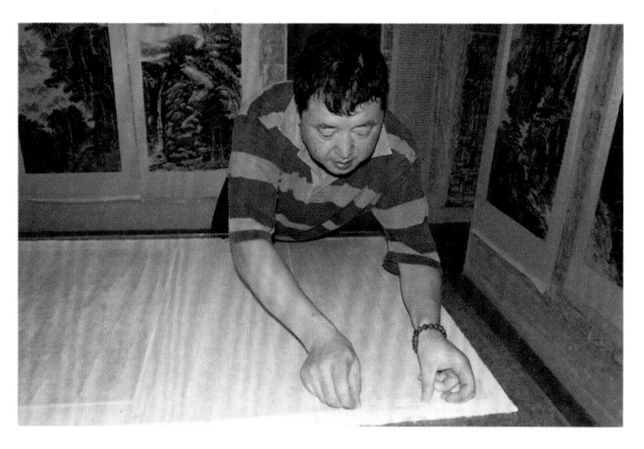

图 7–56 贴角绊

10．上杆

首先要量杆，将天地串口揭分开，将预备好的天地杆放进去，量好后作出标记（图 7–60）。将天地杆多余的部分锯掉（图 7–61），注意据口要齐正，毛头要打磨光，成品与裱件的宽度要完全一致。

在天杆上的适当位置钉上绦圈（又称“鼻”，形状如图 7–62 所示），一般要钉 4 个，中间两个之间的距离应占天杆总长的 2/5，外边的两个中间距离约占 3/5。

在制作地杆之前要选配好轴头，轴头的大小依裱件的尺寸而定。地杆的主体长度与裱件宽度一致，在主体长度之外还要留出榫头，其大小要与轴头配套。要做到严丝合缝、松紧适度，并且要使轴头安装得端正，就必须一点点铧，一点点试，不可操之过急。从刀法上看，先是刀口向上，将榫头的端部削细一点，然后套上轴头试一试，再刀口向下，将多余的部分削去，如此反复，直到可以将轴头紧紧装上，如图 7–63、图 7–64。

准备工作完成后，就可上杆了。将已经制备好的天地杆装入天地串口，一般是先装天杆，后装地杆（也可以先装地杆，后装天杆）。将裱件画面朝下平铺在案台上，将天杆放置在串口接缝处，绦圈向上，天杆两端与串口左右取齐；将纸串包过天杆一周，绦圈穿过纸串显露在外；取出天杆，将纸串冗余部分裁去；在纸串下垫一个裁板，作“隔糊”之用，在纸串边打 1.5 厘米宽的浆口，在绫串上满打糨糊，同时回边；将天杆置于其中，天杆的截面为长方形，绦圈所在平面与画面平行，将纸串紧紧包在天杆上；将天杆放平，用手压一下，然后将裱件翻过来，在天杆平面部位垫一条宣纸，捋压一遍，使之完全吻合，如图 7–65。

上天杆的同时可将悬挂裱件所用的绦子和捆扎画轴所用的丝带系好（图 7–66、图 7–67），并在绢包首揿印（图 7–68）。过去为了防止燕子飞近，在天杆上系上“绶带”，亦称惊燕，燕子飞近时两带自然飘动，起惊吓作用。

图 7-57　上墙

图 7-58　先打一遍蜡

图 7-59　再用研石研一遍

图 7-60　量好尺寸

图 7-61　锯掉多余部分之后用锉子磨光

图 7-62　钉绦圈

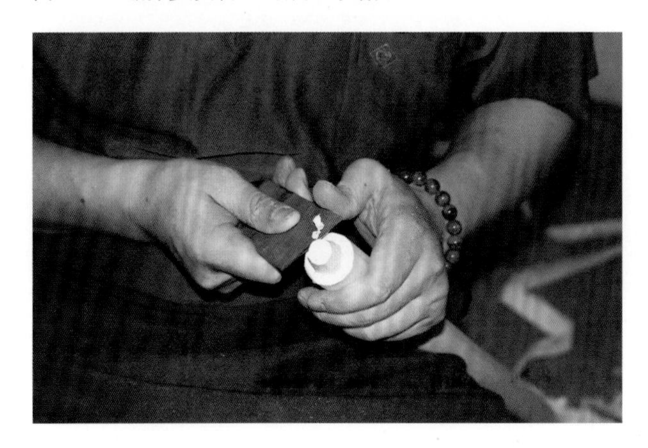

图 7-63　削榫头

图 7-64　调试好之后将轴头装上

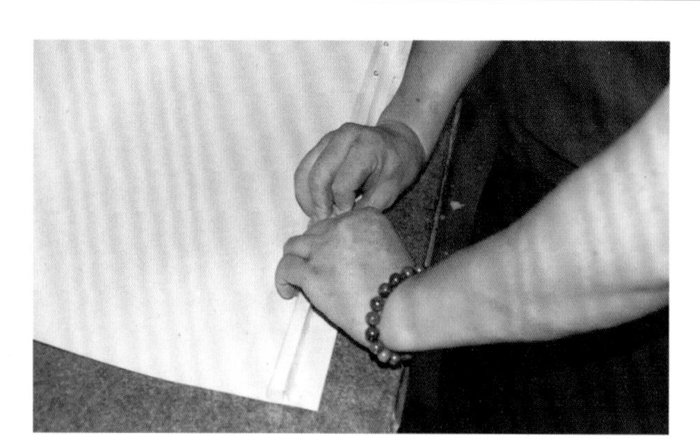

图 7–65　装天杆

图 7–66　装绦子

图 7–67　装丝带

图 7–68　在绢包首靠近天杆处揿印

图 7–69　打糨糊

图 7–70　向纸串一边滚动

图 7–71　将绫串紧包在地杆上

图 7–72　地杆装好之后的情形

图 7–73　成品展示

接下来是上地杆：使画面朝上，地串朝外，先将地杆平行端正地放在串口接缝处，两端与串口两侧边对齐；再将地杆向纸串一面滚动，检查纸串两侧与地杆的两端是否对齐，取下地杆，沿绫串两边的边际各打 1 厘米宽的浆口，在纸串两边边际各打 2 厘米宽的浆口，如图 7–69，分别贴上宽 1 厘米、长约 3 厘米的绫绢封条，目的是防止悬挂裱件时串口开裂；将地杆放上，两端对齐，平行向纸串一边滚动，如图 7–70，接近浆口时用一手固定，另一手掀起纸串，包上地杆，然后回卷，至接缝处检查是否平行，不平行要拆开重卷；卷过接缝之时，掀起绫串紧紧包于地杆上，如图 7–71；加上垫纸将绫串浆口捋压一遍。

各工序完成后，还需要认真检查一遍，发现问题及时修整。

三、古籍修复技艺

自造纸术发明以来，中国积累了大量的纸质古籍，包括印刷的书籍、各种抄本以及书画作品。在漫长的历史长河中，这些珍贵的古籍在外部因素的作用下难免出现损伤和老化，为了尽可能恢复其原貌，需要进行诊治，这就出现了一种特殊的技艺——古籍修复技艺。该技艺与装潢技艺相伴而生，不同之处在于前者是对古籍原本状态的恢复，而后者则是对作品进行全新的包装；共同之处在于两者都是纸张功能实现过程的延伸。对于古籍修复技艺的总结介绍，已有多种专著，如潘美娣的《古籍修复与装帧》、朱赛虹的《古籍修复技艺》等，读者如果不满足于对该技艺的一般了解，可参阅这些著作。

（一）纸页污迹的清除

重要的纸质书画作品和其他文献资料，存放过程中会受到诸如光照、灰尘、色液、油蜡、汗渍以及细菌和蠹虫等各种因素的作用，形成色斑、霉斑等污迹。在修复过程中，如果问题较为严重，则需要进行处理，

图 7–74　未洗前

图 7–75　清洗中

主要采用以下方法。

1．漂洗法和局部清洗法

纸张发黄、变灰、发黑以及因沾水渍形成的水痕，可以直接用热水漂洗方法处理。将待洗的污纸放在浅水槽中，先在水槽底部垫上一层纸，待洗的纸页如拆去封面和封底的书页排放在纸垫的上面，一次洗的纸页要适量，如果是糟朽的纸页，则需要用素纸包起，以免损毁。放置停当，上面再盖一层盖纸，然后压上木棍。用 75℃ ~ 90℃的热水，沿水槽四周缓缓加入，待水面没过纸页，静置至水温降下来，即可将水槽底部的下水口打开，放去污水，可轻轻挤压纸页，尽可能使其中的脏水流出。根据需要可以重复操作，直到纸页上的污渍淡去。

对于一般的灰尘，可以将纸页放在垫子上，轻轻用排笔蘸清水刷洗，如图 7–75。

将一块木板 45° 斜放，上面铺上吸水纸，将漂洗过的纸页取出，层层揭开，摊放在吸水纸上，注意顺序；上面再上吸水纸，压上重物，静置，自然晾干。

漂洗污染较重的纸页还需要在热水中加入适量的洗涤碱、漂白粉等洗涤剂，配制成一定浓度的洗涤液。洗涤碱（俗称“石碱”，$Na_2CO_3 \cdot 10H_2O$）最为常用，通常的配比是 2 千克 75℃ ~ 90℃热水中加 50 克洗涤碱，纸页污染太严重则可适当增加洗涤碱用量，但最多不超过 80 克。由于碱液更容易对纸页造成伤害，所以加水时要更加平缓。碱洗之后，要放掉碱水，加入清水，反复多次，确保无碱液残留。

加漂白粉配制的洗涤液漂洗纸页效果更加显著，同时对纸张的腐蚀作用也更强，并且处理过的纸页不易长期保存，所以要慎用，尤其不能用于善本、珍本的修复。取 20 余克漂白粉放在小碗中，加清水制成溶液。取 2 千克热水盛于水盆中，同时准备一大盆清水放在旁边。向热水中倒适量的漂白粉溶液，搅匀，用与待漂洗纸张相似的纸张，放入热水中做耐洗实验，根据情况确定加漂白液的量。之后将待洗的纸页放入漂洗，注意调整不同纸页的漂洗时间，尽量避免造成新的色差。纸页漂洗之后要立即放入清水中漂洗，除去其中残存的漂白液。最后用与热水漂洗法同样的方法，用吸水纸吸去水分，晾干。有条件的话，可以使用去湿机等设备或干燥剂等材料，尽快使纸页阴干，以免出现纸张黏结，甚至发霉、腐烂，梅雨季节尤要严加防范。

用热水或合理配比的碱液、漂白液，包括皂液也可以对纸页的局部进行清洗。方法是用适当规格的毛笔、排笔或棉球，蘸上热水或洗涤液擦洗纸面上的污点，擦净之后，要用清水再擦洗几遍，以防洗涤液残留。最后用吸水纸将清洗过的纸张与其他纸张隔开，并压平，等晾干后，撤去吸水纸。

纸质书画作品和图书，如果环境湿度过大，比如在黄霉天，如果保管不善，就会发生霉变。清除霉斑

图 7–76　用高锰酸钾溶液清洗局部

图 7–77　再用草酸溶液中和

的方法主要是整体或局部清洗法。像干霉白斑，可采用热水漂洗法，未洗净处用毛笔、小排笔或棉球蘸热水多擦几次。对于绿斑、黄斑和浅褐色霉斑，则需要用洗涤液漂洗，辅助以数小时的日光照晒，局部用毛笔擦洗，清除表层菌体，再蘸高锰酸钾溶液杀菌，用草酸溶液中和后，用清水除去上述溶液的残液，最后进行干燥处理。对于最顽固的红斑、黑斑，除采用上述方法外，可选用醋酸铵溶液加 3% 的漂白粉溶液制成清洗液，对局部进行清洗；也可采用 3% 的双氧水；特别注意控制用量和清洗时间，以免造成纸张破损。消除纸页上的红蓝墨水斑迹也可用此方法。

局部清洗法还可以用于清除纸页上的铁锈斑痕，适用的清洗剂是草酸或柠檬酸；用于清除纸页上的铅粉（又名铅白，学名碱式碳酸铅，古代作为一种白色国画颜料，被作为涂改液使用，与空气中的硫化氢化合，生成黑色硫化铅）返黑，清洗剂是双氧水；用于清除纸页上的昆虫的粪便和卵，清洗剂是醋或酒精。操作方法相同。

卷轴装古籍的污痕也可以采用洗、淋、烫等方法进行清洁处理，但是由于其尺寸不同于普通书页，一般不是放在水槽中，而是将卷面平铺在台面上，先用排笔蘸热水润湿卷面，再将热毛巾覆盖其上，焖一会儿，使之在较高的温度下润透，最后用干软毛巾轻轻吸去卷面上的水分。如果污痕较重，可反复多次，直至清洁。有些污点、霉斑很难用热水清除，可用棉签蘸 0.5% 高锰酸钾溶液涂刷其上，如图 7–76，红色溶液会变成茶色，停一刻钟左右，用 2% 草酸溶液进行中和，如图 7–77，茶色逐渐变白；之后要用清水刷洗，使药液无残留。用 3% 双氧水去除局部霉斑也很有效，方法同前。

各种古籍表面上的小污点，包括破洞周边的黑口等，还可以用裁纸刀等工具轻轻刮除。

2．熨烫和有机溶剂溶解法

各种古籍包括卷轴纸页上的蜡痕和油污很难用漂洗法清除掉，据说过去曾采用烧酒拌石灰成糊状涂在油污或蜡痕上，干燥后剥离开，可以达到清除的目的，但不足之处是时常会粘破纸页，所以现已不用，改用热烫法和有机溶剂清除法。

热烫法是一种物理方法，其原理是加热使油、蜡熔化，并为铺垫其上的棉性纸等介质所吸收。该方法只适于处理小面积轻度污染。用于吸附污物的棉性纸要求具有吸水性较强而纸面较粗涩，如一般的毛边纸即可，不能用带有字迹的旧报纸等，因为加热会使其上的字迹印到待处理的纸页上，造成新的污染。操作时，将待处理纸页平铺在桌面上，上下各垫衬一张棉性纸。烫斗的温度稳定在 100℃左右时，在盖纸上来回熨烫。熨烫过程中注意察看污点被吸收的情况，并注意移动盖纸和垫纸的位置，必要时更新盖纸和垫纸，以提高除污效果。

清除严重的油污现在一般采用有机溶剂清除法。针对不同的污染物，通过尝试，选用合适的溶剂，还要注意所用溶剂不会损害印刷或书画的墨迹。采用乙醚、丙酮混合剂清除动物油污和蜡痕效果较好，但这种混合剂对油漆台面有损害，所以要在玻璃台面上进行；同时操作时尽量减少溶剂的使用量，减少其对人员健康的危害。吡啶用于清除植物油污斑很有效，但对于纸张损害较大，不能用于善本、珍本书的修复，而且除污后要用清水及时漂去残留溶剂。

无论是动物油、植物油还是蜡，用苯、汽油、醋酸乙酯、四氯化碳等有机溶剂都能取得较好的清除效果，而且这些溶剂对纸张的损害较小，故常被选用。操作时，在待修复的纸页下垫一层吸附性较强的素纸，用棉团蘸溶剂涂擦污点，油渍等被溶解后即被垫在下面的纸所吸收。油污除去后，要及时用清水洗去残留的溶剂。

（二）破损纸页的补缀

书籍和书画作品在存放过程中受到各种因素的作用，会在不同位置出现面积不等的破损，为了恢复其完整性，就需要进行补缀。这是一项很精细的工作，同时对用料也有很高的要求，特别是珍贵的书画作品和古籍书页的补缀尤需慎重，非遇良工，宁存故物。宋代著名书画家米芾在谈到古画谨慎重裱时就曾指出："古画若得之不脱，不须背褾，若不佳换褾一次。背一次坏屡更矣，深可惜。盖人物精神、发彩花之浓艳、蜂蝶，只在约略浓淡之间，一经背多，或失之也。"[20] 清代书画鉴别名家陆时化在其所著《书画说铃》一书中说："书画不遇名手装池，虽破烂不堪，宁包好藏之匣中，不可压以它物，不可性急而付拙工，性急而付拙工，是灭其迹也。拙工谓之杀画刽子。今吴中张玉瑞之治破纸本，沈迎文之治破绢本，实超前绝后之技，为名贤之功臣。"[21]

另外，珍贵的古旧书画揭裱前最好拍照或录像，以备作揭裱过程中毁坏而诉诸法律的凭证。

1. 修补纸页的用纸

补缀和裱补纸页用纸的复杂性来自待修复纸页材质的千差万别。古代造纸虽然从大的方面讲只有麻纸、皮纸、竹纸等几大类，但不同时期、不同地域所造纸张所用原料配比不同，帘纹粗细不同，纸张厚薄不同构成了纸页材质的多样性。这还没包括在素纸基础上经过若干工序制作的纸笺。对一张纸页进行修补，最理想的状态是用原纸，如同修补一件衣服应当用完全相同的布料。这种要求当然太过苛刻，但为了接近这一目标，必须了解原纸的性能，选用与之相近的纸张。

十余年前，笔者陪同一位在日本的一家博物馆从事纸质文物修复工作的台胞到泾县宣纸厂洽谈业务。据他介绍，日本的纸质文物修复对用纸十分讲究，特别是珍贵文物，如果找不到原纸，一定要在对原纸进行理化检测的基础上，制作与之在浆料的配比、帘纹的密度以及纸张的厚度、紧密度等方面与原纸相同的

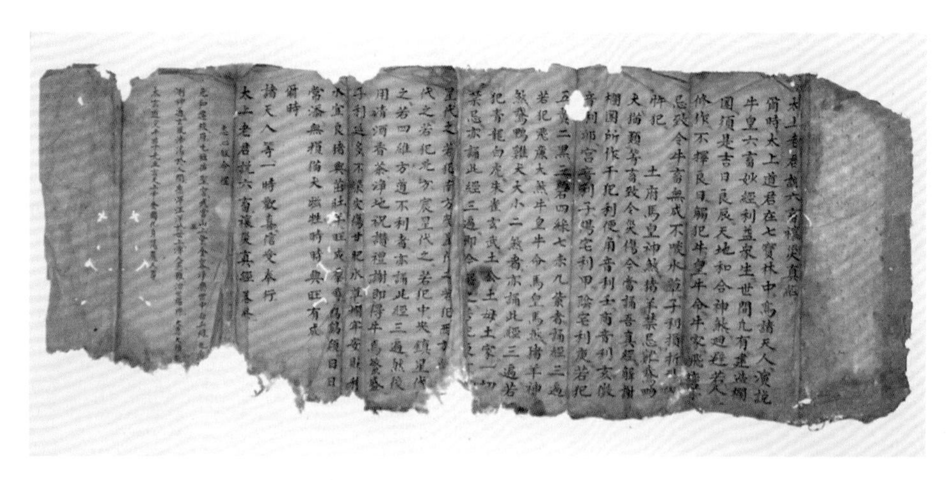

图 7–78　待补缀的书页

纸张。如果是纸笺，还要对素纸进行再加工。这对于单个项目而言成本很高，但一次次坚持下来，就可以积累大量的不同规格的纸张，以后用起来就非常便利了。

如果建设一个这样的库，除了在完成项目过程中积累之外，还要有计划地储存各地生产的不同批次的纸张，通过收购和网络征集等途径，收藏各类旧书故纸，尽可能丰富库存。当然，如果有多家机构合作建设这样的库，工作会更有效。

一般的装裱店没有条件选用与原纸参数相同的纸张，甚至无条件对原纸的理化参数进行精确测定，至多能掌握帘纹宽度、纸张厚度等数据，至于纸张用料则只能凭经验较为粗略地判断，由于纸张的质地、存放的时间和保存的条件都会影响纸张的色泽和光度，所以，在这样的条件下进行纸页的修补不可能达到理想的效果，甚至会对原物造成一定程度的损害。当然，如果操作者具有丰富的经验，工作认真细致，修补普通的纸质文书和书画作品也是能够胜任的。

2．补缀的基本操作工序

（1）确定修补方案　在修补之前要认真察看破损的情况，除了前文所述原纸的检测和备齐所用纸张，还要了解破洞的位置、大小以及需要修补的量。根据掌握的情况确定修补方案，以修补古籍为例，如果破损的情况比较严重，就需要将整本书拆开，取出破损书页。有些纸页在修补之前先要用前文所述的方法对其污迹进行处理。此外，还需要确定所用糨糊的类型和所要使用的工具，包括吸水纸等辅助材料。总之，准备工作做得充分，才能保障进展顺利，不出差错。

（2）测定原纸的纹路　纸张有帘纹，纵向和横向的抗拉力和收缩率都有显著差别，补纸与原纸的纹路如果不一致，不仅影响美观，而且补缀的部分会出现凸凹不平。有些纸张帘纹不明显，补缀前需要测定，简单的方法就是向纸页的某个部分，如书页的天头或地脚喷水，使之潮湿，晾干后收缩明显的方向是与帘纹垂直的方向，收缩不明显的方向则是帘纹的走向。

（3）补缀　把待补纸页正面朝下平铺在工作台面上，取出补纸，撕下一条，使纸边露出毛茬，因为毛边更易粘牢。用浆笔蘸糨糊在破洞周围轻轻涂抹，然后将补纸正面朝下盖上破洞，以有毛茬的一边为齐，注意帘纹的走向与原纸一致。接着，一手按住修补的部分，另一手轻轻撕去多余的部分。如果纸张较厚不易撕断，先用笔蘸水画一道水痕即可解决。

补缀的纸张与原纸重叠部分的厚度是其他部分的二倍，特别是当原纸和补纸都是厚纸的情况下就会影响外观，解决的方法是在黏结之前先“做口子”，即用锋利的纸刀刮去一层，有时用手指轻轻一搓即可去掉一层，在接口的边缘刮成楔子形的斜坡状。

如果同一张纸上有多处破洞，则在修补过程中要时常掀开纸页，以防与工作台粘在一起。如果补缀的是书页，则要遵循“先大后小，先中后外”的原则，即先补大洞，后补小洞；先补靠近装订线（“书口”）的，后补靠近外边的洞；否则会造成难以处理的不平整现象。整张纸页补好之后，翻过来放在台面上，在补缀过的地方用手掌揿按，使之平整牢固，然后掀起纸页放在夹书的吸水纸上。

如果待修补的纸页双面有字，而且破洞的周围双面都有文字，用这种补缀的方法就会掩盖其中一面的字迹。处理的方法是将待补的纸页分揭开，用上述方法分别对其进行补缀，然后再合在一起，或分别托裱。这种“分揭法”只适用于夹宣、重单宣等较厚的纸张。分揭的方法：用糨糊将两张毛边纸分别粘住待分揭纸页的两面，只留毛边纸的纸边不要黏结；待糨糊干后，分别牵拉毛边纸的纸边，即可将中间的纸页分揭开；再将毛边纸浸润，使之与原纸分离；最后清除残留在原纸上的糨糊即可进行补缀操作。对于单层薄纸或纸质较差的古籍，如果非得补缀，则只能用透明度较高的棉纸，在修补过程中尽可能避免掩盖。

图 7–79　补缀破洞

图 7–80　补好后上面刷上一层薄膜

图 7–81　将原来固定书页的托纸揭去

卷轴装古籍修复中使用的镶补法（又称嵌补法），是将一块与破洞大小完全相同的纸直接填补洞中，如图 7–79，用透明薄棉纸在接缝处贴条加固，之后托裱。这种方法也可用于双面有字书页的修补，只是不一定要再托裱。

整个过程中要注意保持清洁，防止沾染霉菌等造成新的污染。

（三）糟坏书页的裱补和揭补

1．糟坏书页的裱补

书画作品和书页受潮后发酵或受霉菌腐蚀，或因虫蛀、鼠咬，或遭风吹日晒、烟熏火烤，造成严重的糟朽破损，已经接近崩溃，无法通过补破的方法来修复，只能采取裱补法。

裱补用纸要选用拉力强、韧性大的薄纸，一般可选用薄楮皮纸，如果是裱补竹纸书页也可选用较薄的毛太纸；预先裁好，尺寸比书页稍大。用稀糨糊，面粉和水的比例是 50 克面粉兑 2 千克水，当然也要根据书页的厚度和空气湿度作适当调节；抹糨糊可选用毛锋羊毫笔；还得准备一张比裱补用纸稍大的油纸（现在可用塑料薄膜替代）。做好准备工作之后就可以进行操作，分两道工序：

先是铺放书页，将油纸放入净水浸湿后，贴在工作台面上，抹去表面残存的水分；用镊子将糟朽的书页一片片夹起，正面朝下，轻轻地铺放在油纸上，注意拼凑整齐；用镇尺压住书页，用喷雾器往铺放整齐的书页上喷上一些水，使之固定。如果书页较厚，从背面看不清字迹和边栏的位置，不容易拼凑整齐，可以在铺放之前，先将书页正面朝上，对好边栏后，粘上棉纸条固定，然后翻过来裱补，待完成之后，再将棉纸条揭去。

接着涂抹糨糊。手持毛笔，蘸足糨糊，从书页的中间向两边抹（而不能相反，否则会使书页打皱），涂浆要尽量均匀，注意把有皱褶的地方抹平。涂抹时要按顺序，用力要轻，以免抹歪甚或抹破书页。涂遍之后，取备用的裱补用纸，正面朝下轻轻地盖在书页上，用棕刷在纸背上轻轻刷一遍，使之与书页黏合；之后盖上一张吸水纸，用棕刷再刷一遍；将油纸连同书页揭起，翻过来平放在台面上，在油纸背面再刷一遍，即可从一角入手；最后，将油纸与裱补的书页揭分开，偶有书页粘连在油纸上，可在书页表面加点糨糊，盖上油纸后揿按几下，继续掀揭，直至油纸与书页完全分离。将裱补好的书页粘在裱板上，或用木夹子夹

图 7–82　已经脆朽的书法作品

图 7–83　修复之后面貌一新

住挂在晾晒杆上，晾至半干取下，夹在吸水纸里压平；待干后即可整理装订。

2．黏结书页的揭补

书页长期在水中浸泡，由于水中溶入了印书的墨中含有的胶等黏性物质，会黏结成团，尤其是在液体中还含有其他黏性物质的情况下会黏结得很紧，如同一块砖，要进行修复，首先就得一页页揭开，然后进行修补，合称“揭补”。

对于纯水湿书页，采用简易湿揭法即可。将整册书平摊在工作台上，在没有拆线的情况下，用竹起子或镊子将书页一页一页地揭开，然后放在通风口晾干（切忌曝晒）；待约八成干时合起，上下加夹书板，加重物或在压书机上压平。如果有破损书页，则用前面的方法修补。

对于黏性物质造成的黏结，用简易湿揭法无法进行，可采用热水浸泡法，其操作流程是：将一定量的开水盛于盆中；加 3% 的明矾（防止墨色脱散）、2% 的广胶（防止书页松散破碎），搅匀；将待揭的书页放入，浸泡一二日；每三五张一沓揭开书页；放在吸水纸上吸去水分，再晾干；至七八成干时，再将每沓书页一一揭分。若有破损，用同样的方法修补。

在热水浸泡法的基础上加上汽蒸的工序就是所谓的“蒸汽穿透法”，其方法和原理是：用干净纸将浸泡过的书页包起，放在蒸笼中汽蒸一两个小时，让蒸汽穿透书页，溶解掉其中的胶质。需要注意的是，蒸过之后书页必须趁热揭开，一旦冷却就会重新黏结，而且更为牢固。所以每次从蒸笼里取出书页的量要适当，操作要熟练、细心。

3．卷轴装古籍的揭补

卷轴装古籍已经过托裱，如果破损严重需要补破，首先需要揭去旧的托裱层。古籍的揭裱对原件总是有一定伤害的，一不小心就会使原本完整的卷面留下残缺；特别是有些古卷可能已经被揭过，更是经不起折腾；所以，原则上讲，能不动的尽量不动，可以小修小补的不大动。

为了安全起见，揭裱前可对画心予以加固，一般情况下直接用水将画心贴合在加固材料上；如果特别需要，也可用水溶性黏着剂，据介绍，甲基纤维素易清洗、耐老化，对画面颜色影响小，很适于作为黏着剂使用。

揭裱可分为湿揭法与干揭法两种。湿揭法在揭之前先把卷面湿透，反扣在工作台面上，为了防止卷面粘在台面上，事先预垫上一台薄绢。先揭大托纸（亦称“覆背纸”），先润湿，闷透，然后用镊子挑出纸角轻轻揭起，如果有霉烂或原裱用浆不匀，不能一次揭起，需要十分耐心；接着揭小托纸，方法相似，由于该层与卷面直接粘连在一起，揭时要倍加小心，切不可伤及卷面；尽可能按一定的顺序，切不可由于未揭净而造成卷面厚薄不均；揭大小托纸的过程中，如果遇到卷面浓墨发生龟裂，可用酒精加淡胶水涂刷其上，使之软化并重新附着在纸上。遇到卷面是由多张纸页拼接的，要留意不能损伤拼接口；揭下的旧绫绢尽可能保存备用。

干揭法也称为局部湿揭，它不是在揭裱前润透卷面和背纸，只是根据需要对局部进行润湿，尽可能少用水。

卷心揭下之后，根据需要进行卷面补破等工作，前文所述书页补破方法都可以用。

此外，卷轴装书卷常用整补法，对于纸质糟朽、破洞太多的卷面，干脆用整块与卷面相同色泽的纸托裱卷面，事先要在破洞周边刮好斜口，托裱好背纸之后，在有破损的缺口处补上一层白宣纸，由于白宣纸不与卷心直接接触，而是补在背纸上，所以这种方法又称“隐补法”。

卷轴古籍的托裱实为再裱。再裱与原裱的不同在于如上所述的修补，之后的工序则大同小异，参见本节第二部分，这里不再赘述。

注释

[1] 张秉伦、方晓阳、樊嘉禄：《中国传统工艺全集·造纸与印刷》，大象出版社，2005 年，第 123 ～ 137 页。

[2] 樊嘉禄、刘靖：《造金银印花笺法实验研究》，载《中国印刷》2002 年第 7 期。

[3]（明）周嘉胄：《装潢志·小引》。

[4]（唐）张彦远：《历代名画记》卷 3。

[5]（唐）张彦远：《法书要录》卷 2。

[6]（唐）张彦远：《法书要录》卷 4。

[7]（后晋）刘昫：《旧唐书》卷 43。

[8]（后晋）刘昫：《旧唐书》卷 44。

[9]（唐）张彦远：《历代名画记》卷 1。

[10]（南宋）李焘：《续资治通鉴长编》卷 196。

[11]（清）厉鹗：《辽史拾遗》卷 21。

[12]（明）孙矿：《书画跋跋》卷 2 上。

[13]（明）宋濂：《元史》卷 90。

[14]（明）朱谋垔：《画史会要》卷 4。

[15]（清）王毓贤：《绘事备考》卷 8。

[16]（明）胡应麟：《少室山房笔丛正集》卷 4。

[17]（唐）张彦远：《历代名画记》卷 3。

[18]（明）文震亨：《长物志》卷 5。

[19] 张秉伦、方晓阳、樊嘉禄：《中国传统工艺全集·造纸与印刷》，大象出版社，2005 年，第 151 ~ 154 页。

[20]（北宋）米芾：《画史》一卷。

[21]（清）陆时化：《书画说钤》“书画说二十三”。

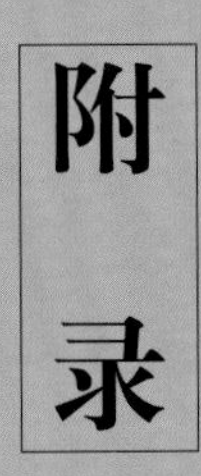

附录

造纸工艺名词索引

（按汉语拼音音序排列）

D

E

F

G

K

L

M

N

O

P

Q

R

S

T

W

英文前言

(Preface)

As a contemporary relic of ancient Chinese major invention, the making skill of handmade paper is an important intangible cultural heritage. From the perspective of Four Treasures of Study, so far handmade paper is still irreplaceable in Chinese painting and calligraphy even though machine-made paper is highly developed nowadays.

More than half of China's provinces have been home to handmade paper, of which 15 handmade paper production and processing techniques have been included in the first three batches of national intangible cultural heritage in China, involving more than 10 provinces and cities, such as Beijing, Yunnan, Guizhou, Sichuan, Shaanxi, Tibet, Xinjiang, Anhui, Zhejiang, Fujian, Jiangxi and Shanghai. In order to write the book since 2005 we have conducted the field survey on handmade paper making skills in the following places: Jingxian, Qianshan and Chaohu in Anhui Province, Jiajiang and Dege in Sichuan Province, Fuyang, Ruian and Longyou in Zhejiang Province, Qian'an in Hebei Province, Chang'an in Shaanxi Province, Dingxiang in Shanxi Province, Qufu in Shandong Province, Lijiang in Yunnan Province, Zhenfeng in Guizhou Province, Xinjiang autonomous region and Jiangxi Province.

The above–mentioned handmade paper making skills cover almost all types of raw materials, including the hemp paper, Xuan paper, parchment paper, mulberry paper, Tibetan paper, Dongba paper, bamboo paper, etc. For different papermaking method there are different styles of papermaking technologies in different areas even for the same kind of paper. In addition, a comprehensive description has been provided to the making process of handmade paper.

Some readers may notice that *Complete Works on Chinese Traditional Techniques has already* got the volume of *Paper Making and Printing*, whose primary research is also on traditional paper making techniques. But there is a huge difference between these two books. Firstly, this book is the follow-up research achievement to the volume of *Paper Making and Printing*, which upgrades the depth and width of field survey and historical documentaries; secondly, the former is completed based on the research of the technology history, while this book is completed in the context of protecting of Intangible Cultural Heritage. So the former only focuses on technique procedure, while the latter attaches great importance not only to the technique procedure and products, but also to the relevant elements such as the birthplace, the inheritors and inheritance modes, etc. As a recording protection mode, the research report pays much attention to the different technique styles and some details of technique procedure. In the meantime in order to avoid repetition some original works in the volume of *Paper Making and Printing* are not quoted in this book.

The recording of a skill can not be perfect without the pictures, so the illustration is a major feature of the book, which meets the requirement of the modern readers. Some pieces, such as Xuan paper making process, we took continuous shooting and set each inflection point to document the technique in detail, which is easier for readers to understand.

In addition to the large number of field surveys, the book attaches great importance to the historical development of the handmade paper techniques. This section includes some ancient literatures unnoticed before and a reflection of paper culture, which is in line with the characteristics of such research in the context of the intangible cultural heritage protection.

This book is completed with support of Chinese Academy of Science 985 Innovative Fund and part of the research work has also been supported by the Social planning Project "Rational Usage Mode on Traditional Techniques of Intangible Cultural Heritage" (AHSK09–10D104) in Anhui Province. I gratefully acknowledge guidance and assistance from Mr. Hua Jueming and some other friends from Natural Science Institute of Chinese Academy of Science. In the field survey, I would like to express my gratitude to those inheritors in the report and some researchers in the concerned departments. To name just a few, the entrepreneur in Fuyang city—Mr. Li Shaojun not only shared his research on bamboo paper with us but also provided us a large number of pictures.

Working as a professor in college of Humanities and Social Science in Anhui Medical University,Since 2008 the author has been assigned to work in Huangshan University, Anhui Intangible Cultural Heritage Research Center has been set up with the support of leaders in Anhui Provincial Education Department. The book is an achievement of the research center. The author got a lot of support from the school leaders and other team members in the writing process, so my appreciation also goes to them.

In the past seven years we tried to collect as much as possible the data on contemporary handmade paper skills, so the book is only a part of the treasure-house. The research continues with the skills evolving. If there is opportunity to reprint the book, more information will be added. The book is not comprehensive and in-depth in some aspects so the author is looking forward to the academics and readers' criticism.

Fan Jialu

Zhizhi Xuan 2012

英文目录

(Contents)

Part II A Field Study on the Contemporary Paper-Making Technique

Chapter 1 Hemp Paper Making Technique

Chapter 2 Xuan Paper Making Technique

Chapter 3 Chu Bark Paper Making Technique

Chapter 4 Mulberry Bark Paper Making Technique

Appendix

制笔

前 言

毛笔是东方文化中特有的书画工具，在文房四宝中历史最为久远。虽然近代以来，从西方引进的钢笔、圆珠笔、签字笔等各式自来水笔已经成为几乎每一个中国人写字的工具，但毛笔依然为中国书画学习和创作所专用，因此，尽管市场被大大压缩，毛笔制作技艺仍具有很强的生命力。

毛笔制作规模相对灵活，一个全面掌握毛笔制作技艺的人可以独立开业，因而在以毛笔为主要书写工具的时代制笔作坊遍布全国各地。不过，毛笔作坊毕竟不同于理发店，会受到许多因素的制约。在古代由于交通不便，制笔业的发展首先会受到当地能否获取优质原料的影响。中国古代第一个制笔中心出现在宣州，很大程度上得益于当地所产的优质紫毫。同样，元代以后湖笔取代宣笔，也是得益于当地的羊毫品质优良，而羊毫笔恰好满足了当时书画新走向的需要。制作狼毫笔的原料黄鼬尾以“辽尾”为佳，因而狼毫笔的制作中心出现在北方。当然作为技艺主体的传承人在技艺的发展过程中始终起主导作用，再加上本地市场的影响，就可以解释为什么制笔中心不一定与优质原料的出产地相吻合。

在物流业高度发达的今天，本地的优质原料和本地市场的重要性大大降低，制约制笔企业生存和发展的因素主要是传承人和品牌文化。尽管制笔作坊在全国许多城镇都有分布，包括宝岛台湾的一些小镇，目前影响较大的毛笔品牌仍为数不多，浙江湖州的“湖笔”名列前茅，接下来当数安徽宣城的“宣笔”、江苏扬州的“水笔”、河北衡水的“衡笔”、江西进贤的“文港笔”等。曾经闻名遐迩的山东广饶“齐笔”和湖南长沙的“湘笔”已经明显式微，虽然还有一些传承人在坚守这项传统技艺。北京“戴月轩”、“李福寿”，上海“周虎臣”、“李鼎和”等著名的制笔企业也都仅进行小规模生产，或完全采用外包定做的方式经营。

在完成此书的过程中，我们对上面提及的十余个地方的毛笔制作技艺的传承情况都进行过田野调查，此外还包括被列入第二批国家级非物质文化遗产名录的广东江门白沙茅龙笔制作技艺。根据田野调查资料，将几个有代表性的传统制笔技艺，包括主要工艺流程及产品、代表性传承人及传承方式、主要生产企业和生存状况以及与笔相关的民俗文化等内容作系统介绍。为了便于读者理解，书中采用了大量的图片。

中国毛笔制作历史悠久，但有关毛笔制作技艺发展的历史还没有专门著作进行系统介绍，本书对春秋战国以来毛笔制作技艺的发展历程作初步的总结，尽管挂一漏万，毕竟首开先河。这里不仅介绍了各个历史时期毛笔的特点和主要产地，梳理了制笔技艺发展的脉络，分析制笔中心形成及转移的原因，也注意介绍丰富多彩的笔文化。

本书是中国科学院985创新经费资助项目“传统工艺的调查与综合研究”的成果之一，其中的部分研究工作也受到安徽省科技厅软科学研究项目“地区传统技艺保护利用与地方社会发展”（09030503054）和安徽省社科规划项目“传统技艺类非物质文化遗产合理利用模式研究”（AHSK09–10D104）的资助。

中科院自然科学史研究所华觉明先生在整个研究过程中给予了很多指导和帮助。在作田野调查过程中，除调查报告中涉及的传承人外，还得到湖州市文化局王春局长、宣城市文化局范瓦夏局长等地方领导的帮助。中国科学院自然科学史研究所赵翰生先生与笔者一道调查湖笔制作技艺，安徽大学陈发俊教授专程赴广东江门调查茅龙笔制作技艺并写出完整的调查报告，安徽医科大学张程副教授专程赴河北衡水侯店调查衡笔制作技艺、赴湖南长沙调查湘笔制作技艺、赴山东广饶调查齐笔制作技艺，并写出部分调查报告。在此，特向他们无私的帮助表示诚挚的谢意！

笔者自2008年年底从原工作单位安徽医科大学人文社会科学学院调到黄山学院工作，在安徽省教育厅领导的关心支持下学院成立了安徽非物质文化遗产研究中心，本书也是研究中心的一项成果，在写作过程中得到校领导和团队其他成员的大力支持，本书的前言和目录的英文翻译就是外国语学院洪常春副教授帮助完成的，在此也一并表示感谢！

限于眼界，目前尚未见到制笔技艺特别是制笔技艺发展史方面的系统研究成果，我们的工作还只是一种尝试，肯定存在不够全面、深入等问题，恳望得到学界大家和读者的批评指正。

樊嘉禄

壬辰春于知止轩

上编　制笔技艺发展的历史

第一章　毛笔的起源与早期发展

毛笔是指以动物的毛发制作的笔头为主要书写部件的一种传统的书写工具，也是一种独特的书写和绘画工具，作为中国文房四宝之一，至今仍在中国书画艺术等领域发挥着不可替代的作用。正如耿湋《咏宣州笔》中所言："丹青与文事，舍此复何从。"本章主要追溯毛笔的起源，并介绍各个历史时期的发展梗概。

第一节　笔的起源与早期毛笔

一、笔的起源

广义地说，笔的历史与文字和绘画同步，在文房四宝中最早出现。按《释名》的定义，"笔，述也，述事而书之也"[1]，凡用以书写述事的工具都可以称之为笔。毛笔起源于何时至今尚无定论，不过从考古资料和文献资料得到的信息可以帮助我们梳理毛笔早期发展的大致脉络。

《物原》中有一种说法："伏牺初以木刻字，轩辕易以刀书，虞舜造笔，以漆书于方简。邢夷作墨，史籀始墨书于帛，仲由作砚，蔡伦作纸。"[2]这里对书写工具出现先后作先以木刻字，再以刀书，之后才有笔的排序，应符合实情。早期的笔根据制作材料的属性可分为硬笔和软笔两大类。硬笔较早出现，是以金属、竹木、牙骨等材料为原料制作的锋利的刻刀等，直接在金石、甲骨、竹木、陶瓷等物表面刻画。

出土的一些史前陶器上的彩色纹饰和建筑上的壁画，有几何形纹饰，也有植物、动物或人物图像，甚至考古中还发现过绘制在地面上的图画[3]，绝大多数是用硬笔刻绘。安徽蚌埠的双墩遗址是一处距今7300多年的单一的新石器时代台地遗址，从1985年发现至1992年先后三次发掘，出土陶器、石器、蚌器、骨、角器等文化遗物和丰富的动物骨骼，其中有600多件陶器刻画符号。如图1-1所示为猪形刻画符号拓本[4]。据考古专家分析是陶器阴干后所刻，从中可见当时的构图已经达到较高水平。

图1-1　安徽蚌埠的双墩遗址猪形刻画符号拓本

河南安阳殷墟出土了大量的有字甲骨，同时还出土了刻字用的刀具。这些刀具以青铜或玉石制作，长度一般小于20厘米，刃口锋利，装饰精美，被专家称作"刀笔"[5]。有人指出，古代称"聿"为笔，聿字的形状，就是人用手持刀刻画文字。除甲骨文外，商代在玉、石制作的器物上也有刻画文字的现象，所用工具自然也是以金属或玉之类制作的尖锐利器。

硬笔发展到后期即出现不同材质的各式刻刀。正是由于曾经"以刀书"，中国古代刀与笔关系十分密切。战国时期，这种刀称为"削"。《考工记》曰："筑氏为削，长尺博寸，合六而成规，欲新而无穷，敝尽而无恶。"注曰："今之书刀。"疏曰："汉时蔡伦造纸，蒙恬造笔，古者未有纸笔则以削刻字，至汉虽有纸笔，仍有书刀，是古之遗法也。”[6] 疏者认为，削是用来刻字的，宋代林希逸注解《考工记》时仍沿用此说：“削，书刀也。古人未有纸笔，以刀雕字，谓之书刀，亦如笔也。”[7]

把削理解为刻字的“书刀”，从历史演变的角度看有一定的道理，但是，至少在《考工记》成书的年代，写竹简的工具不是刀，而是毛笔。所以“古人用竹简，先以火灼，后以削刀刻而为书”[8] 的说法是不准确的，所以如果说“削”是从远古时代的刻字刀具演变而来，那么在毛笔普遍使用之后，其刻字功能基本消失，逐渐让位于其在简牍上刮改错字的功能。古人在简牍上写字，如果出现错别字，即用刀削去一薄层，或刮去字迹，便于重写，其作用相当于今天的橡皮擦，在使用简牍书写的时代自然也是必备的文房用具。至于汉代虽有纸笔，仍用书刀，并非因为是古之遗法，而是在开始使用纸张之初，仍是纸与简，还有缣帛并用。

另据《考工记》记载，“郑之刀、宋之斤、鲁之削、吴粤之剑”在当时皆为名产。质量好的削，正如前文所言，“欲新而无穷，敝尽而无恶”，意思是说，“其刃可磨而发无穷已也，如今发刀（即剃发用刀）愈削愈芒，虽敝尽而无恶也，纯钢为之磨削至尽，其刃亦芒无瑕恶也”[9]。

削的形制，《考工记》说“长尺博寸”，即长约一尺而阔约一寸；“合六而成规”则可理解为以六刀相合，可以成规，如此推测，“其刀之势必弯曲”。1954 年长沙左家公山战国墓出土的铜削，长 17 厘米，宽 2.5 厘米[10]。战国时一尺约合今 23.1 厘米，依此《考工记》之说只能理解为约数，西汉时一尺合今 23.2 ~ 23.6 厘米。1975 年，湖北江陵凤凰山 168 号西汉早期墓葬中与笔、墨、砚和木牍等文书工具一道出土的有一枚削刀，如图 1–2，环首，通长 22.8 厘米，其中柄长 8.9 厘米，刃长 13.9 厘米，刃前端尖而薄[11]。长宽尺寸与《考工记》说法比较一致，但该刀并不弯曲，与“合六而成规”的说法不相吻合。

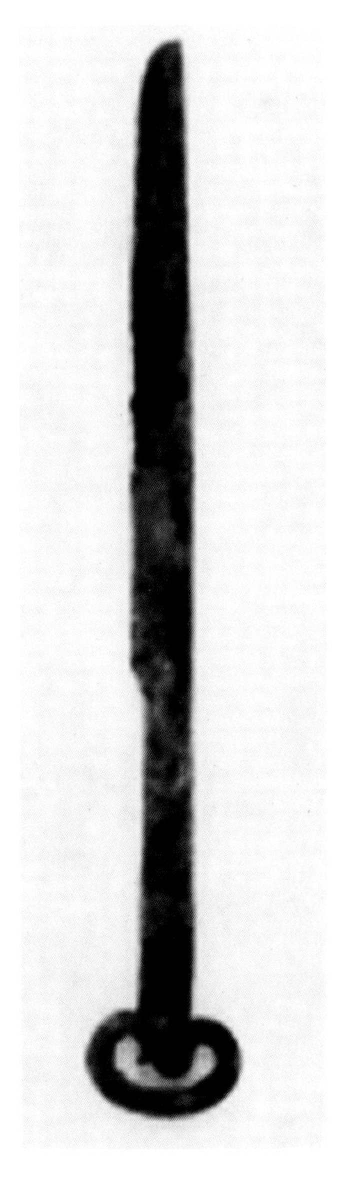

图 1–2 凤凰山削刀

在使用简牍的时代，刀与笔是文人必备的两件用具，故当时称书吏为“刀笔吏”，如《史记 • 张丞相列传》：“周昌笑曰：尧年少，刀笔吏耳，何能至是乎？”《史记 • 萧相国世家》：“太史公曰，萧相国何于秦时为刀笔吏，录录未有奇节。”刀笔吏在当时是指无足轻重代办文书的小吏。

先秦时期还出现过一种用针在漆器上刻画文字的做法，画痕纤细，字迹清晰，可视为硬笔的另一种形式，这种用法一直延续到汉代。

除了用以雕刻的刀笔，早期的硬笔还包括一些写字的笔，如先秦时期就有人用竹木签蘸上漆汁写字，这种写法被称作“点漆书”。按照元代陶宗仪《缀耕录》中的说法，“上古无墨，竹梃点漆而书”。意即上古还没有墨时，人们用长长的竹签蘸上漆汁来书写。有人进一步推测，古代所谓“蝌蚪书”，或许就是点漆书，其结构头粗尾细，可能是漆液凝重，下笔后不易涂匀造成的。

软笔主要指用各种动物的毫毛或麻等植物纤维制成的毛笔，使用时需要蘸上有色汁液，在麻布、缣帛、简牍、纸张、陶瓷器等表面书画。早期的软笔既无实物可考，亦无文字可据，只能从一些书画遗迹间接了解其信息。

1980年，考古工作者对陕西临潼的一座距今五千多年的墓葬进行发掘，出土了凹形石砚、研杵、染色物和陶制水杯等大量文物。从彩陶的纹饰花纹表面可以辨认出毛笔描绘的痕迹，由此可推知当时已开始使用毛笔或类似物作书写工具[12]。

图1–3 古汉字

1987年，河南安阳殷墟出土的一件陶器上残存6个朱书文字，笔锋挺拔，起笔与收笔处锋芒鲜明，表现出所用毛笔有着很好的弹性。早在20世纪30年代安阳殷墟曾出土的一白陶片上就有墨书“祀”字，笔锋宛然，也被一些学者看作使用毛笔的见证，见图1–3。

1995年春，国家文物局和河南省文物局在郑州北郊23公里处的小双桥商代遗址中出土了3块陶缸残片和1件陶缸，在其表面共发现8个文字，“书写工具为毛笔，以朱砂作颜料，字体工整，书写流畅，笔画规范，与安阳殷墟出土的朱书文字和甲骨文一脉相承，是我国迄今发现的最早的书写文字”[13]。

图1–4 陶寺遗址出土的扁壶

我们也注意到有学者对上述推断提出异议[14]，但我们认为这些推断不无道理。“虞舜造笔”之说显然是一种附会，目前并没有证据说明毛笔发明的时间，更无从了解其发明人。从出土文物看，使用毛笔或类似毛笔的工具的时间应不晚于仰韶文化时期。在一些出土的陶器上可以看到绘制清晰的纹饰图案，那样流利舒展的笔画和粗细转折的线条，没有毛笔很难解释清楚。殷商时期的甲骨文一般是直接刻画上去的，也有一些是先用笔书写，然后再按笔迹刻画的。

考古学家们于20世纪后期对山西襄汾陶寺遗址进行多次发掘，发现了一把残破陶制扁壶，如图1–4，其两侧有两个用朱砂书写的符号，多数专家认为其中一个是“文”字，对另一个符号则分歧较大。尽管解读未成定论，专家们却比较一致地认为此二字是文字，且为毛笔蘸朱砂所书[15]。如此，则不仅中国文字的出现可追溯到距今四千年的远古时代，毛笔的出现同样如此。

商周玉器、石器、铜器或铅器上也有朱书或墨书文字。如洛阳北窑的一处西周贵族墓地，历年来已出土7件写有墨书文字的铜簋、铜戈和铅戈。这些字迹的笔意相近，可分为两类：一类是以白懋父簋、史氏戈为代表的“波磔体”，笔势雄劲遒美，字体中间肥腴，首尾出锋，有明显的波磔；一类是以尧戈为代表的“玉箸体”，清秀朴实，略带肥笔，起笔与收笔不露锋芒。殷墟出土的玉器和石器上的朱书文字也带有上述特点。[16]

有人研究殷商的甲骨文卜辞，发现有不少（有人统计至少有70余片）是用毛笔写后再用刀契刻的。中央研究院董作宾院士在他的《甲骨文断代研究例》中还说到在公元前1400年～公元前1200年间的牛骨上，有用毛笔和墨汁已写好文字还没有契刻的。

因此可以说，商周时期除甲骨文、金文之外，已经出现了毛笔书法这种新的艺术形式。有学者注意到，这些写有文字的器物乃至史前绘画，大都与礼器和用礼有关，“这反映出最初的毛笔很可能并不完全是一种日常使用的书写绘画工具”[17]。

从一些文献资料中也可以看到远古时期用笔的线索。如汉代刘向《说苑》卷20中有“纣为鹿台糟丘，酒池肉林，宫墙文画，雕琢刻镂”的记载。说的是商朝末代君王纣执政时期的事，其中“宫墙文画”似指用软笔绘画。

《广博物志》还谈及文房四宝行业神：“笔神曰佩阿，砚神曰淬妃，墨神曰回氐，纸神曰尚卿，笔神曰昌化。”其中笔神有两个，或为不同地方的差异所致。同时期的其他文献如《说郛》、《玉芝堂谈荟》以及清代《格致镜原》、《读书纪数略》等都有相似的记载。除《物原》外，还有一个来源即《致虚阁杂俎》。

二、早期的毛笔

春秋战国时期毛笔的使用已相当普遍。先秦文献中也可以找到与笔有关的资料，如《礼记》中有“史载笔，士载言”之说，郑玄注曰：“谓从于会同，各持其职以待事也。笔谓书具之属，言谓会同盟要之辞。”[18] 又如《庄子•田子方》中有“宋元君将画图，众史皆至，受揖而立，舐笔和墨，在外者半。有一史后至者，譠譠然不趋，受揖不立，因之舍。公使人视之，则解衣盘礴，裸袒握管。君曰：可矣！是真画者也”[19]。其中“舐笔和墨”明确记录使用笔墨。孔子著鲁国史《春秋》，只写到鲁哀公十四年（前481），此年“春，西狩获麟”，故有仲尼“绝笔于获麟”之说。[20] 后来称史官之笔为“麟笔”正是出于这个典故，如唐代吴融诗《送弟东归》“偶持麟笔侍金闺，梦想三年在故溪”[21]。唐王勃《梓州元武县福会寺碑》“考龙图而括运，抚麟笔以伤时”，宋陆游《小轩》“麟笔残功成水品，蛇图余思入棋枰”等都提到“麟笔”。

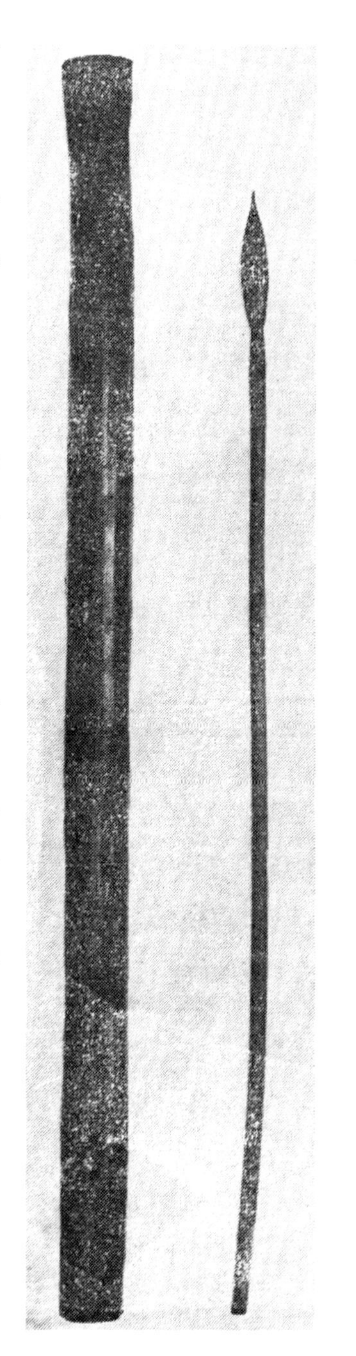

图1-5　湖南长沙左家公山出土的战国笔及竹筒

又《战国策》卷13有“及君王后病且卒，诫建曰：君臣之可用者某。建曰：请书之。君王后曰：善，取笔牍受言”。

此外还有一些传说，如《韩诗外传》曰：“赵简子有臣曰周舍，立于门下三日三夜。简子问其故，对曰：臣为君谔谔之臣，墨笔执牍，从君之后，伺君过而书之。”[22] 据《孝经援神契》称：“孔子制作孝经，使七十二子向北辰磬折，使曾子抱河洛事北向，孔子簪缥笔，衣绛单衣，向北辰而拜。”[23]《史记•滑稽列传》称：“西门豹簪笔磬折，向河立待良久。长老、吏傍观者皆惊恐。”其中“簪笔谓以毛装簪头，长五寸，插在冠前，谓之为笔。言插笔备礼也”[24] 等等，虽有些未必为确切的历史，也都是对先秦用笔情况的反映。

还有一些被认为是先秦用笔证据的资料，如《诗经》有“静女其娈，贻我彤管，彤管有炜，说怿女美”。有文献认为彤管是指毛笔，此说还有待推敲。有人解读时明确表示：“彤管，未详何物，盖相赠以结殷勤之意耳。”[25] 有人进一步指出：“古者箴笔皆有管，乐器亦有管，不知此管是何物。若是女史之管，静女何从得之以贻人？使因彤管自媒，何名静女？”[26]

历史文献中尽管不乏对先秦用笔情况的反映，但缺少对笔形制的具体描述，所幸考古发现为我们提供了重要的信息，使我们得以了解先秦毛笔的式样，并由此推测其制作技艺。迄今为止，所能见到的最早的毛笔实物，是1954年6月湖南长沙左家公山战国墓中发掘出土的。该笔全身套在一支小竹管里，笔杆为竹质，长 18.5 厘米，直径 0.4 厘米，笔头长 2.5 厘米，如图 1–5。据制笔的老技工观察，认为是用上好的兔箭毛做成的。做法与现在的笔有些不同，不是将笔毛插在笔杆内，而是将笔毛围在杆的一端，然后用细的丝线缠住，外面涂漆。与笔放在一起的还有铜削、竹片、小竹筒三件，据推测可能是当时写字的整套工具。竹片相当于后世的纸，铜削是刮削竹片用的，小竹筒可能是贮墨一类物质的。[27]

后来早期毛笔又陆续有所发现，如 1957 年河南信阳长台关 M1 号战国后期楚国墓葬中出土的一支毛笔，笔杆为竹质，长 23.4 厘米，直径 0.9 厘米，笔锋长 2.5 厘米，直径与笔杆相当。与毛笔同在的小木箱内还贮有笔筒、铜刮刀、削、小锛、锯等，同时出土的还有竹简 28 支，每支上有三四十字不等。[28]

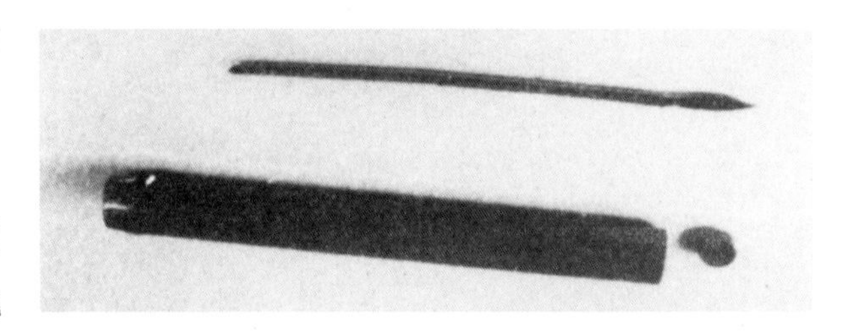

图 1–6　包山战国笔及笔套

1987 年湖北荆门包山 M2 号楚墓中的一支毛笔，置于竹筒内，筒口端有木塞。竹质笔杆细长，末端削尖；笔锋长 3.5 厘米，笔头上端用丝线扎紧后插入笔杆下端銎眼内，笔全长 22.3 厘米，如图 1–6。[29]

从这些极有限实物中得知，先秦时期的毛笔具有以下总体特点：长度约 22 厘米，毛质笔锋长 3 厘米左右，笔杆为竹质或其他材料，一般都有笔筒保护。上述三种毛笔形制上有显著差异。左家公山毛笔是将笔杆一端劈成数片，将笔头夹在中间，用细丝麻缠紧，再涂上漆汁胶固；长台关毛笔是将笔头包围竹笔杆一端，再用细线捆缚扎紧，并髹漆其上，使之牢固耐用；包山毛笔是将笔头用丝线捆扎，插入笔杆一端的空腔内。因此有人说战国时期是制笔的“泛形阶段”，不过前两种形式居多，第三种“纳毫”形式尚未形成定规。这一时期的毛笔毫多用单纯的兽毛，书写性能较单一，显示出一定的原始性。[30]

战国时期各地对笔的称谓不同，许慎《说文》解释“笔”字：“所以书也。楚谓之聿，吴谓之不律，燕谓之弗。”《尔雅注疏》卷 4 有“不律谓之笔。注：蜀人呼笔为不律也，语之变转”之解释。秦统一六国，始皇帝嬴政（前 259 ~ 前 210）下令统一车轨、文字、钱币和度量衡，也统一了笔的称谓。

秦代笔也有出土实物。1975 年 12 月湖北云梦睡虎地一座葬于秦始皇三十年 (前 217) 的墓中，出土了三支毛笔。其中一支保存较为完整，笔杆长 18.2 厘米，直径 0.4 厘米，锋长 2.5 厘米。笔杆为细竹制成，上端削成尖形，下端略粗，镂空为毛腔，笔头的根部藏纳于毛腔内，毛腔里的毛长约 2.5 厘米。毛腔外裹以麻丝，并加漆。整支笔藏在一支笔套中。笔套长 27 厘米，径 1.5 厘米。为细竹管制成，一端为竹节，另一端已打通，中间的两面镂空，便于取笔（图 1–7）。同时出土的还有竹简、削刀等。[31]

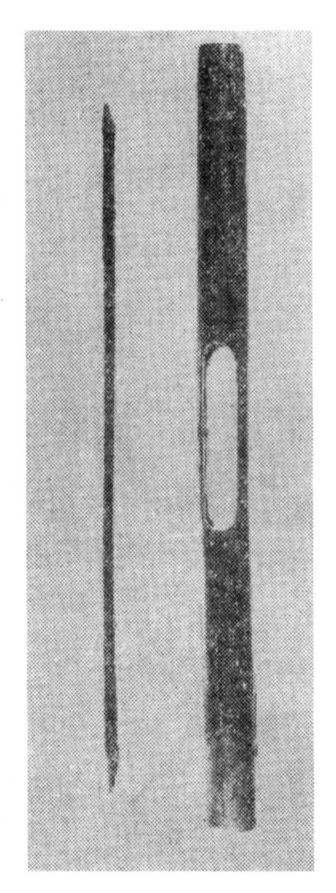

图 1–7　睡虎地秦笔

1986 年，甘肃天水市北道区党川乡放马滩（又名牧马滩）发现秦代和汉代墓群。在 13 座秦墓 M1、M14 中共出土 4 件毛笔和笔套，由于保存不好，已残缺，现存毛笔 2 件、笔套 1 件。M1 中出土的笔套用两根竹管粘连而成，呈双筒套，每根竹管中间开口镂空，同时可插入两支笔。表面髹黑漆。长 29 厘米，径 2 厘米。毛笔插入套内，杆用竹制，一端削成坡面，另一端镂空成毛腔。锋长 2.5 厘米，入腔 0.7 厘米，杆长

23 厘米，如图 1–8 所示。[32]

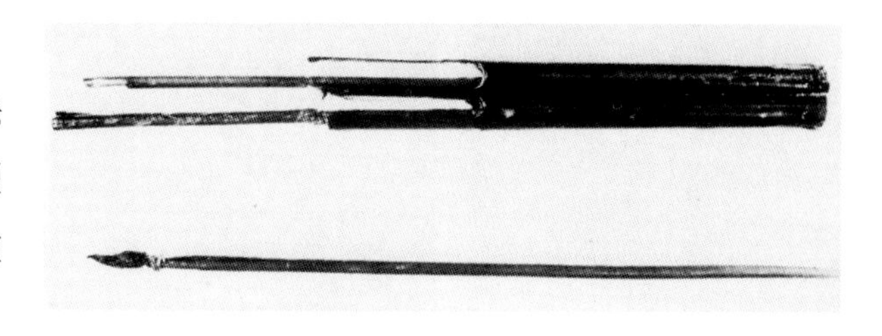

图 1–8　天水放马滩秦笔

从出土的秦笔看，战国时期已经出现的纳毫方法开始成为主流形制。当然还有一些秦笔仍有战国笔型制的痕迹。如天水放马滩遗址出土的秦笔在纳毫的空腔外侧，用纤维丝物缠绕数匝用以加固等。

毫无疑问，秦代以前早已有笔。但长时期以来，一直有秦蒙恬造笔之说。如晋张华《博物志》有“蒙恬造笔”的记载。[33] 六朝时梁周兴嗣编《千字文》，其中有“恬笔伦纸”之句，将蒙恬造笔与蔡伦造纸并称，使这种说法影响深远。还有更具体的说法，如“始皇令蒙恬与太子扶苏筑长城，恬取中山兔毫造笔”[34] 等。

蒙恬，先是齐人，后为秦将，秦始皇二十六年破齐，拜内史。秦统一六国后，率兵三十万北逐匈奴，收河南地，主持修筑长城。秦始皇死后，为赵高所害。《史记·蒙恬列传》详说其事迹，但未提造笔之事。

说毛笔始于蒙恬显然不合史实，这种说法也屡遭后人质疑。例如，《古今注》卷下有：“牛亨问曰：自古有书契以来便应有笔，世称蒙恬造笔，何也？答曰：蒙恬始造即秦笔耳，以枯木为管，鹿毛为柱，羊毛为被，所谓苍毫，非兔毫竹管也。”照此说法，蒙恬对笔作了改进，首创了兔毫竹管之笔，与此前“以枯木为管，鹿毛为柱，羊毛为被”的“苍毫笔”有显著不同。

历史上还有不少人对蒙恬造笔提出了否定性意见，如《广韵》笔字注曰：秦蒙恬所造亦误矣，若曰蒙恬能更制其范可也。李翰《蒙求》曰：蒙恬制笔，蔡伦造纸，杜康造酒，苍颉制字。此四句一类也。[35]

对于先秦之笔，有人推断：“古笔多以竹，如今木匠所用木斗竹笔。故其字从竹。又或以毛。但能染墨成字即谓之笔。”[36] 更有人提出新的推断，如《文房四谱》卷 1 有“秦之时并吞六国，灭前代之美，故蒙恬独称于时”。再如《初学记》卷 21 有“秦之前已有笔矣。盖诸国或未之名，而秦独得其名，恬更为之损益耳”等。

既然早在秦以前就已经有了毛笔，蒙恬的贡献或许是他对笔的形制作了重大改进。秦笔中有的是将笔杆端部凿成一腔，将笔头藏纳其中。其优点是笔头可以保持浑圆的状态，更利于吸墨和书写，且更具稳定性，这种模式至今仍在沿用。还有将整支笔纳入一个与之等长的细竹筒中。又据《博物志》记载：“秦蒙恬为笔，以狐狸为心，兔毛为副。”[37] 说明在原料和制作方法上都有所创新。这些都是对毛笔制作技术的重大改革。[38]

第二节　汉代毛笔的初次定型

一、汉代毛笔的形制

现当代考古发现为我们提供了珍贵的汉代毛笔的实物资料，据此可以了解汉代毛笔的形制特征，从中可以看出，经过秦代的发展，毛笔空腔纳毫的形制在汉代已基本定型。

1931 年 1 月，作为西北科学考察团成员之一，贝格曼（F. Bergman）于蒙古额济纳土尔扈特旗的穆兜倍尔近地区（具体位置在索果淖尔之南，额济纳河西岸，东经 100° ~ 101°，北纬 41° ~ 42° 之间）发现汉代木简，其中杂有一笔，完好如故，如图 1–9 所示。据金石考古学家马衡介绍，此笔管“以木为之，析而为四，纳笔头于其本，而缠之以枲，涂之以漆，以固其笔头。其首则以锐顶之木冒之。如此，则四分之木上下相束而成一圆管”。该笔管长 20.9 厘米，冒首长 0.9 厘米，笔头（露于管外部分）长 1.4 厘米，总长 23.2 厘米。圆径：本 0.6 厘米，末 0.5 厘米。冒首下端圆径与末同。管本缠枲两束：第一束（近笔头之处）宽 0.3 厘米，第二束宽 0.2 厘米，两束之间相距 0.2 厘米。笔管黄褐色，缠枲黄白色；漆作黑色；笔毫为黑所掩墨色，而其锋则呈白色。[39]

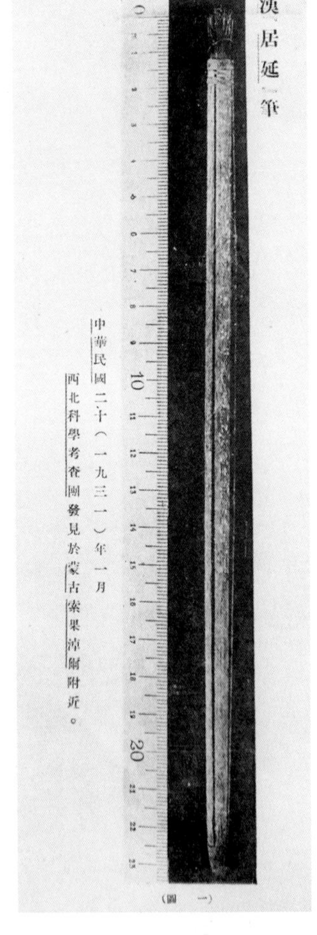

图 1–9　额济纳出土的汉居延笔

1975 年，湖北江陵凤凰山 167 号、168 号西汉早期墓葬中，分别出土一支毛笔。167 号墓出土的毛笔通长 24.9 厘米，笔杆为竹质，笔头墨迹尚存，出土时置于一个镂孔竹笔筒内，如图 1–10。[40]168 号墓出土的毛笔笔杆亦为竹质，长 24.8 厘米，径 0.3 厘米，上端削尖，下端略粗，径 0.5 厘米。毛腔在下端，笔毛已朽。出土时笔杆插于笔套里。笔套为细竹筒制成，中间镂空，孔长 8 厘米，宽 1.3 厘米，便于取笔。笔套一端为竹节，另一端已打通，长 29.7 厘米，径 1.5 厘米，如图 1–11。与之同时出土的还有石砚、研墨石、墨块、木牍、竹简和削刀等文书用品 。[41]

1978 年 9 月，山东临沂市城区东南隅金雀山发现 6 座汉墓，经专家断定为西汉墓。出土笔筒 1 件，用直径 1.6 厘米的细竹竿制成，长 27 厘米。两头穿透，

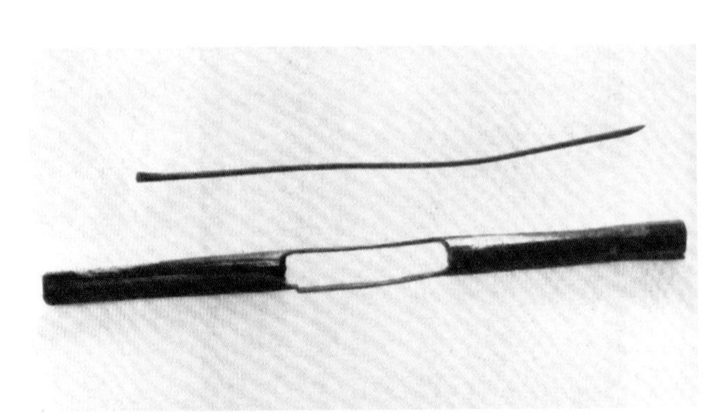

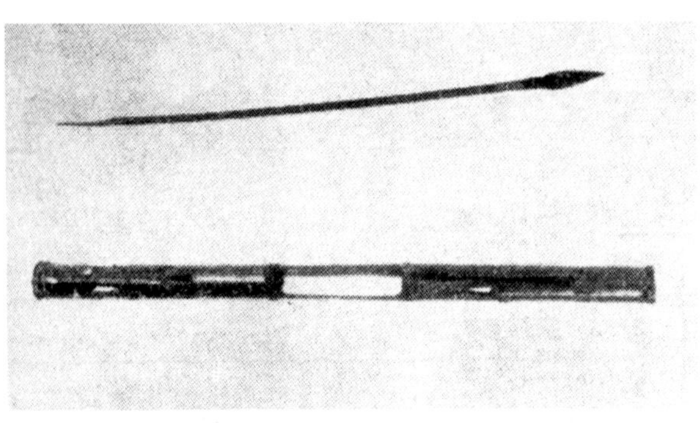
图 1–10　湖北江陵凤凰山 167 号墓出土的毛笔

图 1–11　湖北江陵凤凰山 168 号墓出土的毛笔、石砚（底径 9.8 厘米，厚 1.8 厘米）、研墨石和墨粒

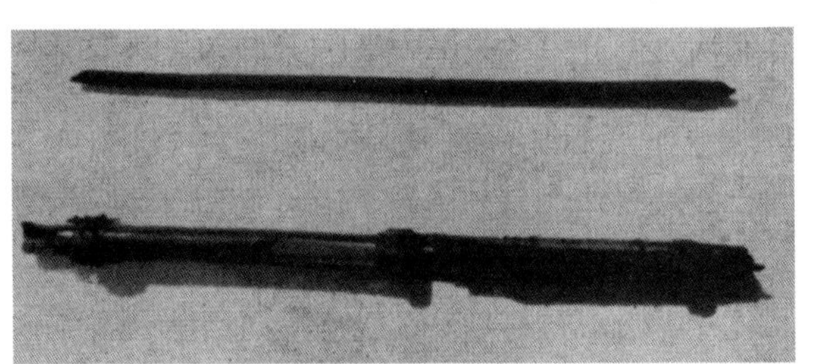
图 1–12　金雀山汉代毛笔及笔筒

筒身开八孔，正反各四，两大两小。大孔长 4 ～ 4.5 厘米，宽 0.8 厘米。小孔长 2 ～ 2.2 厘米，宽 0.4 厘米。筒身中间及两端有三道皮箍，各宽 0.8 厘米，皮箍上有纽结。整个筒身及皮箍外部涂黑漆。另有毛笔一支，出土时插在笔筒内。竹笔杆实心无皮，末梢斜削。直径 0.6 厘米，长 23.8 厘米。一端有孔，插入笔头，笔头长 1 厘米，上有黑墨残渣。全长 24.8 厘米，如图 1–12。

图 1–13　马圈湾出土的毛笔和石砚

1979 年，在甘肃敦煌马圈湾烽燧遗址发现毛笔一支，如图 1–13，笔杆为竹制，实心，前端中空以纳笔毫，外以丝线扎紧，再髹棕色漆。笔毛为狼毫，已残损。笔杆通长 19.6 厘米，直径 0.4 厘米，笔头部分长 1.2 厘米。[42] 笔尾被截平后，镶一锥形硬木，再打磨光滑。[43]

1993 年 2 月，江苏尹湾汉墓出土一对毛笔，其中一支长 23 厘米，毫长 1.6 厘米，笔端与笔头的连接处用丝线缠绕紧扎，并以生漆加固。笔杆直径 0.7 厘米，向后渐细，末端直径仅 0.3 厘米，并削成锥形。另一支稍短，杆长 20.5 厘米，杆前端栽毫处直径也是 0.7 厘米，同样用丝线环绕扎紧并用生漆加固。杆径向后端渐小，至末端为 0.5 厘米。此两笔的工艺极为精细，选毫也极为讲究，经鉴定为兔箭毛所制。[44]

尽管这些实物数量有限，从中仍可以了解到汉代普通用笔的基本特点。

首先，笔杆长度大约 20 厘米稍强，材质为竹质或木质，较细。笔头用兔毫、狼毫等，尺寸也较小，有些可以很方便地更换。这些特征反映出西汉普通用笔制作技艺仍基本沿袭前代。王充《论衡•效力篇》：“智能满胸之人，宜在王阙，须三寸之舌，一尺之笔，然后自动，不能自进，进之又不能自安，须人能动，待人能安。道重知大，位地难适也。”汉一尺合 23 厘米多一点，王充的说法与出土的实物基本吻合。

实际上东汉蔡邕《笔赋》中记述了汉代笔的制作方法，谈到当时制笔用冬季狡兔之毫制作笔头，用丝线捆扎，以文竹为管，用漆汁黏结等主要工艺流程。

汉代还开始在笔杆上刻字。据《汉官仪》记载：“尚书令仆丞郎，月给赤管大笔一双，篆题曰‘北工作楷’于头上，象牙寸半着笔下。”[45] 这一做法在近些年考古发现中得到验证。1957 年在甘肃武威磨嘴子东汉 2 号墓出土的毛笔，杆长 20.9 厘米，笔毫的芯和锋用黑紫色的硬毛，外覆以较软的黄褐色毛，笔杆上刻有隶书“史虎作”三字。1972 年同地发掘的另一座汉墓（49 号墓）出土的毛笔，形状、制法与 2 号墓笔基本相同，杆长 21.9 厘米（尾尖稍缺），杆前端中空以纳笔头，扎丝髹漆以加固，笔尾削尖便于簪发。特别是笔头中含长毫，有芯有锋，外披短毛，便于蓄墨，这是典型的汉笔特点，较之战国笔有明显改进。笔杆上则刻有“白马作”三字，如图 1–14。另外，敦煌悬泉置狼毫笔的笔杆上刻有“张氏”二字。

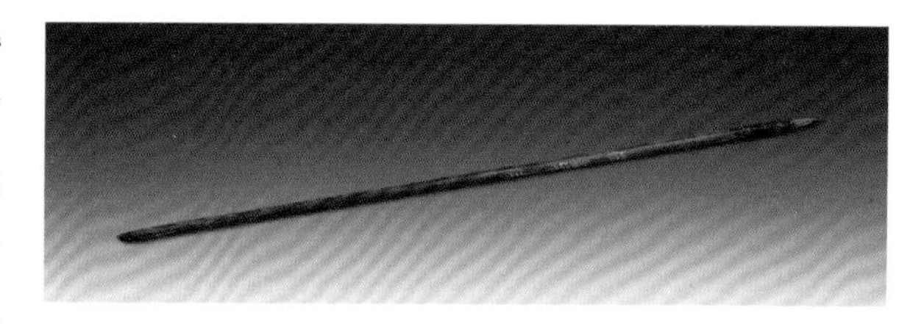

图 1–14　甘肃武威汉代毛笔，杆上刻有“白马作”三字

汉代笔不仅强调笔头的质量，而且开始追求毛笔外观的华丽。据《西京杂记》卷 1 记载：“天子笔管，以错宝为跗，毛皆以秋兔之毫，官师路扈为之，以杂宝为匣，厕以玉璧翠羽，皆直百金。”天子的毛笔，用错宝制作笔管帽，用纯秋兔之毫作笔头，由宫廷的师傅路扈制作，用杂宝作匣，以玉璧翠羽镶边，都是价值不扉的材料。

汉笔装饰之奢侈在后世文献中也有反映。晋代傅玄曾说：“尝见汉末一笔之柙，雕以黄金，饰以和璧，缀以隋珠，文以翡翠。此笔非文犀之植，必象齿之管，丰狐之柱，秋兔之翰，用之者必被珠绣之衣，践雕玉之履，由是推之，极靡不至矣。”[46]由此可见，笔在当时已不仅仅是书画的工具，其本身已成为一种艺术品。

在毛笔的保管方面，汉代延续了秦代的做法。像尹湾的两支笔可同时套入一个用双管组成的并分成两截的套管内。值得注意的是，套笔的方法与现在用笔套方向相反，它是由杆末顺毫倒入，而不是逆向套入，这样做不易倒毫，对笔毫的保护有益。据发掘者观察，该笔至今笔毫尖锥，从水中提起，毫尖即收拢成原状，若在 6 厘米 ×23 厘米的木牍上两面书写，可以写数百字。[47]从居延出土的汉代木牍 [参造纸（续）上编第一章图 1–5]，从中可见汉代用笔书写的情况。

二、汉代笔文化

汉代经济文化空前兴盛，毛笔的使用更加广泛，已成为不可或缺的文化用品。历史文献中记录了许多反映当时用笔情况的资料。如《史记·司马相如列传》记载，司马相如“请为天子游猎赋，赋成奏之，上许令尚书给笔札”。皇帝将笔作为赏赐礼品。又如东汉李尤《笔铭》曰：“笔之强志，庶事分别。七术虽众，犹可解说。口无择言，驷不及舌。笔之过误，愆尤不灭。”[48]有了笔，大小事都可以记得清楚。口说无凭，可以立字为据。另据《后汉书·王充传》记载，王充“以为俗儒守文多失其真，乃闭门潜思，绝庆吊之礼，户牖墙壁各置刀笔，著《论衡》八十五篇二十余万言”。华峤《后汉书》则称，“班超投笔，叹曰：大丈夫安能久事笔耕乎？！”[49]虽声称志不在笔耕，亦从反面反映出许多知识分子都在“久事笔耕”的情况。《扬子法言》卷 3 有：“或曰：刀不利，笔不铦，而独加诸砥，不亦可乎？”又有：“孰有书不由笔，言不由舌？吾见天常为帝王之笔舌也。”

汉代毛笔用兔毫、狼毫等劲健之毫作笔头，尤其前期多书写于简牍，锋易秃，故尚书台官员要月给笔一双。而且汉代有些文人嗜书成癖。据东汉汉阳人赵壹在其杂文《非草书》中称：“夫杜崔张子皆有超俗绝世之才，博学余暇，游手于斯。后世慕焉，专用为务，钻坚仰高，忘其罢劳，夕惕不息，仄不暇食，十日一笔，月数丸墨，领袖如皂，唇齿常黑，虽处众坐，不遑谈戏，展指画地，以草刿壁，臂穿皮刮，指爪摧折，见腮出血，犹不休辍。然其为字无益于工拙，亦如效颦者之增丑，学步者之失节也。”[50]对于“夕惕不息，仄不暇食，十日一笔，月数丸墨”的人而言，一支笔自然用不了多长时间就会用坏，所以当时采取将用坏的笔头取下，在旧笔管上换加新笔头的方法，以节省笔管。

汉代盛行“簪笔”。“簪笔”也称“簪白笔”或“橐笔”，是指将未蘸过墨的新笔插入耳边发际，作用相当于簪子，故称。大臣上朝时簪白笔原本是为便于奏事，相当于 20 世纪七八十年代流行将钢笔插在上衣口袋，以后形成为一种制度、一种礼仪。

前文所述考古发掘出土的战国至汉代笔，其尾部都被削尖，据分析很可能是为了满足簪白笔的需要。本章第一节提及“孔子簪縹笔”和“西门豹簪笔磬折”，说明“簪笔”的习俗可能早在先秦时代就已出现。

汉代有关“簪笔”的资料更为丰富，山东沂南东汉画像石墓前室壁上，刻有祭祀图，图上持笏祭祀者，有的冠上簪有一支毛笔。又《汉书·赵充国传》：“印家将军以为，安世本持橐簪笔事孝武帝数十年，见谓忠谨，宜全度之。安世用是得免。”张晏注曰：“橐，契囊也。近臣负橐簪笔，从备顾问，或有所纪也。”颜师古注曰：“橐，所以盛书也，有底曰囊，无底曰橐。簪笔者，插笔于首。”说明汉代“簪笔”相当盛行。

簪白笔制度流传很久，而且有所演变，从下面列举的一些史料可以得到说明。

据史料记载，魏明帝曹叡会群臣于殿中，“侍御史簪白笔侧阶而立。问曰：此何官也？辛毗对曰：御史。簪笔书过，以记陛下不依古法者。今者直备官眊笔耳。”[51]杜佑《通典》卷 24 对此资料有更详细的说明：

“魏置御史八人，当大会殿中。御史簪白笔侧陛而坐。帝问左右此何官何主。辛毗曰：此谓御史。旧时簪笔以奏不法。何当如今者，直备位，但珥笔耳。晋侍御史九人，颇用郡守为之。”

晋代干宝“感父婢再生事，遂撰集古今灵异、神祇、人物变化为此书”，作《搜神记》。其中一段称，散骑侍郎王佑疾困，有鬼至其家，曰：为卿留赤笔十余枝，在荐下，可与人使簪之，出入辟恶灾，举事皆无恙。[52]

据《南齐书·舆服志》记载，南北朝时，朝廷规定“三台五省二品文官皆簪白笔，王公五等及武官不簪，加内侍乃簪”。到了隋唐时期，簪白笔的官员范围明显扩大。据《隋书·礼仪志》记载，隋时“七品以上文官朝服皆簪白笔，正王公侯伯子男卿尹及武职并不簪”。《旧唐书·舆服志》则称，“文官七品以上朝服者簪白笔，武官及爵则不簪”。宋朝以后，范围进一步扩大到武官。据《宋史·舆服志》：“旧令文官七品以上朝服者簪白笔，武官则否。今文武皆簪焉。”

唐诗中有不少涉及“簪白笔”的篇章。如唐代韩翃（也有人称是张继所作）有《送张中丞归使幕》：“独受主恩归，当朝似者稀。玉壶分御酒，金殿赐春衣。拂席流莺醉，鸣鞭骏马肥。满台簪白笔，捧手恋清辉。”[53]

明代宣德年间礼部尚书吕震等奉敕编撰《宣德鼎彝谱》，其卷 8 有“凡朝廷政令之得失与百官之贤佞皆许连名上达。古称谏院是也。凡纠弹之日，必首簪白笔，手执白简，故谏。垣赐鼎应以法器象之”。说明明代大臣参政议政时仍有“首簪白笔，手执白简”的习俗。

汉代出现了一批制笔名家，如当时的著名书法家、有草圣之称的张芝就是其中最典型的代表。“张芝笔”与“左伯纸”、“韦诞墨”并称于世。当初青龙中洛阳许邺三都宫观始成，皇上诏令韦诞大为题署，以为永制。由于所给御笔墨“皆不任用”，韦诞提出“蔡邕自矜能书，兼斯喜之法，非流纨体素不妄下笔。夫工欲善其事，必先利其器，若用张芝笔、左伯纸及臣墨，兼此三具又得臣手，然后可以逞径丈之势，方寸千言。然其迹之妙亚乎索靖也。”[54]图 1-15 所示为张芝书法碑贴。

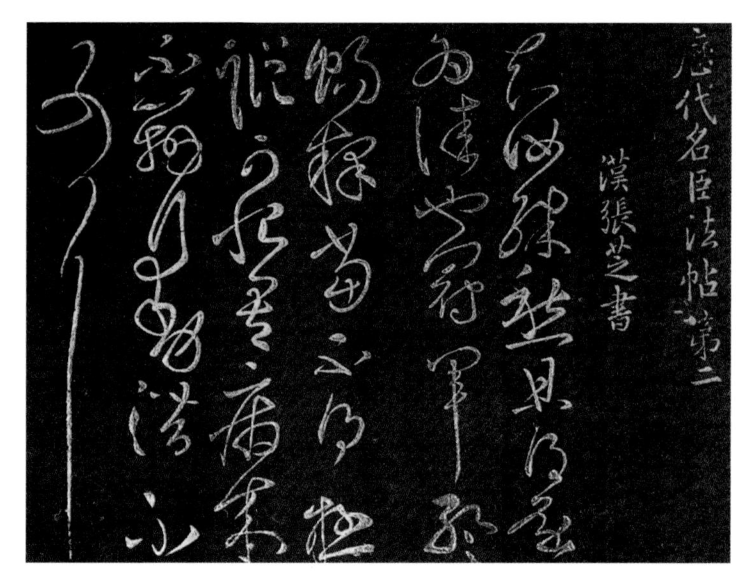

图 1-15　汉张芝书法碑贴

传说这位善于制墨的韦诞还曾著《笔经》。据明杨慎《升庵集》卷 66、清陈元龙《格致镜原》称：“制笔之法，桀者居前，毳者居后，强者为刃，愞者为辅，参之以苘，束之以管，固以漆液，泽以海藻，濡墨而试，直中绳，勾中勾，方员中规矩，终日握而不败，故曰笔妙。”不过，明陆深《俨山外集》卷 5 录此段文字，但评价说：“此数言简约，未知谁所为，可题为笔经。”明陶宗仪《说郛》卷 98 收录了王羲之《笔经》中的大部分内容，并将这段文字附后，作者可能认为是王羲之《笔经》中的内容。

传说汉代有位“仙人”李仲甫，丰邑中益里人，“少学道于王君，服水丹有效，兼行遁甲，能步诀隐形，年百余岁转少”[55]。仲甫也善制笔，而且为人豪爽，售笔时即使求者无钱亦与之。《列仙传》云：“李仲甫，颍川人，汉桓帝时卖笔辽东市上，一笔三钱，有钱亦与笔，无钱亦与笔。”[56]

汉代出现了涉及毛笔制作技艺的文章，即东汉蔡邕的《笔赋》：

> 惟其翰之所生，于季冬之狡兔，性精亟以摽悍，体遄近以骋步，削文竹以为管，加漆丝之缠束，形调抟以直端，染玄墨以定色，书乾坤之阴阳，赞三皇之洪勋。叙五帝之休德，扬荡荡之典文。纪三王之功伐兮，表八百之肆勤。传六经而缀百氏兮，建皇极而序彝伦。综人事于晻昧兮，赞幽冥于神明。象类多喻，靡施不协。上刚下柔，乾坤之位也。新故代谢，四时之次也。圆和正直，规矩之极也。玄首黄管，天地之色也。[57]

其中谈到当时制笔用冬季狡兔之毫制作笔头，用丝线捆扎，以文竹为管，用漆汁黏结等主要工艺流程。蔡邕对于书面交流的长处给予充分肯定，他曾写道："侍中执事，相见无期。惟是笔疏，可以当面。"[58]此文中，他站在儒家立场，对毛笔之完成教化的社会功用的描写中洋溢出浓浓的赞誉之情。最后总结出"上刚下柔"、"新故代谢"、"圆和正直"、"玄首黄管"四大特征，说明早在汉代毛笔制作技艺已经相当成熟，与前文依据考古资料所作的分析相吻合。

与蔡邕相反，有人注意到毛笔负面的社会功能。汉韩婴《韩诗外传》卷7有："鸟之美羽勾啄者鸟畏之，鱼之侈口垂腴者鱼畏之，人之利口赡辞者人畏之。是以君子避三端：避文士之笔端，避武士之锋端，避辩士之舌端。诗曰：我友敬矣，谗言其兴。"的确，毛笔如同刀剑，本身是中性的，关键看人们如何使用它。特别是司法领域，文士之笔常常不亚于武士之剑，同样可以给人造成严重伤害。

制笔技艺的进步促进了书体的转变和中国书法艺术的发展。中国的书法开始于实用，如果从通行于前14～前12世纪的甲骨文算起，经过一千多年的发展演变，到了两汉时期终于成为一门自觉的艺术。汉字书体的早期发展主要是从包括甲骨文、金文（大篆）在内的古文向小篆，再向隶书演变，这一过程主要是在秦汉时期完成的。当然，以隶书为主要书体的汉代并非只有隶书，从隶书演化而来的行书、草书乃至楷书至汉代后期均已出现。在书体演变过程中，书法艺术悄然兴起，出现了以书法成名的书家，如秦代的李斯、赵高、胡毋敬，汉代的曹喜、邯郸淳、刘睦、杜操、崔瑗、张芝、师宜官、梁鹄、刘德昇、蔡邕、钟繇等。[59]中国书法绘画艺术成为世界艺术宝库中的奇葩，很大程度上归功于造纸术的发明、发展和毛笔制作技艺的进步。

第三节　魏晋南北朝制笔技艺的进一步发展

一、魏晋南北朝时期的制笔技艺

魏晋南北朝是我国书法艺术走向成熟并取得巨大成就的时期，毛笔制作也取得了重大进步。主要表现为制笔技术更加规范和完善；毛笔种类增多，能适应不同的书法需要。三国时期魏国书法家韦诞，擅长制作笔和墨。他所制之笔，人称韦诞笔，闻名于世。他在长期的制笔实践中总结出一套系统的制笔方法，著有《笔方》一文。北魏贾思勰《齐民要术》卷9对此有详细介绍：

韦仲将《笔方》曰：先次以铁梳梳兔毫及羊青毛，去其秽毛，盖使不髯茹。讫，各别之。皆用梳掌痛拍整齐，毫锋端本，各作扁极，令均调平好。用衣羊青毛，缩羊青毛去兔毫头下二分许，然后合扁，卷令极圆。讫，痛颉之，以所整羊毛中，或用衣中心，名曰笔柱，或曰墨池、承墨。复用毫青衣羊毛外，如作柱法，使中心齐，亦使平均，痛颉纳管中。宁随毛长者使深，宁小不大，笔之大要也。

其大意：先依次用铁梳梳理兔毛和羊青毛，除去其中“秽毛”，做好之后，分别放置。然后用铁梳背用力拍打整齐，毫毛的顶端和根都要拍扁，使之均匀平整。再用羊青毛被笔头，将羊青毛比兔毫头短二分左右，铺好后卷起来成为圆笔头。也有将被放在笔头中心，称“笔柱”或“墨池”、“承墨”，再用羊毫被在羊毛外，与制作笔柱方法一样，目的是使中心平齐。不管哪种做法，都要将笔头插入笔管中。笔头宁可插深些也要保证造型，这一点很关键。不仅展现了韦诞的制笔方法，同时也反映出魏晋时制笔的过程和特色。

据说大书法家王羲之曾师从卫夫人，后者乃卫恒之从女，汝阴太守李矩之妻，中书院李充的母亲，名铄，字茂猗。卫夫人善钟繇之法，曾著有《笔阵图》传世，其中谈到书法对于笔墨纸砚的要求：

笔要取崇山绝仞中兔毛，八九月收之，其笔头长一寸，管长五寸，锋齐腰强者。其砚取煎涸新石润涩相兼，浮津耀墨者。其墨取庐山之松烟，代郡之鹿胶，十年已上强如石者为之。纸取东阳鱼卵虚柔滑净者。[60]

由此可以获取关于魏晋时期毛笔三个方面的信息：选料方面，在汉代已有的“取秋兔之毫”认识的基础上，进一步认识到生活在崇山绝仞中的兔毫质量最高；形制方面，当时兔毫笔的尺寸为“笔头长一寸，管长五寸”；品质方面，要求笔要做得“锋齐腰强”。

魏晋南北朝制笔业发展也表现在种类增多方面。除紫毫笔外，鼠须笔在当时也很流行。据说书法家王羲之书《兰亭序》用的就是鼠须笔。唐代张彦远《法书要录》卷 3 中说王羲之写《兰亭序》：“挥毫制序，兴乐而书，用蚕茧纸、鼠须笔，遒媚劲徤，绝代更无，凡二十八行三百二十四字。”宋桑世昌《兰亭考》卷 3 亦称，羲之“兴乐而书，用蚕茧纸、鼠须笔。遒媚劲健，绝代所无。”《文房四谱》卷 1 也有“王羲之得用笔法于白云先生，先生遗之鼠须笔，又云钟繇、张芝皆用鼠须笔”的记载。

此外还有鹿毫笔、人须笔、鸡毫笔等品种。如晋王隐《笔铭》曰：“岂作其笔，必兔之毫。调利难秃，亦有鹿毛。”[61] 唐段公路《北户录》卷 2 亦有“然次有鹿毛笔，晋张华尝用之，不下兔毫”的记载。又《焦氏笔乘》记载：“南朝有姥善作笔，萧子云常书用此笔，笔心用胎发。”[62] 据说“陶隐居烧丹封鼎际，用羊须笔”[63]。陶隐居即梁朝陶弘景，字通明，号华阳隐居，在医药、炼丹、天文历算等多方面均有深入研究。

据说西晋张华《博物志》记载：“有兽缘木，文似豹，名虎仆，毛可以取为笔。岭外尤少兔，人多以鸡雉毛作笔，亦妙。故岭外人书札多体弱，然而笔亦利其锋。至水干墨紧之后，鬖然如虿焉。”[64]《格致镜原》卷 37 中有：虎仆“今俗名九节狸，张季文尝以此笔见贻，信为佳也”。

当然最常见的还是用“韦诞法”所制的那种羊毫为柱、兔毫为被的兼毫笔。

这一时期毛笔的制作技艺进一步提高，从晋傅玄《笔赋》的描述可见一斑：

简修毫之奇兔，选珍皮之上翰。濯之以清水，芬之以幽兰。嘉竹挺翠，彤管含丹。于是班匠竭巧，名工逞术。缠以素枲，纳以玄漆。丰约得中，不文不质。尔乃染芳松之淳烟兮，写文象于纨素。动应手而从心，焕光流而星布。[65]

“枲”是大麻的雄株，纤维可织麻布，亦泛指麻。《说文》：“枲，麻也。”短短70余字，不仅记录了兔毫、嘉竹、素枲、玄漆等原料，而且描述了选料、水盆、扎笔头、装笔头等多道工序。特别值得注意的是，其中提到的“芬之以幽兰”，应当是熏香笔头的过程。最后赞美说，以笔蘸墨书写起来得心应手。

与傅玄同期的成公绥写过一篇《弃故笔赋》：

……采秋毫之颖芒，加胶漆之绸缪，结三束而五重，建犀角之玄管，属象齿于纤锋，染青松之微烟，著不泯之永踪。则象神仙，人皇、九头，式范、群生，异体、怪躯。注玉度于七经，训河洛之谶纬，书日月之所躔，别列宿之舍次，乃皆是笔之勋。人日用而不寤，适尽力于万钧，卒见弃于衢路。[66]

这里谈到用犀角、象齿等材料制作笔管，说明当时对毛笔外观的要求有显著提高，选材范围有所扩大。作者对毛笔在人类文明的发展中所起的作用赞赏有加，正如他在该赋的序中所说的“治世之功莫尚于笔，笔者毕也，能毕举万物之形，序自然之情也”。最后对毛笔“卒见弃于衢路”发出由衷的哀叹。

王羲之曾著《笔经》。宋苏易简的《文房四谱》、朱长文的《墨池编》均收录。两个版本之间不尽相同，又无权威版本予以订正。不过从各种文献摘录的片段看，主体内容大体一致，涉及制笔技艺的许多方面，具有重要价值。现将四库本《文房四谱》卷1中的《笔经》原文引录如下：

《广志会献》云：诸郡献兔毫，出鸿都门，惟有赵国毫中用。世人咸云：“兔毫无优劣，笔手有巧拙。”意谓赵国平原广泽，无杂草木，惟有细草，是以兔肥。肥则毫长而锐，此则良笔也。

凡作笔，须用秋兔。秋兔者，仲秋取毫也。所以然者，孟秋去夏近，其毫焦而嫩；季秋去冬近，则其毫脆而秃；惟八月寒暑调和，毫乃中用。其夹脊上有两行毛，此毫尤佳。其胁际扶疎，乃其次耳。采毫竟，以纸裹石灰汁，微火上煮，令薄沸，所以去其腻也。先用人发杪数十茎，杂青羊毛并兔毳（凡兔毛长而劲者曰毫，短而弱者曰毳），裁令齐平；以麻纸裹柱根令治（用以麻纸者欲其体实得水不胀）；次取上毫薄薄布柱上，令柱不见，然后安之。惟须精择，去其倒毛。毛杪合锋令长九分，管修二握，须圆正方可。

后世人或为削管。故笔轻重不同，所以笔多偏掘者，以一边偏重故也。自不留心加意，无以详其至此。

笔成，合蒸之令熟。三斗米饵，须以绳穿管悬之水器上，一宿，然后可用。

世传钟繇、张芝皆用鼠须笔，锋端劲强，有锋芒，余未之信。夫秋兔为用，从心任手，鼠须甚难得，且为用未必能佳。盖好事者之说耳。

昔人或以琉璃、象牙为笔管，丽饰则有之，然笔须轻便，重则踬矣。近有人以绿沉漆管及镂管见遗，录之多年，斯亦可爱玩，讵必金宝雕琢然后为贵也。

余尝自为笔，甚可用。谢安、石庚、稚恭每就我求之，靳而不与。

该版文字中有一些差误，如“近有人以绿沉漆管及镂管见遗”中的“绿沉漆管”，不少同期文献均为“绿沉漆竹管”，如宋姚宽的《西溪丛语》、宋吴曾的《能改斋漫录》、宋陆游的《老学庵笔记》等均如此。

《笔经》是否为王羲之原作，或为唐人所作，有待进一步考证。其大意：

赵国是优质兔毫的产地，原因是那里平原广泽，草料丰富，适宜野兔生长，野毫长而锐，是造良笔的理想原料。作笔须用秋兔，理想的取毫时节是仲秋八月，此时寒暑调和，毫不焦不嫩，不脆不秃，最中用。不同部位生长的兔毫不一样，夹脊上两行毛最佳，其次是肋部。采过的毫，用纸包裹，放在石灰汁里，微火加热，目的是去其脂。先作笔柱，材料是人发、青羊毛和兔毳，混合均匀后裁剪齐平，用麻纸裹笔柱的根，使其固定；取上等毫，薄薄地围住笔柱，令柱不见；然后再将笔头安装在笔管上。之后还需要精心择笔头，主要是剔去其中的倒毛杂毛。整个笔头总长九分，管长二握，须圆正方可。笔做成之后，还要蒸熟，然后就可以用了。

世传钟繇、张芝皆用鼠须笔，锋端劲强，有锋芒，我不太相信。兔毫笔得心应手，鼠须很难得到，而且未必好用。很可能是好事者臆造出来的。

古人有以琉璃、象牙制作笔管，装饰固然很美，但用笔须轻便，太重则踬。近来有人以绿沉漆竹管，还有镂管送给我，用了多年，也很不错，未必要用金宝雕琢才好。

我自己也曾制作过笔，挺好用。谢安、石庚、稚恭等朋友来找我索求，我舍不得给他们。

“后世人或为削管。故笔轻重不同，所以笔多偏掘者，以一边偏重故也。自不留心加意，无以详其至此。”这段话似为后世读者所加。除“后世”这一时间不符合原文外，最后一句也显然是评论语。

此文介绍的制笔方法在今天仍能找到实物佐证。据马衡先生介绍，日本正仓院所藏“天平笔”实物（参见第二章第一节），被毫已脱，唯存其柱，柱根有物裹之，约占笔头之长五分之三，疑即麻纸也。根据对其仿制品拆卸分析得知，该笔以羊毫为柱，“柱根裹麻纸数十重，纸之体积几倍于柱毫，故柱短而根粗，颇不相称”。除外面薄薄地布上一层鹿毫外，与原物完全一致。可见“以麻纸裹柱根令治（用以麻纸者欲其体实得水不胀）”之说确有其事。[67]

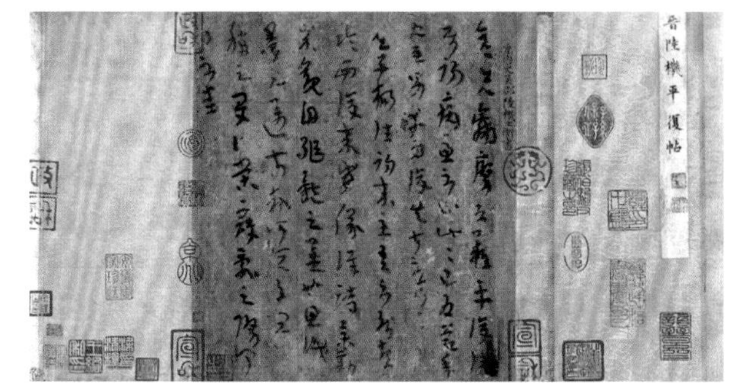

图 1–16　陆机《平复帖》

这种精工制作的毛笔既是书法绘画发展的需要，又对书法绘画的发展起了不小的作用。有“天下法帖之祖”之誉的西晋陆机的《平复帖》，如图 1–16，所用短锋、秃笔中锋直下，较少顿挫而多圆转随意性，字与字虽不牵连引代，但笔断意连，给人以万毫齐力之感。此帖用笔显示了晋代“披柱法”制笔的工艺已臻成熟。

图 1–17　东晋前凉时期制作的毛笔

东晋时期留下的毛笔实物仍为罕见，图 1–17 为东晋前凉时期制作的毛笔（图片取自故宫博物院研究馆员张淑芬主编的《中国文房四宝全集·笔纸卷》）。从图片上看，笔管似为竹制，前粗后细，笔头较短，当为紫毫所制。观察此物将有助于理解当时的毛笔制作技艺。

二、魏晋南北朝时期的笔文化

受纸张的普及和佛教的兴起等因素的影响，魏晋南北朝时期社会对笔的需求量显著上升，毛笔已成为许多人生活中不可或缺的工具，当然也会出现一些制笔名家。唐张怀瓘《书断》卷下称：“韦昶字文休，诞兄，凉州刺史庚之玄孙，官至颍州刺史，散骑常侍，善古书大篆，见王右军父子书云，二王未足知书也。又妙作笔，子敬得其笔，称为绝世。”据此记载，这个韦昶显然是与王献之同时代的人。因为他见过二王的书法，同时王献之也得过他的笔。因此，其中的“诞兄”不能理解为汉代制笔名家韦诞，否则就闹出“关公战秦琼”的笑话了。

在制笔用笔过程中，产生了许多与笔相关的文化现象。

据苏易简《文房四谱》卷1记载，石晋之末，汝州有一高士，不显姓名，每夜作笔十管，付其家室，至晓，阖户而出。面街凿壁，贯以竹筒，如引水者。若有人置三十金于其中，则一管跃出。总共只有十管，一旦告罄，虽势要官府督之亦无报也。“其人则携一榼吟啸于道宫、佛庙、酒肆中，至夜酣畅而归，其妇亦怡然自得。复为十管来晨货之，如此三十载。后或携室徙居杳不知所终。后数十年复见者颜色如故，时人谓之笔仙。”

左思，字太冲，齐国临淄（今山东淄博）人，西晋著名文学家，据说他写《三都赋》，“门庭藩溷必置笔砚，十稔方成”[68]。《三都赋》写成后颇受时人称颂，以致“洛阳纸贵”。

魏晋时期诗赋创作方面达到了一个顶峰，同样也反映在对于笔的赞颂。魏傅选曾作《笔铭》，其文曰：“昔在上古，结绳而誓。降及后载，易以书契。书契之兴，兴自颉皇。肇建一体，浸遂繁昌。弥纶群事，通远达幽。垂训纪典，匪笔靡修。实为心尽，臧否斯由。厥美弘大，置类鲜俦。德兴之著，惟道是扬。苟逞其违，祸亦无方。”[69]其大意为：上古结绳记事，从颉皇时代改用书契，垂训纪典，涉及广泛，没有笔都是不可想象的。笔的作用无以伦比，但如果应用不当，也会招来祸殃。

晋郭璞《笔赞》也赞美以笔书写文字的重要社会功能，“上古结绳，易以书契。经纬天地，错综群艺。日用不知，功盖万世”[70]。

这种以赞美笔之功用为题材的赋还有许多。如傅玄《鹰兔赋》云：“兔谓鹰曰，毋害于物，有益于世。华髦被体，彤管以制。苍颉创业，以兴书契，仲尼赖之，定此文艺。拟则天地，圆尽万方。经理群品，宣综阴阳。内敷七政，班序明堂。道运玄昧，非笔不光。三皇德孔，非笔不章。”[71]

有些诗赋虽以抒发情怀为主要内容，其中也包含着一些与制笔技艺相关的信息。如梁元帝的《谢宫赐白牙镂管笔》，启曰：“春坊漆管，曲降深恩；北宫象牙，猥蒙沾逮。雕镌精巧，似辽东之仙物；图写奇丽，笑蜀郡之儒生。故知嵇赋非工，王铭未善。昔伯喈致赠，才属友人；葛龚所酬，止闻通议。岂若远降鸿慈，曲覃庸陋；方觉琉璃无当，随珠过侈。但有羡卜商，无因则削；徒怀曹植，恒愿执鞭。”从“春坊漆管”、“北宫象牙”、“雕镌精巧”等描述中可以了解到当时制笔的用料及工艺的精细程度。

类似的还有如梁武帝的《咏笔》：“昔闻兰蕙月，独是桃李年。春心傥未写，为君照情筵。”[72]和梁代徐摛的《咏笔》诗：“木自灵山出，名因瑞草传。纤端奉积润，弱质散芳烟。直写飞蓬牒，横承落絮篇。一逢提握重，宁忆仲升捐。”[73]其中都提到草和木这两种物品，一般说来，早期咏物诗十分注意紧扣主题。其中的“木”很可能是指制作笔杆的木质材料，“草”也应有所指。

嵇含曾写过一篇《试笔赋》，其序曰：“骋韩卢，逐狡兔，日未移晷，一纵双获，季秋之月，毫锋甚伟，遂刊悬崖之竹而为笔，因而为赋。”正文未见。

梁吴均写过一首《笔格赋》，其文曰：“幽山之桂树，恒萦风而抱雾，叶委郁而陆离，根纵横而盘互。尔其负霜含液，枝翠心赤，翦其片条，为此笔格。趺则岩岩方爽，似华山之孤上；管则员员峻逸，若九疑之争出。长对坐而衔烟，永临窗而储笔。”[74]所谓“笔格”，是文房中专门用来搁置毛笔的一种器物，又称笔搁、笔架、笔枕或笔山。此赋中所讲的笔格以桂树的匡条制作而成，想必制作精良，耐人寻味。

西晋吴郡人蔡洪，有才辩，赴洛阳，有人问：“吴中旧姓何如？”答曰：“吴府君圣王之老成，明时之俊乂；朱永长理物之至德，清选之高望；严仲弼九皋之鸣鹤，空谷之白驹；顾彦先八音之琴瑟，五色之龙章；张威伯岁寒之茂松，幽夜之逸光；陆士衡士龙鸿鹄之裴回，悬鼓之待槌。凡此诸君以洪笔为锄耒，以纸札为良田，以玄墨为稼穑，以义理为丰年，以谈论为英华，以忠恕为珍宝，著文章为锦绣，蕴五经为缯帛，坐谦虚为席荐，张义让为帷幙，行仁义为室宇，修道德为广宅。”[75] 其中“以洪笔为锄耒，以纸札为良田，以玄墨为稼穑，以义理为丰年”堪称经典。

晋代笔名见诸文献记录的较多。据《东宫旧事》记载，“皇太子初拜，给漆笔四枝，铜博山笔床一副”[76]。晋陆云《与兄平原书》中谈到，“一日案行，并视曹公器物。……笔亦如吴笔，砚亦尔。书刀五枚，琉璃笔一枝，所希闻，景初三年七月七日刘婕妤折之”[77]。据说张华《博物志》写成后献于晋武帝，帝赐青铁砚、麟角笔、侧理纸。其中麟角笔“以麟角为笔管，此辽西国所献”[78]。这里的漆笔、琉璃笔、麟角笔等均以笔杆材质见称。

梁元帝萧绎是梁武帝第七子，武帝天监十三年（514）受封湘东王，据说他在为湘东王时好著书，尝记录忠臣义士及文章之美者，“笔有三品：忠孝以金管，德行以银管，文章以竹管”[79]。将用笔分为三种，涉及忠孝、德行内容用金、银管笔，写一般诗文用竹管笔。

大多数人都力求得到良笔，但也有人出于某种无奈专用拙笔。南朝王僧虔为王羲之四世族孙，好文史，解音律，尤善书法。当时齐武帝萧赜“欲擅书名”，认为自己的书法水平最高。王僧虔为了得以见容，遂行韬晦之计，不敢显山露水，“尝以掘（拙）笔书”[80]。

《南史》卷59中记载了一个今天尽人皆知的“江郎才尽”的故事，说学者江淹“尝宿于冶亭，梦一丈夫自称郭璞，谓淹曰：吾有笔在卿处多年，可以见还。淹乃探怀中，得五色笔一以授之。尔后为诗绝无美句，时人谓之才尽”。此典故后多被引用，如唐段公路的《北户录》卷2有“昔溪源有鸭毛笔，以山鸡毛雀雉毛间之，五色可爱。征其事得非入江淹梦中者乎”之句。又如宋晁说之《二十二弟自常州寄惠翦刀及笔来因作长句》中有“弟书毗陵来，有同股分刃之刀、绿管白毫之笔。刀是宝公锡上之所悬，笔亦江淹梦中之所得”[81]之句。清代《江南通志》卷30还提到“梦笔驿，在上元县东冶亭，即江淹梦还郭璞笔处”。

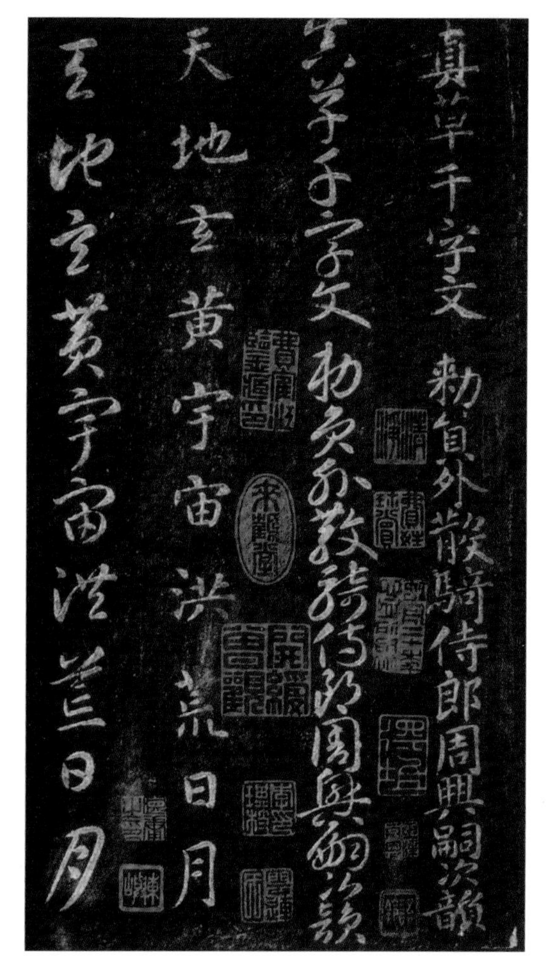

图1–18　智永书法作品《千字文》局部

江淹既然要还郭璞五色笔，那什么时候借来的呢？历史文献中也有交待。宋代黄朝英《靖康缃素杂记》卷10指出，《蒙求注》引典略云：“江淹少梦人授以五色笔，因而有文章。”他对于此事不见载于本传感到不解。此说亦见于《太平广记》卷277：“宣城太守济阳江淹少时尝梦人授以五色笔，故文彩俊发。”

与江淹梦笔相似的典故还有很多，如晋王珣“梦人以大笔如椽与之，既觉，语人曰，此当有大手笔事。俄而帝崩，哀册谥议皆珣所草”[82]。又如《南史》卷72称，纪少瑜“尝梦陆倕以一束青镂管笔授之，云：我以此笔犹可用，卿自择其善者。其文因此遒进，年十九始游太学，备探六经”。

当时用笔量之大，从“退笔冢”的典故中略见一斑。据南宋陈思《书小史》卷8记载，大书法家智永和尚，会稽人，师远祖逸少（王羲之），“工草隶，妙传家法，尝临写真草千字文八百本，散与人外，江东诸寺各施一本，今有存者犹直数万钱。住吴兴永欣寺，积年临书，所退笔头置之大竹簏。（簏）受一石余，而五簏皆满，人来觅书，或求乞师者如市，所居门限为之穿穴乃用铁叶裹之，人谓之铁门限。后取笔头瘗之，号退笔冢，自制其铭”。智永用秃了的笔头，整整装了五个有一石多容积的竹篮，可见其用功之深。

宋代其他文献对此也有记载，如宋李昉的《太平广记》中说：“后有秃笔头十瓮，每瓮皆数千。”宋曾慥的《类说》则说：“有秃笔头十八瓮。”既然当时就没有准确的说法，后世的描述更是有些离谱，如明陶宗仪的《说郛》的说法是“后有秃笔头十瓮，每瓮皆数石”。

注释

[1]（东汉）刘熙：《释名》卷6。

[2]（明）董斯张：《广博物志》卷30。

[3] 高蒙河：《毛笔的起源》，载《中国文物报》2009年11月27日第16版。

[4] 安徽文物考古研究所、蚌埠市博物馆：《蚌埠双墩——新石器时代遗址发掘报告》，科学出版社，2008年，第195页。

[5] 高蒙河：《毛笔的起源》，载《中国文物报》2009年11月27日第16版。

[6]（东汉）郑玄注，（唐）贾公彦疏：《周礼注疏》，《冬官考工记第六》。

[7]（南宋）林希逸：《考工记解》卷上。

[8]（南宋）林希逸：《考工记解》卷上。

[9]（南宋）林希逸：《考工记解》卷上。

[10] 湖南省文物管理委员会：《长沙左家公山的战国木椁墓》，载《文物参考资料》1954年第12期，第3～9页。

[11] 纪南城凤凰山一六八号汉墓发掘整理组：《湖北江陵凤凰山一六八号汉墓发掘简报》，载《文物》1975年第9期。

[12] 邸永君：《文房四宝谈——笔》，载《百科知识》2009年第7期。

[13] 张毅兵：《发现迄今最早古城址和书写文字》，载《文汇报》1995年9月7日。

[14] 李正宇：《新石器彩陶图案属硬笔画》，载《寻根》2009年第1期。

[15] 朱冰：《陶寺毛笔朱书文字考释》，载《中国文物报》2010年12月24日第3版。

[16] 高蒙河：《毛笔的起源》，载《中国文物报》2009年11月27日第16版。

[17] 高蒙河：《毛笔的起源》，载《中国文物报》2009年11月27日第16版。

[18]（东汉）郑玄注，（唐）孔颖达疏：《礼记注疏》卷3。

[19]（晋）郭象：《庄子注》卷7。

[20]（晋）杜预注，（唐）孔颖达疏：《春秋左传注疏》春秋左传序。

[21]（唐）吴融：《唐英歌诗》卷下。

[22]（唐）欧阳询：《艺文类聚》卷58。

[23]（北宋）苏易简：《文房四谱》卷1。

[24]（唐）张守节：《史记正义》卷126。

[25]（南宋）朱熹：《诗经集传》卷2。

[26]（清）朱鹤龄：《诗经通义》卷2。

[27] 湖南省文物管理委员会：《长沙左家公山的战国木椁墓》，载《文物参考资料》1954年第12期。

[28] 河南省文化局文物工作队第一队：《我国考古史上的空前发现信阳长台关发掘一座战国大墓》，载《文物参考资料》1957年第9期。

[29] 湖北省荆沙铁路考古队包山墓地整理小组：《荆门市包山楚墓发掘简报》，载《文物》1988年第5期。

[30] 高蒙河：《毛笔的起源》，载《中国文物报》2009年12月11日第6版。

[31] 孝感地区第二期亦工亦农文物考古训练班：《湖北云梦睡虎地十一号秦墓发掘简报》，载《文物》1976年第6期。

[32] 甘肃省文物考古研究所、天水市北道区文化馆：《甘肃天水放马滩战国秦汉墓群的发掘》，载《文物》1989年第2期。

[33]（唐）欧阳询：《艺文类聚》卷58。

[34]（明）彭大翼：《山堂肆考》卷177。

[35]（南宋）王观国：《学林》卷4。

[36]（北宋）马永卿：《懒真子》卷1。

[37]（北宋）苏易简：《文房四谱》卷1。

[38] 穆孝天、李明回：《中国安徽文房四宝》，安徽科学技术出版社，1983年，第114页。

[39] 马衡：《记汉居延笔》，载《国学季刊》第3卷1期号，1932年，第67～72页。

[40] 凤凰山一六七号汉墓发掘整理小组：《江陵凤凰山一六七号汉墓发掘简报》，载《文物》1976年第10期。

[41] 纪南城凤凰山一六八号汉墓发掘整理组：《湖北江陵凤凰山一六八号汉墓发掘简报》，载《文物》1975年第9期。

[42] 甘肃省博物馆、敦煌县文化馆：《敦煌马圈湾汉代烽燧遗址发掘简报》，载《文物》1981年第10期。

[43] 华人德：《中国书法史·两汉卷》，江苏教育出版社，1999年，第210页。

[44] 连云港市博物馆：《江苏东海县尹湾汉墓群发掘简报》，载《文物》1996年第8期。

[45]（唐）欧阳询：《艺文类聚》卷58。

[46]（晋）傅玄：《傅子》“校工”篇。

[47] 高蒙河：《毛笔的起源》，载《中国文物报》2010年1月8日第6版。

[48]（明）梅鼎祚：《东汉文纪》卷14。

[49]（唐）欧阳询：《艺文类聚》卷58。

[50]（唐）张彦远：《法书要录》卷1。

[51]（北宋）苏易简：《文房四谱》卷1。

[52]（晋）干宝：《搜神记》卷5。

[53]《御定全唐诗录》卷56。

[54]（唐）张彦远：《法书要录》卷8。

[55]（北宋）李昉：《太平广记》卷10。

[56]（唐）欧阳询：《艺文类聚》卷58。

[57]（唐）欧阳询：《艺文类聚》卷58。

[58]（南宋）佚名：《锦绣万花谷》后集卷29。

[59] 华人德：《中国书法史·两汉卷》，江苏教育出版社，1999年，第15页。

[60]（清）冯武：《书法正传》卷 5。

[61]（唐）欧阳询：《艺文类聚》卷 58。

[62]（明）董斯张：《广博物志》卷 30。

[63]（明）陈耀文：《天中记》卷 38。

[64]（北宋）苏易简：《文房四谱》卷 1。

[65]（北宋）苏易简：《文房四谱》卷 2。

[66]（北宋）苏易简：《文房四谱》卷 2。

[67] 马衡：《记汉居延笔》，载《国学季刊》第 3 卷 1 期号，1932 年，第 67 ~ 72 页。

[68]（北宋）苏易简：《文房四谱》卷 1。

[69]（唐）欧阳询：《艺文类聚》卷 58。

[70]（唐）欧阳询：《艺文类聚》卷 58。

[71]（北宋）苏易简：《文房四谱》卷 2。

[72]（明）冯惟讷：《古诗纪》卷 75。

[73]（北宋）苏易简：《文房四谱》卷 2。

[74]（北宋）苏易简：《文房四谱》卷 2。

[75]（南朝宋）刘义庆：《世说新语》卷中之上。

[76]（唐）欧阳询：《艺文类聚》卷 58。

[77]（晋）陆云：《陆士龙集》卷 8。

[78]（梁）萧绮：《拾遗记》卷 9。

[79]（北宋）朱胜非：《绀珠集》卷 13。

[80]（南宋）祝穆：《古今事文类聚》别集卷 5。

[81]（北宋）晁说之：《景迂生集》卷 5。

[82]（唐）房乔等：《晋书》卷 65。

第二章　唐宋两代制笔技艺的蓬勃发展

第一节　唐代制笔业的繁荣

一、一枝独秀的宣州贡笔

欧阳修在《新唐书·艺文志》前言中指出，自汉以来史官列其名氏篇第，以为六艺九种七略，至唐始分为四类，曰经史子集，而藏书之盛莫盛于开元，其著录者53915卷，而唐之学者自为之书者又28469卷。“又借民间异本传录，及还京师，迁书东宫丽正殿，置修书院于著作院，其后大明宫光顺门外、东都明福门外皆创集贤书院，学士通籍出入。既而太府月给蜀郡麻纸五千番，季给上谷墨三百三十六丸，岁给河间、景城、清河、博平四郡兔千五百皮为笔材，两都各聚书四部，以甲乙丙丁为次，列经史子集四库，其本有正有副，轴带帙签，皆异色以别之。”[1]集贤殿书院置于开元十二年，设有集贤学士之职，“掌刊缉古今之经籍，以辨明邦国之大典，凡天下图书之遗逸，贤才之隐滞，则承旨而征求焉”。另有正副知院事等一百多个职位，其中包括“造笔直四人”[2]，所制之笔，专供院内学士和书直及抄书手抄写之用。由此一角可见唐代文化盛况之一斑。

唐代毛笔制作业呈现出一派繁荣的景象，许多地方都有专业制笔作坊，宣州所产毛笔被称为“宣笔”，因质量高超而享誉全国，成为每年向皇宫进献的贡品。宣州成为全国最有名的制笔中心，在我国制笔史上首次出现了专业产地。

宣州造笔始于何时，史书记载未详。唐代著名学者韩愈写过一篇《毛颖传》：

秦始皇时，蒙将军恬南伐楚，次中山，将大猎以惧楚，召左右庶长与军尉，以连山筮之，得天与人文之兆。筮者贺曰：“今日之获，不角不牙，衣褐之徒，缺口而长须，八窍而趺居，独取其髦，简牍是资，天下其同书，秦其遂兼诸侯乎？”遂猎，围毛氏之族，拔其豪，载颖而归，献俘于章台宫，聚其族而加束缚焉。秦皇帝使恬赐之汤沐，而封诸管城，号曰“管城子”，日见亲宠任事。

颖为人强记而便敏，自结绳之代以及秦事无不纂录，阴阳、卜筮、占相、医方、族氏、山经、地志、字书、图画、九流、百家、天人之书，及至浮图、老子、外国之说皆所详悉。又通于当代之务，官府簿书、市井货钱注记，惟上所使。自秦皇帝及太子扶苏、胡亥，丞相斯，中车府令高下及国人无不爱重，又善随人意，正直邪曲巧拙一随其人。虽见废弃，终默不泄，惟不喜武士，然见请亦时往，累拜中书令，与上益狎，上尝呼为中书君。上亲决事以衡石自程，虽宫人不得立左右，独颖与执烛者常侍，上休方罢。颖与绛人陈玄、弘农陶泓及会稽褚先生友善，相推致其出处必偕。上召颖，三人者不待诏辄俱往，上未尝怪焉。

后因进见，上将有任使拂拭之，因免冠谢，上见其发秃，又所摹画不能称上意，上嘻笑曰：中书君老而秃，不任吾用。吾尝谓君中书，君今不中书耶？对曰：臣所谓尽心者焉。因不复召，归封邑，终于管城。其子孙甚多，散处中国、夷狄，皆冒管氏，惟居中山者能继父祖业。

太史公曰：毛氏有两族，其一姬姓，文王之子，封于毛，所谓鲁卫毛聃者也。战国时有毛公、毛遂，独中山之族不知其本所出，子孙最为蕃昌。春秋之成，见绝于孔子，而非其罪，及蒙将军拔中山之豪，始皇封诸管城，世遂有名，而姬姓之毛无闻，颖始以俘见，卒见任使，秦之灭诸侯，颖与有功，赏不酬劳，以老见疏，秦真少恩哉。[3]

此传堪称奇文。李肇《国史补》评价此传“其文尤高，不下迁史”。《谈薮》亦谓此传“似太史公笔”[4]。虽为寓言，其中所述并非纯为虚构，许多内容可被视为史实。如将蒙恬将军“南伐楚，次中山”与“围毛氏之族，拔其豪，载颖而归，献俘于章台宫，聚其族而加束缚焉”联系起来，就可得出蒙恬用中山兔毫制笔的结论。

此处“中山”实为宣州之地。宋代楼钥在《赠笔工吕文质》一文中写道：“四明吕文质，居桃源溪上，多游浙右，作笔殊佳。在人品，中则贾长头也。近笔工苦无兔毫，文质深入淮楚始得之。韩文公作毛颖传及赞，终始以中山为言，意其为定武也。传虽寓言，然其中云蒙恬南伐楚次中山将大猎以惧楚则非定武也。今溧水有中山，去县才十五里。《元和郡县志》云出兔毫，为笔精妙。此县唐属宣州今隶建康。宣城笔旧有名于世，岂以此耶。文质试往访求之。”[5]

明李日华在《六研斋笔记》中指出：“中山故多狡兔，其可为笔者乃溧水之中山，非晋地之中山也。唐史江宁郡、宋建康府皆贡笔，而溧水实皆隶焉。韩昌黎毛颖传云，大猎中山以威楚，盖以溧水在楚之界，所谓昭关投金濑伍员逃楚之迹咸在。若指晋之中山，则南北徼风马牛不相及，岂能威楚耶。”[6]

清代陈景云对此也作过考证，他说：“以新史地理志，参证宣州贡笔与诗语合，而溧水则宣之属县也，则宣城之贡即出自中山明矣。”[7]综合上述以及其他方面的资料可知，这里所讲的中山位于今安徽宣城市之东北部至江苏溧水一带。[8]

正是在这个意义上我们把蒙恬所造秦笔看作宣笔之发端。

《毛颖传》不仅重笔赞颂了笔在人类社会生活方方面面的重要作用，而且拟人化地描述了笔与“纸、墨、砚”三宝之间的关系，形象生动，耐人寻味。其中颖与“会稽褚先生友善”一句最为经典，常被引用。

此外，其中“累拜中书令，与上益狎，上尝呼为中书君”之句，其中之所以用“中书”一词，有人解释是指“笔管欲细，欲轻，毫不欲太刚，亦不欲太弱”[9]。即毛笔也当有“中庸之性”。

韩愈为唐代人，因而《毛颖传》又反映了唐代人的制笔技艺和思想。后来有人指出其中的认识偏颇之处。如《负暄野录》的作者指出：“韩昌黎毛颖传是知笔以兔颖为正，然兔有南北之殊，南兔毫短而软，北兔毫长而劲。生背领者其白如雪霜。北毫作笔极有力，然纯用北毫虽健且耐久，其失也不婉。用南毫虽入手易熟，其失也弱而易乏。善为笔者但以北毫束心，而以南毫为副，外则又有霜白覆之，斯能兼尽其美矣。”[10]

唐代宣州生产的毛笔被列为贡品。据《新唐书·地理志》记载：“宣州宣城郡，望。土贡：银、铜器、绮、白纻、丝头红毯、兔褐、簟、纸、笔、署预、黄连、碌青。有铅坑一。户十二万一千二百四，口八十八万四千九百八十五。县八。”[11]

宣州制笔虽然远早于唐代，但宣笔的鼎盛时期是从唐代开始的。唐代文人留下了大量赞颂宣笔和制笔名工的诗文，从中可以管窥当时宣笔制作业的繁荣景象。

唐代耿湋是书法家颜真卿的好友，与钱起、卢纶、司空曙诸人齐名，为唐大历十才子之一，曾赋《咏宣州笔》，为较早赞咏宣笔的唐诗。

寒竹惭虚受，纤毫任几重。
影端缘守直，心劲懒藏锋。
落纸惊风起，摇空见露浓。
丹青与纪事，舍此复何从。[12]

其中“丹青与纪事，舍此复何从”是对毛笔功用最朴实也是最准确的注解。

李阳冰，唐赵郡（今河北赵县）人，生于名门望族，自幼博学多才，尤专心于文字之学，主要活动在唐玄宗开元、天宝至唐德宗贞元年间。他曾写过《笔法》，其诀云：“笔大小硬软长短，或纸绢心散卓等，即各从人所好。用作之法，匠须良哲，物料精详。入墨之时，则毫副诸毛，勿令斜曲。每因用了，则洗濯收藏，惟己自持，勿传他手。至于时展其书，兴来不过百字，更有执捉之势，用笔紧慢，即出于当人，理无确定矣。”[13]

唐代宣笔用料一如前代，主要是紫毫，制作技术更加纯熟。大诗人白居易曾作《紫毫诗》赞美宣州的紫毫笔。其诗曰：

紫毫笔，尖如锥兮利如刀。江南石上有老兔，吃竹饮泉生紫毫。宣城之人采为笔，千万毛中拣一毫。毫虽轻，功甚重，管勒工名充岁贡，君兮臣兮勿轻用。勿轻用，将何如？愿赐东西府御史，愿颁左右台起居。搦管趋入黄金阙，抽毫立在白玉除。臣有奸邪正衙奏，君有动言直笔书。起居郎，侍御史，尔知紫毫不易致。每岁宣城进笔时，紫毫之价如金贵。慎勿空将弹失仪，慎勿空将录制词。[14]

紫毫属硬毫，取自江南老兔。由于千万毛中拣一毫，所以紫毫之价贵如金，无论君臣都要倍加珍惜，不能暴殄天物。说明宣笔主要以兔毫制作，选料考究，制作精细，十分名贵。

《宣和画谱》的作者认为，白居易宣州笔诗中“谓江南石上有老兔，食竹饮泉生紫毫。此大不知物之理。闻江南之兔未尝有毫，宣州笔工复取青齐中山兔毫作笔耳”[15]，认为白居易错了，实际上是自己道听途说。

严格地说，宣笔并不是纯紫毫笔，而多从旧制，以紫毫为主的兼毫笔，锋颖一律用精选紫毫。唐段公路的《北户录》有“其宣城岁贡青毫六两、紫毫三两、次毫六两，劲健无以过也”[16]的记载，说明当时宣城也出产青毫。唐代宣笔不仅用料考究，制作精良，而且宣州笔工勇于创新，不断推出新品。其中有一种“鸡距笔”最有代表性，白居易曾作《鸡距笔赋》描述之：

图 2–1　唐鸡距笔（复制品，取自《文房珍品》）

足之健兮有鸡足，毛之劲兮有兔毛。就足之中，奋发者利距；在毛之内，秀出者长毫。合为乎笔，正得其要。象彼足距，曲尽其妙。圆而直，始造意于蒙恬；利而铦，终骋能于逸少。斯则创因智士，传在良工。拔毫为锋，截竹为筒。视其端若武安君之头锐，窥其管如元玄氏之心空。岂不以中山之明视劲而迅，汝阴之翰音勇而雄。一毛不成，采众毫于三穴之内；四者可弃，取锐武于五德之中。双美是合，两揆而同。故不得兔毫，无以成起草之用；不名鸡距，无以表入木之功。及夫亲手泽，随指顾；秉以律，动有度。染松烟之墨，洒鹅毛之素，莫不画为屈铁，点成垂露。若用之交战，则摧敌而先鸣；若用之草圣，则擅场而独步。察所以，稽其故，虽云任物以用长，亦在假名而善喻。向使但随物弃，不与人遇，则距畜缩于晨鸡，毫摧残于寒兔。又安得取名于彼，移用在兹？！映赤管状绀趾乍举。对红笺疑锦臆初披。辍翰停毫，既象乎翘足就栖之夕；挥芒拂锐又似乎奋拳引斗之时。苟名实之相副者，信动静而似之。其用不困，其美无俦。因草为号者质陋，折蒲而书者体柔。彼皆琐细，此实殊尤。是以搦之而变成金距，书之而化作银钩。夫然则董狐操可以勃为良史，宣尼握可以删定《春秋》。其不象鸡之羽者，鄙其轻薄，不取鸡之冠者，恶其软弱。斯距也，如剑如戟，可击可搏。将壮我之毫芒，必假尔之锋锷。遂使见之者书狂发，秉之者笔力作。挫万物而人文成，草八行而鸟迹落。缥囊或处，类藏锥之沉潜；团扇或书，同舞镜之挥霍。儒有学书临水，负笈辞山。含毫既至，握管回还。过兔园而易感，望鸡树以难攀。愿争雄于爪距之下，冀得隽于笔砚之间。[17]

鸡距笔是紫毫笔的一种，主要原料也是中山兔毫。鸡距之名原本取其形象，此文中则赋予其“表入木之功”的含义，不仅如此，作者引申其义，赞美其操握在孔子、董狐这样的大师巨匠之手所具有的“如剑如戟，可击可搏”的潜质。

据文献记载唐朝时有画师胡环，“凡画驼马、鬃尾、人衣、毛毳，以狼毫缚笔疏渲之，取其纤健也”[18]。

当时对笔管的制作也很重视，除竹管外，还用到金银、象牙、犀牛角等名贵材料，或是在竹管上镶嵌名贵物料，同时在笔管上精心雕刻。据《续本事诗》记载，唐德州刺史王倚有一支笔，“管粗于常笔，刻从军行，人马、毛发、亭台、山水，无不精绝。刊两句云：亭前琪树已堪攀，塞北征人尚未还”[19]。又据《卢氏杂说》知，此笔管用鼠牙作工具雕刻。[20] 在一支笔杆上作一幅内容丰富的字画，而且精妙绝伦，令人赞叹，即使在今天也令人叹为观止。另据段成式的《酉阳杂俎》记载：“开元中，笔匠名铁头能莹管如玉，莫传其法。”[21] 说的是唐初有一位名为“铁头”的笔工能造出如玉质一般的莹亮笔管，其法未传，估计应是某种材料打磨出来的结果。

隋唐时期还有巨大的毛笔问世，据《珍珠船》记载：“隋高僧敬脱善书大字，笔长三尺，其麤如人臂，乞书者一字而已。”[22] 用三尺长、粗如人臂的巨大的毛笔写字，恐怕一张纸写只能写一个大字。

唐代宣州笔工名人辈出。诸葛氏家族成员在当时影响最大。据宋代陶穀《清异录》记载：伪唐宜春王从谦喜书札，学晋二王楷法，用宣城诸葛笔，一枝酬以十金，劲妙甲当时，号为“翘轩宝帚”，士人往往呼为“宝帚”。[23]

宣州陈氏也是世能作笔。据称，陈氏家传王羲之曾给其祖上写过《求笔帖》，后子孙一直继承祖业。到了唐代，书法家柳公权到宣城求笔。陈氏先给他两支，告诉其子说，柳学士如能书当留此笔，不尔如退还，即可以常笔与之。过不多久，柳公权以为这两支笔不入用，别求它笔，遂与常笔。陈家人告诉柳公权说，先前给他的两支笔，非右军不能用，柳公权信以为然。[24] 之所以如此，是因为柳公权的书风与王羲之不同，所以用的笔就会不同。由此可见由晋到唐，书风发生了很显著的变化。唐代书体尚楷，绘画以细线勾勒、浓重敷色，所以毛笔的形制主要为短锋，以兔毫为柱，这与王羲之所处的东晋时代差别很大。

柳公权曾作《谢人惠笔帖》云：“近蒙寄笔，深荷远情。虽毫管甚佳，而出锋太短，伤于劲硬。所要优柔，出锋须长，择毫须细，管不在大，副切须齐。副齐则波磔有凭，管小则运动省力，毛细则点画无失，锋长则洪润自由。顷年，曾得舒州青练笔，指挥教示，颇有灵性，后有管小锋长者，望惠一二管，即为妙矣。”[25]由此可见，宣笔的研制和改进有书法家参与，这种传统一直保持至今。

除宣州外，唐代各地因地制宜，利用当地所产原料，研制出很多其他品种的毛笔。如据《新唐书·地理志》记载，蕲州蕲春郡、升州江宁郡、越州会稽郡中都督府等地均有贡笔。另据唐刘恂《岭表录异》记载，广东“番禺地无狐兔，用鹿毛、野狸毛为笔，又昭、富、春、勤等州，则择鸡毛为笔，其为用与兔毫不异，但恨鼠须之名未得见也”[26]。《北户录》也记载“番禺诸郡如陇右多以青羊毫为笔，昭州择鸡毛为笔”，并且指出“其三覆锋亦有圆如锥，方如凿可抄写细字者”。说明这里产的鸡毛笔质量很好。另外还列举了十余种不同原料的笔：“昔溪源有鸭毛笔，以山鸡毛、雀雉毛间之，五色可爱，征其事得非入江淹梦中者乎。且笔有丰狐之毫、虎仆之毛、蚼蛉鼠毛、鼠须、羖羱羊毛、麝毛、狸毛、马毛、羊须、胎发、龙筋为之，然未若兔毫。”[27]段公路进一步指出：“今岭中亦有兔，但才大于鼠，比北中者，其毫软弱不充笔用，是知王羲之叹江东下湿，兔毫不及中山。又炀帝取沧州兔养于扬州海陵县，至今劲快，不堪全用，盖兔食竹叶故耳。然次有鹿毛笔，晋张华尝用之，不下兔毫。”[28]另据《新唐书》记载：“蕲州蕲春郡，上。土贡：白纻、簟、鹿毛笔、茶、白花蛇、乌蛇脯。”[29]欧阳通，潭州临湘（今湖南长沙）人，唐代著名书法家。据说他“以狸毛为笔，以兔毫覆之”[30]，制作所谓“二毫笔”（兼毫笔）。

唐笔中还有一个名品曰“散卓笔”。宋董更《书录》记载：“太宗留心笔札，首得蜀人王著，召为御书院祇候，迁翰林侍书，善草隶，独步一时，永师千文缺数百字，著补之，世亦宝重。东岳庙立碑命著书，著辞官卑，即日迁转。著善大书，其笔甚大，全用劲毫，号‘散卓笔’。太宗尝令对御书字，初以褚（楮）一番令书八字，又一番书六字，一番书四字，一番书两字，一番书一字，皆极于遒劲，上称善。”[31]据《杨文公谈苑》称，唐时散卓笔“市中鬻者一管百钱”[32]。

这里提到“散卓笔”的特征，首先是“甚大”，每张纸从写八字到写一字，其次是“全用劲毫”。能写这么大字的不可能是紫毫，应当是羊毫或其他类长毫。段成式的《寄余知古秀才散卓笔十管软健笔十管书》中有“散卓尤精，能用青毫之长”，可为佐证。

唐代毛笔随着唐王朝在政治、文化方面影响和势力的扩大传播到吐蕃、朝鲜、日本等周边国家和地区。日本留学生把中国的书法艺术带回日本的同时，也把大批中国毛笔和中国制笔技术带回日本。日本奈良正仓院所藏中国唐笔，丰富多彩，有斑竹管的，也有斑竹管镶象牙的，还有全象牙管的。其中有一管名为“天平笔”，即《东瀛珠光》图216所载“天平宝物笔”，如图2–2所示，其管上有墨书“文治元

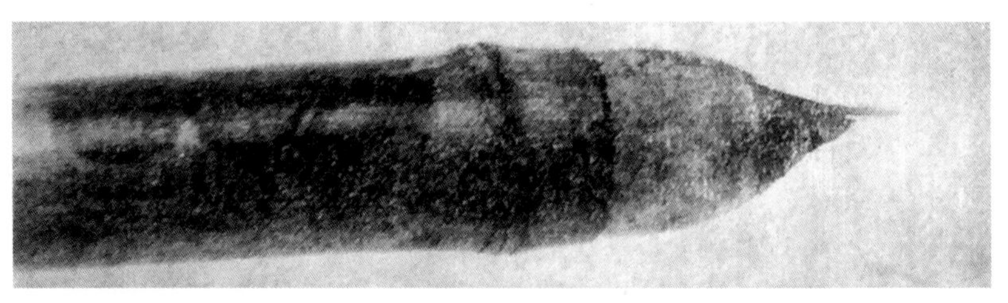

图2–2　唐笔

图2–3　唐代堆朱彤牡丹纹笔（现藏日本）

年八月廿八日开眼法皇用之天平笔”云云，虽为后世（文治元年为1185年）所用，制作时间则为天平时代[33]。日本天平时代（749 ~ 756）相当于中国唐代中期（天宝、至德年间），正是中国文化输入日本的极盛时期。盛唐时期书画勃兴，技法呈多样性，因此对毛笔的性能及功用提出了新的需求，促进了毛笔的创新。

日本民间收藏的唐笔也有不少。图2–3所示为“唐物堆朱毛笔牡丹雕”，笔杆的制作采用“堆朱工艺”，即在涂抹数次后的朱漆上实施雕刻。由于具有色调丰富以及雕刻后呈现出的独特韵味等特征，因此备受推崇。特别是笔杆的雕刻部分能起到防滑作用，握笔时手感舒适，深受文人墨客喜爱。此笔雕刻的是被誉为“花王”的牡丹。[34]

二、隋唐时期的笔文化

《隋书·郑译传》称，高祖恢复郑译的官爵，令内史令李德林立作诏书。高颎戏谓郑译说：“笔干。”郑译回答曰：“出为方岳，杖策言归，不得一钱，何以润笔？！”[35]意思是说，我受谪外贬，两袖清风，身无分文，用什么润笔？请人作诗文书画出“润笔”资，也称润格、润例或笔单，或出于此典。作文受谢之风在唐代已很普遍。韩愈撰《平淮西碑》，唐“宪宗以石本赐韩宏，宏寄绢五百匹”。又“作《王用碑》，用男寄鞍马并白玉带”[36]。有些人很慎重，实事求是，不为挣钱而做违心事。如穆宗诏萧俛撰《成德王士真碑》，俛辞曰：“王承宗，事无可书；又撰进之后，例得贶遗，若黾勉受之，则非平生之志。”帝从其请。文宗时长安中争为碑志，若市买然。大官卒，其门如市，至有喧竞争致，不由丧家。裴均之子持万缣诣韦贯之求铭。贯之曰：“吾宁饿死，岂忍为此哉！”也有人虽欣然作文而分文不取。如白居易为元稹写墓志文，固辞其家人谢文之贽。白居易在《修香山寺记》中解释说：“予早与故元相国微之定交于生死之间，冥心于因果之际。去年秋，微之将薨，以墓志文见托。既而元氏之老，状其臧获、舆马、绫帛、洎银鞍、玉带之物，价当六七十万，为谢文之贽，来致于予，予念平生分，文不当辞，贽不当纳。”[37]当然也有一些人很计较润笔资的额度，如皇甫湜为裴度作《福先寺碑》，“度赠以车马缯彩甚厚。湜大怒曰：碑三千字，字三缣，何遇我薄邪？度笑酬以绢九千匹”[38]。

唐朝沿前朝旧制，实行科举取士。有些售笔商人别出心裁，巧取举子钱财。据《清异录》记载：“唐世举子将入场，嗜利者争卖健毫圆锋，其价十倍，号‘定名笔’。笔工每卖一枝，则录姓名，俟其荣捷，则诣门求阿堵，俗呼‘谢笔’。”[39]不能说这些商人完全没有道理，没有毛笔，举子如何取得功名？！

唐代文学成就极高，在诗、赋、散文方面均留下大量的优秀作品，其中不乏描述或赞美笔的佳作，这里仅举几例。

李德裕，好著书为文，虽位极台辅，读书不辍。曾作《斑竹管赋》，其序曰：“余寓居郊外精舍，有湘中守赠以斑竹笔管，奇彩烂然，爱玩不足，因为小赋以报之。”赋文如下：

山合沓兮潇湘曲，水潺湲兮出幽谷。缘层岭兮茂奇筱，夹澄澜兮耸修竹。鹧鸪起兮钩辀，白猿悲兮断续。实璀璨兮来凤，根连延兮倚鹿。往者二妃不从，独处兹岑；望苍梧兮日远，抚瑶琴兮怨深，洒思泪兮珠已尽。染翠茎兮苔更侵，何精诚之感物。遂散漫于幽林，爰有良牧，采之岩址。表贞节于苦寒，见虚心于君子。始裁截以成管，因天姿而具美，疑贝锦之濯波，似余霞之散绮。自我放逐，块然岩中。泰初忧而绝笔，殷浩默而书空。忽有客以赠鲤，遂起予以雕虫。念楚人之所赋，实周诗之变风。昔汉代方侈，增其炳焕。缀明玑以为柙，饰文犀以为玩，徒有贵于繁华，竟何资于藻翰。曾不知择美于江潭，访奇于湘岸。况乃彤管有炜，列于诗人，周得之以操牍，张得之以书绅。惟兹物之日用，与造化之齐均。方资此以终老，永躬耕于典坟。[40]

唐京兆人窦紃曾作《五色笔赋》：

物有灿奇，文抽藻思。含五采而可宝，焕六书以增媚。岂不以润色形容，昭宣梦寐。渍毫端之一勺，潜含水章。施墨妙于八行，宛成锦字。言念伊人，光辉发身。拳然手受，灼若迷真。戴帛惊缬文渐出，临池讶莲彩长新。效用辞林，惊宿鸟之丹羽；呈功学海，间游鱼之彩鳞。所以成尽识之规，得和光之道。轻肆力于垂露，见流精于起草。俾题桥之处，转称书虹；当进牍之时，尤宜奋藻。掌握攸重，文章可惊。糅松烟以霞驳，操竹简而泪凝。倘使书绅，黼黻之容斯美；如令画像，丹青之妙足征。卓尔无双，斑然不一。离握彩以冥契，刷孤峰而秀出。纷色丝兮宜映练囊；晕科斗兮似开缃帙。动人文之际，怀豹变于良宵；呈鸟迹之前，想鸟凝于瑞日。

当其色授之初，念忘形而获诸；魂交之次，惊乱目之相于。将发挥于炼石，几迁染于尺书。秉翰苑之间，媚花阴而蔚矣；耕晴田之上，临玉德以温如。是知潜应丹诚，暗彰吉梦。嘉不乱之如削，意相宣而载弄。混青蝇之点，取类华虫；迷皓鹤之书，思齐彩凤。故可以彰施蕉叶，点缀桃花。舒彩笺而增丽，耀彤管而孔嘉。彼雕翠羽而示功，镂文犀以穷奢，曾不如披藻翰而发光华。[41]

李峤，唐代诗人，赵州赞皇人，《旧唐书》称他“为儿童时，梦有神人遗之口笔，自是渐有学业”[42]。武后执政时期，他被诏入转凤阁舍人，则天深加接待。“朝廷每有大手笔，皆特令峤为之。”李峤曾分别以纸、笔、墨、砚为题作诗。其题《笔》曰：“握管门庭侧，含毫山水隈。霜辉简上发，锦字梦中开。鹦鹉摛文至，麒麟绝句来。何当遇良史，左右振奇才。”[43]

韩愈写过一首《李员外寄纸笔》：“题是临池后，分从起草余。兔尖针莫并，茧净雪难如。莫怪殷勤谢，虞卿正著书。”[44]答谢郴州刺史李伯康赠送笔和纸。

薛涛，唐代著名女诗人，长安（今陕西西安）人。其自制诗笺被称为“薛涛笺”，在造纸史上有一席之位。她写过一首《笔离手》：“越管宣毫始称情，红笺纸上撒花琼。都缘用久锋头尽，不得羲之手里擎。”[45]

元微之闻薛涛名，因奉使见焉。涛走笔作“四友”（砚、笔、墨、纸）赞：“磨润色先生之腹，濡藏锋都尉之头，引书媒而黯黯，入文圃以休休。”微之惊服，及登翰林，以诗寄曰：“锦江滑腻峨眉秀，幻出文君与薛涛。言语巧偷鹦鹉舌，文章分得凤凰毛。纷纷辞客多停笔，个个公侯欲梦刀。别后相思隔烟水，菖蒲花发五云高。”[46]

柳宗元，唐代文学家、哲学家，“唐宋八大家”之一。《其功辄献长句》：“截玉铦锥作妙形，贮云含雾到南溟。尚书旧用裁天诏，内史新将写道经。曲艺岂能裨损益，微辞止欲播芳馨。桂阳卿月光辉偏，毫末应传顾兔灵。”[47]

唐韩定辞曾作镇州王镕书记，聘燕帅刘仁恭，舍于宾馆，命试幕客马彧，延接，马有诗赠韩曰：“燧林芳草绵绵思，尽日相携陟丽谯，别后巏嵍山上望，羡君时复见王乔。”诗虽清秀，然意在征其学问。韩亦于座上酬之曰：“崇霞台上神仙客，学辨痴龙艺最多。盛德好将银管述，丽词堪与雪儿歌。”座内诸宾靡不钦讶，称妙句，然亦疑其银笔之僻也。[48]《天中记》中有注解：有人问银笔之事，回答说：“梁元帝著书，笔有三品，或以金银雕饰，或用斑竹为管。忠孝全者用金管书之，德行清粹者用银笔书之，文章赡丽者以斑竹书之。”诗中提及的雪儿是李密爱姬，凡“宾僚文章入意者，即雪儿叶韵律以歌之”[49]。

杨收也有一首《咏笔》：“虽非囊中物，何坚不可钻。一朝操政柄，定使冠三端。”[50] 所谓“三端”是指文士之笔锋，武士之剑锋，辩士之舌锋。毛笔虽不尖硬，却锐利无比，一旦握在当权者手中，则比“三端”都要厉害。

据《天宝遗事》记载：“李白常于便殿，对明皇撰诏诰，时十月大寒，笔冻莫能书字，帝敕宫嫔十人侍于李白左右，令各执牙笔呵之，白遂取而书诏。”[51] 说的是李白为唐明皇撰写诏诰文书，恰逢天寒地冻，笔不能开，明皇命十名宫女站在两旁，用嘴巴呵气暖笔，李白轮换使用呵开的笔写书诏。

段成式，晚唐邹平人，亦说临淄人，系唐朝开国功臣段志玄裔孙。会昌三年 (843)，为秘书省校书郎，精研苦学秘阁书籍，累迁尚书郎、吉州刺史。大中七年 (853) 归京，官至太常少卿，咸通初年，出为江州刺史。免官后寓居襄阳，与温飞卿、余知古、韦蟾、周繇等时相唱和。咸通四年 (863) 六月卒。博闻强记，能诗善文，在文坛上与李商隐、温庭筠齐名。有《寄余知古秀才散卓笔十管软健笔十管书》：

窃以《孝经援神契》，夫子搢之，以拜北极；《尚书中候》，周公授之，以出元图。其中仲将稍精，右军益妙，张芝遗法，庾氏新规。其毫则景都愈于中山，麝柔劣于羊劲。或得悬蒸之要，或传痛颉之方，起自蒙恬，盖臻其妙。不惟元首黄琯之制，含丹缠素之华，软健备于一床，雕镂工于二管而已。跗则大白麦穗，临贺石班。格为仙掌之形，架作莲花之状。限书一万字，应贵鹿毛；书纸四十枚，讵兼人发。前寄笔出自新铨，散卓尤精，能用青毫之长，似学铁头之短。况虎仆久绝，桐烛难成；鹰固无惭，兔或增惧。足使王朗遽阁，君苗欲焚，户牖门墙，足备其阙也。[52]

余知古收到段成式的笔后回复道：

伏蒙郎中殊恩，赐及前件笔。窃以赵国名毫，辽东仙管，曾进言于石室，亦奏议于圆邱。经阮籍而飞动称神，得王珣而形制方大。妙合景纯之赞，奇标逸少之经。利器莫先，岂宜虚授。某艺乏鸿彩，膺此绿沉。降自成麟，翻将画虎。空怀得手之趣，实多过眼之迷。春蚓未成，丰狐滥对。喜并出图而授，惊逾入梦之征。将欲遗于子孙，清白莫比；更愿藏之筐笥，瑞应那同。捧戴明恩，伏增感激。谨状。[53]

段成式还写过《寄温飞卿葫芦管笔往复书》：

桐乡往还，见遗葫芦笔管，辄分一枚寄上。下走困于守拙，不能大用。濩落之实，有同于惠施，平原之种，本惭于屈毂。然雨思茶器，愁想酒杯。嫌苦菜而不吟，持长柄而为赠。未曾安笔，却省岁书。八月断来，固是佳者。方知绿沉赤管，过于浅俗，求大白麦穗，获临贺石班，盖可为副也。飞卿穷素缃之业，擅雄伯之名，沿溯九流，订铨百氏，笔洒沥而转润，纸襞绩而不供。或助操弹，且非玩好。便望审安承墨，细度履毫，勿令仲宣等闲中咏也。成式状。

温庭筠是晚唐著名诗人，诗名与李商隐齐名，合称“温李”。温庭筠答曰：

庭筠累日来洛水寒疝，荆州夜嗽，筋骸莫摄，邪蛊相攻。蜗宂伤明，对兰釭而不寝；牛肠治嗽，嗟药录而难求。前者伏蒙雅赐葫芦笔管一茎，久欲含词，聊申拜贶。而上池未效，下笔无聊，惭恍沉吟，幽怀未叙。然则产于何地，得自谁人，而能洁以裁筠，轻同举羽？岂伊蓍草，空操九寸之长；何必灵芝，独号三株之秀。但曾藏戢册省，永贮仙居，却笑遗民，迁兹佳种，惟应仲履，忽压烦声。岂常见已堕遗犀，仍抽直干，青松所筑，漆竹藏珍，足使玳瑁惭华，琉璃掩耀。一枚为贵，岂异陆生；三寸见珍，遂兼扬子。谨当刊于岩竹，置以郊翰，随纤管而为床，拟凌云而作屋。所恨书裙寡媚，钉帐无功，实凡姿，空尘异贶。庭筠状。[54]

唐代科举制度除常设科目按时进行考试外，还特设“制科”，由皇帝亲自测试，选非常之才，录取人数不多。通过明经、进士等科目考试者，还可再参加制科考试。制科，尤其是“贤良方正、直言极谏”科，主要考“对策”，主持考试者常由皇帝选派中枢机构中的著名文士担任。据宋洪迈《容斋随笔・五笔》卷7记载：“白乐天、元微之同习制科。中第之后，白公寄微之诗曰：‘皆当少壮日，同惜盛明时。光景嗟虚掷，云霄窃暗窥。攻文朝矻矻，讲学夜孜孜。策目穿如札，毫锋锐若锥。’注云：时与微之结集策略之目，其数至百十，各有纤锋细管笔，携以就试，相顾辄笑，目为毫锥。乃知士子待敌编缀应用，自唐以来则然。毫锥笔之名起于此也。”

韦充，唐京兆人。穆宗长庆中，官仓部员外郎，迁左司郎中，后官至右谏议大夫，曾作《笔赋》：

笔之健者，用有所长。惟兹载事，或表含章。虽发迹于众毫，诚难颖脱；苟容身于一管，岂是锋芒。进必愿言，退惟处默。随所动以授彩，寓孤贞而保直。修辞立句，曾无点画之亏；游艺依仁，空负诗书之力。恐无成之见掷，常自束以研精。择才而丹青不间，应用而工拙偕行。所以尽心于学者，尝巧于人情。惟首出筒中，长庆挫锐；及文成纸上，或冀知名。以其提挈不难，发挥有自。纵八体之俱写，亦一毫而不坠。何当入梦，终期暗以相亲；倘用临池，讵欲辞于历试。今也文章具举，翰墨皆陈。秋毫似削，宝匣以新。但使元礼之门，不将点额，则知子张之手，永用书绅。夫如是，则止有所，托有因。然后录名之际，希数字于依仁。[55]

韦充的这首《笔赋》以拟人化的手法，代笔所思，如“恐无成之见掷，常自束以研精”之句，还有“所以尽心于学者，尝巧于人情”等，可谓体贴入微，令人感动，堪称绝佳之作。

“褚遂良亦以书自名，尝问虞世南曰：吾书何如智永？答曰：吾闻彼一字直五万，君岂得此。曰：孰与询？曰：吾闻询不择纸笔，皆得如志，君岂得此？遂良曰：然则何如？世南曰：君若手和笔调，固可贵尚。遂良大喜，通晚自矜重，以狸毛为笔，覆以兔毫，管皆象犀，非是未尝书。”[56]褚遂良接受虞世南的建议，选用适于自己的良笔书写，其笔用狸毛为柱，披以兔毫，用象牙和犀牛角制作笔管，其他笔一概不用。兼用狸毫和羊毫制笔是一项重要的创举。宋代学者陈櫄在《负暄野录》卷下评价说，欧阳通以狸毛为笔，以兔毫覆之，“此二毫笔之所由始也”。他指出，用羊、兔毫制作兼毫笔“盛于今时，盖不但刚柔得中，差宜作字，而价廉工省，故人所竞趋”。意思是说，兼毫笔不仅刚柔适中，笔性好用，而且价廉工省，所以都愿意做。

据《文房四谱》卷1记载，欧阳询之子欧阳通善书，用笔也很讲究，其字“瘦怯于父，常自矜能书，必以象牙、犀角为管，狸毛为心，覆以秋毫，松烟为墨，末以麝香，纸必须用紧薄白滑者乃书之，盖自重也”。

唐代李玫《纂异记》是一部传奇小说集，其中有“虎毛红管笔”：“有僦马生甚贫，遇人与虎毛红管笔一枚，曰：所须但呵笔即得之，然夫妻之外令一人知则殆矣。时方盛行凝烟帐、风篁扇，皆呵而得之。一日晚思兔头羹，连呵遽得数盘，夫妻不能尽，以与邻家，自是笔虽存，呵之无应矣。”[57]

五代王仁裕《开元天宝遗事》卷2称："李太白少时梦所用之笔头上生花，后天才赡逸，名闻天下。""梦笔生花"的典故即出自此。

有史料记载："王勃梦人遗以丸墨盈袖，自是文章日进。"[58]说王勃年少时曾梦见有人送给他墨丸满袖。王勃很有才华，"每为碑颂，先墨磨数升，引被覆面而卧，忽起，一笔书之，初不窜点，时人谓之腹稿"[59]。当时人说，他在写碑颂之前，先磨很多墨汁，然后用被子盖住脸睡一会，那是在打腹稿，所以才能忽然起床之后，一气呵成。

《博异记》一卷，记唐初及中期发生的志怪故事，或曰郑还古作。其中有"许汉阳"一条，说许汉阳名商本，汝南人也，贞元（785～805）中舟行于洪饶间，日暮波急，偶遇潇湘水女郎。龙女"命青衣取诸卷兼笔砚，请汉阳与录之。汉阳展卷皆金花之素，上以银字扎之，卷大如拱，已半卷相卷矣。观其笔乃白玉为管，砚乃碧玉，以颇黎（玻璃）为匣，砚中皆研银水"。

据北宋《宣和书谱》卷6记载："王仁裕，字德辇，天水人也，官至太子少师，幼不羁，惟以狗马弹射为务，中年锐意于学，一夕梦剖其腹肠胃引西江水以浣之，睹水中沙石皆有篆文，及寤，胸中豁然，自是文性超敏，洞晓音律，作诗仅千篇，目之曰《西江集》。"作者对此类现象提出解释："尝观《列御寇》言神遇为梦，谓以一体之盈虚消息，皆通于天地，应于物类，非偶然也。王献之梦神人论书而字体加玄，李峤梦得双笔而为文益工，斯皆精诚之至而感于鬼神者也。"如果这些梦曾经发生过，那么很有可能是这些梦主已经倾心于某事，而绝非神灵感应之结果。

唐穆宗即位之后，召见柳公权，谓之曰："我于佛寺见卿笔迹，思之久矣，即日拜右拾遗，充翰林侍书学士，迁右补阙司封员外郎。"穆宗政僻，尝问公权：笔何尽善。对曰：用笔在心，心正则笔正，上改容，知其笔谏也。[60]

《云仙杂记》卷2称："郄诜射策第一，再拜其笔曰：龙须友使我至此。后有贵人遗金龟，并拔芯石簪，咸与弟子，曰：可市笔三百管。退而藏之，贮以文锦，一千年后犹当令子孙以名香礼之。"

有史料记载："罗隐喜笔工苌凤，语之曰：笔，文章货也。吾当助子取高价，即以雁头笺百幅为赠。士大夫闻之，怀金问价。"[61]罗隐，新城（今浙江富阳市新登镇）人，唐代诗人。他为帮助笔工苌凤抬高笔价，以百幅雁头笺为赠，士大夫听说之后，个个怀金问价。

宋陶穀《清异录》卷下称，唐代文人赵光逢薄游襄汉，"濯足溪上，见一方砖，类碑，上题字云：'秃友退锋郎，功成鬓发伤。冢头封马鬣，不敢负恩光。独孤贞节立。'砖后积土如盎，微有苔藓，盖好事者瘗笔所在。"

陆龟蒙作《石笔架子赋》：

杯可延年，帘能照夜，直为绝代之物，以逮连城之价。尔材虽足重，质实无妍，徒亲翰墨，谩费雕镌，到处而人争阁笔，相逢而竟欲投篇。若遇左太冲，犹置门庭之下；如逢陆内史，先焚章句之前。宝跗非邻，金匣不敌，直堪谏诤之士，雅称元灵之客。谢守边城雨细，题处堪怜；陶公岭畔云多，吟中合惜。或若君王有命，玺素争新，则以火齐、水晶之饰，龙膏、象齿之珎，窥临旧砚，襞染生春。卫夫人闪弄彩毫，思量不到；班婕妤笑提丹笔，眄睐无因。若自蕺山，如当棐儿，则叨居谈柄之列，辱在文房之里。诚非刻画，几受谴于纤儿；终假磨砻，幸见容于夫子。可以资雪唱，可以助风骚。莫比巾箱之贵，堪齐铁研之高。吟洞庭之波，秋声敢散；赋瑶池之月，皓色可逃。若有白马潜心，雕龙在口，钩罗不下于三箧，裁剪无惭于八斗。零陵例化，肯后于双飞，元晏书成，愿齐于不朽。[62]

陆龟蒙还作过《哀茹笔工辞》：

夫子之肱兮何绵绵，耕不能耒兮渔不能船。截筠束毫，既胜且便。昼夜今古，惟毫是镌。爰有茹夫，工之良者。责其精角，在价高下。阙啮义牙，尚不能舍。旬濡数锋，月秃一把。编如蚕羿，汝实助也。我书奇奇，浑源未衰。惟汝是赖，如何已而。有兔千万，拔毛止皮。散涩钝芒，缗觚靡辞。圆而不流，铦而不欹。在握方染，亦茹之为。斫轮运斤，传之者谁？毫健身殒，吾宁不悲。[63]

唐代毛笔的形制与前代毛笔有明显的不同。这时所用的笔毫为山兔毛、山羊毛和黄鼠狼毛等，笔头也相应加粗，笔锋呈短锋型，且笔杆增粗，笔杆后端不再削尖，长度改短，不再用来簪发。宣州（今安徽省宣城）在唐代成为制笔中心而声誉日隆，所制之笔被称为宣笔。

唐代大书法家柳公权的《谢人惠笔帖》云："近蒙寄笔，深荷远情。虽毫管甚佳，而出锋太短，伤于劲硬。所要优柔，出锋须长，择毫须细，管不在大，副切须齐。副齐则波磔有凭，管小则运动省力，毛细则点画无失，锋长则洪润自由……"[64]可见柳公权对笔的要求与唐代的主流笔相反，柳体的风格伤于劲硬的短锋笔，需要出锋优柔适中的长锋笔，而这种长锋笔是以山羊毛为主要原料的。因而长锋笔应运而生。长锋笔的出现对于毛笔来说无疑是一场革命，它带来了唐宋时期纵横洒脱的新的书风，并为以后隔代长锋笔的盛行奠定了基础。在唐代经改进的还有一种形如鸡距的短锋笔。鸡距即为鸡后爪，为形容其笔锋矩小犀利而名鸡距笔。

文嵩撰《管城侯传》：

毛元锐字文锋，宣城人。其先黄帝时，大昴流于东野而生昴宿，一名旄头，遂姓毛氏，世居兔园。少昊时，因少暴农之稼，为鹓鸠氏所擒，诛之，以为乾豆。其族有窜于江南者，居于宣城溧阳山中，宗族豪盛。元锐之世，二代祖聿，因秦始皇时遣大将军蒙恬南征吴楚，疑其有三窟之计，恃狡而不从，使前锋围而尽执其族，择其首领酋健者縻缚之，献于麾下。大将军问聿之能，曰："善编录简册，自有文字已来，注记略无遗漏。"大将军奇之，因命为掾，掌管记。及凯旋，闻于上，为筑城而居，其族遂以文翰著名。其子士载，汉时佐太史公修史，有劲直之称。天子因览前代史，嘉其述美恶不隐，文简而事备，拜左右史，以积劳累功封管城侯。子孙世修厥职，能业其官。累代袭爵不绝，皆与名贤硕德如张伯英、卫伯玉、索幼安、钟元常、韦仲将、王逸少、王子猷并为执友。历宋齐以来，朝廷益以为重。锐之曾大父如椽，与王珣为神契之交。大父弗聿，与江文通、纪少瑜有彩毫镂管之惠，皆文章之会友也。锐为人颖悟俊利，其方也如凿，其圆也如规，其得用也称志，则默默而作，随心应手，有如风雨之声者，有如鸾鹤回翔之势，龙蛇奔走之状者。能为文多记，不倦濡染，光祖德也。起家校书郎直馆，迁中书令，袭爵管城侯。圣朝庶政修明，得与南越石虚中、燕人易元光同被诏，常侍御案之右，遂与石虚中、楮知白为相须之友。帝以六合晏安，志在坟典，因诏元锐专典修撰。元锐久蒙委用，心力以殚，至于疲极，书札粗疏，惧不称旨，遂恳上疏告老。上览之，嘉叹曰："所谓达士，知止足矣。"优诏可之。曰："壮则驱驰，老则休息。载书方册，有德可观。卿仰止前哲，宜加厚礼。可工部尚书致仕就国。光优贤之道也。仍以其子嗣职焉。"史臣曰："管城毛氏之先，盖昴宿之精，取笔头之名以为氏，以与姬姓毛伯郑之后毛氏，不同族也。其子孙则盛于毛伯之后，其器用则遍及日月所烛之地也。自天子至于庶士，无不重之者。朝廷及天下公府曹署，随其大小，皆处右职，功德显著，宗族蕃昌云。"[65]

第二节　五代至两宋制笔技艺的进一步发展

一、不断创新的宋代制笔技艺

五代继承唐代遗风，非常重视书画艺术，特别是南唐王室，对文房用品可谓精益求精。著名的澄心堂纸、李廷珪墨都出现于这一时期。据宋陶縠《清异录》记载："伪唐宜春王从谦喜书札，学晋二王楷法。用宣城诸葛笔，一枝酬以十金，劲妙甲当时，号为'翘轩宝帚'，士人往往呼为'宝帚'。"宋龙衮《江南野史》卷3称，宜春王从谦，南唐元宗李璟第九子，后主李煜之同母弟，"幼而聪悟好学，有文辞，年未弱冠有能诗之名"。从谦这位王子酷爱书法，专用宣城诸葛笔，一支笔给十金，该笔苍劲，妙甲当时。由此可见，唐代享有盛誉的宣城诸葛笔在五代时仍独领风骚。

《清异录》还记载有一条五代时期的毛笔资料："开平二年，赐宰相张文蔚、杨涉、薛贻宝相枝各二十，龙鳞月砚各一。宝相枝，斑竹笔管也，花点匀密，纹如兔毫。鳞，石纹似之；月，砚形象之。歙产也。"当时称斑竹管毛笔为"宝相枝"，笔管"花点匀密"。"纹如兔毫"不好理解，查《说郛》、《山堂肆考》等均如此行文，仍疑有误。或为"纹如……兔毫"。

宋代开始流行使用高腿桌椅，人们写字的姿式也有相应的变化，由盘坐在榻上在矮几上悬肘书写，变为坐在高椅上伏案悬腕书写，这种变化对毛笔提出了新要求。宋代毛笔在继承前代的基础上有所革新，在形制、选料和制作上都表现出鲜明的时代特色。

宣州仍是最重要的制笔中心，宋代仍贡笔。据《宋史》记载，宁国府本宣州宣城郡，"贡纻布、黄连、笔。县六：宣城、南陵、宁国、旌德、太平、泾"[66]。宣州制笔还向周边传播，如《宋史》记载江宁府亦"贡笔。县五：上元、江宁、句容、溧水、溧阳"[67]。

各家制笔聚族为业，竞争激烈。为了在竞争中取得优势或保住名望，各家都努力推陈出新，呈现出一派繁荣景象。

诸葛氏制笔在宋代仍享有很高的名誉。据宋叶梦得《避暑录话》卷上记载："世言歙州具文房四宝，谓笔墨纸砚也。其实三耳，歙本不出笔，盖出于宣州。自唐惟诸葛一姓世传其业，治平、嘉祐前，有得诸葛笔者率以为珍玩，云一枝可敌他笔数枝。"唐代诸葛氏制笔已声名显赫，到了宋，特别是在嘉祐（1056～1063）、治平（1064～1067）以前，诸葛笔更是独步海内。名匠诸葛高技艺最精，他制作的诸葛笔受到当时文人的青睐，常被当作贵重礼品馈赠亲朋，无论是达官贵人还是普通士子都以得到诸葛笔为幸事。

著名诗人梅尧臣、欧阳修、苏东坡、黄庭坚等人都推崇诸葛笔。梅尧臣《次韵永叔试诸葛高笔戏书》：

公负天下才，用心如用笔。端劲随意行，曾无一画失。因看落纸字，大小得疏密。笔工诸葛高，海内称第一。频年值我来，我愧不堪七。安能事墨研，欲效前人述。懒性真嵇康，闲坐喜扪虱。是以持献公，不使物受屈。果然公爱之，奇踪写名实。岂惟播今当，当亦传异日。嗟哉试笔诗，藏不容人乞。[68]

欧阳修得到梅尧臣赠送的诸葛笔后非常兴奋，也有《圣俞惠宣州笔戏书》：

圣俞宣城人，能使紫毫笔。宣人诸葛高，世业守不失。紧心缚长毫，三副颇精密。软硬适人手，百管不差一。京师诸笔工，牌榜自称述。累累相国东，比若衣缝虱。或柔多虚尖，或硬不可屈。但能装管榻，有表曾无实。价高仍费钱，用不过数日。岂如宣城毫，耐久仍可乞。[69]

诗中赞美诸葛高制笔“紧心缚长毫，三副颇精密。软硬适人手，百管不差一”，并以京师制笔与诸葛氏宣笔加以比较，认为京师笔“或柔多虚尖，或硬不可屈”，并价高寿短，不如宣笔经久耐用。

苏轼对诸葛笔也是情有独钟，据历史文献记载，他在友人“孙叔静处用诸葛笔，惊叹此笔乃尔蕴藉耳”[70]。他曾得到唐彦猷所赠送的两束诸葛笔，每束十色，奇妙之极。他说：“本朝宣州诸葛氏笔，擅名天下久矣。纵其间不甚佳者，终有家法。如北苑茶、内库酒、教坊乐，虽弊精疲神，欲强学之，而草野终不可脱。一沐管城颖，为把栗尾书。剡溪藤苍鼠，奋鬣饮松腴。”[71] 他还将“饮官法酒、烹团茶、烧衙香、用诸葛笔”并称“北归嘉事”[72]，足见诸葛笔在其心中的地位。黄庭坚《跋东坡论笔》称：“东坡平生喜用宣城诸葛家笔，以为诸葛之下者犹胜它处工者。平生书字每得诸葛笔则宛转可意，自以为笔论穷于此，见几研间有枣核笔，必嗤，诮以为今人但好奇尚异，而无入用之实。然东坡不善双钩悬腕，故书家亦不伏此论。”[73]

苏轼在《东坡志林》中提到，“近日都下笔皆圆熟少锋，虽软美易使，然百字外力辄衰。盖制毫太熟使然也。鬻笔者既利于易败而多售，买笔者亦利其易使，惟诸葛氏独守旧法，此又可喜也”[74]。从这里可以得知，当时有人制笔投机取巧，少用锋毫，过于“圆熟”，用不了多久就得丢弃。这种“快餐”现象当下也普遍存在。然而，诸葛氏独守旧法，不随波逐流，甚堪称赞。

黄庭坚在得到别人赠送的诸葛笔后曾写下一首《谢送宣城笔》诗：“宣城变样蹲鸡距，诸葛名家捋鼠须。一束喜从公处得，千金求买市中无。漫投墨客摹科斗，胜与朱门饱蠹鱼。愧我初非草玄手，不将闲写吏文书。”[75] 诗中“鸡距”、“鼠须”皆笔名。据宋代黄营《山谷年谱》卷24记载：“成都续帖中有先生手写此诗，题云：‘谢陈正字送宣城诸葛笔，跋云：李公择在宣城令，诸葛生作鸡距法，题云：草玄笔寄孙莘老。’”

宋代学者邓肃在《论书》一文中谈到诸葛笔与普通毛笔的区别所在：“持笔如驭将，柔顺从指者，皆非良材；而狰狞纵逸者，亦不可制。要当兴伏抑按，毋从人欲，而纸上戛戛，自有生意，然后为妙笔也。近世人多作无骨字，盱睢侧媚，有乞怜之态，故其所用者皆无心冗毫也。此笔才入手，则诸葛所制当为生硬矣。不能用诸葛笔而欲作字，如项羽弃范增而欲取中原也，其可乎？！”

唐代风行的“鸡距笔”在宋代一直还在使用。苏东坡在一些诗文中曾提及鸡距紫毫笔，如《文与可有诗见寄次韵答之》：“为爱鹅溪白茧光，扫残鸡距紫毫芒。世间那有千寻竹，月落庭空影许长。”[76] 陆游《醉中录近诗因题卷后》诗“鹅儿色浅酒醺人，鸡距锋圜笔绝伦。满引一杯书数纸，要知林下有闲身”[77]，赞美鸡距笔锋圜绝伦。陆游是南宋时人，由此可见，在他生活的年代鸡距笔仍受到一些文人的追捧。

唐代即已出现的“散卓笔”在宋代被更加普遍使用。宋代学者叶梦得《避暑录话》卷上中说：“熙宁后，世始用无心散卓笔，其风一变。诸葛氏以三副力守家法不易，于是浸不见贵，而家亦衰矣。”我们显然不能根据此处的“世始用”认为散卓笔是熙宁后才出现的，因为上一节已有交代，唐代已经有此种笔。无心散卓笔是在原有制作笔的过程中，省去柱心，直接选用一种或两种毫料，散立扎成较长的笔头，并将其深埋于笔腔中，从而达到坚固、劲挺、贮墨多的效能。宋苏易简《文房四谱》中介绍说："先用人发抄数十茎，杂青羊毛并兔毳，惟令齐平。"这种笔笔头较大，笔头的大部分纳入笔腔；笔锋较长，含墨多，宜于书写和作画。苏东坡最喜欢用散卓笔，黄庭坚评论说："苏翰林用宣城诸葛齐锋笔作字，疏疏密密，随意缓急，而字间妍媚百出"。[78]

宋代笔实物前些年有出土。1988 年，安徽省合肥市宋太师舒国公孙马绍庭夫妇墓出土的宋笔（图 2–4），笔管、笔帽均为竹制，笔毛已朽，仅残留笔芯，已炭化呈黑色；似为硬毫与麻纤维制成柱心，软毫为披，属长锋柱心笔。[79] 此笔处于柱心笔过渡到散卓笔的阶段。1978 年，江苏省武进县南宋周瑀墓中出土的毛笔也是长锋笔，说明长锋笔在宋代不仅已经出现，而且可能较流行。

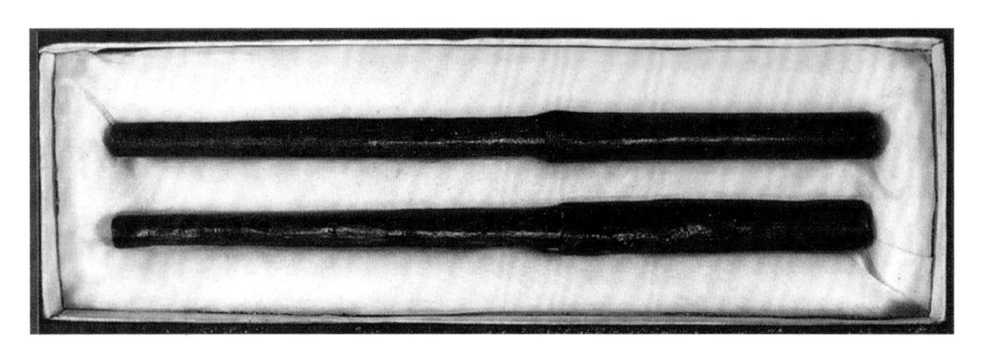

图 2–4　宋代宣笔

据宋代阮阅《诗话总龟》称，苏东坡认为，散卓笔只有诸葛氏可以制作，其他"笔工效诸葛散卓，反不如常笔。正如人学老杜诗，但见其粗俗耳"[80]。如果此说准确，那就意味着诸葛家不仅制作散卓笔，而且做得很好，他人难以模仿。但叶梦得《避暑录话》卷上谈到熙宁后世始用无心散卓笔，其风一变时，却说"诸葛氏以三副力守家法不易，于是浸不见贵，而家亦衰矣"。显然与苏东坡的说法不一致。

与苏轼同时代的宋代书法大家蔡襄也说过诸葛高造散卓笔。"宣州诸葛高造鼠须、散卓及长心笔绝佳。常州许頔所造二品亦不减之。然其运动随手无滞各是一家，不可一体而论之也。"[81] 蔡襄比叶梦得年长 65 岁，他说诸葛高造的散卓笔绝佳，说明散卓笔的出现并非在熙宁（1068 ~ 1077）之后。看来叶梦得的说法不准确。

黄山谷对无心散卓笔不是一般的了解，从他的文集中可以找到多处论及无心散卓笔的资料。如《书吴无至笔》：

> 有吴无至者，豪士晏叔原之酒客二十年，时余屡尝与之饮，饮间喜言士大夫能否似酒侠也。今乃持笔刀行，卖笔于市。问其居，乃在晏丞相园东，作无心散卓，小大皆可人意。然学书人喜用宣城诸葛笔，着臂就案，倚笔成字，故吴君笔亦少喜之者。使学书人试提笔去纸数寸书，当左右如意，所欲肥瘠曲直皆无憾，然则诸葛笔败矣。许云封说笛竹阴阳不备，遇知音必破。若解此处，当知吴葛之能否。元祐四年四月六日门下后省食罢，胸中愊愊，须煮茶试晁以道所作。究煤贤君散卓，遂竟此纸。[82]

当时制作无心散卓笔的并非只有诸葛一家，前文中蔡襄指出常州许頔所造也有独到之处，这里黄山谷又极力推荐吴无至所作。按黄山谷的介绍，如果着臂就案，倚笔成字，宣城诸葛笔优势明显，但如果悬笔书写，并能做到"左右如意，所欲肥瘠曲直皆无憾"，那就是吴无至笔的优势，用诸葛笔则很难做到。

在黄山谷的另一篇文章《书侍其瑛笔》中，也谈到其他散卓笔的信息：

南阳张义祖喜用郎奇枣心散卓，能作瘦劲字，他人所系笔，多不可意，今侍其瑛秀才以紫毫作枣心笔，含墨圆健，恐义祖不得独贵郎奇而舍侍其瑛也。笔无心而可书小楷，此亦难工，要是心得妙处耳。宣城诸葛高三副笔，锋虽尽而心故圆，此为有轮扁斫轮之妙。弋阳李展鸡距，书蝇头万字而不顿，如庖丁发硎之刃，其余虽得名于数州，有工辄有拙也。今都下笔师如猬毛，作无心枣核笔，可作细书，宛转左右无倒毫破其锋，可告以诸葛高、李展者，侍其瑛也。瑛有思致，尚能进于今日也。[83]

大意：以前郎奇枣心散卓笔适于作瘦劲字，深为张义祖所喜爱。现在秀才侍其瑛以紫毫作枣心笔，含墨圆健，如果被张义祖发现，恐怕就不会专爱郎奇笔了。无心笔能写小楷甚难得。诸葛高的三副笔造法独特。李展的鸡距笔书蝇头小字上万而不萎顿，堪与庖丁解牛之刃相媲美。如今都下笔师多如猬毛，作无心枣核笔，可作细书。但如果要做到宛转左右无倒毫破其锋，能够与诸葛高、李展相敌者，只有侍其瑛了。看来黄山谷对于当时各地制笔技艺是有深入了解的。

宋代有人用人须制笔，还很好用。据《岭南异物志》记载："岭南兔，尝有郡牧得其皮，使工人削笔。醉失之，大惧，因剪己须为笔，甚善。更使为之工者辞焉。诘其由，因实对。遂下令使一户输人须，或不能致，辄责其直。"[84]一时应急之作，却成了一个创举。

宋代狼毫笔的使用更加普遍，清倪涛的《笔谱》引《眉公妮古录》云："宋时有……鼠尾笔、狼毫笔"，清吴景旭撰《历代诗话》引《太平清话》云："宋时有鼠尾笔、狼毫笔"。当时不仅中国，像新罗等受汉文化影响的周边国家和地区也开始制作和使用狼毫笔，在《宋会要》、《诸蕃志》等文献中均记载了新罗出产和向当时的中国政府进贡鼠毛笔的情况，而鼠毛笔很有可能就是狼毫笔，清吴景旭的《历代诗话》引《埤雅》云："鼬鼠俗谓之鼠狼，一名鼪，今栗鼠似之。苍黑而小，取其毫于尾，可以制笔，世所谓鼠须粟尾者也，其锋乃健于兔。"[85]清代用笔比前代更加讲究，对狼毫笔也开始有了细致的分类，如"行干用狼毫，钩筋用小狼毫"[86]等。

我们在第一章中提到古代硬笔使用情况。秦汉以后虽然毛笔技艺已经成熟，但硬笔仍未销声匿迹。20 世纪以来的考古发现为我们提供了古代硬笔的实物资料。1972 年，甘肃武威县张义堡遗址出土了 2 支西夏王朝中晚期（约 1145 ～ 1212）双瓣合尖竹管笔，其中一支长 13.6 厘米，没有使用的痕迹；另一支长 9.5 厘米，笔尖有墨迹，略有残损。笔形状扁平，一头平齐，一头削尖，如图 2–5，从笔尖残留的漆痕看，显然已经用于写字，正好印证了中国古代"竹梃蘸漆而书"的历史事实，同时出土的还有字书和有字简等实物，上面的文字可能是用这种竹笔书写的。制作竹笔的方法是将一段芦苇或细竹的一端削出一个斜面，斜面顶端削尖形成笔舌，笔舌正中再纵向削出一道贯通笔尖的细缝，其作用是使墨汁缓缓下渗，同时减弱笔尖的硬度，增加笔尖的弹性，其原理类似于现代的蘸水笔。

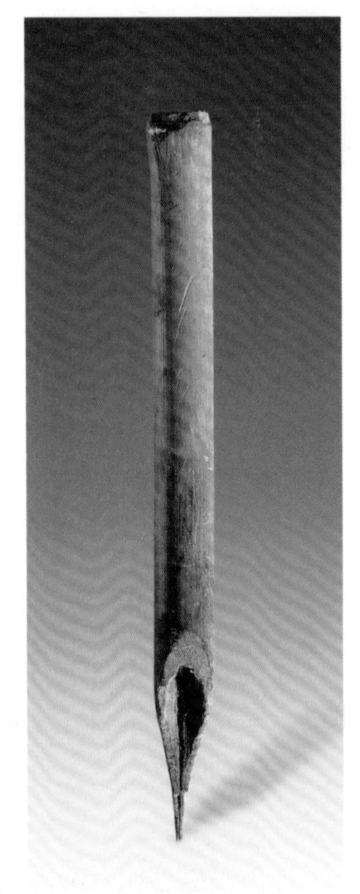
图 2–5　武威出土的硬笔

这少量的几支硬笔出土地远在中原以外，而中原地区尚无类似的发现，加之云南、西藏等地仍保留使用这种硬笔的习俗，如云南的纳西族写东巴经用的就是这种硬笔，这里就出现了一个问题，这种笔是中原文化外传抑或周边文化传入的产物？我们的观点是，中原地区原本使用过硬笔，后来由于普遍使用毛笔，很久以前就不再使用硬笔，加上内地气候温润不利于竹笔保存，所以没有发现实物并不能说明曾经没有。实际上像新疆出土的数量就极为有限，也不具有普遍意义，因此，并不能根据现有的资料作出来源于西域的结论。云南、西藏等地至今仍保留这种用笔传统，如同这些地方仍保留抄纸技艺一样，可能是相对封闭和宗教等原因所导致。

江南一带出现过用竹丝等制成的笔。据《酉阳杂俎》载："南朝有姥善束笔心用胎发，萧子云尝用之，自是取其软，此法今不复见于用。吴俗近日却有用竹丝者，往往以法揉制，使就挥染，或谓是茗枝，而冒称竹丝。江西亦有缉竹为轻绨者，疑未必不可为此也。"

中国古代还可能出现过一种被后世称作"角笔"的硬笔。"角笔"一词来自日文，指用象牙、兽骨、竹木等材料制成的一种书写工具，长度约25厘米，形如筷子。据研究者日本文岛大学的小林芳规教授介绍，在一家神社古经函中发现一支木笔，是日本12世纪平安时代的遗物，用黄肠木制成，尖端已分列成毛刷状，用显微镜观察还发现存有古纸纤维。

与一般的硬笔不同，用角笔写字不用蘸墨，而是直接在纸或木板上刻画凹痕，因此字迹并不明显。1961年日本发现了275件古代有角笔文字痕迹的古代（从8世纪到19世纪）文献。

有学者分析，日本的角笔书写方式很可能源于中国。其一，劳干先生在注释居延汉简木简时，发现有的简"左侧无字处有刻文"，时代早于日本现知最早的角书文献。其二，日本留学僧在唐宋时期，曾将《三十帖策子》、《般若心经疏》、《法藏和尚传》等中国经书带回日本，这些经书上刻有大量的角笔旁书。其三，北京大学图书馆藏宋代孙再著《唐史论》断写本3册中，也留有用角笔刻画纸面而成的旁注符号。[87]

宋代学者陈槱在《负暄野录》中指出，古代有人用狸毛、鼠须作笔，今都下亦有制此笔者，大概说来也只是在兔毫中掺入一点。与行家说，这样做可以助长一些笔力，而且使笔头更加美观。然而，这种掺毫不可多，多用则太粗涩。闽、广一带有用鸡羽、雁翎等毛为笔，我也曾使用过这种笔，还是太软弱，不可取，大概也只是求奇求新罢了。

陈槱指出，唐代开始制作的兼毫笔在宋代非常流行，番禺张彦实待制，尝为赋诗云："包羞不借虎皮蒙，笔阵仍推兔作锋。未免吹毛强分别，即今同受管城封。"[88]大意为：忍辱含羞也不借虎皮来装饰，但《笔阵图》仍然首推兔毫作锋。实际上这种勉强的区分没有多少意义，如今两种毛料都受到同样重视。

总之，以宣笔为代表的宋代毛笔在继承传统的同时不断推陈出新。宋朝南迁之后，政治、文化中心南移，宣城制笔业受到很大影响，一些工匠开始迁徙、改行，宣笔渐渐衰落，只有少数笔工仍继承旧业，继续制作宣笔，但产品的数量、质量、品种，特别是影响力已不可与当年同日而语。制笔业中心南移到浙江湖州。

二、宋代著名笔工

宋代制笔名工见诸史料者明显较前世为多，从一个侧面反映出当时制笔行业的繁荣。

宋初诗人林逋有咏笔诗二首："江南秋兔老毫踈，数字钟王尚贾余。因读退之毛颖传，可怜今日不中书。"又："神功虽缺力终存，架琢珊瑚欠策勋。日暮闲窓何所似，灞陵憔悴故将军。"自注曰："予顷得宛陵葛生所茹笔十余筒，其中复得精妙者二三焉。每用之如麾百胜之师，横行于纸墨间，所向无不如意，惜其日久且弊，作诗二篇以录其功。"[89]其中提及宛陵葛姓制笔工，所制之笔用起来得心应手。

欧阳修称赞李晸制笔，称自己写字唯用李晸笔，还写过一篇《李晸笔说》：

余书惟用李晸笔，虽诸葛高、许颂皆不如意。晸非金石，安知其不先朝露以填沟壑。然则遂当绝笔，此理之不然也。夫人性易习，当使无所偏系，乃为通理。适得圣俞所和试笔诗，尤为精当。余尝为原甫说，圣俞压韵不似和诗，原甫大以为知言，然此无它，惟熟而已。蔡君谟性喜书多学，是以难精。古人各自为书，用法同而为字异，然后能名于后世。若夫求悦俗以取媚，兹岂复有天真耶。唐所谓欧、虞、褚、陆，至于颜、柳皆自名家，盖各因其性则为之，亦不为难矣。嘉祐四年纳凉于庭中，学书盈纸以付发疑。[90]

苏东坡写过《赠笔工吴说》一文，盛赞当时笔工吴政、吴说父子：

笔若适士大夫意，则工书人不能用。若便于工书者，则虽士大夫亦罕售矣。屠龙不如屠狶，岂独笔哉。君谟所谓艺亦困，而人益困，非虚语也。吴政已亡，其子说颇得家法，前史谓徐浩书，锋藏书中，力出字外。杜子美云：贵瘦硬方通神，若用今时笔，立虚锋涨墨则人人皆作肥皮馒头矣。用吴说笔作此字，颇适人意。然久在海外，旧所赍笔，皆腐败，至用鸡距笔，狞劣如魏元忠所谓骑穷相骡脚挂镫者。今日忽于叔静家用诸葛笔，惊叹乃尔酝藉耶。[91]

钱塘陈奕笔也有独到之处，苏东坡称赞说："近世笔工不能经师匠，妄生新意，择毫虽精，形制诡异，不与人手相谋。独钱塘程奕所制有三十年前意味，使人作字，不知有笔，亦是一快。予不久行当致数百枚而去，北方无此笔也。"[92]

黄庭坚曾写过一篇《笔说》：

歙州吕道人作"墨池"，含墨而锋圆，佳作也。宣州诸葛家捻心法如此，唯倒毫净便是其妙处，盖倒毫一株便能破笔锋尔。宣城诸葛高系散卓笔，大概笔长寸半，藏一寸于管中，出其半削管，洪纤与半寸相当，其捻心用栗鼠尾，不过三株耳，但要副毛得所，则刚柔随人意，则最善笔也。栗尾，江南人所谓蛣蛉鼠者。歙州吕道人非为贫而作笔，故能工，于是以此授之。黟州道人吕大渊心悟韦仲将作笔法，为余作大小笔凡二百余枝，无不可人意，因见余家有割余狨皮，以手撼之，其毫能触人手，则以作丁香笔，今试作大小字，周旋可人，亦是古今作笔者所未知也。往在僰道，有严永者蒸獭毛为余作三副笔，亦可用，然永未尝知笔中善病，不能为他人作字也。大渊又为余取高丽猩猩毛笔解之，拣去倒毫，别捻心为之，率十得六七，用极善。乃知世间法非有悟处亦不能妙。张遇丁香笔，捻心极圆，束颉有力，可学徐季海禹庙诗字，傅其瑛、诸葛元皆不能也。作藏锋笔写如许大字，极可人意，最妙。[93]

其中除谈到诸葛高及其散卓笔的制作外，还提到歙州吕道人（大渊）制笔不是为了谋生，故能工。吕道人应山谷的要求将高丽猩猩毛笔解开，拣去倒毫，重新制作，效果极佳。此外，这里还提到笔工严永、张遇、傅其瑛、诸葛元等，指出严永不能为他人作字也，所以不知笔中善与病。

与吕大渊同乡的汪伯立也是宋代皖南地区的制笔名家。汪伯立的笔曾被列入贡品，是著名的"新安四宝"之一。明李日华《六研斋笔记》卷4称："宋谢公暨知徽州，于理庙有椒房之戚，贡新安四宝：澄心堂纸、汪伯立笔、李廷珪墨、羊斗岭旧坑砚。"

黄庭坚曾写过《赠笔工严永帖》：

盖在戎州时，公尝手书《煎茶赋》，云：试严永笔即其人也，此纸乃摹本。后有杜氏绾印章。绾字季阳，仕至知英州，其祖父与正献公为兄弟。绾好法书名画，见王洋字渤所为墓志，此其所摹者也。黄公好书故笔工姓名往往见诗帖，如允道宁、吴希照、林为之、张通辈可考也。夫善书之得佳笔犹良工之用利器，应心顺手，是亦一快。彼谓不择笔而妍健者岂通论哉。他如蔡忠惠之纪，诸葛渐、苏大忠之取，吴政父子、朱文公之称，蔡藻三公，皆深于书，故尔吁一技之精，犹获附贤者以不朽，况其大者乎。[94]

这里又提到一些制笔名工，除严永外还有允道宁、吴希照、林为之、张通等，这些人在历史上都是有据可考的。此外，还有一些制笔名家如蔡忠惠、诸葛渐、苏大忠、吴政父子、朱文公、蔡藻等，都精于书法，故能制出良笔。据北宋叶寘《爱日斋丛钞》卷5记载："黄鲁直崇宁二年十一月谪宜州，为资源书卷，用三钱买鸡毛笔书两帖。风流特相宜。"

黄鲁直《林为之送笔戏赠》：

阎生作三副，规摹宣城葛。外貌虽铣泽，毫心或粗粝。巧将希栗尾，拙乃成枣核。李庆缚散卓，含墨不能泄。病在惜白毫，往往半巧拙。小字亦周旋，大字难曲折。时时一毛乱，乃似逆梳发。张鼎徒有表，徐偃元无骨。模画记姓名，亦可应仓卒。为之街南居，时通铃下谒。晴轩坐风凉，怪我把枯笔。开囊扑蠹鱼，遣奴送一束。洗砚磨松煤，挥洒至日没。蚤年学屠龙，适用固疏阔。广文困齑盐，烹茶对秋月。略无人问字，况有客投辖。文章寄呻吟，诗授费颊舌。闲无用心处，雌黄到笔墨。时不与人游，孔子尚爱日。作诗当鸣鼓，聊自攻短阙。[95]

南宋初年的笔工屠希，在诸多笔工中名声最大，他制的笔不但受到文人的喜爱，还得到皇帝的青睐。晁说之《赠笔处士屠希诗》写道："屠希祖是屠牛坦，今日却屠秋兔毫。自识有心三副健，可怜无补一生劳。"[96]

数十年之后，陆游著文记载此事："建炎、绍兴之间，有笔工屠希者，暴得名。是时大驾在宋都，在广陵，又南渡，幸会稽钱塘。希尝从驾。自天子、公卿、朝士、四方士大夫皆贵希笔，一筒至千钱，下此不可得。晁侍读以道作诗称誉之。有吴先生师中字茂，先得其笔，以一与先少师。希之技诚绝，人入手即熟，作万字不少败，莫能及者。后七十余年，予得其孙屠觉笔，财价百钱，入手亦熟，可喜，然不二百字败矣。或谓觉利于易财而速售，是不然。价既日削矣，易败则人竞趋它工，觉固不为书者计，独不自为计乎，乃书希事庶，觉或见之。"[97]陆游也写了一首《屠希笔》："屠希一笔价必千，绍兴初载海内传。高皇爱赏登玉几，求书蚤暮常差肩。一朝希死子孙弱，岁久仅可售百钱。宣城晋陵竞声价，外虽甚饰中枵然。鸣呼世事每如此，使我太息中夕起。"[98]

据晁说之称，当时还有一位名为曹忠的笔工，在浙西地区也很有名。晁说之还写过一首《赠笔处士曹忠》赞赏他："笔管予何爱，轻圆称白毫。固知今独妙，旧数浙西曹。"[99]

吕本中《赠笔工安伋》：

昔人三年学屠龙，技成不试身已穷。安生不愿洴澼封，嗜好乃与屠龙同。使世淬砺磨其锋，侧出逆曳求新功。伋也中立无适从，随所欲用吾能供。歙溪孕石南山松，四方万里时一逢。病夫乍闲百念空，败毫破管尘埃蒙。明窗净几聊从容，眼无列宿罗心胸。使汝得见文章公，展卷略书吾已慵。[100]

王洋有《赠笔工周宣》："静闻孤卓漏声迟，午转花阴昼景移。能事莫忧身不足，人间不用石榴皮。"[101]

王之道《赠笔工柳之庠》："我昔丞历阳，好笔得柳生。维时习治久，群盗方纵横。生售数毛颖，一一简择精。作字可人意，为我供笔耕。不知二十年，天下乃复平。尔贫技不售，我困功无成。布衫负箬笠，羸然过柴荆。我老废读书，无意游管城。千钱与斗米，聊尔饷此行。归家饱妻子，一笑嘲彭亨。"[102]

蔡藻笔得到朱熹的肯定。朱子《跋蔡藻笔后》："蔡藻造笔，能书者识之。此故沅州吕使君语也。因试其所制枣心样，喜其老而益精，并深山阳邻笛之感。庆元丙辰冬至前五日，晦翁书。"[103]朱子还写过《赠笔工蔡藻》："予性不善书，尤不能用兔毫、弱笔。建安蔡藻以笔名家，其用羊毫者尤劲健，予是以悦之。藻若去此而游于都市，盖将与曹忠辈争先云。淳熙元年八月五日朱仲晦父书。"[104]

宋代学者曾丰写过《赠笔工周永年》：

岂无毫忽补于时，用尽初心卒见遗。不拔一毛徒自利，杨朱作计未全痴。初心聊欲以文鸣，开国何曾梦管城。借不中书非所歉，秋毫元重泰山轻。[105]

宋赵孟坚有《赠笔工吴升兰》：

兰台上狸毛，山谷爱鸡距。物胜因人成，雅制传自古。风流渡江初，笔翰犹朴鲁。曾窥上方制，遗范典刑具。寸簪束万颖，赡足饱霜兔。丰融沛行墨，充实自妍富。行间得茂密，夫岂窘尺度。浇浮自趋薄，羸劣丑毕露。清快夸钩心，节括号钗股。纤纤铦甚锥，秪便庸书伍。杀锋出光芒，苗枯旱无雨。龌龊痴冻蝇，安能厕石怒。尔来邈东嘉，法则自谁祖。宛见昔制作，齐力万毫努。吾欲标诸人，示兹明取与。纤雕还反朴，淳风招已去。春苗异芦笋，广袖谬织组。谁能一羽力，回彼滔滔注。百尔今已然，岂但于笔故。[106]

金朝诗人元好问有《刘远笔》：

老毵力能举玉杵，文阵挽强犹百钧。惜哉变化太狡狯，向也褐衣金虎文。宣城诸葛寂无闻，前后两刘新策勋。谢郎神锋恨太隽，虽然岂不超人群。三钱鸡毛吐皇坟，尖奴定能张吾军。何时酌我百壶酒，为汝醉草垂天云。[107]

还有一些以"赠笔工"为题的诗，但没有明确指出所赠对象。如张嵲有《赠笔工》："顾兔霜余毫健如，铦锋妙手应时胥。临池自愧无功用，欲借僧房柿叶书。"[108]与张嵲同时代的诗人仲并写过《赠笔工序》："书不择笔，非至能书则至不能书者也。余平生不知书法，见笔辄书，未尝敢择，以故笔工精否，优劣亦懵然，不能等级差次之。今日试某人笔，则虽予之至不能书，亦知其为工，知所择矣。"[109]又如宋代学者赵蕃的《赠笔工》："食肉既无相，良工徒苦心。吁嗟君类我，何处觅知音。"[110]

南宋书商陈起有《赠笔工》："试子玉簪笔，他工总不如。毫长宜贮墨，管净可抄书。汝自夸淮兔，吾犹注鲁鱼。鬓毛斑白尽，心折正缘渠。"[111]

此外还有比赵蕃稍晚的宋代诗人李过的《赠笔工》有“工不能书何以笔，士须知笔乃能书”等。

三、宋代笔文化

梦笔的故事代代都有发生。石晋朝丞相赵莹“布衣时常以穷通之分祷于华岳庙，是夜梦神遗以一笔二剑，始犹未寤，既而一践廊庙，再拥节旄”。

石晋之相和凝，汶阳须昌人，“幼而聪敏，姿状秀拔，神采射人，少好学，书一览者咸达其大义，年十七举明经至京师，忽梦人以五色笔一束以与之，谓曰：子有如此才，何不举进士？！自是才思敏赡，十九登进士”[112]。

范质，大名宗城人，据说“质生之夕，母梦神人授以五色笔，九岁能属文，十三治《尚书》，教授生徒”[113]。后唐长兴四年（933）举进士，宋初仍为相，生平以廉洁自持，不受四方馈赠。

唐末五代人马裔孙，“初为河中从事，因事赴阙，宿于逻店。其地有上逻神祠，夜梦神见召待以优礼手授二笔，其笔一大一小，觉而异焉。及为翰林学士，裔孙以为契鸿笔之兆，旋知贡举，私相谓曰：此二笔之应也。洎入中书上事，堂吏奉二笔，熟视大小，如昔时梦中所授者”[114]。

古时候人们注意到，每天制作那么多支毛笔，路上却见不到用废了的毛笔残骸。有一种说法，认为这些笔都被鬼取去在阴间使用了。“今之笔故者往往寻不见，或会府吏千百辈用笔至多，亦不知所之，或云鬼取之判冥。”[115]

宋代是中国文化的繁荣时期，留下了许多与笔有关的诗文和典故，大大地丰富了这一时期笔文化的内涵。

前文提到的宋初诗人林逋还写过一首《诗笔》：“青镂墨淋漓，珊瑚架最宜。静援花影转，孤卓漏声迟。题柱吾何取，如椽彼一时。风骚兼草隶，千古有人知。”[116]

黄山谷写过一首《和答钱穆父咏猩猩毛笔》：“爱酒醉魂在，能言机事疏。平生几两屐，身后五车书。物色看王会，勋劳在石渠。拔毛能济世，端为谢杨朱。”[117]此外，他还写过《戏咏猩猩毛笔》：“桄榔叶暗宾郎红，朋友相呼堕酒中。正以多知巧言语，失身来作管城公。”后来又有《客有和予前篇为猩猩解嘲者复戏作咏》：“明公脱帽见蒙茸，醒看青鞋在眼中。束缚归来傥无辱，逢时又作黑头公。”[118]

据宋代绩溪籍学者胡仔《渔隐丛话》记载，苏轼的儿子北宋文学家苏过，写过一首《赋鼠须笔》：“太仓失陈红，狡穴得余腐。既兴丞相叹，又发廷尉怒。磔肉喂饿猫，分髯杂霜兔。插架刀槊健，落纸龙蛇骛。物利未易诘，时来即所遇。穿墉何卑微，托此得佳誉。”该书作者称苏过的“步骤气格殊有父风也”[119]。

南宋诗人曾几写过《乞笔》：“市上无佳笔，营求亦已劳。护持空雪竹，束缚欠霜毫。此物藏三穴，烦君拔一毛。不堪髯主簿，取用价能高。”

南宋理学家张栻有《笔囊铭》一文，其中写道：“司马文正公贮笔黄囊及红管笔一枝，今藏太史。范氏文正亲题其上，实治平中赐物，淳熙六年敬铭。厚陵之赐，文王之泽，传之方来，见者改色，笔端吐词，谷粟万世，岂惟改色，公心是继，在昔魏公，世保其笏，谨哉斯藏，惟德其物。”

欧阳修完成《集古录》之后，请蔡襄为之写序。他在《与蔡君谟求书集古录序书》中说明自己的想法：“字书之法虽为学者之余事，亦有助于金石之传也。”[120]意在借蔡的精妙书法提升自己著作的价值。他在《集古录序》中说：“蔡君谟既为余书集古录序刻石，其字尤精劲，为世所珍。余以鼠须栗尾笔、铜绿笔格、大小龙茶、惠山泉等物为润笔。君谟大笑，以为太清而不俗。后月余有人遗余以清泉香饼一箧者，君谟闻之叹曰：香饼来迟，使我润笔独无此一种物，兹又可笑也。”

倪思《评苏黄米诸家书》：“本朝书惟东坡、鲁直、元章三家，然东坡多卧笔，鲁直多纵笔，米老多曳笔。

若行草尚可，使作小楷如黄庭、乐毅、洛神则不能矣。其他如苏子美、周越。近世如吴说辈皆不免于俗，独蔡君谟行书既好，小楷如茶谱、集古录序，颇有二王楷法。”

历史文献中对当时制笔中存在的问题也有所反映。如陈櫄在《负暄野录》谈到“近世用笔”的情况：“今所在笔工作笔，例是尖锋，盖士子辈编节时文，只是用笔端点啄于纸上，成其字体而已，更不顾法度如何，故率作此以便求售。”意思是说，当今的笔工制作毛笔，一律都做尖锋，大概是因为士子们都不大用笔写字，只是用笔尖在书中作些标点记号，不讲书法规范，所以制笔者也就省工减料，能卖掉就行。

陈櫄说：“余乃用笔心作字，全使此等笔不得，每染一管至于枪秃，终不可意。”大意为：我用笔中锋写字，用这样的笔根本不行。每取一管笔，一直试到毛掉光了也不中意。陈櫄感叹道：“嗟乎！文既趋时，笔亦徇俗，苟利成风，势不可挽，欲求为印泥画沙之妙，正如策蹇驴而追騕褭，岂不难哉！但锋齐之笔，乃有易秃之患，惟良工专务择毫，毫饱有力，自然难之。”[121]

在对笔的收藏和保养方面宋人也有讲究。据《文房宝饰》记载：“东坡以黄连煎汤调轻粉蘸笔头，候干收之。山谷以川椒、黄药煎汤，磨松烟染笔藏之尤佳。”[122]据《东坡志林》记载，苏东坡著有《藏笔法》：“杜叔元君懿善书，学李建中法，为宣州通判。君懿胶笔法，每一百枚用水银粉一钱，上皆以沸汤调研和稀糊。乃以研墨胶笔，永不蠹，且润软不燥也。非君懿善藏，亦不能如此持久也。”[123]

后唐冯贽《云仙杂记》卷1则有关于笔墨纸砚养护的方法：“养笔以硫黄酒舒其毫；养纸以芙蓉粉借其色；养砚以文绫盖，贵乎隔尘；养墨以豹皮囊，贵乎远湿。逢溪子遵之。”该书作者旧署后唐冯贽，但这条资料也注明从《文房宝饰》中摘录而来，而从上一条资料看，《文房宝饰》中记载东坡、山谷等人的事迹，说明是宋代以后的著作，由此可知，《云仙杂记》即使不是成书于宋代之后，其中至少有宋代以后窜加的内容。

注释

[1]（北宋）欧阳修：《新唐书》卷57。

[2]（北宋）欧阳修：《新唐书》卷43。

[3]（南宋）王伯大：《别本韩文考异》卷36。

[4]（南宋）魏仲举：《五百家注昌黎文集》卷36。

[5]（南宋）楼钥：《攻媿集》卷79。

[6]（明）李日华：《六研斋笔记》卷4。

[7]（清）陈景云：《韩集点勘》卷4。

[8]穆孝天、李明回：《中国安徽文房四宝》，安徽科学技术出版社，1983年，第116页。

[9]（明）潘之淙：《书法离钩》卷9。

[10]（南宋）陈櫄：《负暄野录》卷下。

[11]（北宋）欧阳修：《新唐书》卷41。

[12]（清）倪涛：《六艺之一录》卷307。

[13]（北宋）苏易简：《文房四谱》卷1。

[14]（唐）白居易：《乐府诗集》卷99。

[15]（北宋）无名氏：《宣和画谱》卷18。

[16]（唐）段公路：《北户录》卷2。

[17]（唐）白居易：《白氏长庆集》卷 38。

[18]（北宋）郭若虚：《图画见闻志》卷 2。

[19]（清）吴景旭：《历代诗话》卷 33。

[20]（明）陈文耀：《天中记》卷 38。

[21]（唐）段成式：《酉阳杂俎》卷 6。

[22]（清）陈元龙：《格致镜原》卷 37。

[23]（北宋）陶穀：《清异录》卷下。

[24]（北宋）苏易简：《文房四谱》卷 1。

[25]（明）陈文耀：《天中记》卷 38。

[26]（唐）刘恂：《岭表录异》卷下。

[27]（唐）段公路：《北户录》卷 2。

[28]（唐）段公路：《北户录》卷 2。

[29]（北宋）欧阳修：《新唐书》卷 41。

[30]（清）倪涛：《六艺之一录》卷 307。

[31]（宋）董更：《书录》卷中。

[32]（清）倪涛：《六艺之一录》卷 268。

[33] 马衡：《记汉居延笔》，载《国学季刊》第 3 卷 1 期号，1932 年，第 67 ~ 72 页。

[34] 村田隆志：ＴＨＥ筆ー木村陽山コレクション五十選＆筆づくりフォーラムＩ図録，日本广岛：筆の里工房，平成十九年十月二十日 (2007 年 10 月 20 日)，第 16 ~ 17 页。

[35]（唐）长孙无忌等：《隋书》卷 38。

[36]（南宋）洪迈：《容斋随笔•续笔》卷 6。

[37]（唐）白居易：《白氏长庆集》卷 68。

[38]（南宋）洪迈：《容斋随笔•续笔》卷 6。

[39]（北宋）陶穀：《清异录》卷下。

[40]（唐）李德裕：《会昌一品集》别集卷 2。

[41]（清）《御定历代赋汇》卷 63。

[42]（五代）沈昫：《旧唐书》卷 94。

[43]《御定全唐诗》卷 59。

[44]《御定全唐诗》卷 343。

[45]（唐）薛涛：《薛涛诗集》一卷。

[46] 佚名：《薛涛李冶诗集》薛涛传。

[47]（唐）柳宗元：《柳河东集》卷 42。

[48]（北宋）李昉：《太平广记》卷 200。

[49]（明）陈文耀：《天中记》卷 38。

[50]（北宋）王钦若、杨亿等：《册府元龟》卷 775。

[51]（南宋）陈元靓：《岁时广记》卷 4。

[52]（清）董诰等：《全唐文》卷 787。

[53]（清）董诰等：《全唐文》卷 760。

[54]（清）董诰等：《全唐文》卷 786。

[55]（北宋）李昉等：《文苑英华》卷 106。

[56]（北宋）欧阳修：《新唐书》卷 198。

[57]（唐）冯贽：《云仙杂记》卷 3。

[58]（北宋）叶廷珪：《海录碎事》卷 9 上。

[59]（唐）段成式：《酉阳杂俎》卷 12。

[60]（五代）沈昫：《旧唐书》卷 165。

[61]（南宋）祝穆：《古今事文类聚》别集卷 14。

[62]（北宋）苏易简：《文房四谱》卷 2。

[63]（北宋）苏易简：《文房四谱》卷 2。

[64]（明）杨慎：《升菴集》卷 66。

[65]（南宋）祝穆：《古今事文类聚》别集卷 14。

[66]（元）脱脱、阿鲁图等：《宋史》卷 88。

[67]（元）脱脱、阿鲁图等：《宋史》卷 88。

[68]（北宋）梅尧臣：《宛陵集》卷 21。

[69]（北宋）欧阳修：《文忠集》卷 54。

[70]（清）何焯等：《御定分类字锦》卷 40。

[71]（南宋）潘自牧：《记纂渊海》卷 82。

[72]（北宋）苏轼：《东坡志林》卷 11。

[73]（北宋）黄庭坚：《山谷集》卷 29。

[74]（南宋）祝穆：《古今事文类聚》别集卷 14。

[75]（北宋）黄庭坚：《山谷集》外集卷 6。

[76]（南宋）王十朋：《东坡诗集注》卷 12。

[77]（南宋）陆游：《剑南诗稿》卷 63。

[78]（北宋）黄庭坚：《山谷集》卷 29。

[79] 安徽省博物馆：《文房珍品》，两木出版社，1995 年，第 109 页。

[80]（北宋）阮阅：《诗话总龟·后集》卷 24。

[81]（北宋）蔡襄：《端明集》卷 34。

[82]（北宋）黄庭坚：《山谷集》卷 25。

[83]（北宋）黄庭坚：《山谷集》卷 25。

[84]（清）汪森：《粤西诗载》另附《粤西丛载》卷 22。

[85]（北宋）陆佃：《埤雅》卷 11。

[86]（清）邹一桂：《小山画谱》卷上。

[87] 高蒙河：《毛笔的起源》，载《中国文物报》2010 年 3 月 5 日第 6 版。

[88]（南宋）陈櫄：《负暄野录》卷下。

[89]（北宋）林逋：《林和靖集》卷 4。

[90]（北宋）欧阳修：《文忠集》卷 129。
[91]（南宋）祝穆：《古今事文类聚》别集卷 14。
[92]（北宋）苏轼：《东坡志林》卷 8。
[93]（北宋）黄庭坚：《山谷集》别集卷 6。
[94]（元）吴师道：《礼部集》卷 17。
[95]（南宋）祝穆：《古今事文类聚》别集卷 14。
[96]（北宋）晁说之：《景迂生集》卷 9。
[97]（南宋）陆游：《渭南文集》卷 25。
[98]（南宋）陆游：《剑南诗稿》卷 73。
[99]（北宋）晁说之：《景迂生集》卷 9。
[100]（南宋）吕本中：《东莱诗集》卷 9。
[101]（北宋）王洋：《东牟集》卷 6。
[102]（北宋）王之道：《相山集》卷 2。
[103]（南宋）朱熹：《晦庵集》卷 84。
[104]（南宋）朱熹：《晦庵集》卷 76。
[105]（南宋）曾丰：《缘督集》卷 8。
[106]（南宋）赵孟坚：《彝斋文编》卷 1。
[107]（清）《御定佩文斋咏物诗选》卷 179。
[108]（北宋）张嵲：《紫微集》卷 10。
[109]（南宋）仲并：《浮山集》卷 4。
[110]（南宋）赵蕃：《淳熙稿》卷 16。
[111]（南宋）陈起：《江湖后集》卷 13。
[112]（北宋）薛居正：《旧五代史》卷 127。
[113]（元）脱脱、阿鲁图等：《宋史》卷 249。
[114]（北宋）薛居正：《旧五代史》卷 127。
[115]（北宋）苏易简：《文房四谱》卷 1。
[116]（北宋）林逋：《林和靖集》卷 1。
[117]（北宋）黄庭坚：《山谷集》别集卷 9。
[118]（北宋）黄庭坚：《山谷集》别集卷 9。
[119]（南宋）胡仔：《渔隐丛话》前集卷 41。
[120]（明）茅坤：《唐宋八大家文钞》卷 38。
[121]（南宋）陈櫄：《负暄野录》卷下。
[122]（清）王士祯：《香祖笔记》卷 12。
[123]（南宋）祝穆：《古今事文类聚》别集卷 14。

第三章　元明清毛笔制作技艺的全面繁荣

元明清时期毛笔制作业全面繁荣，是制笔技艺发展的鼎盛期。湖笔崛起之后，湖州渐渐成为全国制笔中心；宣笔和湖笔制作技艺向其他地区传播，与各地的制笔技艺结合，遂形成了当地带有地域特色的制笔技艺；明清时期宫廷用笔由于占有技艺和用料上的优势，代表着当时制笔技艺的最高水平。

第一节　元代湖笔异军突起

一、早期湖笔的发展

南宋时期，中原政治中心迁移到临安，加上宣州正处于南北势力交会处，受长年征战的影响最为严重，笔工纷纷逃离家乡，四处谋生。宣笔走向衰落的同时，与宣州接壤的浙江湖州制笔业出现了蓬勃发展的良好局面。

湖笔发源于浙江湖州（吴兴）善琏镇，因善琏属湖州，故称湖笔。善琏镇位于湖州东南部，是典型的江南水乡集镇。据史料记载，王羲之七世孙南北朝至隋朝时人智永禅师“结庵琏溪，往来永兴寺，笔工萃于此乡，北取兔毫于溧之中山，南取绿管于越之文山，故其制独精”[1]。说明湖州制笔历史也较为久远，南宋之后，湖州由于毗邻作为政治、经济、文化中心的杭州，制笔业的发展具有良好的外部条件，加之宣笔衰落后，一部分宣州笔工流散到徽州依附于徽墨制作和歙砚制作业谋求生计，还有一些优秀的宣州笔工流散到湖州，把宣笔的传统制作工艺也带到了当地，促进了湖笔制作技艺的改进和提高，为制笔业发展提供了内在动力。

此外，宋元时期是中国文人画发展史上的一个重要阶段，文人画新的走向对毛笔技艺提出了新的要求，为湖笔的崛起注入了难得生机。文人画讲求笔墨情趣，脱略形似，强调神韵，很重视文学、书法修养和画中意境的缔造。文人画的由来可以追溯到汉代，张衡、蔡邕皆有画作。如果说宋代的苏轼是文人画的积极倡导者，那么宋末元初的赵孟頫就是开元代文人画风气的领袖。作为美术理论家，赵孟頫在《松雪斋集》中主张“以云山为师”，作画“贵有古意”以及“书画同源”，为元以后文人画的创作奠定了理论基础（图3-1）。

图3-1　赵孟頫画作《二羊图》（取自李涛、张弘苑《中国传世藏画》第二册）

在绘画实践上，以赵孟頫、高克恭等为代表的士大夫画家，提倡复古，回归唐和北宋的传统，主张以书法笔意入画，一开重气韵、轻格律、重抒情的元画风气。元代中晚期的黄公望、王蒙、倪瓒、吴镇四家及朱德润等画家，弘扬文人画风气，以寄兴托志的写意画为主旨。

赵孟頫，号松雪、松雪道人，湖州（今浙江吴兴）人，博学多才，能诗善文，懂经济，工书法，精绘艺，擅金石，通律吕，解鉴赏，特别是书法和绘画成就最高，开创元代新画风，被称为“元人冠冕”。在绘画上，他对山水、人物、花鸟、竹石、鞍马无所不能；工笔、写意、青绿、水墨，亦无所不精。他与颜真卿、柳公权、欧阳询并称为“楷书四大家”，在我国书法史上占有重要的地位。赵孟頫的书法结体妍美，用笔精熟，笔姿变化丰富，对毛笔的精良提出了更高的要求。

钱选，号玉潭，别号霅川（湖州市境内的一条河流）翁、习懒翁、清臞老人等，浙江湖州乌程人。宋景定间乡贡进士，善画人物山水、花木翎毛，师法赵昌，青绿山水师法赵千里，尤善作折枝，笔致柔劲，着色清丽，自成一格，其得意者自赋诗题之，是“吴兴八俊”中唯一没有出仕元朝的遗民画家。他的画摆脱了南宋院体，参酌北宋、五代及唐人之法，讲求士气，品位甚高。明代学者朱同评价说：“吴兴钱舜举之于画精巧工致，妙于形似。其书法之媚者与笔法所自，本乎小李将军木石遒劲，虽未之及。而人物居室、舟车服御之精巧，殆可颉颃，居吴兴三绝之一。”[2] 存世作品有《梨花双鸠》、《柴桑翁像》、《浮玉山居图》(图 3–2) 等。元夏文彦《图绘宝鉴》中提及钱选的弟子也很有成就，如“沈孟坚，画花鸟，师钱舜举，往往逼真”[3]。

图 3–2　钱选作品《浮玉山居图》（现藏上海博物馆，取自李涛、张弘苑《中国传世藏画》第二册）

钱选比赵孟頫长十五岁，同为“吴兴八俊”，他们关系亲密，友情甚笃，经常在一起吟诗作画，互相砥砺。黄公望题钱舜举《浮玉山居图》曰：“霅溪翁，吴兴硕学，其于经史贯串于胸中，时人莫之知也，独与敖君善，讲明酬酢，咸诣理奥，而赵文敏公尝师之，不特师其画。至于古今事物之外，又深于音律之学，其人品之高如此，而世间往往以画史称之，是特其游戏，而遂掩其所学。今观贞居所藏，此卷并题诗其上，诗与画称，知诗者乃知其画矣。至正八年九月八日大痴学人黄公望稽首敬题。”[4] 由此可见，黄公望对钱选的学识极为推崇，称世间以画称之，是以其末掩其本。

这里提到的赵孟頫曾师从钱选学画之事，在其他资料中也有反映。如明代董其昌《容台集》记载：“赵文敏（赵孟頫）问画道于钱舜举，何以称士气？钱曰：隶体耳，画史能辨之即可无翼而飞，不尔便落邪道，愈工愈远。又有关棙要得无求于世，不以赞毁挠怀，吾尝举似画家无不攒眉，谓此关难度，所以年年故步。”[5]

赵孟頫曾为钱舜举的画题词：“舜举作着色，花妙处正在生意浮动耳，尔来日夕沉埋醉乡，吾恐久乃不复可得，觉非其深藏之。同郡赵孟頫题。”[6]

当然，湖笔的发展终究离不开湖州的能工巧匠。以冯应科、陆文宝为代表的制笔名家为湖笔的兴起付出了巨大努力。元初湖笔制作大师冯应科，是湖州制笔业的一面旗帜，名气最大，声望最高。冯应科的笔与赵子昂的字、钱舜举的花鸟画，并称“吴兴三绝”[7]。

值得注意的是，书画家对于发展制笔技艺的贡献并不止于对毛笔的性能提出特定的要求，更在于参与毛笔新品的研制。赵孟頫能自制毛笔，也精于抒毫之法。据清代学者钱泳《履园丛话》称：相传赵松雪能自制笔，取千百支笔试之，其中必有健者十支。则取数十支拆开，选最健之毫并为一支。如此得心应手，一支笔可用五六年，此其所以妙也。谚曰“能书不择笔”，实妄言耳！

赵孟頫能制笔也许并非因为他是书画家，据说冯应科的制笔技艺是赵孟頫的叔父赵與传授指导的，而赵公的制笔技艺则传承自徐信卿。据史料记载：“宋季太末，徐信卿笔名重搢绅间，玉溪尚书赵公以徐制法授冯应科，俾之日缚一管，不合意即拆裂复为之，必如法乃止。松雪公乃玉溪从子，尝亲见其事，故以此法授之陆颖，冯、陆齐名实本于此。”[8]

这个“玉溪尚书赵公”正是赵孟頫的叔父赵與。赵與，字德渊，号玉溪，南宋嘉定十三年（1220）进士，官至吏部尚书加端明殿学士，他指导冯应科学习徐信卿的制笔之法，严格要求，精益求精，如法乃止。赵孟頫则亲眼见其过程，掌握了工艺流程和关键点，并将此法传授给湖州笔工陆文宝。

正是通过上述途径，陆文宝得到徐信卿制笔法的真传，加上自己的感悟，其制笔技艺才能达到炉火纯青，并得到冯、陆齐名的赞誉。

湖州制笔最初也是以兔毫为主。明初解缙曾作《笔妙轩》：

> 管城子，尔能图天文，又能貌地理。六经修纂点画明，群书著述文章美。作之之始称蒙恬，后来毛州刺史传。近代喜称陆文宝，如锥如凿还如椽。善书不择新与故，一锋杀尽中山兔。江淹梦断多才华，班超投却成奇遇。闻君制作非寻常，尖齐圆健良有方。当窗特书风雨作，临池点染烟云香。百体书中尽神妙，金鹊虎爪生辉耀。悬针垂露更清新，不作拙工使人诮。陆君早为人所称，英气凛凛当青春。何时携取献天子，图画麒麟阁上人。[9]

诗中不仅对陆文宝制笔技艺赞赏有加，称“近代喜称陆文宝，如锥如凿还如椽”，“闻君制作非寻常，尖齐圆健良有方”，“陆君早为人所称，英气凛凛当青春”，而且有“善书不择新与故，一锋杀尽山中兔”。说明当时陆文宝制作的毛笔仍以兔毫笔为主。

明谢在杭所撰《西吴枝乘》中也提及：“今世犹相沿尚之，其知名者曰翁氏、陆氏、张氏，皆兔毫也。”[10]

明谢肇淛《文海披沙》称：“今吴兴兔毫，佳者值百钱，而羊毫仅二十分之一，贫士多用之，然柔而无锋，臧晋叔与余议取貂鼠毛为之，而辅以兔毫，甚快人意。晋叔常谓钟王所用鼠须者，必此也。然稍觉肥笨，运动不如人意。近来吴兴有羊毫笔名‘巨细’，价与兔毫敌矣，柔便可喜，终非上乘。”[11]

在文人画新走向的推动下，元末以后，羊毫笔发展迅速，并逐渐取代紫毫笔成为主要品种。生活在元末明初的诗文家孙作在《赠笔生张蒙序》中指出：“国初，此法流吴兴，自冯应科、陆颖辈首被赵文敏赏识，而宣州之笔殆无闻焉。”[12]

与孙作同一时期的文学家瞿佑在一首名为《羊毫笔》的诗中也谈到这种状况：“毛颖年深老不能，中书模画叹难胜。管城忽现左元放，草泽不容严子陵。壁上榴皮功可述，门前竹叶争无凭。刚柔何必吹毛问，耐久真堪作友朋。”[13]大意是说：兔毫宣笔已经衰老，难以承担重任。制笔业中突然出现羊毫新锐，这是湖州笔工们的贡献。至于江东兔毫不胜制笔是否由于兔食竹叶现在也说不清，反正现在的湖笔刚柔相济，经久耐用，真是不错。

羊毫笔成为主流用笔，主要原因是它能满足当时书画创作的需要。元代文人画追求以书入画，注重笔法的写意特征，要求所用笔锋软硬和弹性适中，笔头储水量大。湖州长锋羊毫笔恰具备上述特征，湖州一带产白山羊，其毛长而色白，尖端锋颖长而匀细柔软，特别适宜制作长锋羊毫笔。

元代湖笔选料精制，纯正无杂，分层匀扎，工艺严格。制作方法仍沿袭传统，有披有心、有柱有副，但制作工序繁杂，并形成了自己的工艺特色，尤其是用柔软、细长、富有光泽和弹性的山羊毛精制而成的“羊毫兰蕊”笔，能写行草篆隶，也适于绘画，是湖笔的代表作，在当时已是声名卓著，被历代画家视为珍品，至今仍是湖笔家系中首屈一指的名品。崇祯年间《乌程县志》还有“湖笔著名时，制有兰蕊为最胜”[14]的记载。

据《湖州府志》记载：“湖州出名笔，工遍海内，制笔者皆湖人，其地名善琏村。”另据清康熙年间江登云《素壶便录》记载：“湖笔出归安县善琏村，亦数千户地，非一姓罔不习其技者，至女流皆能为之，各省贩客群集。”可见当时善琏镇制笔盛况。元代湖州制笔以善琏为中心，随着时光推移，湖笔制作技术逐渐向周边地域传播，促进了江浙一带制笔业的整体发展。

湖笔的结头也很有特色，它是把初步成形并晾干的笔头分层扎好后，将底部在火上加热，把特煎的熟松香渗透到笔头内部，使笔头难以动摇松脱，故湖笔享有“毫毛不脱”的美名。

元代时人们将剔犀技艺应用到毛笔的制作上。剔犀是雕漆技艺的一种，将两种或三种色漆，在器物上按照一定的规律逐层积累至一定的厚度，然后用刀剔刻花纹，从刀口断面可见不同色层，形成与其他雕漆不同的艺术效果。

除湖笔外，元代其他地方的毛笔制作也有新的发展。如湖南长沙的湘笔在制作工艺上，不像湖笔分层匀扎，而是杂扎不分层，加上采用铜质笔帽，使笔头能够保持一定湿度，以润养毫锋，在中南和西南地区很受欢迎。

二、名家辈出的元代湖笔

湖笔技艺的提高带动了湖州制笔产业的发展，继宋代之后，元代又进入一个制笔名家辈出的时期，一些制笔者被载入史册。

前文述及，冯应科是湖笔发展史上首位堪称制笔大师的人物。冯应科是归安人，善制笔，妙绝天下，声名遍载于湖州地方典籍。宋末元初徽州籍学者方回曾写过《赠笔工冯应科》，诗曰：

> 世言善书不择笔，此物岂可不精择。空弓难责养由射，快剑始堪孟贲击。多钱而贾长袖舞，工良器利贵相得。文房四宝拟四贤，最不易致管城伯。乍可微钝勿太尖，又恐过肥宁少瘠。一兔仅足成一枚，奈何捃束动觚觚。橘毛乱毳纷交加，醉人蓬首发不栉。落腕当如画铁椎，顾乃萎弱欠筋力。山谷道人昔有取，诸葛鸡距异枣核。长句哦赠林为之，余子徐偃似无骨。上党华陵君家孙，苦心隐艺造玄极。买非其人拂袖行，但取赏音不论直。二毫三副及散卓，随意真行作波磔。燕丹匕首付荆卿，血不濡缕笑空擿。紫鸜鹆眼刷丝文，谁无端石与歙石。奚李法传外诸孙，我亦尚有潘衡墨。捣冰槌玉乌丝栏，百轴千筒动充斥。惟有毛锥真强项，不受折简屡太息。善书今谁第一人，冯应科笔今第一。[15]

其大意：工欲善其事，必先利其器。在文房四宝中，最难妙得的是毛笔。这样的笔一张兔皮只能制作一支，笔头看上去欠筋力，甚至有些乱，但一旦用起来则如同画铁椎一般刚劲有力。掌握绝技者制作出这样的笔，实际上是无价的，也只有识者才会去索求。上等的砚台、墨和纸我都不缺，就是良笔难求。当今制笔者冯应科名列魁首。

元代文人吴澄也写过一首《代东曾小轩谢冯笔蜡纸之贶》：“束缚中山豪，寸管入时操。几微见锋锐，可敌古铅刀。江人有妙悟，匪直取价高。坡公诧葛吴，蔡藻朱所褒。迩来浙西冯，声实相朋曹。小技足名世，屠龙空自劳。”[16]吴澄把冯应科的笔比作宋代二位文士所大加赞赏的诸葛氏笔和蔡藻笔，寓含了冯笔与文人学士的亲密关系。

元代文学家、书法家，钱塘（今浙江杭州）人仇远有《赠溧水杨老》诗，在高手如云的浙间笔工中也首推冯应科：

浙间笔工麻粟多，精艺惟数冯应科。吴昇姚恺已难得，陆震杨鼎肩相摩。我游金渊饭不足，破砚生苔尘满目。毛锥自笑不中书，白发纷纷老而秃。中山博士子墨卿，贻书荐至杨茂林。里儒大半习刀笔，耳闻竽瑟谁知音？善刀而藏归勿出，博士校书行有日。定当致汝数百枚，东坡有云北方无此笔。[17]

此诗首先指出当时浙江湖州一带制笔业非常兴盛，在多如麻粟的笔工中，冯应科是当之无愧的精艺者，此外还有吴昇、姚恺、陆震、杨鼎等。后面表达了一种观点，虽然文人都习刀笔，但有几人真正了解笔呢？正如大家都听竽瑟，又有谁是真正的知音者呢？

据《归安新志》记载：“元冯应科、陆大宝，俱善琏人，其乡旧祀蒙恬，至今有瘗笔冢、蒙家漾古迹。”[18]

沈日新也是湖州笔工的代表人物，元代许多著名文人都对他大加赞赏。元代画家刘贯道评价说：“吴兴笔工沈日新，出冯陆之后，制作颇精，惜其不得赏鉴于翰林主人，而徒为我辈不善者之所识也。”[19]元代文学家、理学家杜本有诗赞沈日新：“吴兴冯笔妙无伦，近有能工沈日新。倘遇玉堂挥翰手，不嫌索价似珠珍。”[20]

元代诗人李坦之也有诗赞沈日新：

我闻善书须择笔，千金求买嗟未得。何人缚兔中山来，褐衣犹带山烟湿。西风飒飒吹霜毫，快利入手如銛刀。寸锋一日空万纸，暮鸿作阵边云高。钟王不生书体绝，俗笔谁能辨工拙。无人致之白玉堂，赠我空山书落叶。[21]

南樵张复亨有诗一首《赠笔工沈日新》：“玉翁洒翰唯冯须，制法授以柯山徐。当年松雪所亲见，故使颖也能冯如。择毫审固用工久，楮白陈玄骏奔走。若冯若陆真可人，俱是文场斫轮手。沈生晚出亦旧家，耻将秋菊争春华。南洲佚老重题品，不日声价十倍加。毫我云山倦文字，爽气挹来那有思。一枝持赠焉用之，殊异江淹梦中事。”[22]前半部分追述当年徐信卿的笔法流传到冯、陆的经过，后面指出，沈日新虽是晚辈，不能与前辈争名，但所制之笔丝毫不差。

还有不少赞沈日新制笔的诗篇，如遂昌郑元佑：“南州先生真玉人，苏家季孟世绝伦。良公骑尾上天去，清润余流溪水滨。东老之家酒熟未，其孙犹以缚笔闻。公家兄弟不负笔，我辈颓之天且嗔。不如醉用榴皮写，仙人岂亦能书者。”[23]阁吏柯九思：“沈生笔妙能随意，曾记蓬莱应制时。三十六宫花漠漠，玉阶研露写新词。”[24]等等。由此可见，沈日新的制笔技艺确为当时的书画家所公认。

此外，还有不少笔工进入文人墨客的诗文中，如前文提及的元代诗人方回写过一首《赠笔工杨日新》的诗：“黄钟九寸裁为律，六吕六律相配匹。嶰谷参差十二筒，猗管城子从此出。上古苍颉初制字，后人蒙恬始造笔。吴云不律燕云弗，韵书又以律为聿。曰方曰册刀削之，削之笔之作以述。析竹蘸墨丝其端，龙图龟书就篇帙。秋兔拔毛号毛颖，愈奇愈巧愈精密。修管执之以为柄，短管窍之以为室。其实不过一毫端，良工于此有神术。锋但欲齐忌太尖，翠羽鼠须俱不必。老夫平生学欧颜，晚脱场屋涂注乙。著书弃笔如丘山，使年将及三万日。眼花尚能写蝇头，笔不如意辄怒叱。江淮笔工千百家，孰甲孰乙我所悉。鸡距散卓杨日新，不落第二亦第一 。”[25] 先谈制笔技艺的发展历史，接着讲制笔的关键工序和要领，介绍自己数十年用笔的体会，最后指出自己对笔的质量有发言权，杨日新的笔真的是数一数二。

郭天锡的《赠笔工范君用》：

> 光分顾兔一毫芒，偏洒春分翰墨场。得趣妙从看剑舞，全身功贵善刀藏。梦花不羡雕虫巧，试草曾供倚马忙。昨过山僧余习在，小书红叶拭新霜。[26]

仇远有《赠笔工沈秀荣》：

> 吾家歙石锋芒出，不但挫墨亦挫笔。老懒作事苦不多，一笔才供两三日。近知沈子艺希有，洗择圆齐易入手。不论兔颖与羊毛，染墨试之能耐久。礼乐三千成昨梦，秃笔何止十八瓮。长枪大剑正当时，毛锥子者直安用。金渊万家籍百儒，学书用笔人岂无。管城欲重连城价，请携椽笔游江湖。[27]

魏初《赠笔工李子昭》：

> 广寒秋颖雪离披，汤沐中书旧有期。千古管城今乐地，未应人笑是书痴。[28]

王恽《赠笔工张进中》：

> 书艺与笔工，两者趣各异。工多不解书，书不究笔制。一事互相能，万颖率如志。进中本燕产，茹笔钟楼市。虽出刘远徒，妙有宣城致。我藏一巨拂，用久等彗弊。授之使改作，切厉锋健锐。疏治近月余，去索称不易。先生莫促迫，致思容子细。中书不中书，安用从新系。揭来欻见投，入手知利器。文房三贵人，刮目喜相视。正缘两资藉，办此挥洒技。吾锥原不铦，甘分置散地。驰骋翰墨场，又匪老人事。不辞束缚坐，但愧简拔意。子正来索诗，一笑吐吾喙。束老豪颖锌，遂拟徘徊戏。[29]

诗中谈到，从事书画技艺与制笔技艺的人大多不能互通。若能通书画，制笔则能随心所欲。我有一支大笔，已经不好用了，交给张进中整修，他花了一个多月时间，下了大功夫。取回之后，入手便知这又成了良笔，我立即作诗一首回赠他。

元末诗人周权有《赠笔工王子玉兼能书》：

> 兰陵有客髯如戟，吴霜满鬓秋萧瑟。广寒偷拔老兔毫，归寓管城汤沐邑。兴来忽驾钱唐舟，惠然访我苍山陬。酒酣作字大如斗，玄云落纸香浮浮。我惭识字先白首，故砚磨穿笔如帚。与君邂逅两忘年，暮雨江湖一樽酒。[30]

元末明初诗人谢应芳《赠笔生王伯纯》：

时方用武我业儒，王生卖笔来吾庐。生成世业霅溪上，制笔特与常人殊。宣城阻兵十三载，犹喜山中老毚在。拔来秋颖带微霜，缚得铦钽含五彩。昔年草制供玉堂，玉堂仙人云锦裳。三缣一字不易得，笔价亦与时俱昂。莫怪年来弃如土，扫涤风尘必斨斧。生今卖笔我卖文，何异适越资章甫。呼儿亟用买一束，为我写成怀古录。吾儿作字三叹赏，八法以之随意足。我有好音生可知，用笔将见文明时。柳公笔谏佐明主，老我笔耕笺古诗。逝将重作毛颖传，为纪频年遭薄贱。牵连为生书姓名，守棘不随陵谷变。中秋适逢秋禁开，椰瓢酌生新发醅。酒酣仰视月中兔，长笑一声归去来。[31]

元末文人孙作在其《赠笔生张蒙序》中记录了吴兴制笔技艺传承的一些信息："吴兴陆用之精于为笔，不在冯颖之下，徙居娄江，授其甥顾秀岩。秀岩又授其甥张蒙，世传笔法，如出一手。自漳泉广海贾舶来吴，舣舟岸下百金易之，殆无虚岁，虽淞之士大夫求笔，有不待远走百里而取之几席之下矣。生论笔之利病，辨析至到，始余识之。吴郡学宫数求余言，时方次能书未暇也。后余还淞，其请益坚，故序，以广士君子之知而叹识者之稀也。"[32] 笔生张蒙的师傅是其舅舅娄江的顾秀岩，顾秀岩的师傅则是其舅舅吴兴著名的制笔大师陆用之。几代相传，如出一手，求笔的士大夫有时不远百里。张蒙对笔性研究精到，我利用回淞的机会应邀为写点文字，好让更多的君子了解他，同时也感叹知者太少。

元代文人还留下许多与笔有关的诗句。如"元四家"之一的倪瓒写过一首《谢笔》："陶泓思渴待陈元，对楮先生意未宣。何似中书君并至，明窗脱帽一欣然。"[33] 与倪瓒同时代的文人谢宗可有《鼠须笔》："夜逐虚星上月宫，奋髯夺得管城公。囊中不搅吟窗梦，指下先争翰苑功。莫笑砚池濡醉墨，绝胜仓廪饱陈红。平生啮尽诗书字，散作龙蛇落纸中。"[34] 等等。

元季吴兴笔工杨均显善制笔，张光弼有诗赠之："翁在相溪溪上居，偶因缚笔致名誉。已烦猎者擒秋兔，更助文人校鲁鱼。毛拔犹能利天下，心殚宁肯不中书。玉堂新样须重赠，拟效相如赋子虚。"[35] 张昱也曾作《赠湖州杨均显制笔》："当年冯陆擅吴兴，曾许杨生继盛名。三馆每蒙诸老重，万钧不博一毫轻。归来未觉江湖远，落拓宁知岁月更。颖也此时须自荐，国家用尔颂升平。"[36]

张昱有诗赞《武陵严子英家世善制笔》："严应始以笔治生，至今孙子大其名。用世虽云四宝具，传家贵在一艺精。东郭之毚即毛颖，南山有竹俱管城。器利天下功不有，慎守其业毋自轻。"[37]

元孔齐《至正直记》卷 2 有"笔生之擅名江浙者，吴兴冯应科之后，有钱唐凌子善、钱瑞、张江祖出，近又吴兴陆颖、温国安、陆文桂、黄子文、沈君宝颇称于时。"其中只有冯应科和陆颖前文已提及。

第二节　明代制笔技艺

从明代开始，毛笔制作业进入鼎盛时期，毛笔的制作不但追求实用，还追求工艺的可欣赏性，追求精致，甚至崇尚奢华。从流传至今的实物看，明代的毛笔，特别是宫廷用笔，所用质料珍贵，制作规整，设计新奇，装潢考究，堪称精美绝伦。

一、以“四德”标准为代表的明代制笔理论

元代湖笔的崛起使得毛笔制作技艺在宣笔制作技艺的基础上内涵更加丰富。到了明代，一些学者开始探讨毛笔制作中的一些规律，针对容易出现的问题，提出制笔的一些原则，从而产生了较为成熟的制笔理论。这些理论反过来指导制笔实践，使得明代以后毛笔的制作技艺达到更高水平。

明代书法家丰坊所撰《书诀》（一卷）是一部重要的书法理论著作。丰坊，字人翁，又字存礼，更名道生，号南禺外史，浙江宁波人，官至吏部考功主事。丰坊在《书诀》一书中对制笔技艺有所阐述。关于笔头的制作，他首先强调“尖齐圆健，笔之四德”。他解释说，“尖取毛之锋，齐择毛之纯，不曲不栉则圆，中有长柱则健”。接着他又描述了笔头的制作方法：“笔头须长一寸二分，以马鬃或尾之细而锐者为柱，外用鼠须之净者衬之，再加八月兔豪之长者覆其上，其人须及青羊毛、黄狼尾、鸂鶒翎、鹇翎、雉尾，亦可以代兔豪之用。然取毛必用象牙小梳，梳去蔑毛，令其匀洁，乃可制笔。”“如三妙笔，笔帽可用骰柏、楠、鸂鶒木、瘿木、斑竹。石灰水浸猪鬃，满百日，令刚柔得所，用为墨池。张温夫用羊须，久则滞墨；朱元晦用蒙草，不久即秃，皆不如猪鬃为正法也。”

他还介绍了“兰蕊”和“三妙”笔的规格。“作小楷用兰蕊，全坚管长一尺二寸，玳瑁最良，冬温夏凉；次则弥勒竹、棕竹、桃枝竹；笔帽用伽南、紫檀、黄檀、沉香则辟虫。篆、分、中楷、行草用三妙笔，湘妃竹、雪竹、紫竹、猪肠竹、人面竹、钹儿竹，长一尺四寸。”“作题署大字用墨池，乌木，管长二尺，其次一尺八寸，其次一尺六寸，执手处削细。”

图 3–3 为清宫旧藏朱漆描金夔凤纹管兼毫笔，管长 19.8 厘米，管径 1 厘米，帽长 9.6 厘米，以羊毫为柱，紫毫为被，腰部凸隆若兰花蕊，故称“兰蕊式”。笔管为竹胎，通体朱漆描金夔凤纹，间馆缠枝莲纹，黑漆勾边，纹饰线条流畅，精细，色彩鲜艳华丽，笔锋尖齐圆健，为宫廷御用佳品。[38]

图 3–3　朱漆描金夔凤纹管兼毫笔

书写不同的纸张，用笔也有讲究，丰坊认为“书滑纸用刚豪，峭纸用柔豪作”。此外，他还介绍了其他文房用品。如“笔床以白藤缚弥勒竹为之，或作笔

椠亦然，加白檀底。笔格灵璧石，能收香，径四五寸，自然起五峰者奇，或洒墨玉，依米元章砚山式碾作七峰亦妙。秦汉铜螭柴、汝、官、哥、古窑小山亦可”。

比丰坊稍晚的另一位明代书画家项元汴在《蕉窗九录》一书中对制笔技艺也作了比较系统深入的探讨。他也提到“制笔之法，以尖、齐、圆、健为四德”，他的解释是：“毫坚则尖；毫多则色紫而齐；用苘贴衬得法，则毫束而圆；用以纯毫，附以香狸角水得法，则用久而健。”他引用柳帖中的说法：“副齐则波磔有凭，管小则运动省力，毛细则点画无失，锋长则洪润自由。”认为“笔之玄枢，当尽于是”。他指出：“今人毫少而狸苘倍之，笔不耐写，岂笔之咎哉？为不用料耳。”[39] 丰坊的一位同乡，明代著名文学家、戏曲家屠隆的《考槃余事》卷 2 中有与《蕉窗九录》相同的叙述，有人据此认为“四德说”是屠隆提出的，实际上是一种误解。

《蕉窗九录》对笔的毫、管、式、工、藏、涤、瘗诸方面都有论述。关于“毫”，作者首先肯定毫为笔之本，“笔之所贵者在毫”。他罗列了当时所用种类繁多的制毫原料：“广东番禺诸郡，多以青羊毛为之，以雉尾或鸡鸭毛为盖，五色可观。或用丰狐毛、鼠须、虎毛、羊毛、麝毛、鹿毛、羊须、胎发、猪鬃、狸毛造者。”最后评价说“然皆不若兔毫为佳”。他进一步指出选取兔毫的原则：“兔以崇山绝壑中者，兔肥毫长而锐，秋毫取健，冬毫取坚，春夏之毫则不堪矣。”并且说：“若中秋无月，则兔不孕，毫少而贵。”这种说法似无依据。此外，他还介绍说：“朝鲜有狼尾笔，亦佳。近日所制者尤精绝。”

关于“管”，他列举了古代各种质料的笔管，“古有金管、银管、斑管、象管、玳瑁管、玻璃管、镂金管、绿沉漆管、棕竹管、紫檀管、花梨管”等，评价说：“然皆不若白竹之薄标者为管最便持用。笔之妙尽矣，他又何尚焉？”

关于“式”，即笔头的形态，项元汴认为，“旧制笔头，式如笋尖最佳，后变为细腰葫芦样。初写似细，宜作小书。用后腰散，便成水笔，即为弃物矣，当从旧制可也”。就是说，过去制作的笔头形如笋尖，后来演变成细腰葫芦状，这种式样的笔初时还可以写细小字，用不了多久，腰就散开了，就不好用了，所以还是旧式的好。

图 3–4 为明宣德年制黑漆描金云龙纹管兼毫笔，管长 16.9 厘米，管径 1.8 厘米，帽长 9.8 厘米。该笔为兼毫笔，笔头饱满，如出土之笋，就是屠隆所说的笋尖式。笔管通体黑漆地描金双龙戏珠纹，上端有描金楷书“大明宣德年制”。此笔漆工精致，毫毛润泽，束撷有力，软硬兼能，是明代宫廷用笔。[40]

图 3–4　黑漆描金云龙纹管兼毫笔

项元汴是当时非常著名的书画收藏家，家资富饶，广收法书名画，所藏法书名画以及鼎彝玉石，储藏之丰，甲于海内，极一时之盛，包括韩滉的《五牛图》、李唐的《采薇图》等名画和东晋王羲之的《兰亭序》（冯承素本）、唐欧阳询的《梦奠帖》、张旭的《草书古诗四帖》、怀素的《苦笋帖》等法书名帖。经他收藏的历代书画珍品，多以“天籁阁”等印记识之。这些稀世之宝在清顺治二年（1645）清兵进入嘉兴时被一扫而空，除部分散落民间外，大部分珍贵典籍和字画被存入了清廷内府。丰富的收藏为项元汴的书画创作和相关的理论研究奠定了良好的基础。图 3–5 所示为项元汴的作品《双树楼阁图》，创作于明嘉靖三十二年（1554），现藏上海博物馆。[41]

高濂在《遵生八笺》（1592）一书中对当时的毛笔和制笔技艺也有论述。“取杭人旧制笋尖笔桩最佳，后因湖州扎缚笔头为细腰葫芦样制，杭亦效之，最为可恨。初写似细，宜作小书，用后腰散，便成水笔，即为弃物。”这种说法与项元汴所述大同小异。他说“杭笔不如湖笔得法，湖笔又以张天锡为最，惜乎近无传其妙者。然画笔向以杭之张文贵首称，而张亦不妄传人，今则分而为三，美恶无准，世业不修，似亦可惜。扬州之中管鼠心画笔，用以落墨白描佳绝，水笔亦妙。”他认为历代所用各种金管、银管、牙管、玳瑁管、斑管之类都是为了“重笔”，“以其为可贵耳”。真正要说实用，他认为“惟取竹之薄标者为管，笔之妙用尽矣。又何尚焉？”[42]

图 3-5　项元汴《双树楼阁图》

明代学者孙作在《赠笔生张蒙序》一文中谈到笔之“锋齐”与“腰强”的关系：“至于用意之妙，锋齐不难，而腰强为难。锋齐者类不能强，腰强者有不能齐，虽赵文敏用冯陆笔，亦仅得其齐而罕得其强，余虽不善书，然私识其故，而有以知韦说之不谬。”[43]

著名书画家文徵明的曾孙文震亨在《长物志》（1621）一书中也有关于笔的论述，但在对“尖齐圆健”的解释和笔头的形态等方面也是延用项元汴的说法。他认为当时制作的紫檀雕花等笔管，俱俗不可用，“惟斑管最雅”，他觉得笔以木为管亦俗，“当以笻竹为之。盖竹细而节大，易于把握”。同时指出，当时所产“画笔，杭州者佳”。他还谈到笔洗的功用：“古人用笔洗，盖书后即涤去滞墨，毫坚不脱，可耐久。”[44]

明代学者提出的笔之“四德”是毛笔制作的原则，也是评价毛笔质量的标准，在制笔史上具有里程碑式的意义。尽管丰坊和屠隆等人对“四德”内涵的表述有所不同，但“尖齐圆健”这一标准得到了学术界的普遍认可，经后代学者的进一步阐释，成为明清以来评价毛笔的通用标准。

二、以“宣德笔”为代表的明代毛笔精品

元代湖笔制作技艺的进步为明代制笔技艺的发展奠定了坚实的基础，明代制笔理论的发展对当时的制笔实践又起到显著的促进作用，加上明代以后中国手工艺整体发展水平的普遍提高，使得明代的毛笔制作达到了前所未有的高度，出现了以“宣德笔”为代表的一系列毛笔精品。

“宣德笔”是明代宣德年间（1426 ～ 1435）制作的毛笔。“宣德”是明宣宗朱瞻基的年号，虽然仅有十年时间，在中国工艺发展史上却占有极其重要的地位，著名的“宣德炉”、“宣德纸”等都是这一时期的杰作。

宣德年间制作的毛笔，不仅选毛精细，笔头的形状也有很多变化，在传统形式的基础上创作出笋尖式、葫芦式、兰蕊式等多个新的品种。

前文介绍了一款明宣德年制黑漆描金云龙纹管兼毫笔，如图 3-6 所示为清宫旧藏明宣德年间制作的一款彩漆描金云龙纹管花毫笔，管长 16.8 厘米，管径 1.6 厘米，帽长 9.6 厘米，笔毫为花毫，腰部内束，形如葫芦，称葫芦式。此笔毫为黄色、褐色相间，色彩富于变化，过渡自然，搭配和谐。笔管通体墨漆地描金彩漆双龙戏珠纹，富丽精美，为明代宫廷用笔。

图 3–6　彩漆描金云龙纹管花毫笔

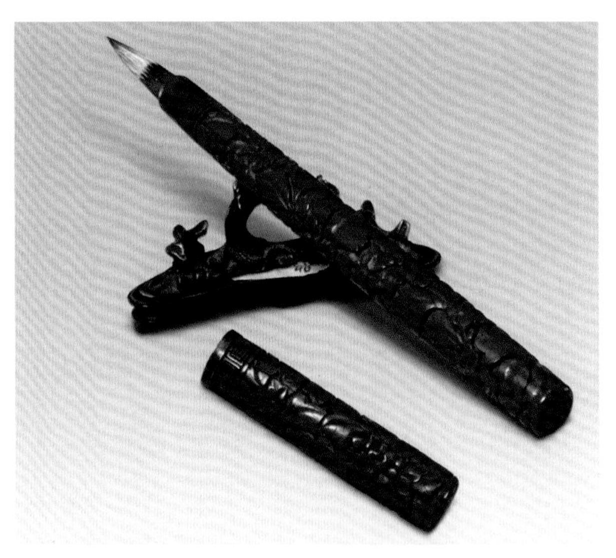

图 3–7　明宣德红雕漆牡丹纹管兼毫笔

图 3–8　明玳瑁管紫毫笔

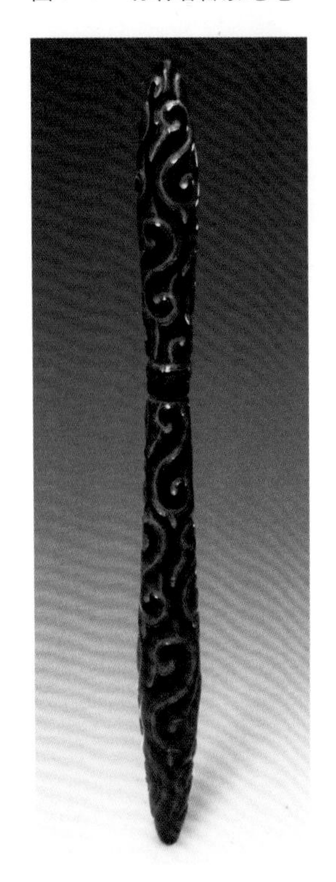

图 3–9　剔犀云纹管笔

如图 3–7 所示也是清宫旧藏明宣德年间所制的一款兼毫笔，管长 18.9 厘米，管径 1.6 厘米，帽长 9 厘米，笔头为笋尖式紫羊兼毫，笔管采用雕漆工艺，通体为红雕漆牡丹纹，刀法娴熟，花朵饱满，管、帽插口处各饰回纹一周，十分雅致。

明代制笔不但讲求实用，更注重装饰，尤其是御用和官府用笔更是极尽精致华丽。不仅笔头的制作讲究原料的精致，笔管的制作更注重质地和装饰，追求材料的名贵，并综合运用镂、雕、描、刻、镶嵌、髹漆等技艺，使毛笔成为地地道道的精美艺术品，为当时达官贵人争相追捧的案头清玩。

例如，图 3–8 所示的一款明代制作的紫毫笔，笔头为葫芦式紫毫，长锋出尖；管长 18.9 厘米，管径 1.4 厘米，帽长 8.5 厘米，为清宫旧藏。笔管为轻薄竹胎，外镶玳瑁，通体纹理黑、黄、褐相间，自然天成，有玻璃光泽。玳瑁是一种个体较小的海龟，背甲可以用来制作精美的饰品，这种材料因数量较少，相当珍贵。此笔造型质朴，玳瑁纹理自然亮丽，制作精细，为明代毛笔中之珍宝。[45]

又如明代制作的剔犀云纹管笔，如图 3–9 所示，管长 11.7 厘米，管径 1.6 厘米，帽长 7.9 厘米，管与帽合成柱式，两端呈尖形，中部束腰为插笔毫处，通体剔犀云纹，制作时反复多层上不同颜色的漆，所以刀口断面呈现出不同的色层，此笔造型独特，制作精致，在明代笔中也十分罕见。[46]

再如清宫旧藏一对红雕漆人物图管紫毫笔，管长 21.3 厘米，管径 1.3 厘米，帽长 10.2 厘米，竹胎雕漆管，通体锦纹地雕人物花卉图，几位老者或倚秀石，或摇扇而坐，或执杖而行。紫毫，共装于长方形嵌银丝莲花纹木盒内，如图 3–10。此笔在寸管之地上雕刻，纹饰繁复、精美，笔毫短锋，尖而齐健，制作精致，装潢考究，为宫廷御用佳品。[47]

即使是传统的竹质笔杆，制作也繁复到极致。图 3–11 所示为明万历年间制作的一款留青竹雕龙纹管貂毫笔，竹质笔管，在竹管表皮的青筠上雕刻二龙戏珠纹饰，上端隶书“文林便用”，

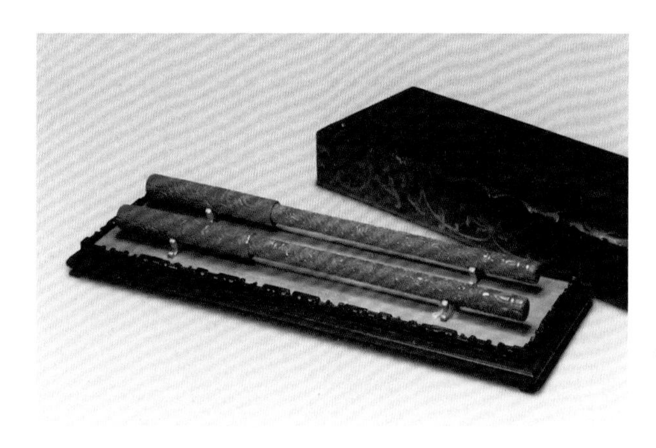
图 3–10　明红雕漆人物图管紫毫笔

图 3–11　留青竹雕龙纹管貂毫笔

图 3–12　雕漆紫檀管貂毫提笔

顶部镶嵌螺钿，题阴文楷书款“万历年制”，雕刻精湛，运刀如笔，反映了明代高超的竹雕艺术水准。

除了讲究笔头和笔杆的选材，明代在笔的形制类型方面也注重创新，出现了抓笔、提笔等大型笔以及专用于写极小字、画工笔画的微毫笔，当然写小字的管笔仍是主流。提笔又称“斗笔”，用于悬肘书写大字。抓笔又称“揸笔”，是古代毛笔中型号最大的品类，其毫料多取用羊须、马鬃、马尾等稍硬而长的兽毛，造型粗壮，笔管短粗、束腰，以五指抓握，专为书写榜书大字。

如图 3–12 所示为明嘉靖年间制作的一款提笔，笔头用貂毫精制，笔管由三个部分拼接而成，上端为红色雕漆龙纹，中段紫檀木，下端与紫檀木笔斗连接的部分为酱色雕漆锦纹；笔斗口沿部雕阳文楷书“大明嘉靖年制”。[48]

明代不仅在制笔技艺水平上有显著进步，而且毛笔的产地也有所增加，除原有的宣笔和湖笔外，湘笔在这一时期异军突起。湘笔的产地以湖南长沙为中心，发端于唐代，柳宗元有诗赞别人赠他的郴州笔，诗中有“截玉铦锥作妙形，贮云含雾到南溟”，“桂阳卿月光辉遍，毫末应传顾兔灵”。郴州笔实是湘笔的前身。湘笔制作业崛起于元末明初，曾一度几乎与湖笔并驾齐驱。湘笔的制作以精制水毫、兼毫而闻名，不讲究笔头的外形，笔毫不分层次地杂扎，以取得刚柔相济的效果，制作工艺精良，堪与湖笔媲美，成为制笔技艺中的一大流派。

扬州的制笔也开始显露头角。“扬州之中管鼠心画笔，用以落墨白描佳绝。水笔亦妙。”[49] 扬州的中管鼠心画笔，明人用以落墨白描，叹为佳绝，扬州的水笔，亦获美名。

明代还出现了一个新的笔种，即广东新会的茅龙笔。该笔用该县圭峰山生长的坚韧茅草制成，传为明代书法家陈白沙（陈献章）发明，故又称“白沙茅龙笔”，用这种笔写大字，有飞白之趣。

三、明代著名的制笔技艺传承人

明代制笔技艺也是名家辈出，特别是湖笔产地，见诸诗文等史料的就有很多，代表人物有陆文宝、陆继翁、施文用、陆颖等。

陆文宝为明代初年吴兴著名的笔工，晚明学者陆树声《清暑笔谈》称他“喜交名士”[50]。其子陆继翁承父业，也是闻名假迩的制笔名家。永乐二年（1404）甲申科状元曾棨曾写过一首《赠笔工陆继翁》：“吴兴笔工陆文宝，制作不与常人同。自然入手造神妙，所以举世称良工。有时盘礴坐轩东，石盘水清如镜中。空山老兔脱毛骨，简拔精锐披皮茸。平原霜气在毫末，水面犹觉吹秋风。制成进入蓬莱宫，紫花彤管飞晴虹。九重清燕发宸翰，五色绚烂皆成龙。国初以来称绝艺，光价自此垂无穷。惜哉文宝久已死，尚有家法传继翁。我时得之一挥洒，落纸欲挫词场锋。枣心兰蕊动光彩，栗尾鸡距争奇雄。竭来簪此扈仙跸，欲补造化难为功。梦中无人授五色，安得锦绣蟠心胸。闲来书空不成字，纵有篆刻惭雕虫。幸今太平重文学，玉堂金马多奇逢。莫言盛世少知己，为我寄谢管城公。”其大意：陆继翁传承了陆文宝高超的制笔技艺，所制之笔使用起来挥洒自如，得心应手，文思泉涌，锦绣在胸，在当今重文学的太平盛世，可以春风得意，左右逢源，所以我得感谢这位知己“管城公”。

施文用，原名施阿牛，所制笔多用作贡品。明万历帝赐其施文用名。据明代李诩《戒庵老人漫笔》记载：“朝廷用笔，每月十四、三十日两次进御，各二十管。冬用绫裹管，里衬以绵，春用紫罗，至夏秋用象牙水晶玳瑁等，皆内府临时发出制造。弘治时，吴兴笔工造笔进御，有细刻小标记云：‘笔匠施阿牛’，孝宗见而鄙其名，内传以小名对，敕易名曰‘施文用’，至今犹然。右二事，吴兴笔工张永贤说。”[51]

明初学者铅山籍学者龚敩写过《赠吴兴陆颖笔花轩》：“吴兴制作天下奇，笔花名轩谁与题。霜毫插架千万枝，枣心兰蕊芳菲菲。固知文房有至宝，雨露涵渐为谁好。自是春风笔下生，时人只道花开早。”[52]赞美吴兴笔花轩主陆颖，制作的枣心、兰蕊笔，用起来笔下生风。

明代学者孙作在《赠笔生张蒙序》中记述了制笔技艺在一个家族有序传承的情况。他说，吴兴陆用之精于为笔，不在冯颖之下，徙居娄江，授其甥顾秀岩，秀岩又授其甥张蒙，世传笔法，如出一手。

明代学者长洲人娄坚在《学古绪言》中有“论笔二则”。他认为“制笔之妙在使人作字时，手忘其笔而已”[53]。他谈到了当时两位著名的制笔名工王道彰、茅瑞彰“先后擅名于时”。王道彰去世后，其子能继之。茅瑞彰的儿子茅道生也很出名。

明永乐甲申进士泰和人王直有《笔妙轩记》一文，推介从吴兴来到北京的制笔名工张子良。

吴兴张子良居京师，以善制笔得名。予始未识也。永乐中，予乡友刘选预修大典，在馆阁，每求笔于子良，予得用之，甚适意，因是亦往往求之，遂与相识。予性拙，不善书，而人事酬酢，有不能已者，赖子良之笔，稍有可观。然予之拙，亦终不能精也。其后予居北京，而子良亦来北京。北京之制笔者亦皆让其能。然予不见者久矣。今年忽造予，以其笔妙卷求题。予不及见。予子秬为受之。乃作七言近体诗题其上。逾数日，子良复来见，予曰幸有名在官府，当朝夕供事，不得数拜庭下，今以疾代将还吴兴笔妙轩者，众人之所命也。昨辱为赋诗，然鄙意以为未足，敢求公序其端以启士大夫之歌咏。辱见知之久，请无爱于言庶光远有耀也。予谓笔之用大矣，观夫韩文公所作毛颖传可考也。则制笔者之有功于世，岂他艺可及哉。宜其见重于士大夫。子良制笔之妙固已久知于世，士大夫得其助者非独予也。则予题是轩岂能爱于言哉。昔罗隐喜笔工苌凤谓之曰：吾当助子取高价，乃以雁头笺百幅赠之，由是价益增，而笔大售。予谓隐之计踈矣。奚必论价哉？！名者实之宾也，修其实以成其名，则自无不利。今诸公为赋诗则过于隐之赠矣。子良之笔益精则名益著，人之求笔者孰能舍是而他适哉。笔妙之轩将益有闻于天下矣。若有其名而怠其事，则是轩也将不晦矣乎？！故为序如此，既以勉子良，亦以发诸公之兴云。[54]

方以智《通雅》中提及明代数位制笔名工：“近时陆继翁、王古用，皆湖人，住南京。吉水有郑伯清，吴兴有张天锡，今俱失传其妙。”[55] 在《物理小识》中还提到：“妙手近推湖州府李家渡，业遍天下，大率毫少倍狸尚耳”[56]。其他文献也有相似记载，如王佐《文房论》中也记载有：“永乐初，吉水郑伯清以猪鬃为笔，健而可爱，其心则长”[57]。再如明董斯张《吴兴备志》中有：“王古用，归安良笔工也，子麟仕佥宪”[58]。

明代大学士解缙《文毅集》中赞赏制笔名工陆颖父子：“工欲善其事，必先利其器。书一文艺尔，非得善笔，羲、献复生，无所用其巧。吾寻常欲作佳书，为传后计，非陆颖笔不可。陆颖本农家，而善缚笔，长子尤能知笔之病，次子亦能缚笔，而不废农事，朴茂尤可喜。农隙时读书，农时手自耕种。古者士大夫皆然，风俗日薄，遂不肯为尔。”[59]

第三节　清代制笔技艺

一、集大成的“乾隆笔”

明清时期是毛笔制作技艺集大成时期，继明代进入鼎盛期之后，清代毛笔制作技艺发展到了历史顶峰。乾隆年间出现了继明宣德年之后的又一高峰，这一时期制作的毛笔从用料的考究到制作技艺水平、从数量到品种，都丝毫不亚于宣德笔，因此，我们认为完全可以仿照“宣德笔”的称谓，以“乾隆笔”称之。

乾隆笔的出现至少有以下三方面的原因：其一，清承明制，清朝的基本制度基本上是效法明朝的。康熙帝崇尚儒学，认为“厚风俗必先正人心，正人心必先明学术”，明确提出要以儒家学说为治国之本，“道统在是，治统亦在是矣”[60]。乾隆帝同样酷爱汉文化，从他留下的数以万计的各体诗作可见一斑。其二，清朝从康熙二十年（1681）平定三藩之乱始，开启了长达一个多世纪的“康乾盛世”，人口迅速增长，生活基本安定，为当时的文化产业发展提供了重要的社会条件。其三，康熙、雍正和乾隆皇帝都酷爱书画艺术，而且都是成就颇高的书法家，图 3-13、图 3-14、图 3-15 分别为这三代皇帝的书法作品（取自龚勋、孙轲《中国传世书法》），上行下效，直接推动制笔等技艺的发展。

清代对明代制笔技艺的继承首先表现在制笔理论方面。明代学者提出的“四德”标准在清代得到了继承和发展，就连康熙帝本人都曾作《尖齐圆健笔之四德戏作》诗四首：

> 尖锐虽云利，锋芒日计摧。藏拙莫言巧，生花自有来。
>
> 齐之故有道，人一已千能。默运良为手，挥毫须敬承。
>
> 圆活幽人本，珠玑三品详。刚方学米芾，宛转仿其昌。
>
> 健乃干乾体，才分不息功。书称钦若语，赓颂赖文风。[61]

与乾隆帝同时代的学者唐秉钧在《文房肆考图说》中对明代提出的“四德”概念作了更为明了的解释。

他针对“时人咸言兔毫无优劣，管手有巧拙之语”提出“予意匠工果需巧手，而毫管亦须选择”。他解释说，“我侪寒素，日事砚北。使用毛颖，何求华美。但竹竿必选坚重圆直，则手执转运可以从心，无牵强制肘之病；颖头必选尖齐圆健，四字完备，又要刚柔二字相济者，用之方可挥写自如也。上四字乃笔之体，言外象也；下二字乃笔之用，言内才也”。唐氏不仅在前人“四德”标准的基础上增加了“刚柔相济”原则，作了“体”与“用”的定位，而且对笔杆也提出了“坚重圆直”的标准，丰富了明代制笔理论。

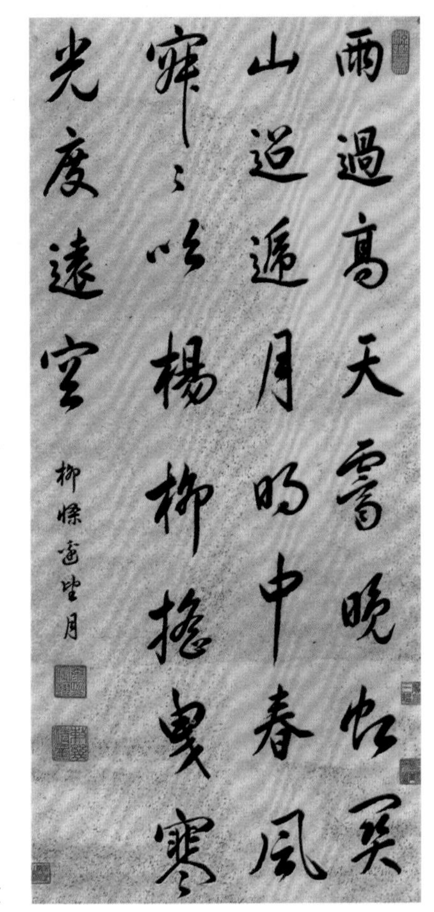

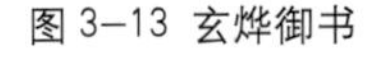

图 3–13　玄烨御书

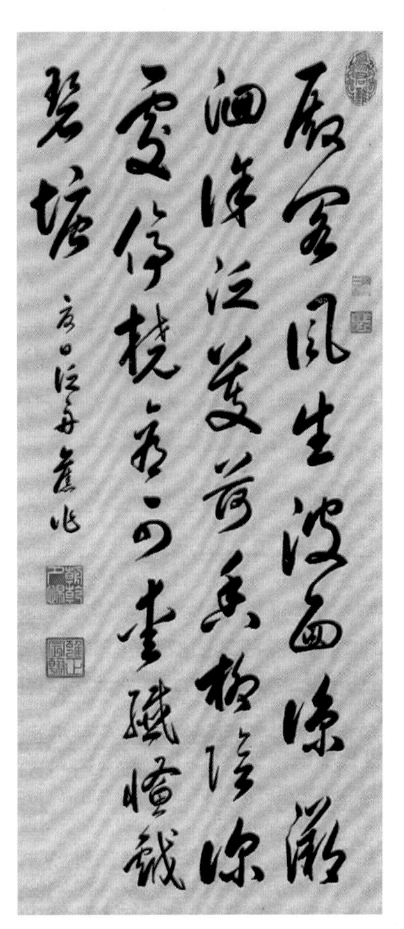

图 3–14　雍正帝书画作品

他对“尖齐圆健”的内涵作了更为合理的解释：“尖者，笔尖细也。齐者，于齿间轻缓咬开，将指甲揿之使扁排开，内外之毛一齐而无长短也。圆者，周身圆饱湛，如新出土之笋，绝无低陷凹凸之处也。健者，于指上打圈子，绝不涩滞也。”对自己提出的“刚柔”概念的内涵也作了形象说明：“柔者指头上圆时，不觉硬强；刚者圆停提起，笔头自能尖整者是也。”此外，对于毛笔的其他方面的作用也有独到的认识，如“凡笔外饰之毛，或以雉尾盖之，则五色可爱，亦足发文思。若大提笔，必须用猪鬃，每根劈分四五根为之，则健爽松泛，且其心长，而舒敛称意，挥洒自如也”[62]。

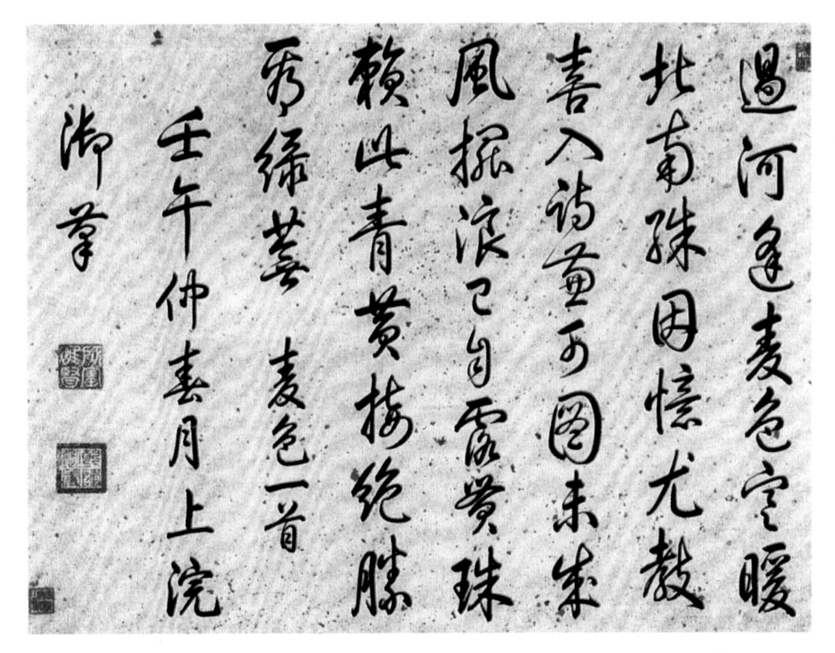

图 3–15　弘历御书

乾隆年间制作的青玉管碧玉斗紫毫提笔（图 3–16）即是这种“五色可爱”笔实物。

清代文献中还有一种与尖齐圆健相似而又不一致的说法：“今之小学者言笔有四句诀云：心柱硬，覆毛薄，尖似锥，齐似凿。”[63]

据说故宫博物院馆藏明清御用毛笔四千余支，大多为清代笔。[64] 在各个时期的清代笔中，“乾隆笔”

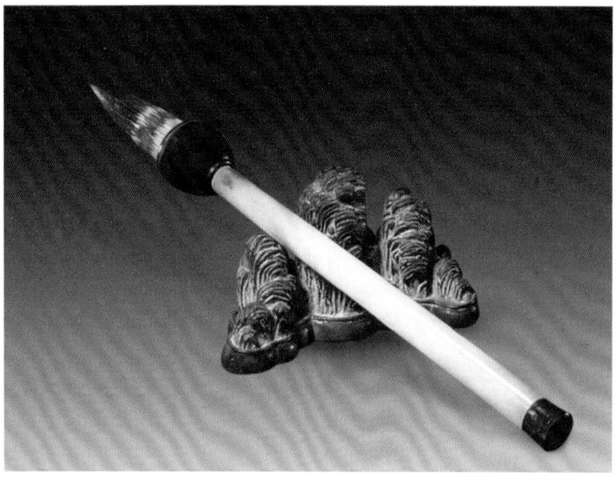

图 3–16　清乾隆青玉管碧玉斗紫毫提笔

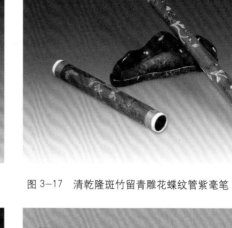

图 3–17　清乾隆斑竹留青雕花蝶纹管紫毫笔

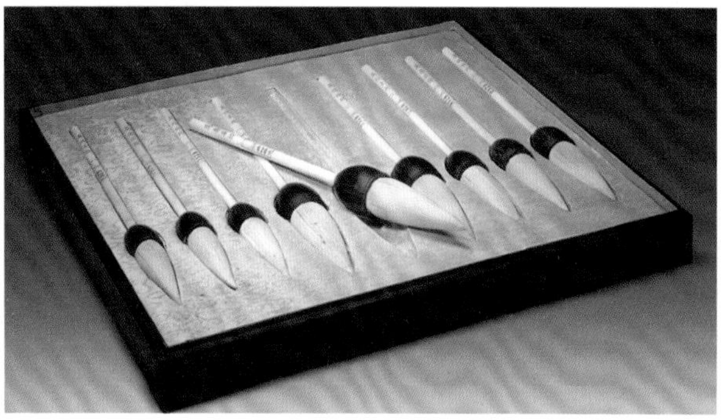

图 3–18　清乾隆象牙雕管红木斗羊毫提笔

图 3–19　清乾隆青玉雕龙纹管珐琅斗狼毫提笔

为大宗，其品种之丰富、工艺之精湛、装饰之华美，令人称绝。乾隆笔以紫毫、羊毫、狼毫、兼毫为主，还有貂毫、猪鬃等其他品种，这里仅举几例。

如图 3–17 所示为清乾隆斑竹留青雕花蝶纹管紫毫笔，管长 20.1 厘米，管径 1.1 厘米，帽长 9.8 厘米，兰蕊式紫毫，长锋尖而齐健，挺拔秀丽，具有典型的清代笔毫特点。笔管通体留青竹雕折枝花卉纹，有菊花、梅花、飞蝶等图案，花枝挺秀，竖条纹地子反衬出淡雅的纹饰，深色的竹肌与浅色的竹筠相映衬，效果独特。[65] 同治十三年《湖州府志》记载："时制有兰蕊为最胜。"说明这种兰蕊式笔毫在当时非常流行。

图 3–18 所示为象牙雕管红木斗羊毫提笔，管长 17.2 厘米，斗长 4.5 厘米，斗径 1 厘米，为长锋羊毫笔，精选笔毫，光润挺健，也是乾隆年所造。9 支笔具有相同的形制，只有管身和笔斗型号不同，分大、中、小三种。笔管细长洁白，管端分别阴刻楷书"万寿无疆"、"万福攸同"、"万国来朝"等祝福语，配光素红木斗。这套笔采用名贵材料，做工考究，9 支笔共装于一个木匣中，每笔有卧囊。

图 3–19 所示为乾隆年制青玉雕龙纹管珐琅斗狼毫提笔，管长 24.6 厘米，管径 1.8 厘米，斗长 2.9 厘米，斗径 3.8 厘米，用正冬黄鼠狼尾毛制成花苞式狼毫笔头，毫长 8 厘米，为顶级品，毫长而坚劲，耐用，富有弹性，毛质光泽，成毫饱满。管身以上等玉材，通体雕云龙戏珠纹，两端环以回纹及缠枝莲纹，管顶镂雕蟠璃纹，雕镂精致，配以掐丝珐琅花卉喇叭形笔斗，笔管与笔斗相接处，镶饰金质环扣，堪称笔中绝品。[66]

图 3–20 为清乾隆彩漆描金纹饰管鬃毫抓笔，单笔长 26 厘米，径 7 厘米。笔头以马鬃为毫料，精工巧作。漆管，每款 5 支，分别为红、蓝、紫、黑、黄色。黄色笔管通体描金云龙纹，另 4 支饰描金缠枝莲叶纹，斗管部分分别为描金云龙纹、云蝠纹、"海屋添筹"图案。"海屋添筹"与云蝠纹一样，为颂祷长寿之意，典故取自《东坡志林》："有三人相遇问年，一曰：海水变桑田，吾辄下一筹，今满十筹矣。"整组笔装

置于黄地云蝠纹锦盒中，具有皇家气派。[67]

图 3–20　清乾隆彩漆描金纹饰管鬃毫抓笔

图 3–21 为清乾隆紫檀木刚健中正管貂毫笔，管长 19.4 厘米，管径 1.1 厘米，帽长 9.4 厘米。以名贵的紫檀木为管，质地细腻光毫，制作精致，装饰简约，管上端阴刻楷书“刚健中正”，钤“福”、“寿”朱文连珠印。管顶和帽口均嵌有象牙。兰蕊式笔头以精选貂毫制成，长锋饱满。书写时舒展有力，挥洒自如。

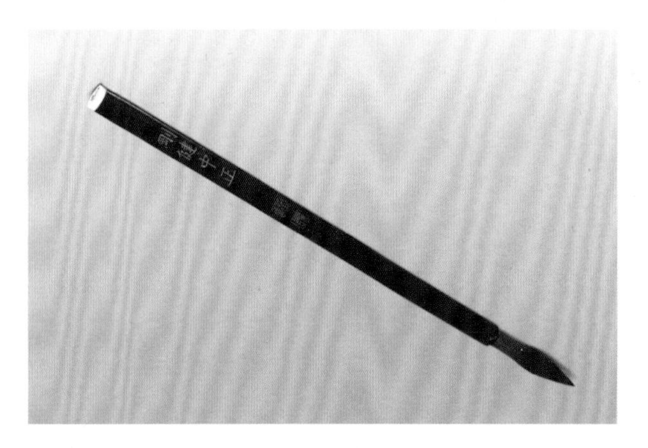

图 3–21　清乾隆紫檀木刚健中正管貂毫笔

笔杆题铭是清代制笔工艺的装饰特点，乾隆笔中就出现了不少。除了像“刚健中正”等标榜笔质优良的内容外，还有吉祥祝福、歌功颂德的，如“万邦作孚”、“河清海晏”、“河洛呈祥”、“云汉为章”等；也有直接标明笔毫性质与用途的，如“大霜毫”、“大紫颖”等。乾隆笔中有一款玳瑁管经文纬武羊毫笔，如图 3–22，笔管通体光素，以黑、黄、褐斑相间的自然纹理为饰，呈半透明状。管端阴刻楷书“经文纬武”四字。“经文纬武”语出唐代许敬宗“定宗庙乐议”：“早复圣迹神功，不可得而窥测，经文纬武，敢有寄于名言。”意为治理国家的本领文武都兼备。

据清代安徽桐城籍学者姚元之《竹叶亭杂记》记载，道光帝“御用笔，向皆选取紫毫之最硬者方得奏进。笔管皆镌‘天章’、‘云汉’等字，上以其不合用，命英协揆（时为户部尚书），以外间习用者进试之，取纯羊毫、兼毫二种，命仿此制造。复以管上镌字每多虚饰，命以后各视其笔，但镌‘纯羊毫’、‘兼毫’字而已”[68]。就是说，道光帝不太喜欢紫毫笔等硬毫笔，而宁愿选用羊毫笔和兼毫笔等稍软一些的笔，并且要求笔杆题铭的内容少虚饰而多写实。

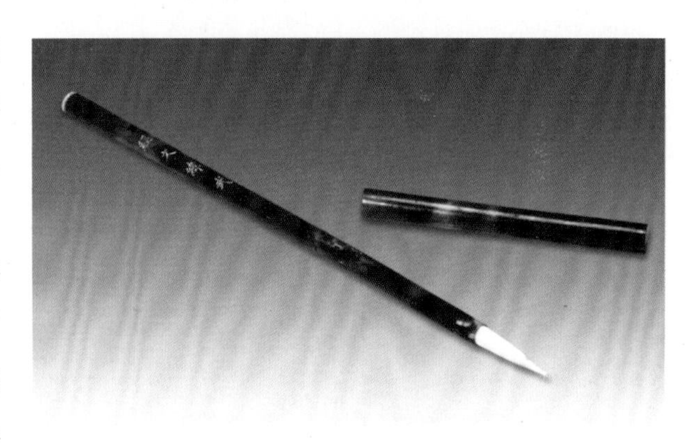

图 3–22　清乾隆玳瑁管经文纬武羊毫笔

清代笔管制作之精、纹饰之华丽更胜明代。乾隆笔的笔管在用料和制作上都下足了功夫，形形色色，琳琅满目，是当时顶级的牙雕、竹木雕、镶嵌、珐琅、粉彩以及陶瓷制作等多种技艺的集中展示，作品集实用性与观赏性于一体，令人叹为观止。

图 3–23 所示为清乾隆牙雕钱纹管紫毫笔，管长 18.3 厘米，管径 0.9 厘米，帽长 8.7 厘米，管身采用质地匀净的牙料，采用镂刻与浮雕两种技法，镂雕出古钱纹，纹细若网，上端装饰两道阴文填蓝线，笔帽浮雕一只飞翔的蝙蝠，间饰云朵纹，两端雕饰阴文填蓝回纹。纹饰繁复、精美，磨工光润，配兰蕊式紫毫笔头，体现了乾隆时期雕刻技艺与制笔技艺高度发展的水平，是一件管美毫精的佳品。[69]

乾隆笔制作技艺与其他技艺具有很高的结合度，当时很多种技艺都在制笔技艺中得以体现。青花红彩云龙纹管鬃毫笔就是青花瓷烧制技艺与制笔技艺有机结合的产物。此笔采用青花瓷笔管，色泽鲜明靓丽，

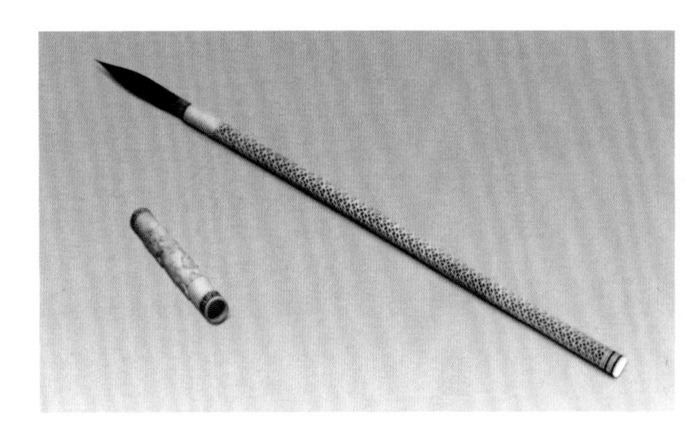

图 3–23　清乾隆牙雕钱纹管紫毫笔

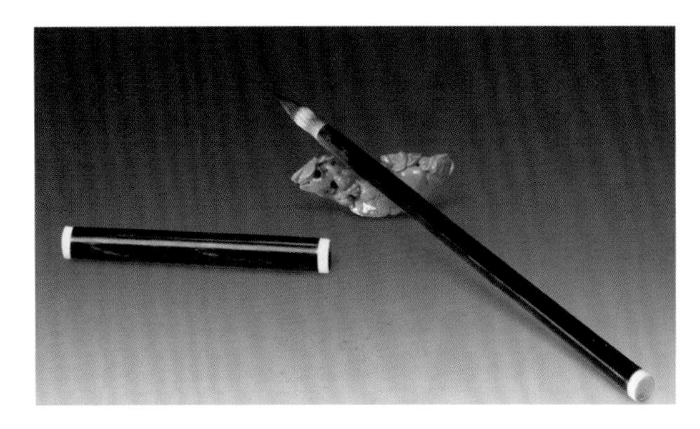

图 3–24　清乾隆牛角管紫毫笔

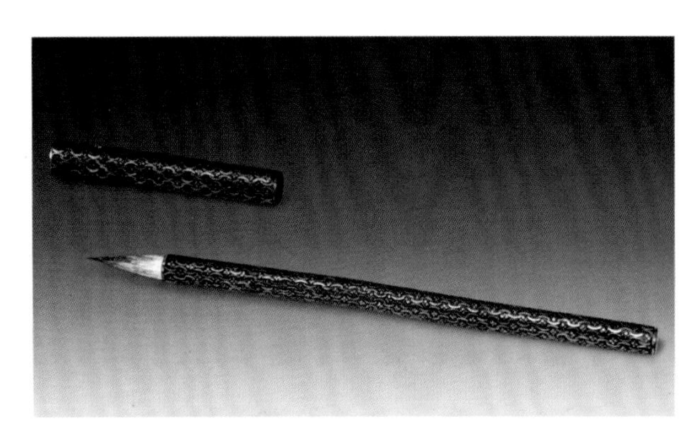

图 3–25　清代嵌螺钿漆管羊毫笔

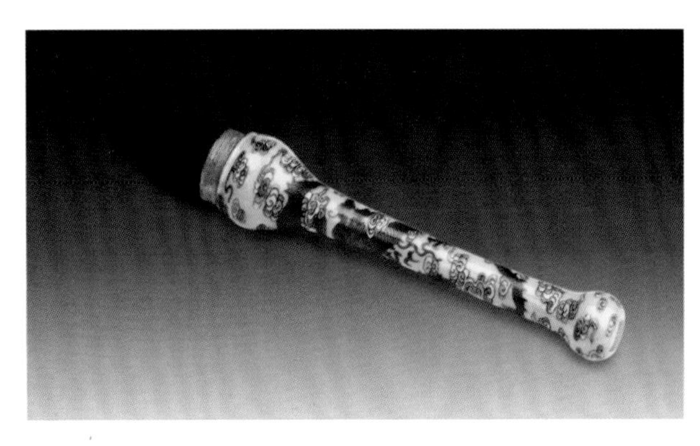

图 3–26　清代粉彩描金云龙纹管鬃毫提笔

纹饰流畅工致，具有乾隆时期青花红彩瓷器的典型特点，为乾隆笔中瓷制笔管代表作品。乾隆笔的制作追求卓越，不计成本，即使是普通的材料，也必须做到独具匠心，令人叫绝。图 3–24 所示为乾隆牛角管紫毫笔，笔管用牛角制成，通体光素，乌黑光亮，隐现自然纹理；管顶及帽口嵌象牙，与管身形成对比，赏心悦目。清代常以牛角制笔斗，但以其制笔则不多见，显然囿于牛角材料大多弯曲难于满足笔杆所需的长度和挺直，牛角虽非稀有，但这样一支牛角笔杆难得一见。

乾隆笔留下的实物资料很丰富，这里仅介绍了极少的一部分。从这些实物中可以看出，乾隆笔无论是用料还是做工都精益求精。明清时期是毛笔制作技艺发展的顶峰，宣德笔和乾隆笔分别代表了明清两代制笔的最高成就。

在乾隆笔的影响下，清代中后期制笔技艺也处于较高水平，制笔中当然也不乏精品。图 3–25 所示为清代嵌螺钿漆管羊毫笔，笔形修长，通体镶嵌以细螺钿条组成的几何纹样，图案规正，螺钿光彩缤纷。

清代镶嵌工艺极为精湛，既有漆管镶嵌，也有贵重的象牙管镶嵌。“嵌螺钿”是将裁截好的细螺钿条，按设计好的几何图案依次点上胶漆进行镶嵌；胶漆干固后，覆上一层色漆；干燥后将螺钿上的漆打磨掉，即可得到熠熠发光的螺钿纹。

清代瓷质笔管也相当普遍。图 3–26 为清代粉彩描金云龙纹管鬃毫提笔，通体白地粉彩绘一条腾飞的五爪巨龙，四周饰有各色祥云，纹样描绘精细，色彩鲜丽柔和，用色虽多，但不失雅致，呈现出皇室独有的雍容华贵。[70]

清代制笔还有一些创新，如据沈初《西清笔记》记载：“浙省供御之笔，有名小紫颖者，上所常用，中疏易散，第用其锋书少时辄易之乃可，有名‘经天纬地’者一管中藏四笔，尚可用，微嫌其锋短，少滞其余虽饰观而未适于用。”[71] 如图 3–27 所示即为一种四头紫毫笔。

上面介绍的都是高档的宫廷御用笔，这些笔都是一般人无福享用的。不过，作为书画工作，毛笔的选择也并非越精制越好。《西清笔记》卷 1 中就谈道：“写泥金字不可用毫笔，于前门笔铺中市其最下者，董香光所谓三文钱鸡毛笔，今则须五六文矣。泥金写于羊脑笺上，更非此不可。缘受金多能徐下，令金色平满，软滑顺手，年时写《华严经》始用毫笔，继易水笔，最后得此笔，凡三易而后始得焉。”清倪涛《六艺之一录》中有关于制作金银泥书用笔需要掌握的技巧：“今有以金银为泥书佛道书者，其笔毫才可数十茎，濡金泥之后，则锋重涩而有力也。”[72]看来，选用笔要考虑的因素有很多。

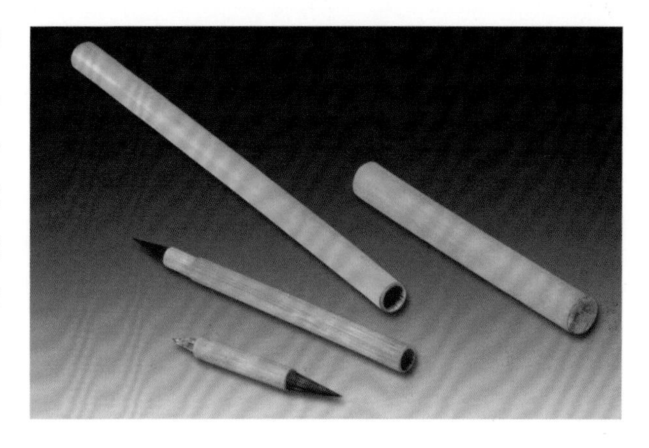

图 3–27　清代竹管四头紫毫笔

故宫博物院馆藏清代笔品类繁多，然而外界难得有机会一饱眼福，幸近年出版了一些著作，如由故宫博物院研究馆员张淑芬先生主编的故宫博物院藏文物珍品大系《文房四宝•笔墨》、《中国文房四宝全集•笔纸》以及安徽省博物馆主编的《文房珍品》等，图文并茂，有更为全面的介绍，有兴趣的读者可参阅。

清代制笔仍以湖州、宣州最为著名，上述宫廷用笔，尤其是乾隆时期，大多来自湖州，这与乾隆帝对湖笔的青睐有关。乾隆时宫廷用笔是主要通过江南织造局采办以及安徽、浙江、山东等地按年例进，择其精良，贮存在内廷作为文房四宝仓库的懋勤殿。从当时的入库进单可知，当时每年进贡的毛笔数量巨大。乾隆十六年(1751)十二月二十日，两浙盐政兼织造苏楞额恭进文房用具数百件，其中笔品有“经天纬地”、“云汉为章”、“表正万方”、“万年青”管笔、“檀香笔”、“小紫颖”、“云中鹤”各 50 支，另有提笔 30 支，仅此一单就多达 380 支。乾隆二十六年（1761）七月，云南巡抚刘藻进贡湖笔 420 支。乾隆五十八年（1793）八月初五，浙江巡抚觉罗琅轩恭进湖笔 503 支。[73]

乾隆晚期，因懋勤殿库存数量巨大，乾隆帝曾下令减少各地进贡方物，包括毛笔。据清吴振棫《养吉斋丛录》记载：“乾隆五十七年，以各省督抚呈进方物，有非本省土产，及土物中如云南之铜器、贵州之皮器，并不适用，又纬丝、堆绣，各种香朴、彩胜等物，不应督抚呈进者，俱命停止。应贡土物有过多者，亦皆核减。其时，如懋勤殿所存各色笔有二万余枝，故令浙抚于三次应进一千五百九枝内，减为七百五十枝，以备御用而已。他物裁减，亦类是。”[74]

清代宫廷毛笔不仅为皇帝和大臣等宫廷其他人员所使用，而且用于赏赐。据《清宫述闻》记载，清雍正朝在乾清宫左侧设上书房，供皇子读书。“雍正元年，上遣内侍总管传谕曰：皇子见师傅，礼当拜。廷玉等固辞不敢当，遂行揖礼。是日，赐肴馔饼果各一筵，蟒缎文绮各九端，并笔墨彩笺之属。”又，“乾隆二年御试翰詹于乾清宫，擢大受等官，赏赉墨刻、宫纱、文葛、砚、笔、墨诸物”[75]。

当时毛笔还被作为礼品赏赐给使臣和邻邦君主。据姚元之《竹叶亭杂记》卷 1 记载：“朝鲜国谴使年供有例赏，由礼部具奏。新正宴紫光阁，又例有加赏。及该使臣在圆明园献诗，复有加赏国王及使臣物件，俱由军机处具奏。在山高水长颁给。赏国王物件：笔四匣，赏献诗使臣物件：笔各二匣。”

据清《皇朝文献通考》记载，清乾隆五十年（1785），乾隆帝“特赐该国王澄泥仿唐石渠砚一方、梅花玉版笺二十张、徽墨二十锭、湖笔二十枝，即交该国贡使祗领，并着礼部行文。该国王毋庸进表谢恩”[76]。

二、笔庄的兴起与清代著名笔工

笔庄的兴起是清代制笔业发展的另一个重要特点。清代毛笔的产地遍布浙江、安徽、江西、湖南、山东、河北等很多省份，浙江湖州影响最大。为了生存和发展，这些地方的笔工开始向外地迁徙，这种现象早年发生在宣州，明清时期特别是清代以后更为普遍。在此过程中，制笔业出现了分化，原来一家一户小规模生产的格局被打破，出现雇佣工人制笔，并兼营笔墨的笔肆。作坊与店面结合，产销一体，就形成了前店后坊式的笔庄，这种新型的经营模式历史上也许实际存在过，但作为一种新鲜事物为人们所认识，应从清代算起。

目前所知最早的笔庄是来自江西临川的文港镇的周虎臣于康熙三十三年（1694）在苏州创建的。据周坊村《平湖周宗谱》记载，周虎臣为“至绎幼子，字道虎，名虎臣，明万历十九年（1591）六月初五生，娶刘氏，殁葬未详”。周虎臣笔工出身，擅长制作狼毫水笔。上海开埠后，各地商贾纷纷来沪设肆开业。同治元年（1861），周虎臣也到上海兴圣街（今永胜路）68号开设分店，自产自销毛笔及经营笔、墨、纸、砚等“文房四宝”。由于经营有道，业务胜过总店，于是将苏州总店并入上海，全力经营起上海的企业。1956年公私合营后，合并数十家著名笔庄成立周虎臣笔墨庄，1987年在浦东成立上海老周虎臣笔厂，创业历时三百余年，传承十余代。

周虎臣笔庄最早采用“虎”字样标签，其产品“湘江一品”、“乌龙水”、“九重春色醉桃花”、“臣心如水”、“大京水”等狼毫水笔，素有“五虎将”之称，名扬四海，清朝时为科举考试、写奏、公文、记账等书写的首选工具，曾远销日本、东南亚地区（图3–28）。

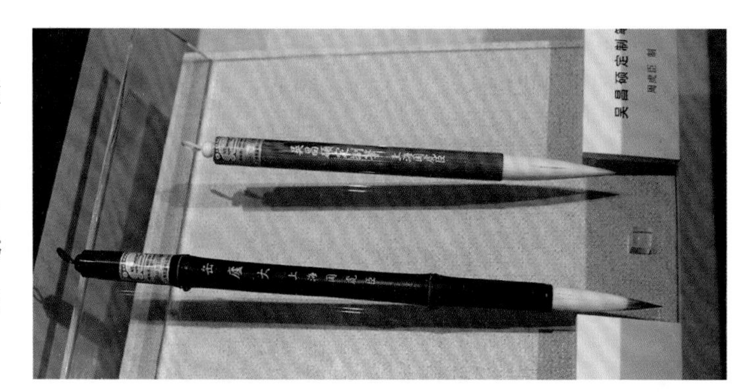

图3–28　上海周虎臣笔厂制笔

清末书法家李瑞清赞誉：“海上造笔者，无逾周虎臣，圆劲不失古法。近世书家手不能伏毫，故喜便而恶健；笔不能摄墨，故喜薄而恶丰。毫工阿其好，世遂无佳笔。昔宣城诸葛氏，其先为右军制笔，柳公权求之，莫能用，予以常笔则大喜，此知者之难也。书此以告世之求笔者。清道人。”

乾隆六年（1741），在湖笔的产地湖州创办的“王一品斋笔庄”也是早期有代表性的笔庄之一。关于该笔庄的创立在当地还流传一个传说：乾隆年间，湖州有一位王姓笔工，每逢科举殿试之年，都要带一批精制的毛笔到京城，向赶考的书生们兜售。有一年，一位考生用他的笔参加考试，中了状元。消息传开，人们就把他的笔称为“一品笔”，戏称他为“王一品”。王师傅回到湖州后，在湖州城里开了一家笔庄，就取名“王一品斋笔庄”，虽历经风雨，一直延续至今。

除上述两家老店外，现在知名的清代著名笔庄大都出现于清代晚期，其中汉口的“邹紫光阁”笔店历史相对悠久。该店的创始人是同胞兄弟邹法荣和邹法惊，他们是江西临川李家渡人，本是农民，兼制毛笔。农闲时他们将平时制作好的毛笔挑运到河南周口等地销售，之后取道苏州购买羊毛等制笔原料。除满足自用外，他们将多余的料运到汉口等地贩卖。

清道光二十年（1840）的一天，他们带了一批货来到汉口，遭到当地制笔业联手压价。邹氏兄弟不肯就范，在当地花布街涂家厂租下一间小店屋，经营笔料生意，同时自产自销毛笔。从此，他们就从半农半商、长途贩运的行商转变为以汉口为基地的坐商。经营数年后，他们在笔料杂皮生意和毛笔的产销方面都有较快发展，便分开经营，将制笔部门取名为“邹紫寅阁笔店”，雇了十余名制笔工人；将笔料杂皮部门取名为“邹茂兴杂皮笔料行”。经过30多年的努力，至1874年前后兄弟俩去世时，邹紫寅阁笔店已经有了相当大的名气。

邹氏笔店的第二代传人是邹法荣之子邹嘉联和邹法惊之子邹嘉芗。传说当时邹家有个同乡在巡抚衙门当师爷，经常来买笔。他对邹嘉联、邹嘉芗兄弟说，“邹紫寅阁”中的“寅”字取得不好，寅字属虎，白虎当头十分凶险，不如改为“光”，以求光大门第、转凶为吉。这个建议被采纳，于是招牌就换成“邹紫光阁笔店”。

邹氏第二代传人也十分精明能干，他们利用兼营笔料杂皮的有利条件，选用优质原料，提高毛笔的品质。为了提高制笔技艺，他们到赣、鄂等省遍访名师，先后聘到了多名技艺高超的制笔技师担任笔店的掌作师傅，在严把质量关的同时传授技艺。邹紫光阁的毛笔质量和档次不断提升，具有很高的美誉度。 经过几代人的努力，到了清代末期，“邹紫光阁笔店”成为享誉湖广和云、贵、川等地的著名笔店。

1921年，年近7旬邹嘉联告老回乡，店务由邹嘉芗总揽。邹嘉联的六个儿子均在笔料行和笔店内从事管理工作。1926年起，邹紫光阁开始拆伙，将所有流动资金和固定资产分为12小股，邹嘉芗占一半份额，其六个侄子共占一半份额。邹嘉芗将分得的花楼街民权路的新店命名为邹紫光阁“益记”。他的六个侄子将分占的原太平会馆老店分为两家，分别为“久记”和“成记”。拆伙时两房人议定，今后子孙如因业务失败或无意继续经营，不得将邹紫光阁的牌号出让给任何外房或异姓。自20世纪30年代至抗战结束，邹紫光阁“三记”曾先后在汉口、武昌、南京、重庆等地开设分店，与周虎臣、王一品、李福寿三家笔庄并称中国的“四支笔”。

清代后期至民国初期，吴兴笔工大批外流，在北京、天津、上海、苏州等地建立作坊和店面，使湖笔制作技艺在各地生根开花。这一时期创办的著名的笔庄有北京戴月轩、贺连清、李玉田，上海杨振华、李鼎和、茅春堂，苏州贝松泉等。同前面介绍的早期笔店一样，这些笔店也都是以店主的名字命名。详见本书第四章。

另据汪曰桢等光绪《乌程县志》卷29记载，浙江乌程产“笔，兔毛硬，曰紫毫。羊毛软，曰羊毫。参用，曰兼毫。鼬鼠尾毛，宜书小字，曰狼毫。有鸡毛笔尤软。大者用马鬃曰斗笔。凡笔之佳者，以尖齐圆健四字全备为上。……按出善琏村，属归安，其乌程界内所造，皆自善琏徙居之人也”[77]。

宣州在唐宋时期一直是全国制笔业的中心，元代以后虽然失去了中心地位，但宣笔生产仍在继续。据清代歙县江登云撰《素壶便录》记载：“江浙造笔，古推宣州，今太平人尚精其技，其地名赶坦（甘棠镇，今太平县城），刘、程、崔三姓聚族各千余家，强半攻其业。本朝以来，以刘公豫、刘文聚笔为最。公豫之后，刘立征能世其传，近时程彩禄亦称佳制。”[78]说明清代宣笔技艺仍在传承，而且宣笔制作的规模和质量都还能称誉一时，刘公豫、刘文聚、刘立征、程彩禄等都是当时著名的笔工。

清代徽州人胡天注以制墨闻名全国，胡开文墨店也兼营毛笔等文具。

清代有笔工王永清，制笔以羊毫圆健所著称，尤善笔根的精细加工，清代安徽泾县籍学者、书法家包世臣在《艺舟双楫》中记其“治笔于家，不传徒，不设笔肆”[79]。

清代安徽著名笔工夏均安于光绪三十一年(1905)秋在六安东门大街塘子巷口开办“六安一品斋笔店”。宣统元年(1909)，一品斋笔店选送的“仿古京庄”、“大卷紫毫”等毛笔在“南洋劝业会”(工艺品赛会)上被评为一等工艺品，获金、银奖牌各1枚。

清代著名笔工见于文献者还有不少。如清代学者朱彝尊曾写过一篇长文《赠笔工钱叟序》：

砚得一可以一生，墨得一可以一岁，故惟笔工为难。吾尝诵黄鲁直之言，而是之不惟尔也。羽阳铜雀、香姜之瓦，先吾数千岁，陶之墨之寿亦百年，为之者不期同时，足为吾用。至于笔，其人必与吾书法相习，缓急肥瘠先入其意中，然后拔颖斩干，纵吾腕之所如而无憾，故必熟识其人而后可工之。择豪匪一羊鼠之鬣，山鸡、雀雉、丰狐、虎仆、猩猩、蚼蛉、狸獭、麝鸭、马鹿之毛，各呈其能，自宣城诸葛氏以散卓得名，苏子瞻亟称之，而弋阳李展，舒城张真，嘉阳严永，钱唐程奕，历阳柳材，广陵吴政、吴说以及侍其瑛、张通、郎奇，吴无至、徐偃、张耕老之徒，往往因苏黄诸君子之言，垂名于后汭。夫一技之善，有深入人心而不可没焉者已。归安近多笔工，钱叟所制羊毛笔最为得法。予识叟且二十年，每出游，辄橐置叟笔百余自随，恒恐其尽。持以作字，蕴藉之妙不知有笔在吾手中，而法度生焉。至易以西北人及他工所为，则心不相谋，豪与手拒，为笔所役，不胜狞劣之苦。无他，拔颖斩干之失其宜，其人又不与吾书法相习故也。若叟庶几可进乎?！古笔工之列矣，昔子瞻还自海外，用诸葛氏笔，至于惊叹，以为北归喜事，又言往还中吴，说以笔工独耐久，予之赠叟以言，岂惟叹其一技之善，殆亦犹苏子之于说也夫！[80]

良砚、良墨虽也难得，但因为用得长久，所以相对而言不成问题。但仅得几支良笔远远不够，所以更为不易。用笔的最佳状态是“持以作字，蕴藉之妙不知有笔在吾手中，而法度生焉”。要做到这一点，笔工在选料和制作上合乎规律还不够，必须与用笔者相通，了解用笔者的艺术特点和用笔习惯。朱彝尊的这篇文章虽是以笔工为题，在制笔理论方面也很有见地。

梁同书著有《笔史》一卷，分“笔之始”、“笔之料”、“笔之制”、“笔之匠”四篇，大多是梳理古代与笔有关的史料。其中，记载了居住在京师的一些著名笔工，像刘必通、孙技发等人，称“今世京师散卓水笔，此二家最擅名”。还有夏岐山、沈茂才、潘岳南、王谔廷、陆锡三、姚天翼、沈秀章、王天章、陆世名等，称“以上九人，予常用其笔”。他认为其中“岐山、岳南制尤佳”。这两位笔工去世后，他还曾作诗追悼：“曾闻笔是文章货，健锐圆齐制必良。可惜夏潘亡已久，一番抽管一悲凉。陆沈姚王亦有闻，试来毕竟未精纯。评量记取涪翁说，李庆阎生是等伦。”[81]

清代制笔业在其他许多地方都有分布，如石韫玉等《道光苏州府志》卷 32 记载，清代苏州产“兔毫笔，大者为全肩，次为半肩，羊毫为大小落墨。其法传自吴兴，颇精，亦行于四方”[82]。又如河北衡水侯笔店生产的“衡水毛笔”，逐渐和湖笔分庭抗礼，并作为贡品进入宫廷，成为御用笔，身价倍增。再如山东掖县从清代开始生产“泰山笔”，以优质东北尾为主，配以香狸尾、兔须、鸡毛、豹毛或石獾毛精制而成，具有“柔而不软，刚而含蓄”的特点。[83]

总之，明清时期整个制笔行业从业人员的数量、毛笔的产量和品种都远远超过前代。

注释

[1]（明）董斯张：《吴兴备志》卷 26。

[2]（明）朱同：《覆瓿集》卷 6。

[3]（元）夏文彦：《图绘宝鉴》卷 5。

[4]（明）汪砢玉：《珊瑚网》卷 31。

[5]（清）孙岳颁等：《御定佩文斋书画谱》卷 16。

[6]（明）朱存理：《珊瑚木难》卷 4。

[7]（明）徐维起：《徐氏笔精》卷 7。

[8]（明）朱存理：《赵氏铁网珊瑚》卷 7。

[9]（明）解缙：《文毅集》卷 4。

[10]《古今图书集成》第 147 卷，鼎文书局，1977 年。

[11]（明）谢肇淛：《文海披沙》，大达图书供应社，1925 年，第 32 页。
[12]（明）孙作：《沧螺集》卷 2。
[13]《古今图书集成》第 147 卷，鼎文书局，1977 年。
[14]（清）嵇曾筠：《浙江通志》卷 102。
[15]（元）方回：《桐江续集》卷 20。
[16]（元）吴澄：《吴文正集》卷 97。
[17]（元）仇远：《金渊集》卷 2。
[18]（明）董斯张：《吴兴备志》卷 26。
[19]（明）朱存理：《赵氏铁网珊瑚》卷 7。
[20]（明）朱存理：《赵氏铁网珊瑚》卷 7。
[21]（明）朱存理：《赵氏铁网珊瑚》卷 7。
[22]（明）朱存理：《赵氏铁网珊瑚》卷 7。
[23]（元）郑元佑：《侨吴集》卷 2。
[24]（清）顾嗣立：《元诗选》第 3 集卷 5。
[25]（元）方回：《桐江续集》卷 25。
[26]（清）顾嗣立：《元诗选》第 2 集卷 8。
[27]（元）仇远：《金渊集》卷 2。
[28]（元）魏初：《青崖集》卷 2。
[29]（元）王恽：《秋涧集》卷 5。
[30]（元）周权：《此山诗集》卷 3。
[31]（元）谢应芳：《龟巢稿》卷 4。
[32]（明）孙作：《沧螺集》卷 2。
[33]（元）倪瓒：《清闷阁全集》卷 8。
[34]（元）谢宗可：《咏物诗》一卷。
[35]（明）凌云翰：《柘轩集》卷 2。
[36]（元）张昱：《可闲老人集》卷 4。
[37]（元）张昱：《可闲老人集》卷 4。
[38] 张淑芬、杨玲：《文房四宝·笔墨》，上海科学技术出版社、商务印书馆，2005 年，第 143 页。
[39]（明）项元汴：《蕉窗九录·笔录》，清学海类编本。
[40] 张淑芬、杨玲：《文房四宝·笔墨》，上海科学技术出版社、商务印书馆，2005 年，第 133 页。
[41] 李涛、张弘苑：《中国传世藏画》（第三册），中国画报出版社，2002 年，第 247 页。
[42]（明）高濂：《遵生八笺》卷 15。
[43]（明）孙作：《沧螺集》卷 2。
[44]（明）文震亨：《长物志》卷 7。
[45] 张淑芬、杨玲：《文房四宝·笔墨》，上海科学技术出版社、商务印书馆，2005 年，第 147 页。
[46] 张淑芬、杨玲：《文房四宝·笔墨》，上海科学技术出版社、商务印书馆，2005 年，第 142 页。
[47] 张淑芬、杨玲：《文房四宝·笔墨》，上海科学技术出版社、商务印书馆，2005 年，第 139 页。

[48] 张淑芬：《中国文房四宝全集 • 笔纸》，北京出版社，2008 年，第 9 页。

[49]（明）高濂：《遵生八笺》卷 15。

[50]（明）董斯张：《吴兴备志》卷 26。

[51]（明）李诩：《戒庵老人漫笔》卷 3。

[52]（明）龚敩：《鹅湖集》卷 1。

[53]（明）娄坚：《学古绪言》卷 20。

[54]（明）王直：《抑庵文集》后集卷 2。

[55]（明）方以智：《通雅》卷 32。

[56]（明）方以智：《物理小识》卷 8。

[57]（清）陈元龙：《格致镜原》卷 37。

[58]（明）董斯张：《吴兴备志》卷 26。

[59]（明）解缙：《文毅集》卷 16。

[60]（清）玄烨：《日讲四书解义》御制序。

[61]（清）玄烨：《圣祖仁皇帝御制文集》第三集卷 47。

[62]（清）唐秉钧：《文房四考图说》卷 3。

[63]（清）倪涛：《六艺之一录》卷 307。

[64] 张荣、赵丽红：《文房清供》，紫禁城出版社，2009 年，第 16 页。

[65] 安徽省博物馆：《文房珍品》，两木出版社，1995 年，第 162 页。

[66] 安徽省博物馆：《文房珍品》，两木出版社，1995 年，第 179 页。

[67] 安徽省博物馆：《文房珍品》，两木出版社，1995 年，第 118 页。

[68]（清）姚元之：《竹叶亭杂记》卷 1。

[69] 安徽省博物馆：《文房珍品》，两木出版社，1995 年，第 183 页。

[70] 张淑芬：《中国文房四宝全集 • 笔纸》，北京出版社，2008 年，第 12 页。

[71]（清）沈初：《西清笔记》卷 1。

[72]（清）倪涛：《六艺之一录》卷 307。

[73] 张荣、赵丽红：《文房清供》，紫禁城出版社，2009 年，第 16 页。

[74]（清）吴振棫：《养吉斋丛录》卷 24。

[75] 章乃炜、王蔼人：《清宫述闻》卷 4。

[76]（清）张廷玉：《皇朝文献通考》卷 294。

[77] 彭泽益：《中国近代手工业史资料》第 1 卷，中华书局，1962 年，第 68 页。

[78] 穆孝天、李明回：《中国安徽文房四宝》，安徽科学技术出版社，1983 年，第 123 页。

[79] 包世臣：《艺舟双楫》“记两笔工语”，中国书店《艺林名著丛刊》本，1983 年。

[80]（清）朱彝尊：《曝书亭集》卷 41。

[81]（清）梁同书：《笔史》，《丛书集成初编》本，中华书局，1985 年，第 17 页。

[82] 彭泽益：《中国近代手工业史资料》第 1 卷，中华书局，1962 年，第 68 页。

[83] 孟繁禧：《书法创作大典 • 楷书卷》，新时代出版社，2001 年，第 403 页。

第四章　西式笔排挤下的毛笔制作业

清末开始，西式笔进入中国，对毛笔市场产生了巨大的冲击。20 世纪上半叶毛笔仍是中国人主要的书写工具，此后这一角色才越来越多地被钢笔、圆珠笔等自来水笔所替代。特别是在 20 世纪 90 年代以后，随着电脑的普及，就连钢笔的使用量也大为减少，毛笔则由大众书写工具退化为书法绘画专用工具了。因此，从总体上讲，20 世纪毛笔制作业与前代相比处于被排挤和不景气的状态，但这项传统技艺仍表现出很强的生命力。

第一节　西式笔的输入及其对毛笔制作业的影响

一、西式笔的输入

近代以前欧洲人使用的书写工具主要是羽毛笔等简易的蘸水笔。新式笔中最早出现的是铅笔。英国在 1658 年发现了石墨矿，人们开始用小条块状的石墨写字绘画，但这种原始的“铅笔”既容易弄脏手，又容易折断。1761 年，德国化学家法伯用水冲洗石墨，使之成粉状，然后将硫黄、锑和松香等与之混合，制成的条状物比纯石墨块的韧性大得多，也不大容易弄脏手，为铅笔的发明做出了重要贡献。奥地利人约瑟夫•哈特穆特被看作铅笔的发明者。他 1752 年出生于一个木匠的家庭，后来成为一名建筑师，曾经创办过一家砖瓦厂。他在石墨粉中加入适当比例的黏土，以增加铅笔芯的硬度。1792 年，他在维也纳创办了自己的铅笔厂，直到今天，这家铅笔厂还在生产铅笔。

钢笔出现于 19 世纪初期，1809 年英国政府颁发了第一批贮水笔专利证书，标志着钢笔的正式诞生。据说有一位名为华特曼的英国人在签一份合同时，所用羽毛笔漏墨，弄脏了合同书，等他回去取新合同书时，订单被竞争者抢了去。他受此事刺激，决心设计一种新笔，并最终发明了钢笔。现在我们使用的可以一次吸入较大量墨水的钢笔是 20 世纪初期才研制出来的，起初采用活塞吸入墨水，后改用弹性金属片挤压皮胆方式吸墨水，现在普遍使用的用一根毛细管连接储墨袋与笔头的形制是 20 世纪 50 年代以后才出现的。

匈牙利报界人士兼校对员拉兹洛•比罗和他的兄弟化学家乔格花数年时间完成了圆珠笔的设计。他们采用一根灌满速干墨水的管子，管子的前端嵌装一粒滚珠，可使墨水均匀平滑地画写在纸上。他们后移居阿根廷，在那里找到了一个英国商人亨利•马丁作为赞助商。1943 年，他们制造出了圆珠笔，并将它们出售给英国陆军和皇家空军。第二次世界大战后几年间，他们研发出了低成本的制造方法，使圆珠笔逐渐成为人们广泛喜爱的书写工具。

中国开始使用新式书写工具开始于 19 世纪末，最早输入我国的铅笔为德国的“三炮台”和“鸡”牌铅笔，不久日本的“三菱”等品牌、美国的“维纳斯”等品牌的铅笔也纷纷输入中国。自来水笔也是在这一时期进入中国的，起初只是一些来华外商、传教士、归国留学生和华侨的随身携带之物，作为商品出现在市场上最初也仅限于上海、天津、广州等沿海口岸由外商所设的西式书店。[1]

20 世纪初，随着西方国家对我国经济侵略进一步加深，自来水笔和铅笔等现代书写工具与其他洋货一样，源源不断地进入中国市场。以上海科学仪器馆于1901年在上海创办，商务印书馆于1903年设立文具业务部、营销国外文化用品为标志，20世纪初国内商业资本也逐步介入西式书写用具的销售。1925年前后，中国每年进口铅笔量约合50万关银，1930年前后则上升至100万关金单位。由于当时中国海关不能自主，走私进口的数量据估计可能也接近此数。

虽然当时进口的钢笔等绝大多数为质量低劣的廉价倾销品，但自来水笔的携带和使用便利这一优势使其在与毛笔的竞争中逐渐占据上风。从20世纪30年代开始，毛笔生产受到了严重影响，开始由主流市场退到一个非常狭小的范围。1936年3月9日《中央日报》第三版《建委员调查，江浙皖各省经济、交通较便之区大都入超，徽墨歙砚特产更形衰落》称："吴兴之湖笔，名闻全国，系产于吴兴东南之善琏镇，居民均以制笔为业，约有百余家，每年产值约一百零二万元，制笔所用之毫毛多贩自山东、安徽、江苏，笔杆则均来自余杭，该地笔庄有二十余家，交易多在茶楼，近年以来，铅笔钢笔销路顿畅，湖笔亦渐灭退，当尚可维持云。"当时还有人呼吁要抵制新兴的书写工具，但无济于事。鲁迅写过一篇《论毛笔之类》的文章，剖析造成这种局面的原因。他说：

> 我自己是先在私塾里用毛笔，后在学校里用钢笔，后来回到乡下又用毛笔的人，却以为假如我们能够悠悠然，洋洋焉，拂砚伸纸，磨墨挥毫的话，那么，羊毫和松烟当然也很不坏。不过事情要做得快，字要写得多，可就不成功了，这就是说，它敌不过钢笔和墨水。譬如在学校里抄讲义罢，即使改用墨盒，省去临时磨墨之烦，但不久，墨汁也会把毛笔胶住，写不开了，你还得带洗笔的水池，终于弄到在小小的桌子上，摆开"文房四宝"。况且毛笔尖触纸的多少，就是字的粗细，是全靠手腕作主的，因此也容易疲劳，越写越慢。闲人不要紧，一忙，就觉得无论如何，总是墨水和钢笔便当了。[2]

虽然如此，早期使用毛笔的人群数量还是很大，私塾和农村学校习惯于用毛笔写字，这种现象一直维持到中华人民共和国成立之后很多年。第二次打击是电脑的使用，连钢笔也不用了，写毛笔字的人群数量越来越小，后来则完全成为一种艺术修养和爱好。

二、民族制笔工业的早期发展

中国民族制笔工业发韧于20世纪二三十年代。徐正元先生对中国制作工业发展的历史作了系统深入的研究[3]，现根据他的研究报告作简要介绍如下。

1919年发生的五四运动，既是一场反帝爱国运动，也是反封建的新文化运动，对于适应新文化生活需要的自来水笔和铅笔在中国的发展具有重要的促进作用。五四运动之后，特别是1925年五卅运动之后，抵制洋货、提倡国货的群众性爱国运动席卷全国，为我国制笔工业的萌生提供了有利条件。

20世纪20年代后期，中国民族工业一度出现欣欣向荣的局面，一些原本从事西式笔进口业务的资本家，向国外生产企业定制打着自己品牌的产品，出现了诸如"和平牌"、"统一牌"、"合众牌"、"美联牌"、"孔雀牌"等自来水笔和铅笔。有些外商也如法炮制，如日本藤田铅笔厂刻意制作"中华牌"铅笔向中国销售。这种"挂羊头卖狗肉"的做法客观上催生了民族制笔工业。

1926年，上海出现了首家中国人自办的"国益"自来水笔厂，为一般姓的银行界人士投资五千银元创办。开始时还只是一个装配笔的作坊，仅有一名日本技师和四五名学徒，笔尖及其他所有零件几乎都从日本进口，一两年之后才开始自制笔尖等部分部件，增加了部分人员，月产量有一二百打。之后工厂易主，更名为"大中华博士金笔厂”，规模扩大到五六十人，生产经营也逐渐发展壮大。解放后该厂并入关勒铭金笔厂。

关勒铭金笔厂为华侨投资开办，该厂原在纽约唐人街，主要生产自来水毛笔，1928年迁至上海，总投资六万银元，开业之初仍生产自来水毛笔，次年改为生产自来水金笔，有员工三十来名，月产量二三百打。抗日战争胜利后，中央上海地下党组织以私股名义投资经营该厂，用以掩护地下工作。

金星金笔厂是朝鲜人于1932年开办的一家装配性质的制笔企业，开办后不久改为合资，后又改组为完全华股经营。改组时资金有六万银元，员工三十余名，月产量五百打左右。抗战期间，其产品主要供给大后方和解放区，产量增长较大，抗日战争结束时，有职工一百多人，产品为国产自来水笔中的名牌产品。20世纪50年代公司合营，该厂定股资本一百多万元人民币，为行业之首。

1933年创办的华孚金笔厂是现在的英雄金笔厂的前身，原本是一家经营文化用品业务的企业，设厂时资金一万五千银元，有员工七十余名，包括两名日本技师，初期月产量四五百打，笔尖和零配件也主要依赖进口，后从日本雇佣制尖技师后有部分自产。由于业主具有丰富的经营文化用品经验，一直生存下来并有所发展。

上述四家是中国自来水笔制作业的源头，为新中国制笔工业的发展，在培养技术力量等方面发挥了不可或缺的作用。抗日战争期间，从这些企业中解雇出来的技工开办了多家自来水笔厂和零件协作专业户。

与自来水笔配套的墨水生产，早在1923年前后即已在上海出现，为规模不大的手工作坊。1925年上海民生墨水厂创办，开始了我国墨水工业的历史。

留日回国的吴羹梅和郭子春在上海开办的中国标准国货铅笔厂，是中国铅笔工业的源头。该厂于1934年筹办，1935年正式开工，资本五万银元。起初员工有七八十名，以学徒工和临时工为主，月产量很快上升到一万罗（每罗十二打）。抗日战争爆发后，迁厂离沪，经汉口、宜昌时临时复工，最后于1938年迁至重庆。1939年2月在重庆正式复工，产量从三万罗一直上升到1944年的五万罗，主要在大后方销售。抗日战争胜利后，整套设备留在重庆继续生产，将预备的一整套设备运回上海，在东汉阳路复工。

抗日战争期间，上海又办起了上海铅笔厂和长城铅笔厂。前者系中国标准国货铅笔厂股东创办，后者为郭志明在清华大学张大煜等学者的技术支持下创办的。

中国民族制笔工业是在资本主义入侵的背景下形成的，由于资本不足、技术落后、对外依赖性严重，加上洋货的倾压和时局动荡的影响，诞生之初奄奄一息，举步维艰。

三、民族制笔工业体系的建立

中华人民共和国成立后，制笔工业得以恢复，并有较大的发展。上海在制笔工业方面有一定的基础，解放后仍是制笔工业的中心，解放后头几年产量如表4-1所示：

表4-1　中华人民共和国成立初期上海金笔、钢笔、铅笔产量[4]

年份	金笔产量（万支）	钢笔产量（万支）	铅笔产量（万支）
1949	87.7	1152	4760
1950	204	1728	6550
1951	445	4032	7257
1952	773	3169	9900
1953	1473	4765	15500

据徐正元介绍，这几年上海的金笔厂从8户增加到36户，人员从580余人增加到1800余人；钢笔厂

从 80 余户增加到 700 户，人员从 1500 余人增加到 5200 余人；铅笔厂数量没有增加，但从业人员从 485 人增加到 690 人。与制笔相关的协作户从 40 余户增加到 244 户，从业人员从 500 余人增加到 1000 余人。这一时期，上海制笔行业总人数多达 8000 余人。

除上海外，还有许多城市开办了制笔厂，如广州、北京、哈尔滨、武汉、重庆、邵阳、无锡、贵阳、丹东等地新设了自来水笔厂，重庆、广州、北京、大连等地原本就有铅笔厂，哈尔滨、济南、天津等地则新设了铅笔厂。不过当时上海仍是“三笔”生产的绝对主力，金笔和钢笔产量占全国总产量的 84% 以上，铅笔产量也占到一半以上。

经过这几年的发展，西式笔的产量就基本满足了国内市场的需求，钢笔的使用已经得到普及。以后，随着国民经济整体发展水平的不断提高，我国的西式笔制作业不断进步，逐渐建立起完整的行业体系。据徐正元先生介绍，到 1982 年，全国自来水笔年产量已经达到 1.52 亿支（其中金笔 129 万支），圆珠笔年产量 2.74 亿支（另有 4.88 亿支商品圆珠笔芯），铅笔年产量 34.6 亿支，活动铅笔年产量 1590 万支，软笔头水笔年产量 950 万支，彩色水笔年产量 6000 万支。

从西式笔进入中国到中国制笔工业体系的建立，大约半个世纪里，中国经历了一场翻天覆地的变化，总体上说，中国制笔业从无到有、从弱到强的发展历程从一个侧面反映了中国从农耕社会向现代社会变迁的历程。这无疑是一种进步，然而，对于我们研究的传统的毛笔制作技艺而言又是一种毁灭性的打击，它使得毛笔从此以后不再是主流的书写工具，而只能作为一种辅助的或特殊的书写工具而存在。

实际上直到 20 世纪 70 年代，许多地方的小学里还都开设书法课，每个小学生都得写毛笔字，但到了 20 世纪 80 年代之后，随着高考制度的影响越来越大，练习写毛笔字逐渐成为只有少数学生才涉猎的一种特殊技能，类似于学习弹钢琴，毛笔的使用量进一步萎缩。

20 世纪 90 年代以后，出现了一种类似于圆珠笔的一次性签字水笔，并且迅速普及开来，使得钢笔和传统的圆珠笔的使用量也大为减少。后来随着电脑特别是互联网的普及，许多原本需要用笔书写的领域都被替代。目前就连钢笔也成了只有少数人使用的书写工具，毛笔原本的一般书写功能基本丧失，最终成为学习书画艺术或进行书画创作所使用的专用工具。

第二节　20 世纪毛笔制作业的发展

一、民国时期的毛笔生产

西式笔对毛笔的冲击一开始并不显著。清政府被推翻以后，中国社会仍处于半封建、半殖民地状态，虽然受新文化运动的影响，有一些人追求时尚的生活方式使用钢笔，但由于传统的生活方式仍占主导地位，毛笔依然是主要的书写工具，需求量很大，因此，20 世纪上半叶毛笔制作业仍有一定的发展。

湖州善琏镇仍是湖笔制作的主要基地（图 4-1），据 1936 年正中书局出版的《浙江新志》记载，1920

年前后，湖州本地年产湖笔约1000万支，产值近150万银元，从业者1000多人。有资料统计，1929年前后善琏的制作业还相当兴盛，全镇从业者有300多家，制笔工1000余人，镇内有皮毛行4家，笔杆行4家。

图4–1　善琏湖笔厂旧厂房

当时湖笔的销售渠道主要是分布在各地的一些大笔庄，如杭州的“邵芝岩”，湖州的“王一品”，上海的“李鼎和”、“周虎臣”、“茅春堂”，北京的“李自实”、“李玉田”、“胡魁章”、“贺莲青”、“戴月轩”等。这些笔庄开设在通都大邑，直接服务用户，可以根据用户的需要，向善琏的生产者交订单，同时对产品的质量把关。这些笔庄都有自己的特色，在众多的同行中脱颖而出，形成了自己的品牌，同时进一步扩大了湖笔的影响。这些笔庄大多一直延续至今，成为“老字号”。

李鼎和，善琏人，清咸丰元年（1851）在上海南市方浜路马姚弄口创建李鼎和笔庄，1937年笔庄迁址河南中路101号，早年工场设在善琏。李鼎和传承湖笔技法，以制羊毫、紫毫、兼毫著称，工料考究，质量上乘，特点是笔锋深浅、样子尖浓、进出修短合乎法度。羊毫笔“玉兰蕊”、“群英毕至”、“汉璧”等在日本颇受书道家青睐。其兼毫笔有“七紫三羊”、“珠圆玉润”、“写奏”等小楷笔。其笔尖利如刀，是小楷笔的杰出代表。

戴月轩（图4–2），善琏人，1893年生，1905年进京入贺莲青笔庄做学徒，出师后又帮师傅几年，民国5年（1916），在北京琉璃厂与师傅贺莲青的笔店同一条街不远处创办了以他名字命名的笔庄，前店后厂，自产自销。出身制笔世家的戴月轩，凭着自己丰富的制笔经验，利用古都北京得天独厚的文化氛围，苦心经营，使自己的笔庄很快站住脚，成为善琏湖笔在北京的窗口。借助这个窗口，戴月轩又能够随时掌握市场的动态信息，指导湖笔生产。这种良性互动，最终使得戴月轩笔庄声名远扬。戴月轩先生先后自带徒弟17人，徒弟有王魁刚、胡芹杭、冯福恒、庄业兴、谭世斌、王瑞珍、张有信、张润发、李树元、郑存宗等人。制作毛笔的生产工人称“笔工”，笔工的制笔技术靠师傅口传身教。戴月轩把自己的全部技艺教给徒弟，才使戴月轩毛笔制作代代相传（图4–3）。

图4–2　戴月轩及其幼子占元（取自胡金兆《百年琉璃厂》）

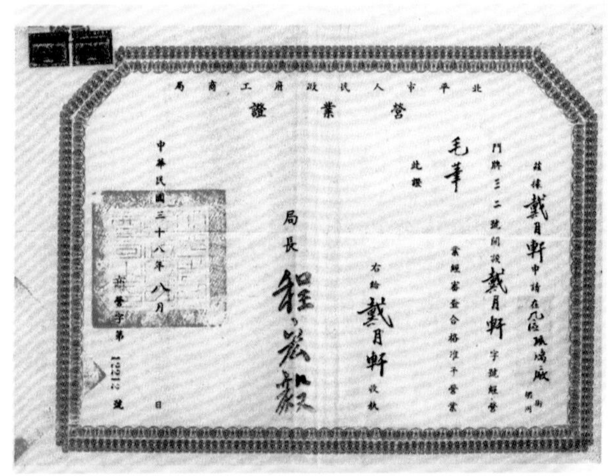
北平市人民政府工商局
營業證
茲據戴月軒申請在琉璃廠門牌三二號開設戴月軒字號經營毛筆業經審查合格准予營業此證
右給戴月軒收執
局長程宏毅
中華民國三十八年八月　日
商營字第　號

图4–3　人民政府工商局为戴月轩颁发的营业证（于天莺提供）

谈到现当代毛笔制作，不能不提及北京的李福寿。众所周知，中国的毛笔有“南羊”、“北狼”之说。“南羊”是指代表江南风格的羊毫笔，主要用于写字；“北狼”则指专供作画的北方狼毫笔。制作狼毫笔的主要原料黄鼠狼尾，以东北为主产地，在货运不太发达的年代，北方制作狼毫笔具有得天独厚的优势，同时，明清两代北京是中国的政治文化中心，书画名家云集，促进了毛笔制作技艺的发展。

北京的笔庄集中在和平门外琉璃厂一带，李福寿笔庄是其中的佼佼者。李福寿原名李星三，生于1906年，清末民初，他的父亲在宣外骡马市开设了一间制笔的小作坊，俗称“水笔屋子”。李福寿自幼聪颖灵巧，14岁时进店当学徒，逐渐熟悉掌握了制笔技艺，父亲把小作坊取名为“李福寿笔庄”。后来，李福寿继承父业，潜心钻研制笔技术。1925年，李福寿结识了著名画家金北楼、齐白石、管平湖、汤定之等。金北楼把日本“鸠居堂”所制毛笔交给他试制。李福寿潜心研究，试出几种画笔，画家们试用后大加称赞。从此，李福寿笔庄名声大震，顾客盈门。

李福寿又根据不同风格画家的要求，改进制作工艺。如他改进笔胎衬垫和原料配比试制的柳叶书画笔，就很受欢迎。管平湖擅长人物画，李福寿特意为他设计了衣纹画笔；李鹤、陈平湖等擅长花卉，他又特意设计了白云笔。他还以名家的名字为笔命名，如“白石写意”、“马晋画笔”等，因而李福寿笔庄的生意日益兴隆。

与北方的“戴月轩”、“李福寿”齐名，南方也有一些著名的笔庄。上海毛笔制作业的兴盛开始于19世纪50年代，清咸丰元年李鼎和在上海南市的方浜路开办李鼎和笔庄。次年，苏州的老字号周虎臣笔庄总店也迁至上海。此后，“毛载元”、“老文元”、“徐葆三”、“杨元鼎”、“陶正元”等多个笔庄纷纷来沪开业，良工集聚，上海毛笔制作业由此兴盛。

进入民国以后，上海集中了“周虎臣”（寿记）、“冯燮堂”、“周兆昌”、“四宝斋”、“天宝斋”、“荣宝斋”、“文宝斋”、“文化”、“光华”、“杨振华”、“鸿兴”等笔庄，以制作国画笔、水彩笔、油画笔著称，在中国书画、工艺美术界声誉卓著。

宣州制笔历史悠久，唐宋时期最为兴盛，虽然在元代以后由于文化中心转移以及战争等原因，其地位逐渐为湖笔所替代，但宣笔生产一直延绵而未中断。一些笔工依附制墨业，使一些著名的墨庄扩大业务，如曹素功、胡开文都是制墨大家，同时也监制毛笔。徽州的詹斗山、六安一品斋或以制笔为主兼营纸墨，或以制墨为主兼营纸笔。所制之笔，依然质地超群，享有盛誉，都在不同程度上推动了我国制笔业的发展[5]。20世纪上半叶宣州的泾县有务本堂笔庄、陈氏笔庄、凤官塘笔庄、刘步云笔庄、汪锦云笔庄、青云笔庄等作坊八家，年产宣笔10万支。除宣州外，徽州、芜湖、合肥、六安、安庆等地都有宣笔生产。其中六安的一品斋笔庄是制笔艺人夏均安于清道光十五年（1835）创办的，产品在安徽、江苏一带很有影响。清宣统元年（1909）在南洋工艺品赛会上，一品斋的作品“大卷紫毫”、“仿古京庄”分获金质和银质奖章（图4-4）。

江西进贤县文港镇制笔业自清代以来十分兴盛。20世纪30年代，镇内拥有数十人规模的制笔作坊不下20家[6]，从文港走出来的制笔艺人更是遍布全国许多地方。“出门一担笔，进门一担皮”这句在当地广为流行的民谚，是对当地制笔人生活的写照。民国时期，当地钱塘村人邹发荣、邹法惊兄弟一路卖笔至武汉后才“卸下笔担”，开设“邹紫光阁”笔店，并以家乡前塘村（现属于文港镇）为制笔基地，以汉口为销售中心，在重庆、成都、南京等地设立分店，形成了产、供、销一条龙的体系。武汉“邹紫光阁”

图4-4 清代安徽六安一品斋制“爱写黄庭羊毫笔”

经过多年的发展，与上海“周虎臣”、北京“李福寿”、湖州“王一品”并称为中国最有名的四大笔庄之一。

辛亥革命前后，湖南省以制作或贩卖毛笔为业者多达七八千人，主要分布在长沙、衡阳、湘潭、益阳和常德等地。仅长沙即有制笔工五六百人。湘笔制作业全盛时期，全省毛笔年产量三千万支，产值达五六百万银元。[7]

二、20 世纪后半叶中国的毛笔制作业

中华人民共和国成立之后，地方政府积极组织力量，恢复湖笔生产。1951 年，由制笔作坊业主组成的行业组织善琏镇湖笔同业公会成立，同时成立湖笔手工业工会，会员是广大笔工；次年成立了湖笔联销处，实行分产联销。1956 年 4 月，成立湖笔生产合作社，有社员 285 名，同时，湖州市的数家笔庄也合并到王一品斋笔庄，成为集体企业。1959 年创建善琏湖笔合作工厂，有职工 678 名（图 4–5）。至此，湖笔生产走上了企业化发展道路，品种不断恢复，质量不断提高，不仅销往京、津、沪等十二个省市，还远销日本、新加坡、印度尼西亚、英国、泰国、缅甸、印度等国家和地区。

图 4–5　善琏公社湖笔制造厂首届一次职工代表大会（1961）

图 4–6　善琏湖笔厂车间

1957 年，为了满足出口的要求，善琏湖笔合作工厂将自己的产品冠以“善琏笔庄”的名号，1965 年又向国家工商行政管理局注册了“双羊牌”商标，结束了善琏湖笔没有自己的厂家名号和商品商标的历史。这一时期，善琏湖笔生产进入一个新的蓬勃发展期，1960 年总产量达到 516 万支，创历史新高（图 4–6）。1965 年，善琏湖笔品种已经达到 150 余种，年产量仍维持在 500 余万支，出口 100 万支以上。[8]

这一时期，以善琏的笔工为主要技术力量的苏州湖笔厂和上海普文毛笔厂也先后成立，成为当时善琏以外地区规模较大的湖笔生产企业。同时善琏一带还把农村的笔工（其中一部分是从善琏湖笔厂下放到农村的）组织起来，办起了善琏湖笔社和含山湖笔社。

20 世纪五六十年代，善琏涌现出像杨卓民、姚发堂、沈杏珍、姚关清、李梅珍、钱掌林、方均奎、庄引娜等优秀的湖笔制作技艺传承人。

王一品斋笔庄是一家具有 270 年历史的老店，历史上自然少不了经历风雨坎坷。中华人民共和国成立后，先后有多位国家领导人亲临笔庄视察，表达对这个“中华老字号”的关心。

1966 年开始的政治运动给湖笔生产带来了巨大的影响，由于限制养羊造成原料供应不足，一些名牌产品因名称有复旧之嫌而被强令禁止生产，特别是像“王一品斋笔庄”这样“带有一定的封建文化色彩”的或以人名命名的笔店被勒令停业，湖笔又一次历经劫难。

20 世纪 80 年代是湖笔的又一个繁荣发展时期，生产与销售都超越 60 年代水平。然而，王一品斋笔庄在整个 80 年代都处于低落状态，除了老祖宗留下的金字招牌几乎一无所有（图 4–7）。90 年代初许阿乔接

手时，笔庄没有自己的作坊，几十名员工挤在租来的几十平方米的厂房内，工作条件十分艰苦，产品种类也很贫乏，制作水平也不高，市场份额还比不上规模稍大的制笔企业，与善琏湖笔厂和含山湖笔厂更是无法比肩。

图 4-7　20 世纪 80 年代王一品斋笔庄车间

直到 20 世纪 80 年代，笔庄仍然维持小规模生产。当时国际市场与国内市场存在着 10% ～ 15% 的价格差，王一品斋笔庄产品只面向国内市场，所以与善琏湖笔厂和含山湖笔厂相比，利润空间有限。1990 年，许阿乔从部队转业，任笔庄总经理，他凭着自己多年军旅工作的经历，利用笔庄悠久的历史和地处湖州市区等独特的资源优势，加上后来湖笔出口形势逆转，在市场竞争中逐渐发展壮大，成为与善琏两大企业齐名的大型湖笔制作企业。现有员工三十多名，每年出售的产品大约在一百万支，其中含部分委托其他企业生产的订单。

出身军旅的许阿乔接手之后，采取了一系列措施，逐渐扭转局面。他首先在产品的创新上下功夫，为了提高质量，他主动求教于启功等著名书画家，请他们对每一种新产品进行实用性检验，根据专家的意见及时改进生产工艺和对销售价格定位。在市场调查中了解到，湖笔的功用不能局限于传统的书画方面，随着国民消费水平的迅速提升，具有深厚文化内涵的湖笔的礼品市场开始酝酿和发展。王一品斋笔庄抓住时机，研发系列礼品毛笔，在这个新领域取得了骄人的业绩。

1957 年 3 月，善琏乡政府牵头并报吴兴县手工业联社批准，成立“吴兴县含山乡湖笔生产合作社”，卜阿金任主任，顾金娜任副主任，以生产学生书法用笔为主，年产量达到八十余万支。当时实行计划经济，该厂的产品全部由吴兴县供销社包销，开始全部是内销，1962 年春开始承揽上海市工艺品进出口公司的出口计划，为该公司贴牌生产“火炬”牌湖笔，部分产品销往日本、新加坡等地，总产值约四十五万元。

1968 年 10 月，合作社更名为“吴兴县含山公社湖笔厂”，钱金龙出任厂长，高峰期有职工 218 人，年产湖笔 120 万支，产值达 70 万元。计划经济时代，制笔原料分配倾向于国有大集体企业，乡镇企业由于购不到高档原料，只能以生产中小学生书法用笔为主，高档湖笔产量很少。20 世纪 80 年代以后，随着改革开放不断深化，市场活力开始显现，该厂不断研发湖笔新产品，使企业得到快速发展。1981 年 7 月注册了“双喜”牌商标，使产品开始有自己的品牌。

图 4-8　上海朵云轩文房用品店

90 年代开始，“双喜”牌湖笔产品整体趋向于中高档和精品湖笔发展，普遍受到广大书法爱好者的好评。此外，作为湖州市旅游商品精品生产基地，长期为杭州“西泠印社”、“上海朵云轩”等多家“百年老字号”提供精品湖笔（图 4-8）。1995 年含山湖笔厂整体搬迁至湖州市南浔区善琏镇，新厂区占地面积 1662 平方米，建筑面积 2560 平方米。生产条件得到进一步改善，产品质量得到进一步提升。

除善琏外，姑苏湖笔也是湖笔的一个重要的分支。苏州湖笔可以追溯到清道光年间。抗日战争时期，

图 4–9　笔者 2007 年在李福寿笔业有限责任公司考察

图 4–10　中华老字号“戴月轩”笔庄（拍摄于 2007 年 4 月）

善琏的大批笔工逃难到苏州，促进了当地制笔业的发展。20 世纪 80 年代，苏州湖笔厂生产毛笔近 100 多个品种，大量出口日本等国。

1954 年，李福寿毛笔店加入北京第二制笔社（后改称“北京制笔厂”），以唐宋古刹延寿寺作为车间，生产李福寿牌毛笔[9]。李福寿任笔社的技术指导，直到 1966 年 9 月 28 日去世，生前曾担任北京市政协委员。1964 年，北京市毛笔厂在东琉璃厂恢复了“李福寿笔庄”门市部，并设有书画室，一边倾听书画家的意见，一边请李福寿做指导，笔杆上仍刻有“李福寿精制”、“李福寿精选”等字样，一直传承“李福寿笔庄”的传统技艺。 1983 年 10 月，经国家商标局核准北京制笔厂注册了“李福寿”商标。2001 年 10 月，北京制笔厂更名为“北京李福寿笔业有限责任公司”，下辖金属结构加工厂和文房四宝堂两个子公司。此后毛笔的生产逐渐萎缩，到 2007 年我们去调查时已经停业，只有个别员工在家里继续制作毛笔（图 4–9）。

图 4–11　赵树元师傅（于天莺提供）

1956 年公私合营，北京琉璃厂的毛笔店如“老胡开文”、“胡开文”、“贺连青”、“清连阁”、“邦正泰”等都归属戴月轩笔庄号下（图 4–10）。当时有李宝森、曹孔修、杨志州、张文涛、贺涤生、张国仁等著名的笔工，笔店更名为“老胡开文戴月轩湖笔徽墨店”。

图 4–11 为戴月轩笔庄的老员工，2007 年已经 89 岁的刻笔工赵树元师傅。

20 世纪 50 年代之后，上海的笔墨业从业者有 280 余家，从业人员多达 2000 人，稍成规模的笔庄都集中在海南路、广东路一带的街区。1956 年公私合营后，上海的毛笔制作行业发生了很大变化，具有近三百年历史的周虎臣笔庄合并了数十家著名笔庄，成立了周虎臣笔墨庄（图 4–12），同期成立的还有普文笔厂和上海油画笔厂，产品各有侧重，羊毫笔、狼毫水笔、国画笔、水彩笔、油画笔以及工业用笔都有生产。

杨振华笔庄就是这些著名笔庄中的一个。杨振华，善琏人，1936 年起在上海的广东路荣吉星 13 号开设作坊，1951 年在广东路 224 号创办杨振华笔庄。杨振华夫妇制笔技艺超群，集湖笔、水笔两大流派精华，兼取国外画笔之长，以“健腰法”、“顶齐法”、“层锋法”制作狼毫书画笔而闻名。其“兰竹”、“豹狼毫”、“小精工”等代表品种，深得书画家吴湖帆、赵朴初、程十发等推崇。赵朴初先生赞誉“兰竹”笔：“管城平日推兰竹，圆齐挺健收纤束。挥来众妙现毫端，霹雳龙蛇腾尺幅。”杨振华的画笔与北京李福寿画笔齐名，业界有“南杨北李”之誉。

图 4–12　上海市福州路 290 号周虎臣曹素功笔墨庄

中华人民共和国成立之后，在人民政府的扶持下，安徽宣城的宣笔业得到快速恢复和发展。在政府的组织和支持下，老艺人凤元龙联合十几名制笔艺人组建了湛岭毛笔厂，1963 年迁址安吴，更名为“红炬笔管厂”，生产笔杆和低档学生用笔。当时实行计划经济，产品全部由当地供销合作社统购统销。尽管生产时断时续，还是培养了一批制笔技术人员，为宣笔制作技艺在当代的发展打下了一定的基础。

20 世纪 70 年代初，笔管厂提升为乡镇级企业（当时处在人民公社时期，称“社办企业”），改名为“安吴笔厂”。过去几年培养出的一批新生力量充实了企业的员工队伍，最高峰时员工有 70 ~ 80 名。为了提高员工的业务能力，还从江苏聘请了师傅来厂指导，已故国家级传承人张苏就是在这个时期从江都来泾县的。笔厂主要生产低档的学生用笔，年产量 50 万 ~ 60 万支。此外，还生产鸡毛掸和牛角梳，从事这部分生产的员工数约占总员工数的 40%。1975 年，时任安徽省文化厅厅长的赖少其先生根据自己掌握的古代资料，建议安吴笔厂恢复古代胎毛笔生产，在他的支持下该厂生产出胎毛笔新品种。

进入 80 年代，安吴笔厂改为县级企业，由县第二轻工业局与安吴公社联办，更名为“泾县宣笔厂”（图 4–13）。当时有员工 130 ~ 140 名，生产的毛笔档次有所提高，产品达 260 余个品种，产量仍维持在 50 万 ~ 60 万支。当时处在中国改革开放初期，发展态势良好，规模不断扩大。至 1984 年，员工数达到 200 人，产量达到 80 万 ~ 90 万支。产品的销售模式开始转变，改为以全国各地的文房四宝专卖店为主经销。

图 4–13　泾县宣笔厂大门

1997 年，国家对小型国有企业进行改制，实行集体股份制，泾县宣笔厂按照厂级领导每人 3 股、中层干部每人 2 股、普通员工每人 1 股的方案进行初步的股份制改革。全厂总股数接近 230 股。随着中国市场经济体制的不断深化，这种特定时期的过渡型模式很快就名存实亡了，实际上企业的所有权还是由政府掌握着。

除了三兔宣笔有限公司，泾县生产宣笔的企业有近 28 家，其中规模稍大的如“上洋宣笔厂”，1995 年由仇上洋创办，过去只生产笔头，近几年开始生产整笔，现有十来名员工。黄寿海创办的“楚中山宣笔厂”，地址黄村镇上，20 世纪 90 年代中期一度发展迅速，高峰期有员工六七十名。王文华 1986 年创办的“文华宣笔厂”，原址在查济，90 年代中期员工达三四十名，近几年生产规模严重萎缩，现搬到泾县城关镇，只有数名员工在进行小规模生产。此外还有“泾县鹤岸堂笔庄”、“泾县儒墨笔庄”、“泾县官塘宣笔厂”、“泾县听竹阁宣笔厂”等。

宣笔制作技艺的另一个主要传承基地是坐落在宣州区溪口镇的宣州宣笔厂，是由张苏先生于1984年创办的。张苏先生1973年从江都制笔厂被聘请到安吴笔厂担任技术顾问，1980年，宣州溪口的一家乡办毛笔制作企业濒于倒闭，聘请张苏前往指导生产。张苏举家来到溪口。1984年，张苏离开该企业，创办了自己的笔庄。

经过数十年的发展，宣笔制作技艺得到了恢复，产品受到许多著名书画家的肯定。刘海粟、赖少其、陈大羽、林散之等著名书画家都曾参与宣笔新品的研制。林散之对“长颈鹿”笔等新品非常满意，题诗曰：

人人都爱湖州笔，岂料泾城笔亦佳。
秋水入池花入座，斜笺小草兴无加。
新制几支初试手，尖圆齐健足堪夸。
谁谓今人不如古，蒙恬自是后生家。[10]

六安的一品斋毛笔在20世纪50年代以后得到了稳步发展。中华人民共和国成立初期，六安城关镇成立了一品斋毛笔社，生产大、中、小楷毛笔和各式画笔，有30多个品种，年产量3万多支，产品在周边地区销售，还出口日本。毛笔社不断研制新品种，如“墨海腾波”、“横扫千军”、“特号大碗”等碗笔，“白尾狼毫”、“细嫩长锋”、“玉版金丹”等大楷笔，“沧海横流”、“红霞白云”、“劲松毫颖”等中楷笔，“白尾狼毫”、“极品狼毫”等小楷笔，还有“小楷狼毫”、“顺序羊毫”、“洞庭秋月”等画笔。1972年，毛笔品种已经有200多个，年产量20多万支。

1977年一品斋毛笔被选送赴日本参加在东京举办的工艺品展览，受到日本书画家的好评；继1956之后，1978年再次荣获安徽省轻工产品质量评比一等奖；狼毫笔“劲松毫颖”于1987年、1989年蝉联安徽省优质产品称号；羊毫笔“玉版金丹”1989年荣获省优和轻工部部优称号，1991年2月获全国首届轻工产品博览会银奖。20世纪90年代后期，一品斋毛笔经营状况日渐萧条，直至停业。现在只有孙群等国营六安一品斋笔厂的两名退休工人还在自己的家里坚持制作毛笔。

扬州水笔制作至少可以追溯到明代，20世纪50年代，扬州水笔产地分布于江都花荡、大桥、吴桥一带及扬州市区，产品销往全国乃至海外，80年代扬州水笔的产量仍有一百万支，90年代以后，许多水笔作坊停产或转产，产量大幅下降。

中华人民共和国成立之后，江西进贤县文港镇的制笔业仍保持较大生产规模。20世纪六七十年代，受当时政治局势的影响，文港制笔业几近停顿。80年代以后，传统的文港制笔业迅速复兴，蓬勃发展，全镇发展个体、私营毛笔生产作坊1400多个，从业人员达6000余人，并形成了全国最大的毛笔市场，全国各地的毛笔商云集文港，文港又有5000流通大军遍布全国销售毛笔。文港毛笔产销量占全国毛笔一半以上的份额，形成了产、供、销一条龙的经营格局。[11]

据骆国骏、朱明生于1987年撰文称，距县城29公里的文港街呈丁字形，在长约50米的竖街上并排着四行毛笔摊档，总数在七十开外，其中绝大多数是专营毛笔杆生意的。那约30米长的横街两旁，则几乎挂缀满了串在根根蜡线上的毛笔头。购笔者在竖街上选定称心的笔杆，到横街上就可挑拣如意的笔头。这种既集中又分散、既合作又分工的经营方式，能使顾客买到可心的笔，也给文港街带来长盛不衰的毛笔生意。

文港街每月有九个墟，每适墟日，毛笔成交量都在 30 万元左右，少时也有十多万元。这里已经成为全国最大的毛笔专业市场，全国各地的客商都到这里采购、贩销毛笔。毛笔之乡工农业总产值中，农民家庭制笔业占 24.6%。[12]

制作毛笔对场地的要求不是很高，而毛笔又是过去普遍使用的物品，故过去很多地方都可以找到制笔作坊。除前面提到的著名产地外，还有一些在当地影响较大的毛笔品牌。如辽宁沈阳胡魁章毛笔、河南项城汝阳刘毛笔、广西桂林黄昌典毛笔等[13]。

第三节　毛笔制作技艺传承现状

进入 21 世纪，中国经济的持续发展带动社会各个领域的快速变革，人们的生活方式也在不知不觉中发生了根本性的转变。传统的制笔业在当今社会面临新的挑战。一方面，全社会信息化程度快速提升，用笔写字的人数进一步下降，并且随着生活节奏的加快，以书画作为业余爱好的人也明显减少，毛笔的市场进一步萎缩；另一方面，交通条件的持续改善为农村人口向经济发达地区流动提供了便利，制笔之乡的年轻人更多地选择外出打工而不愿意安心留在家乡继承先辈的制笔技艺，制笔业与其他传统技艺一样，面临后继乏人的困境。

自中国政府开展非物质文化遗产保护工作以来，古老的毛笔制作技艺的保护受到社会的关注。在已经公布的三批国家级非物质文化遗产名录中，浙江湖笔制作技艺、安徽宣笔制作技艺、广东白沙茅龙笔制作技艺、上海周虎臣毛笔制作技艺、江苏扬州毛笔制作技艺等五个项目被收录。此外，还有多个省市级名录中收录了当地著名的毛笔制作技艺类项目。如江西文港毛笔制作技艺、江西景德镇瓷用毛笔制作技艺、山西省新绛绛笔制作技艺、安徽界首毛笔制作技艺、安徽黄山徽笔制作技艺、四川乐山宋笔制作技艺等。

一、湖笔制作技艺传承现状

目前湖州的湖笔生产企业规模最大的仍有三家。原来第二轻工业局所属国营企业善琏湖笔厂 2003 年改制后仍然存在，现有正式员工 10 名。由该厂改制成立的善琏双羊湖笔有限公司现有员工 50 余名，其中年龄较长者为善琏湖笔厂的老员工，改制时下岗，到该公司重新就业。

第二家是含山湖笔厂，2004 年原厂长钱金龙退休后，其子钱建梁接任厂长。2010 年为配合市政府把湖笔产业做大做强的精神，企业在 2010 年 9 月通过工商升级，注册资金一百万元转型为“湖州善琏双喜湖笔有限公司”，钱建梁任董事长。近些年，该厂一直保持良好发展态势，2007 ~ 2009 年连续三年被评为“湖州市服务业百家优强企业”，2009 年“双喜”牌被认定为“浙江省著名商标”，“双喜”牌湖笔被认定为“浙江名牌产品”；2010 年“双喜湖笔”被认定为“浙江老字号”及“湖州市重点湖笔企业”。现有职工 60 多人，年产各类湖笔近 100 万支，年销售额 1000 余万元。

1999 ~ 2003 年该厂生产的“双喜牌”湖笔连续被中国文房四宝协会认定为“全国十大名笔”，获优质产品金奖；2000 年被中国文房四宝协会授予“国之宝”证书；2003 ~ 2004 年，先后获浙江省农业博览会金、银奖。

第三家是湖州市区的王一品斋笔庄，自 20 世纪 90 年代复兴之后得到良好的发展，特别在销售模式上有所创新。笔庄建立了集生产、销售与展示为一体的可供游人参观的展馆，对于宣传湖笔制作技艺具有重要的宣传推广作用，如图 4–14。

图 4–14　王一品斋湖笔制作技艺展示

除了上述三大企业外，善琏镇现有用工规模在 5 ~ 20 人的制笔企业 70 多家，家庭作坊近 50 家。整个湖笔制作行业从业人员不足 1000 人，产量在 800 万支左右，较前些年有比较显著的减少。近几年湖笔的出口量明显下降，究其原因，其一是出口与内销商品原有的价格差已不复存在，出口企业没有附加利润；其二是国外市场特别是日本市场偏爱用竹质笔杆的毛笔，而中高档笔都是用红木或其他材料制作笔杆。高中档笔平均价格在 20 多元，中低档笔平均价格只有十几元，所以，综合起来估算，湖州本地的湖笔行业每年的销售总额大约在 1 亿元。

特别值得一提的是，前辈笔工大多是“只知笔头向上，不知笔头向下”的文盲，这个时期参加工作的笔工都具有初、高中文化程度，并且有许多爱好书画，热衷丹青，善于在继承传统的基础上改革创新，其中有不少青年笔工创作出湖笔精品杰作。

二、宣笔制作技艺传承现状

2002 年年底，泾县人民政府对泾县宣笔厂进行更为彻底的改制，所有员工下岗，由政府安置，企业改为民营，更名为“安徽泾县三兔宣笔有限公司”，所有人为伍森严、肖松涛、凤祥林、佘征军、王健、章玲梅等六名股东。新公司成立之后，聘用 30 多名原厂员工，加上近几年新引进的员工，现在（2011 年 10 月）有员工 48 名，年产量约 60 万支，产值约 400 万元人民币，生产的宣笔品种多达 500 种以上，销售渠道仍是专卖店，部分产品外销。外销的方式是外商与厂家确立意向，然后自找外贸公司办理相关手续。

宣笔另一个重要的传承基地是宣州区溪口镇的张苏笔庄，仍然是家庭作坊式经营，现有员工约 10 名，年产量 10 万支。

除此之外，宣城市还有 20 多家规模不等的小企业和家庭作坊，由于一些家庭作坊不做或少做水盆，直接从外地购笔头进行整笔生产，所以产量较前些年有所增加，据粗略估算，这些小作坊每年生产宣笔约 200 万支，多为较低档笔，故附加值不高，总产值约 1000 万元人民币。

据临潭笔庄主人张修尧介绍，临泉毛笔制作历史悠久，清咸丰年间，颍州贡院街“明道堂”笔庄回迁至家乡临泉谭棚镇，沿用“明道堂”店号。李万忠、李德昌父子继承祖业，其所制毛笔因质量好，而名扬中原大地。20 世纪 50 年代，临泉制笔业发展很快，除“明道堂”外，还有曹如章创办的“文德堂”贡笔厂、张麟德创办的临潭笔庄和杨桥毛笔社等三家。60 年代以后，当地制笔农户越来越多，小李庄、小张庄和粉坊桥三个村几乎家家都做笔，但自 90 年代后期，当地农民大量外出打工，做笔的农户迅速减少。目前仅有十余家规模不同的制笔作坊，年产量约在 30 多万支，其中临潭笔庄和“文德堂”贡笔厂规模最大，分别有

8 万支左右，其余为 3 万～ 5 万支不等。

1977 年，临潭笔庄成为谭棚镇镇办企业，张麟德任厂长，有员工 40 多人，年产毛笔十余万支。1996 年张麟德之子张修尧接任厂长。1998 年企业改制成为民办。目前临潭笔庄采取企业加农户模式经营，一些工作交给农户在家中做，厂里仅有十几名员工，年产量 8 万支左右，加上配套的包装盒等项目，年产值在 300 万元左右。张修尧被评为省级非物质文化遗产传承人。

另一位省级非物质文化遗产传承人是“文德堂”贡笔厂的创办者曹如章，2011 年曹如章去世后，贡笔厂分成三块，分别由其两个儿子和女婿经营。

三、其他地方毛笔制作业发展现状

上海周虎臣曹素功笔墨庄除了在上海市福州路有一个销售文房用品的商店外，还在商店的对面建立了一座笔墨制作技艺博物馆，如图 4–15，展示过去约一个世纪里上海制笔制墨业的发展历程和辉煌业绩，也是对制笔制墨技艺的一种传承和保护的方式。笔者于 2011 年 11 月前往考察时，受到该单位领导杨林生先生和廖兆祥先生的热情接待，如图 4–16，还得到他们惠赠的珍贵资料。

图 4–15　上海笔墨博物馆外景

近些年扬州水笔制作技艺的主要传承地在江都市，生产仍维持一定的规模。据当地政府介绍，目前江都从事水笔制作的有 300 多人，平均年龄 55 岁。江都大桥镇江都国画笔厂是扬州水笔技艺的传承单位，现有员工 30 人，月产量 3.5 万支，比 20 年前减少了 70%。

图 4–16　杨林生先生在博物馆内向笔者介绍有关资料

广东新会茅龙笔制作技艺被列入第二批国家级非物质文化遗产名录。茅龙笔是一种用黄茅草加工制作而成的笔，不同于一般的毛笔，但具有与一般毛笔相类似的功能。它是由明代大儒陈白沙先生创制而成的，故又称“白沙茅龙笔”。我们曾专程对此进行过实地考察，具体内容参见相关章节。

20 世纪以来，江西省进贤县文港毛笔制作业一直保持强劲的发展势头，在坚持传统的基础上，主动适应市场需求，大胆对工艺进行改进、创新，不断增添现代元素，把毛笔生产从实用型转向工艺型、礼品型，不断满足消费者需求。据当地政府工作人员介绍，全镇现有大小毛笔生产作坊和经营企业共 2100 多家，从业人数 1.5 万人，年产销毛笔 6 亿支，年产值达 12.85 亿元，出口创汇 3000 万美元。在全国毛笔市场占有约 2/3 的份额。文港毛笔大如扫帚小如针，狼毫、羊毫、紫毫、石獾、斗笔、眉笔、条屏、

图 4–17　文港镇被誉为“华夏笔都”

排刷等应有尽有。2011 年 9 月，中国轻工业联合会授予有“华夏笔都”之誉的文港镇“中国毛笔之乡”称号，如图 4–17。

在这个制笔技艺非常普及的乡镇，也不乏高水平的制笔大师，周鹏程算是其中的佼佼者，如图 4–18。周鹏程 1954 年出生于文港镇周坊村的一个制笔世家，他的父亲周有富是一名制笔行家。他 8 岁开始学艺，对制笔技艺有很强烈的兴趣，终日沉浸其中，练就扎实的“童子功”。他在继承传统的基础上大胆创新，并且四处奔走，与书画家切磋交流，制笔水平不断提高，所制之笔受到启功、赵朴初、沈鹏等多位艺术大师的称赞，是当地业内公认的“中国笔王”。

图 4–18　笔者在周鹏程师傅家与一家三代合影

在文港镇调查时，进贤县文化局的同志还引领我们去拜访周信兴。他的绝活是将微雕技艺与制笔结合，制作出令人叹服的微雕笔杆，将毛笔的装饰推向极致。1999 年，周信兴在一支小紫竹毛笔 500 平方毫米的面积上微雕《金刚经》5520 个圆润清秀、苍劲挺拔的繁体汉字，并将神形兼备的十八罗汉图汇刻在方寸之间，如图 4–19，被载入世界吉尼斯纪录[14]。

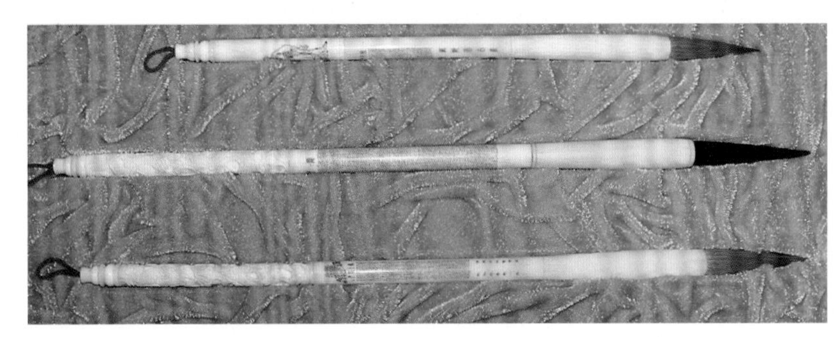

图 4–19　周信兴制作的微雕笔杆

河北省衡水市郊的侯店村制作毛笔的历史可以追溯到明代永乐年间。侯店毛笔厂现有职工约 60 人，年产衡笔约 180 万支，此外衡水市还有大小不等的个体制笔企业二三十家。

四川乐山古称嘉州，当地出产毛笔据说是继承了宋代的制笔技艺，故称“宋笔”。宋笔制作除具有一般毛笔的特点外，还采用了峨眉山区特产的一种强毫，与通常采用的健毫、柔毫有机结合，使产品具有其他毛笔所不具备的属性。

山西新绛县是澄泥砚的产地，绛笔制作技艺也有很长的传承史。当地还有“南湖北绛”之说。20 世纪六七十年代，新绛县年产毛笔三四十万支。目前只剩下几家制笔作坊坚守着这一传统技艺，处于濒危状态。其中最有代表性的是“俊德堂”制笔坊，是李忠会于民国时期创办的。于良英是李忠会的表弟，1934 年出生，1943 年即入俊德堂学习毛笔制作技艺，1957 年李忠会去世后，俊德堂笔庄解散。于良英作为俊德堂的传人加入了新绛县笔墨社担任毛笔制作技师。1990 年退休后，于良英创办了自己的笔庄，一直经营至今。目前除了作为“俊德堂”传人的于良英笔庄，绛州城中城巷还有积文斋笔庄。

江西景德镇瓷用毛笔制作技艺是因当地陶瓷的古彩和粉彩装饰画艺术的兴起而产生的一种独特的毛笔制作技艺，可以追溯到清代早期。清末时景德镇有“林文堂”和“紫兴堂”两家作坊专门制作瓷用毛笔，其技艺秘不外传。经过生产、实践过程中不断地增加和完善，江西景德镇已经发展出了上百种瓷用毛笔类别。主要可分为水笔、画坯笔、画瓷笔三大类。

边疆民族地区的毛笔制作由于其功用的独特性而形成了一定的特色。据说绘制唐卡使用的藏笔很独特，2010 年夏，笔者专程去青海省黄南藏族自治州了解藏笔有关信息。黄南自治州是一个多民族地区，文化底

图 4–20　画唐卡的工作场景

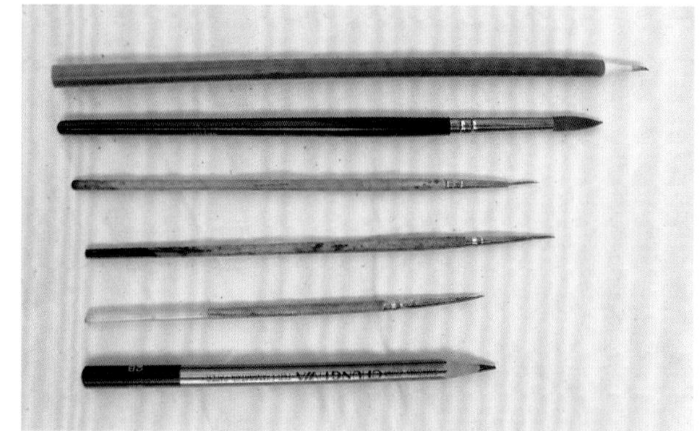

图 4–21　画唐卡用笔（最下面一根是普通铅笔）

蕴深厚。该州务隆镇有三个村 600 多农户，家家画唐卡（图 4–20），每年销售收入在一亿元以上，其影响还带动了当地旅游业的发展。唐卡是一种宗教题材为主的工笔画，载体是画布，颜料以天然为主，所用毛笔非常纤细，如图 4–21。据州文化局的扎西先生介绍，当地原本有专业制笔，制笔头主要用料是野猫和黄鼬尾，现在当地所用笔大多是从四川购入。

注释

[1] 徐正元：《当代中国制笔工业发展史的回忆录》，载《中国制笔》2006 年第 1 期。

[2] 鲁迅：《且介亭杂文二集》，《鲁迅全集》第 6 卷。

[3] 徐正元：《当代中国制笔工业发展史的回忆录》，载《中国制笔》2006 年第 1 期。

[4] 徐正元：《当代中国制笔工业发展史的回忆录（续）》，载《中国制笔》2006 年第 2 期。

[5] 安徽省博物馆：《文房珍品》，两木出版社，1995 年，第 130 页。

[6] 沈婷：《文房四宝·笔》，中国华侨出版社，2008 年，第 129 页。

[7] 湖南省土特产交流指导委员会：《湖南土特产》，载《国民党实业部公报》第 2 卷第 6 期。

[8] 陈建中：《湖笔制作技艺》，浙江摄影出版社，2009 年，第 27 页。

[9] 胡金兆：《百年琉璃厂》，当代中国出版社，2006 年，第 260 页。

[10] 穆孝天、李明回：《中国安徽文房四宝》，安徽科学技术出版社，1983 年，第 125 页。

[11] 邹文辉：《文港毛笔》，载《农村发展论丛》2001 年第 19 期。

[12] 骆国骏、朱明生：《文港毛笔》，载《今日中国（中文版）》1987 年第 7 期，第 76 页。

[13] 赵维臣：《中国古特名产辞典》，商务印书馆，1991 年，第 572 ~ 573 页。

[14] 沉石：《四宝精粹》，中国文联出版社，2009 年，第 119 页。

下编　毛笔制作技艺的田野调查

第一章　湖笔制作技艺

湖笔因产于湖州而得名，产地主要集中在位于湖州市南浔区，在湖州市区东南距离市区约 35 公里的善琏镇（图 1–1）。善琏制笔业据说可以追溯到晋代。南宋之后，由于政治、文化中心南移到临安（今杭州），加上多年争战，宣州的笔工大多徙居江南躲避战乱，宣州制笔业日渐凋敝，湖州善琏制笔业逐渐兴盛。到了元代，出现了冯应科、张进中等制笔名匠，湖笔声名鹊起，取代了宣笔的地位。据明代《弘治湖州府志》记载：“湖州出笔，工遍海内，制笔者皆湖人，其地名善琏村。”从元至清，善琏镇几乎家家制笔，名匠辈出，湖笔工艺日臻完美，蜚声海内外。并且从明代后期开始，在湖笔产品“转贩于四方”的同时，善琏的笔工也逐渐走出家乡，在全国各地发展。

图 1–1　善琏镇的地理位置

民国时期，善琏的湖笔制作业仍相当兴盛，有资料显示，1929 年，善琏本地的制笔作坊有三百多家，从业人员超过千人，年产量达到 400 万支。[1]

图 1–2　善琏湖笔厂大门

抗日战争时期，湖州沦陷，笔工为避战乱逃到上海和苏州等地，生产严重衰落，1941 年产量跌至最低。中华人民共和国成立后，当地政府努力恢复湖笔生产，笔工纷纷返乡，1956 年 4 月办起了善琏湖笔生产合作社。1959 年创建善琏湖笔厂（图 1–2），湖笔技艺得到继续发展，次年善琏湖笔产量超过 500 万支，创历史新高。1957 年到 1963 年，善琏湖笔通过外贸途径出口到日本和东南亚国家近 300 万支，约占同时期毛笔外销总量的 60%。

改革开放以后，善琏的湖笔生产爆发出新的生机和活力，出现了许多生产湖笔的个体企业。现在善琏镇湖笔生产企业约有 100 家，年产湖笔 1000 万支，其中善琏湖笔厂、王一品斋笔庄、含山湖笔厂是传承湖笔传统工艺的主要企业，产量占善琏湖笔总产量的 30%。同时在新产品的研发方面也呈现出崭新的面貌，双羊牌、天官牌、双喜牌湖笔等名牌产品，分别荣获轻工部优质产品等多项荣誉称号。

湖笔制作技艺早已引起一些学者特别是湖州本地学者的关注。徐华铛、汤建驰编著，轻工业出版社 1987 年 3 月出版的《湖笔》一书算是较早的研究湖笔的专著，书中对湖笔制作技艺的历史发展和工艺流程都作了介绍。湖笔被列入国家级非物质文化遗产代表作名录之后，程建中编著的《湖笔制作技艺》（浙江省非物质文化遗产代表作丛书之一卷）一书则是在非物质文化遗产保护的背景下完成的，在技艺的价值、传承发展中存在的问题、传承现状、传承人以及相关习俗等方面有所加强。近几年有几位学者就湖笔文化发展、产业发展等方面研究湖笔制作技艺，如沈文中关于明代湖州制笔业鼎盛的社会历史原因分析 [2]，再如陈连根关于湖笔文化发展的新领域的探讨 [3] 等，可以说是有关湖笔研究的新尝试。

为了完成本课题，笔者曾于 2007 年 7 月专程赴湖州市和善琏镇进行实地考察，华觉明先生在中科院自然科学史所赵翰生的陪同下先期到达（图 1–3）。在善琏我们访问了善琏湖笔厂的邱昌明先生、王小华女士，

图 1–3　华觉明先生（右四）在善琏湖笔厂的车间考察

图 1–4　笔者在湖州市群艺馆与陈建中（右一）馆长交谈

含山湖笔厂的钱金龙、钱建梁父子，善琏湖笔协会会长李金才，在湖州市参观了王一品湖笔厂的湖笔博物馆，还到市群艺馆，得到了陈建中馆长的帮助和市文化局副局长王春同志的热情陪同（图 1–4）。

第一节　湖笔制作主要工艺流程

湖笔除羊毫和兼毫外，还有紫毫、狼毫、鸡毫等多个类别。不同类别的笔，制作工艺也有较大差异，但总体说来，湖笔的主要制作工艺流程可以简单地概括为采料、水盆、蒲墩、择笔、刻字、包装等六大模块，数十道工序。

一、采料

采集制作湖笔需要的原料，包括制作笔头和笔杆等所用的原料。

1．笔头原料的采集

笔之所贵在于毫。制作上等毛笔对笔料毛的产地、采集季节及部位均有严格要求。湖笔的羊毫原料过去主要来自太湖流域地区到江苏南通（杭嘉湖）一带，以一岁大小的未阉的公山羊毛为最佳。兔毫主要来自安徽皖南山区，这里自古以来就是优质紫毫的产地。狼尾则来自山海关以外的东北地区，那里气候寒冷，黄鼠狼尾的锋颖深长锐利。山羊毛、山兔毛、黄鼠狼尾毛均须在冬季采集。冬季兽毛为新生毛，不仅在四季中最长，而且未经丛林的茅草等损伤，毛质最佳。

2．毛料的分类

采购来的羊毛是一簇簇与表皮组织粘连在一起的毛。将原料毛按长短、粗细、色泽、有锋或无锋等不同，分成几十个品种，如最优质的细光锋、细直锋，次一等的白尖锋、黄尖锋、细长锋、广长锋、粗爪锋、上爪锋、透爪锋、脚爪锋，最次等的长粗毛，等等，供制作不同种类、形制、品质的笔选用，如图 1–5、图 1–6。撕选出来的羊毛要用梳子梳去杂毛，进行初步的整理。采购来的野兔皮要加草木灰或石灰液浸沤，待皮质腐烂即可根据毛质的不同，分类拔毛，也要分成十几种，如紫毫、白毫、花毫等。分类越细，工艺越精到，给后面的工序带来的问题越少。尤其是制作高档笔，对用料规格有很严格的要求。当然，这里的分类总体上讲还是粗分，在接下来的水盆工阶段，要再进行一根根的精选。

图 1–5 购来的羊毛要进行分类

过去对毛料档次的区分还有一种标准，就是以一百支毛笔的市值来标称其所用毛料。如“24 两紫毫笔”每 100 支市值 24 两白银，制作这种笔所用紫毫即为“24 两紫毫”。显然“42 两紫毫”所用毛料肯定好于“24 两紫毫”。现在当地笔工还习惯于用这种语言来表述笔料的档次。

过去有“笔毛行”专营制作毛笔用的毛料，他们往往把毛料的选择分类工作交给周边的农户，制笔作坊在他们那里可以买到各种规格的毛料。

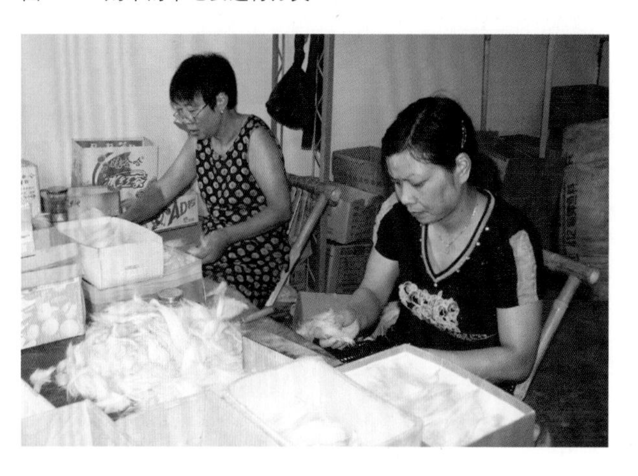

图 1–6 分类存放

3．笔杆用料的采集与分类

主要原料除了制作笔头的原料外，还应包括制作笔杆的原料。笔杆的种类很多，以竹质为主，除青梗竹管从本地安吉山区采集外，其他竹质笔管则是从中西部地区采办。制作笔杆用的竹子也是以冬料为最佳，不仅颜色光滑青白，而且质地坚硬，可以防蛀防裂，而春夏之竹柔嫩多汁且含糖量较大，容易受蛀和霉裂。

笔杆原料也要进行分类，不同规格的笔要配相应规格的笔杆，如图 1–7。像竹质杆按长短、粗细、花纹等不同可以分很多种类。一般而言，同一种竹质笔杆先要分为“元”、“亨”、“利”、“贞”四个质量等级。“元字”为最优等，要求梗直、正圆、均匀，用于制作高档笔。“亨字”次之，用于制作中档笔。“利字”又次之，仅用于普及型笔。“贞字”级一般指有虫蛀、干裂或者是太扁、不均匀等有缺陷的废品。

图 1–7 挑选笔杆

二、水盆

俗称“水作工”，是湖笔制作技艺中的核心工序，主要是通过浸洗、筛选、梳理、整形，将笔毛理顺，在潮湿状态下剔除不适合做笔的杂毛、绒毛、无锋之毛等，将笔毛料加工成半成品的笔头。由于整个操作过程中一直离不开水盆，所以称“水盆”工序。

该工序包括多道子工序，如羊毫水盆要经过浸、拔、抖、联、挑、合、圆等15道工序，既要剔除断毛、杂毛，又要将锋颖长短不一的毛理开，以达到“肩架齐，黑子明”。兔毫水盆属于兼毫水盆，要经过浸、列、配、做、搅等22道工序，也要按色泽、性质、软硬等不同，一根一根地挑选，精分成紫毫、白毫、花毫等类别，即使在一支笔头中也不允许混有一根杂毛。狼毫水盆要经过拔、中、索、做、起等13道工序等。

下面以羊毫笔制作为例，介绍水盆工的主要工序：

1．浸

进入水盆工序之前，将粗分过的成簇状的羊毛根部放在石灰水中浸泡脱脂。然后放在水盆中浸透，捞起，放在容器中，如图1–8、图1–9所示。

2．拔

簇状的羊毛根部仍与薄薄的一层羊皮连接，浸湿后主要根据毛的长短将每一簇羊毛再进行分类，分成一个个较小的束（俗称“朵”）。

3．抖

用剪刀剪去羊毛束的根与表皮粘连部分，如图1–10。

4．做根

用骨梳梳理一束毛的根部，梳出的杂绒毛拥在根部，看上去像是在原根上长出的根系，故该过程俗称“做

图1–8　浸过水的羊毛簇

图1–9　脱脂

图1–10　将成簇的毛分成小束，然后剪去毛根

图1–11　用骨梳梳毛束的上半部分

根”，如图 1–11。然后，用手握住做出的根，用骨梳再梳理毛束的上半部分，将夹杂在其中的绒毛梳去。

5．联

梳理只是除去了羊毛束中的绒毛，但仍然长短不一，这时要以毛尖部为准一根根地将不同长度的毛挑选出来，如图 1–12。这里毛束的根部基本上是平齐的，所以毛的长短可以从尖部很明显地分辨出来，如图 1–13。挑选之后，按长短再次分成若干类，将每一类的毛根部切齐，形成两端均平齐的刀片状，俗称“刀头毛”。

6．选

根据毛锋颖子的长短将刀头毛进行再分类，分类的手法与上一道工序相似，也是一根根地挑选。挑选出锋颖深长的毛一般用于笔头的“披”毛，而锋颖较浅的毛则只能用作“柱”毛。重新分类之后仍与分类前相似，仍然是“刀头毛”。

7．晒

将重新分类的刀头毛放在竹筛子之类的容器中，放在露天里日晒夜露，使之自然漂白，如图 1–14。俗语：“人越晒越黑，毛越晒越白。”经自然漂白的刀头毛也更加有光泽。这个过程也具有脱脂的作用。

8．挑

将晒好的“刀头毛”再放入水中浸湿，然后将其中失去锋颖的“无头毛”挑出来，剔除出去，以确保制作的笔头尖锋上的毛根根都有锋颖，如图 1–15。

湖笔对锋颖的讲究，最能体现湖笔工艺的独特风格，湖笔因此又称“湖颖”。颖是指笔头尖端一段透

图 1–12　以毛尖部为准一根根地将不同长度的毛挑选出来

图 1–13　选锋颖相同的毫分放（取自《湖笔制作技艺》）

图 1–14　晒羊毫

图 1–15　剔除失去锋颖的“无头毛”

图 1–16　于天莺向笔者展示极品湖笔

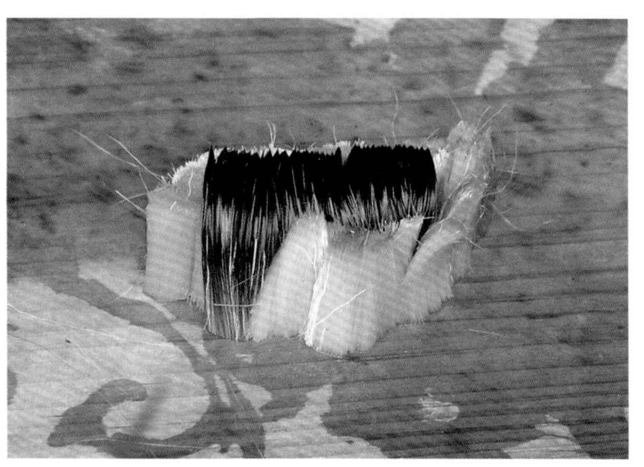

图 1–17　将不同规格的毛按一定的比例混合在一起

亮的部分，笔工们称为“黑子”。对黑子的要求是“肩架齐，黑子明”。“肩架齐”指笔头透亮部分的下端界线分明而平齐，意味着每一根笔毛的“黑子”部分要长短划一，锋颖缺损或过长、过短的毛都要在水盆和择笔的工序中除去。“黑子明”即是锋颖段越透明越好。这种笔蘸墨书写时，按下去笔毛散开而饱满、整齐，提起来笔锋收拢仍是尖锥形。以羊毫来说，每只山羊平均只出三两笔料毛，有锋颖的更只有六钱，可谓“千万毛中选一毫”，湖笔也因此赢得了“毛颖之技甲天下”的美称。

图 1–18　用机械梳反复梳使之均匀地混合在一起

2007 年 9 月笔者在北京琉璃厂戴月轩笔庄调研时，总经理于天莺女士给笔者看一支极品湖笔（图 1–16），所用毛为纯一色长颖羊毫，这些原料是他们积攒了许多年才聚齐的。有日本客商愿出十万元收藏未能如愿，原因是他们觉得想再积攒起这样多的顶级羊毫不知又需要多少年。

9．切笔芯

将准备用以制作笔芯的刀头毛按笔头的尺寸规格切去根部多余的部分。

10．搅

俗称“搞”，笔头是由几种不同长度的毛按比例掺和在一起构成的，这样形成笔头时才会成笋尖状。将几种毛以根部为齐拼在一起之后，要充分混和，使之分布均匀，如图 1–17。操作时，紧紧握住毛的根部，用梳子反复梳，然后卷动一下变换相对位置，再梳，如此反复，即可以使各种长度的毛均匀地混合在一起。为了提高工效，当地采用机械梳，用大铁夹一次夹一排毛，放在机械梳下面反复梳，过一会儿变换一下毛的相对位置，夹好后再梳，如图 1–18。这样可以大大减轻劳动强度，提高工效。

11．圆笔头

用薄刀片取适量的混合好的衬毫（笔芯毛），在平板上铺开成一薄片滚成笔头形，称作“笔胎”，如图 1–19、图 1–20。圆笔时旁边要放一个笔管，通过加或减，使圆出的笔头大小适中，恰好能放在同样大小的笔管中。

12．盖笔头

方法与圆笔头相似，取适量的优质的“披毫”（锋颖整齐、质地优良的羊毫），在平板上铺开，然后

图 1–19 圆笔头

图 1–20 圆笔头

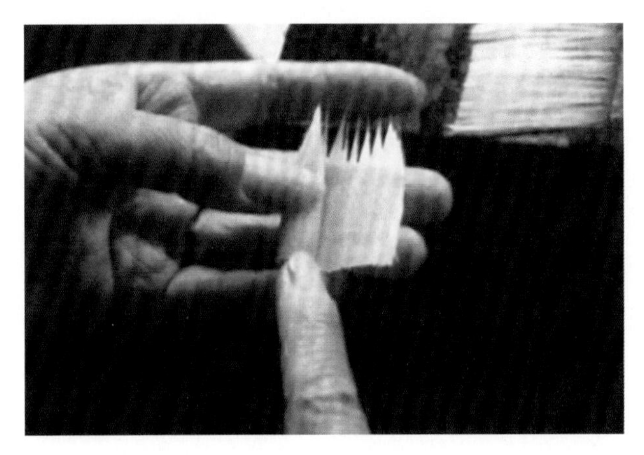
图 1–21 盖笔头（取自《湖笔制作技艺》）

图 1–22 晒笔头

图 1–23 “索”紫毫（取自《湖笔制作技艺》）

图 1–24 结头

卷在一支笔头的外面，成为一支完整的笔头，如图 1–21。

13．晒笔头

将做好的笔头放在竹筛中，在阳光下晾晒，使之更加洁白，如图 1–22。

紫毫（兼毫）和狼毫等水盆与上述羊毫水盆总体上相似，但由于所用材料不同，工序上必然有所差异。如兔毫毛料已经分离成一根根的毛，不像羊毛还需要经过“拔”和“抖”两道工序除去毛根的皮等杂质；兼毫水盆将“联”分为“索”和“做顶”两道工序，手法与“联”相似，也是一根根挑出来，但更加强调顶端锋颖的平齐，尤其是紫毫要“做顶”两遍，以保证锋颖绝对平齐，如图 1–23。

兔毫同样有锋颖，但不像羊毫的锋颖那样在灯光下很明显，所以挑去其中无头毛需要采用特殊方法，操作时左手捏紧一束毛的根部，右手按压其上部，这时就会发现一些无头毛会弹出来，找到之后即可剔除掉。

此外，兔毫不讲究白度，故没有“晒”这道工序。

14．结头

也叫扎毫，笔头晒干之后，要先用丝线对其根部进行捆扎，然后用熔化的松香滴于笔头根部，使之进一步黏结，笔毛不易脱落，如图 1–24。结头工序要求笔头底部平整，线箍深浅适当。捆扎黏合牢固，防止脱毛和出现“马蹄形”或“盆子底形”等凸凹不平的现象造成笔锋不齐。

水盆车间还有许多管理工作，如“搭料”，就是将各种笔料毛按照所制毛笔的品种要求进行配比，由水盆车间技术全面的师傅（一般是车间的主任或副主任）负责分送给笔工进行制作。

三、蒲墩

蒲墩指的是笔杆的加工工序。为突出装饰功用，有时选用紫檀、花梨、金、银、瓷、象牙、玳瑁、琉璃、珐琅等材质制作笔管。尽管如此，大部分笔杆都是竹管。过去的笔工在做竹管检验和分选等操作时都坐在蒲墩上，该工序也因此得名。

蒲墩工序又称“打梗”，一般分为以下几道工序。

1．分型

收购来的竹管已经进行过初次筛选，将干裂、虫蛀、皮色苍老、粗细不匀的笔管剔除不用。这里要进一步把“元”、“亨”、“利”三字级中每个等级的竹管，按粗细分出五种以上型号。加上长短、老嫩、花色的区分，可以分出二十多种不同的类型。

这道工序并非如想象的那么简单。无论是对直、圆、匀程度，还是对老嫩、花色和粗细的判断，都是凭眼力和手感，因此对操作者的技艺经验有很高的要求。比如，嫩竹管含水分较多，放一段时间，不仅会变色，还可能会发黑发黄，而且会变形。由于外形相似，如果没有很深的功力很难在那么短的时间里识别出来。

2．切拉

按照规定的尺寸将多余的部分切除，然后将两头打磨至平齐、光滑，同时削去顶部外边的棱角，使之成为美观的斜肩状（俗称“拉脐口”）。此工序尽可能做到“挫头平、脐口齐”。

3．绞

又称“车”，即用刀在笔管的一端内绞出一个纳笔头的空腔，如图 1–25。操作方法：右手持绞刀，将刀头插入笔杆内孔，左手按笔杆在一平铺的橡皮垫（相当于一个车砧）上来回滚动，在此过程中刀口在笔管内车出一个符合规格要求的空腔。这道工序对技术的要求也很高，绞出的孔径大小和深浅要与笔头尺寸相配，留下的管壁虽然很薄，但保持足够的强度，装入笔头后不会破裂。

图 1–25 车笔管

现在用的笔帽多为塑料所制，而过去用的笔帽也是竹质的，同样是用类似于车笔头空腔的方法车出来的。

4．装笔头

将结好的笔头装入笔管，这里只是初装，到后面的“注面”工序才正式固定。如果空腔大小不合适，还需要用上一道工序的方法作适当调整，如图1–26。

5．镶嵌

属于对某个种类毛笔的笔管进行装饰的工序。此类笔一般是以湘妃竹、凤眼竹以及象牙、红木、檀木等材料为笔的主杆，再用牛角（后也有用有机玻璃的）进行镶嵌，使笔管造型更美观，气韵更雅致，如图1–27。牛角镶嵌分镶头（笔头端）和镶尾（笔尾端）两种，前者又称“装斗”，有直、髭、葫芦、橄榄、三相、羊须等多种造型；后者又称“装挂头”，因所镶的尾段中间有一个用以悬挂的小绳套而得名，分宝塔头、葫芦头等造型。无论是斗还是挂头，都要做到外表亮、口径光、连接紧。

图1–26 装笔头

四、择笔

又称“修笔”，是湖笔工艺中的关键技术环节。择笔是对前面工序形成的半成品毛笔进行最后检验并修整的工序，要将影响内在和外观质量的笔毛剔除，并将笔头整形，最终达到尖、齐、圆、健的品质要求。择笔工序一般要经过注面、挑削、择抹等工序。

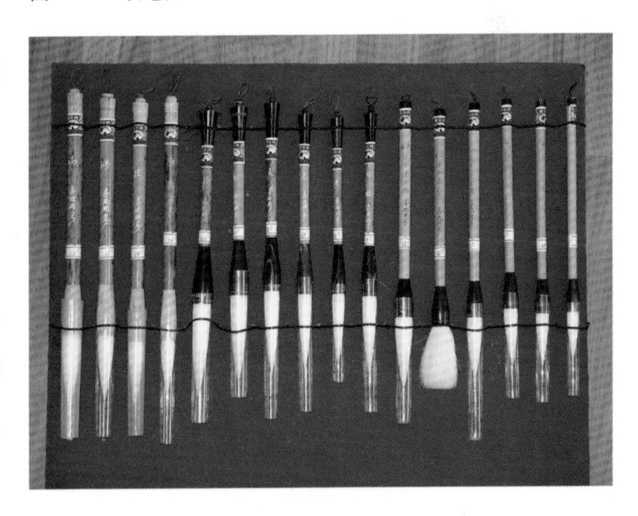

图1–27 笔管经不同方式的镶嵌装饰之后十分美观

1．注面

将前面预装的笔头抽出来，加上黏合剂，然后再插入笔管的空腔里，按要求固定。过去用酒精溶解漆片作黏合剂，现在也用工业胶替代。该工序的要点是笔头埋入的深浅必须合乎规格，同时用胶量要恰到好处。

2．熏

注面完成之后，放置一天左右，黏合剂即已风干凝固。用浓度较低的清石灰水蘸湿笔头，然后用加热的硫黄烟熏上十几分钟，目的是使笔头增白和脱脂。

3．清

将熏过的笔头晒干，蘸六角菜，用手捋抹笔头，如图1–28，使之成形，然后再晒干。六角菜是一种海藻，生长在淡水入海处的浅滩上，最常见于淡水，与海水交汇大约百米远处石头的表面，每年春季开始生长，夏季时当地人用刀从石头上刮下来，晒干后销售。北京人用六角菜做凉粉，温州人则用它做类似于

图1–28 蘸六角菜

图 1–29　择笔

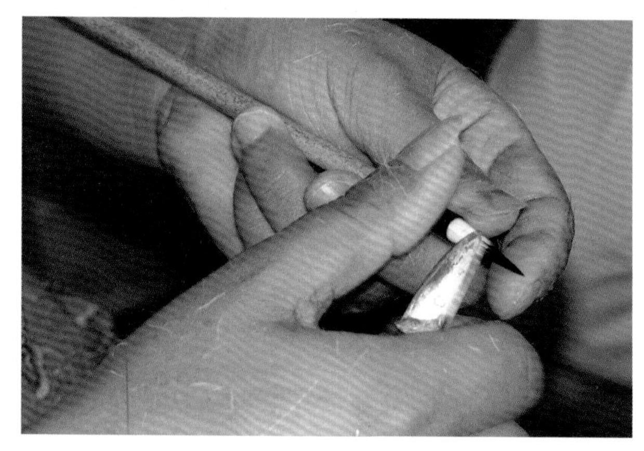

图 1–30　挑无头

淀粉作用的佐料。这里用的六角菜，实际上是将购来的干六角菜用水泡开，洗去其中的沙石和其他杂质后，晒干，然后用清水浸泡制成的黏液。

4．择

将晒干的笔头打开，用一种专用择笔刀（刀头长约2厘米，稍离柄所在直线），先“挑”去无头毛，再“削”去锋颖“肩界”不齐的毛（俗称“削肩界”），如图1–29、图1–30。这道工序要求最高，从里到外每一层都要检查到，不能遗漏。

5．抹

择之后再次蘸六角菜，用手抹笔头，凭感觉发现细微的鼓起或凹陷，然后“择”除劣质、冗余和杂乱的部分，使笔头达到最理想的形态。行话有“择三分，抹七分”之说，羊毫笔头要求的“光”和“白”就是靠手抹的技巧来体现的。因此，择笔工种的学徒首先要苦练基本功，待手势准确，方可练习实际操作。

湖笔兼毫笔的择笔工序与羊毫择笔有所不同。其一，兼毫笔使用生漆拌面粉作为注面的黏合剂；其二，没有“熏”和“清”的工序；其三，兔毫笔用花色不同的毛进行配色，要求更高；其四，兔毫笔更讲究毛锋的平齐，为此在择抹之后还要加“盘头”工序。盘头工序的主要任务是“捉顶”（俗称“去阉鸡毛”），仔细检验笔锋，发现哪怕是稍长一点的毛都要剔除掉，之后对前面工作中遗漏的部分进行最后一次检验和清理。盘头工序往往需要专人去完成。

五、刻字

在笔管上刻上各种字体的笔的品名和生产厂家名号。据程建中介绍，过去善琏制作湖笔都是批发给经销商，不做零售，所以刻字这道工序是由笔店完成的。有少数笔工兼做销售，还需要从外面请人刻字。这种局面自新中国成立之后才逐步转变。当时集体化生产湖笔，除了供知名笔店，还有很大一部分产量自销，所以各厂内部陆续配备了刻字工。他们多来自外地，后定居善琏，带徒传承，使此项技艺逐渐普及开来。

图 1–31　刻字

刻字也是功夫颇深的工种。各种笔画的刀法称为点、画（横）、挺（竖）、撇、捺、踢（挑）、勾。

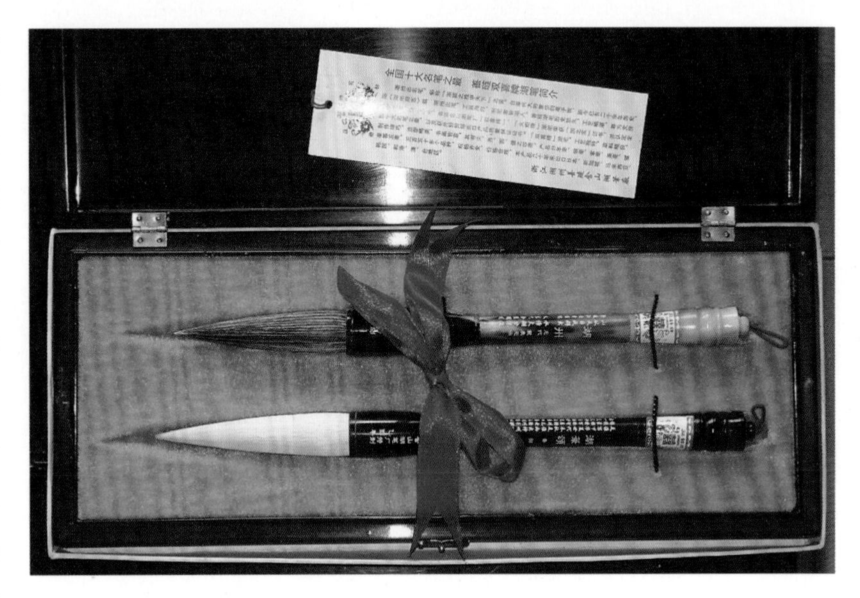

图 1—32　高档湖笔刻字具有很强的装饰性

刻写时的笔顺并非按书写笔顺进行，而是一次性刻好各个字的相同笔画，再刻另一种笔画，如图 1-31，要求刻字工对字体笔画的结构和字的排列娴熟于心，充分把握材料的特性，不仅要刀法熟，还要有书法功底。要求刻写字体排列均匀，纵向如“一支香”，即字的整体垂直度不能有超过一支香的偏差。字体镌刻要不拼刀、不偏刀、不漏刀，不脱体，划头平整。总之，高水平的刻字能为整支笔增添艺术美感。像图 1-32 的高档笔，其笔杆上的刻字具有很高的艺术价值。

过去刻字工是重要的工种之一，像含山湖笔厂的刻字车间过去有 20 多名员工，近几年采用自动控制雕刻机刻字，只需要 2 名员工，管理 4 台刻字机，即可完成所有的刻字工作。

此外，还有贴商标、包装等工序。每支笔都要贴上品牌商标，还有制作人等信息。产品档次不同对应的包装规格有显著差异。

毛笔有四德：尖、齐、圆、健。“尖”指笔锋尖如锥状不开叉，利于点撇钩捺；“齐”指笔毛垂直整齐，散开后顶端平齐无参差，吸墨饱满，吐墨均匀；“圆”指笔头浑圆匀称，不凹不凸，书写圆转如意；“健”指笔毛健挺，不脱不败，书写时收放自如，富有弹性，收笔后笔头恢复锥状如初，且毛笔经久耐用。湖笔选料严格，工艺的每道工序操作都能做到一丝不苟，注重笔头形、色及笔管、刻书、装潢等方面的完美统一。

第二节　湖笔主要生产企业和代表性传承人

一、善琏湖笔厂及其代表性传承人

湖州本地的湖笔生产企业有数十家，其中规模最大的是善琏镇的善琏湖笔厂（善琏双羊湖笔有限公司）、含山湖笔厂和坐落在湖州市区的王一品湖笔厂。此外，善琏本地规模较大的湖笔生产企业还有善琏春风湖笔厂、善琏松鹤湖笔厂、千金湖笔厂等。前几年这三家企业每年的湖笔产量均为 100 万支左右，占湖州本地约 1000 万支湖笔总产量的三成。近几年随着外销量萎缩，总产量有显著下降，据估算大约在七八百万支。

湖笔制作技艺之所以在中国制笔业中独领风骚数百年，很大程度上得益于一代又一代杰出的传承人坚持不懈的勤奋努力、薪火相传。湖笔制作分水盆、择笔、刻字等多个工种，每个工种都有许多技艺精湛的传承人，这里根据我们掌握的资料和实地考察，介绍一部分被认为是有代表性的成员。

2007 年 6 月，国务院公布了首批国家级非物质文化遗产传承人名单，邱昌明作为湖笔制作技艺的传承人名列其中。一个月之后，笔者在善琏湖笔厂见到了邱昌明先生。在邱先生的办公室，他向我们介绍了自己成长的经历和在湖笔制作技艺传承过程中所做的工作，如图 1-33。

图 1—33　与湖笔制作技艺国家级传承人邱昌明交谈

邱昌明，1950 年 10 月生，湖州善琏人，16 岁时进入善琏湖笔厂做姚关清老师傅的学徒，专攻湖笔择笔技艺。当时拜师学艺还按照传统的方式，送礼品到师傅家，行叩拜礼，并且立文书，约定三年之内没有工资。邱昌明聪颖勤奋，在姚关清先生的悉心指导下，经过三年努力，熟练地掌握了择笔技艺，顺利出师。

此后，他在专门从事高档及大货羊毫择笔工作中，能够根据市场的需求，不断进行新的尝试，设计新产品，表现出出色的创新能力。1980 年他主持制作的“双羊牌”湖笔（图 1-34）荣获原轻工业部二轻局主办的全国首次毛笔质量评比第一名，其中“长锋宿羊毫条幅”和“精品玉兰蕊”分别获单项奖。1991 年负责设计、主持制作的外销日本市场的“出口级名笔”获“市优秀新产品奖”。1992 年邱昌明担任善琏湖笔厂厂长以后，仍注重传承基础上的创新，1999 年主持设计的“双羊牌”湖笔获省政府颁发的“优质农产品金奖”，2003 年负责设计和制作的“双羊牌”湖笔获中国文房四宝协会命名的“中国十大名笔”称号。

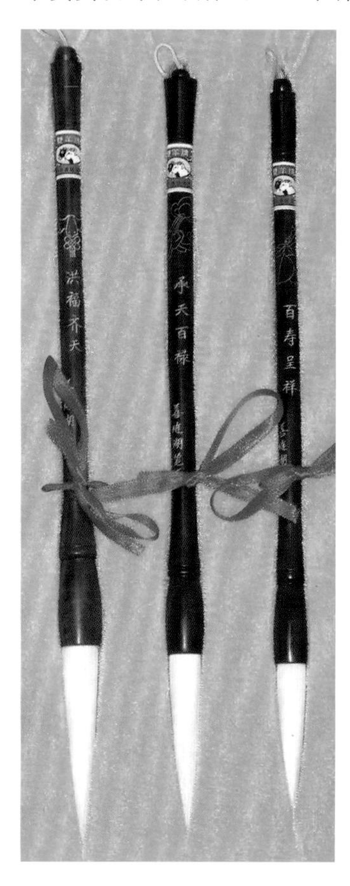

图 1—34　“双羊牌”湖笔

邱昌明出生于新中国成立一周年，在当代湖笔制作传承人中处于承上启下的一代。在这代人的脑海中，永远不会忘记吴尧臣、陈永林、陈爱珠、赵圣男、邢桂花、冯克林、沈锦华、张海生、杨芝英、姚阿毛、孙文英等老一辈师傅们的名字，因为正是从这些前辈的手中承接了湖笔制作技艺，后又将这一薪火传递给下一代。

吴尧臣，1918 年 10 月生，14 岁师从杨联清学习兼毫择笔技艺。杨联清又名杨阿七，他在善琏开的制笔作坊在当时闻名遐迩。学艺 6 年后，恰逢抗日战争爆发，吴尧臣避乱于上海，在周虎臣笔店等处任“坐店”师傅，从事验笔和修笔等工作。新中国成立后他回到家乡，1956 年携妻子著名兼毫水盆工吴学君一道进善琏湖笔厂。后来经过不断学习和实践，他又掌握了羊毫择笔技艺。沈伟忠、罗松泉、王国良等皆出其门下。

陈永林，男，1917 年 7 月生，18 岁拜杨联清为师学习兼毫择笔技艺，是吴尧臣的同门师弟，两年后因躲避战乱学艺中断，回善琏后又师从许森和学艺 3 年。学成后与妻陈爱珠一道自开作坊。陈爱珠，1923 年生，从小随母亲陈宝金学习兼毫水盆技艺，由于聪颖好学，技艺精湛，为业内公认。新中国成立后，夫妻一道加入湖笔同业公会与联销处，1956 年又一道进入善琏湖笔厂，同为厂里的技术骨干，1985 年又同时退休。

赵圣男，女，1924 年 10 月生，12 岁时即拜陆瑞林学习兼毫择笔技艺。

陆瑞林是一代名师，是当时择笔业界唯一的“黑”、“白”、“兼”、“削”全能型技师。所谓“黑”、“白”、“兼”、“削”，分别代指紫毫、羊毫、兔毫和削紫兼毫。据介绍，削紫兼毫制作工艺独特，掌握其制作技艺的师傅很少，现已罕有传承者。名师出高徒，赵圣男学成后，先是在作坊工作，1956 年进厂，指导过两名学生，1980 年退休。

邢桂花，男，1931 年 11 月生，15 岁师从姚伯荣学习装套技艺，1956 年进善琏湖笔厂。同时进厂的装套工还有冯克林，男，1933 年生，16 岁师从朱阿春学习装套技艺。他们先后于 1985 年和 1987 年退休，分别带出三个徒弟。

沈锦华，男，1933 年 12 月生，羊毫择笔工。14 岁时拜舅舅钱连忠为师，在舅舅开办于苏州的制笔作坊里学习羊毫择笔技艺。1956 年 4 月进入善琏湖笔厂，一直作为技术骨干，还担任过择笔办车间副主任兼质检员。姚新兴、吴海良、杨松源、姚建英、陈金妹等均出自其门下。

张海生，男，1937 年 6 月生，兼毫径直笔工。12 岁拜杨永泉为师，在师傅的作坊里学习兼毫择笔技艺。三年后，又拜邵凤林为师继续深造，出师后进善琏湖笔厂，曾任副厂长兼质量管理科科长，1997 年退休。

杨芝英，女，1939 年 7 月生，自小与母亲冯永梅（著名笔工）学习制笔技艺，专攻羊毫水盆，后与母亲一道进善琏湖笔厂，1991 年退休。

姚阿毛，女，1940 年 10 月生，13 岁进入苏州阿福笔作坊学习羊毫水盆技艺，三年满师后回善琏，进新建的湖笔厂从事水盆车间的检验和“搭料”工作，1990 年退休，带过两名徒弟。

孙文英，女，1942 年 9 月生，从小随其母孙松莲（著名笔工）学习兼毫水盆技艺，1956 年进湖笔厂，曾任水盆车间副主任，1992 年退休。

作为善琏湖笔厂的奠基人，上述这些师傅们在自己的工作岗位上为祖国建设做出贡献的同时，又为湖笔事业的可持续发展培养出新一代传承人。除邱昌明外，第二代传承人中较为杰出的还有张锦生、朱亚琴、翁其昌、马志良、茅美芳、王晓华等。

张锦生，男，1952 年 8 月生，1968 年 7 月进善琏湖笔厂，师从著名刻字工徐兰亭学习刻字技艺。他勤奋努力，多次在操作技术大赛中获奖。其徒弟孙育良、徒孙茅美芳现都同在厂里工作。

翁其昌，男，1957 年 3 月生，自幼跟其父翁林海（著名刻字工）学习刻字技艺，1974 年进善琏湖笔厂，曾被评为“湖州市民间工艺美术大师”，有弟子十余名。

马志良，1960 年 2 月生，1979 年 1 月进入善琏湖笔厂，师从沈锦轩学习紫毫择笔技艺，2001 年任双羊湖笔有限公司总经理。

茅美芳，女，1964 年 11 月生，1984 年 12 月进入善琏湖笔厂，师承孙育良学习刻字技艺，曾于 1999 年参加在北京举办的全国农村妇女“双优双比”十年成果展，现场表演刻字技艺。

图 1–35　王晓华在制作笔头

在文化部第一批国家级非物质文化遗产传承人评审时就看到湖州市申报的湖笔制作技艺传承人中除邱昌明外还有王晓华（图 1–35）。从申报材料看，她是同辈中的佼佼者，一个月后我们在善琏考察时找到正在工作中的王晓华，她 1965 年 11 月生，1981 年进入善琏湖笔厂，拜刘亚芬为师学习兼毫水盆技艺，通过自己的勤奋努力，她先后荣获浙江省“百行百星”、中国湖州湖笔文化节“十大名师”、湖州市“科技带头人”等荣誉称号，时任善琏湖笔厂兼毫水盆车间副主任。

二、其他企业的代表性传承人

除善琏湖笔厂外，善琏镇最大生产规模的湖笔厂还有含山湖笔厂。我们在含山湖笔厂考察时见到了该厂的厂长钱建梁先生，还有他的父亲钱金龙先生（图1–36）。钱金龙，善琏人，1938年12月出生于钱氏湖笔制作世家，1962年进入含山湖笔厂工作，从1968年开始担任该厂的供销业务员，直到1985年升任厂长。在长达17年的供销工作实践中，他不仅熟悉湖笔制作技艺，而且对湖笔的原料和产品市场了如指掌，成为钱氏制笔世家的第四代传人。他担任厂长后，先后对新、马、日、韩、越等国进行过考察，了解这些国家的毛笔市场需求，并建立了广泛的联系。

图1–36 与湖笔老艺人钱金龙先生合影

2004年，钱金龙先生从一线岗位退出，担任善琏含山湖笔厂的顾问。其子钱建梁接任厂长。钱建梁，1963年10月生，1979年高中毕业后进含山湖笔厂学习笔杆刻字，1981年参军，1984年退伍后从事法庭书记员、乡工业办公室主任等职务，1990年调任含山湖笔厂任副厂长主管销售。2004年接任湖州市善琏含山湖笔厂厂长后，一方面引进网络销售等新的销售模式，不断开拓新市场，另一方面注重技术创新，组织研发的“双喜湖笔”受到市场的充分认可。他主持完成的“一种毛笔锋毫的脱脂处理方法”成果获得国家发明专利。2010年，钱建梁获“浙江省工艺美术行业优秀人才奖”。

王一品斋笔庄也是湖州本地三大湖笔生产企业之一，也培养了一批又一批杰出的湖笔制作技艺传承人，其中与邱昌明属于同一代的杰出传承人有朱亚琴、刘玉城、张巧娣等。

朱亚琴，女，1953年9月生，善琏老笔工沈锦华之女，自小受到父亲的熏陶和指导，1970年进善琏湖笔二厂，师从毛冬女学习羊毫择笔技艺，1979年进王一品斋笔庄。1994年设计制作的“特制元白锋麻毛笔”、“纯羊毫博古策笔”分获第五届亚太国际博览会金、银奖。2003年被评为湖州市民间工艺美术大师，2005年晋升中级工艺美术师职称。

刘玉城，男，1955年3月生，1979年进入王一品斋笔庄，拜高金宝为师学习装套技艺。

张巧娣，女，1957年12月生，1978年11月进入王一品斋笔庄，师从周素珍学习羊毫水盆技艺。

2005年12月，湖州市人事局颁发的文件中，确定湖州王一品斋笔庄有限责任公司的许阿乔、朱亚琴，湖州市善琏湖笔厂的邱昌明，湖州市善琏双羊湖笔有限公司的马志良、沈惠心、童伟荣等6位师傅为工艺美术师。

湖州王一品斋笔庄有限责任公司钱建平、褚国英、杨其民、娄建琴，湖州市善琏湖笔厂沈伟中、茅美芳、翁其昌、范桂芳、杨会花、王晓华、沈建琴，湖州市善琏双羊湖笔有限公司徐建芳、沈茹妹、徐雅萍、姚宋华等15位师傅为助理工艺美术师。

此外，湖州本地的湖笔生产企业中，掌握娴熟的湖笔制作技艺的传承人还有很多，如善琏春风湖笔厂的冯新妹、吕卫国、沈建新，他们联手制作的“春风牌”系列湖笔，行销全国并出口东南亚地区，特别是他们创造了一种加健型羊毫笔，既保留了羊毫的柔和，又具有兼毫的健力，刚柔相济，受到消费者的充分肯定，被中国文房四宝协会评为“中国十大名笔”。

值得欣慰的是，湖笔制作技艺传承人中不乏70后的新一代，如新艺笔斋的主人吴新女就是其中的一个（图1–37）。吴新女，女，1972年2月生，善琏人，17岁开始学艺，师从善琏湖笔厂的陆金才、翁启昌，后又向师兄张红星学习刻字技艺，1999年创办新艺笔斋。

图1—37 吴新女（取自沈石《四宝精粹》）

王一品斋笔庄的褚国英也是一位70后传承人，她1974年7月生，1993年1月进王一品斋笔庄，师从娄建琴学习刻字技艺，在2004年湖州市工艺美术学会举办的湖笔行业操作比赛中荣获刻字组优秀奖，获“湖州市技术能手”称号，同年又获得湖州地区湖笔刻字比赛第一名。2006年获“优秀美术工作者”称号。

从这一代传承人的身上，人们有理由相信湖笔制作这一古老的技艺后继有人。

第三节 湖笔文化

一、湖笔的命名

湖笔以羊毫和兔毫为主体，间或应客户需求制作狼毫、鸡毫和胎发笔等。湖笔的品种很多，新中国成立以前有100多种，以后又不断增加，1985年统计时多达283种，其中羊毫169种，兼毫46种，紫毫13种，狼毫55种。[4]

以羊毫为例，169个品种可粗分成楂笔、斗笔、提笔、联笔、屏笔、对笔等几类。

楂笔是用山羊胡须制作的，用于写榜书之类大字的大型笔，分“京楂”和“木楂”，前者的笔斗为牛角所制，相对较小，后者则用硬木制作，可以很大。楂笔也分大小不同的型号。

斗笔与楂笔相似，笔头也是安装在牛角或硬木所制的笔斗中。与楂笔的区别不仅在于其尺寸相对较小，更明显体现在其根据斗的形状不同有“直斗”、“髭斗”、“葫芦斗”、“橄榄斗”之分。

提笔与斗笔相似，只是笔杆较细。联笔、屏笔和对笔等则是根据主要功用命名，它们之间差异并不明显，只是相对而言的。

湖笔的命名体系中有产品名和商品名之分。前者表述生产过程中区分所用原料和产品规格、制作要求等信息，突出对毛笔本体的描述，所示较为稳定。后者则由零售商标注在笔杆上，向消费者传达与商品的使用相关的信息，由于更加强调消费者的认同，所以随着社会文化的变迁变动很明显。经过一段时间的发展，就形成了两种体系，前者为笔工所掌握，后者为笔店所掌握。如果不是在二位一体的作坊里，就会出现互不了解的局面，即制作者不知商品名，销售者不懂产品名。

图 1–38　大、中、小号京楂笔

通过对一些传统代表性品种产品名和商品名的分析可以粗略地了解湖笔的两种命名方法及其对应关系。

第一种情况，产品名和商品名一致。如“大号京提”、“二号京提”等既是其产品名，也是其商品名。又如，产品名“120 两纯紫毫对笔”和“100 两纯紫毫联笔”商品名分别为“纯紫毫对笔”和“纯紫毫联笔”，商品名与产品名几乎一样；狼毫湖笔品种较少，传统的代表性的品种如“豹狼毫”、“大狼毫兰竹”和“精制纯狼毫小楷”等，商品名基本上与产品名一致。

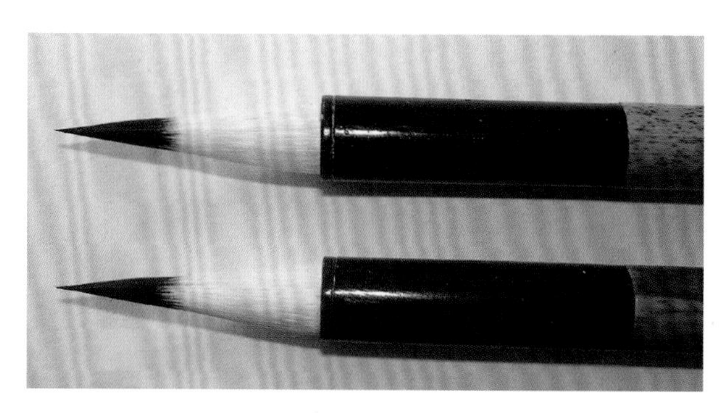

图 1–39　大七紫三羊毫（兼毫笔）

第二种情况，产品名和商品名虽不一致，但表达的内容相似。例如，“顶锋”系列湖笔有七种大小不同的型号，大号顶锋的产品名为“64 两大号鹤脚”，其中“64 两”的含义前文已有叙述，“鹤脚”是形容笔锋修长，形如鹤脚。商品名“顶锋”也是突出该商品“长锋”这一特点。再如“加料条幅”，产品名“20 两联笔”，都描述该笔适宜于写条幅对联类大字的这一性质。又如“一号短锋大楷”，产品名为“32 两短大”，都表明其短锋羊毫笔这一特点。还有大号“兰竹画笔”，产品名为“28 两兰竹”，都强调其适于画兰叶及山水这一功用。

紫毫笔和兼毫笔也是这样，如产品名“26 两纯紫”商品名为“精制九紫一羊毫”，“10 两紫白”商品名为“五紫五羊毫”，“13 两紫白”商品名为“双料五紫五羊毫”，“15 两花紫”商品名为“双料写卷”，等等，都是如此。

第三种情况，产品名与商品名不仅表述不同，内容也不同。例如，产品名“40 两条幅”中“条幅”突出其功用，宜书写条幅类大字，尤其适合写篆书，但其商品名“挥洒云烟”则有些文学意味，没有很确切的意义。又如商品名“超品长锋大楷宿羊毫”，对笔的特征描述更为详细，用陈宿优质羊毫精制而成，锋长略次于七号鹤脚，宜书行、草等书体，但其产品名“大号鸡丝”，一般的消费者都会觉得莫名其妙。再如产品名“六号上对”中的“六号”是系列笔中的大小型号，“上对”表明是“对笔”，该笔锋厚柔软，笔身饱满，含墨量多，宜书写四寸大小的草、隶等书体。然而，其商品名“玉版金丹”同样具有很强的文学意味。更有甚者，产品名为一至五号“盖锋”，适宜写大、中、小楷字的套笔，商品名为“福、禄、寿、喜、庆”，如图 1–40 所示。

紫毫和兼毫的传统湖笔代表性品种中也有类似情况，如写楷书所用的“32 两紫毫”商品名为“右军书法”，写小楷和描线所用的“11两红白”商品名为“下笔春蚕食叶声”。

产品名与商品名的不同还表现在同一产品名往往对应着几种不同的商品名。例如，同为“50两兰蕊”的笔头，最初装在青竹笔杆上，商品名为“兰蕊羊毫”；后来在笔杆上做文章，换上红木杆镶牛角斗，销售时商品名就改为“仿古玉兰蕊”以示区别；也有用花竹笔杆镶牛角斗，则改称“精品玉兰蕊”。再如，产品名为“20两红白块”的笔，笔杆用花竹管牛角斗，商品名为“翰林妙品”，若配用青梗竹管，则称为“长红大楷”。如此等等。

与产品名相比，湖笔的商品名命名显然更为灵活。受政治、文化等社会因素的影响，有时同一种笔的商品名会发生很显著变化。例如，20世纪六七十年代受政治、文化的影响，传统的“福、禄、寿、喜、庆”套笔（图1–40）曾被改称为“劳、动、最、光、荣”。此外，这种灵活性还表现在有些笔以名人的名号或题词等命名。如以郭沫若先生的名号命名的“鼎堂遗爱”、以沙孟海先生题词“柔不絮曲，刚不玉折，贮云含雾，应手从心”中的内容命名的“贮云含雾”等。

图1–40　善琏湖笔厂的“福、禄、寿、喜、庆”羊毫系列笔

二、湖笔与书画

作为湖笔制作技艺的创造者和传承人的广大笔工，虽然掌握着十分复杂的技艺，虽然长年累月辛勤劳作，却只能勉强糊口度日，所以他们习惯以“笔空头”自嘲，觉得自己是很无奈地啃着制笔这个嚼之无味又不忍舍弃的“腊肉骨头”。

毛笔的主要用途是写字作画，上升到艺术境地是书法和绘画，因此，满足书画创作的要求始终是湖笔制笔技艺追求的目标和演化的方向。

湖笔宜书宜画，为书画家所推崇。郭沫若题王一品斋湖笔：“湖笔争传一品王，书来墨迹助堂堂。蓼滩碧浪流新韵，空谷幽兰送远香。垂统以还二百二，求精为作强中强。宏文今日超秦汉，妙手千家与报章。”1962年，著名语言文字学家叶圣陶先生为王一品斋笔庄题诗：“江郎异梦韩公传，毛颖文房增重名。闻说湖州王一品，相承历世制尤精。”图1–41为程十发先生1980年5月为善琏湖笔作《双羊图》，题曰：“善琏湖笔厂制作书画笔极精卓。今试笔画双羊图赠为纪念。”

湖笔的制作与使用的妙合并不是偶然的。旧时笔工大多没有多少文化修养，所以才会有“只知笔头朝上，不知笔头朝下”的俗谚。缺乏用笔经验的笔工却能制作出让书画家得心应手的良笔，没有后者的积极参与是不可想象的。自古以来，凡著名笔工都注重与文人、书画家等用户密切交往。他们追求完美，精益求精，在售笔过程中注意听取高水平书画家的意见，并根据使用者的需要而对笔的制作加以改进。湖笔崛起之时，赵孟頫与当地笔工互动，清代笔工王兴源对客户已经“试之而善”的笔还要“修笔以称之”等，都是这方面的典型例证。

这种优良传统一直传承到今天，湖笔制作始终与国内知名的书画艺术家保持着密切联系。一些具有很高的书法、绘画造诣的政治家和文化名人也时常关心湖笔制作技艺的发展，试笔题词，支持湖笔制作业的

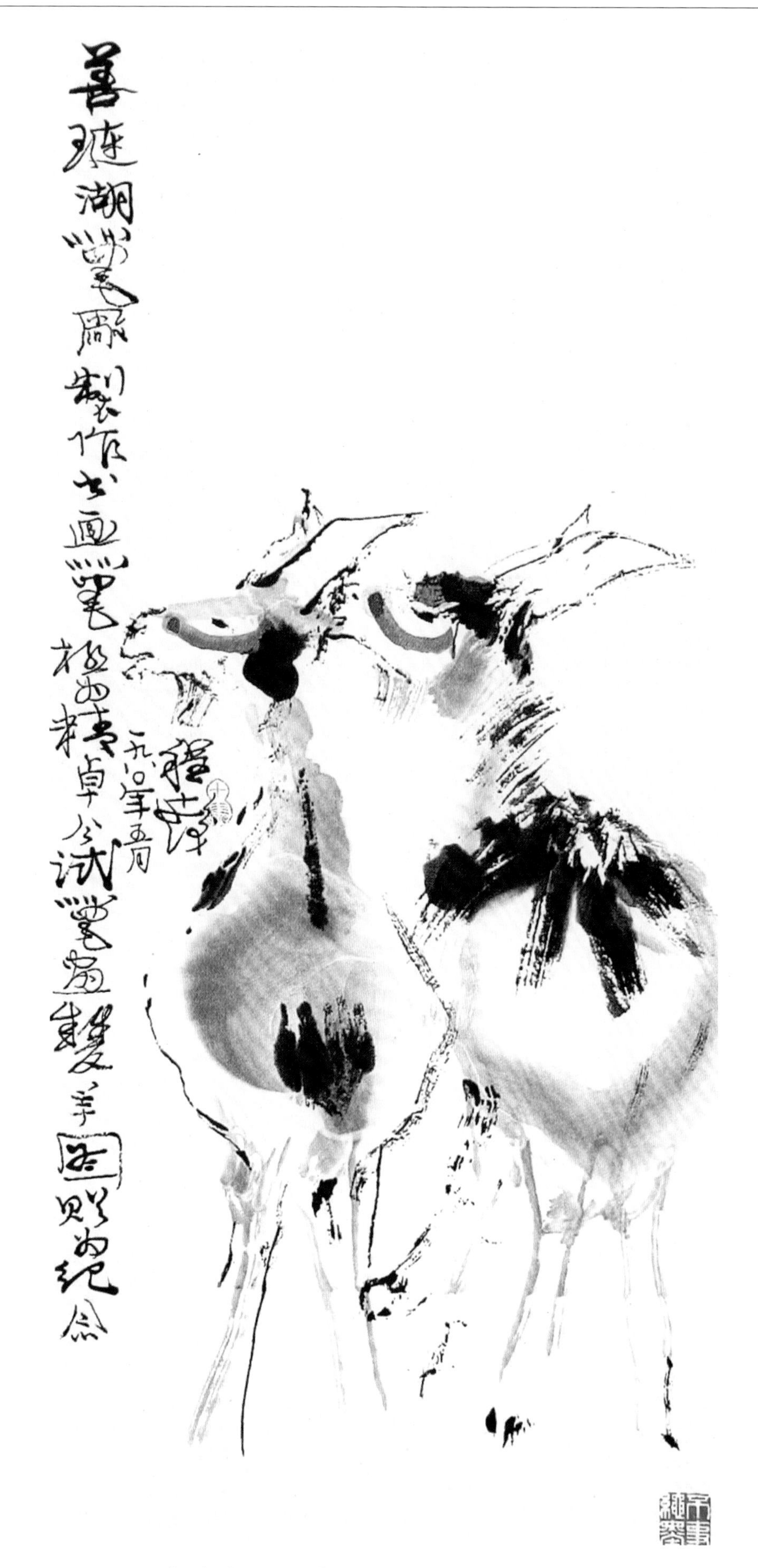

图 1–41　国画《双羊图》（程十发作）

发展。启功、沈鹏、潘天寿、程十发等一大批当代著名书画家，朱德、陈毅、董必武等政治家和郭沫若、沈雁冰、老舍、叶圣陶等许多文化名人都为试用湖笔留下墨宝。图1–42即为启功试用善琏笔题写的《题画芝一首》。

书画家对湖笔制作技艺发展的贡献还表现为共同研制并取得成效。前文叙述湖笔的分类多达数百种，这些不同类型和不同大小的笔并不是笔工想当然制作出来的，可以说大多数笔种的产生都有书画家的贡献。例如，将大小相近的笔，根据笔锋的长短不同，分为顶锋、长锋、中锋、短锋等不同类型；还有根据用途不同，在笔头的形式上下功夫，分为“笋状样”、“宝剑式”、“叶锋式”等，以适应各种不同书画技法的特殊要求。所有这些都是画家与笔工合作研究的结果。

三、笔神祭祀等习俗

善琏人为了纪念为制笔业做出过重要贡献的蒙恬，早在清代初年就修建了蒙公祠（俗称“蒙公堂”），后在抗日战争中遭损毁，现在我们看到的蒙公祠（图1–43）占地4000平方米，系1992年重建，1995年竣工。主殿内供奉蒙恬的神像（图1–44），还有据说是其夫人卜香莲及其两个孩子“停停”和“搭搭”的塑像。

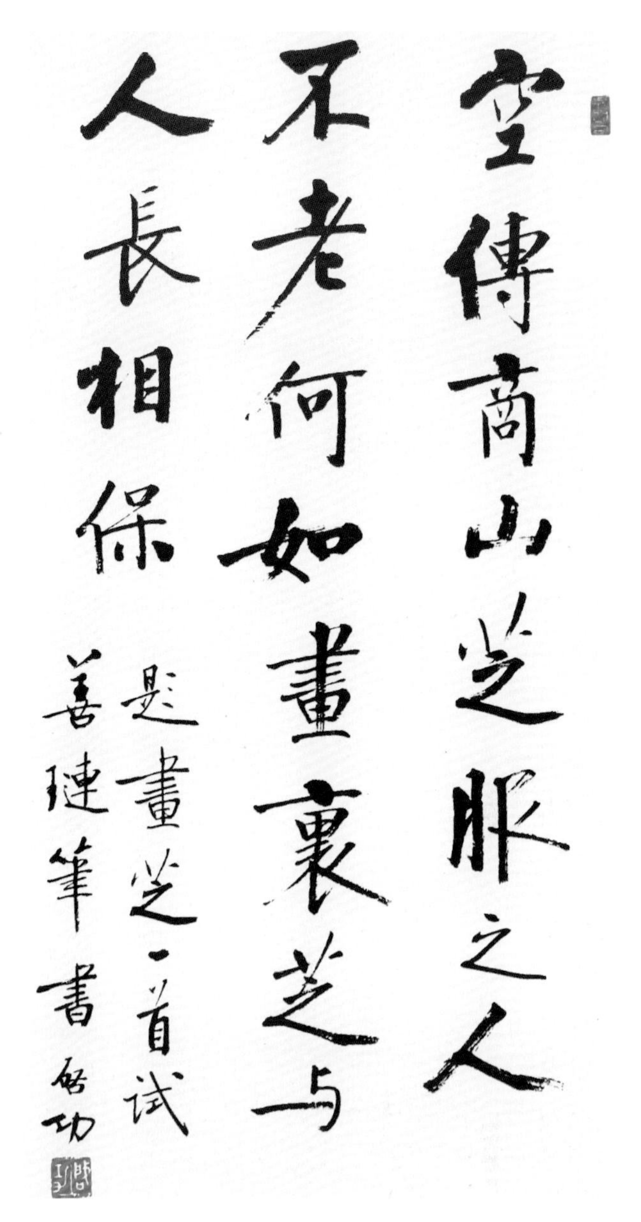

图1–42　《题画芝一首》（启功作）

每年的农历三月十六日和九月十六日，据说是蒙恬和香莲夫人的生日，当地都要举行庙会，除祭拜仪式外，还要开展打唱娱神、做戏娱神、抬菩萨巡游等活动。活动当天除了主会场，各作坊和笔工之家也都点香烛，摆供品，还要吃长寿面。

图1–43　蒙公祠主建筑

民国时期，纪念活动从纪念日的前一天开始要持续三天。第一天，从上午开始请来的和尚打唱班子在蒙公祠内奏《将军令》等民间器乐曲，唱《宣赞》等曲词，称“打唱娱神”。头两天的下午和晚上都要演戏，下午一般演六出小戏，晚上才正式上演三出折子戏。开演前要“跳加官”，老板送上红包，作为回报，演员展开祈福的条幅上会出现这些老板的名字。第三天活动进入高潮，笔工们用三顶轿子抬着蒙恬及其夫人和“太子”的“行身”像，每顶轿子配八名轿夫，分两组轮换上岗，在街上巡游。队伍的最前面是两人扛的横锣开道；紧接着是持十八般兵器的仪仗队；

再就是上百人组成的放铳队，边行边点药放铳；后面有旗帐队和锣鼓队，高举着彩旗、伞帐，敲打着喧天的锣鼓；三顶轿子走在最后面压阵。队伍环绕镇子一周后返回蒙公祠。整个活动引来很多周边的乡亲前来观看，场面十分热闹。

图 1–44 蒙公祠中塑立的蒙恬像

除了纪念蒙恬的活动外，善琏还有一些与湖笔制作有关的民俗文化，如在拜师收徒、生产经营方面都有一些特殊的习俗。

善琏的制笔师傅只收当地人为徒，这种传统对于技艺的“原产地保护”显然有利。拜师往往需要媒人介绍，得到师傅的认可后，要行正式的拜师礼。过去送的礼品通常是两只猪蹄、两条鱼，有条件的家庭再加上酒和糕点之类。师傅会将礼品的一半转赠给媒人。拜师仪式上，徒儿点燃自带的香烛，铺开带来的红毡，然后面朝北在红毡上向坐着的师傅和师母（俗称“阿婶”）行跪拜礼。之后由父母与师傅签安保文书（俗称“关书”），声明学徒期间在师傅家出现意外情况无须师傅负责。学艺期限多为三年，期满之后还要在师傅家“半作一年”，当地有“三年徒弟，四年半作”之说。其间原则上不得提前离开，更不得另选师傅，如若变动，必须经师傅同意，并且有所补偿。学业期满如果师傅或自己认为技艺不强，可以再拜一年师傅，像这样总共学习六年后才独立从业，被称为“超手段”。

注释

[1] 程建中：《湖笔制作技艺》，浙江摄影出版社，2009 年，第 26 页。

[2] 沈文中：《明代湖笔业鼎盛的社会历史原因探究》，载《湖州职业技术学院学报》2006 年第 4 期。

[3] 陈连根：《试论湖笔文化发展的新空间》，载《湖州师范学院学报》2002 年第 5 期。

[4] 程建中：《湖笔制作技艺》，浙江摄影出版社，2009 年，第 44 页。

第二章　宣笔制作技艺

宣笔是中国历史上第一个以地方冠名的毛笔品种，宣州制笔历史悠久，唐宋时期最为兴盛，虽然在元代以后由于文化中心转移以及战争等原因，其地位逐渐为湖笔所替代，但宣笔生产一直延绵而未中断。新中国成立之后，在人民政府的扶持下，宣笔业迅速得到恢复与发展。

2008 年，宣笔制作技艺被列为国家级非物质文化遗产名录。泾县三兔宣笔有限公司和宣州区张苏笔庄是宣笔制作技艺的代表性传承单位（图 2–1）。从 2006 年起，笔者先后四次专程赴宣州区和泾县调查宣笔制作技艺，先后对这两家企业进行过较为详细的考察。在此过程中，得到了三兔宣笔有限公司的伍森严董事长、安徽省级传承人佘征军师傅以及张苏笔庄的张苏先生一家人的热情接待（图 2–2、图 2–3）。

据了解，安徽泾县三兔宣笔有限公司现（2011 年 10 月）有员工 48 名，年产量约 60 万支，产值约 400 万元人民币，生产的宣笔品种多达 500 种以上，销售渠道仍是专卖店，部分产品外销。外销的方式是外商与厂家建立意向，然后自找外贸公司办理相关手续。

坐落在宣州区溪口镇的张苏笔庄是由张苏先生于 1984 年创办的，现有员工近 10 名，年产量 10 万支。

除了三兔宣笔有限公司，泾县生产宣笔的企业有近 28 家，据粗略估算，这 28 家小企业和作坊每年生产宣笔约 200 万支，多为较低档笔，故附加值不高，总产值约 1000 万元人民币。

安徽省级非物质文化遗产名录中还有两个毛笔制作技艺类项目：临泉毛笔制作技艺和徽州毛笔制作技艺。这两个项目都有一定的发展历史，其中徽州毛笔制作技艺在狼毫笔制作方面独具特色，传承人杨文制作的毛笔受到书画家的认可，所以我们将它作为广义的宣笔制作技艺加以介绍。

宣城境内“崇山箐密，林木古茂”，特殊的地理环境、适宜的气候条件、丰富的竹种资源、优良的兽类毛料为制作传统宣笔造就了独特的自然优势，为宣笔生产与发展提供了可靠而纯正的原材料来源，从而确保了中国传统宣笔的卓越品质。自被列入国家级非物质文化遗产名录之后，在各级政府的支持下，经过传承人和相关学者的共同努力，宣笔制作技艺得到了长足发展。

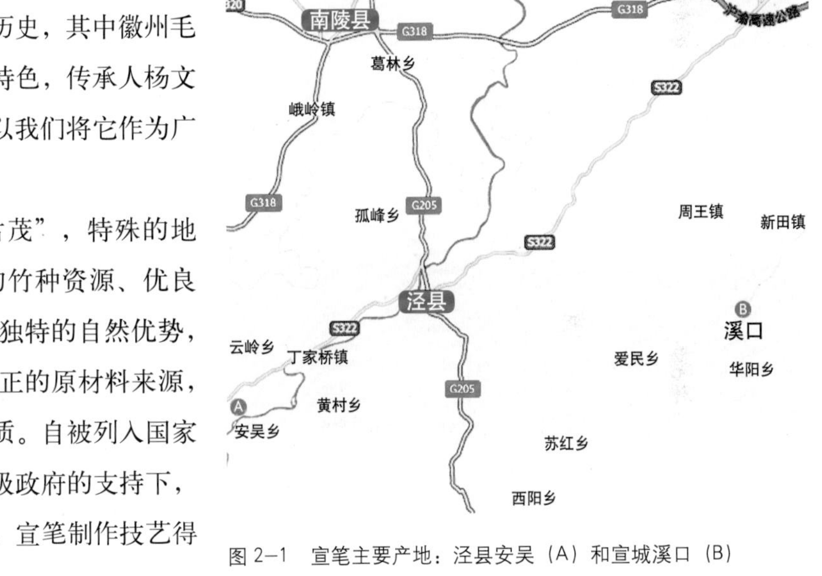

图 2–1　宣笔主要产地：泾县安吴（A）和宣城溪口（B）

图 2–2　笔者与伍森严（右一）、佘征军（中）交谈

图 2–3　笔者与国家级传承人张苏先生和其夫人孙凤珍交谈

历史上宣笔以紫毫笔为主流，现代宣笔在紫毫笔制作技艺方面仍保持领先地位。当然，宣笔的品种并不仅限于紫毫笔，而且从产量上看，还是以羊毫、兼毫笔为大宗。特别是经过近几十年的发展，宣笔在羊毫笔、狼毫笔和兼毫笔制作技艺方面也形成了显著的特色。

第一节　宣笔制作工艺流程及主要产品

历史上宣州制笔以紫毫笔著称，原因之一是这里的紫毫质量最佳，不过，当代宣笔生产却以羊毫笔和兼毫笔为大宗，此外，也生产狼毫笔、胎毫笔等其他品种。本节主要介绍宣笔紫毫笔、羊毫笔的生产工艺流程，然后对其主要产品作概要性介绍。

一、紫毫笔制作工艺流程

1. 选料

紫毫笔是宣笔的特色品种，因主要原料是野兔身上的紫毫而得名。做紫毫笔有两种主要原料，一是野山兔，以皖南山区山阴面生长的野兔为最佳，如图 2–4。山兔的紫毫挺拔而且较长，制作的笔弹性好。另一种是淮兔，以扬州、淮安等地即苏北平原地区所产的野兔为代表，其紫毫较软，没有中山兔毫那样刚健，也比较短。然而，以淮兔毫制作的笔柔性较好。取紫毫的部位和方法没有明显差别。从皮毛商那里采购来整张已风干的皮毛，毛质浓厚、毛色发黑的皮毛中紫毫多，为上等原料。每张皮的价格 5 年前平均仅需数元，近两年则需要 15 元左右，而且供应量越来越少。

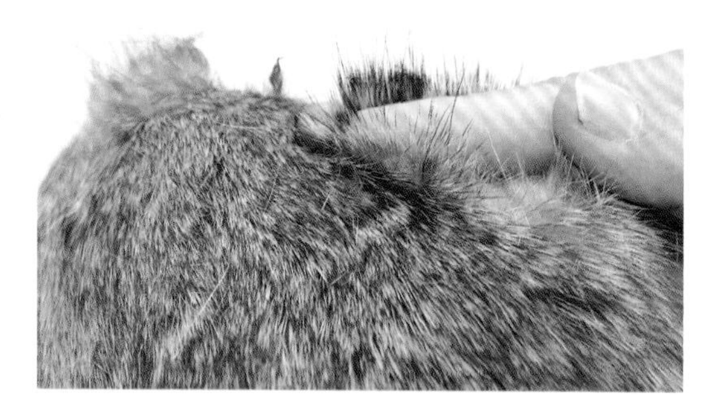

图 2–4　野兔皮上的紫毫

2. 脱皮

将兔皮放在地上，光面朝上。蘸适当浓度的碱水涂抹皮的表面，几分钟之后，再将用草木灰和石灰液调制的糊状物涂在皮面上，如图 2–5。将涂过碱液的两张皮相对扣合，有毛的一面朝外，静置四五个小时，使毛囊腐烂，毫毛与之脱离。

图 2–5　涂碱泥

3. 拔毫

兔毛中可用于制作紫毫笔的毛有两类五个品种。一类在背脊部位，包括“紫毫”、“深锋”和“浅锋”三个品种，另一类是在侧腹部，有“花紫”和“花浅锋”两个品种。

紫毫的锋通透，产于兔的背脊部，是兔毛中最上等的制

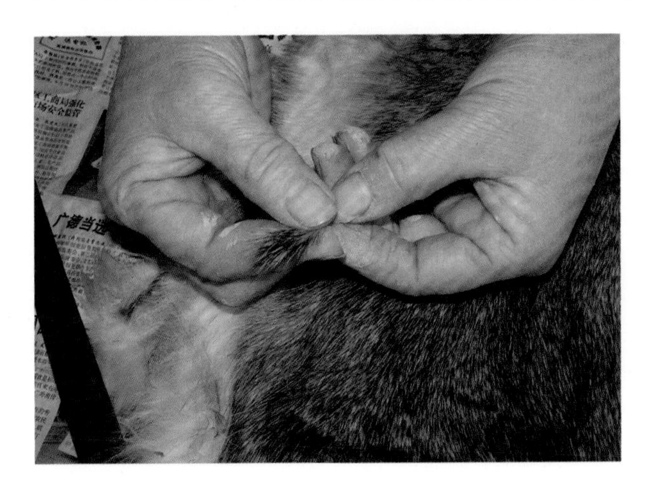

图 2–6 取下的花紫

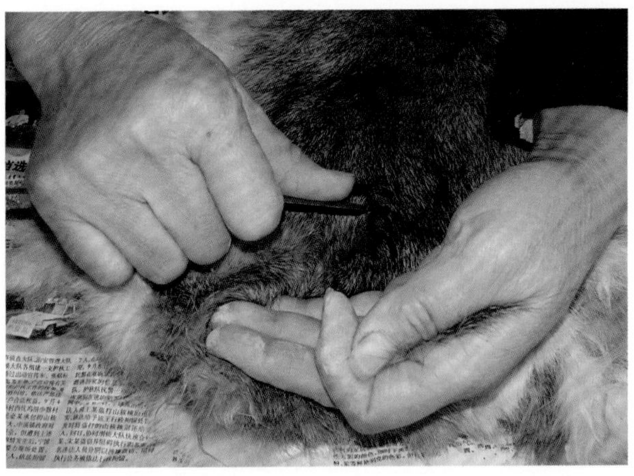

图 2–7 拔紫毫

作紫毫笔的原料。兔皮上“紫毫”的含量很少，据介绍，每千只山兔仅有 50 克左右的紫毫，故有“紫毫之价如金贵”之说。紫毫的长度因兔子的生长状况有所差异，据介绍，长度能达到 4.3 厘米的紫毫就是上等料了。

“深锋”比紫毫略短，生长的部位与紫毫同，与紫毫的差别不仅在于其锋长仅约 1 厘米，而且在锋的下端长有一个比其他部位稍粗的节（俗称“蕾”）。

“浅锋”比深锋还要短，而且锋长也短于深锋，同时也有蕾。

“花紫”长在侧腹部，与紫毫相似，没有长蕾，只是毛色紫、白相间，如图 2–6。花紫区域的浅锋与背脊部的浅锋相似，颜色稍浅，没有花紫那样明显。

拔毫只取上述几种锋毛，暂不作区分，一道取下来。操作时手握木尺，用右手大拇指将毫毛压在木尺上，拔出后，放在左手，如图 2–7。

每十张上等皮料仅能拔出一“片”毫，纯用紫毫作锋，深锋和羊毫作衬生产高档紫毫笔，原料成本会很高。每百张皮取下的各种锋毛可满足 200 支普通笔用量。

4．做团

将紫毫做成团状，放在清水中握放几下，如图 2–8 所示，然后用相同的手法在澄清的石灰液中攥几下，使毛团中均匀地吸入石灰水。毛团放置一两天。注意夏天气温高时放置的时间不能太长，否则会腐蚀。此道工序的目的是使兔毛初步去脂。

图 2–8 “做团”操作示意

图 2–9 漂选分类

图 2–10　漂选后粘上一些石灰后的模样

图 2–11　齐紫毫

图 2–12　切毫根

5．漂选

如图 2–9，在骨梳上将紫毫、花紫和深锋分别从团料中一根根拉选出来，余下的浅锋只能用于制作低档笔。漂选实际上是一个分类过程。漂选之后的毛粘上一些石灰即成如图 2–10 所示的模样。

6．掺绒

将适量的低质量的短羊绒掺入漂好的紫毫，操作方法是将羊绒放在兔毛的下段，用牛骨梳反复梳，使之掺和均匀。然后再将其中的羊绒梳至根部，相当于给紫毫加上根，便于下道齐毫时抓握。花紫、深锋用同样的方法掺绒。

7．齐毫

如图 2–11，操作者一手捏住根部的羊绒，一手握牛骨板，再次将漂选过的毛片一根根拉出来，目的是使所有的毛依毛尖对齐。齐兔毫时要在锋尖上粘上一点“米土”（图 2–11 碗中所装，是一种很细腻的石膏），主要是便于拿捏，同时也可以保护毛锋不受侵蚀。齐过毫的毛片毛锋一边整齐，根部一边按长短顺序依次排开，形成一个斜边。最长的紫毫可以达到 4.2 厘米以上，最短的在 2.2 厘米左右。

8．配料

根据紫毫的长短确定用于制作何种规格的笔头。长锋制作长笔头，短锋制作短笔头，尽量做到物尽其用。

宣笔紫毫笔的笔头按长度，从 4.2 厘米到 2.8 厘米，按每隔 0.2 厘米一挡，通常分为 8 种规格。每一种规格并非只用一种长度的料，因为笔头不同于刷子，要做成近似于笋尖的形状，例如制作最长锋的纯紫毫笔头，锋尖部所用的紫毫不必都是 4.2 厘米长的，3.8 厘米以上的都能用上。

9．切料

配好的料要根据需要切除多余的部分。毛毫讲究“尖齐圆健”，其中的“尖”与“齐”似乎是一对矛盾，解决这对矛盾的秘诀在于切料这一环节上的技巧。将不同长度的毛按合适的比例，一端对齐扎在一起就能做到“尖”，但要做到“齐”就必须使其中一部分毛是同样长度的。制作紫毫宣笔以六种长度的毛为主体，分别被称作“顶”、“小八字”、“大八字”、“头道衬”、“二道衬”、“三道衬”，前三道为“毫”或者“锋”，后三道为“衬”。它们之间的长度差值依据笔头大小的不同而成比例地变化。大致地说，如果以最长的“顶”锋为 1，“三道衬”基本上在 0.6 左右。

切料操作如图 2–12 所示。切料时，比着特制的尺子（俗称“码子”），将这六道毛切齐。用切齐的毛制作顶锋和披毛才能达到“齐”的要求。但如果仅用切齐的这六道毛制作笔头，虽然看上去也比较尖，但微观上看实际上是“六级台阶”式的，不便于使用。为了填平这些“锯齿”，形成一道平滑的结构，实际操作中还要有意识地将每道毛做得参差不齐。张苏师傅称这一秘诀为“三刀齐（上顶），一刀贴”，意思是其中的一部分要斜着切。制作大笔头时，单是“一刀贴”还不够，可以在两道衬之间加垫一些羊毫，以改善毛笔的使用效果。

切料过程中还有一个环节十分重要，就是将蕾子错开(俗称“破蕾”)。深锋和浅锋上都长有关节状的“蕾”，如果它们处在同一环节上，笔头在这个地方就会凸起。破蕾的方法也是斜着切其根部，使得根部对齐后锋部参差不齐。

制作紫毫笔技艺中最关键的工序就在于配料和切毫。根据毛的情况以何种比例配用不同长度的毛，“贴”毛使用的比例，包括各道毛之间的长度差，都由制作者自己凭经验掌握，由于笔的好坏会受到用途和使用者的影响，笔头外部曲线完美程度没有办法精确地规定。

10．加衬

将制作一种笔头所用的切好的料，根据所制作笔功能的要求配在一起，换言之，将较短的“衬”毛加配到较长的“毫”毛之中，俗称“加衬”。

11．尖毫

如图 2–13 所示，通过反复梳理将不同类型的毛尽可能充分均匀地混合在一起，俗称“尖毫”。这道工序实际上要重复多遍，如在进行加衬工序之前，就要分别将不同长度的毫毛（顶、小八字、大八字）、衬毛（头道衬、二道衬、三道衬）充分均匀混合。各种毛料混合得越均匀，制作的笔越好用。

图 2–13　尖毫

紫毫很短，加夹很容易伤着毫，所以尽可能用手捏着，用骨梳反复梳。据说，具有十年以上的实践经验的师傅，才能真正熟练地进行这道工序，制作出高档的紫毫笔。

12．圆笔头

为满足不同的需要，紫毫笔笔头的制作方法也有多种，一般而言，一个笔头至少要圆两次，第一次圆笔胎，第二次是加披毛。

圆笔胎的方法：从混合均匀含有毫毛和衬毛的毛片中取适量的毛，在骨尺面上均匀摊开成为薄薄的一片，如图 2–14；然后从毛边的一边开始将毛片卷起，如图 2–15，即成一个笔头。

图 2–14　圆笔头：摊开成薄片

圆好的笔胎上还要加上一道披毛，用披毛裹住笔胎，使之更为美观。如果以紫毫作毫、深锋作衬制作笔胎，用紫毫或花紫作披毛，制作出来的就是特净紫毫笔。如果用一定量

图 2–15　圆笔头：卷起薄毛片成笔胎

图 2–16　张苏的儿媳孙晓琴在卷笔头

图 2–17　修笔

图 2–18　不同规格的兔毫笔

的羊毫作披，则制成所谓“七紫三羊”、“五紫五羊”等紫毫笔。这是一道对笔工要求很高的工序，不仅要求用力均匀适当，以保证笔头具有理想的形状，而且速度要快，每天要做笔头 50 个左右。

13. 扎毫

紫毫不能通过点松香来固定，所以扎毫的方法不同于羊毫笔。为了使笔头更为牢固，要扎两道线，先在离毛根稍远处扎一道线，然后再在靠近根部处扎一道。为便于安装，扎毫结束时要有意留出一段线。

14. 装管

较大的紫毫笔头可以直接纳入笔杆前端的空腔，并与之黏结成为一体。制作小紫毫笔就不能直接将笔头装入笔杆前端的空腔，原因是笔杆有粗细，空腔的尺寸难以统一。张苏笔庄将装管工序分为两道工序：先在笔头装上一段短小的竹管，这个竹管是专门加工成统一尺寸的。安装时，将扎笔头时预留的线先穿过竹管，这样有助于将笔头根部纳入笔管中并且与之固定。然后将细管涂上胶，装入笔杆前端的空腔。

15．修笔

笔头装上之后，还要经过一道重要的工序——修笔，如图 2–17。修笔实际上是对前面几道工序成果的一种反馈。前面的配料、切料和加衬等工序虽然可以保证制作的笔头基本呈现理想曲线，但要想让同一批次那么多的笔头都符合要求，师傅们还要通过修笔工序来控制紫毫笔的质量。

二、羊毫笔制作工艺流程

1．选料

制作羊毫笔以山羊毛为主要原料，其选料极有讲究。据介绍，江苏启东、南通等地所产的本种山羊毛是制作羊毫笔的上等原料，这可能与当地的土壤中含盐量较大或沿海地区水草料营养丰富，同时采取圈养等因素有关。一般在冬至之后一个月左右（“三九”之后，“四九”中）宰羊，之后用开水浇烫毛皮，然后将全身的毛煺下，晒干。制作高档毛笔最好选用体重在10千克左右(不超过20千克)当年生公羊毛。上等的细光锋一般长在背部前端与颈根部，一只羊往往只能取 100 克左右。其他部位的毛各有特点，如在胸部取白尖锋，臀尖取黄尖锋，在头部取头爪，脚部取脚爪等。图 2–19 左起第二撮羊毛通体油亮，是较为罕见的上等细光锋。

图 2–19　不同品质的羊毛

2．撕毫

将选好的毛料的根部对齐，然后用牛骨梳梳去绒毛，使之成团状。

3．腌毫

将羊毛团放在盆中，加水浸泡，或以石灰水腌沤，腐蚀毛根，如图 2–20。

图 2–20　腌沤脱脂

4．上羊毫

将腌沤好的毛团根部的油皮撕去，再梳去其中的羊绒，使之成为片状。

5．齐毫

用梳子梳刮出羊毛片根部的绒毛，然后用大拇指和食指捏住绒毛部分，在牛骨板上将羊毛的尖部一根根对齐，如图 2–21。

6．压毫

用毫刀将齐好的毛片按比例依次叠放，最长的是笔尖，第二道比笔尖稍短一些，第三道较第二道又短一些，连续四五个梯次，所有梯次的毛根部都要切齐，这样做可以使笔头成为笋尖形。

图 2–21　齐毫

7．尖毫

接着用铁夹将配好的毛片夹紧，用牛骨梳反复梳理。然后打开铁夹，将毛片翻叠后再反复梳理，如此数遍，直到完全混合均匀，如图 2–22 所示。毛片在没有充分混合之前有明显的色差，混合之后则看不到明显的色差。

图 2–22　尖毫

8．尖衬

采用同样的方法将猪鬃、羊须等衬毛反复梳理均匀，按比例加入毫毛后，再充分混合。

猪鬃是毛笔制作中使用的很主要的一种配料，主要用作衬毛。用张苏的话说，羊毛是写字的，如同人的肌肉，猪鬃好比人的骨骼，起到支撑的作用，没有它，笔就会太软，弹不起来。作衬所用的猪鬃需要进行处理，如果直接用生猪鬃，由于它与羊毛配不起来，制作的笔写字时会开叉，毛往外跑。道理很简单，猪鬃上有油脂，如果直接使用，会影响笔的含墨性能。张苏笔庄采用高温去油法，将猪鬃捆扎后进行长时间高温蒸煮，不仅可除去其中的油脂，还增加了猪鬃的硬度。用处理过的猪鬃作衬制作的笔易着力，便于掌握，刚柔并济。

9．去脂

将尖好的衬毛与毫毛的混合毛片放入盆中，倒入配比好的淡石灰水腌沤，目的是除去毛表面的油脂。此道工序事关笔头的耐用程度，很重要。腌好以后，再经过反复梳理，除去附在其中的石灰渣和杂毛等。

图 2–23　圆笔

10．圆笔

用薄刀片取适量的衬毫滚成笔头形，称作笔胎。圆笔时旁边要放一个笔管，通过加或减，使圆出的笔头大小适中，恰好能放在同样大小的笔管中。操作如图 2–23。

11．盖笔

采用与制作笔毫同样的方法将很细的羊毛制成毛片，用薄刀片取薄薄的一层盖毛裹在笔胎外周，就做成笔头。盖毛的作用是使笔头中所含墨汁不外流。

12．熏笔

将圆好的笔头蘸上淡水胶，防止散开。在平地上撒上一层草木灰，把笔头摆在上面，点燃硫黄，然后用瓦盆将其盖住，如图 2–24。四五个小时后取出，放在竹筛上晒干。

图 2–24　熏笔

13．扎笔头

用松香在油灯下焊笔头，使整个笔头成为一体，然后用

图 2–25　扎笔头

丝线捆扎笔头。操作如图 2–25。此工序决定笔头是否有脱毛现象。

14．装套

制作宣笔笔杆所用原料有很多，最常用的是竹子。用绞刀、压刀、搓凳等工具，将笔杆的一端挖空。选择合适口径的笔杆，将笔头的根部和笔杆的端孔中抹上适量的胶，然后将笔头插入笔杆。

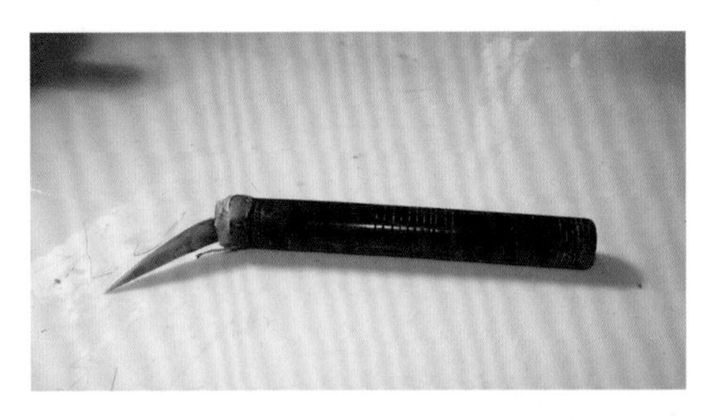

图 2–26　修笔刀

15．修笔

笔头粘牢后，用修笔刀（图 2–26）对笔头进行最后的整理，剔除其中的杂毛，整理成理想的形状。对于有质量问题的笔头，如果稍作整理可以达到质量要求的，则进行修整；若是问题较大，则拣出。之后将笔头插入调好的水溶胶液中，用力使笔头展开，蘸满胶液，抽出后用手挤捋笔头，使之成为笋头形，如图 2–27。

16．刻字

用平口刀、月牙刀等工具，在笔杆上刻上笔的品名，如“精品云鹤”、“纯狼毫兰竹”、“精品长锋兼毫”等，如图 2–28。

图 2–27　修笔

17．扳笔

对笔杆进行校正，将弯曲的笔杆放在火盆上烤热后，用扳棍修直。

18．包装

对成品笔进行最后检验，然后将质量合格的产品贴上标签，装盒。

图2–29为宣州宣笔厂的张苏先生对成品笔作最后检查。

2008 年，张苏笔庄选送的“极品兼毫”荣获安徽省第二届民间工艺精品展金奖。

宣州紫毫、黄山烟雾、乌溪清泉、长颈鹿、鹤颈等品种，

图 2–28　刻字

图 2–29　质量检验

除供应北京荣宝斋、上海朵云轩等著名书画用品店外，每年还出口到日本、东南亚和欧美等地。

三、狼毫笔制作工艺流程

制作狼毫笔主要原料是黄鼬（俗称“黄鼠狼”）尾巴上的毛，以山海关外的原料为佳，称“辽尾”。猎人在冬季捕杀黄鼠狼后，取下其尾巴，剪开后取下骨头，晾晒干燥后，作为原料出售。黄鼬尾分不同的等次，主要是根据毛的长度和品质划分。按毛的平均长度分大、中、小尾，如图2–30所示。目前的市价，大尾150元左右，中尾70元左右，小尾30元左右，越大越难得。

黄山市屯溪区老街上的“杨文笔庄”制作高档徽笔品质优良，受到书画家的认可。根据我们对杨文笔庄的调查，狼毫笔制作工艺流程包括以下主要工序。

1．拔毛

黄鼬尾毛本身就短，稍稍长一点就很难得，所以取黄鼬尾毛必须连根拔，方法有三种，其一是干拔，就是直接从狼毫上将毛拔下来。采用这种方法对毛的损伤最小，缺点是太费力，当然很有技巧，如果操作不当，会造成大量的断毛。如图2–31所示为杨文的父亲杨恒云在进行干拔毛操作。其二是清水拔，先将干尾在清水中浸泡一昼夜，然后用手拔，与干拔相比要省力一些，对成品率的影响也不大，是最常用的方法。其三是矾水拔，将干尾放在一定浓度的明矾溶液中浸泡一昼夜之后拔，这样拔起来很轻松，但经矾水浸泡后，毛变得很脆，在梳理中很容易折断，成品率只有30%左右。拔毛时手上可蘸上一些滑石粉，然后连绒一道卷起一小撮，用力拧下来。

图2–30 拿起的三只黄鼬尾，从左向右依次为小、中、大尾

图2–32 理毛（分类）

图2–31 杨恒云在进行干拔毛操作

图 2–33 用牛角梳梳去绒毛

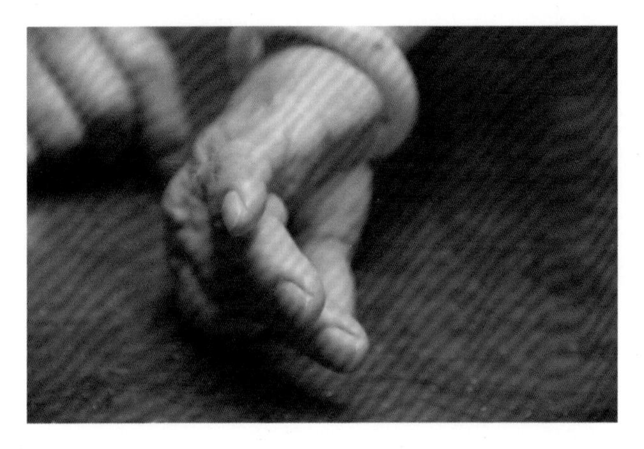

图 2–34 轻揉

图 2–36 杨文的母亲吴木英用力抓放毛团

图 2–35 毛根在水的作用下粘连在一起

图 2–37 脱脂

2．理毛

如图 2–32 所示，将拔下的毛分类放，根据毛的长短和粗细不同，区分其用途。尾中段毛既粗且直，主要用作“心毛”，又称“主毛”，即笔尖用毛；尾根毛由于绒很重，所以毛根很细，大多需要裁去毛根，用作衬毛，或用作披毛；尾梢毛最长，可用于制作特长的狼毫笔。不过，由于长期的外力作用，梢毛的毫颖大多有损伤，所以与中段毛相比并不是上乘毛。

3．去绒

如图 2–33，取一撮毛，左手抓住毛的前部，用牛角梳反复梳，除去根部的大部分绒毛。

4．固定毛根

除去绒毛之后，在毛根上蘸少量水，如图 2–34，用手的拇指根部轻轻地揉，使一撮毛的毛根粘连在一起，如图 2–35 所示。

5．泡水

如图 2–36，取一小团去过绒的毛，用手握住在水中用力抓放，使毛团充分吸入水分，然后将毛团根部向下放在敲板上。

6．脱脂

用石灰水，浓度根据经验调配，将生石灰放在清水中，发开后停置，过些日子根据需要取适量的澄清的石灰水。用力握紧泡过水的毛团，尽可能去除其中的水分，然后放在石灰水中，同样攥几下，使之浸透石灰水，之后放在石灰水中沤两天。如果石灰水浓度较大，则时间要短一些，一天即可。浸石灰水时毛尖要露在外面，以免毫颖受损。如图 2–37 所示，由于时间关系，图中石灰水没有按要求用澄清的石灰水。

7．洗除石灰水

将浸过石灰水的毛团放在清水中用力抓放，清除其中的石灰水。

8．去绒毛

一手抓紧毛片，捏住毛片的中部靠根部，靠在水盆边，用牛角梳先反复梳理根部，梳去根部的皮脂和绒毛。再捏住根部，梳顺毛尖。

9．搭配均匀

梳过一遍后，将毛片在牛角梳平面上用手指碾展成薄片，折起来，如图 2–38，再梳。如此反复五六次。这道工序做得次数越多，后面齐毛越顺手。梳理好的毛片如图 2–39 所示。

10．分成小片

将搭配均匀的毛片分成若干较小的毛片。

11．做绒

一手抓住毛片，露出根部，用密牛角梳梳出根部残余的绒毛，如图 2–40，注意用力精准，不能让绒毛

图 2–38　将梳过的毛片翻折

图 2–39　整理好的毛片

图 2–40　做绒

图 2–41　敲打使毛片根部整齐

图 2–42 齐毫

图 2–43 齐好的毛片

图 2–44 用木质的“至子”作比照

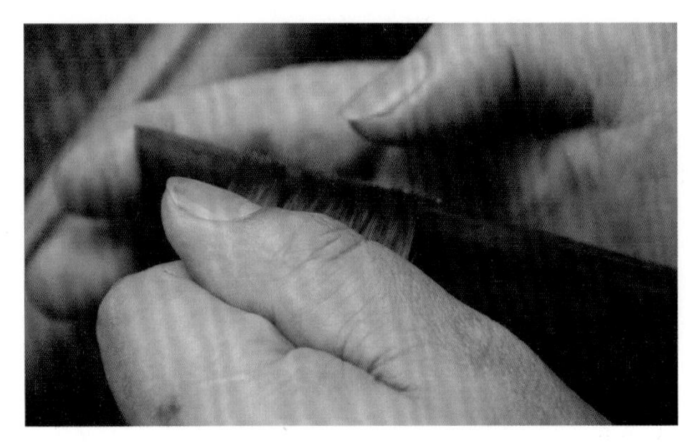

图 2–45 刮虚锋和倒毛

图 2–46 剔除虚锋和倒毛

脱离毛片。梳好一面后，将毛片放在骨尺上，毛片根部向下，敲骨尺，使毛片根部整齐，如图 2–41，然后对折毛片，用同样的方法梳出毛片另一面的绒毛，留在毛根处。梳出的绒毛在下道齐毛工序中成为抓手，工艺要求是各个部分梳出的绒毛量要均匀。

12．齐毫

亦称“尖毫”，如图 2–42 所示，用手抓住根部的绒毛，将整片毛从长到短一根根拉出来，毫尖部分平齐。齐好的毛片如图 2–43 所示。

13．压切毛

根据设计需要，如图 2–44 所示，用一定长度的尺子（俗称“至子”，即一定宽度的木板）作比照，用单面毫刀切除根部多余的部分。切毛片并非完全平齐，一般在一侧多切点（成为下贴毛），因为制作笔头用毛实际上是由多种长度的毛合理搭配起来的。至于如何切完全凭个人的经验。从长到短将所有的毛片切好后，才进入下道工序。

14．梳毛

将切好的毛片反复梳理，使其中部分不同长度的毛均匀地分布在其中。

15．拍打整齐根部

梳的过程中，不断地用牛角梳子带着毛片在木板或石板的平面上敲，使毛片根部整齐。

16．挑虚锋

梳好的毛片中仍有不少倒毛和虚锋，需要尽可能多地剔除掉。如图 2–45 所示，用菜刀刃轻刮薄毛片，可以将其中的杂毛刮出来，然后在灯光下，用小刀剔除干净，如图 2–46。

17．制备衬毛

笔柱是由主毛、衬毛和腰底毛三部分构成的。衬毛的作用是做毛笔有腰力，高质量的狼毫笔的衬毛也是用黄鼬尾毛制作的，一般选用尾根部的毛，其毛根较细，不适于作主毛，用作比主毛稍短的衬毛，可以将毛根裁掉一段。制备衬毛的工序与制备主毛的工序基本一致，只是没有剔除倒毛等工序，故多数工序这里都省略。

18．压切衬毛

衬毛梳理好之后，根据需要的长度切除其根部多余的部分，切好的衬毛长度在一定的范围内形成连续的坡度，如图 2–47 所示。当然切除较多的毛一定是根部质量较差的短毛，而非优质的长毛，否则会造成浪费。

19．搭配

图 2–47　切衬毛

图 2–48　将衬毛按比例与主毛搭配

图 2–49　敲齐毛根

图 2–50　切苎麻料（腰底毛）

图 2–51　准备加入的苎麻料腰底毛

图 2–52　分出制作一支笔柱的毛量

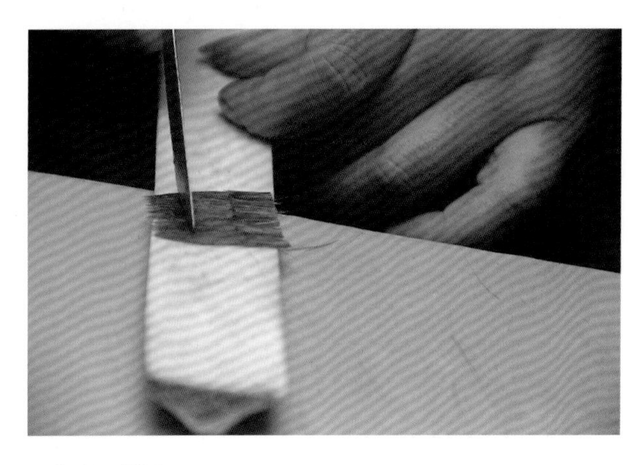
图 2–53　铺开

将主毛与衬毛按一定的比例搭配，如图 2–48 所示，从中可以看出一只笔头中的笔锋部分各种长度的毛的结构比例。

20．梳匀

用牛角梳梳理，铺开后折叠，然后再梳理，反复多次，使主毛与衬毛均匀地混合。每次都要将毛片放在骨尺上，在桌面上敲打，使毛片的根部整齐。如图 2–49 所示为杨文的奶奶，已经年届九旬的制笔老艺人徐余德正在工作。

21．加腰底毛

广义地讲，衬毛也包括腰底毛。腰底毛处于最根端，是最基础的部分，用在笔头的根部，使根部鼓起来，起支撑作用。杨文制作狼毫笔用苎麻作腰底毛，其优点是笔头容易扎得牢，遇水膨胀使之更紧。据杨文说，他爷爷告诉他“无麻不成笔”，其原因就在这里。但传统的以苎麻作腰底毛制作很费力，现在很多制笔者都改用猪鬃或一些新的原料。腰底毛的制作也包含很多道工序，最终用在笔头上的部分要切得很短，如图 2–50 所示，一般来说，做一寸长的笔头，腰底毛大约只有 0.5 厘米。

22．梳匀

腰底毛加入之后，如图 2–51，同样需要与其他部分混合均匀，方法与前面一样，就是反复地梳，铺开，折叠，再梳。整个过程中要通过敲使各种长度的毛的根部对齐。

至此，制作笔柱的三种毛按比例均匀地混合在一起，形成制作笔柱的“全料”。这里还要进行剔虚锋等操作，使笔头部分的毛更加纯净。

23．分料

将制作笔柱的全料按笔头大小分成一个个小片，每一片是制作一个笔柱的量，如图 2–52 所示。

24．卷笔柱

取一小份全料，用刀头在骨尺上均匀展开成薄片状，如图 2–53 所示。从一边开始卷起薄毛片，即做成一只笔柱，如图 2–54 所示。

25．制作披毛

笔柱做好之后，外面还要披上一层毛，这层“披

图 2–54　卷成笔柱

图 2–55　对着光看，确定毛锋的位置

图 2–56　用嘴吮吸毛片

图 2–57　在毛片上挑起一层披毛

毛”的第一个作用是裹锋，增加笔头的含墨量，所以用料要细柔一些；披毛的另一个作用是将参差不齐的毛遮挡住，使笔头更加美观，所以所用的料也必须是优质的，一般选用尾中部毛中较细软的料。

制作披毛的过程与主毛完全一样，经过十余道工序，最终制成洁净的毛片。

制作同一批笔头所用的披毛与心毛长度几乎相同，披毛比心毛只短 1 ～ 2 毫米。操作时用“至子”量，根部对齐时，心毛的毫尖略高于尺子上边，如图 2–55，而披毛则略低于尺子的上边“一二根头发丝”。毛锋位置确定后，裁去毛根多余的部分，但同样不能一样齐，而要成一定的坡度，否则制作的笔头会在某个部位形成一个喇叭筒。

26．盖披毛

取适量制备好的披毛片，用嘴吮吸其中的水分，如图 2–56 所示，这样做的目的是让毛片中的含水量适当，便于下面的揭毛片操作。据杨文介绍，这是他爷爷传授给他的方法，过去他们一直这样做，效果比其他方法要理想得多。现在许多人不这样做，而采用吸水纸或布等除去毛片中的水分。

用刀片从毛片上挑起薄薄的一层披毛，如图 2–57 所示，然后放在平板上，在刀头的作用下均匀地展开，如图 2–58，再将薄片裹在一只笔柱上，如图 2–59，注意一定要使披毛的根部与笔柱的根部对齐，披上毛之后，将笔头根部在台面上敲几下，如图 2–60，进一步使整个笔头的根部对齐。

27．固定笔尖

将做好的笔头的尖部蘸上一些海红花草制作的汁液，使之固定，防止笔毛错位。

28．烧毛根

在小油灯或蜡烛的火苗上烧去笔头根部残留的细毛，如图 2–61，防止后面的操作中不小心拉起绒毛，造成笔头散乱。

29．跺笔头

将笔头根部蘸少许水，在玻璃面上反复敲，一定要保证根部平整，因为所有的毛长短分布都是以毛根在同一水平线上为基础的，如果根部不能平齐，则自然影响到笔头的质量。

30．放置草木灰上吸水

用稻草灰，筛去杂质，压紧，整平。将做好的笔头根部朝下放在灰堆面上，让草灰吸去笔头中的水分。同时烧硫黄熏笔头，熏过的狼毫笔头色泽亮丽，更加美观。

31．晒干

将笔头放在筛子上，在太阳下晒干。

图 2–58　将披毛片均匀展开

图 2–59　敲笔头使所有的毛根部对齐

图 2–60　加披毛于笔柱上

图 2–61　燎去笔头底部的绒毛

图 2–62　扎第一道线

图 2–63　扎两道线的笔头

32. 扎笔头

如图 2–62，用棉线或尼龙线，扎两道，如图 2–63。

33. 固定笔根

过去用松香、生漆固定笔头的根部，现在除了用生漆外，还常用树脂胶，如 717（慢凝）、718（快凝）固定，与装笔头工序同时进行。杨文在用树脂胶时还有改进，在平盘中倒入适量的胶水，加入少量的小麦面粉，搅拌使之充分混合，面粉的作用是防止胶水溢出。

如图 2–64，取一个笔头，根部蘸上适量的胶液，注意胶不能太多，否则凝固后会造成胀鼓；胶也不能太少，否则粘不牢，笔头易脱落。将蘸上胶的笔头根部插入笔杆腔中，如图 2–65，注意装笔头一定要正，深浅适当，发现问题及时检查。过一会儿胶发力后，拉一拉，检验一下是否粘牢。

34. 修笔

取一支笔，将笔头插入发菜胶中蘸满发菜胶，用毛刷刷去多余的胶，如图 2–66。

图 2–64　蘸适量的胶

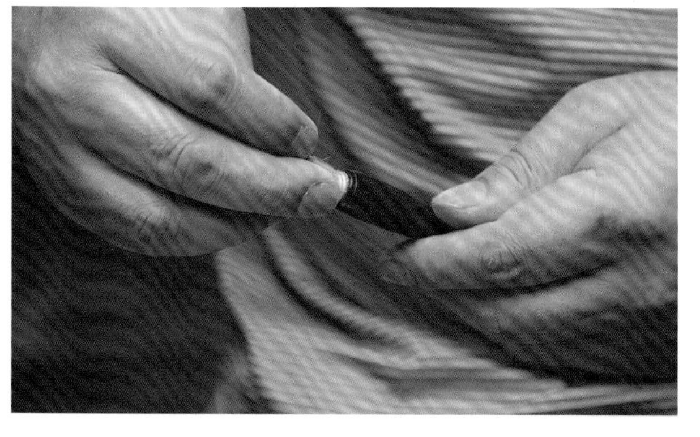

图 2–65　装入腔中

图 2–66　蘸发菜胶

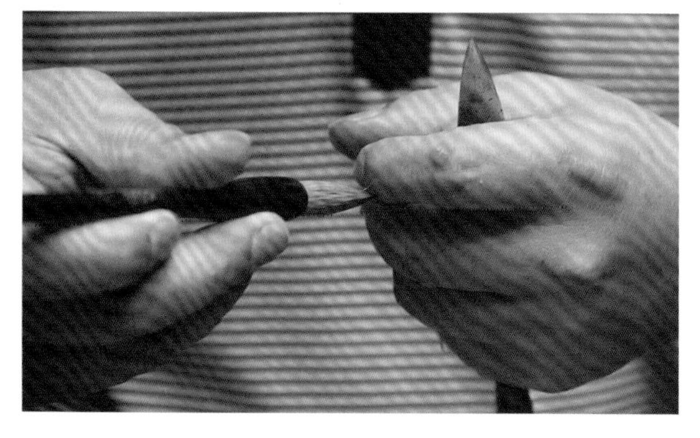

图 2–67　用食指绕笔头打圈凭感觉察看有无问题

图 2–68　将杂毫剔除

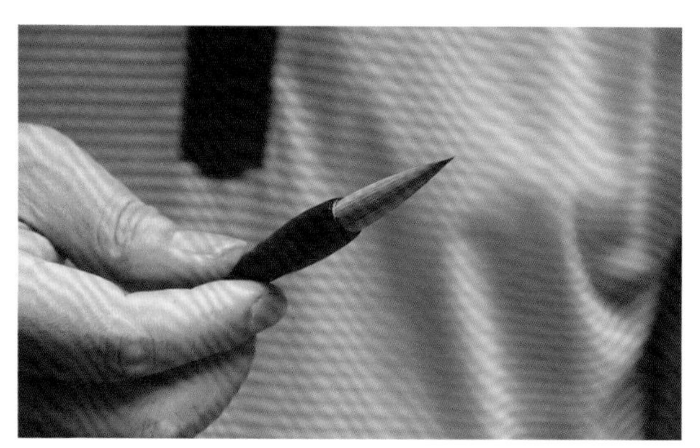

图 2–69　修好的笔头“尖齐圆健”

让笔头在弯曲的中指前部或手掌转圈，如图 2–67，查找到笔头中的杂毫，用修笔刀剔除掉。有时即使是好毛，但与笔中其他部分不般配，也需要剔除，操作如图 2–68。纠正笔头结构中存在的问题之后，可使笔头达到“尖齐圆健”的要求，如图 2–69。

35．刻字

用刻字刀在笔杆上刻上有关毛笔的型号、制作者等信息。

四、宣笔的品种和产量

宣笔一般按制作原料和弹性强弱分为软毫、硬毫、兼毫三大类，笔管以竹、木、牛角、瓷、象牙等为主，讲究“心圆管直”。雕刻简洁、清丽，不事繁缛。装潢亦有高、中、低档之分。

该厂生产的宣笔主要品种有大、中、小号“宣笔”，“莲蓬斗笔”，“仿唐鸡距笔”，“古法胎笔”，还有传统的“纯紫小楷”、“铁头紫毫”、“七紫三羊”、“五紫五羊”、狼毫与羊毫混合的大小“红笔”等，如图 2–70。

图 2–70　晾晒着的不同规格宣笔

软毫即选用弹性弱、硬度低的柔性毛，如羊毫、鸡毫、胎毛等制成。其笔质柔软，摄墨量大，使用时婉转、圆润、灵活，锋毫便于铺开，笔画丰满。根据用途有楂笔、斗笔、提笔、联笔、屏笔，大楷、中楷、小楷、精工等品种。

硬毫即选用硬度和弹性较强的刚性毛制成的笔。其锋毫刚硬，弹性较足，下按不易瘫弯，起提又易复挺，落纸锋芒显露，枯湿燥润变化分明，点画瘦劲、锐利、峻峭，结体之势格外精神跳跃。一般适宜于小楷和草书，牵丝线条粗细匀称。硬毫因用材不同，有“紫毫”、“狼毫”和“鼠须”等品种。

兼毫是相对纯毫而言（软毫、硬毫）。兼毫是用羊毛和兔毛或羊毛与狼毫两种毛配置而成，又称“二毫笔”，是界于软、硬两毫之间的中性笔，其软硬适中，刚柔相济。有偏硬、偏软几个类别。偏硬有“九紫一羊”、“七紫三羊”、“五紫五羊”；偏软有“三紫七羊”、“二紫八羊”等。

宣笔柔韧相宜，笔匀基固，书写流畅，收发自如，既能蓄墨又不肥滞。长锋软毫质软丰腴而不肥厚，转锋灵活，能收能放，刚柔相济；紫毫则锋利挺劲且不失柔转，既易着力又便掌握；狼毫笔发墨均匀流畅，硬中破软，笔道挺劲；兼毫笔更是宜书宜画，软硬兼宜。

每支宣笔均能达到笔头平顺，圆直光滑，盖毛均匀，笔锋整齐，拢抱不散，笔杆光亮，装潢牢固，典雅美观，无偏锋、虚尖、秃锋、乱锋等现象。

中国当代著名女书法家萧娴年届九十时为宣州宣笔题“万毫齐力，四德俱全”（图 2–71）。

著名书画家陈大羽先生为张苏特制大青松试笔题词：“勤耕耘，勇开拓。”他赞赏张苏师傅“制笔精良，为海内书画家交口称赞”（图 2–72）。

制作毛笔的原料供应近些年出现明显的问题。现在人养羊，大都为了卖羊肉，从品种的选择上，总是选择长肉的而不是长毛的。从生长过程看，由于羊吃了一些饲料，长得快，导致羊毛缺乏韧性，易断易龇，

图 2–71　萧娴为宣州宣笔题词

图 2–72　陈大羽先生题词

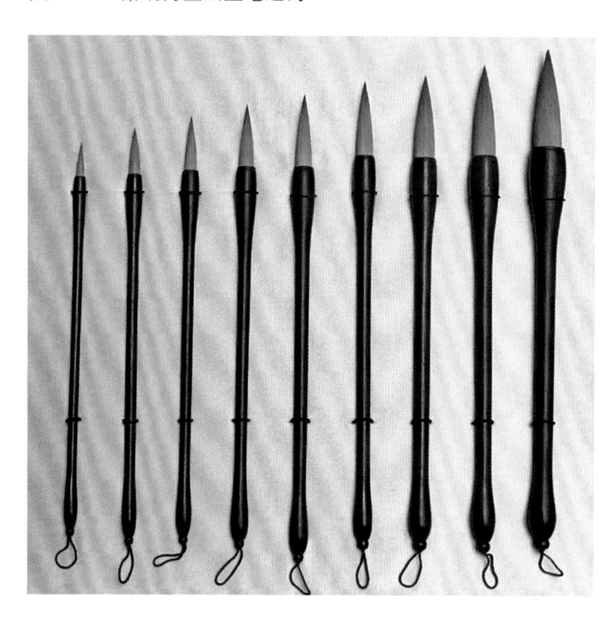

图 2–73　杨文的作品“九九归一”套笔

与用纤维制作的笔一样，无法使用。

写意类画笔丰满圆润，笔头具有柔性，含墨量大，最适合画奇松怪石和各种形状的鸟兽。工写国画类画笔笔头平顺，苍劲有力，可以发开全部使用。勾描类画笔笔头小，尖齐，使用起来灵巧方便。

林散之赞宣笔：“制笔有妙理，唯宣笔厂得之”。以工笔画鱼成名的画家迟明先生赞誉张苏笔“刚柔相济，运用自如”。

杨文制作的毛笔产量并不大，用他自己的话说，别人制笔是做产品，他制作的是他的作品。他的作品市场认可度很高，价格在一万元以上的笔在杨文的作品中并不少见。图 2–73 所示为杨文制作的狼毫套笔，其中最大的笔头直径 1.8 厘米，出锋 6.8 厘米；最小的笔头直径 0.5 厘米，出锋 2.4 厘米。

第二节　宣笔制作技艺代表性传承人

一、国家级非物质文化遗产代表性传承人张苏

图 2–74　宣笔制作技艺国家级代表性传承人张苏

张苏，原名张祥圣，男，1940 年生，江苏省江都县人，出身于制笔之家，如图 2–74。张苏的父亲在江都开笔店，先是派张苏的长兄张祥芝向制笔名家朱炳生学习制笔技艺，然后将笔店办成前店后坊式，自产自销。张苏从 13 岁开始也拜朱炳生为师，两年后即与哥哥一道在自家作坊里制笔。1964 年，25 岁的张祥圣与父亲的弟子 19 岁的孙凤珍结婚。

1995 年 5 月，著名美学家王朝闻先生到溪口考察时，对张苏笔庄师徒严谨的工作态度给予了充分肯定。他赞叹道：“古人云：工欲善其事，必先利其器。书画艺术依赖工具，毛锥宣州宣笔厂制品在美术界享有美好声誉。”如图 2–75。

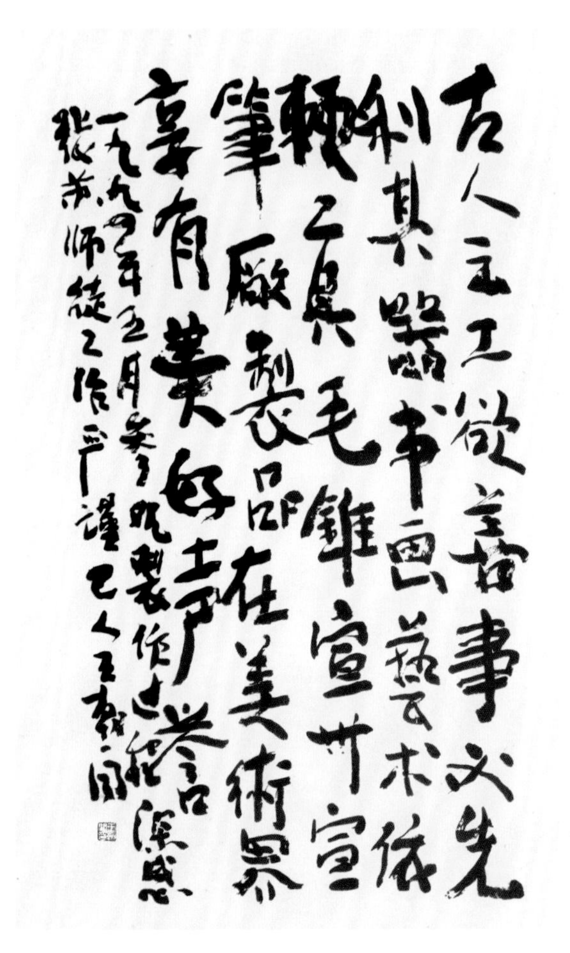

图 2–75　王朝闻先生题字

1973 年，泾县宣笔厂为了提高制笔技术水平，计划从外地聘请高级师傅，恰逢江都制笔厂赴宣城求购野兔毛。最后双方达成互助协议：泾县宣笔厂给江都制笔厂提供野兔毛，条件是对方选派技师来宣笔厂充实技术力量。张苏就是这样与其他几位师傅一道来宣城的，按当地的说法，张苏是宣城人用野兔毛换来的。

张苏原名张祥圣，“张苏”这个名字是据著名画家陈大羽先生的建议改的。他说：“‘张祥圣宣笔厂’这个名字不好记，我帮你改一改，你姓张，又是江苏人，就叫张苏吧。”

每研制一款新笔，张苏都送给书画家们试用，虚心听取意见。先后为刘海粟、李可染、吴作人、萧娴、陈大羽、魏万清、吴国亭、迟明、袁诚、刘廷龙等书画家研制出“衣纹画笔”、“中小书画笔”、“描笔”、“须眉”、“叶筋”、“点梅”、“兰竹”等写意笔、工写国画笔和勾

描笔三大类宣笔。

2009年，第二批国家级非物质文化遗产代表性传承人评审结果公布，张苏虽名列其中，但他却在这时不幸去世。张苏一生奉献给宣笔事业，不仅制笔造诣很深，堪称一代大师，而且在技艺的传承方面做出了显著贡献，在多名嫡传弟子中有其妻孙凤珍、妻弟孙元庆、长子张文年、儿媳孙晓琴、次子张文虎等。

二、国家级非物质文化遗产代表性传承人张文年

张文年是著名制笔家张苏的长子，1968年生，高中毕业后即随父学艺，主攻修笔、装套，如图2-76。1983年随父创办宣州宣笔厂，2002年随父创办张苏笔庄，现为笔庄庄主。他一直致力于继承父母水盆制作工艺，挖掘失传已久的宣笔传统制作技艺。现有水盆、修笔、制管、装套、刻字等弟子30余人。

图2-76 宣笔制作技艺国家级代表性传承人张文年

中国传统手工技艺往往“传男不传女，传内不传外”，以家族传承为主。张苏自幼学徒，深谙此理，在文年小时即言传身教，悉心传家门绝艺于他。宣笔制作首在水盆，重在修笔。张文年初攻修笔、装套，后学水盆，历经20余年，不但掌握了宣笔制作的全部技艺，而且在笔毫的脱脂、成形方面有独到之处，所制宣笔均能达到笔锋整齐，拢抱不散；无虚尖，无秃锋，无弯毛；笔头平顺，盖毛均匀；装套牢固，紧密无间，不破套；镶头套装光滑，不开缝，不破裂，杆正毫圆。

张文年从技工干起，先后任宣州宣笔厂车间主任、业务副厂长、厂长等职。1988年起，应邀赴泾县茂林宣笔厂等多家宣笔厂任技术指导，授徒传艺，与同行相互交流，取长补短。先后开发了“阳春白雪”、“玉骨冰心”、“玉竹明珠”、“长颈鹿”、“云鹤”、“白鹤”、“飞鹤”等长锋羊毫笔品种，受到林散之、萧娴、武中奇、陈大羽、亚明等大家的肯定；又利用皖南出产的野兔毫，开发了“雪山青玉”、“鼠须画线笔”、“宣州紫毫”等紫毫笔品种；利用多种材料开发了“长锋牛耳毫”、“兼毫书画”等兼毫笔品种，其中，“迎宾兼毫”为中国书协专用。2006年后又开发了工艺收藏笔、观赏笔、特制巨笔等新品种，其中“随缘”巨笔，既能收锋书写，更值收藏观赏，已作为高档礼品被中央领导和书画大师、收藏家收藏。

2009年，张文年被评为安徽省级非物质文化遗产代表性传承人，2012年被评为国家级非物质文化遗产项目代表性传承人。

三、省级非物质文化遗产代表性传承人佘征军

佘征军，1963年生，1982年招工进入泾县宣笔厂，师从佘师傅学习装套技艺，后任仓库总管、车间主任助理、生产副厂长等，2011年被评为安徽省级非物质文化遗产传承人，如图2-77。

佘征军出生于宣笔制作世家，曾祖父佘有生在清末就是本地有名的制笔高手。他自幼受家庭环境的熏陶，喜欢弄毫舞杆，1982年高中毕业后，进入当时的泾县宣笔厂，师从陈翠花、佘凤鸣，学习宣笔的笔杆制作和镶嵌技艺。他天资聪颖，学艺勤奋，深得师傅们的喜爱。

1986年，他被调至厂质量检验及产品开发科，在汤良骥师傅的指导下，学习水盆技艺，根据书画家的要求先后制作出“北尾合毫”、“长锋狼毫”、“黄山烟雾”、“长颈鹿”、“鹤颈”等30多个品种。

1996 年担任生产技术厂长兼宣笔工艺研究所所长之后，他着手宣笔新品的开发和挖掘，根据现代书画家的用笔特点，设计出“鸿润”、“畅涌”、“涓涓细流”等长锋羊毫笔和“山水画笔”、“野鬃山水”、“纯鬃勾线”、“山马笔”等兼毫笔，还有如为花鸟画家特制的“牡丹花卉”、“兰草笔”。这些新品深受广大书画家的喜爱。

图 2–77　宣笔制作技艺传承人佘征军

他还根据历史资料，在老艺人的指导帮助下，通过仿制历史名笔，研究宣笔新品，先后推出“簪笔”、“铁头紫毫”、“小紫尖”、“江南净紫”、“黄连笔”等新品种。

2010 年，他参加北京文房四宝文化园的开园活动，受北京云居寺果坚法师的启发，经过反复试制，终于研制出不用兽毛，仍旧具备“四德”的“素笔”。该笔受到法师的认可，被定名为“禅笔”。

在佘征军的带领下，宣笔厂以市场为导向，努力恢复失传珍品，精心研发新产品，使宣笔的品种由原来的两百多种发展为今天的六百余种，基本上满足不同书画艺术市场的需求。他还与化工研究所合作，研制制笔焊接用胶，彻底解决了笔管、笔杆开裂、脱头、掉毛等问题。近年来“三兔宣笔”连续两次被中国文房四宝协会评为“国之宝”荣誉称号。

佘征军主持和参与研发的“莲蓬斗笔”、“一二三号宣笔”获部优产品奖；“铁篆”、“仿古瓷笔”获省发明奖；“十二生肖笔”1999 年获旅游产品天马奖；“三兔”牌宣笔 2003 年被中国文房四宝协会评为行业金奖产品，2007 年被安徽省文联授予安徽省首届民间工艺精品展金奖。

四、高举徽笔大旗的制笔高手杨文

杨文，男，高级工艺美术师，1968 年出生于著名的毛笔产地江西省南昌市进贤县文港镇的一个毛笔制作世家，从小在爷爷杨友金的精心指导下学习并掌握了传统的毛笔制作技艺。据杨文介绍，他爷爷杨友金 1923 年出生，从小就以制笔为业，20 世纪七八十年代一直在皖、赣、浙、鄂各大中城市跑供销，主要是向各地的百货公司供应毛笔。80 年代初，杨文跟着爷爷跑过许多城市，来到黄山之后，发现这里文化底蕴深厚，遂决定在这里扎根，1986 年开始在屯溪老街租门面做毛笔生意，经过几年的积累，1994 年开办杨文笔庄，并注册了商标，将祖母、父母和妹妹都从江西老家接过来，正式在这里定居。

图 2–78　杨文在指导儿子（右一是杨文的妹妹杨凤琴）

徽州制笔工艺复杂、艰苦，特别是制作笔头，大部分时间都是在水中作业，并且需要长时间的坚持。一支好的徽笔，不仅要保留传统工艺，并且要在原基础上创新、改良。经过不断努力，杨文取得了不小的成就，在国内博览会获得不少奖项，1999 年昆明艺术博览会精品展获金奖，1999 年 9 月中国工艺美术创作大展世纪杯获佳作奖，2004 年安徽首届民间工艺品博览会获银奖，并得到了刘大为、冯大中、杜滋龄、杨力舟、吴长江、王冬龄等著名书画家的喜爱和广大国内书画爱好者的青睐，在东南亚也享有盛名。

杨文一家都是制笔高手，除了他的启蒙老师爷爷杨友金，今年 90 岁高龄的奶奶、年届七旬的父亲、65

岁的母亲、年近 40 岁的妹妹杨凤琴，还有比自己小一岁的爱人都是制笔高手，1989 年出生的儿子杨达如今也加入徽笔制作技艺传承人的队伍，徽州制笔后继有人，如图 2–78。

第三章　其他流派的毛笔制作技艺

明清时期，随着社会的进步、文化的普及和人口因素的影响，毛笔制作业空前繁荣，产地遍布全国，一些地方还形成了自己独特的制笔风格，产生了广泛的影响。本章主要介绍扬州水笔、湘笔、衡笔等历史上有较大影响的制笔技艺，并对宝岛台湾的毛笔制作也作了简单介绍。虽然有挂一漏万之憾，毕竟可以管窥除湖笔、宣笔之外其他流派的毛笔制作技艺。

第一节　扬州水笔制作技艺

一、发展历史概述

扬州制笔业至少不晚于明代，明屠隆《考槃余事》卷2有“扬州之中管鼠心画笔，用以落墨、白描，佳绝，水笔亦妙”的记载。

任氏家族祖祖辈辈制笔，任氏第84代孙任世柏称，扬州毛笔创始人是清代的任自政，是他发明了麻胎作衬的制笔法。根据传承至今的《任氏家谱》的记载，该家族现已历经80余代，任自政是第77代孙，生活在17世纪中期，后来到了乾隆时期第80代孙任崇思不仅制笔，还到大桥镇商业中心塌扒街开了个笔店。他开店时用的刻有“大桥任文元书柬”的长方形印封章（图3–1）流传至今已有两个世纪。

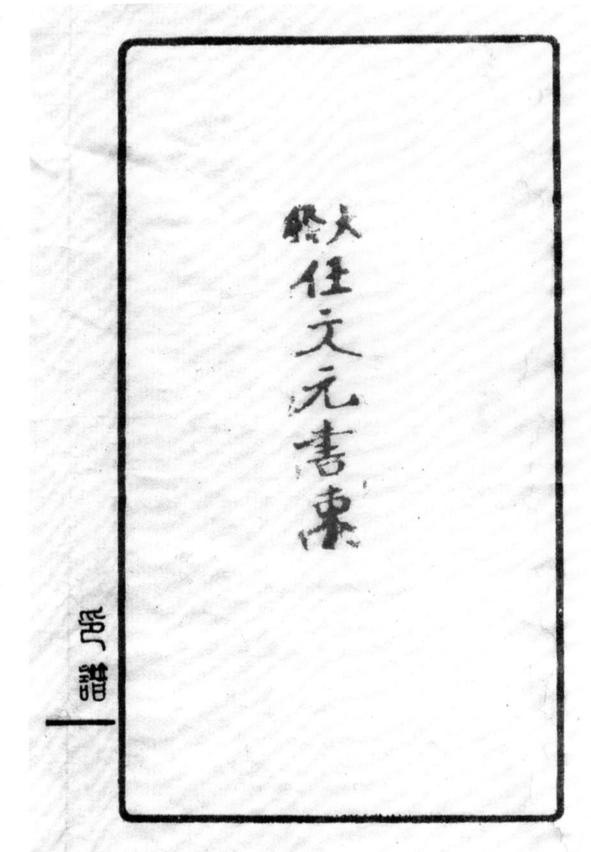

图3–1　“大桥任文元书柬”印谱

有趣的是，在江都花荡地区至今还有纪念笔祖的习俗，但日期不是人们所说的蒙恬的生日农历三月十六日，而是农历二月二十四日，据说是任自政的生日，各作坊都要办酒拈香，举行祭祀活动。[1]

有资料记载，扬州市区的韦金山笔墨店和杨文竹斋笔墨店始建于清道光、咸丰年间（1821～1851），前者已于民国年间歇业。清代至民国时期，扬州毛笔生产主要集中在东乡和东南乡一带，即今属扬州市的湾头，邗江县的杭集、施桥、邱卜，江都县的大桥、张纲等乡镇。毛笔作坊云集于此，制作技艺交叉传授，世代相传。

据《扬州工艺美术志》称，清代至民国初期，扬州市区所产毛笔主要在本地销售，前店后坊。经过长期的分化，笔店都有自己特定的用户群，如浙江吴兴善琏人杨裴然开办的杨文竹斋一开始生产湖笔，清末以后转产水笔，其产品素有“工精毫足，经久耐用”的美誉，代表作“狼毫元笔”主要用户是政府公职人员，所产羊毫笔则为书画家所称道；一品斋笔店的名牌产品“狼毫乌龙水”，主要消费群体是商贾；翰宝斋、文元斋等笔店则生产较低档毛笔，主要供中小学生或普通市民写字之用。[2]

20世纪二三十年代，毛笔作坊主要集中在花荡乡的任庄和桑庄，当时有制作毛笔个体作坊上百家，从业人员1500人，其中员工数在百人以上的有周玉山、任士强等7家，10人以上的有40多家。后来，毛笔制作技艺从花荡乡向张纲等周边乡镇传播，逐渐发展出一些规模较大的企业，如顾家桥“丁氏兄弟”、双隆乡张胜荣笔庄等。这一时期，全县毛笔年总产量约在2000万支以上。

到了三四十年代，江都、邗江等地的乡镇数量众多的制笔作坊主要为上海等地的出口商完成订单，产品最终销往东南亚各国。当时主要的毛笔出口企业有上海的新老周虎臣、毛春堂、四宝斋、冯燮堂等笔庄，镇江的单永华笔庄，绍兴的百鹤厅笔庄，苏州的兆泉笔庄，杭州的邵之严笔庄等。不少笔工作为员工在这些笔庄所在地为其工作，有记载的名工如朱玉庭、朱仲山、朱汉文、陈明松等。

据1954年8月扬州市政府对工艺美术行业的调查，1950年前后扬州市区有毛笔作坊12家，其中最老的店是清咸丰九年（1859）开业的埂子街杨文竹斋，有员工25名；民国初年开办的9家，按员工数多少依次为文元斋、一品斋、朱玉山、二妙堂、文林斋、卢笔作、翰宝斋、孙开文、朱华斋，朱华斋仅有员工4名，其余8家员工数为8～18人不等；另外两家分别为永林斋（1947年开业）和周林斋（1948年开业），是家庭作坊。

当时，江都大桥有制笔作坊23家，达到50人规模的有朱玉山、朱锡山、朱锡昌3家，30人规模的有朱凤山、朱德伦、朱炳森、朱仲山4家，20人规模的有朱汝南、朱启勇、任德奎、任明安4家，10人规模的有朱东臣、朱庆安、朱朝顺、朱朝有、朱青山、蒋保健、吉圣祥7家，6人规模的有朱正康、朱登杨、朱习坤、朱玉有4家，这些作坊开业时间均在清末。此外，大桥的桑家庄、章墅大庄、吴桥和韩家庄等地还有规模在5人以下的作坊近百户，从业总人数约350名。

江都张纲有制笔作坊8家，其中顾家桥的蒋兆泉作坊有员工百名，在苏州、无锡还开有分店；顾家桥的夏有兴、丁锡甲、丁锡广、戴鸿洋等4家，规模为10～30人不等；梁家叉港的梁国泰、花常盛、梁国富等3家，规模为10～15人。江都正谊有朱月松、陈光珠、朱月安、朱金来、张元之、孙开江等作坊6家，规模为10～25人不等。这些作坊除最后两个是民国以后开办的，其余均是从清末就开始经营了。

中华人民共和国成立后，人民政府高度重视对传统技艺的抢救、恢复和发掘，工艺美术品生产得到了迅速恢复和发展。1955年开始的合作化运动中，扬州市区相继成立了10个合作小组，其中的笔墨小组，由孙广山、孙德盛、丁朝元等人于年底联合筹建，有职工34人，地址设在马坊巷。一年后转为生产合作社，1957年生产毛笔29万支。在接下来的十年中，该单位先后更名为“杨文竹斋笔墨生产合作社”、“扬州笔墨生产合作社”、“扬州笔墨厂”、“扬州文教用品厂”等，产品中毛笔所占的比重逐渐下降，到1980年则被并入玩具工业公司，基本上不生产毛笔。

1956年5月，邗江县杭集的张圣荣毛笔作坊改为公私合营毛笔厂，有30个人员编制。1958年邗江县与扬州市合并后，毛笔厂由杭集公社接管。1963年恢复邗江县，该厂划归邗江县，更名为邗江县毛笔厂，当年该厂在市区同庆路设“扬州笔庄”，经销传统名牌毛笔，同时通过上海、江苏、天津土畜产口进出口公司渠道出口。1987年邗江县境内共有乡村办毛笔厂10家，分布在杭集、霍桥、湾头、施桥 、八里、红桥、头桥、沙头、李典等地，均以内销为主，偶有出口任务。共有职工500多人，其中杭集毛笔厂职工100人，年产值127万元。

1955年年底，江都县大桥毛笔生产组在合作化运动中成立，有职工50多名；次年更名为“大桥镇毛笔生产合作社”，员工增加至70多名；1958年转为地方国营，更名为“江都大桥毛笔厂”，职工数达90名。1959年年底，在“大跃进”运动中，将全地区17个生产合作社整合，成立了包括地方国营大桥毛笔厂在内的11个地方国营厂（社）。在此过程中社办毛笔厂并入县属大桥毛笔厂，职工增加至400多名，产值60万元。

20世纪60年代初，按照国家“调整”政策，大桥毛笔厂300多名农业户口职工下放回乡务农，留厂职工仅50多人，产值下降至30多万元。60年代中期经过几次调整，1971年更名为“江都大桥文化用品厂”，职工增至319人。

图3–2　笔者与石庆鹏合影

大桥镇毛笔生产合作社在成立之初还代管同期成立的“扬州地区出口毛笔检验加工组”。该加工组从扬州辖区各个重点生产单位抽调技术人员，负责全地区出口毛笔的质量检验、包装、发运和结算等工作，产品统一使用“火炬”牌商标，1976年以前由上海工艺品进出口公司出口，之后转由江苏省工艺品进出口公司经营。1976年，扬州地区毛笔加工组改名为“大桥文化用品厂”。

1986年，大桥文化用品厂与上海外贸合作，成立“工贸联营江海文化用品厂”，产品全部转为生产出口油画笔和水彩画笔，但仍兼管全市出口毛笔生产。

据当地调查统计资料显示，1987年，全市范围内仍有出口毛笔生产单位15个，职工总数1200多人，产品有40多个品种，年出口毛笔超过100万支。

2009年5月，笔者专程前往江都调查水笔制作技艺，受到江都笔业有限公司董事长石庆鹏先生的热情接待（图3–2）。

江都国画笔厂坐落在大桥花荡，是扬州毛笔制作技艺的传承单位。据石庆鹏介绍，该厂最红火时有130多名员工，因为制笔工作很辛苦，收入又低，很多年轻人不愿意干，人才出现了断层。该厂现在有员工30多名，每年生产毛笔200万支，绝大多数出口。

二、制作工艺流程

扬州水笔属于兼毫笔，主要原料是黄鼬尾毛、山羊毫、兔毫、鸡毛等动物毛，最显著的特色是用苘麻料作衬，含墨量大，便于书写，故称“水笔”。

根据石庆鹏的介绍，结合掌握的资料，我们将扬州水笔制作技艺的主要工序简要介绍如下。

制作水笔需要用多种动物毛，当然以羊毛、兔毫和黄鼬尾毛为主。由于这几种原料从选购到制备在湖笔和宣笔制作技艺等部分都有介绍，故这里对于共性部分只作简单的描述。

1．备主毛

不同品种和规格的水笔所用的原料的种类和比例都有差异，根据需要选配原料，如图3–3。

按各种皮毛的特点，用相应的方法将毛从皮上取下来，然后通过梳理、挑剔、腌沤等工序，除去其夹杂在其中的绒毛、杂毛，并且将混杂在一起的毛分类制成整齐的毛片，如图3–4。

2．制麻衬

传统的水笔制作技艺制作麻衬所用的原料为苘麻，如图3–5。苘麻是一年生亚灌木状草本，高达1～2米，茎长而直，叶心形，被茸毛，花黄色，常见于路旁、荒地和田野间。我国除青藏高原不产外，其他各地均产，东北各地也有栽培。春天播种，夏季收获。砍下来的麻要经过数十天的浸沤，然后将茎皮纤维剥下来，备用。

苘麻的纤维呈黄白色或银白色，有光泽，耐盐、耐水浸，主要用作船舶和养殖海带用绳索的原料。据石庆鹏介绍，用这种麻纤维制作水笔可含水不滴，效果最好。

麻胎制作是水笔制作技艺区别于其他流派毛笔制作技艺的最显著特征。传统的方法包括选、绕、煮、洗、断、刷、切、梳、分、搞、夹、煎、对、圆、扎、下线、涂底等17道工序，精心制作，最后制备出达到“熟、匀、通、透”标准要求的麻胎，备用。制作麻胎毛笔时特别强调“大煎大圆”、“麻轻功重”等技艺，根据“捏手”功夫的深浅不同，制作出来的毛笔效果也有天壤之别。

图3–3　配尾毛

图3–4　整毫

3．贴衬

俗称“齐垒较衬”，将麻衬贴附于笔毛片，根部对齐。

4．拈衬

将贴好的毫与衬毛合拢拈衬，用骨梳梳匀。

通过这两道工序，将主毛与麻胎结合。两种原料的配比必须根据笔的种类、规格、档次不同而灵活掌握。

图3–5　苘麻

5．圆笔

取适量的贴过毫衬的笔毛，卷成圆形，如图3–6所示；然后放入口中吸干水分，并以舌尖将其整理成理想的形状，如图3–7所示。

6．盖毛

将制好的盖毛裹附在笔头外围。

7．扎笔

用丝线将晒干的笔头齐根部扎牢，并用松香焊底，如图3–8所示。

8．笔杆制作

按笔头大小和档次高低选配相应规格和档次的笔杆；统一规格后，则用捺刀切齐笔杆两端；用专用工具将笔杆顶端绞出与毛笔头合适大小的圆孔，以便将笔头焊上。用生漆或其他黏合剂，将笔头黏合在笔杆或笔斗上，使笔头部焊牢。

图3–6　圆笔

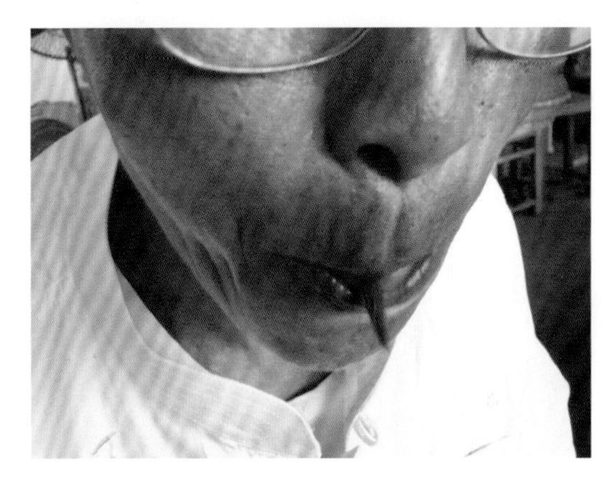

图 3–7　裹笔

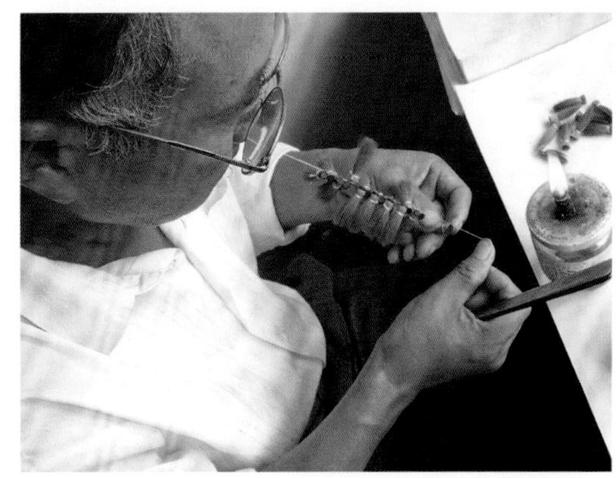

图 3–8　扎笔头

图 3–9　装笔

图 3–10　修笔

图 3–11　“白波”

图 3–12　“双料写卷”

图 3–13　湘江一品

9．修笔

如图3-10所示，先将笔头蘸上胶水，再将胶水抹净，用修笔刀剔除杂毛和无锋的毛桩。

10．刻字

用专用的刻刀在笔杆上刻上品名及其他相关信息。

水笔传统的品种包括鼠须水笔、狼毫水笔、狼圭水笔、兔圭水笔、猫白圭水笔、鸡狼毫水笔、大小乌龙水笔、奏本水笔、双料奏本水笔、蟹爪水笔、湘江一品水笔、狼顶水笔、绿颖水笔、殿市水笔、大小由之水笔以及白圭笔、紫圭笔、狼圭笔、胎发笔等数十种系列（图 3-11 ~图 3-13）。

名牌产品有“湘江一品”，“天香深处”，“乌龙水”，“元笔”，“鸡狼毫”，“仿古京庄”，“第一人书”，大、中、小“兰竹”，“山水”等。其中“湘江一品”，选用秋季雌性小黄鼬尾毛，其毛锋嫩细、刚柔兼备，再配以“兼毫”，笔周黄、黑、白“三齐”，美观而有韵致，书写挺健、耐用，故被书家誉为“笔中之王”。

三、扬州水笔的代表性传承人

任氏家族是掌握扬州水笔制作技艺重要的家族，如果把任自政看作第一代传承人，那么前文提及的任崇思应算作第四代，从他开始兼作经营。其后代代有传人，到任世柏为第八代。任世柏是任氏家族水笔制作技艺的正宗传承人，2012年去世时已是95岁高龄。图3–14为任老先生生前与石庆鹏探讨制笔技艺的场景。

图3–14 任世柏（右）与石庆鹏探讨水笔制作技艺

在两百多年的历史长河中，任氏家族掌握的水笔制作技艺逐渐为当地许多人所掌握，并且传承方式由家族内部传承转化为师徒传承。这种转化是从第五代传人任承瑶（1819 ~ 1868）开始的，他的弟子中除任世强（1913 ~ 1978）外，还有朱玉山（1847 ~ 1943）、朱海山、朱朝友等外姓人。

石庆鹏，男，现年62岁。自幼师从老艺人朱恩华、朱仲山，深得任氏制笔技艺真传。数十年来一直坚持亲自动手制作扬州水笔，创作出不少精品。1982年石庆鹏创办江都市国画笔厂，仍将扬州毛笔作为主营笔种，招募老师傅多名，并亲自带徒，已经培养出何桂香、张丽、李海芝、许德芳、石玉花等多名弟子。他注重经验总结和理论研究，设计制作的ST毛笔先后获得两项国家专利。由于他在传承与保护传统技艺方面做出了突出贡献，被推选为中国文房四宝协会副会长。2009年被中国文房四宝协会联合授予中国文房四宝艺术大师称号。2012年石庆鹏被评为国家级非物质文化遗产项目代表性传承人。

第二节 侯店衡笔制作技艺

在交通不发达的时代，毛笔制作业与其他许多行业一样，对当地原料资源具有很强的依赖性。同时，一些地方又利用原料产地的优势，发展出具有本地特色的制笔技艺，如宣笔以紫毫见长，湖笔以羊毫取胜。中国的制笔业素有“南羊北狼”之说，“南羊”是指以湖笔为代表的用江南出产的山羊毛作笔头料制作的羊毫笔，以尖齐圆健、毫长颖锐为特色，适宜书法，尤其是行书和草书；“北狼”是指以衡笔和李福寿笔为代表的用北方出产的黄鼠狼尾毛作笔头料制作的狼毫笔，适于作画，尤其是工笔画。

为了解侯店衡笔生产现状，课题组委托中国科技大学科技史与科技考古系博士研究生、安徽医科大学人文社会科学学院的张程副教授，先后两次赴衡水对当地衡笔生产进行实地调查。

一、历史梗概

河北省衡水市彭杜乡侯店村位于衡水市主城区的正南（图 3–15），是闻名全国的衡笔的生产地。衡笔制作的历史据说可以追溯到明朝永乐年间。当地人称，明永乐二年（1404），一位叫王有能的山西农民带着他的四个儿子移居至衡水的侯店村定居，他掌握制笔手艺，在这里一边开荒种田，一边教四个儿子制作毛笔，此后代代相传，至今已是第 23 代了。几百年来制笔手艺由王家逐渐传遍全村，并扩展到周围吴杜、赵杜等 20 余个村庄。明中叶后，宫廷大量采购湖笔，为完成急剧增长的订单，“戴月轩”、“清连阁”这些湖州人在京城开设的毛笔作坊从北京周边地区聘用了大量制笔艺人。在工作过程中，南北方的毛笔制作艺人在技术上互相切磋，取长补短。在这种交流和融合中，衡笔制作技艺吸收了湖笔制作的元素，逐渐走向成熟。同时，北方的制笔艺人也汲取了“戴月轩”等商号的经营理念、经商经验和管理方法，逐步积累起较雄厚的物质基础。又经过长达两个世纪的发展，衡笔制作技艺逐渐形成了自己的风格，特别是利用当地资源优势，在狼毫笔制作方面突破创新，形成了以狼毫笔制作技艺为代表的北方制笔技艺，与湖笔分庭抗礼。

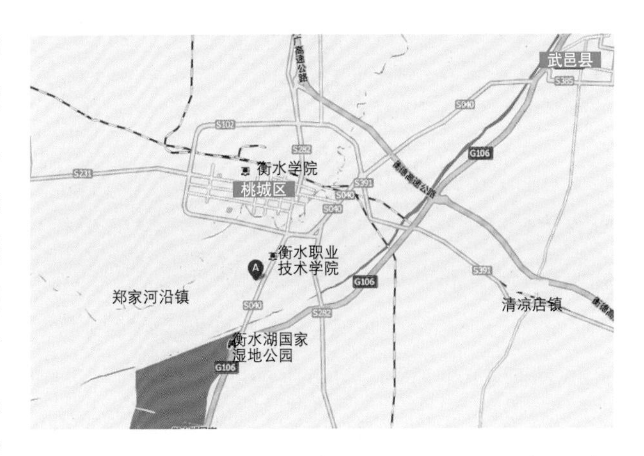

图 3–15　衡笔产地侯店村的地理位置（衡水职业技术学院南 A 点）

清同治、光绪年间，不少衡笔艺人在北京、天津、张家口等地开设笔坊，打出了自己的品牌。如侯店人李文魁在北京珠宝市开设了“文魁堂”笔庄，崔林元在北京骡马市 3 号开设了“崔林园”笔庄，等等。“文魁堂”毛笔于清光绪年间被钦定为“宫廷御笔”，标志着衡笔制作进入第一个鼎盛时期。据当地老人回忆，李文魁祖坟前曾立有光绪皇帝御赐的蟠龙碑一块，碑的正面刻有圣旨二字，背面刻有李文魁的生平及作笔的功德，该碑 1958 年被毁。此后，衡笔畅销中国北方地区，开始了持续近半个世纪的繁荣。

民国初期，衡笔制作业依然十分繁荣。产地主要集中在衡水市桃城区彭杜乡以侯店村为中心的吴杜、赵杜、葛村和野营等周边村镇。据民国时期编纂的《衡水县乡土志》（1928 ~ 1929 年编）记载：笔业“则治南侯店、吴杜、开河，治北之野营、夏寨皆是，尤以侯店最多”。1926 年，侯店毛笔获得世界博览会巴拿马奖，并成为中国出口免检产品。

20 世纪 30 年代中期，衡水当地仅侯店、吴杜两村有毛笔作坊 87 个，毛笔从业人员 700 多人，年产毛笔 500 多万支，主要销往北方地区。此时在外地从事制笔的衡水人也很多，在北京设立笔庄的有崔林元、胡更生、王会同、崔学云、李子石五人，在天津有李印堂所设的万宝堂，有职工近百人，文魁堂的毛笔牢牢占领了张家口、大同市场。此外，在唐山、聊城等地也有侯店人经营的笔庄。七七事变后，受战乱影响，衡水制笔业一度衰落。

中华人民共和国成立后，衡水制笔业逐渐恢复并发展。1952 年，在合作化运动中，侯店的制笔户组成了侯店笔业生产合作社。1956 年衡水毛笔走出国门出口到东南亚和日本，出口量达 120 万支。1958 年“大跃进”运动开始，成立了人民公社制的“大葛村人民公社制笔厂”，四年后笔厂下马由各村自办。1962 年 3 月侯店村组建毛笔厂。笔厂的建立，改变了过去一家一户分散生产的方式，采取了分工合作的生产方式，提高了生产效率。同时，父传子或旧式的师徒传承模式转变为新式的在车间中师傅带徒弟的传承模式，提高了技艺传承的效率。

1967年因治理滏河建立泄洪区的需要，侯店村从位于滏阳河河道内的旧址整体迁至目前新址，搬迁的大部分费用都是侯店村毛笔厂支付的。1972年，时任日本首相田中角荣访华时，国家领导人曾赠以衡笔，迄今侯店毛笔厂还保留有专供出口日本的723品号，据说723代表了中日邦交正常化这一年建立的业务关系。

图3-16　厂房墙上悬挂的介绍衡笔历史的漫画

从20世纪80年代到90年代前期，侯店毛笔产业逐渐走向兴盛。80年代仅侯店毛笔厂就有职工560人，毛笔品种170余种，年均出口毛笔270万支，年均创汇15万美元，在国家每年出口的1000万支毛笔中，衡水毛笔占了五分之一强。衡水毛笔业的迅速发展，受到党和国家领导人的重视，1988年原国家主席李先念视察侯店毛笔厂，并亲笔题字"笔乡"，标志着衡水毛笔进入历史上的第二个鼎盛时期。进入90年代后期，衡水毛笔产业进入历史上相对的低谷时期。这一时期，受1998年亚洲金融风暴的影响，日本、韩国及东南亚诸国大大减少了对我国毛笔的进口，同时受到现代中国人用笔习惯改变的影响，国内毛笔的市场也大大萎缩。作为衡水毛笔传统工艺主要传承企业的侯店毛笔厂，也在市场经济体制的改革中因为不能适应市场的需要而日益缺乏竞争力，难显昔日辉煌。现在侯店毛笔厂有职工60人，年产量约为180万支，此外衡水市还有大大小小个体制笔企业二三十家。

二、工艺流程

制作过程从选料开始到最终成笔，需要经过选料、水盆、零活、干作、刻字、包装六大模块，每个模块又包含若干道工序。

（一）选料

狼毫笔头的制作材料除主料黄鼠狼尾毛外，还在笔头中掺入香狸尾毛和麻，利用香狸尾毛含墨量大的特点，来中和黄鼠狼尾毛的油性，利用麻纤维弹性好的特点，来增强笔头的弹性。此外，还掺用山羊毛、马毛等。原料的挑选很有讲究，比如东北大小兴安岭一带的黄鼠狼尾色红锋长，是制作狼毫笔的最佳原料，而且对采料的时节也有严格要求，一般以小寒、大寒时节的黄鼠狼尾为上乘。不同品质和性能的毛适合用作笔头的不同部分，比如母黄鼠狼尾柔软锋短，适宜作笔头的盖毛；公黄鼠狼尾毛质较硬，适宜作笔尖。采购来的原料，要根据每种毛的长度、颜色、粗细、直顺以及锋颖的长度等状况进行挑选和分类。

笔杆的材料主要有竹管、木管、牛骨杆、牛角杆、玉杆、瓷杆、象牙杆等，其中竹管选用南方福建建瓯和广西等地的凤眼竹、斑竹、湘妃竹和青竹等，木管选用黑檀木、紫檀木等。

（二）水盆

水盆工是制笔技艺的核心部分，包括材子的制备、贴子的混合、笔头的形成三个子模块。

1．材子的制备

由同一种毛加工成一定规格的毛料俗称"材子"。材子的制备包括刀绒、挑羽子、拉材子、比至子、扎材子等工序，是水盆工作的基础工作。

（1）刀绒　黄鼠狼尾和香狸尾都要通过腐蚀，降低毛与皮的结合度。然后将毛从皮上拔下来，同时根据毛的品质进行分类。分类后的毛要放在草木灰中浸沤，进行脱脂，即成为半成品。将半成品毛放在水盆里浸湿，一手捏着角梳，一手攥着毛尖，反复梳洗，直至完全除去其中的绒毛，成为刀片状的刀头毛。此过程俗称“刀绒”。

（2）挑羽子　用角梳梳理刀头毛的根部，把断头的、无锋的、曲而不直的、扁而不圆的毛挑出并剔除。俗称“挑羽子”。

（3）拉材子　此工序是要将参差不齐的刀头毛以毛尖为准一根根理齐。如图3–17所示，取一缕挑好羽子的刀头毛，左手捏住毛根，右手持一块用牛骨制成的“材子板”，左手将毛尖送到材子板上，右手用拇指摁住对齐的一根或几根毛尖，左手将其余的刀头毛移开，如此反复，逐渐使所有的刀头毛都留在材子板上，并且毛尖全都对齐。拉齐了的毛称“材子”。

图3–17　拉材子

（4）比至子　又称“扎材子”，用桦树皮做成长条，呈拱形有弹性，宽3 ~ 9厘米不等，其作用相当于尺子，俗称“至子”。用木头做成长方形垫板，俗称“毛墩”。先将“材子”放在毛墩上，将至子的一边与毛尖边缘对齐，一只手按住至子外侧，如图3–18，另一只手用裁刀将露出至子外多余的根毛切掉。切过之后的毛全都一样长。

图3–18　比至子

制作狼毫需要的黄鼠狼尾毛、香狸尾毛、羊毛、马毛等都要经历上述步骤，加工成不同种类和规格的原料待用。

在狼毫的传统制作方法中还要用到苘麻。麻料的制备过程包括割苘、抹苘、劈苘、泡麻、剥麻、切麻等环节。

把苘麻从地里收割上来后浸泡在河塘水中，将苘麻的皮剥下来，再经过浸泡、分离、切削等环节加工成特定规格待用。

2．贴子的混合

不同种类的毛依次充分均匀地混合在一起形成的制笔头材料俗称“贴子”。贴子的制备包括做垫头、混贴子、掐贴子、沙贴子、打脚苘、活混贴子等工序。贴子的质量对笔头有直接的影响。

（1）做垫头　笔头是分层制作的，共有三层或四层，笔头越大层次越多。第一、二层用羊毛或马毛等衬毛制作，俗称“笔胎”。其作用是把整个笔头的形状垫起来，所以做笔胎的过程被称为“做垫头”。制作狼毫笔，笔头不能全用黄鼠狼尾毛，因为笔头的性能主要取决于笔尖而不是笔胎，用价格昂贵的黄鼠狼尾毛做笔胎发挥不出它的优势，而用羊毛、马毛做笔胎，不仅价格便宜，而且还具有独特的性能优势。

（2）掐贴子、混贴子　狼毫笔头的第三层用香狸尾毛制作，第四层用公黄鼠狼尾毛制作。将制备好的香狸尾毛和公黄鼠狼尾毛的材子按照一定比例混合在一起。先用手反复将材子撕开再和在一起，俗称“掐贴子”。再边混边梳，使不同种类的毛充分混合，俗称“混贴子”。此道工序要重复多遍，两种毛混合得越充分均匀越好。

（3）沙贴子　将混合均匀的贴子蘸上石灰水，去除毛上的油脂，使毛质变软，俗称“沙贴子”，如图3–19。

图 3-19 沙贴子

图 3-20 活混贴子

（4）打脚茼和活混贴子 制作狼毫的传统方法，贴子中要加一层麻，由于使用的麻比贴子稍短却包围在贴子外侧，所以当地人称之为“打脚茼”。麻的弹性好但吸水性差，加入少量的麻能够增强笔头的弹性。加入的麻也要用掐和混的手法反复梳理，使麻和毛充分混合，俗称“活混贴子”，如图 3-20，以区别于前面的“混贴子”。

通过此模块中的多道工序，将多种材料按要求充分混合，为笔头的形成做好准备。

图 3-21 圆笔头

3．笔头的形成

用做好的贴子制作笔头是水盆工模块中最关键的环节，包括掐笔头、圆笔头、做盖毛、粘笔头、温室炉干等工序。

（1）掐笔头 从混好的贴子上，掐下适量的一撮，形成一个笔头，俗称“掐笔头”。一个技艺娴熟的师傅可以仅凭手感就掐出正好做一个笔头的贴子。

（2）圆笔头 如图 3-21，将掐下的贴子用手指和梳子反复梳缕形成笔头的形状，俗称“圆笔头”。

图 3-22 做盖毛

（3）做盖毛 在做好的笔头外围一层盖毛，既是为了笔头的美观也是为了锁住墨汁，这个过程俗称“做盖毛”。狼毫的盖毛用的是柔软锋短的母黄鼠狼尾毛。先用水刀从用作盖毛的材子上挑出一小撮平铺在附笔头板上，再用手一抹把盖毛平铺在手指上，将做好的笔头放在盖毛上，用大拇指轻轻一捻使盖毛恰好包裹在笔头上，如图 3-22。

图 3-23 粘笔头

（4）粘笔头 如图 3-23，将围好盖毛的笔头蘸上用牛毛菜熬成的糊状黏液，俗称“粘笔头”。这样做是用来固定笔头的形状。

（5）温室烘干 粘好的笔头放在灰盆上吸一下水，再放在网里，拿到温室里用炉火烘干或室温晾干。

（三）零活

笔头做好之后，还要经过捆扎，安装在制备好的笔杆上。

1．笔头的捆扎

捆扎包括烫笔头和绑笔头两个环节。将笔头的根部在电炉或蜡烛上烫一下，使笔根齐平，称为烫笔头。用嘴咬住线的一端，用手拉住线的另一端，将笔头放在线上，从下往上绕一道，再在笔头上端绕一个环，将笔头套入环中，向上转动，一个挨一个，成为一串，称为“绑笔头”，如图 3–24。捆扎时必须做到笔头底平整、线箍深浅适当。

图 3–24 绑笔头

2．笔管的制备

笔管是用许多种材料制作而成的。这里仅介绍竹质笔管的制备，将一段竹子制成笔杆需经过去青、挑杆、切杆、掏笔、绞口、切尾、挑竹片、劈竹、圆竹、锯竹顶、香竹顶、溜杆、直杆等十余道工序。

(1) 去青　将笔管泡在加入双氧水的水槽中，加热煮沸两个小时以上，用于去掉竹子原有的青色，称为“去青”。

图 3–25 将笔杆排放在木炭上并压上石条

(2) 挑杆和切杆　等水凉后从水槽中将笔管捞出，风干至半湿时，挑拣出其中比规定尺寸长或短者，称为“挑杆”。长的用套笔刀切齐，称为“切杆”。然后排放在木炭上，压上平板石块，放置一段时间，使之“退性”，如图 3–25。

(3) 掏笔、绞口、切尾　用套笔刀在笔管顶端掏镗，称为“掏笔”。用绞笔刀在笔管两端加工出一个环形的坡面，分别称为“绞口”和“切尾”。

(4) 挑竹片、劈竹、圆竹、锯竹顶、香竹顶　有的笔管尾端有孔需要用竹条填塞。挑出同色的竹片劈开，加工成与笔管尾腔同样大小的圆形竹条，分别称为“挑竹片”、“劈竹”和“圆竹”。再锯下一小条放入笔管尾腔中，用树脂粘牢，称为“锯竹顶”和“香竹顶”。

图 3–26 直板笔杆

(5) 溜杆、直杆　将笔管逐支放在一块斜置的表面光滑的溜板上，称为溜杆。溜杆时能够自动滚下说明笔管圆直，否则就要直杆。用一块木板中间斜着掏出一个洞，洞的口径略大于笔管口径，称为“直板”。 将笔管的一端斜插入直板的洞中，用手反复按压笔管的另一端把笔管修直，如图 3–26，称为“直杆”。

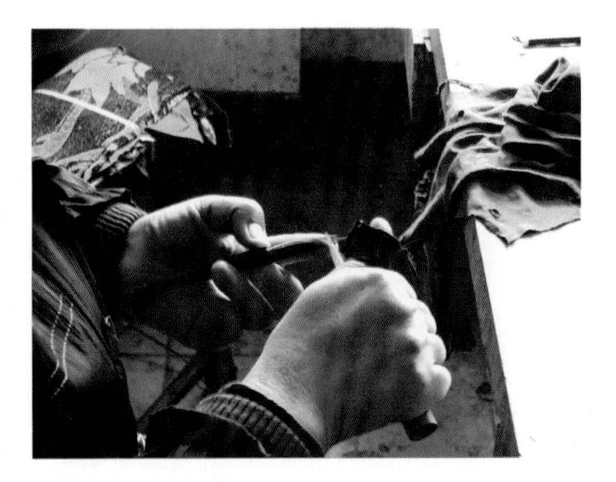

图 3–27 择笔

3．笔头的装套

经过配、润、车、拉、开等工序把笔杆的两端挫平，再用刀塞入笔杆的细孔中，挖成深浅一致的空洞，使孔的大小深浅正好适合所套之笔头，最后用树脂将笔头粘在笔管前端的笔腔内。

（四）干作

干作包括刷笔、去尘、档笔、择笔、择苘、楼尖、抹笔、清笔、晾笔等环节，是制作毛笔技术含量最高的一道工序。

1．清洗整理笔头

用梳子梳理笔头，用手来回拍打笔头，去除灰尘、绒毛等杂质。将笔头浸入水中，拿出后甩出或磕出多余水分。

2．择笔、择苘、抹笔

大拇指上戴上自制的皮套，其余四指握住择笔刀，用刀尖反复挑开笔尖，仔细检查笔毫从笔尖到笔根的每一部位，将其中的杂毛、无锋毛、短长毛等不符合要求的毛一根根挑出，然后从根部拔掉，如图 3-27。择笔时要不时用笔头蘸着用牛毛菜熬成的浆，保持笔头湿润。狼毫中如果含麻，还要对麻进行挑拣，称为择苘。择笔和择苘时必须凝神、平气、静心，方能择好。择好的笔要蘸足胶水后用手一遍遍地抹光，称为抹笔，通过抹笔把笔毫捻和成笔头形状，使笔身饱满，笔锋长而整齐。

对没有安装笔管的笔头进行择笔时，需要用到择笔管和择笔套，如图 3-28。择笔管就是普通的笔杆，在管口劈出十字形的裂口。择笔套是一个金属质的空心圆管，口径略大于笔管。用时将笔头安置于择笔管的十字形裂口中，择笔套从管底部套入，由于管口安了笔头，管口的直径略大于管身，择笔套不能完全穿过笔管，而是卡在管口下方，把置于管口的笔头固定住，这样就可以按正常程序进行择笔。

3．清笔、晾笔

对笔头中的盖毛进行挑拣称为清笔。挑拣时也是用皮套和择笔刀反复挑开笔头，将盖毛中的杂色毛挑出拔掉，使笔头色泽一致、外形饱满，如图 3-29。清笔时也要蘸牛毛菜浆以保持笔头湿润，并不时用手捋顺笔头。将清好的笔置于置笔架上，或者捆扎好后成莲花状倒置，待笔头晾干后固定成形，如图 3-30。

（五）刻字

包括刻字、染色、抛光、印字、贴签等环节。

用湿布将笔管捂湿后，用刻刀在笔管上刻上各种文字，比如笔的种类、材质、名称等。刻字时要不拼刀、不漏刀、不脱体、画头平整，使刻写出的字体排列整齐。刻好字的笔管，用颜料粉或颜料蜡块涂抹刻字处，再用毛巾擦去多余的

图 3-28　择笔管与择笔套

图 3-29　清笔

图 3-30　晾笔

图 3-31　印号

颜料，给刻写的字上色称为染色。最后还要在笔管上涂一层蜡，使笔管看上去有光泽。有些笔管不用刻字，而是将油墨直接印在笔管上，称为印字。刻好或印好字的笔管上还要贴上商标标签。

（六）包装

包括上帽、装盒、印号（图 3-31）、套皮筋、包小包、包大包、装箱、打包、装盒等环节。不同的品种需要不同的包装。对于不带笔管的笔头可以或 100 或 50 装入小盒中，在盒上印上标记，套上皮筋固定。如侯店毛笔厂出口最多的品种 723 系列，就是这样包装的。对于用作练字或刷机油的带笔管的笔头，需要安装笔帽，然后用白纸包裹，10 支一小包，10 小包一大包，将大包装入纸箱中，打包出厂。对于像狼毫这样的高档笔，不安笔帽，或 6 支或 10 支直接装入精细的礼盒中，如图 3-32。

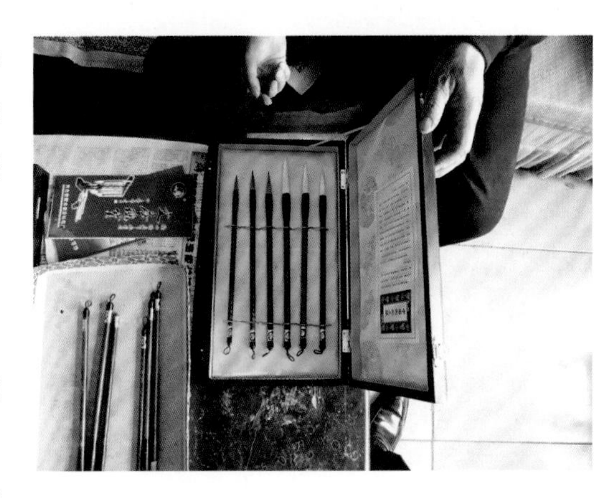

图 3-32　成品笔

衡笔狼毫的特点是刚柔相济、含墨量大而不滴、行笔畅而不滞，可书可画，经久耐用，尤其适宜写楷书和隶书。

第三节　长沙湘笔制作技艺

湘是湖南的简称，湘笔制作技艺发源于湖南长沙及其周边地区，以制作兼毫笔著称，特点在于其采用混扎式的扎毫方法，将不同笔毫不作分层地间杂在一起，以取得刚柔相济的效果。湖南制笔的历史据说可追溯到唐代，从明初时起，在湖笔影响下逐渐发展壮大，到了清代几乎与湖笔并驾齐驱，这样的局面一直持续到民国时期。

当时，长沙市区和邻近的湘阴、湘潭、湘乡等县，毛笔制作业都很发达，并形成了一个庞大的产业。鼎盛时长沙市区有数千人从业，市内有笔庄 70 多家，最有名的数“彭三和”、“王文升”、“余仁和”等大店家。南阳街更是集中了 17 家，成了名副其实的“笔窝子”。

湘阴县是当时规模最大的湘笔生产基地，高峰期从业人员超过一万，出现了一些名震一时的著名笔庄，如清同治年间，湘阴县川山乡石牛冲的刘琴台在长沙坡子街接管孙江河开办的“桂禹声毛笔社”；光绪中期，洞冲虞的虞清齐在湘阴县开设虞汉湘笔庄；清末，虞咸熙远上北京开设虞云和毛笔社，并将业务扩展至天津等地；虞仪凤在洞冲虞开办毛笔厂，雇工 200 余人。

除了这些规模较大的厂，当时的家庭制笔业也发展迅速，厂户挂钩，形成包产包销的生产方式。“虞云和”毛笔畅销北京、天津、东北及黄河流域十多个大中城市，成为国内享有盛名的名牌产品。我们在山东曲阜考察时看到过一家“扶兴和”笔庄，店主也姓虞，据介绍该笔庄是光绪年间从湖南迁到山东的，或许与川山西北洞冲虞的虞家有渊源关系。

湘笔产品销往全国各地，还远销日本和东南亚。每年春秋两季开学，各地学校门口，都可以看到来自湖南的“笔客人”肩搭笔袋在兜售毛笔。

1938 年 11 月 12 日夜，长沙突发一场全城大火，被称为“文夕大火”（因 12 日的电报代号为“文”，大火发生在夜间，故为“夕”）。这场人为造成的大火持续数昼夜，使古城长沙毁于一旦。湘笔制作业在这次灾难中也未能幸免，加上战争的影响从此一蹶不振。解放后，湖笔一统天下，湘笔则退出人们的视野，失去其往日的辉煌。

20 世纪 50 年代以后，湘笔制笔并没有销声匿迹。1951 年，湘阴县政府组织成立了 4 家毛笔厂，其中川山境内有 2 家，即西北洞冲虞家和湖鼻嘴上吴家，而且有一定的规模，每家有从业人员二三百人。

1960 年，在湘阴第三毛笔厂的基础上成立毛笔联厂，厂址设在川山坪集镇，下辖各大队 17 个分厂。1975 年，成立川山公社毛笔总厂，从业人员 500 多人，年产值 70 多万元。

80 年代初，川山毛笔制作业发展很快，当时的年产值就超过 100 万元，年创外汇折合人民币近 50 万元。1982 年川山毛笔被评为“省优等产品”，1983 年被评为“省优质产品”，1984 年被评为国家农业部“部优产品”。

历史上曾盛极一时的湘笔如今传承情况如何？带着这样的问题，受课题组委托，张程副教授于 2009 年 7 月下旬专程前往湖南进行实地考察，重点调查了长沙市南阳街的“杨氏制笔世家”和岳阳汨罗市川山坪镇的“川山毛笔”，现根据调查所得介绍如下。

一、杨氏制笔世家

长沙市南阳街过去被称为“笔窝子”，现在却只能找到一家小店，而且门前虽挂有一块写有“杨氏毛笔庄”的招牌（图 3–33），内部的摆设却更像是一个经营生活用品的超市，只是在一个角落有两排货架，上面摆放着各种毛笔。

图 3–33 杨氏毛笔庄招牌

这个“杨氏毛笔庄”是杨德富于 20 世纪 80 年代开办的。杨德富 1921 年生于长沙市郊县农村，小时候读过几年书，粗通文墨。他的堂叔杨贵生早年就学制笔，在长沙开了家“杨荣华笔庄”。杨德富 13 岁时经叔父介绍进长沙王文升笔庄当学徒，1940 年学徒期满在南阳街开办了自己的笔店。50 年代公私合营，长沙成立第一家毛笔制作社，有员工 100 余名，杨德富被任命为社长。60 年代中期以后杨德富不再从事毛笔制作，直到 80 年代重操旧业，在长沙南阳街创办了“杨氏制笔世家”，采用传统技艺制作毛笔。

杨德富先生已于 2006 年去世，他的四女婿黄希林接管制笔相关事务，“杨氏毛笔庄”作坊就在与前店同一栋楼的一所房子里。这所面积不大的套房里挂满了各种制笔工具和半成品，墙上还有一些书画家的作品，如图 3–34。

图 3–34 黄希林在制作毛笔

据现在的坊主黄希林介绍，湘笔之所以江河日下，造成眼下的局面，除了那场文夕大火等历史原因，不按旧法，不遵流程，造成质量下降，也是重要的直接原因。因此他提出杨氏制笔世家要独守旧法，严格按传统生产程序制作，不折不扣抓质量。

制笔的第一环节是用料，为保证质量，杨德富曾亲自到江西宜春采购羊毫。江西宜春地区山丘平缓，都是草地，专养制笔取毫的羊，羊圈都是用青石板砌成，羊毫不会磨损，有的羊还喂桑叶，羊毫软硬适度，油抹水光。一般山地散养的羊由于经常在树石上磨蹭，毛须短硬开叉，毛的质量不能保证。

杨德富在世时曾经为画家黄永玉等一大批知名人士制作毛笔，受到广泛赞誉，一些名家还为他题字作画。

黄希林是杨氏制笔世家的第二代传人，出生于 1943 年，原先在单位从事行政工作，出于个人的兴趣爱好在工作之余随岳父杨德富学习制笔，2003 年退休后专门从事制笔，2006 年杨德富去世后成为杨氏制笔世家的掌门人。

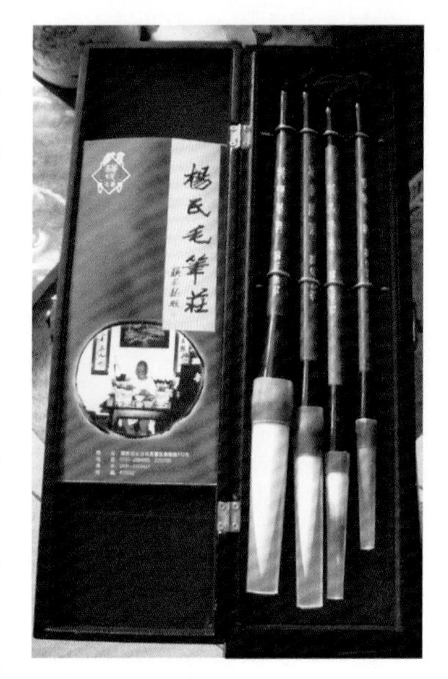

图 3–35　黄希林的作品

黄希林至今没有收徒弟，当问及原因，他说学艺首先要有兴趣，其次要讲究缘分。他借用他的岳父杨德富的一句话，“制笔就像啃腊肉骨头”，要坐得起冷板凳，没有十余年的功夫不能真正掌握制笔的技艺。

谈到工艺流程，他拿起一支小楷笔介绍说，这就是他制作的鸡狼毫。他用嘴咬开笔头，只见笔锋整齐透亮。他说鸡狼毫属于兼毫，它的特点是既有狼毫的韧性又有鸡毛笔的吸水性，既能写很小的字也能写大字，无论怎么用也不开叉。

鸡狼毫的制作采用黄鼠狼的尾毛做芯，取其韧性；选阉鸡颈部的毛做围，取其吸水性强；还要用少量野兔背上的箭毫夹杂其中，用来增强笔的力度和弹性（图 3–35）。

具体制作要经过水盆和干作两个阶段。水盆是将原料按长短粗细进行分类，用石灰水做脱脂处理，按照需要的尺寸进行齐锋；干作包括坠紧、茬高、分笔头、上杆、整作、刻字、质检等多个工序，其中“茬高”是使笔毛固定不动，“分笔头”是将一团毛按需要的量分成一束束做成笔头，“上杆”是用生漆将笔头焊接在笔杆上，“整作”是在笔头涂上石花菜用整笔刀整理笔头，整笔刀不能太锋利以免伤及笔毫。

最后进行“质检”，标准同样是“尖齐圆健”。他解释说，“尖”是笔头的外形要尖，“齐”是要求横向看笔须必须平齐，“圆”是要求笔头圆润饱满，“健”是感觉，而不是形态，要求下笔时要有弹性，转拐比较流畅。

二、川山卢氏制笔

川山卢氏毛笔的作坊设在汨罗市川山坪镇。从长沙出发坐汽车要 1 个多小时才能到达该镇，途中多半是崎岖不平的乡间公路。镇政府办公室的一名工作人员听说有人来调查川山制笔，很不以为然，他说，川山毛笔过去是很有名，现在没有人生产，基本上算是消亡了。不过他还是提供了一个叫卢存旭先生的电话，说此人以前制作过毛笔，住在西北村。

与卢先生联系上之后，按照卢的指点，张程乘摩的，在崎岖的山路上行驶了 20 多分钟，来到西北村卢存旭的家。卢存旭 50 多岁，皮肤黝黑，一看就是个庄稼汉，如图 3–36。

图 3–36 卢存旭

他的家是一栋外表普通的农村的三层小楼，进门是一间很大的堂屋，在堂屋的最里边摆放着一排货架和柜台，看上去有些破旧。他热情地介绍他的店铺，还展示了刻有“川山卢氏毛笔”的店铺招牌和毛笔礼盒，如图3–37。

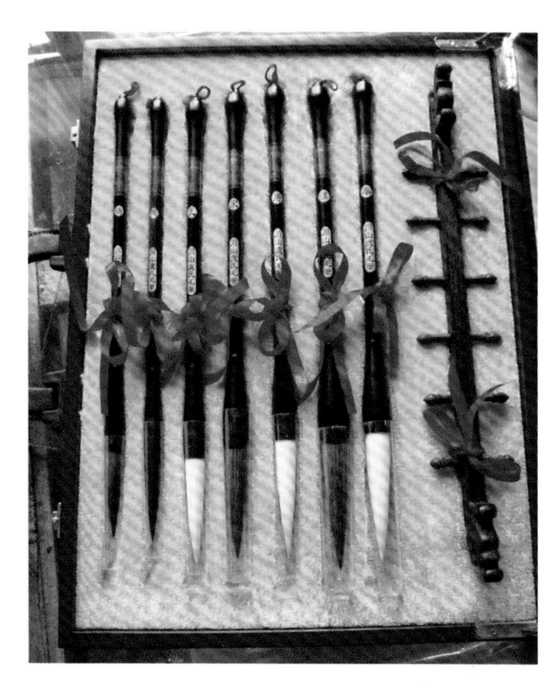

图3–37　川山卢氏毛笔作品

据卢先生介绍，历史上川山坪镇属于湘阴县，20世纪60年代原湘阴县一分为二，西部为现在的湘阴县，东部为汨罗市，川山坪镇属于汨罗市。60年代川山成立毛笔联厂，举办过多期学徒培训班，由有经验的老师傅带着十几个徒弟学习制笔技艺。卢存旭就是在那个时候进培训班里随父亲卢立凡学习制作毛笔技艺的，当时同期学艺的还有余文亮、余文强、龚海斌、龚中华等人。1975年川山公社成立了毛笔总厂，后改名川山毛笔厂，他在该厂从事生产和管理工作长达二十多年，直到1999年该厂解体。1999年以后，他成立私人性质的卢氏毛笔厂，聘请村里懂制笔的村民，农忙时务农，农闲时制笔，由他根据订单组织生产，统购统销。

卢师傅说，毛笔制作业一度成为川山坪镇的支柱产业，川山也被称为毛笔之乡。1998年，他还曾与父亲、祖父一道接受中央电视台的采访。现在由于市场的原因，当时的毛笔制作业已完全衰落，麻石生产成了川山坪镇的支柱产业。不过，从某种意义上说，湘笔制作技艺还不算是失传，20世纪60年代培养的一批熟练工人大都健在，只要有市场需要，很快就可以恢复生产。

关于制笔工艺流程，他以制作羊毫为例介绍说，湘笔制作要用到牛角梳、整笔刀、对笔刀、车笔刀等制作工具，有赶毛、做毛、散毛、齐毛、尖毛、梳寸、熏毛、附笔、捆笔、对笔、上杆、作笔等多道工序。

所谓“赶毛”是按毛锋的好坏把毛分为三等，好锋做围，次锋做尖，再次锋做“开坐”（笔芯里短一些的）。

“做毛”是用石灰水浸泡羊毛，脱脂。

“散毛”是用牛骨梳把羊毛梳散。

“齐毛”是在一块长板上把羊毛一丝丝地平铺开来，按照要求的长度切齐。

“尖毛”是把平铺的羊毛做成笔尖的形状，要求齐三次尖三次，使长短羊毛均匀混杂。长毛做锋，短毛做“庄子”，长短毛之比约为7:3。

“梳寸”是把成形的笔尖梳理整齐。

“熏毛”是用硫黄熏，使羊毛漂白，并能防虫。

“附笔”是将好锋（又称“附毛”）包裹在笔头外围。

“捆笔”是用绳将笔头捆好，阴干。

“对笔”是将毛胚笔杆用对笔刀车出凹洞，用车笔刀将笔杆两端打磨平整。

“上杆”是用松香（现在用白乳胶）将笔头粘在笔杆的凹洞处。

“作笔”（又称整笔）是将笔头涂上石花菜，用整笔刀把笔头整齐，去掉杂毛，并做最后的检验。

图3–38　加工笔杆的部分工具

至于其他种类的毛笔制作工序，他说大同小异。

分户进行，流水作业。

在一家做“对笔”的农户，我们看到对笔的工具是一个三角形的木头架子，两把对笔刀和两把车笔刀，对笔刀的长度大概和筷子差不多，两头尖，中间略粗，有点像锉子，车笔刀是半圆形的，一边有刃，带一个细细的把手，如图 3-38。

这家主人演示了传统的加工笔杆的工艺，而据他介绍，现在大多改用电钻钻孔。

另一家做水盆的农户，不巧没有生产，只作了些简单介绍。

第四节　台湾毛笔制作技艺

图 3-39　敦品制笔店

2008 年 12 月，笔者去宝岛台湾考察，在台北县三峡镇民权街 75 号看到一家笔店（图 3-39），看到几名工人在现场展示制作毛笔的技艺，打听得知该店属于“敦品制笔”，总部在基隆市安乐区麦金路 210-2 号，除这里的分店外，桃园县大溪镇仁善一街 78 号、宜兰县五结乡国立传统艺术中心民艺街 22 号等处也设有分店。据了解，他们的产品涵盖羊毫、狼毫、紫毫、鸡毫和兼毫等大类，成品主要有 25 个品种。此外，他们还把胎毛笔制作作为一项很重要的工作，在大台北、宜兰桃园北部地区的居民如果有此需要可以享受上门服务。

笔店提供的资料描述了他们制作毛笔的主要工艺流程，为保留其语言特点，这里直接引用，未加修饰。

1．毛料选取

各种笔类，有其特殊笔性，而毛料则能决定笔的用途。例如，软毛系列，以羊毛为主，硬毛则以狼毫、马毛、猪鬃、尼龙丝等为第一优先，除毛之种类外，毛之长度、粗细、生长及取用季节，亦是列为生产成本及毛笔用途的考虑重点。

图 3-40　用指甲抠除残留兽皮并分类整理

2．去除兽皮

通常毛料均会黏附兽皮，因此都会将毛料浸水以软化兽皮，再将整片毛料撕成小撮，并将毛根倾斜排列，再用刀切除兽皮部分，如图 3-40。

3．合齐除绒

除皮毛料合齐后，以骨梳将绒毛梳出（图 3-41），因绒毛细而弯曲，不能成为毛料，绒毛若不去除，易导致毛笔开叉。

4．排列毛锋

每根毛料之长短不一，为使其不出风头，将除绒后毛撮，以毛尖方向一根根排齐于板子上，再将毛根切齐（图3-42、图3-43），即是毛料中之“毛片”。

5．调配毛料

一支笔的形成，很少是由单种毛料所制成，大部分是由两三种以上的毛料所混合，为能配合得恰到好处，则需有很丰富的经验才可办到，因此，调配毛料都由老师傅亲自操作。

6．切定笔形

笔锋之尖粗、胖瘦、长短和笔形之顺畅与否，深深影响笔性。所以调配好的毛料需分别切成一定的形状，才能符合笔性之所需，故切刀为制笔成败之关键，因此持刀者通常是厂家之负责人。

7．梳整混合

将调好切妥之毛料，以骨梳多次混合梳整，使得各种毛料分布均匀，如此，做好之笔于书写时，笔形不致歪斜。

8．卷制笔蕊

梳混好之毛片，取一部分打平，然后于手掌上卷制成笔蕊再弹垫笔根，使毛根平整，若有未平之笔毛，则用包皮刀予以剔除，如图3-44。

9．包卷蒙皮

兼毫笔毛外层，通称包皮，笔蕊形成后，以卷制笔蕊方式蒙上包皮，然后调整笔锋，并将毛尖断锋挑除，于此，书写才能流畅。

10．绑固笔头

笔头完成最后一道工序，即用线将笔头绑紧，过去大都使用棉线，今则以尼龙线居多；此项工序一定要在笔头晾干后才能动作，否则绑起来就不扎实，笔头未绑固，笔毛极易松脱，如此毛笔就会有大量掉毛现象。

11．选用笔杆

笔杆材质甚多，如竹子、木材、玉类、瓷器、象牙、牛角、塑胶等，一般市面上销售的中高档笔以牛角杆居多，学生用笔则以塑胶杆或竹竿为普遍。

12．胶粘笔头

如图3-45，笔头粘上笔杆后，一支毛笔即可谓大功告成；早期以松胶为主要黏合剂，现则以俗称“铁胶”之强力胶居多。

13．刷毛定形

刷毛目的在于打净毛屑，定形则增加新笔之美观性；定形胶以类似洋菜之海菜胶为主，如图3-46。

14．笔杆刻字

笔杆字体可分为“双刀”、“刀半”、“单刀”三种。双刀系以横用刀（单刀）及直用刀刻出，字体可显出楷书笔画；单刀，顾名思义是以一柄刀来完成，字体以行、草书较多；刀半为单刀刻后，再以直刀修饰笔画，字体趋向行、楷书。

经过一代又一代的探索，笔店继承和创造了一整套独特的毛笔制作工艺。现在制作毛笔，主要采用优质山羊毛、山兔毛、黄鼠狼尾毛、香狸子毛等为原料，经过选材、配料、取毛、梳麻、湿理、齐梢、压平、

图 3-41　以牛骨梳梳出毛蒂及绒毛

图 3-42　将毛锋排列整齐

图 3-43　切除多余的毛根

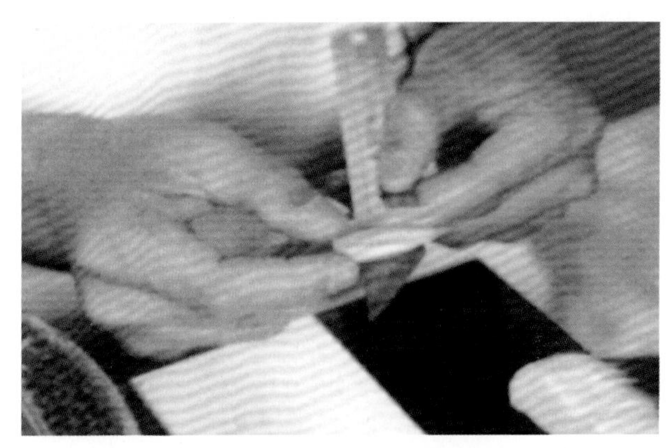

图 3-44　用平口刀挑取毛片后以后指轻卷笔蕊

图 3-45　将绑紧的笔头用特殊粘胶粘上笔杆

图 3-46　用石花菜胶将笔毛定形

剔锋、修头、去乱、整尖、截管、车筒、斗套、雕字、挂签、包装等 100 多道工序精制而成。

该店还介绍说，使用何种笔要视字体而定，如风格健劲的笔毫者刚强，宜用狼毫；姿媚丰腴的宜用羊毫；初学者以刚柔相济有力运笔，宜选用七紫三羊或兼毫。掌握笔的特性，根据字体的要求选用适当的笔，才可以臻乎书法之妙境。

敦品制笔还为机关团体提供现场制笔技艺表演，展示制笔工艺文化。在用笔文化方面，除了介绍笔的保养使用知识外，还将笔的使用与风水联系起来，如他们在"造局施作"部分介绍说，"笔头必要点朱砂，由大而小顺时钟或由左至右吊于笔架上，施作时间为每周六、日早上七时至九时（太阳初升，大运必长）"，云云。

由于只看到一个规模不大的店面展示，我们对敦品制笔还缺乏更深层次的了解。总体印象，一是其工艺流程没有多少与大陆制笔技艺不同之处，二是其商业运作模式，尤其是对制笔文化的展示，在当今大陆笔庄难得一见。

注释

[1] 朱从信：《扬州工艺美术志》，江苏科学技术出版社，1993 年 10 月，第 87 页。

[2] 朱从信：《扬州工艺美术志》，江苏科学技术出版社，1993 年 10 月，第 88 页。

第四章　茅龙笔制作技艺

第一节　茅龙笔制作技艺发展历史简述

一、茅龙笔的创制和早期发展

茅龙笔是一种用黄茅草加工制作而成的笔，不同于一般的毛笔，但具有与一般毛笔相类似的功能。它是由明代大儒陈白沙先生创制而成的，故又称“白沙茅龙笔”。

图 4–1　白沙先生的书迹《陈白沙慈元庙碑》

陈白沙，广东新会人，原名陈献章，字公甫，号石斋，别号碧玉老人、玉台居士、江门渔父、南海樵夫、黄云老人等，因曾在白沙村居住而被称为“白沙先生”，明代著名思想家、书法家。据资料记载，陈白沙常年在新会的圭峰山上讲学，山上茅草遍生于石堆之间。一天，他坐在玉台寺前一块大石头上读书，随手折下旁边一束白茅，却发现茅茎柔韧难断，茎中一束绵软细毛与动物毛发有些相似。他采摘了一把白茅带回家中，晒干后，捶扁，经砚灰浸泡后再晒干，束成笔形，称之为“茅龙笔”。

茅草的特性与动物毛发有很显著的差异，所以茅龙笔的秉性自然与普通毛笔不同。陈白沙曾有诗文谈及此事：“能书法本同，万物性各异。茅君疏而野，拘拘用乃废。”就是说，茅草的纤维较粗，弹性较强，如果使用茅龙笔去写小楷或画工笔画，那么它与毛笔相比完全没有优势。但这样的特性，加上含墨量也较为合适，如果运用得当，就能形成鲜明的特色。比如很容易在书写过程中形成书法艺术上所追求的“飞白”效果，特别适宜行草书体。图 4–1 所示为白沙先生用茅龙笔创作的书法作品。

白沙先生自己就深谙其中的奥妙，他曾得意地称道：“茅君稍用事，入手称神工。”白沙先生工于行草，用笔酣畅有力，茅龙笔的创制更使得其书法自成一体，别具特色，打破了当时书坛千篇一律的格局。已故著名广东书法家麦华三教授曾高度评价他使用茅龙笔之后对于书法的贡献：“白沙以茅龙之笔，写苍劲之字，以生涩医甜熟，以枯峭医软弱，世人耳目一新，岭表书风为之复振。”麦教授阐释白沙先生的用笔特点："当其笔力横绝时，如渴骥奔泉；笔势险觉时，如惊蛇投水；笔意飞舞时，便缥缈出入如神龙夭矫于云中。"

陈白沙不仅创制了茅龙笔，而且成功运用于书法创作。在他之后，新会茅龙笔渐为世人所了解。然而，关于陈白沙制作茅龙笔的技艺流程，史料中却鲜有记载，有关茅龙笔的文字资料同样少之又少。

从一些乡土资料了解到，从清康熙年间到清末当地一直有制作茅龙笔的店铺。清末至抗日战争前夕茅龙笔制作业更是得到较快发展，如万和堂出品的茅龙笔生产形成了一定规模，产品还远销海外。蓬江、会城笔市兴旺，当时有茅龙笔专业户一条街，今天新会的惠民路当时被称作"笔街"。较著名的茅龙笔店有蓬江区的登元阁、会元阁，新会的文香阁，不过没有留下多少具体的文献资料。唯一有粗略记载的是，抗日战争前期，新会大新路有一间店铺，售卖文房四宝和书籍，名为"文香阁"，制作和销售茅龙笔。关于这间店铺的记忆，人们只大概知道店里有位制作茅龙笔的师傅带着一个学徒，师傅不知籍贯与姓氏，学徒为台山人，名叫黄学，店里还有一个名叫李炳煌的店员。日军侵华期间，新会沦陷，文香阁停业关门，黄学返回台山，自此，新会再没有人制作茅龙笔。

抗日战争胜利后，李炳煌接手文香阁。黄学知悉后，希望回到文香阁重操旧业，但由于店很小，又没有实力扩大规模，李炳煌便介绍黄学到自己亲戚家开办的"达文文具店"工作。李炳煌的儿子李璇时常去达文文具店玩，喜欢上了茅龙笔制作，并且跟着黄学学会了茅龙笔的制作技艺。解放后，达文文具店停业，文香阁公私合营，黄学离开，下落不明。由于当时市面上没有销售茅龙笔，李璇虽然掌握了茅龙笔制作技艺，也没有大量制作销售过，茅龙笔渐为国人所遗忘。

二、茅龙笔制作技艺的再现

1978 年，一位日本友人想通过外交部门，帮助他购买新会茅龙笔。他在抗日战争前曾买过一套新会茅龙笔，十分喜爱。接待者通过广东省有关部门向新会了解情况，查证到日本友人手头的茅龙笔是当年文香阁出品的。时隔几十年，这种笔早就不再面市，但这件事成为后来恢复茅龙笔制作技艺的一个契机。新会县第二轻工业局决定由新会工艺美术厂负责试制，有关部门划拨了 3 万元试制经费，工艺美术厂成立了茅龙笔制作组，余早钳任组长。他们辗转找到文香阁的后人李璇，请他担任师傅，带领 4 位女工一起研制茅龙笔。在缺乏史料和实物参照的条件下，李璇凭着童年印象中的古方，和大家一道勤奋工作，终于制作出茅龙笔。

茅龙笔试制成功后，新会工艺美术厂的上级单位——佛山工艺美术所派出专员，对茅龙笔工艺进行反复研究、试验，认定其制作工艺流程没有明显问题，同意按李璇记忆的古方制作茅龙笔。他们还根据当代书画家使用的习惯，提出了对其中的纤维漂制工序进行改良的方案。

茅龙笔重新面世后，受到社会的欢迎，并走出国门，远销日本、法国、东南亚等地。在书法家李卓见先生的工作室"醉砚斋"中至今仍保存着一支他使用过的新会工艺美术厂 1978 年生产的茅龙笔，笔尾端刻有"陈白沙茅龙"、"新会工艺厂"等字样（图 4–2）。

图 4–2　陈白沙茅龙笔

然而，由于茅龙笔是纯手工制作，价格不菲，而且消费群体单一，市场份额十分有限。新会工艺美术厂的茅龙笔正式投产后，销路一直不畅，惨淡经营。当时，所有的订单均由佛山工艺美术所承接，再下单分配生产任务到新会工艺美术厂，一年的生产量仅在 600 支左右。1983 年，新会工艺美术厂因为效益不佳，转产经营其他业务，制作组相应解散。李璇师傅转职为会计，余早钳则转行谋生，茅龙笔生产再次陷于停顿。

2001 年，《新会报》报道了茅龙笔传人的踪迹，茅龙笔重新引起社会的关注。此时，李璇师傅已去世多年，他的嫡传弟子余早钳也已忙于他业，很长时间没有制笔了。报道刊出后，有人找到余早钳，表示想购买茅龙笔，希望他能重操旧业。在大家的鼓励下，余早钳开始利用业余时间做笔，还把自己的作品加上“钳记”标识。如今广东博物馆和江门陈白沙纪念馆中陈列的茅龙笔均为余早钳这一时期的作品。新会一带至今仍有大批文人墨客对茅龙笔创作的书画作品情有独钟。国画家谢维健、书法家李卓见等均善长用茅龙笔书画。据他们称，目前虽有几家制作茅龙笔作坊，但钳记茅龙笔制作技艺水平最高，书写效果最佳。

中国开展非物质文化遗产保护工作之后，白沙茅龙笔制作技艺迎来了新的春天。2007 年 4 月，茅龙笔入选广东省江门市第一批市级非物质文化遗产名录，同年 6 月入选广东省第二批省级非物质文化遗产名录，2008 年 6 月入选第二批国家级非物质文化遗产名录，受到政府和社会的广泛关注。

三、茅龙笔的当代价值

茅龙笔选用江门市新会圭峰山国家森林公园的圭峰茅草，纤维均匀、坚韧耐用，被誉为“植物制笔之首”，正如书法家李卓见先生诗云：“茅龙一笔扫千军，见性明心涤俗尘。试看翰园花万朵，唯吾是草也迎春。”茅龙笔的原材料“本是深山一野草”，与狼毫、羊毫等动物制笔相比，茅龙笔更具环保价值，无污染、无公害，传统手工艺制作。茅龙笔制作技艺具有环保、低碳价值，值得全面推广。

图 4–3　书法家李卓见先生在使用茅龙笔创作

茅龙笔茅锋修长富有弹性，笔触苍涩、牵丝与飞白相得益彰，适于行草书体，亦可作勾勒山水树石之用，诚书画家必备之佳品（图 4–3）。然而，对于普通人来说，尤其对于初学者来说，茅龙笔还是有点难以驾驭。用茅龙笔书写行笔有滞涩感，没有用毛笔书写那样畅通、圆滑，没有一定书法功底的人使用起来很不习惯。市场的限制是茅龙笔制作业发展的最根本的瓶颈。

当地政府和社会各届为保护此项技艺做了大量的工作。当地的书法家们正努力通过茅龙笔书法展这个平台，逐步推广江门市各大茅龙笔品牌，提高公众对茅龙笔的认知度。江门市书法家协会将建立六大培训基地，逐步向江门市的广大青少年培训茅龙笔书法，书法家李卓见先生已经在新会的一些小学生中开设了茅龙笔书法课。

第二节　茅龙笔制作工艺流程

2011 年 6 月，受本课题组的委托，安徽医科大学人文社会科学学院陈发俊教授前往广东新会，实地考察茅龙笔制作技艺，得到了余早钳先生和聂浩宁师傅的热情帮助，了解到茅龙笔制作的工艺流程。

一、原料的采集与初加工

1．采料

选草。制作茅龙笔的茅草是一种黄茅草，可以长到 2 米多高。采摘的最佳时间在农历六月底，采摘过早，茅草纤维过嫩，易断，且含绒量小，制成的茅龙笔笔毫柔韧性不够，会经常出现纤维细屑脱落或断纤维现象。采摘过迟，纤维太老，则笔毫过硬，一般书写者难以驾驭。不同生长期的草适宜制不同类型的笔，所以要根据产品的要求来选择特定的草。采草的人必须是内行里手，要有丰富的制笔经验，同时还要有责任心。余早钳先生每次都是自己亲自上山采草，从不敢托付别人去做，更不能图省事花钱从卖草的人手中去买草。这样做虽然影响到他的生产效率和经济效益，但为他赢得了持久的信誉。

图 4–4　将茅草连根拔起

将选中的茅草连根拔出，如图 4–4 所示，去掉草梢（图 4–5）和草根（图 4–6），回来后再进一步处理。

2．捶砸

将采摘回来的茅草，先剥去枯死的外皮，再掐去根须。将不同长度的茅草进行分拣，通常依据要制作的大、中、小号笔型分成长、中、短三类。大号笔长一般 45 厘米左右，中号笔长 36 厘米左右，小号笔长 30 厘米左右。然后将分拣过的相同长度的草铺开，用自制的木槌砸扁，如图 4–7。有人以为捶砸的一定是茅草的梢，实际上却是茅草的根部。将茅草根部大约 20 厘米长的部分砸扁。捶砸到出现纤维为止，当然不能过于用力，以免砸断纤维，影响笔的质量。

3．浸泡

将捶砸过的草根放入砚灰水中浸泡，如图 4–8 所示，使包裹在草根纤维外面的皮囊膨松软化，便于刮削。所谓“砚

图 4–5　去掉多余的梢部（余早钳提供）

图 4–6 简单地整理分拣后，切去根须（余早钳提供）

图 4–7 捶打茅草根部，直至露出纤维

图 4–8 用砚灰水浸泡捶砸过的茅草根

图 4–9 刮削捶打过的部分（余早钳提供）

图 4–10 晾晒茅草

灰”就是用小贝壳烧成的灰。砚灰水的浓度根据需要而定，如果想加速的话，浓度就稍大一点。天气冷时砚灰水的浓度也要大些。没有具体量化，通常凭感觉和经验。浸泡时间正常情况下为 5 天左右，一般不能低于 5 天，天气冷时需 7 ~ 8 天。浸泡时间过长会损坏纤维。

4．刮青

将浸泡好的茅草纤维部分平铺在一块平整的石板上，用一把扁刀的刀刃刮削，如图 4–9 所示，目的是去净包裹在纤维外面的囊皮。囊皮不刮净，会影响纤维的光滑度，进而影响笔毫写字的流畅度。通常还要根据笔锋的长度来刮，一般分为 20 厘米、18 厘米、15 厘米、12 厘米，以供制成不同型号的笔毫。刮削使用的刀类似于削皮鞋使用的扁刀。

5．晾晒

囊皮刮净后的茅草需要晾晒，如图 4–10 所示，在 5 月份的气温下，一般晒 2 天左右即可。晒干的茅草收起来储存或直接制笔。据说，这样处理过晒干后的茅草，放置二三十年都不会变质。

二、茅龙笔的扎制

1．浸泡

取一定量的干茅草扎成一束，通常一支 45 厘米长的大号茅龙笔需要 4 两茅草。先将干茅草用清水泡湿 3 小时左右。

2．刮削

将浸泡过的茅草捞起，在平石板面上一根挨一根平铺开，排平，如图 4–11 所示，用扁刀刮草根部，使草纤维光滑，之后，数层叠加至一定的厚度。

图 4—11 梳理捶砸过的根部，以制作笔毫

3．卷笔头

将刮削过的草卷成毛笔头状的笔胆，如图 4–12。在离根端一定的距离（根据所制笔头的大小测量，如图 4–13）处用丝线捆扎，如图 4–14。卷成的笔胆要饱满，这样制成的笔含墨量大。

4．梳毫

用木梳梳理笔胆的毫纤维，除去其中的杂质及细小的断纤维，留下光滑和粗细均匀的纤维。

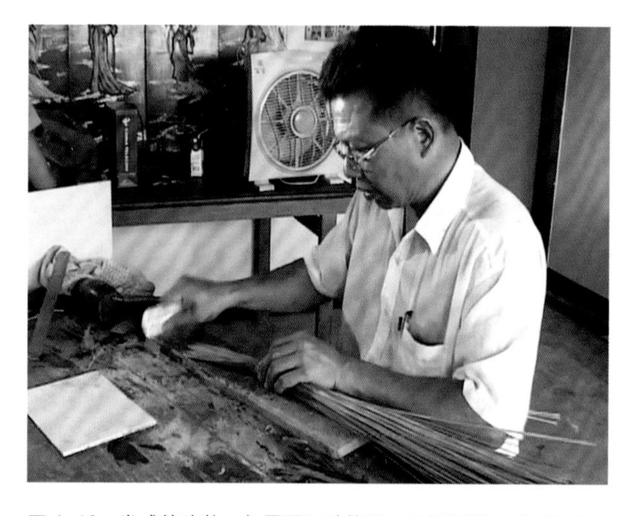

图 4—12 卷成笔头状，仍需要细致梳理，以保证笔毫书写流畅

图 4—13 测量笔毫的长度，确定不同型号的茅龙笔

图 4—14 用丝线捆扎笔头

5．晾干

将笔毫纤维部分饱醮清水，然后垂直提起，水下淋的力量会使纤维端形成笔头状。笔头向下悬置，晾干。

6．定形

将扎好的笔的笔头放在牛皮胶液中蘸一下，使笔头定形，然后晾干。牛皮胶市场有售。笔头中残留的胶质只要在使用茅龙笔之前用温水泡一下即可溶解除去。

7. 捆扎笔杆

晾干后，即可捆扎笔杆（图 4-15）。紧贴笔头的毫根部 4 厘米范围内要用线一匝紧挨一匝密扎，以保证笔杆与笔头紧密结合。扎笔杆时，先用素色线捆扎紧，捆扎得越紧，笔杆越坚硬，写起字来更得心应手。之后，再用彩线装饰笔杆，同时可以加上牌标扎起来。

图 4-15　晾晒半成品

8. 装饰

茅龙笔的笔尾主要起装饰作用。笔尾由多种材料做成，最简单的是木制，其次是石头，最精致的是玉。笔尾的装帧不同，笔的价格也差异悬殊。装帧豪华的笔尾通常用作馈赠礼品，一般档次的笔只安装普通木质的笔尾。

茅龙笔的保养方法与一般毛笔相同，使用过后吊挂起来，以保持笔头的干燥。

第三节　茅龙笔制作技艺传承人

一、茅龙笔制作技艺的第二代传承人余早钳

余早钳，1955 年生，广东新会人，1978 年跟随李璇师傅在新会工艺美术厂学习制作茅龙笔，由于当时的“茅龙笔制作组”6 人中只有他和李璇师傅是男性，因此，他必须负责茅龙笔制作技艺的整套工序，于是成了 20 世纪 50 年代以后，茅龙笔制作技艺名副其实的第二代传承人，如图 4-16、图 4-17。从事茅龙笔制作三年后，1981 年，由于经济效益差，新会工艺美术厂的彩瓷、木雕、石雕、戏服、醒狮头、茅龙笔等制作组先后解散，工艺美术厂转产生产服装。他也改行谋生，几经周折，最终经营起了餐饮业。2000 年，他重拾制作茅龙笔旧业，但也只是业余从事。

图 4-16　用彩线缠笔（余早钳提供）

2000 年，《新会报》编辑谢维健先生收到读者来信，反映说当时市面销售的茅龙笔质量不行，书写时笔毫开叉，希望《新会报》能告诉他们谁是茅龙笔的真正传人。于是，谢维健老师进行调查追踪，找到了原新会工艺美术厂厂长周荣根了解情况，周厂长介绍了 1978 年工艺美术厂成立茅

龙笔制作组的详细情况，以及李璇及其嫡传弟子余早钳的事。谢维健于是找到余早钳，动员他重新出来制作茅龙笔，满足社会需求。谢维健先生将调查结果以《“新会茅龙”追寻记》为题刊登在《新会报》（2001 年 3 月 10 日第 4 版）上，这篇文章对新中国成立后茅龙笔的传承情况进行了较为详细的报道，社会才真正了解余早钳才是新中国成立后第二代茅龙笔制作技艺传承人。社会对余早钳先生出山制作茅龙笔的欲求很强烈，书画名家开始登门求购茅龙笔。在这种社会诉求下，余早钳开始重操旧业，他出山的第一批产品即被书法家李卓见先生包购了，目前，李卓见先生是“钳记”茅龙笔的推崇者，他不失时机地向国内同行推介白沙茅龙笔。但由于消费群体限制，余早钳也只能把茅龙笔当作副业。

图 4–17 “钳记”白沙茅龙笔制作技艺第二代传承人余早钳

余早钳依据当年在工艺美术厂时掌握的由李璇师傅、佛山工艺美术厂以及书画家共同研究恢复的茅龙笔制作传统技艺的方法开始制作茅龙笔，标注“钳记”。第一批“钳记”产品给了书法家李卓见先生，反映效果很理想。同时，余早钳根据自己的制笔经验和书画家的反馈意见，在茅龙笔的笔胆里加入了特殊材料进行处理，使得笔胆饱满，含墨量丰富。谢维健先生不仅是《新会报》的编辑，而且是我国当代画家，酷爱用茅龙笔绘画，他使用的就是“钳记”茅龙笔。他说他使用过市场上销售的不同茅龙笔，相比之下，还是余早钳制作的茅龙笔质量理想，笔毫柔软、好用、耐用，使用好几年也不见坏，而某个炒作比较厉害的茅龙笔质量则不行，笔毫不含墨，书写或绘画时笔锋也不行，并且通常一年不到就会坏掉。目前，江门地区使用的茅龙笔基本上都是“钳记”。

“钳记”茅龙笔通常分大、中、小三种型号（图 4–18），笔毫长度分别为 18 厘米、16 厘米、12 厘米，价格分别为 100 元、80 元、60 元，如果笔尾有木雕镶玉的通常单价在 700 元一支。2008 年之前他每年能销售 100 多支，目前年产量 300 支左右，但供不应求。余师傅常常会因为人手不够用，产能不足而不得不拒收一些订单。茅龙笔制作技艺考究，使用者对笔毫质量要求高，传承人培养周期较长。

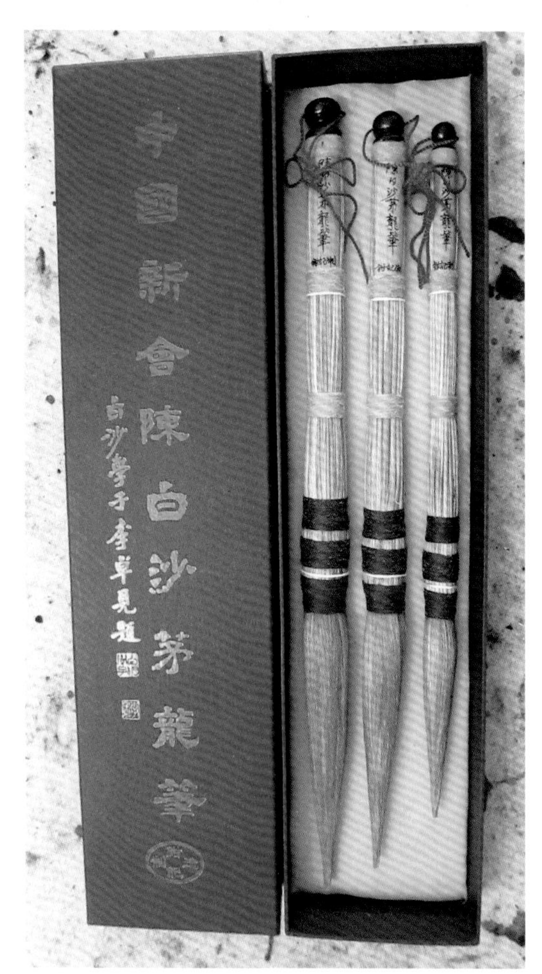

图 4–18 大、中、小号“钳记”茅龙笔

表 4–1 “钳记”茅龙笔的型号与价格

型号	笔毫长度（厘米）	笔杆长度（厘米）	普通型价格（元）	豪华型价格（元）
大号	18	25	100	700
中号	16	20	80	700
小号	12	18	60	700

“钳记”茅龙笔的消费群体主要是当地的书法家、画家和博物馆，也有部分是外事活动中作为礼品赠送给日本、马来西亚、韩国和台湾等国家和地区友人，偶有很小一部分销往香港。这些国家和地区每年每

地都有 30 盒左右的销量。当地少数书画名家也曾将茅龙笔作为礼品向国内其他地区的书画家推介，但是可能是习惯问题，目前收效甚微。

“钳记”茅龙笔不仅是对李璇传承下来的传统技艺的恢复，而且还承载着余早钳师傅的创新成果。余师傅创造性地将毛笔制作技艺中的笔胆技术引入茅龙笔工艺，他与广东省佛山地区工艺美术研究所技术员做试验，在笔胆中加某种特殊的麻，增大含墨量。为了摸索出含墨量的恰当值，他注意跟书法家、画家交流，收集他们对于茅龙笔使用情况的反馈信息，不断探索，反复试验，终于研制出深受书法家、画家认可的、含墨量适中、书写流畅的茅龙笔。

如今，在江门地区，“钳记”茅龙笔的使用出现了明显的马太效应。通常没有名气的人用不了茅龙笔，因为运笔的火候不够。而特别喜欢使用茅龙笔的都是大家、名人，由于“钳记”茅龙笔的质量和理想的书画效果，因此，越有名气的人越喜欢使用“钳记”茅龙笔，故而茅龙笔更加出名了。

尽管政府目前大力推广茅龙笔，但茅龙笔的实际使用还是很有限。余早钳师傅只把制作茅龙笔作为业余爱好，主要目的是为了推广茅龙笔技艺，而他的主业是与别人合作经营餐厅。

谈及收徒和培养下一代传承人问题，余师傅指出了一系列困难。第一，做学徒的人要具备一定的文化水平，在主观上对茅龙笔的价值要有所认识或认同，对茅龙笔的制作要产生兴趣，而不是任何人都能收为学徒。第二，学徒要具备一定的书法知识，会用笔，理解整个书法过程的用笔状况，知道笔毫的含墨量问题，这样制出的笔才好用。含墨量是毛笔制作中十分讲究的问题，一般笔毫蘸一次墨可以写出 3 ～ 4 个字，这样的含墨量比较适中。第三，培养一个合格的、技艺娴熟的徒弟，通常需要 2 ～ 3 年时间，然而，茅龙笔目前市场需求量极小，经济效益差，徒弟的生活费用无法解决。第四，茅龙笔的制作原料是圭峰山上的茅草，上山采草是技艺流程的首要和重要环节，因此，学徒上山采草存在人身安全问题，比如遭遇毒蛇攻击、摔伤等，这也是余师傅接收学徒时不得不考虑的重要因素。当前，余师傅正在与江门市新会高级技工学校的孙才球老师合作，从孙老师的学生中考察培养合适的学徒人选，希望最终能培育出优秀的茅龙笔的下一代传承人。目前已有两名工艺美术与葵艺专业的学生有意向学习茅龙笔的制作，在茅龙笔制作的旺季会跟随余师傅一起学习（图 4-19）。但是，能否找到愿意一直坚持做茅龙笔的传承人，余师傅表示担忧。

图 4-19　余早钳与他的两个意向小徒弟

二、白沙茅龙笔制作技艺省级项目代表性传承人张瑞亨

张瑞亨，男，广东新会人，1962 年 3 月生，画家、书法家。20 世纪 70 年代，曾先后在广东新会工艺美术厂工艺组和国画组工作。90 年代初，张瑞亨调入冈州画院当负责人。据他本人说，他 1997 年开始制作茅龙笔。2004 年，张瑞亨的作品《茅龙国画用笔（含茅龙笔画）》获广东省首届民间工艺精品展铜奖。2007 年，张瑞亨管理的冈州画院茅龙轩生产的茅龙笔荣获江门市优秀旅游商品称号。2008 年，张瑞亨入选广东省省级非物质文化遗产项目代表性传承人名单，成为官方认定的“白沙茅龙笔制作技艺”项目代表性传承人。2010 年 7 月，张瑞亨的茅龙笔作品在上海世博会参加“广东周”文艺展演：一套 8 支装的茅龙笔、

一套 5 支装的茅龙笔、3 支入框的茅龙笔。

张瑞亨的茅龙笔制作工场在新会的冈州画院。在画院大门内，通常都会有两三名中年妇女坐在门两旁不停地刮草，地上的石板上晾晒着刮过的茅草。画院大厅中央的工作台上随意堆放着一些茅龙笔半成品，四周精致地摆放着各种式样的茅龙笔。张瑞亨制作的茅龙笔更具工艺观赏性，用紫檀、花梨木做笔架，用玉雕或者石雕做笔头，适宜作礼品之用。张瑞亨用自制的茅龙笔作画，他的茅龙笔国画作品数千元一幅，是政府送礼佳品。张瑞亨的茅龙笔曾有部分销往日本、韩国等地。

三、茅龙笔制作大师聂浩宁

调查中还找到一位实际上掌握了茅龙笔制作核心技艺的传承人。他就是聂浩宁（图 4-20），1965 年生，男，广东恩平市人，初中文化程度，自由职业者。

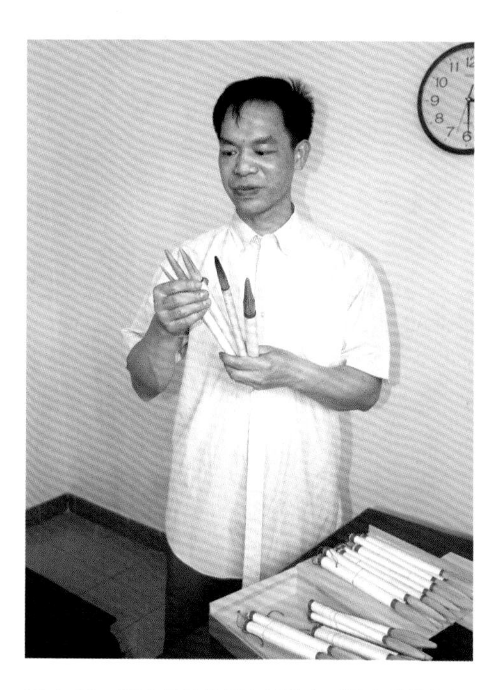

图 4-20　茅龙笔的传承人聂浩宁（许和发拍摄）

聂浩宁 1978 年开始学习茅龙笔制作技艺，师傅是他的祖父聂锡鹏。聂锡鹏（1902 ~ 1983）出身于书香门第，父亲在进京赶考途中客死他乡，遂家道中落，为了生计，11 岁时就进了当时江门地区最有名的文具生产厂“登元阁”当学徒。那时登元阁有十多位技艺高超的制笔师傅，聂锡鹏天资聪明，勤奋好学，只花了 5 年时间就熟练掌握了茅龙笔、毛笔与竹笔制作技艺，同时还学会了印刷、雕刻、装裱书画、古籍与古画修补、制墨等多项文具制作技艺。

18 岁时聂锡鹏即以技艺入股的方式，与别人合伙开办了“会元阁”，经营文具生产和印刷业务。聂锡鹏是当时店里唯一的掌握茅龙笔和竹笔制作技艺的师傅，负责茅龙笔和竹笔制作，作品很受当地书画界欢迎。抗日战争期间，还有不少日本军官去会元阁买笔，这就是 1978 年对外开放后，日本宾客来江门追踪购买茅龙笔的起因。

20 世纪 50 年代公私合营中，会元阁成为江门市印刷厂的一部分。当时茅龙笔价格很贵，一般 5 支一套的笔售价相当于当时工人一个月工资，故基本上没有人用得起。印刷厂不再生产茅龙笔，聂锡鹏就成了厂里的一名印刷工人，只是当偶然有江门市书画界人士订购时，他才在家里业余制作。六七十年代，受当时政策的限制，聂锡鹏虽然也时常接受订制茅龙笔的业务，但都悄悄地在家中进行，甚至连卖笔的单据也不敢保留。正因为如此，他的子女中没有人学习茅龙笔制作技艺。

1978 年，来江门的一个日本访问团要购买茅龙笔。当时新会美术工艺厂茅龙笔制作组还未成立，当地政府就把此笔订单交给了聂锡鹏。江门市土产出口贸易公司经手，将这批 100 套 5 支装短锋锥型茅龙笔，按每套 12 元从聂锡鹏手中购出，以每套 40 元人民币的价格出口给日本友人。

这笔订单让聂锡鹏看到了希望，他决定让茅龙笔制作技艺传承下去。但是子女都已经过了学艺的年龄，他就从孙子辈中找自己的接班人。他发现聂浩宁有天分，做事有耐心，就把他作为重点培养对象。他对聂浩宁说：“你现在觉得辛苦难学，学来没用，这是中华宝贝！等到华夏盛世时你就知道有用了。”在为日本客人制作那套茅龙笔时，聂锡鹏就让聂浩宁参与制作，在学习技艺的同时，做自己的帮手。12 岁的聂浩宁从此以后一直跟着爷爷学习制作茅龙笔，直到 1983 年初爷爷去世。

聂浩宁不仅从爷爷那里学会了茅龙笔制作技艺，还得到一套《古法茅龙制笔秘籍》：

中秋过后至重阳，正是取茅好时节。莫怕太阳猛烈晒，只取开阳长茅草。取草宜拔不宜割，茅草细分有其三。黄茅体魄最强壮，筋骨刚劲好弹性。白茅体魄也不错，筋骨刚柔相得益。青茅貌似体魄壮，实质筋骨最脆弱。只作柴禾当草烧，取茅更要看土质。沙质土壤宜早取，沙质茅草叶带黄。泥质茅草绿油油，迟些取之也无妨。阴林茅草莫要取，体魄娇柔不成材。将近冬至莫要取，冬至时节草发霉。千锤百炼炼筋骨，洗去污垢精神爽。晒晒太阳等上床，睡醒身体有不适。泡个药浴保健康，身体强壮毒不侵。铮铮铁骨穿黄袍，大开四门作准备。舞刀弄剑真功夫，削刮精准莫偏离。笋尖谷芽与锥形，任君刀上定乾坤。长短中锋任君意，梳洗龙体早登基。

这首七律诗秘籍详细描述从取草到制笔的每一个步骤，师傅只要略加解说，教会操作的关键技艺就行了。聂浩宁说，他爷爷传给他的这个秘籍，之前从未呈示于他人，之所以交给我们，是为了帮助我们把茅龙笔制作技艺写好。除了这套秘籍外，聂浩宁还保留有另外两个制笔配方和解说，因涉及知识产权问题，不便在这里说明。

20 世纪 80 年代初茅龙笔的销量很小，爷爷去世后，聂浩宁也停止制作茅龙笔。2003 年的一天，聂浩宁在江门市博物馆看到展出的新会茅龙笔，觉得其工艺水平不及爷爷的作品，又想起自己曾经答应过爷爷，要将茅龙笔制作技艺传承下去，决心重操旧业。

聂浩宁说，制笔的最高境界是“见字知笔型”。他根据先贤陈白沙传世墨宝推断，这些字大都是用短锋锥型茅龙笔书写的。聂浩宁还能根据茅龙笔的颜色分别出浸泡茅草所用材料以及笔胆造形浸胶是否合适。浸胶的作用是保护茅龙笔的纤维不变质，胶的品质会直接影响到笔毫的耐用性，因此浸胶这道工序很关键。他说，他爷爷三十多年前所制的茅龙笔到现在开笔也不会变质，秘诀还是胶。

聂浩宁制作的茅龙笔仍沿用爷爷解放前的名号，称“会元阁”茅龙笔，一般分为特大、大、中、小和微型五种型号。用这些笔写字，从小至 1 厘米见方小字到约 4 米见方的大字都能完成。如果要画更大幅面的画，还有大小型号的茅龙排笔可供选用。排笔的宽度分别为 4 厘米和 8 厘米，笔毫长度都是 13 厘米。同一尺寸大小的笔可以分为长锋、中锋、短锋，其实笔胆长短是根据各人使用习惯选用，笔胆长度是比较随意的，一般五种型号的笔胆长度在 4 ～ 16 厘米之间。况且茅龙笔笔毫较硬，一般长锋笔毫容易书写。不同的材料制作的笔都自有特性，只要把握好其特性就运用自如。

表 4–2　聂浩宁的“会元阁”茅龙笔型号及规格

规格 / 型号	总长（厘米）	笔毫长度（厘米）	笔胆最大直径（厘米）	重量（千克）	用料（茅草）
微型	28	6	0.5		
小号	33	13	0.75		
中号	33	14	1.25		
大号	33	15	1.5		
特大号	36	16	2.25		
小号排笔		13	4（宽度）		
大号排笔		13	8（宽度）		
巨型 1	156	53	15	5.5	5299 根
巨型 2	180	55	16.5	6.5	约 10000 根

对于茅龙笔来说，锥形茅龙笔书写的字体比较朴实有力，更容易体现茅龙笔的书写特色，笔画之间出现飞白，而且笔画没有笔锋；笋尖笔型的茅龙笔书写的字体较为清秀潇洒；谷芽笔型的茅龙笔书写的字较为厚实和苍劲。其实茅草纤维比较长，笔锋可长可短，这是毛笔所不具备的。而且，在制作过程中，茅草纤维的软硬度是可以通过改变特制配方浸泡时间的长短来控制，而且每个月份的茅草浸泡时间也不相同，这全凭经验把握分寸。在聂浩宁手里，不同型号的茅龙笔规格比例既确定又不确定，因人而异，因用途而变。他的茅龙笔最小的笔胆直径只有 5 毫米，最大的笔胆直径为 16 厘米。他可以按照使用者的要求制作 5 毫米～ 16 厘米范围内的任何规格的茅龙笔。图 4–21 为聂浩宁制作的系列茅龙笔。

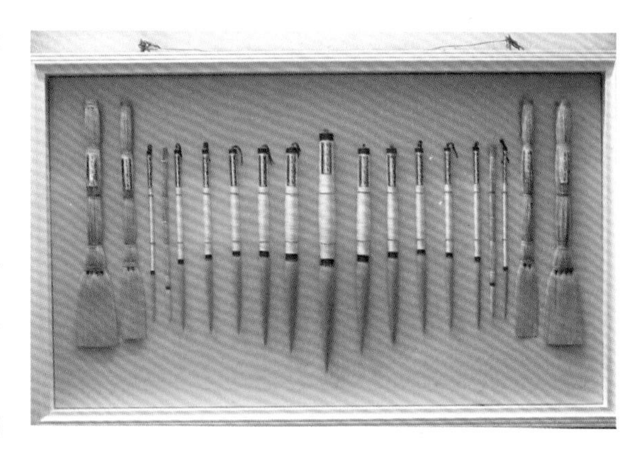

图 4–21 聂浩宁制作的茅龙笔系列

陈白沙先生有诗云："束茅十丈扫罗浮，高榜飞云海若愁。何处约君同洗砚，越惨霜冷铁桥秋。"聂浩宁由诗句"束茅十丈"引发灵感，决定制作一支巨型茅龙笔。2006 年，聂浩宁凭借自己所掌握的制笔技术和坚强的意志，用了半年时间，终于制成一支巨型茅龙笔，长 156 厘米，重约 5.5 千克，笔胆长 53 厘米，笔胆最大处直径 15 厘米。这支笔由 5299 根茅草制成，它们是从长度 220 厘米以上的新鲜茅草中精心挑选出来的，共需取草 300 多斤。这支茅龙巨笔参加了江门市的"省市非物质文化遗产展"，之后捐赠给了江门市博物馆作永久收藏和展览之用。

图 4–22 聂浩宁展示他的巨型茅龙笔

2007 年，聂浩宁又开始着手制作更大的巨型茅龙笔，准备申请吉尼斯世界纪录。他花了三年左右的时间收集超过两米高的茅草，大约从 500 斤新鲜的茅草中精选出 10000 根左右的茅草，目前该笔已初步成形，总长 180 厘米，笔胆长 55 厘米，笔胆直径 16.5 厘米，重量 6.5 千克，如图 4–22、图 4–23。不过，聂先生说这并不是最终成品，还需要再做七八次的笔毫定形才算最终完成，那样，笔毫才会贴顺（贴顺是指用水浸开笔毫后每根纤维自然垂直紧贴）。这支笔的定形每年必须要等到北风起才能开笔做，因为北风起开笔容易干，不怕草的纤维变坏。这也是为什么已经三年多时间了，聂先生说还没有最终完成的原因。

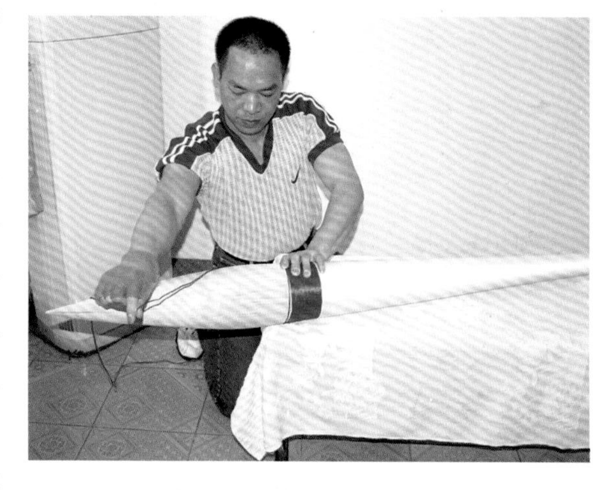

图 4–23 聂浩宁正在制作他的新作品

会元阁茅龙笔的主要用户是江门市区的书画艺术

家，也时常被用作当地政府的礼品。近些年，有越来越多远道而来的客人，包括香港、澳门、台湾地区和日本、澳大利亚等国外的艺术家前来选购。

聂浩宁制作的会元阁茅龙笔通常一套含大、中、小号 3 支（图 4–24），市价约在 600 元人民币。特大号市价每支 400 ~ 500 元。制作一支特大号笔所用的材料恰好可以制作大、中、小号 3 支套笔。聂浩宁作坊的茅龙笔的年生产能力为 3000 支，但受市场需要所限，实际年产量只有 300 支左右。

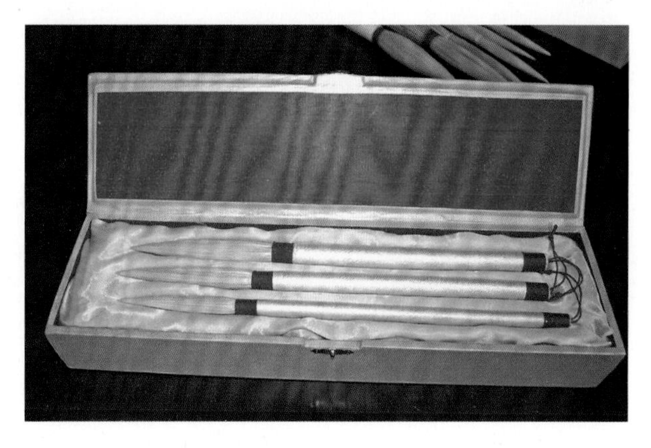

图 4–24　聂浩宁生产的套笔

附录

制笔工艺名词索引

（按汉语拼音音序排列）

J

K

L

M

N

P

X

Y

Z

英文前言

(Preface)

As a unique tool for calligraphy and painting in the Eastern culture, the calligraphy brush has the most ancient history in the four treasures of the study. In modern times, though almost every Chinese writes with the various types of fountain pen, ball-point pen, signature pen introduced from the West, the calligraphy brush is still a specialized tool in learning and creating Chinese Painting and Calligraphy. Thus, although there is a shrinking market for the calligraphy brush, the brush-making skill still has a strong vitality.

The production scale for the calligraphy brush is relatively flexible and a master of the brush-making skills can be an independent practitioner, so there were brush-making workshops throughout the country when the calligraphy brush was mainly used as writing instrument. While the brush-making workshop is different from the barber shop, it will be subject to many factors. In ancient times owing to the poor transportation, the brush-making industry first would be influenced by the local ability to obtain high-quality raw materials. The reason why the first ancient Chinese brush-making center was located in Xuanzhou is largely due to the local production of high quality Zihao—gray rabbit's hair. Similarly, after the Yuan Dynasty Huzhou replaced Xuanzhou as the brush-making center thanks to the local production of high quality Yanghao—white goat's hair, and the goat's hair calligraphy brush at that time just met the requirements of the calligraphy and painting. The best raw material for making the wolf's hair brushes is the yellow weasel tail in Liaoning Province, so the wolf's hair brush-making center is located in the northern part of China. Of course, the inheritor has always played a leading role in the process of the skills development, coupled with the influence of local market, so that can explain why the brush-making center does not necessarily coincide with the place of origin of the high-quality raw materials.

Nowadays the logistics industry is highly developed, the brush-making industry attach less importance to the high-quality local raw materials and the local market, so the main constraints of survival and development of the brush-making enterprises are the inheritors and brand culture. Although the brush-making workshops are distributed in many cities and towns across the country, including some small towns in Taiwan, there are still few influential brush brands, with Hu Brush in Huzhou Zhejiang Province ranking as No. 1, next are Xuan Brush in Xuancheng Anhui Province, Shui Brush in Yangzhou Jiangsu Province, Heng Brush in Hengshui Hebei Province and Wengang Brush in Jinxian jiangxi Province. The once famous Qi Brush in Guangrao Shangdong Province and Xiang Brush in Changsha Hunan Province have obviously declined, although there are still some inheritors sticking to the traditional techniques. The well-known brush-making manufacturers, such as "Dai Yuexuan", "Li Fushou" in Beijing and "Zhou Huchen", "Li Dinghe" in Shanghai have only small-scale production, or completely run their business in an outsourced custom manner.

While writing the book, we have made field survey on brush making skills at more than ten places above mentioned, including Jiangmen in Guangdong Province, where Baisha Maolong Brush making skills has been included in the second batch of national intangible cultural heritage. Based on the field survey data, a few representative traditional brush-making skills have been systematically introduced, including the technical process and product, some representative inheritors and methods, the main production enterprises and its status quo as well as the brush-related folk culture. A lot of pictures have been included in the book to make it easier to understand.

China has a long history in making calligraphy brush, but there is no book specialized in the systematical description on the development of brush-making skills. This book is a preliminary summary on the development of the brush-making skills since the Spring and Autumn and the Warring States Periods. Although not exhaustive, it is the first of its kind. The book has not only introduced the characteristics and origin of the calligraphy brush in various historical periods, clarified the development of the brush-making skills, but also analyzed the reasons for the formation and transfer of the brush-making center, as well as described a variety of brush culture.

This book is one of the achievements of the Chinese Academy of Science 985 innovative funding project “Investigation and Research on Traditional Techniques”. Part of the research work has been supported by the Soft Science Project “Protection and Utilization of Local Traditional Techniques and the Development with the Local Community” and the Social Planning Project “Rational Usage Mode on Traditional Techniques of Intangible Cultural Heritage” in Anhui Province.

I gratefully acknowledge guidance and assistance from Mr. Hua Jueming from Natural Science Institute of Chinese Academy of Science. In the field survey, I would like to express my gratitude to those inheritors in the report and Mr. Wang Chun from Huzhou city, Mr. Fan Waxia from Xuancheng city, Mr.Zhao Hansheng from Natural Science Institute of Chinese Academy of Science, Prof. Chen Fajun and Associate Prof. Zhang Cheng from Anhui Medical University.

Since 2008 the author has been assigned to work in Huangshan University, Anhui Intangible Cultural Heritage Research Center has been set up with the support of leaders in Anhui Provincial Education Department. The book is an achievement of the research center. The author got a lot of support from the school leaders and other team members in the writing process, so my appreciation also goes to them.

The book attempts to do some systematic research on the development of the calligraphy brush-making skills in China. In some aspects the book is not so comprehensive and in-depth and the author is looking forward to the academics and readers’ criticism.

Fan Jialu

Zhizhi Xuan 2012

英文目录

(Contents)